石油产品性能与测试评定

主　编　宋世远
副主编　熊　云　夏冬勇　王立光
主　审　陈国需

中国石化出版社

内 容 提 要

本书以液体燃料、润滑油、润滑脂的理化性能和使用性能的测试评定为重点，将对油品性能的介绍与测试评定指标相结合。对各类性能指标的介绍和对应的试验方法分为共性指标和各类油品的特殊指标分别论述，旨在内容的系统和完整又避免内容重复。同时扼要介绍了油液分析和仪器分析在石油产品性能评定中的应用。

本书可供油品使用单位、油品质量监督检验部门、油品及添加剂生产厂家、石油产品试验仪器生产企业、有关高校以及从事油品研发的科技人员使用，也适用于油品销售人员、企业设备管理人员和润滑工程师阅读。

图书在版编目(CIP)数据

石油产品性能与测试评定 / 宋世远主编. —北京：中国石化出版社，2016. 9
ISBN 978-7-5114-4275-8

Ⅰ. ①石… Ⅱ. ①宋… Ⅲ. ①石油产品性质-测试技术 Ⅳ. ①TE622

中国版本图书馆 CIP 数据核字(2016)第 231159 号

中国石化出版社出版发行

地址：北京市朝阳区吉市口路 9 号
邮编：100020 电话：(010)59964500
发行部电话：(010)59964526
http://www.sinopec-press.com
E-mail：press@sinopec.com
北京柏力行彩印有限公司印刷
全国各地新华书店经销

*

787×1092 毫米 16 开本 28 印张 698 千字
2017 年 1 月第 1 版 2017 年 1 月第 1 次印刷
定价：88.00 元

前　言

目前出版的相关著作要么只从油品性能、分类、规格、使用等方面介绍油品，要么只从油品性能参数的测试方面介绍油品的试验方法，这种编写方式比较适合对某一领域有一定基础的读者，但对希望全面学习油品知识的读者则不太适用。本书旨在将油品应用知识与测试评定知识相融合，既介绍油品的通用性能，更强调突出各类油品的特殊性能，同时将各类性能参数的测试评定方法有机地穿插其中，从而使读者既理解油品的用途、性能、规格、产品指标、试验方法等知识点，又能将各个知识点相互融合。

本书共分为十二章，第一章液体燃料的性质与应用，第二章石油产品的理化性能指标测定，第三章液体燃料的燃烧性和润滑性评定，第四章润滑油的通用性能与参数，第五章润滑油通用性能的测试评定，第六章内燃机油性能与评定，第七章齿轮油性能与评定，第八章液压系统用油性能与评定，第九章其他类型工业润滑油的特性与性能评定，第十章润滑脂的性能评定，第十一章现代物理化学分析方法在润滑油分析中的应用，第十二章油液监测。

本书由中国人民解放军后勤工程学院宋世远教授任主编，陈国需教授主审。第三章、第六章、第七章、第八章由宋世远执笔，第一章由熊云执笔，第二章、第五章由王立光、熊云、赖容、宋世远共同撰写，第四章由夏冬勇执笔，第九章由吴江执笔，第十章由蒋明浚执笔，第十一章由史永刚执笔，第十二章由王九执笔。杜鹏飞博士研究生、钱述鹏硕士研究生和赵立涛、梅林在资料收集、文稿校对等方面做了大量工作，并参与部分内容的撰写。

本书可用于高校、油品生产和使用企业、油品质量监督检验部门的教学和培训教材，也适用于从事油品研发的科技人员、企业设备管理和润滑工程师阅读。

宋世远

目　录

第一章　液体燃料的性质及应用

液体燃料是用于车辆、飞机、船舶、坦克和其他机械设备动力装置的燃料，主要包括汽油、柴油、喷气燃料和军舰用燃料油。与固体燃料相比较，液体燃料具有热值高、燃烧后灰分少、储运方便、使用便利等优点，但由于液体燃料的易蒸发、易渗漏、易着火和易氧化变质的特性对其储存、使用的技术要求也较复杂。

我国等同采用国际标准化组织 ISO 8216—99：2002《石油产品 燃料(F 类)分类 第 99 部分 总则》标准，制定了 GB/T 12692. 1—2010《石油产品燃料(F 类)分类 第 1 部分 总则》，将石油燃料按燃料类型分为 5 组，见表 1-1。

表 1-1　石油燃料的分组(GB/T 12692. 1—2010)

组别	副组	组别定义
G		气体燃料：主要由来源于石油的甲烷和/或乙烷组成的气体燃料
L		液化石油气：主要由 C_3 和 C_4 烷烃或烯烃或其混合物组成，并且更高碳原子数的物质液体体积小于 5%的气体燃料
D	(L)(M)(H)	馏分燃料：由原油加工或石油气分离所得的主要来源于石油的液体燃料。轻质或中质馏分燃料中不含加工过程的残渣，而重质馏分可含有在调和、储存和/或运输过程中引入的、规格标准限定范围内的少量残渣。具有高挥发性和很低闪点(闭口)的轻质馏分燃料要求有特殊的危险预防措施
R		残渣燃料：含有来源于石油加工残渣的液体燃料。规格中应限制非来源于石油的成分
C		石油焦：由原油或原料油深度加工所得，主要由碳组成的来源于石油的固体燃料

馏分燃料(D 组)副组的说明：

副组(L)：副组(L)与“轻质馏分”一同使用，表示沸点在 230℃以下、闪点(闭口)低于室温的石脑油及汽油。

副组(M)：副组(M)与“中质馏分”一同使用，表示沸点接近 150~400℃之间，闪点(闭口)在 38℃以上的煤油及瓦斯油。

副组(H)：副组(H)与“重质馏分”一同使用，表示含有大量的沸点在 400℃以上，闪点(闭口)超过 60℃的无沥青质的燃料和原料。

第一节　汽油的性质与特征性能参数

汽油通常指馏程在 30~205℃范围内、含有适当添加剂的精制石油馏分，是汽油车、摩托车、快艇和初级教练机等点燃式发动机的动力燃料。军队使用的航空活塞式发动机燃料虽然也属于汽油，但在性能要求上与车用汽油相比有显著差异。

一、汽油的品质要求

根据汽油机的工作条件，汽油应具备下列各种使用性能：

(1) 适当的蒸发性能和可靠的燃料供给性能；

(2) 燃烧时没有爆震、噪声和早燃现象；

(3) 良好的抗氧化安定性；

（4）不含水分和机械杂质，对发动机和金属设备无腐蚀。

此外还有一些其他要求，其中燃烧性能最为重要。

二、汽油蒸发性能

汽油在进气道中汽化，与空气按一定比例形成混合气体才能在气缸中燃烧。汽油在进气道中蒸发的完全程度、与空气混合的均匀程度，都与汽油蒸发性能有关，所以汽油的蒸发性能直接影响汽油的燃烧速度和燃烧完全程度，从而影响发动机的功率和经济性。汽油机燃料蒸发形成混合气的时间极短，约为0.005~0.05s，因此，要求车用汽油具有良好的蒸发性，以保证在各种条件下发动机容易起动、加速和运转正常。但汽油的蒸发性要适宜，不能太好，也不能太差。汽油产品规范中评定汽油蒸发性的指标有“馏程”和“蒸气压”二个指标。

三、汽油抗爆性

随着内燃机压缩比增大，内燃机的平均指示压力增高，燃料消耗率降低。即压缩比大的发动机，其功率和经济性好，表1-2中数据清楚地表明这一关系。但是提高汽油机压缩比受到制造发动机的材质和汽油质量的限制，下面只讨论有关汽油质量的问题。

表1-2　汽油机压缩比与功率和耗油率的关系

压缩比	功率/%	耗油率/%
6.0	100	100
7.0	108	93
8.0	114	88
9.0	118	85
10.0	120	82

（一）爆震现象

有的汽油在低压缩比汽油机中能够正常工作，但在高压缩比汽油机中，则出现气缸壁温度猛烈升高，发出金属敲击声，排出大量黑色烟雾状废气，发动机功率下降，耗油率增加，严重时出现气缸零件烧坏、轴承震裂等问题，这一现象称为爆震。此时汽油机的压缩比虽高，其热效率非但未提高，反而有所下降，其原因是由于汽油的抗爆性太差。具有良好抗爆性的汽油，即使在高压缩比的汽油机中工作，也不会产生爆震现象。因此，不同压缩比的汽油机，必须使用抗爆性与其相匹配的汽油，才不会出现爆震。

（二）产生爆震燃烧的原因

汽油机爆震是由于汽油的不正常燃烧所引起的，它发生在燃烧过程的后期，汽油机产生爆震燃烧的根本原因是未燃混合气产生自燃。

汽油在汽油机中正常燃烧时，汽油先在进气道中形成可燃混合气，进入气缸后，被炽热的气缸壁和活塞头加热，温度达到200℃以上，混合气中的烃类被氧化，形成过氧化合物。当火花塞发出电火花后，火花塞周围的烃类因受热使得过氧化物积累速度加快。当过氧化物浓度达到一定程度时，火焰中心首先在火花塞附近形成并开始迅速燃烧，火焰呈球面以20~25m/s的传播速度向火焰前方的未燃混合气平稳推进，气缸内的压力及温度的变化也匀匀。

当使用抗爆性不好的汽油时，燃烧的情况就不同。汽油发动机在点火燃烧后，其火焰是以扩散式的方式向四周传播的，离火花塞较远的未燃混合气受已燃气体的压缩和热的辐射，温度升高，压力增大，当未燃混合气温度升高至燃料自燃点时，燃料自行着火燃烧，其火焰也是以扩散式的方式向四周传播，但会与正常火焰发生相互撞击，从而产生冲击波，形成爆震燃烧，同时气缸内部局部的温度和压力急剧升高。

(三) 爆震燃烧的危害

汽油机在正常燃烧时，燃烧室的最高温度为1800~2000℃，最大压力2940~3920kPa，火焰传播速度15~35m/s；而在爆震燃烧时，燃烧室的最高温度为2000~2500℃，瞬间冲击压力可高达9800kPa，爆震冲击波的传播速度高达1300~2300m/s。由于爆震燃烧时的温度、压力及冲击波的传播速度都远高于正常燃烧，因此爆震燃烧会带来如下危害：

1. 损坏机械

由于爆震燃烧产生的最大冲击压力高出正常燃烧的二倍，发动机曲轴等动力传输系统承受的压力相应增大，容易导致机械的损坏；此外，爆震燃烧产生的冲击波在气缸内来回撞击气缸，使发动机出现振动也容易损坏机械。

2. 排气冒黑烟、燃料消耗增加

爆震燃烧产生的高温会导致燃料燃烧产物的裂解，如CO_2裂解为O_2和游离C，裂解了的燃料在排气行程中来不及燃烧而被排出气缸，这不仅会导致燃料消耗增加，而且还会造成对环境的污染。

3. 发动机输出功率下降

爆震燃烧产生的冲击波尽管压力很大，但它属瞬时冲击压，不能被发动机用于作功；相反，由于冲击波在气缸内来回撞击缸壁，反而会使发动机出现振动而消耗动力，发动机输出功率相应下降。发动机出现轻微爆震，其输出功率下降1%~2%；发动机出现中等爆震，其输出功率下降4%~5%；发动机出现强烈爆震，其输出功率可下降10%。

汽油机发生爆震主要与汽油性质有关。如果汽油易氧化，形成的过氧化物易分解，自燃点低，就比较容易产生爆震现象；反之，如果汽油不易氧化或形成的过氧化物不容易分解而不易积聚或自燃点高，则爆震现象就不易发生。同时汽油机压缩比过大，气缸温度过高，也容易引起爆震现象。

(四) 汽油抗爆性的评定指标

汽油的抗爆性是表示汽油在一定压缩比发动机中不产生爆震燃烧的性能。汽油在贫混合气状态下运行时的抗爆性用辛烷值来表示，在富混合气时的抗爆性用品度来衡量。车用汽油的抗爆性用研究法辛烷值和抗爆指数来表示，航空活塞式发动机燃料抗爆性除用马达法辛烷值表示外，还使用品度来表示其富混合气时的抗爆性。

(五) 提高汽油辛烷值的方法

提高汽油辛烷值的根本方法是改变汽油的化学组成，增加高辛烷值的芳香烃和异构烷烃的含量。这可以通过与高辛烷值组分调和或经催化裂化、加氢裂化、催化重整、烷基化、催化叠合等炼制工艺来达到。高辛烷值的航空活塞式发动机燃料是以辛烷值较高的催化裂化汽油为基础油，加入工业异辛烷、异戊烷和工业异丙苯等高辛烷值组分调和而成。

通过加入抗爆剂来提高汽油的辛烷值也是常用的方法之一。目前使用的抗爆剂主要有甲基环戊二烯三羰基锰(简称MMT)和含氧化合物。含氧化合物主要用作汽油的调和组分使用，其中比较重要的有甲醇、乙醇、甲基叔丁基醚(MTBE)和叔丁醇(TBA)，它们都具有相当高的辛烷值和调和辛烷值。

四、汽油氧化安定性

汽油在储存或使用条件下保持其原有性质的能力称为汽油的氧化安定性。

汽油在长期储存中，会逐渐发生氧化。氧化会生成醇、醛、酮和酸性物质，使燃料的酸度有一定增加。随着反应的继续进行，一些物质经过聚合作用，就产生了胶质。胶质是一种分子量很大的深褐色氧化产物，它也呈溶解状态，使燃料的颜色逐渐变深。随着氧化和聚合加深，胶质便愈来愈多，最后胶质便聚合成黏稠的胶状沉淀物。因此，总的来讲，氧化的结果是燃料的酸度增大，胶质增加，颜色变深，严重氧化时还会产生沉淀。应当注意的是，随着氧化的进行，胶质是持续增加，而酸度往往是波动性增加的。

汽油严重氧化会给使用带来很大危害。氧化生成的胶质沉积在油罐、油箱中，会使新加入的燃料迅速变质，降低新油的储存期。燃料中胶质过多会堵塞燃料滤清器，破坏燃料的正常供给。黏稠的胶质沉积在油管、喷油嘴等部位，会严重影响燃料的供应和混合气的形成。沉积在进气阀上的胶质，受热后形成十分黏稠的胶状物，使气阀出现黏着现象，甚至使进气阀关闭不严，产生漏气，严重时甚至将气阀烧坏或将其完全黏住，使发动机无法工作。胶质的挥发性很低，进入燃烧室后，在高温下极易受热分解而生成积炭，除了降低导热系数，造成零件局部过热外，还会增大气缸压缩比，使燃烧室温度升高，增强爆震倾向，易形成炽热点，引起早燃。沉积在火花塞上的积炭，会导致点火不良。氧化生成的酸性物质，会增强燃料腐蚀性，缩短发动机的寿命。总之，使用安定性差的汽油，会严重破坏发动机正常工作，降低燃料的储存期。

（一）液体燃料氧化的一般规律

液体燃料在储存过程中的液相氧化有一定规律，液相氧化过程一般可分为三个阶段。储存初期，液体燃料的氧化反应进行很慢，氧化产物(胶质)生成较少，增加缓慢，这一段时间称为液相氧化的诱导期。当燃料储存到一定时间，氧化反应会加快，氧化产物明显增加，这一阶段称为液相氧化的加速期。当燃料氧化进行到一定程度，氧化速度又会趋于平缓或近于终止，这一阶段称为液相氧化的平缓期。图 1-1 是液体燃料液相氧化的一般曲线，图中 *oa* 段为诱导期，*ab* 段为加速期，*bc* 段为平缓期。

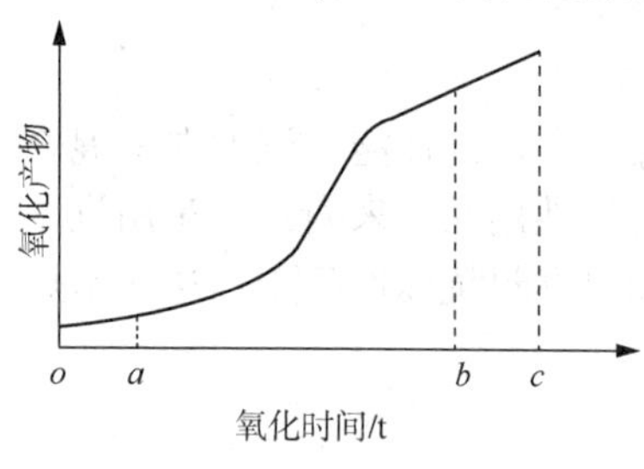

图 1-1　液体燃料液相氧化动力学曲线

燃料氧化出现诱导期的原因一是最初产生自由基较少，开始氧化的反应链也就不多，二是液体燃料中常加有抗氧剂。当液体中自由基和过氧化物生成量增多到一定程度，或抗氧剂消耗完毕后，液体燃料的氧化便进入加速期。当燃料中易于氧化的物质消耗殆尽，反应便进入平缓期。

在液体燃料储存过程中，为了减少轮换次数，总希望储存时间尽量长，但储存时间超过诱导期，氧化速度加快，胶质快速增加，有可能导致液体燃料变质，影响使用。理想情况是将燃料储存到诱导期结束就使用，但遗憾的是至今还不能准确预测燃料的诱导期，因此，实际工作中，应定期进行胶质等指标的化验，掌握油料变质规律，确定燃料是否适于继续储存。如发现胶质增加速度开始加快，说明已经进入氧化加速期，应尽快使用，避免严重氧化变质。

目前，根据不同油料的氧化安定性好坏，分别给不同油料规定了储存期，在正常储存期内，一般不会出现严重的氧化变质。但不同炼油厂、不同批次的油料安定性各不相同，储存条件也千差万别，特别是近年来由于原油质量不断下降，液体燃料的安定性总体上呈下降趋势，因此，即使在储存期内也可能出现严重氧化变质的情况，定期化验对确保燃料质量至关重要。

（二）改进汽油安定性的方法

汽油的氧化变质取决于汽油的化学组成，同时又被各种外界条件所加速。采用降低储油温度，减少温差变化，降低储罐空间氧浓度，避免与金属接触和避光储存等措施可以延缓汽油变质，但不能解决根本问题。而选用不同精制方法除去汽油中不安定组分的根治方法又很难完全实现。通常采用较经济的方法是适当精制汽油，然后加入添加剂来改进汽油的安定性。

1. 抗氧剂

汽油中常用的抗氧剂是2,6-二叔丁基对甲酚(代号为T501)。

(1) 作用机理。抗氧剂的作用机理是与自由基作用，中断链反应。抗氧剂本身易提供活泼氢原子，该氢原子与自由基反应生成较稳定的分子，同时产生能量很小的抗氧剂自由基。由于该自由基能量很小，不足以产生新的自由基，从而使得烃类氧化链反应中断，抑制烃类的氧化。

(2) 注意事项。加了抗氧剂的燃料能延长储存期，但由于抗氧剂在储存中会被逐渐消耗掉，因而不能无限期延长储存期。抗氧剂微溶于水，储存中应防止水分进入。

2. 金属钝化剂

汽油中常用的金属钝化剂是N，N-二亚水杨丙二胺(代号为T1201)。

(1) 作用机理。金属钝化剂的作用机理是屏蔽金属离子。金属能吸附并分解燃料中的抗氧剂，促进燃料氧化，而金属钝化剂能与金属离子生成络合物，使金属失去吸附和分解抗氧剂的活性。

(2) 注意事项。金属钝化剂本身无抗氧作用，它只能与抗氧剂一同使用，提高抗氧剂的抗氧效果，减少其用量。

（三）汽油氧化安定性评定指标

汽油的氧化安定性用胶质含量、诱导期、碘值等来进行评定。

五、汽油腐蚀性

汽油在使用、运输、储存过程中，不可避免地要同金属接触，为保证汽油机和储运设备正常工作并延长其使用寿命，要求汽油对金属没有腐蚀性。

（一）腐蚀性物质

汽油中的烃类并不腐蚀金属，汽油对金属的腐蚀完全是由活性硫化物、有机酸、水溶性酸或碱等非烃杂质所造成的。

直馏和二次加工汽油中的活性硫化物主要是低分子硫醇，催化裂化汽油中硫醇性硫含量高达300μg/g以上，用一般碱洗精制方法不能全部除去。汽油中硫醇性硫含量超过60μg/g时，汽油具有恶臭，极易生成胶质，并会引起金属腐蚀，生成硫醇盐。苯硫酚氧化生成的磺酸，对金属也有强烈的腐蚀作用。

汽油中含有的全部硫化物都可认为具有潜在的腐蚀性。汽油在发动机中燃烧后，硫化物全部转化成SO_2和SO_3，它们与排气管中的凝结水相遇，形成强腐蚀性的亚硫酸和硫酸；SO_2和SO_3还可能顺气缸壁渗入曲轴箱，进入润滑油，遇水化合而腐蚀润滑系统。

汽油中的有机酸包括精制时残余的和氧化生成的酸性物质，通常以后者为主。它们随汽油储存时间的增长而增加，在汽油中数量可以达到很大，其腐蚀性比环烷酸强，部分溶于水，因此，汽油含水分时，水中酸浓度可能很大，引起金属严重腐蚀。表1-3列出汽油酸度、胶质和金属铅被腐蚀的关系。腐蚀程度用每100cm^{2}铅表面上被腐蚀而损失掉的铅的克数来表示。表中数据表明，随储存时间增长，酸度和胶质迅速增加，对金属腐蚀也日趋严重。

表 1-3 汽油储存时间与酸度、胶质和金属被腐蚀程度的关系

储存时间/d	酸度/(mgKOH/100mL)	胶质/(mg/100mL)	铅的损失/($g/100cm^2$)
538	4	124	0.55
528	9	178	1.1
538	11	203	1.6
535	21	325	2.6
710	208	1000	13.2

汽油中的水溶性酸碱主要是无机酸和无机碱。水溶性酸能腐蚀多种金属，水溶性碱只对铝有腐蚀性，汽油中不允许存在水溶性酸和碱。汽油中的水溶性酸和碱，主要是因为汽油精制过程处理不好而残留下来的。但汽油氧化也会产生少量能溶于水的小分子有机酸，导致出现水溶性酸。

（二）评定方法

评定汽油腐蚀性的质量指标有硫含量、硫醇性硫含量、酸度、水溶性酸或碱、铜片腐蚀和博士试验等。

六、机械杂质和水分

汽油中如含有机械杂质，会使过滤器堵塞，影响或甚至中断供油。机械杂质还会造成精密零件的磨损。目前汽油机采用电脑控制喷油，特别是采用缸内喷油技术的电喷汽油机高压油泵和喷油器都是很精密的部件，如被机械杂质磨划而引起的划痕都会使工作性能严重恶化。同时机械杂质还会引起柱塞和喷油器中的喷针卡死，出油阀关闭不严和喷嘴上的喷孔堵塞等恶劣的后果。

水分在冬季还会形成冰粒，堵塞油路；同时会带入可溶性的盐类从而增加灰分；更严重的是当有水分存在时，大大地促进了硫的燃烧产物对于气缸、活塞等引起的酸腐蚀作用。

水分和机械杂质通常都是在运输、储存和加油过程中混入的，因而在储运、加油等过程中，必须十分重视，严防混入水分和机械杂质。汽油产品规范中都要求无水分和机械杂质。

七、车用汽油的种类、牌号及使用

（一）车用汽油的种类、牌号

我国车用汽油产品规范是 GB 17930—2013《车用汽油》，主要按硫含量、烯烃含量和锰含量的不同分为Ⅲ类、Ⅳ类和Ⅴ类(Ⅴ类硫含量、烯烃含量更低，锰不得人为添加)。

我国车用汽油的牌号是按汽油的抗爆性评定指标——研究法辛烷值大小划分的，牌号越高，说明其抗爆性越好，如 97 号车用汽油的研究法辛烷值要求不小于 97。我国生产的车用汽油牌号有 90 号、93 号、97 号(Ⅴ类为 89 号、92 号和 95 号，符合 GB 17930—2013 附录 A 的 98 号车用汽油也属于Ⅴ类)。GB 17930—2013《车用汽油》已于 2013 年 12 月 18 日发布并实施，其中Ⅲ类车用汽油过渡期至 2013 年 12 月 31 日，自 2014 年 1 月 1 日废止，也即全国从 2014 年 1 月 1 日已开始使用质量等级为Ⅳ类的车用汽油，同时停止销售和使用Ⅲ类车用汽油；Ⅴ类车用汽油将于 2018 年 1 月 1 日起在全国范围内实施，届时Ⅳ类车用汽油将废止。GB 17930—2013《车用汽油》产品规范中的Ⅳ类和Ⅴ类车用汽油见表 1-4 和表 1-5。

需要特别注意的是，我国生产的各牌号汽油当属于同一类别时只有研究法辛烷值和抗爆

指数有差异，其他指标要求完全一样，因而牌号越高的汽油质量越好、越清洁等说法是不正确的。但是当类别不同时，除研究法辛烷值和抗爆指数有差异外，硫含量、蒸气压、烯烃含量、锰含量等也会有差异。

表 1-4　车用汽油(Ⅳ)(GB 17930—2013)

项　目		质量指标			试验方法
		90 号	93 号	97 号	
抗爆性					
研究法辛烷值(RON)	不小于	90	93	97	GB/T 5487
抗爆指数(RON+MON)/2	不小于	85	88	报告	GB/T 503、GB/T 5487
铅含量[a]/(g/L)	不大于	0.005			GB/T 8020
馏程/℃					GB/T 6536
10%馏出温度	不高于	70			
50%馏出温度	不高于	120			
90%馏出温度	不高于	190			
终馏点	不高于	205			
残留量/%(体积分数)	不大于	2			
蒸气压[b]/kPa					GB/T 8017
从 11 月 1 日至 4 月 30 日		42~85			
从 5 月 1 日至 10 月 31 日		40~68			
胶质含量/(mg/100mL)	不大于				GB/T 8019
未洗胶质含量(加入清净剂前)		30			
溶剂洗胶质含量		5			
诱导期/min	不小于	480			GB/T 8018
硫含量[c]/(mg/kg)	不大于	50			SH/T 0689
硫醇(满足下列要求之一)					
博士试验		通过			SH/T 0174
硫醇硫含量/%(质量分数)	不大于	0.001			GB/T 1792
铜片腐蚀(50℃，3h)/级	不大于	1			GB/T 5096
水溶性酸或碱		无			GB/T 259
机械杂质及水分		无			目测[d]
苯含量[e]/%(体积分数)	不大于	1.0			SH/T 0713
芳烃含量[f]/%(体积分数)	不大于	40			GB/T 11132
烯烃含量[f]/%(体积分数)	不大于	28			GB/T 11132
氧含量/%(质量分数)	不大于	2.7			SH/T 0663
甲醇含量[a]/%(质量分数)	不大于	0.3			SH/T 0663
锰含量[g]/(g/L)	不大于	0.008			SH/T 0711
铁含量[a]/(g/L)	不大于	0.01			SH/T 0712

a　车用汽油中，不得人为加入甲醇以及含铅或含铁的添加剂。

b　也可采用 SH/T 0794，有异议时，以 GB/T 8017 测定结果为准。

c　也可采用 GB/T 11140、SH/T 0253。有异议时，以 SH/T 0689 测定结果为准。

d　将试样注入 100mL 玻璃量筒中观察，应当透明，没有悬浮和沉降的机械杂质及水分。有异议时，以 GB/T 511 和 GB/T 260 测定结果为准。

e　也可采用 SH/T 0693，有异议时，以 SH/T 0713 测定结果为准。

f　对于 97 号车用汽油，在烯烃、芳烃总含量控制不变的前提下，可允许芳烃的最大值为 42%(体积分数)。也可采用 NB/SH/T0741，有异议时，以 GB/T 11132 测定结果为准。

g　锰含量是指汽油中以甲基环戊二烯三羰基锰形式存在的总锰含量，不得加入其他类型的含锰添加剂。

表 1-5　车用汽油(Ⅴ)(GB 17930—2013)

项　目		质量指标			试验方法
		89 号	92 号	95 号	
抗爆性					
研究法辛烷值(RON)	不小于	89	92	95	GB/T 5487
抗爆指数(RON+MON)/2	不小于	84	87	90	GB/T 503、GB/T 5487
铅含量[a]/(g/L)	不大于	0.005			GB/T 8020
馏程/℃					GB/T 6536
10%馏出温度	不高于	70			
50%馏出温度	不高于	120			
90%馏出温度	不高于	190			
终馏点	不高于	205			
残留量/%(体积分数)	不大于	2			
蒸气压[b]/kPa					GB/T 8017
从 11 月 1 日至 4 月 30 日		45~85			
从 5 月 1 日至 10 月 31 日		40~65[c]			
胶质含量/(mg/100mL)	不大于				GB/T 8019
未洗胶质含量(加入清净剂前)溶		30			
剂洗胶质含量		5			
诱导期/min	不小于	480			GB/T 8018
硫含量[d]/(mg/kg)	不大于	10			SH/T 0689
硫醇(满足下列要求之一)					
博士试验		通过			SH/T 0174
硫醇硫含量/%(质量分数)	不大于	0.001			GB/T 1792
铜片腐蚀(50℃，3h)/级	不大于	1			GB/T 5096
水溶性酸或碱		无			GB/T 259
机械杂质及水分		无			目测[e]
苯含量[f]/%(体积分数)	不大于	1.0			SH/T 0713
芳烃含量[g]/%(体积分数)	不大于	40			GB/T 11132
烯烃含量[g]/%(体积分数)	不大于	24			GB/T 11132
氧含量/%(质量分数)	不大于	2.7			SH/T 0663
甲醇含量[a]/%(质量分数)	不大于	0.3			SH/T 0663
锰含量[a]/(g/L)	不大于	0.002			SH/T 0711
铁含量[a]/(g/L)	不大于	0.01			SH/T 0712

a　车用汽油中，不得人为加入甲醇以及含铅、含铁和含锰的添加剂。

b　也可采用 SH/T 0794，有异议时，以 GB/T 8017 测定结果为准。

c　广东、广西和海南全年执行此项要求。

d 也可采用 GB/T 11140、SH/T 0253。有异议时，以 SH/T 0689 测定结果为准。

e　将试样注入 100mL 玻璃量筒中观察，应当透明，没有悬浮和沉降的机械杂质及水分。有异议时，以 GB/T 511 和 GB/T 260 测定结果为准。

f　也可采用 SH/T0693，有异议时，以 SH/T 0713 测定结果为准。

g　对于 95 号车用汽油，在烯烃、芳烃总含量控制不变的前提下，可允许芳烃的最大值为 42%(体积分数)。也可采用 NB/SH/T0741，有异议时，以 GB/T 11132 测定结果为准。

车用汽油产品的标记为：牌号+车用汽油+(类别)，例如：93 号车用汽油(Ⅳ)。

（二）车用汽油的选用

车用汽油牌号的选用主要是根据汽车生产厂家推荐的汽油牌号或发动机的压缩比，发动机的压缩比越高，所需使用的汽油牌号就越高，可在汽车的使用说明书中查到发动机的压缩比和汽车生产厂家推荐的汽油牌号，车用汽油的基本选用原则是：

压缩比在 8.0 以下的发动机，应选用 90 号车用汽油；

压缩比在 8.0~12.0 之间的发动机，应选用 93 号、97 号。

汽油的牌号越大，说明汽油的辛烷值越高，抗爆性越好，发动机的压缩比就可越大，发动机的输出功率增加，相应的燃油消耗率也就下降，从而达到节油的目的。虽然使用高辛烷值汽油可以改善汽车燃料的经济性，但从节能观点出发，应该综合考虑炼油厂因提高辛烷值多消耗的能量，与提高压缩比后少耗的能量作比较来确定发动机的压缩比和汽油的辛烷值的最佳值。由于在用车辆压缩比不能调整，因而不能说使用汽油的牌号越高，其经济性越好。

需要特别说明的是，我国目前生产的汽油牌号总体是超越车辆所需使用的汽油牌号。

汽车生产厂家推荐的汽油牌号是以汽车最大负荷要求而确定的，但在车辆实际使用过程中达不到汽车最大负荷。在城市行驶的车辆都是低速运行，发动机负荷很低，在高速公路运行的车辆，由于我国高速公路最高限速为 120km/h，车辆只能是中负荷运行，因此，我国生产的 93 号(92 号)车用汽油可作为要求使用 93 号、97 号车用汽油的车辆的通用燃料使用。

八、航空活塞式发动机燃料的选用

航空活塞式发动机燃料是活塞式航空发动机的燃料，我国航空活塞式发动机燃料产品规范是 GB 1787—2008《航空活塞式发动机燃料》，生产的航空活塞式发动机燃料有 75 号、95 号和 100 号，75、95、100 代表该油的马达法辛烷值，其中 95 号和 100 号航空活塞式发动机燃料还要求其品度值不低于 130，航空活塞式发动机燃料的产品规范见表 1-6。

表 1-6　航空活塞式发动机燃料(GB 1787—2008)

项　目		质量指标			试验方法
		75 号	95 号	100 号	
辛烷值	不小于	75	95	99.5	GB/T 503
品度	不小于	—	130	130	SH/T 506
四乙基铅/(g/kg)	不大于	无	3.2	2.4	GB/T 2432
净热值/(MJ/kg)	不小于	—	43.5	43.5	GB/T 2429
颜色		无色	桔黄色		目测
密度(20℃)/(kg/m³)		报告			GB/T 1884、GB/T 1885
馏程/℃					GB/T 6536
初馏点	不低于	40		报告	
10%馏出温度	不高于	80		75	
40%馏出温度	不低于	—		75	
50%馏出温度	不高于	105		105	
90%馏出温度	不高于	145		135	
终馏点	不高于	180		170	
10%与 50%蒸发温度之和/℃	不低于	—		135	
残留量/%(体积分数)	不大于	1.5		1.5	
损失量/%(体积分数)	不大于	1.5		1.5	

续表

项目		质量指标			试验方法
		75号	95号	100号	
饱和蒸气压/kPa		27~48		38~49	GB/T 8017
酸度(以 KOH 计)/(mg/g)	不大于	1.0			GB/T 258
冰点[a]/℃	不高于	-58.0			GB/T 2430、SH/T 0770
碘值/(g/100g)	不大于	12			SH/T 0234
硫含量[b]/%(质量分数)	不大于	0.05			GB/T 380、GB/T 11140、GB/T 17040、SH/T 0253、SH/T 0689
实际胶质/(mg/100mL)	不大于	3			GB/T 8019
氧化安定性(5h 老化)					SH/T 0585
潜在胶质/(mg/100mL)	不大于	6			
显见铅沉淀/(mg/100mL)	不大于	—	3		
铜片腐蚀(100℃, 2h)/级		1			GB/T 5096
水溶性酸或碱		无			GB/T 259
机械杂质及水分		无			目测[c]
芳烃含量/%(体积分数)	不大于	30	35		GB/T 11132
水反应/%(体积变化)	不大于	±2			GB/T 1793

注 1：实际胶质、碘值、酸度和芳烃含量应在航空活塞式发动机燃料加乙基液前测定。

注 2：允许加入的抗氧剂为 2，6-二叔丁基对甲酚。

a　当冷却至-58℃下还没有结晶出现时，可以报告冰点小于-58℃，当测试结果发生争议时，以 GB/T 2430 为仲裁方法。

b　当测试结果发生争议时，以 GB/T 380 为仲裁方法。

c　将油样注入 100mL 的玻璃量筒中观察，应当透明，没有悬浮和沉降的机械杂质及水。

航空活塞式发动机燃料产品标记为：牌号+航空活塞式发动机燃料，例如：100 号航空活塞式发动机燃料。

航空活塞式发动机燃料主要区别是抗爆性不同。选用时，应遵循重负荷、高速度的飞机，选用抗爆性好的航空活塞式发动机燃料；轻负荷、低速度的飞机，选用抗爆性稍差的航空活塞式发动机燃料的原则。因此，75 号航空活塞式发动机燃料的辛烷值低，抗爆性差，适用于轻负荷、低速度的运五、初教六等飞机；其他活塞式飞机均使用 95 号航空活塞式发动机燃料；100 号适用于水上飞机和重负荷，高速度活塞式航空发动机。

95 号和 100 号航空活塞式发动机燃料中含四乙基铅多，会在气缸内产生铅沉积，增加大气污染，产生一系列的有害影响。所以，高辛烷值的航空活塞式发动机燃料不宜在汽车上使用。

九、汽油性质与实用性能的关系

汽油性能的好坏，不仅影响发动机启动性、动力性、经济性、可靠性，而且对发动机有害物的排放有直接关系。发动机在使用中的故障与汽油质量相关的因素见表 1-7。

表 1-7　汽油质量对点燃式发动机性能的影响

发动机使用性能问题	可能与汽油有关的因素
发动机磨损严重	硫含量高，尘埃污染
燃烧性差	辛烷值低，重质馏分多，带入了预先已形成的胶质
冷启动性差	蒸发性差，水污染
进气系统失灵	重质馏分多，硫含量高，带入了预先已形成的胶质，可溶性金属污染
过滤器堵塞	水污染，尘埃污染
火花塞失灵	芳香烃含量高

汽油的性能指标是根据发动机的特性与环保要求而确定的，当某一项指标达不到要求时，可能产生的故障与问题见表 1-8。

表 1-8　车用汽油质量指标与使用性能的关系

项　　目	状　　态	发生的现象
辛烷值	过低时	燃烧不正常，发动机产生爆震，功率下降
密度	过低时	经济性低
蒸气压	过低时/过高时	低温启动性和热运转性差/易挥发，高温时容易产生气阻
10%馏出温度	过高时	低温启动性和热运转性差
50%馏出温度	过高时	热运转性、加速性差
90%馏出温度	过高时	排气恶化，稀释润滑油
硫含量	过大时	排气恶化，催化转化器催化剂中毒，腐蚀性强
芳烃含量	过大时	排气恶化，橡胶部件易发生溶胀等
烯烃含量	过大时	氧化安定性差，橡胶材料劣化，排气恶化(易发生光化学烟雾)
胶质	过大时	沉积物增加

第二节　柴油的性能与特征性能参数

柴油是柴油机(压燃式发动机)的燃料，广泛用于柴油车、舰艇、装甲、工程机械以及柴油发电机等。

柴油机根据转速不同可分为高速柴油机(转速大于 1000r/min)、中速柴油机(转速为 500～1000r/min)和低速柴油机(转速为 100～500r/min)。高速柴油机使用轻柴油，中速和低速柴油机以重柴油为燃料。

由于能源问题，国外的汽车发动机已向柴油机化方向发展。欧洲和日本等石油产量较少的国家，在 20 世纪 60 年代末期就基本上做到载货汽车柴油机化了。美国的载货汽车以前是以汽油机为主，自 1973 年发生石油危机以来，也已迅速朝柴油机化的方向发展。近 20 年来在国外也逐步掀起了小轿车柴油机化的高潮，德国大众汽车公司、美国通用汽车公司等大型汽车公司的小轿车也采用了柴油机，经济环保的柴油轿车在欧洲轿车市场的市场份额逐年上升。毫无疑问，在原油资源越来越短缺的我国，发展柴油车将是未来汽车工业的重点之一。根据国家汽车发展规划，中型车全部实现柴油化，柴油轿车、柴油微型车生产已开始加速发展。

柴油机得到日益广泛的应用，大量用于载重汽车、公共汽车、机车、船舶和各种农业、建筑、矿山、军用装备作为动力设备。柴油机所以能如此广泛地被应用，与汽油机相比，主要有以下几个优点：

（1）具有较高的经济性。柴油机的压缩比可达14~24，热功效率高，其单位功率燃料消耗量比汽油机低30%~40%，功率大、耗油少。

（2）成本低。所用燃料的沸点高、馏程宽、来源多、成本低，在没有合适的柴油时，容易用其他燃料暂时代替。

（3）工作可靠。柴油机工作可靠性和耐久性好，具有良好的加速性能，不需经过预热阶段即可以转入全负荷运转。

（4）安全性好。柴油闪点比汽油高，使用管理中着火危险性较小，这对于舰艇、坦克等军用装备使用具有重要意义。

但柴油机结构比汽油机复杂，转速较低；柴油机比较笨重，单位功率所需金属比汽油机多，例如高速柴油机单位功率所需金属为5~10kg，低速柴油机为30~50kg，而汽油机仅3~8kg。但这些缺点与前述优点相比，就显得次要了，因而柴油机已成为目前使用最广泛的内燃机。柴油机和汽油机都是内燃机，两者有相似之处，但工作原理有着本质的不同。

一、柴油的品质要求

根据柴油机的工作特点，对燃料提出一系列要求。对于车用柴油来说，其主要使用性能有以下几方面：

（1）具有良好的燃烧性能，保证柴油机工作平稳，经济性好；

（2）在柴油机工作环境下，具有良好的燃料供给性能；

（3）良好的雾化性能；

（4）良好的热安定性和储存安定性；

（5）对机件没有磨损和腐蚀性；

（6）具有较高的闪点，以保证储存运输和使用中的安全。

二、柴油的燃烧性能

柴油发动机工作的可靠性及经济性，取决于混合气能否及时地着火和完全燃烧。柴油机的燃烧过程非常短促，对高速柴油机来说只有0.002~0.006s。整个燃烧过程是连续复杂的雾化、蒸发和氧化燃烧过程。柴油在柴油机中燃烧时是否容易着火的性能称为发火性。

（一）柴油机工作粗暴

柴油的发火性能是决定发火延迟期长短的最重要的因素。发火延迟期是从燃料开始喷入燃烧室至开始着火的时期。这个阶段是燃烧的准备阶段，柴油喷入燃烧室后，迅速雾化、蒸发并与高温空气组成混合气，进行燃烧前的氧化反应。当烃分子遇到氧时，产生了活性较大的过氧化物，过氧化物达到一定浓度便自燃着火。燃料的着火性能好，则燃料的混合气可以迅速着火，发火延迟期便短；反之，发火延迟期便长。

发火延迟期短，发火前气缸内不致积累过多的燃料，燃烧初期就不会有大量的燃料同时燃烧，于是气缸内压力的上升速度不致过快，发动机的工作比较平稳。

发火延迟期较长，在此时期中喷入的燃料积累过多，着火时，积累的大量燃料几乎同时燃烧，气缸内压力急剧升高。当压力上升速度超过一定限度时，气缸头和活塞发生震动和过热，发动机发出金属的敲击声，即出现柴油机的工作粗暴现象。结果使发动机工作不稳定，机械的寿命缩短。通常把柴油机的工作粗暴现象，称为柴油机工作粗暴(也称“粗暴”)。

柴油机工作粗暴和汽油机爆震现象在本质上有很大区别。汽油机中爆震出现于燃烧末期，而柴油机工作粗暴却出现于燃烧初期；汽油机是由于燃料自燃点太低，太容易氧化，过氧化物积累过多，以致电火花点火后，火焰前锋尚未到达的区域中的混合气体便已自燃，形成爆震；柴油机工作粗暴原因恰恰相反，是由于燃料自燃点过高，不易氧化，过氧化物积累不足，迟迟不能自燃，以致在自燃开始时，气缸中燃料积累过多而出现粗暴现象。因此，柴油机要求使用自燃点低的燃料，而汽油机要求使用自燃点高的燃料。

由于在汽油机中产生爆震和柴油机中出现工作粗暴的原因相反，各种影响因素也相反。在汽油机中凡促使过氧化物生成的因素(如压缩比大、温度高、空气压力大)都会使产生爆震的倾向加强，而在柴油机中凡促使过氧化物生成的因素都会使燃料容易自燃，缩短发火延迟时期，从而使工作粗暴倾向减弱。必须把汽油机的爆震现象与柴油机的工作粗暴现象区别开来。

(二) 柴油发火性的评定方法

柴油发火性能的好坏，主要取决于自燃点的高低。自燃点越低，燃料的发火性能越好。

在柴油机中，燃料的自燃点虽然对发火延迟期有决定性的影响，但在实际工作中并不以自燃点来表示其发火性能，因还有许多因素也能或多或少影响燃料的燃烧过程，例如燃料喷射的细密程度，燃料的蒸发性、黏度以及发动机的压缩比等。所以，评定燃料在柴油机中的发火性能的最恰当的办法，就是用实际的柴油机来测定柴油的十六烷值。

十六烷值只表明某一柴油的发火性与标准燃料相同，而不是说它含有那样多的十六烷。如乙醚的十六烷值为53，但它并不含十六烷。

十六烷值是评定柴油燃烧性能的重要指标，柴油的十六烷值要求适中。使用十六烷值过低的柴油，很容易引起工作粗暴，结果降低了发动机功率，增大了柴油消耗量。例如在同一发动机中使用馏分相同而十六烷值分别为35和46的两种柴油工作，结果表明前一种柴油的耗油量比后一种多6.5%。柴油机的工作粗暴，还会引起机件磨损增大，这对轴承的影响特别大，因为气缸内压力骤然增大，使轴承负荷也增加很多，严重时会损坏轴承。

十六烷值高的柴油，自燃点低，易于自行发火燃烧，在发动机启动时气缸内温度较低的情况下也能发火自燃，因而启动性能好。

柴油的十六烷值并不是越高越好。例如，当十六烷值从50提高到70或更高时，滞燃期的缩短有限，对燃烧状况改善不多。但因烃类在高温下裂化反应加快，在气缸内形成大量游离碳，来不及完全燃烧而形成黑烟随废气排出，反而增大耗油量，降低柴油机功率。不同转速的柴油机对柴油十六烷值要求不同，不应过高或过低。

(三) 影响柴油燃烧性能的因素

柴油在柴油机中燃烧情况和是否容易产生工作粗暴，与柴油使用条件和柴油质量有关。主要影响因素是：

1. 十六烷值

柴油的十六烷值高，说明该柴油容易自行着火燃烧，其发火延迟期短，柴油机不易产生工作粗暴。

2. 压缩比

柴油机的压缩比越高，压缩至向气缸喷油时，气缸内的温度、压力也越高，柴油的发火延迟期短，柴油机不易产生工作粗暴。

3. 喷油提前角

柴油机的喷油提前角越大，柴油喷入气缸时，气缸内的温度、压力越低，柴油的发火延迟期长，柴油机容易产生工作粗暴。

（四）提高柴油燃烧性能的方法

近年来，随着催化裂化柴油产量的增加，特别是渣油催化裂化工艺的发展，提高柴油十六烷值仍成为当前面临的实际问题，采用综合经济数据对比说明，以十六烷值改进剂提高柴油的十六烷值在经济上是可行的。因此，十六烷值改进剂的研究与应用具有重要意义。

多种物质可以具备改善柴油十六烷值的作用，其中包括硝基化合物、亚硝化物、多硫化物、氧化生成物、过氧化物、金属化合物，杂环类化合物、醛、酮、醚、酯等。但是，作为有实用价值的十六烷值改进剂，以烷基硝酸酯类为主。

我国柴油十六烷值改进剂研究起步较晚，主要原因是我国原油产量最大的油田是大庆油田，而大庆油田属于石蜡基原油，所生产的柴油十六烷值高，燃烧性好。近年来，随着我国进口原油的大量增加，进口原油所生产的柴油十六烷值低，需添加十六烷值改进剂。我国也开发了 T2201 柴油十六烷值改进剂（硝酸异辛酯），主要性能与美国 Ethyl 公司的 D11－3 相当。

三、柴油的雾化性能

柴油在各种条件下使用时，要保证不间断地供油、雾化良好，才能给正常燃烧提供良好的条件，与雾化密切相关的柴油性质是黏度和表面张力。

（一）黏度

黏度大小说明液体流动的难易，容易流动的液体黏度小，不易流动的液体黏度大。柴油的黏度直接影响向气缸的供油量、雾化状态、燃烧情况和高压油泵的磨损程度，是一个重要的质量指标。

1. 对供油量的影响

柴油黏度大，则通过过滤器和流动时的阻力增大，从而会使泵油量减少。同时，黏度是随温度变化而变化的，温度升高，黏度变小；温度降低，黏度变大。柴油的黏度在 0℃ 以上变化较小，在 0℃ 以下变化较大，黏度过大柴油在冬季会变得更大，会造成供油困难。反之，黏度过小，虽然容易流动和过滤，但通过高压油泵的柱塞与泵筒之间间隙的漏油量增多，也使喷入气缸的燃料减少，造成发动机的功率下降。

2. 对雾化的影响

柴油的雾化过程是：柴油以高速经由喷孔喷入气缸，由于气缸内压缩空气的阻力和柴油流经喷孔时油柱内部的扰动作用，喷入的柴油被分散成细小的油滴并在气缸内散布开来，形成由无数细粒组成、外形与火炬相象的油雾。雾化过程中，油雾要求要细，分布要均匀，形状应与燃烧室的形状相适应。这样，油雾的蒸发面积大，形成混合气迅速而且均匀。柴油雾化好坏，对燃烧有很大影响。雾化好，既能缩短滞燃期，也容易燃烧完全，否则会使后燃严重，甚至发生排气冒黑烟的现象。

柴油的黏度增大，分子间相互作用力也增加，柴油喷出的油滴平均直径大，喷出的油流射程较远，圆锥角小，使油滴有效蒸发面积减少，因而蒸发速度减慢，混合气形成不均匀，造成燃烧不完全，燃料消耗量增大，发动机的经济性下降。表 1－9 列出黏度对耗油率的影响，当柴油的 50℃ 运动黏度由 6.5mm^2/s 增大到 65mm^2/s 时，耗油率几乎增加了 50%。

表 1-9　柴油黏度对耗油率的影响

柴油密度/(g/cm^3)	0.8861	0.8923	0.9052	0.9063	0.9226	0.9250	0.9296
运动黏度(50℃)/(mm^2/s)	6.5	7.8	14.8	16.2	43.0	54.0	65.0
耗油率/(g/h)	246	250	247	250	260	315	328

柴油的黏度过小，喷出的油流射程太近，圆锥角大，与燃烧室形状不适应，也使混合气的组成不均匀，造成燃烧不良的现象。总之黏度过高过低，都对雾化产生不利的影响，因此柴油的黏度应在一定范围内。

3. 对磨损的影响

柴油机供油系统中的高压油泵和喷油嘴都是配合紧密的精密部件，它们的高速运动部件是由柴油本身润滑的。柴油的黏度过低，难以保证油泵柱塞得到可靠润滑，会增加磨损，使精密配件之间的间隙增大，引起漏油，以致供油量减少，发动机功率下降。渗入气缸壁与活塞间隙的柴油，会冲去气缸壁上的润滑油，使曲轴箱内润滑油变稀，进一步增加磨损。但黏度过大并不利于润滑。表 1-10 中列出的数据表明柴油黏度只有在一定适宜范围内，才能保证良好的润滑作用，因此普通柴油和车用柴油产品规范规定了黏度上限和下限，例如 5 号、0 号柴油的 20℃运动黏度规定为 3.0~8.0mm^2/s。

表 1-10　柴油黏度对高压油泵柱塞的影响

运动黏度/(mm^2/s)	1.6	7.3	7.6	17.0
运行 500h 后，柱塞平均磨损量/mg	2.7	1.5	2.2	4.5

(二) 表面张力和密度

柴油表面张力愈高，其雾化性就愈差，而雾化时雾粒的平均直径与表面张力成正比。

柴油表面张力随温度的降低、馏分组成的变重和密度的增大而增大。

柴油密度的增大还会影响喷入燃烧室油柱的射程。使用密度 878kg/m^3的柴油，比使用密度 848kg/m^3的柴油，油柱射程要增长 20%。随着柴油密度的增大，其黏度和表面张力也要增大，也会影响油柱射程的长度。

柴油密度的增大，还会提高柴油机在一个工作循环内的供油量，表面上看，可提高柴油机的功率。但由于此时雾化质量差，影响形成良好的混合气，使燃烧条件变坏，排气冒黑烟，所以反而会使柴油机的经济性降低。柴油密度的提高表明柴油中含有较多的芳香烃，它将导致柴油机工作中粗暴现象的产生。

四、柴油的低温流动性

柴油的低温性是指在低温下，柴油在发动机燃料系统中能否顺利地泵送和通过油滤，从而保证发动机正常供油的性能。如果燃料的低温性能不好，在低温下使用时失去流动性，或产生蜡结晶，都会妨碍燃料在导管和油滤中顺利通过，使供油量减少甚至中断供油，严重影响发动机的工作。柴油的低温性还和燃料的储存运输有密切关系，只有低温性良好的燃料才能保证在低温下顺利地装卸和远距离输送。

(一) 柴油在低温下失去流动性的原因

柴油在低温下失去流动性有两个原因，其含蜡量多少导致柴油在低温下失去流动性的主要原因是不一样的。

含蜡很少的油品(环烷基原油生产的油品)低温下黏度增大形成无定形玻璃体是油品不能流动的主要原因。

含蜡较多的油品(石蜡基原油生产的油品)低温下石蜡结晶形成网络是油品不能流动的主要原因。当温度低至结晶点以下,燃料中的蜡开始结晶。随着温度的下降,结晶呈网状发展,燃料中的低凝组分则被吸附在众多的网眼中,终于使液体失去流动性。因此,燃料的馏分愈重或含蜡愈多,其凝点也愈高。

(二)评定指标

评定柴油低温性能的常用指标有浊点、凝点和冷滤点。

(三)改善柴油低温流动性的方法

1. 脱蜡

柴油的凝点都由其烃组成所决定。柴油的烷烃(尤其是正构烷烃)含量越多或其相对分子质量越大则凝点越高。国产原油含石蜡基较多,其直馏柴油凝点一般较高,为了生产低凝点柴油,需选择合适的原油(如克拉玛依低凝点原油),或进行脱蜡处理。因正构烷烃十六烷值高,所以采用脱蜡工艺生产低凝点的柴油不仅产率要降低,而且十六烷值也要降低,因而生产成本较高,很少单独采用。

2. 降凝剂

为改善柴油低温流动性,通常在柴油中加入降凝剂,又称低温流动改进剂。柴油中加入降凝剂后,可在低温下阻止石蜡结晶形成网状结构,降低柴油的冷滤点和凝点,改善柴油在低温下的流动性。采用加入降凝剂改善柴油低温流动性仅对石蜡基原油生产的柴油有效。我国生产的降凝剂有乙烯-醋酸乙烯酯共聚物等。

低温性越好的柴油,来源越少,成本越高,例如以某原油生产凝点为10℃的柴油产率为100%,当生产凝点为0℃的柴油时,其产率降到64.5%,生产凝点为-10℃柴油的产率仅为46.5%。在调拨柴油时,必须根据不同地区、不同季节和不同使用要求,合理使用不同凝点的柴油,例如,在夏季使用,或在室内固定的发动机上以及大型舰船上使用时,环境温度一般在0℃以上,便可使用凝点较高的柴油,切忌不适当地使用低凝柴油而造成浪费。

五、柴油的安定性

柴油的安定性包括热氧化安定性和储存安定性。

(一)热氧化安定性

柴油的热氧化安定性简称热安定性,它反映在高温和溶解氧的作用下,柴油发生变质的倾向。柴油机使用热安定性差的柴油,其燃料系统如喷油嘴等部位会出现不溶性的凝聚物、漆膜和积炭等,影响柴油机正常工作。

柴油机在炎热气候或在密闭舱室中工作时,油箱中柴油温度可达60~80℃,而且由于油箱不断震荡,使柴油在较高温度下与空气大面积混合,燃料中溶解氧达到饱和程度。当柴油进入供油系统后,温度继续升高,并且与不同的金属接触,在这种恶劣氧化条件下,燃料中不安定成分会快速氧化而生成各种氧化缩合产物。这种产物在高温条件下在高压油泵、喷油嘴等处形成漆状沉积，造成油针活动失灵，甚至粘死而中断供油。沉积在喷油嘴周围的漆状物，高温下缩合成积炭，破坏正常供油和雾化；沉积在燃烧室壁和进、排气阀等部位的积炭则会导致金属零件磨损增大，导热不良。

(二) 储存安定性

柴油的储存安定性是指柴油在储存过程中保持其外观、组成和使用性能不变的能力。安定性好的柴油在储存中颜色和实际胶质变化不大，很少生成胶质和沉渣；安定性差的柴油最明显的表现是颜色变深，实际胶质增大。使用实际胶质含量高的柴油，容易出现喷油嘴和过滤器堵塞现象。

(三) 柴油不安定的主要原因

不饱和烃(特别是二烯烃)和环烷芳香烃是引起柴油储存安定性不良的主要原因，多环芳香烃则是引起柴油热氧化安定性不良的主要原因。

柴油中的非烃化合物不仅对储存安定性不利，而且对热安定性也有不良影响，其中以硫化物的危害最显著。为了得到储存安定性合格的柴油，必须控制这些非烃化合物的含量。

与汽油一样，直馏柴油比二次加工得到的柴油储存安定性好，特别是低硫的直馏柴油，其储存安定性更好。

(四) 评定方法

柴油产品规范中用10%蒸余物残炭值表示柴油的热氧化安定性，氧化安定性总不溶物表示柴油的储存安定性，军用柴油还增加实际胶质这一指标来表示军用柴油的储存安定性；此外，普通柴油和军用柴油还用色度来考察其精制程度，间接表示其储存安定性。

六、柴油的腐蚀性和磨损

(一) 引起柴油腐蚀和磨损的物质

柴油中的含硫量一般均较汽油中的含硫量高。柴油的含硫量对柴油机寿命影响很大，柴油中的活性硫化物常温下就能直接腐蚀金属。虽然柴油中的非活性硫化物常温下不能直接腐蚀金属，但不论是活性或非活性的，燃烧后都生成 SO_2 和 SO_3，对排气系统造成气相腐蚀。当气缸壁的温度低于它们的露点时，会凝结生成 H_2SO_3 和 H_2SO_4，附着在气缸各个部位上，对金属产生强烈的液相腐蚀，燃气中的 SO_2 和 SO_3 还能促进气缸中形成积炭，使积炭变得既多又硬。这些积炭附在零件上，加重了机械磨损。同时兼有腐蚀和机械磨损所引起的后果是十分严重的，因此柴油产品规范中都规定了含硫量的要求，近年来柴油产品规范中含硫量越来越低，这有利于降低柴油引起的腐蚀和磨损。

有机酸大部分包含在石油中的中间馏分中，因此，柴油中有机酸含量较汽油高。有机酸的含量在柴油规格中用酸度表示。柴油中酸性物质不仅腐蚀容器和发动机零件，还能使喷油泵柱塞副的磨损加剧，加速在喷油嘴周围和气缸中形成积炭，从而导致喷雾恶化，柴油机功率降低，破坏正常供油并增加气缸活塞组机件的磨损。用酸度分别为 4mgKOH/100mL 和 50mgKOH/100mL 的两种柴油在同一型号柴油机上运行，50h 后发现柴油机功率下降程度和喷嘴供油量下降程度后者比前者分别大 4.6 倍和 8 倍，柱塞和活塞环的磨损量，后者也明显大于前者。

灰分是柴油燃烧后残留的无机物，它来源于柴油中的无机盐类、金属有机物和外界进入的尘埃等。灰分进入积炭中，使积炭变得坚固耐磨，加剧了机件磨损，所以柴油必须限制灰分的含量。

柴油中的重质胶状物也能促使生成坚硬的积炭，从而加剧了机件磨损。

（二）评定指标

评定柴油的腐蚀性和磨损的指标有：硫含量、酸度、铜片腐蚀、磨痕直径、灰分和实际胶质。

车用柴油产品规范中的磨痕直径指标是通过高频往复试验机进行的[SH/T 0765—2005 车用柴油润滑性评定法(高频往复试验机法)]，主要是考察车用柴油的润滑性，因车用柴油硫含量大幅度降低，其润滑性会下降。

七、机械杂质和水分

柴油中如含有机械杂质，会使过滤器堵塞，影响或甚至中断供油。机械杂质还会造成精密零件的磨损。柴油机燃料系统的高压油泵和喷油器都是很精密的部件。这些部件如高压油泵的套筒与柱塞的配合间隙被控制在 2.5μm 以下，在这种情况下，如被机械杂质磨划而引起的划痕都会使工作性能严重恶化。同时机械杂质还会引起柱塞和喷油器中的喷针卡死，出油阀关闭不严和喷嘴上的喷孔堵塞等恶劣的后果。

柴油含有水分会降低柴油的热值；在冬季还会形成冰粒，堵塞油路；同时会带入可溶性的盐类从而增加灰分；更严重的是当有水分存在时，大大地促进了硫的燃烧产物对于气缸、活塞等引起的酸腐蚀作用。

水分和机械杂质通常都是在运输、储存和加油过程中混入柴油的，因而在储运、加油等过程中应严防混入水分和机械杂质。给柴油机加油时，柴油必须经过粗、细两个过滤器，以免冰晶和机械杂质进入。

国产柴油产品规范中都有水分和机械杂质的要求，普通柴油、车用柴油产品规范中规定不许含有机械杂质，只允许含有痕迹量的水分；军用柴油产品规范中规定机械杂质和水分均为无，且增加了固体颗粒污染物含量，要求不大于 10mg/L。

八、柴油的种类、牌号与使用

（一）柴油的种类、牌号

我国生产的柴油分为普通柴油、车用柴油和军用柴油三类。

1. 普通柴油

普通柴油我国原称为轻柴油，轻柴油的使用对象是柴油车、内燃机车、工程机械、船舶、发电机组等。随着发动机技术的改进和环保对排放的要求日益严格，汽车工业对柴油质量提出了更高的要求，原有的轻柴油标准(GB 252—2000)已不能满足要求。我国轻柴油中车用部分仅占 30%左右，其余为农用、船用、铁路机车用、矿山用及民用等，这种状况今后若干年内不会发生大的变化。为降低柴油车对大气的污染，特别是城市大气的污染(城市由于机动车数量多，因而污染大)，我国将车用柴油从原轻柴油中划分出来，向国外车用清洁柴油标准靠拢，而原轻柴油因使用对象发生变化而改称普通柴油。

普通柴油(GB 252—2015)按凝点划分为：5 号、0 号、-10 号、-20 号、-35 号、-50 号 6 个品种，其凝点分别不高于 5℃、0℃、-10℃、-20℃、-35℃、-50℃，其产品规范见表 1-11。

表 1-11 普通柴油(GB 252—2011)

项目		质量指标						试验方法
		5 号	0 号	-10 号	-20 号	-35 号	-50 号	
色度/号		3.5						GB/T 6540
氧化安定性(以总不溶物计)/(mg/100mL)	不大于	2.5						SH/T 0175
硫含量[a]/(mg/kg)	不大于	350(2017 年 6 月 30 日以前) 50(2017 年 7 月 1 日开始) 10(2018 年 1 月 1 日开始)						SH/T 0689
酸度/(mgKOH/100mL)	不大于	7						GB/T 258
10%蒸余物残炭[b](质量分数)/%	不大于	0.3						GB/T 268
灰分(质量分数)/%	不大于	0.01						GB/T 508
铜片腐蚀(50℃, 3h)/级	不大于	1						GB/T 5096
水分[c](体积分数)/%	不大于	痕迹						GB/T 260
机械杂质[c]		无						GB/T 511
运动黏度(20℃)/(mm^2/s)		3.0~8.0			2.5~8.0	1.8~7.0		GB/T 265
凝点/℃	不高于	5	0	-10	-20	-35	-50	GB/T 510
冷滤点/℃	不高于	8	4	-5	-14	-29	-44	SH/T 0248
闪点(闭口)/℃	不低于	55			45			GB/T 386
着火性[d](应满足下列要求之一)								
十六烷值	不小于	45						GB/T 386
十六烷指数	不小于	43						SH/T 0694
馏程/℃								GB/T 6536
50%回收温度	不高于	300						
90%回收温度	不高于	355						
95%回收温度	不高于	365						
密度(20℃)[e]/(kg/m^3)		报告						GB/T 1884 和 GB/T 1885
脂肪酸甲酯(体积分数)/%	不大于	1.0						GB/T 23801

a 测定方法也包括用 GB/T 380、GB/T 11140、GB/T 17040 方法测定。结果有争议时，以 SH/T 0689 方法为准。

b 若普通柴油中含有硝酸酯型十六烷值改进剂，10%蒸余物残炭的测定，应用不加硝酸酯的基础燃料进行。柴油中是否含有硝酸酯型十六烷值改进剂的检验方法见附录 B。可用 GB/T 17144 方法测定。结果有争议时，以 GB/T 268 方法为准。

c 包括用目测法，即将试样注入 100mL 玻璃量筒中，在室温(20℃±5℃)下观察，应当透明，没有悬浮和沉降的水分及机械杂质。结果有争议时，按 GB/T 260 和 GB/T 511 方法测定。

d 由中间基或环烷基原油生产的各号普通柴油的十六烷值或十六烷指数允许不小于 40(有特殊要求者由供需双方确定)。对于十六烷指数的测定也包括用 GB/T 11139。结果有争议时，以 GB/T 386 测定结果为准。

e 也包括用 SH/T 是 0604 方法。结果有争议时，按 GB/T 1884 和 GB/T 1885 方法为准。

普通柴油主要用于拖拉机、内燃机车、工程机械、船舶、发电机组、三轮汽车(最高设计车速≤50km/h，具有三个车轮的货车)和低速货车(最高设计车速≤70km/h，具有四个车轮的货车)。

普通柴油产品的标记为：牌号+普通柴油，例如：0 号普通柴油。

2. 车用柴油

为减少汽车尾气排放对环境的污染，我国于 2003 年 5 月 23 日推出了清洁柴油标准，GB/T 19147—2003《车用柴油》，该规范是参照欧洲 EN 590—1998《车用柴油》制定的，要求柴油车的排放达到欧洲Ⅱ号标准。该标准主要规定了车用柴油的硫含量由 GB 252—2000《轻柴油》不大于 0.2%降为不大于 0.05%，部分牌号十六烷值不低于 49，对氧化安定性也作了具体规定。为防止硫含量下降带来柴油润滑性能的下降，车用柴油又增加了柴油抗磨性能的指标，要求 60℃的磨痕直径不大于 460μm。

为配合我国排放法规的顺利实施，我国参照欧洲 EN 590—1999 制定了 GB 19147—2009《车用柴油》，该产品规范由推荐性国家标准改为强制性国家标准，根据国内柴油的实际生产情况，删除了 10 号柴油，车用柴油硫含量由 GB/T 19147—2003《车用柴油》不大于 0.05%降为不大于 0.035%，增加了多环芳烃、生物柴油的含量限值，修改了黏度和密度指标限值，可满足国家第Ⅲ阶段机动车污染物的排放要求，车用柴油(Ⅲ)已于 2011 年 7 月 1 日起在全国范围内实施(见表 1-12)。

为配合我国第Ⅳ阶段机动车污染物的排放要求，2013 年 2 月，我国参照欧洲 EN 590—2004 制订了 GB 19147—2013《车用柴油(Ⅳ)》，增加了Ⅳ类车用柴油，其硫含量由 GB 19147—2009《车用柴油》不大于 350mg/kg(Ⅲ类)降为不大于 50mg/kg(Ⅳ类)，车用柴油(Ⅳ)于 2015 年 1 月 1 日起在全国范围内实施(见表 1-13)。

为配合我国第Ⅴ阶段机动车污染物的排放要求，2013 年 6 月，我国参照欧洲 EN 590—2009 制定了 GB 19147—2013《车用柴油(Ⅴ)》，增加了Ⅴ类车用柴油，其硫含量不大于 10mg/kg，车用柴油(Ⅴ)将于 2018 年 1 月 1 日起在全国范围内实施(见表 1-14)。

车用柴油按凝点划分为：5 号、0 号、-10 号、-20 号、-35 号、-50 号 6 个品种，其凝点分别不高于 5℃、0℃、-10℃、-20℃、-35℃、-50℃，其产品规范见表 1-12、表 1-13 和表 1-14。车用柴油主要用于柴油发动机汽车，但不包括三轮汽车和低速货车。

表 1-12 车用柴油(Ⅲ)(GB 19147—2009)

项目		5 号	0 号	-10 号	-20 号	-35 号	-50 号	试验方法
氧化安定性/(总不溶物)(mg/100mL)	不大于	2.5						SH/T 0175
硫含量[a]/(mg/kg)	不大于	350						GB/T 0689
酸度/(以 KOH 计)(mg/100mL)	不大于	7						GB/T 258
10%蒸余物残炭[b](质量分数)/%	不大于	0.3						GB/T 268
灰分(质量分数)/%	不大于	0.01						GB/T 508
铜片腐蚀(50℃，3h)/级	不大于	1						GB/T 5096
水分[c](体积分数)/%	不大于	痕迹						GB/T 260
机械杂质[d]		无						GB/T 511
润滑性 磨痕直径(60℃)/μm	不大于	460						SH/T 0765
多环芳烃含量[e](质量分数)/%	不大于	11						SH/T 0606
运动黏度(20℃)/(mm^2/s)		3.0~8.0		2.5~8.0		1.8~7.0		GB/T 265
凝点/℃	不高于	5	0	-10	-20	-35	-50	GB/T 510
冷滤点/℃	不高于	8	4	-5	-14	-29	-44	SH/T 0248

续表

项目		5号	0号	-10号	-20号	-35号	-50号	试验方法
闪点(闭口)/℃	不低于	55	55	55	50	45	45	GB/T 261
着火性[f](需满足下列要求之一)								
十六烷值	不小于	49	49	49	46	45	45	GB/T 386
或十六烷指数	不小于	46	46	46	46	43	43	SH/T 0694
馏程/℃								GB/T 6536
50%回收温度	不高于	300	300	300	300	300	300	
90%回收温度	不高于	355	355	355	355	355	355	
95%回收温度	不高于	365	365	365	365	365	365	
密度[g](20℃)/(kg/m^3)		810~850	810~850	810~850	810~850	790~840	790~840	GB/T 1884 GB/T 1885
脂肪酸甲酯[h](体积分数)/%	不大于	1.0	1.0	1.0	1.0	1.0	1.0	GB/T 23801

a　也可采用 GB/T 380、GB/T 11140 和 GB/T 17040 进行测定，结果有异议时，以 SH/T 0689 方法为准。

b　也可采用 GB/T 17144 方法测定。结果有异议时，以 GB/T 268 方法为准。若车用柴油中含有硝酸酯型十六烷值改进剂，10%蒸余物残炭的测定，必须用不加硝酸酯的基础燃料进行。柴油中是否含有硝酸酯型十六烷值改进剂的检验方法见附录 B。

c　可用目测法，即将试样注入 100mL 玻璃量筒中，在室温(20℃±5℃)下观察，应当透明，没有悬浮和沉降的水分。结果有异议时，按 GB/T 260 测定。

d　可用目测法，即将试样注入 100mL 玻璃量筒中，在室温(20℃±5℃)下观察，应当透明，没有悬浮和沉降的机械杂质。结果有异议时，按 GB/T 511 测定。

e　也可采用 SH/T 0806，结果有异议时，以 SH/T 0606 方法为准。

f　十六烷指数的计算也可采用 GB/T 11139。结果有异议时，以 GB/T 386 方法为准。

g　也可采用 SH/T 0604，结果有异议时，以 GB/T 1884 和 GB/T 1885 方法为准。

h　脂肪酸甲酯应满足 GB/T 20828 的要求。

表 1-13　车用柴油(Ⅳ)(GB 19147—2013)

项目		5号	0号	-10号	-20号	-35号	-50号	试验方法
氧化安定性/(总不溶物)(mg/100mL)	不大于	2.5	2.5	2.5	2.5	2.5	2.5	SH/T 0175
硫含量[a]/(mg/kg)	不大于	50	50	50	50	50	50	GB/T 0689
酸度/(以 KOH 计)(mg/100mL)	不大于	7	7	7	7	7	7	GB/T 258
10%蒸余物残炭[b](质量分数)/%	不大于	0.3	0.3	0.3	0.3	0.3	0.3	GB/T 268
灰分(质量分数)/%	不大于	0.01	0.01	0.01	0.01	0.01	0.01	GB/T 508
铜片腐蚀(50℃，3h)/级	不大于	1	1	1	1	1	1	GB/T 5096
水分[c](体积分数)/%	不大于	痕迹	痕迹	痕迹	痕迹	痕迹	痕迹	GB/T 260
机械杂质[d]		无	无	无	无	无	无	GB/T 511
润滑性								SH/T 0765
磨痕直径(60℃)/μm	不大于	460	460	460	460	460	460	
多环芳烃含量[e](质量分数)/%	不大于	11	11	11	11	11	11	SH/T 0606
运动黏度(20℃)/(mm^2/s)		3.0~8.0	3.0~8.0	2.5~8.0	2.5~8.0	1.8~7.0	1.8~7.0	GB/T 265
凝点/℃	不高于	5	0	-10	-20	-35	-50	GB/T 510
冷滤点/℃	不高于	8	4	-5	-14	-29	-44	SH/T 0248

续表

项　目		5号	0号	-10号	-20号	-35号	-50号	试验方法
闪点(闭口)/℃	不低于	55			50	45		GB/T 261
十六烷值	不小于	49			46	45		GB/T 386
十六烷指数[f]	不小于	46			46	43		SH/T 0694
馏程/℃ 50%回收温度 90%回收温度 95%回收温度	 不高于 不高于 不高于	 300 355 365						GB/T 6536
密度[g](20℃)/(kg/m³)		810~850				790~840		GB/T 1884 GB/T 1885
脂肪酸甲酯[h](体积分数)/%	不大于	1.0						GB/T 23801

a　也可采用GB/T 11140和ASTMD7039进行测定，结果有异议时，以SH/T 0689方法为准。

b　也可采用GB/T 17144方法测定。结果有异议时，以GB/T 268方法为准。若柴油中含有硝酸酯型十六烷值改进剂，10%蒸余物残炭的测定，必须用不加硝酸酯的基础燃料进行。柴油中是否含有硝酸酯型十六烷值改进剂的检验方法见附录B。

c　可用目测法，即将试样注入100mL玻璃量筒中，在室温(20℃±5℃)下观察，应当透明，没有悬浮和沉降的水分。结果有异议时，按GB/T 260测定。

d　可用目测法，即将试样注入100mL玻璃量筒中，在室温(20℃±5℃)下观察，应当透明，没有悬浮和沉降的机械杂质。结果有异议时，按GB/T 511测定。

e　也可采用SH/T 0806，结果有异议时，以SH/T 0606方法为准。

f　十六烷指数的计算也可采用GB/T 11139。结果有异议时，以SH/T 0694方法为准。

g　也可采用SH/T 0604，结果有异议时，以GB/T 1884和GB/T 1885方法为准。

h　脂肪酸甲酯应满足GB/T 20828的要求。

表1-14　车用柴油(Ⅴ)(GB 19147—2013)

项　目		5号	0号	-10号	-20号	-35号	-50号	试验方法
氧化安定性(总不溶物)/(mg/100mL)	不大于	2.5						SH/T 0175
硫含量[a]/(mg/kg)	不大于	10						GB/T 0689
酸度(以KOH计)/(mg/100mL)	不大于	7						GB/T 258
10%蒸余物残炭[b](质量分数)/%	不大于	0.3						GB/T 268
灰分(质量分数)/%	不大于	0.01						GB/T 508
铜片腐蚀(50℃，3h)/级	不大于	1						GB/T 5096
水分[c](体积分数)/%	不大于	痕迹						GB/T 260
机械杂质[d]		无						GB/T 511
润滑性 磨痕直径(60℃)/μm	 不大于	 460						SH/T 0765
多环芳烃含量[e](质量分数)/%	不大于	11						SH/T 0606
运动黏度(20℃)/(mm²/s)		3.0~8.0		2.5~8.0		1.8~7.0		GB/T 265
凝点/℃	不高于	5	0	-10	-20	-35	-50	GB/T 510
冷滤点/℃	不高于	8	4	-5	-14	-29	-44	SH/T 0248
闪点(闭口)/℃	不低于	55			50	45		GB/T 261

续表

项　目		5号	0号	-10号	-20号	-35号	-50号	试验方法
十六烷值	不小于	49			46	45		GB/T 386
十六烷指数[f]	不小于	46			46	43		SH/T 0694
馏程/℃ 50%回收温度 90%回收温度 95%回收温度	 不高于 不高于 不高于	 300 355 365						GB/T 6536
密度[g](20℃)/(kg/m³)		810~850				790~840		GB/T 1884 GB/T 1885
脂肪酸甲酯[h](体积分数)/%	不大于	1.0						GB/T 23801

a　也可采用 GB/T 11140 和 ASTMD7039 进行测定，结果有异议时，以 SH/T 0689 方法为准。

b　也可采用 GB/T 17144 方法测定。结果有异议时，以 GB/T 268 方法为准。若柴油中含有硝酸酯型十六烷值改进剂，10%蒸余物残炭的测定，必须用不加硝酸酯的基础燃料进行。柴油中是否含有硝酸酯型十六烷值改进剂的检验方法见附录 B。

c　可用目测法，即将试样注入 100mL 玻璃量筒中，在室温(20℃±5℃)下观察，应当透明，没有悬浮和沉降的水分。结果有异议时，按 GB/T 260 测定。

d　可用目测法，即将试样注入 100mL 玻璃量筒中，在室温(20℃±5℃)下观察，应当透明，没有悬浮和沉降的机械杂质。结果有异议时，按 GB/T 511 测定。

e　也可采用 SH/T 0806，结果有异议时，以 SH/T 0606 方法为准。

f　十六烷指数的计算也可采用 GB/T 11139。结果有异议时，以 SH/T 0694 方法为准。

g　也可采用 SH/T 0604，结果有异议时，以 GB/T 1884 和 GB/T 1885 方法为准。

h　脂肪酸甲酯应满足 GB/T 20828 的要求。

车用柴油产品的标记为：牌号+车用柴油+(类别)，例如：-10 号车用柴油(Ⅳ)。

(二)柴油的选用

选用柴油的原则是首先根据装备确定使用柴油的种类，然后根据使用地区最低气温确定牌号。

1. 根据装备类型选用柴油种类

舰艇和坦克装甲选用军用柴油，柴油汽车(不包括三轮汽车和低速货车)选用车用柴油，内燃机车、工程机械、船舶、发电机组等选用普通柴油。

2. 根据使用地区气温选用柴油牌号

柴油牌号的选用原则是：柴油的凝点应比使用地区的最低气温低 5~7℃，冷滤点等于使用气温，柴油各牌号的最低使用气温见表 1-15。

表 1-15　各牌号柴油的最低使用气温　　℃

牌　号	5号	0号	-10号	-20号	-35号	-50号
普通柴油	8	4	-5	-14	-29	-44
车用柴油	8	4	-5	-14	-29	-44
军用柴油			-5		-29	-44

如使用地区气温在-10℃，坦克应选用-35 号军用柴油，柴油车选用-20 号车用柴油，工程机械选用-20 号普通柴油。

按使用地区分，各牌号柴油使用地区范围大致如下：5 号、0 号适于全国各地区 4~9 月份使用，长江以南地区冬季也可使用；-10号适于长城以南地区冬季和长江以南地区严冬使用；-20号适用于长城以北地区冬季和长城以南、黄河以北地区严冬使用；-35号适于东北、华北、西北寒区严冬使用；-50号适用于东北、华北、西北严寒区冬季使用。

-35号、-50号柴油因生产资源有限，成本高、价格贵，如在夏季或南方使用，不仅造成浪费，还因含有轻质成分较多，对防火安全不利。

我国推荐用风险率为10%的最低气温来估计使用地区的最低温度，如某地某月风险率为10%的最低气温为-14℃，表示最低温度低于-14℃的概率为0.1，或者说最低温度低于-14℃的可能性不超过10%，我国各地区风险率为10%的最低气温值见表1-16。

表1-16　我国各地区风险率为10%的最低气温值　℃

项　目	一月份	二月份	三月份	四月份	五月份	六月份	七月份	八月份	九月份	十月份	十一月份	十二月份
河北省	-14	-13	-5	1	8	14	19	17	9	1	-6	-12
山西省	-17	-16	-8	-1	5	11	15	13	6	-2	-9	-16
内蒙古自治区	-43	-42	-35	-21	-7	1	4	1	-8	-19	-32	-41
黑龙江省	-44	-42	-35	-20	-6	1	7	4	-6	-20	-35	-43
吉林省	-29	-27	-17	-6	1	8	14	12	2	-6	-17	-26
辽宁省	-28	-21	-12	-1	6	12	18	15	6	-2	-12	-20
山东省	-12	-12	-5	2	8	14	19	18	11	4	-4	-10
江苏省	-10	-9	-3	3	11	15	20	20	12	5	-2	-8
安徽省	-7	-7	-1	5	12	18	20	20	14	7	0	-6
浙江省	-4	-3	1	6	13	17	22	21	15	8	2	-3
江西省	-2	-2	3	9	15	20	23	23	18	12	4	0
福建省	-4	-2	3	8	14	18	21	20	15	8	1	-3
台湾省①	3	0	2	8	10	16	19	19	13	10	1	2
广东省	1	2	7	12	18	21	23	23	20	13	7	2
海南省	9	10	15	19	22	24	24	23	23	19	15	12
广西壮族自治区	3	3	8	12	18	21	23	23	19	15	9	4
湖北省	-2	-2	3	9	14	18	22	21	16	10	1	-1
河南省	-10	-9	-2	4	10	15	20	18	11	4	-3	-8
四川省	-21	-17	-11	-7	-2	1	2	1	0	-7	-14	-19
贵州省	-6	-6	-1	3	7	9	12	11	8	4	-1	-4
云南省	-9	-8	-6	-3	1	5	7	7	5	-1	-5	-8
西藏自治区	-29	-25	-21	-15	-9	-3	-1	0	-6	-14	-22	-29
新疆维吾尔族自治区	-40	-38	-28	-12	-5	-2	0	-2	-6	-14	-25	-34
青海省	-33	-30	-25	-18	-10	-6	-3	-4	-6	-16	-28	-33
甘肃省	-23	-23	-16	-9	-1	3	5	5	0	-8	-16	-22
陕西省	-17	-15	-6	-1	5	10	15	12	6	-1	-9	-15
宁夏回族自治区	-21	-20	-10	-4	2	6	9	8	3	-4	-12	-19

① 台湾省所列的温度是绝对最低气温，即风险率为0%的最低气温。

九、柴油的性质与实用性能的关系

在柴油的各种性能中，燃烧性能是最重要的性能之一，其主要评定指标是十六烷值，其他指标如黏度、馏分组成等，也是为了改善燃烧性能。

表征柴油性能的主要质量指标包括：十六烷值、闪点、氧化安定性、硫含量、凝点和冷滤点等。表 1–17 列出了柴油性能与实用性能的关系，其中柴油的环境友好性(过去称发烟性)和润滑性是近年来才被重视的问题。

表 1–17 柴油性质与实用性能的关系

柴油实用性能	柴油性能指标
输送性和储存性	闪点、黏度、铜片腐蚀
燃烧性和蒸发性	十六烷值、馏程、密度、灰分
储存安定性	氧化安定性、色度
腐蚀性	铜片腐蚀、硫含量、酸度、水分
低温流动性	凝点、冷滤点
安全性	闪点
环境友好性	硫含量、芳烃、多环芳烃、烯烃
洁净性和润滑性	10%蒸余物残炭、机械杂质、硫含量

油品的性质决定于其化学组成，对柴油而言，烷烃含量高，其十六烷值高，发火性好，而芳香烃含量高，十六烷值低，柴油机不易启动。但烷烃含量过高，会导致柴油凝点或冷滤点偏高。因此，柴油燃料的组成(烃族组成或结构族组成)应控制在一定范围，以兼顾好各性能指标的关系，见表 1–18。

表 1–18　柴油组成与性能的关系

烃类型	密度	体积发热量	低温流动性	燃烧性	黑烟	氧化安定性
直链(正构)烷烃	低	低	劣	优	少	优
支链(异构)烷烃	低	低	优	稍差	少	优
烯烃	低	低	优	稍差	中	劣
环烷烃	中	中	优	中	中	中
芳香烃	高	高	中	劣	多	中

第三节　喷气燃料的性能与特征性能参数

喷气燃料是涡轮喷气发动机、涡轮风扇发动机、涡轮螺旋桨发动机、涡轮轴发动机的动力燃料。飞机发动机又称航空发动机，是飞机动力装置的主要组成部分。它的主要功用是提供飞机运动所需的动力——“推力”或“拉力”，用以克服飞机的惯性和空气阻力。按产生推进动力的原理不同，航空发动机可分为直接反作用力发动机、间接反作用力发动机两类。

直接反作用力发动机是利用向后喷射高速气流，产生向前的反作用力来推进飞行器。直接反作用力发动机又叫喷气式发动机，这类发动机主要有涡轮喷气发动机、涡轮风扇发动机等。

间接反作用力发动机是由发动机带动飞机的螺旋桨、直升机的旋翼旋转对空气作功，使空气加速向后(向下)流动时，空气对螺旋桨(旋翼)产生反作用力来推进飞行器。这类发动机有航空活塞式发动机、涡轮螺旋桨发动机、涡轮轴发动机等。

航空活塞式飞机发动机工作原理与汽油机相同，而涡轮风扇发动机、涡轮螺旋桨发动机、涡轮轴发动机设计是以涡轮喷气发动机为基础，其工作原理与涡轮喷气发动机基本相同。

一、对喷气燃料的品质要求

喷气发动机是在高空、低温和低气压条件下把燃料的热能转变为燃气动能进行工作的。其工作特点是喷气发动机在启动时由电火花把喷出的航空活塞式发动机燃料引燃后，再换用喷油嘴喷入喷气燃料，在高速空气流中连续喷油，连续燃烧。其燃烧速度比活塞式发动机快数倍，要求燃料燃烧连续，平稳，迅速，安全。欲在高空飞行中满足上述要求，会遇到很多问题。例如，高空飞行中，因为空气不足，发动机变换工作状态时容易熄火；燃烧不易完全，以致产生积炭和增加耗油率；高空气温低，燃料较难顺利地从油箱流入发动机；高空的低气压使燃料容易蒸发；由于高速飞行与空气摩擦产生热量，使燃料温度升高，容易变质等。为了保证喷气发动机正常工作，杜绝上述问题发生，喷气燃料必须具备以下一些性能：

（1）良好的燃烧性；

（2）适当的蒸发性；

（3）低温流动性好；

（4）良好的洁净度；

（5）较好的热安定性和储存安定性；

（6）良好的润滑性；

（7）无腐蚀性；

（8）良好的橡胶相容性；

（9）良好的抗静电着火性。

二、喷气燃料的燃烧性

涡轮发动机燃烧的特点，是在高空低温和极短的时间内，大量的燃料必须在高速气流中连续、稳定、完全地燃烧，最大限度地放出所含的热量。

（一）对燃料燃烧性的要求

1. 燃烧要连续、稳定

在高空低温条件下，当工作条件变化时，不熄火，不产生空中停车；在严寒地区冬季和高空熄火后应容易启动。

2. 燃烧要完全

燃烧完全生成的积炭才少。积炭附在火焰筒壁上，会引起火焰筒的变形和裂纹；积炭沉积在喷嘴上，可能使燃料雾化不良，使燃烧过程变坏，有可能产生自动熄火停车的现象；积炭沉积在起动喷油点火器电极之间，会造成“连桥”而产生短路，妨碍点火，使发动机难以启动。

3. 燃料热值要高

热值高，发动机才有可能获得较大的推力，增加飞机作战半径。

（二）燃烧性的评定指标

喷气燃料燃烧性的评定指标有无烟火焰高度和辉光值。

1. 无烟火焰高度(烟点)

燃料燃烧后在发动机燃烧室内生成积炭会造成极大危害。积炭的生成除和发动机的构造、工作条件等有密切关系外，与燃料蒸发性、黏度、化学组成(主要是芳香烃含量)都有很大关系。为了较直接地进一步评定喷气燃料燃烧时生成积炭的倾向，喷气燃料产品规范中规定了无烟火焰高度这一指标。

无烟火焰高度又称烟点，试验按GB/T 382《煤油烟点测定法》进行，是在规定的条件下，试样在标准灯具中燃烧时不冒黑烟的最大火焰高度，单位为mm。燃料中芳香烃越多，其无烟火焰高度越小，燃料馏分愈重，则无烟火焰高度也愈低，燃烧时生成的炭粒越多，火焰明亮度越大，易使燃烧室受辐射过多而超温，故生成积炭的倾向显著增大。合适的烟点，可以保证燃料正常燃烧，避免积炭形成。

国产喷气燃料均须进行无烟火焰高度测定，我国常用的3号喷气燃料要求无烟火焰高度不小于25mm；或无烟火焰高度不小于20mm，但萘系烃含量不大于3%(体积分数)，以限制双环芳香烃含量，因双环芳香烃比单环芳香烃更易产生较多的积炭。

2. 辉光值(LN)

辉光值主要用来表示燃料燃烧时的火焰辐射强度。

辉光值是在固定火焰辐射强度下(于可见光谱的黄绿带内)火焰温升的数值，试验按GB/T 11128《喷气燃料辉光值测定法》进行，测定是在相当于四氢萘烟点时的固定辐射强度下，将试验燃料和两个标准燃料分别在规定的烟灯中燃烧，比较它们火焰温度的升高值而得出的，一个标准燃料是四氢萘，其辉光值定为0；另一个标准燃料是异辛烷，其辉光值定为100。试验燃料的辉光值按试验方法中给定的公式求出。

燃料的生炭性强，燃气中的炭微粒增多。炽热的炭粒增加了火焰的辐射强度和火焰的明亮度，加速火焰筒出现裂纹和烧穿，缩短其使用期限。燃料的辉光值越高，表示燃料辐射强度越低，燃烧越完全，燃烧时生成的积炭倾向越小。燃料的辉光值过低，火焰筒的使用寿命将缩短。3号喷气燃料规定辉光值不小于45。

三、喷气燃料的安定性

喷气燃料的安定性是指储存和使用中是否容易变质的特性。燃料不易变质，安定性就好。

(一) 储存安定性

喷气燃料在不同气候条件下储存6~10年后，酸度和实际胶质略有增加，颜色有所加深，其他无明显变化，全部质量标准仍然合格，可见喷气燃料储存安定性很好，其原因主要是喷气燃料都是直馏或加氢产品，烯烃含量极少，硫化物特别是硫醇性硫控制很严，在储存过程中氧化反应很微弱，胶质和酸性物质生成量很少。

喷气燃料中胶质和酸度增加的原因，仍是喷气燃料中含有少量不安定的成分，如烯烃、带不饱和侧链的芳烃以及少量的非烃成分等。喷气燃料中含有不饱和烃越少，则燃料诱导期越长，安定性越好。储存条件对喷气燃料在储存中的质量变化有很大影响，其中最重要的是温度。当温度升高时，燃料氧化的速度加快，使胶质、酸度增大，同时也使燃料的颜色变深。同一燃料，在北方储存两年后颜色较浅，而在南方储存两年后颜色较深，尽管两种油的胶质含量相近。

对航空发动机实际使用有明确影响的燃料安定性主要体现在实际胶质和沉淀物的生成倾

向，特别是生成沉淀物的倾向。因此，沉淀物生成倾向是影响喷气燃料使用性能关键因素，对航空发动机的使用危害很大，可通过考察燃料生成沉淀物的倾向来评价燃料变色对安定性的影响。

喷气燃料规格中对实际胶质、烯烃含量、总硫含量、硫醇性硫含量、颜色以及总酸值都作了严格规定，从而保证燃料具有良好的储存安定性。

（二）热安定性

1. 定义

喷气燃料在超音速飞机中工作时，由于气动加热，会使喷气燃料温度升高而产生胶质沉淀等。喷气燃料抵抗这种因受热而引起质量变化的特性，称为热安定性。

2. 产生原因

当飞行速度超过音速以后，由于空气动力加热，使飞机表皮温度上升。飞机速度愈大，温度上升程度愈严重。当马赫数 $M=2$ 时，飞机表面温度约为 130～152℃；当 $M=3$ 时，约为 227～316℃。飞机表面的热有一部分传给了油箱中的燃料使燃料温度升高；此外燃料还用来冷却润滑油、液压油和座舱空气，这样便使燃料温度迅速升高。例如协和式运输机以 $M=2.2$ 的速度在气温为-56℃的 18000m 高空飞行时，飞机表面温度为 150～200℃，油箱中的燃料温度达 85℃，喷嘴前的燃料温度约 150℃，当飞机降落时，由于油门关小，发动机润滑油冷却器中燃料流量减小，燃料温度迅速升到 205℃，在这温度下约保持 15min。$M=3$ 的超音速飞机油箱中燃料的温度能达 110℃，滑润油散热器中的燃料，飞机降落时最高达到 260℃。

3. 燃料热安定性的评定方法

喷气燃料用 GB/T 9169—2010《喷气燃料热氧化安定性的测定 JFTOT 法》来评定其热安定性。试验结果主要用加热管表面沉积物的颜色级别和试验过滤器压差作为评定喷气燃料热氧化安定性的标准。

3 号喷气燃料要求过滤器压力降不大于 3.3kPa，管壁评级小于 3 级，且无孔雀蓝色或异常沉淀物。

4. 提高燃料热安定性的途径

精制不好的喷气燃料，当温度高于 100℃以后，热安定性就迅速降低。为了满足更高使用温度的要求，则必须进一步提高燃料热安定性。经常采取的方法有两个：一是对燃料进行深度精制，二是加入热安定性添加剂。

（1）精制方法。常用的精制方法是加氢精制，将组分中的不安定烃类和含氧、硫、氮的非烃化合物除去后，燃料热安定性即得到提高。另外，加氢精制还能将不饱和烃饱和、部分芳香烃转化为环烷烃。

（2）热安定性添加剂。常用的热安定性添加剂主要有高分子胺类、烷基苯酚类和共聚物等几种类型。

四、喷气燃料的腐蚀性

喷气发动机的燃料系统，特别是燃料泵的调节装置是一个很精密的零件，各个活动部分的配合间隙很小，而且工作频繁，有些转速很高。如果燃料对这些零件的金属产生腐蚀，就会产生严重的危害甚至产生事故。同时燃气的温度很高，燃烧室、涡轮等都是在高温、高热负荷下工作，燃气如对这些部件产生腐蚀，也会造成严重危害和事故。为了保证发动机的正常工作，延长发动机的寿命，燃料对发动机应无腐蚀性，而且还应不腐蚀储运设备。

（一）腐蚀性物质

喷气燃料的腐蚀作用表现在气相和液相两方面，引起腐蚀原因不同，解决方法也有差别。导致喷气燃料气相腐蚀的主要是含 SO_2 和 SO_3 气体在高温下对金属的腐蚀。关于液相腐蚀，其产生原因、危害及控制指标，与汽油、柴油类似，但因喷气发动机的燃料系统有些部件精密度很高，合金材料多，腐蚀问题更为严重。

燃料中的烃类在液态时并无腐蚀作用，液态时对金属的腐蚀主要是由活性硫化合物（如元素硫、硫化氢和低分子硫醇）、含氧化合物（环烷酸等）、水分和微生物所引起的。

由于铜对硫及硫化物的腐蚀比较灵敏，所以可用铜片试验来检查喷气燃料中的硫及活性硫化物的腐蚀性。因喷气发动机的高压油泵采用镀银附件，以提高其耐磨性，而银对某些硫化物腐蚀比铜更为敏感，虽然燃料的铜片试验合格，但仍发现对镀银表面有腐蚀现象。故在喷气燃料规格中增添了银片试验，以防止燃料对油泵镀银部件产生硫化腐蚀。根据研究试验，喷气燃料随元素硫含量增多，对银片的腐蚀加深。因此，银片试验以银片变黑程度划分试验结果的等级。

1. 环烷酸

从原油直接蒸馏出来的喷气燃料，其中会含有少量环烷酸，工厂一般通过碱洗使环烷酸含量尽量减少。喷气燃料中环烷酸的多少用酸度表示。

环烷酸会腐蚀铅、锌等金属，还会与燃料系统中零件的镀镉层作用，产生不溶性的沉淀物，严重时会堵塞过滤器，破坏发动机的正常工作。因此对喷气燃料的酸度需加以限制，以防止环烷酸的腐蚀作用。

2. 水分

燃料中进入水分后会引起腐蚀。燃料中的游离水会腐蚀低合金钢零件，腐蚀锌和镉等有色金属制件。燃料中的水分还会引起油罐、油桶和管线内部的锈蚀。

3. 微生物

喷气燃料中的微生物约有 100 多种，最常见的是树脂芽枝霉。在有水的环境中，能在一较宽温度范围生长，最有利的繁殖温度是 25~35℃。如有铁锈及污渣等，繁殖特别迅速。它们主要以直链烃为食物，然后产生出二氧化碳、醇、酯、有机酸等物质。当储油容器、飞机油箱等长期未清洗，底部有水，在湿热的情况下，微生物容易繁殖。在油水界面上繁殖出的微生物，有的能产生有机酸，有的能将燃料中的硫化物转化为元素硫及硫化氢等活性硫化物，使容器遭受腐蚀。为了防止微生物引起的腐蚀，可以在燃料中加入适量的杀菌剂，如加入 1μg/g 的甲基紫即可有效地防止微生物引起的腐蚀。微生物缺乏游离水时，便不会繁殖，所以，在储运及使用过程中，防止水分进入和及时排出储油器及飞机油箱中的水分，去掉微生物繁殖的条件，亦可防止微生物引起的腐蚀。

（二）评定方法

控制喷气燃料腐蚀性的指标有铜片腐蚀，银片腐蚀、总酸值、总硫含量、硫醇性硫和博士试验。

五、喷气燃料的低温性

喷气燃料的低温性是指在低温下，燃料在飞机燃料系统中能否顺利泵送和通过油滤的性能。燃料在较低的温度下使用，不应因烃类结晶和燃料中的水分结冰而堵塞过滤器，影响供油。

在实际测定飞机燃料系统油温的过程中，发现飞机燃料系统中燃料的最低温度主要取决于地面温度；燃料系统中出现最低油温的部位，是直接与冷空气接触的副油箱。在冬季的海拉尔地区，飞机副油箱中燃料温度曾达-50.5℃；燃料系统的最低油温与飞行最低气温层的时间有关，在最低气温层飞行时间愈长，燃料温度下降程度愈大。

（一）评定指标

我国喷气燃料低温性用冰点表示。冰点是在规定条件下，航空燃料经冷却后出现固态烃类结晶，然后使燃料升温，当烃类结晶完全消失时的最低温度。冰点测定按 GB/T 2430《航空燃料冰点测定法》进行。

（二）主要影响因素

1. 燃料的化学组成

燃料是由烃类组成的，正构烷烃和某些芳香烃的冰点高，而环烷烃和烯烃较低。同一族烃中，随分子量增加，其冰点升高。石蜡基原油（如大庆原油）生产的直馏喷气燃料，其冰点只能达到-47℃左右，而中间基原油（如克拉玛依原油）则可以生产冰点低于-57℃的直馏喷气燃料。

2. 水分

（1）燃料的溶水性。燃料中含有的微量水分，在低温下形成冰晶，造成过滤器堵塞、供油不畅等问题。燃料中的水分除来源于储运保管，使用中管理不善而落入雨雪外，主要是因为烃类具有溶水性，会从空气中吸收水气，使无水的燃料“自动”地含有微量水分。

燃料中的水分以溶解水和游离水两种形式存在于油中。溶解水是由于燃料中烃类具有微弱的溶水性，从空气中溶解一些水分所形成的。不同烃类的溶水性是有差别的，在相同温度下，芳香烃，特别是苯的溶水性最强，环烷烃次之，烷烃最弱。因此从降低结晶点的角度，也需要限制芳香烃的含量。游离水是指悬浮在油中的水粒和沉淀在容器底部的水分。

水在燃料中的溶解度随温度的变化而变化。温度愈高，水在燃料中的溶解度愈大；温度降低，溶解度减小。如大庆喷气燃料，在 10℃时对水的溶解度为 0.0055%（质量分数），30℃时则为 0.0110%。如 100kg 大庆喷气燃料在 10℃时，可溶解 5.5g 的水；在 30℃时，可溶解 11g 的水。燃料温度升高，燃料便由空气中吸取水分，燃料温度降低，由于燃料对水的溶解度减小，使已溶解的少量水分从油中析出，成为游离水，沉积在油罐底部。这个过程反复多次，罐底积水就会增加。

空气相对湿度增大，燃料会从空气中吸入水分，使燃料中含水量增大。相对湿度愈大，水分吸入愈快，含水量也愈大，一直达到饱和为止。我国南方湿度大，这个问题比较严重。

（2）燃料中水分的危害。燃料中如含有游离水，在高空低温下，会冻结成冰晶，堵塞过滤器，影响正常供油和飞行安全。加入飞机油箱的燃料一般不会带有游离水。但当燃料中溶解水接近或达到饱和状态时，在高空油温降低，燃料对水的溶解度减小，部分溶解水即从燃料中析出成为悬浮在燃料中的微小水粒。当温度降至 0℃以下时，即变成冰晶。燃料中出现冰晶以后，燃料系统油滤便容易被堵塞，从而减少对发动机的供油量。燃料中溶解的水愈多，供油量减少的程度愈严重。

（三）防止燃料产生冰晶的方法

防止燃料在低温下析出冰晶，除了有些飞机从压缩器引来热空气加热燃料或油滤，或用润滑油加温燃料外，常采用冷冻过滤和加入防冰添加剂的方法。

1. 冷冻过滤

该方法是在冬季气温低于0℃时，将地下油罐中温度较高的燃料，泵送到容量较小的露天油罐内，经过24小时以上的冷冻，使燃料中的水分析出，冻结成冰晶，然后经过滤除去。处理后的燃料应立即密闭注入飞机油箱中使用，否则在较高温度下与空气接触，会重新溶入水分。冷冻过滤不能解决飞机升入高空后温度降低再次产生的冰晶。

2. 防冰添加剂

燃料在低温下会产生冰晶，是由于燃料具有可逆的溶水性。即当温度升高时，燃料会从空气中吸收水分；当燃料中含水较多，遇到温度突然下降，部分溶解水便析出呈悬浮状的小水滴，在低温下冻结成冰晶。如果燃料的溶水性是不可逆的，在温度骤降时水分则不会析出，也不会有冰晶出现。在燃料中加入醇类或醚类，可以将燃料的溶水性变为不可逆的过程，即可防止或消除燃料中的冰晶。效果较好的防冰添加剂是醇醚化合物。

我国使用的醇醚化合物防冰剂为乙二醇甲醚，是有醇味的无色透明液体，有毒性，密度大于950kg/m^3，易溶于燃料，添加量为0.10%~0.15%(体积分数)。由于防冰剂具有很强的吸水性，必须密封储存。在北方冬季添加防冰剂时，应在机场油库现用现加，要使防冰添加剂均匀混入喷气燃料中，否则会影响防冰效果。

六、喷气燃料的洁净度

喷气燃料的洁净度目前已成为影响飞行安全的极重要因素之一。引起燃料洁净度下降的主要物质有水分、固体杂质、表面活性物质以及微生物等等。这些污染物质进入燃料，同储存、运输、使用管理不善有密切关系，应引起油料工作者的严重注意。

(一) 各种污染物及危害性

1. 水分

水分对喷气燃料的危害，除了能增加燃料腐蚀性、恶化低温性能外，还能破坏燃料的润滑性，增大磨损，严重时会卡死油泵的柱塞；水分过多时，会引起发动机熄火。

水分还会引起燃料生成片状或头皮状悬浮物和絮状物，它们是水、铁锈和碱相互作用的产物，主要成分是氢氧化铁。当游离水超过一定数量后，能和燃料中的微量胶质结合，在燃料过滤器的过滤网上形成一层黏稠薄膜，使过滤效率降低，甚至堵塞滤网，中止供油。

储存喷气燃料的容器中禁止出现游离水，因为游离水会引起燃料中滋生微生物。微生物的代谢作用所生成的表面活性物质会污染油品，有的微生物能使油中的硫酸盐还原成硫化氢，使油品产生腐蚀性，大大加速燃料容器的腐蚀，并使涂层变松。在适宜条件下大量繁殖的微生物也会堵塞过滤器，美国舰载飞机就曾发生过微生物堵塞过滤器等事故。因此国际民航规定喷气燃料中的悬浮水含量不得超过30μg/g(悬浮水含量超过30μg/g时，会出现浑浊现象)。

2. 固体物质

喷气燃料在储运、使用过程中，由外界混入的固体杂质主要有尘土、砂砾、纤维和腐蚀产生的黑色Fe_3O_4和红色Fe_2O_3。较大的固体杂质其直径可达0.01~0.1mm，它们对燃料系统中的高压油泵和喷油嘴之类精密部件危害很大。这些精密部件的装配间隙有的仅为0.005~0.01mm，燃料中的固体颗粒会划伤甚至卡死这些零件。杂质进入油路，会堵塞过滤器；杂质进入喷油嘴，会减少喷油量，使涡轮所受燃气压力不均，严重时发动机涡轮叶片根部出现裂纹，甚至折断。据研究，喷气燃料中的固体微粒，如大小为10~80μm，含量超过1mg/L，就会引起燃油系统的故障；如小于10μm，而含量超过3mg/L时，也有产生故障的可能。因此，国际航空运输协会（IATA）主张喷气燃料中固体微粒的直径不大于 5μm，含量不大于 1mg/L，国产 3 号喷气燃料规定固体颗粒污染物含量不大于 1mg/L。

3. 表面活性物质

表面活性物质是分子中同时具有亲水基团和亲油基团，能使界面张力急剧下降的物质。喷气燃料中的表面活性物质种类很多，常见的有环烷酸和环烷酸盐、磺酸和磺酸盐，此外还有胺类和酚类等。表面活性物质部分是油中固有的，部分是精制过程中产生的。喷气燃料中表面活性物质的含量很少，但这种痕迹量物质对燃料影响却很大。当燃料中的表面活性物质含量达到 0.5~1.5μg/g 时，燃料中的游离水就难以分离干净，并降低过滤器滤网上油膜的表面张力，促使一些固体微粒和水分聚集在过滤器上，过滤器使用周期下降 80%。表面活性物质还会形成绿色或黑色的黏液，影响过滤器正常供油。当有机酸盐这类表面活性剂含量超过一定数量时，燃料的氧化安定性变坏，颜色变深。

4. 微生物

喷气燃料中的微生物不但会加速油料容器的腐蚀和使油箱涂层松软，还会在有利条件下大量繁殖堵塞过滤器。

另外，喷气燃料中含有少量胶质、环烷酸或环烷酸皂等物质，容器中有污垢、氢氧化铁、铁锈以及水分易在容器底部油水界面形成一种油、水界面膜，这种膜经搅动可以破裂为小块头皮状悬浮物，但静置一段时间又恢复原状。这种物质可以用沉降、过滤方法除去。燃料中曾有过絮状悬浮物，这是由于精制燃料中有游离碱或水洗时产生环烷酸盐所致。

5. 悬浮物

喷气燃料悬浮物问题过去时有发生，现在发生的次数增加，程度也更加严重。为了保持喷气燃料的洁净度，除了在炼油厂加工中应完全脱除水分、碱、机械杂质等以外，在储运和使用中精心管理，注意在收发、运输、加注各个环节中，杜绝水分、固体颗粒杂质等混入油中，能有效地防止燃料中污染物的形成和凝聚。为保证飞行安全，机场所用飞机加油车上装有三级过滤器，其中精过滤器可以除去大于 5μm 的固体颗粒。

（二）评定方法

喷气燃料的洁净度的评定方法有目测法、水反应试验、水分离指数和固体颗粒污染物含量。

1. 目测法

喷气燃料标准规定用目测法检查燃料是否含有机械杂质和水分。将试样注入 100mL 玻璃量筒中，在 15~25℃ 时观察，要求清彻透明，无不溶解水及固体物质。此法简单易行，为机场和油库广泛采用。

喷气燃料中的颗粒直径大于 40μm 时，肉眼即可察觉，在较强的光照下，10μm 的颗粒也能被发现。在试验条件下，试油中悬浮水含量大于 0.003%时，可以目测发现。燃料中悬浮水含量与可见性关系见表 1-19。

表 1-19 喷气燃料悬浮水分含量与外观的关系

含水量/%	外观	含水量/%	外观
0.050	严重混浊	0.0030	稍有混浊
0.025	严重混浊	0.0016	清沏透明
0.012	严重混浊	0.0008	清沏透明
0.006	混浊	0.0004	清沏透明

2. 水反应试验、水分离指数

喷气燃料水反应试验和水分离指数测定的目的是检查喷气燃料的表面活性物质(水溶性组分)及其对燃料和水界面的影响，用于评定喷气燃料的洁净程度，同时鉴定油(包括添加剂)、水的分离性质。

由于我国石油工业的不断发展，采油和炼油技术不断提高，在原油处理及加工过程中使用了破乳化剂、缓蚀剂；为改善喷气燃料的性能，往往也加有抗静电添加剂、抗腐蚀添加剂、热安定性添加剂等；在燃料储存、运输过程中混入某些表面活性物质，这些都可能使燃料混进水溶性掺入物和影响燃料的清洁度及与水的分离性质。为此，进行水反应试验和水分离指数测定，对加强喷气燃料运输、储存过程中的质量控制有重要意义。

(1) 水反应试验。水反应试验按 GB/T 1793《航空燃料水反应试验法》进行，3 号喷气燃料要求水反应试验的界面情况≤1b 级，分离程度≤2 级。

(2) 水分离指数。水分离指数按 SH/T 0616《喷气燃料水分离指数测定法(手提式分离仪法)》进行，3 号喷气燃料要求未加抗静电添加剂的水分离指数≥85，加抗静电添加剂后的水分离指数≥70。

3. 固体颗粒污染物含量

固体颗粒污染物含量测定按 SH/T 0093《喷气燃料固体颗粒污染物测定法》进行，3 号喷气燃料要求固体颗粒污染物含量≤1.0mg/L；高闪点喷气燃料要求固体颗粒污染物含量≤1.0mg/L，过滤时间≤15min。

七、喷气燃料润滑性

喷气发动机的燃料系统和柴油机相似，是靠燃料自身的润滑性能来润滑的，燃料还作为冷却剂带走摩擦产生的热量。喷气发动机的高压油泵运转时，既有滑动摩擦，又有滚动摩擦，摩擦表面温度、压力很高，温度最高达 300~400℃，接触应力为 250~300MPa。在如此苛刻条件下，如要保证摩擦表面可靠的润滑，主要依靠燃料中带极性的非烃类化合物，如环烷酸、酚类以及某些含硫和含氮化合物。这些物质具有较强的极性，容易吸附在金属表面上，形成牢固的油膜，有效地降低了金属间摩擦和磨损。烃类的极性很弱，难以保证润滑。但上述非烃化合物的存在，影响喷气燃料的热安定性，因此通常采用精制方法除去燃料中的非烃化合物以保证燃料的热安定性，然后加入少量抗磨添加剂，提高燃料的润滑性能，这类添加剂能在金属表面形成一层对水无渗透性的吸附膜，同时具有防腐和抗磨作用。常用的防腐抗磨添加剂有长烷基链的脂肪酸，烷基胺基磷酸酯等。

(一) 评定指标

喷气燃料的黏度不能反映燃料在高温摩擦表面上的润滑性能。保证润滑的决定因素是燃料组成中的极性组分含量，为此，3 号喷气燃料用磨痕直径检测喷气燃料的润滑性能。

(二) 抗磨剂

深度精制(包括加氢精制)的喷气燃料，随着其不安定组分的脱除，也脱除了天然的微量极性物质，从而使燃料的抗磨性能变坏，当使用这种燃料时会引起燃油泵柱塞头的磨损，影响其使用寿命，因此发展了抗磨添加剂。

抗磨添加剂为含有极性基团的有机物质，可吸附在摩擦部件的表面，避免金属之间的干摩擦，改善了燃料的润滑性能。

八、喷气燃料静电着火性

在燃料的泵送、过滤、混合和加油过程中，喷气燃料与管道、容器、注油设备发生剧烈的摩擦，产生大量静电荷，注油速度愈快，产生静电荷数量愈多，而燃料的导电率很低，一般航空燃料的电导率在 1pS/m 以下，因而高速加油时摩擦产生的静电荷就会聚积起来，其静电势可达到数千甚至数万伏，可能引起火花放电，此时如遇到可燃性混合气体，就会引起火灾。

航空燃料的静电失火事故，国内外曾多次发生。主要出现在干燥、炎热季节，发生在向加油车或飞机加油(大都是采用管口绑扎绸套明流加注喷气燃料)的过程中。针对上述情况，提出了改善操作方法，改装加油设备和燃料中加入防静电添加剂等措施，通常这三种方法结合使用，效果很好。改进操作和设备方面的论述，可参考有关资料。

研究发现，只有当燃料电导率大于 50pS/m，时，才可能保证安全。加入防静电添加剂，使燃料电导率提高到规定的喷气燃料的导电率 50~450pS/m，静电及时导出。

加入抗静电添加剂，是防止喷气燃料静电着火最有效的措施，目内外已广泛采用。我军常用的防静电添加剂 T1502，其主要成分是聚胺、聚砜化合物，它能提高燃料的导电率，其加入量在 0.8~1.5mg/L，燃料电导率可提高到 300pS/m 以上。燃料的电导率随温度降低而下降，油品的安全电导率是在-29℃时最低不应小于 50pS/m。

九、喷气燃料的牌号及使用

(一) 喷气燃料的牌号

我国喷气燃料的牌号有 1 号喷气燃料、2 号喷气燃料、3 号喷气燃料、宽馏分喷气燃料、高闪点喷气燃料及大密度喷气燃料。后三种是军队专用喷气燃料，最常用的是 3 号喷气燃料。

1. 3 号喷气燃料

3 号喷气燃料沸点范围为 150~300℃，属煤油型，是目前使用的主要品种，其质量指标见表 1-20。

表 1-20　3 号喷气燃料标准(GB 6537—2006)

<table>
<tr><th colspan="2">项　　目</th><th>质量指标</th><th>试验方法</th></tr>
<tr><td colspan="2">外观</td><td>室温下清彻透明，目视无不溶解水及固体物质</td><td>目测</td></tr>
<tr><td>色度/号</td><td>不小于</td><td>+25[a]</td><td>GB/T 3555</td></tr>
<tr><td>组成
　总酸值/(mgKOH/g)
　芳烃含量(体积分数)/%
　烯烃含量(体积分数)/%
　总硫含量(质量分数)/%
硫醇性硫(质量分数)/%
或博士试验[d]
直馏组分(体积分数)/%
加氢精制组分(体积分数)/%
加氢裂化组分(体积分数)/%</td><td>
不大于
不大于
不大于
不大于
不大于</td><td>
0.015
20.0[b]
5.0
0.20[c]
0.0020
通过
报告
报告
报告</td><td>GB/T 12574
GB/T 11132
GBT11132
GB/T 380
GB/T 11140
GB/T 17040
SH/T 0253
SH/T 0689
GB/T 1792
SH/T 0174</td></tr>
</table>

续表

项目		质量指标	试验方法
挥发性			
馏程/℃			
初馏点		报告	
10%回收温度	不高于	205	
20%回收温度		报告	GB/T 6536
50%回收温度	不高于	232	
90%回收温度		报告	
终馏点	不高于	300	
残留量(体积分数)/%	不大于	1.5	
损失量(体积分数)/%	不大于	1.5	
闪点(闭口)/℃	不低于	38	GB/T 261
密度(20℃)/(kg/m^3)		775~830	GB/T 1884, GB/T 1885
流动性			
冰点/℃	不高于	-47	GB/T 2430, SH/T 0770[e]
黏度/(mm^2/s)			
20℃	不小于	1.25[f]	GB/T 265
-20℃	不大于	8.0	
燃烧性			
净热值/(MJ/kg)	不小于	42.8	GB/T 384[g], GB/T 2429
烟点/mm	不小于	25.0	GB/T 382
或烟点最小为20mm时			
萘烃含量(体积分数)/%	不大于	3.0	SH/T 0181
或辉光值	不小于	45	GB/T 11128
腐蚀性			
铜片腐蚀(100℃, 2h)/级	不大于	1	GB/T 5096
银片腐蚀(50℃, 4h)/级	不大于	1[h]	SH/T 0023
安定性			
热安定性(260℃, 2.5h)			GB/T 9169
压力降/kPa	不大于	3.3	
管壁评级		小于3, 且无孔雀蓝色或异常沉淀物	
洁净性			
实际胶质/(mg/100mL)	不大于	7	GB/T 8019, GB/T 509[i]
水反应			GB/T 1793
界面情况/级	不大于	1b	
分离程度/级	不大于	2[j]	
固体颗粒污染物含量/(mg/L)	不大于	1.0	SH/T 0093
导电性			
电导率(20℃)/(pS/m)		50~450[k]	GB/T 6539
水分离指数			
未加抗静电剂	不小于	85	SH/T 0616
加入抗静电剂	不小于	70	

续表

项　目		质量指标	试验方法
润滑性 磨痕直径 *WSD*/mm	不大于	0.65[l]	SH/T 0687
经铜精制工艺的喷气燃料，油样应按 SH/T 0182 方法测定铜离子含量，不大于 150μg/kg			

a 对于民用航空燃料，从炼油厂输送到客户，输送过程中的颜色变化不允许超出以下要求：初始赛波特颜色大于+25，变化不大于 8；初始赛波特颜色在 25~15 之间，变化不大于 5；初始赛波特颜色小于 15 时，变化不大于 3。

b 对于民用航空燃料的芳烃含量(体积分数)规定为不大于 25.0%。

c 如有争议以 GB/T 380 为准。

d 硫醇性硫和博士试验可任做一项，当硫醇性硫和博士试验发生争议时，以硫醇性硫为准。

e 如有争议以 GB/T 2430 为准。

f 对于民用航空燃料，20℃的黏度指标不作要求。

g 如有争议以 GB/T 384 为准。

h 对于民用航空燃料，此项指标可不要求。

i 如有争议以 GB/T 8019 为准。

j 对于民用航空燃料不要求报告分离程度。

k 如燃料不要求加抗静电剂，对此项指标不作要求。燃料离厂时要求大于 150pS/m。

l 民用航空燃料要求 *WSD* 不大于 0.85mm。

2. 军队专用喷气燃料

宽馏分喷气燃料沸点范围为 60~280℃，是为了扩大燃料来源以适应战备的需要，其产率比生产 1 号、2 号喷气燃料的产率(占原油 8%~15%)高一倍以上，目前作为战略技术储备，尚未正式使用。

高闪点喷气燃料沸点范围为 180~300℃，实际上已属于柴油馏分，供海军舰载飞机使用。为了满足海上高湿的工作条件，燃料具有低蒸发性、高闪点(不低于 60℃)、大密度、对洁净度有较高要求等特点，质量标准与美国军用 JP-5 喷气燃料相近。

大密度喷气燃料也是柴油馏分，沸点范围为 195~320℃，是供远程作战飞机使用的喷气发动机燃料。

(二) 喷气燃料的正确选用

涡轮航空发动机选用喷气燃料时，主要根据使用场合进行区分。舰载飞机和舰载直升机上舰时必须使用高闪点喷气燃料，以保证安全，不允许用其他燃料代替；其他涡轮航空发动机选用 3 号喷气燃料。

十、喷气燃料性质与喷气发动机工作性能的关系

航空燃气涡轮发动机的结构特点及工作特点以及喷气飞机的使用特点，对它们使用的燃料——喷气燃料的质量提出了严格要求。喷气燃料的质量，不仅影响发动机的技术性能及其技术经济指标，而且直接影响飞机发动机的工作可靠性和安全性。从燃料质量标准中质量控制指标的数目来看，在汽油、柴油和喷气燃料中，以喷气燃料的质量控制指标的数目为最多，指标要求也最严格。

喷气发动机的工作与燃料性质的关系，简要地示于图 1-2 中。

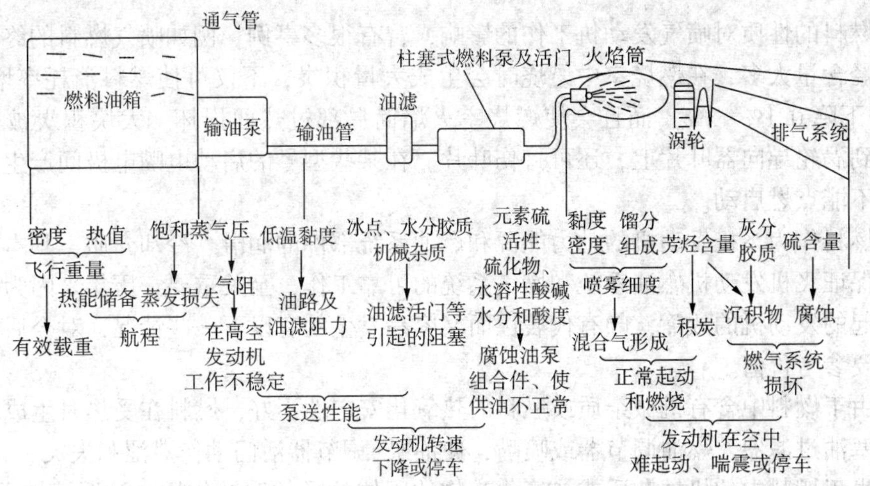

图 1-2　喷气发动机的工作与燃料性质的关系

喷气燃料的性质与其质量指标之间的相互联系列于表 1-21。

表 1-21　喷气燃料的性质及其质量指标的相互联系

性质		指标
泵送性	洁净度	水和机械杂质，固体颗粒污染物，过滤膜片颜色评级
	流动性	-40℃运动黏度
	过滤性	冰点或结晶点
	表面活性物	水反应，环烷酸皂含量，水分离指数
蒸发性	沸点范围	馏程
	挥发性	饱和蒸气压
可燃性	着火温度	闪点(闭口)，自燃点
	着火范围	着火温度极限，着火浓度极限，爆炸性
	电导性	电导率
燃烧性能	能量特性	密度，净热值
	燃烧稳定性	贫油熄火边界，燃烧效率，空中点火边界
	火焰辐射	辉光值，烟点
	生成积炭倾向	芳烃含量，萘系烃含量，氢含量，相对生炭性，排气冒烟性
生成沉积物倾向	低温沉积物	实际胶质，碘值，烯烃含量
	热氧化安定性	静态热安定性，动态热安定性，铜离子含量，6926 添加含量
	高温沉积物	灰分
同结构材料的相容性	腐蚀活性	硫，硫醇硫，水溶性酸或碱，腐蚀(铜片、银片)，对燃烧室火焰筒的烧蚀
	对橡胶件的作用	与橡胶的相容性，抗氧剂(T501)含量，过氧化物含量
	燃烧腐蚀	小单管烧蚀试验，抗烧蚀添加剂含量
防护性能	对金属的腐蚀 保护性	凝聚水条件下的金属失重，T306 添加剂含量
抗磨—润滑性	润滑性	20℃运动黏度
	抗磨损性能	抗磨指数，油泵试验，酸度，T305 添加剂含量

喷气燃料的性质对喷气发动机工作的影响，曾有很多事例。例如喷气燃料的终馏点如果太高，芳烃含量太多，在燃烧室中燃烧时会生成大量积炭，不仅可使燃料消耗率增大3%~7%，推力下降0.1%~3%，而且会使燃烧室火焰筒局部过热而损坏。大块积炭被高速燃气气流冲击到涡轮导向器叶片上，还可打伤叶片。在某些型号的启动电嘴电极间产生炭桥，可使发动机不能点燃启动。

喷气燃料作为飞机发动机的动力能源和燃油系统部件的润滑、冷却介质，其本身的能量转换及对保证飞机发动机燃油系统和燃气系统的可靠工作，至关重要。历年来因为喷气燃料质量而引起的发动机的故障，颇有代表性而又容易发生的有以下一些情况，对今后的正确使用有着重要参考价值。

(1) 由于燃料中含有机械杂质或燃料的热氧化安定性不好，燃料在受热时生成沉淀和胶质，易堵塞油过滤器、燃油调节器或喷嘴，使油泵-调节器活门动作滞涩和失灵。

(2) 由于燃料中的机械杂质或热氧化产物的固体粒子的磨蚀作用，油泵调节器的油嘴、油路壁面材料和油泵转子端面的铅铟层容易受到冲蚀，使调节器活门和油泵转子的棱边被磨损。

(3) 由于燃料的热氧化安定性差，在燃油-润滑油散热器的换热表面上产生胶质沉积物，使传热效率下降，润滑油不能冷却至所要求的温度，导致发动机转动部件轴承因润滑冷却不良而损坏。

(4) 由于燃料的润滑性能较差，油泵转动部件摩擦力增大，引起发动机停车后涡轮惯性下降。

(5) 由于燃料的抗磨性能较差，特别是燃油温度较高时，油泵柱塞头会严重磨损，磨损产物堵塞油泵-调节器的活门间隙，使活门动作呆滞，甚至失灵。

(6) 由于燃料的生炭性能大，燃油工作喷嘴和燃烧室涡流器叶片上积炭增多，燃料雾化变差，燃烧室火焰筒内积炭也增多，火焰筒容易局部过热而损伤，在某些型号的启动点火器上，则容易出现电极间生炭联桥，使发动机不能点火启动。

(7) 某些型号和材料的火焰筒，使用低硫燃料时，筒壁产生坑点腐蚀，甚至使火焰筒壁穿孔。这是一种火焰筒材质及结构对燃料化学组成的具有某种敏感性而产生的故障，并不是燃料质量不好。

(8) 氧化安定性不良的燃料，如深度精制除去了天然抗氧剂的燃料，由于氧化生成过氧化物，使与燃料接触的橡胶部件加速老化而受到不同程度的损坏，使部件调节失灵或漏油。

(9) 某些类型的飞机发动机，对燃料的馏分组成有一定的敏感性，当燃料的馏程分布不匀时，在发动机处于交替工况时，容易出现“喘震”，不仅使飞机性能变差，而且影响飞行安全。

(10) 燃料的蒸发性过高时，不仅使燃料的挥发损失增大，而且容易出现高空飞行时燃油系统中产生气塞现象。这类似陆地上汽油车的气阻现象。

(11) 燃料低温黏度过大时，在低温下因燃料雾化不良导致启动困难。

(12) 燃料所含活性硫化物或其他腐蚀性物质(如环烷酸)，会引起燃油系统零部件的腐蚀，燃料总硫含量高而又含有钠离子时，会导致涡轮导向器叶片的燃气腐蚀。

(13) 由于燃料中有水，在热带地区，飞机油箱中细菌迅速繁殖，生成油泥状淤渣，使燃料受到污染，飞机油滤器容易堵塞；有些细菌还可以在油罐中产生H_2S，使油泵受到腐蚀。在高空长时间飞行时，水又可能析出结成冰晶，堵塞低压油滤而导致供油不稳甚至中断。

(14) 碱精制的喷气燃料，如果其中留有残余的环烷酸皂及游离碱时，有时也会堵塞油过滤器，并且加速铅、锌、铝和锡合金制成的燃油系统零部件的腐蚀。

喷气燃料在60多年的使用过程中，曾经出现过各种各样的问题、故障，有的付出了血的代价。人们在实践中总结经验，不断对所用的燃料进行改进并设计出一些评价方法，对燃料的性质进行规范评价，从而鉴别所用油料的质量的差别。

表1-22为喷气飞机和发动机因燃料质量不好而可能发生的故障特征。

表1-22 飞机—发动机发生的故障与燃料质量的关系

故障特征	故障原因	可能与之有关的燃料性质
起飞时发动机转速下降	柱塞式油泵最大转速限制活门不灵	燃料的抗磨性和洁净度不好
发动机最大转速下降	油泵—调节器的零件过度磨损；有气塞生成	燃料的抗磨性不好，腐蚀性大和蒸发性较大
发动机最大转速不稳定，波动达1000r/min，周期达2s	(a)燃油系统有气塞现象；(b)油泵-调节器中分流活门动作不灵活	燃料的饱和蒸气压大，热氧化安定性和抗磨性不好
飞行中发动机自动停车	(a)恒压压差活门滞涩，柱塞油泵有故障；(b)返还联动分流活门衬套向调节器外壳偏移；(c)燃油工作喷嘴端面积炭太多	燃料的热氧化安定性、抗磨性和洁净度不好；液相腐蚀性和生炭性大；有冰晶析出堵塞油滤和油路
发动机停车后涡轮惯性下降	(a)由涡轮轴带动的部件摩擦增大；(b)涡轮轴承不灵活，润滑不良	燃料的润滑性不好，热氧化安定性差
燃烧室镍基火焰筒出现严重的坑点烧蚀	在一定温度下在还原性气氛中在合金肌体内受镍催化生成石墨碳造成部分金属脱落	燃料中硫含量太低
燃烧室火焰筒严重烧伤及涡轮导向器叶片烧坏	工作喷嘴端面积炭多，喷嘴中油滤结炭，喷雾恶化，分布不匀	燃料生炭性大，热氧化安定性不好
发动机热启动不稳定和启动失败	(a)喷嘴喷雾不良；(b)点火电嘴工作不良，电极间有炭桥；(c)自动启动活门工作有故障，加速活门滞涩	燃料的生炭性高，热氧化安定性、润滑及抗磨性不好，洁净度差
加速时间增长，发动机产生爆音	(a)定压分流活门滞涩；(b)减速器油嘴和转速限制器油嘴堵塞	燃料中有机械杂质，热氧化安定性差
飞机高空飞行推油门加速时发生“喘震“	某些型别发动机的特殊现象，可能是富油不稳定燃烧	燃料的馏分组成与该类型发动机的性能不匹配
加力燃烧系统不工作，加力油路无压力；加力自行关闭或加力燃烧不能关闭	(a)点火电极工作不良，不点火；(b)加力室助燃气化孔堵塞；(c)气压调节器开关不密封	燃料中有机械杂质，热氧化安定性和润滑性不好
接通加力后发动机产生不出所要求达到的推力	加力燃油系统燃油喷嘴堵塞	燃料的热氧化安定性不好
高压油泵前燃油压力下降，燃油压力信号灯亮，油滤旁路供油开关打开，燃油不通过油滤进入发动机	油滤滤芯堵塞，油滤压力降大于燃油供油开关弹簧的计算压力	燃料洁净性差；热氧化安定性不好；腐蚀性大；有水结冰

续表

故障特征	故障原因	可能与之有关的燃料性质
发动机停车后长时间从进气道和尾喷口排烟达 20~30min	燃烧室中炽热的积炭上残存的燃料自燃或继续燃烧	燃料的生炭性高
最大椎力下降，燃料消耗率增大	烟尘落入压气机入口，而这又是由于燃烧室中积炭厚所致	燃料的生炭性高
燃烧室过热；火焰筒变形裂纹；导向叶片裂纹和翘曲	火焰中含炭粒多，辐射能大	燃料的烟点偏低；辉光值低和萘系烃含量偏高
燃油—滑油散热器中滑油出口温度高	散热器的燃油腔道被燃料的热氧化沉积物复盖，换热效率下降	燃料的热氧化安定性差；液相腐蚀性强
燃油系统橡胶密封件漏油，橡胶油管漏油	(a)橡胶件老化；(b)橡胶件膨胀不足	燃料安定性不好；生成过氧化物侵蚀橡胶；燃料中芳烃含量过低
飞机着陆后的着火爆炸	静电火花引起油箱内可燃气爆炸	燃料的电导率和闪点低
燃油总管破裂	燃油喷嘴中过滤器堵塞引起压力增大胀破	燃料的洁净性和热氧化安定性不好
发动机启动时超温	主要发生于低污染喷嘴的发动机，可能是燃油喷嘴油滤堵塞	燃料的洁净性和热氧化安定性不好
发动机启动困难，从点火到慢车时间长	燃油喷嘴“堵塞”，燃油附件污染	燃料的洁净性和热氧化安定性不好
一级涡轮带动的高压压气机转速悬挂	(a)发动机主油滤堵塞，以致燃油分配器供油不足；(b)燃油分配器的油滤堵塞	燃油的洁净性和热氧化安定性不好

第二章 石油产品的理化性能指标测定

第一节 石油产品标准及试验方法标准

一、标准类型

根据标准的适用领域和有效范围将标准分为六类。即国际标准、区域标准、国家标准、行业标准、地方标准、企业标准。

1. 国际标准

由共同利益国家间的合作与协商制定，是为大多数国家所承认的、具有先进水平的标准。如国际标准化组织(ISO)所制定的标准及其确认并公布的其他国际组织所制定的标准。国际标准在全世界范围内统一使用。

我国在采用国际标准或国外先进标准时，是把标准的内容通过分析研究，不同程度地定入国家标准，并贯彻执行。

对采用国际标准制定成国家标准，其等效于国际标准的程度，ISO/IEC 导则 21 规定了三种情况。

(1) 等同。“等同”用符号“≡”、缩写字母“idt”表示。其技术内容完全相同，编写上完全相当于国际标准，仅作编辑性修改。

(2) 等效。“等效”用符号“=”、缩写字母“eqv”表示。其主要技术内容相同，只有很小差异，但编写上不完全相同。

(3) 非等效。“非等效”即“参照”，用符号“≠”、缩写字母“nev”表示。其技术内容有重大差异，有互不接受的条款。

2. 区域标准

局限在几个国家和地区组成的集团使用的标准。如欧洲标准化委员会(CEN)制定和作用的欧洲标准(EN)。

3. 国家标准

是指在全国范围内统一使用的标准，一般是由国家指定机关制定、颁布实施的法定文件。

国家标准号前都冠以不同字头。例如：我国用 GB，美国用 ANSI，英国用 BSI，德国用 DIN，日本用 JIS，俄罗斯用 ГОСТ 等。

我国的国家军用标准(GJB)是由中国人民解放军装备发展部或后勤保障部审批和发布，在国防科研、生产和使用范围内统一的标准。

4. 行业标准

在全国某个行业范围统一的标准。行业标准由国务院有关行政主管部门制定，并报国务院标准化行政主管部门备案。同一内容的国家标准公布后，该项行业标准即行废止。如石化行业标准 SH、SH/T 。

5. 地方标准

指一个国家的地方一级行政机构(省、州或加盟共和国)制定的标准，由地方所属的各企业与单位执行。通常指地方的企业标准。

6. 企业标准

各企业对未发布有国家标准和行业标准的产品或工程，就其有关质量、规格和检验方法等所做出的并经有关部门审批的技术规定，例如石化企业标准(Q/SH)。

我国标准代号的含义如下：

(1) 国家标准。强制性国家标准的代号为“GB”，推荐性国家标准的代号为“GB/T ”，如石油产品常压蒸馏特性测定法的国家标准 GB/T 6536—2010，其中：

2010—年代号(2010 年批准或认可)；

6536—顺序号(国家标准编号第 6536 号)；

GB/T—推荐性国家标准的汉语拼音字首，GB 为国家标准的汉语拼音字首，T 为推荐的汉语拼音字首。

(2) 行业标准。行业标准的代号为“H”，推荐性行业标准的代号为“H/T”。

如 SH/T 0023—1990 喷气燃料银片腐蚀试验法：

1990—年代号(1990 年批准或认可)；

0023—顺序号(行业标准编号第 0023 号)；

SH/T—推荐性石化行业标准的汉语拼音字首。

2008 年国家能源局成立后，石油化工行业标准归口国家能源局，于是新批准或认可的石油化工行业标准在 SH 前加 NB，如 NB/SH/T0521—2010 乙二醇型和丙二醇型发动机冷却液。

(3) 地方标准。地方标准的代号为“DB××/×××-××××”，如北京市车用汽油地方标准代号为 DB11/238—2012，其中：

DB—地方标准的汉语拼音字首；

××—省、市行政区划代码；

×××—顺序号；

××××—年代号。

(4) 企业标准。企业标准的代号为“Q”。对于地方企业标准和专业局的企业标准，则在“Q”字前再加上地方简称或专业局名称的汉语拼音字头。对公司、工厂的企业标准则应加“Q”作分子，该厂名的汉语拼音字头作分母，例如基础油企业标准 Q/SHR001—1995。

二、石油产品标准

石油产品标准又称产品技术规范，它是根据产品分类、分组、命名、原油的性质、炼制工艺水平、使用的要求和试验方法等对每种产品提出的质量要求。依据指标不同，分别要求不大(高)于、不小(低)于和在一定范围之内。必须按照产品技术规范规定的方法进行相应的质量指标分析，即试验方法都是推荐性标准，但一旦与产品标准相联系，实际上即成为强制性标准。

三、石油产品试验方法标准

石油产品试验方法标准是对石油产品化验方法中的仪器、试剂、测定条件、测定步骤、计算公式、精密度等所作的技术规定。它是标准化文献的一部分，经主管部门批准颁布后，作为生产、科研、使用单位一种共同遵守的技术规定和质量监督依据。

石油产品标准和石油产品试验方法标准是既有区别，又紧密联系。

石油产品试验方法标准化非常重要，因为石油产品化验项目多数是属条件试验，只有严格地遵守规定的试验条件才能得到准确的结果。试验方法标准化，解决了以下问题：

(1) 在评定石油产品质量时，避免了可能的争辩与误会，有了问题则以标准方法为依据。

(2) 各生产厂和用户均遵循同一试验方法，彼此的产品质量可以进行比较，对产品质量有一正确评价。

(3) 进一步明确指出某一分析项目的适用范围，避免了选择试验方法的混乱。

(4) 统一了试验方法所应用的仪器、试剂等，有利于提高分析精确度。

目前，已经标准化的石油产品试验方法，都是依据国内外多年沿用下来的经典方法，经过不断修改而成。这是从事石油产品化验分析工作的一种共同依据。油料分析化验，应以技术标准出版社出版的国家标准、行业标准、地方标准、企业标准方法为准。

随着科学技术的发展，经过不断实践、不断总结经验，原有方法将不断被修改或更新。我们在认真执行现行试验方法标准的同时，应破除迷信、解放思想，大搞技术革新和科学研究，总结出简便、快速、灵敏、准确的试验方法。部队更迫切需要适合野战条件下，无自来水、无电的化验装备和简易、快速的试验方法，以便在战时条件下能迅速及时地检查出油料的品种和质量。

第二节　液体燃料蒸发性测定

液体燃料的蒸发性通常采用馏程(蒸馏)、饱和蒸气压和气液比(V/L)等指标来表示。润滑油的蒸发性通过直接测定蒸发损失，测定闪点高低，或间接地从润滑油在蒸发前后的黏度变化来说明。润滑脂则是在规定条件下测定其蒸发损失质量百分数表示其蒸发性大小。本节主要介绍液体燃料馏程和饱和蒸气压测定。

一、石油产品馏程测定

馏程作为评定液体燃料蒸发性的质量指标，它的原理是蒸馏。所谓蒸馏就是通过加热使液体蒸发和沸腾，并把蒸气导出使之冷凝冷却成液体的过程。对于纯净物质，当对其加热到某一温度时，饱和蒸气压等于外界压力，此时在气液界面和液体内部同时出现汽化现象，这一温度即为沸点。在外界压力一定时，沸点是一个恒定值。如纯水在一个标准大气压时的沸点为100℃、纯苯的沸点为80.1℃。石油产品是各种烃组成的复杂混合物，没有固定的沸点。在加热蒸馏石油产品时，油品中的烃类不是按照各自的沸点逐一蒸出，而是服从拉乌尔-道尔顿定律，在温度从低到高逐次汽化的整个蒸馏过程中，以连续增高沸点的混合物的形式蒸出，也就是说，当其加热蒸馏时，沸点较低的组分，首先从液体中蒸出，同时携带少量沸点较高的组分，但也有一些沸点较低的组分留在液体中与高沸点的组分一起蒸出。在先蒸出的组分中，低沸点的成分较多，而在后蒸出的组分中高沸点成分较多。因此油品的沸点则以某一温度范围来表示，这一温度范围称沸程或馏程。油品的沸点范围因所用蒸馏设备不同，测定的数值也有差别。在石油产品质量控制和工艺计算或原油的初步评价中，使用的是简单蒸馏设备来测定油品的沸点范围。

（一）测定目的和意义

馏程是指在专门的蒸馏仪器中，测得液体试样的馏出温度与馏出数量之间以数字关系表示的液体试样沸腾的温度范围，这种馏出量与馏出温度之间的关系又称馏分组成。馏分组成常以一定蒸馏温度下馏出物的体积百分数或馏出物达到一定体积百分数时的蒸馏温度来表示，在现行产品标准中常以一定体积下的馏出温度表示。

（1）馏程是评定液体燃料蒸发性大小的重要指标之一，它既可说明液体燃料的沸点范围，又可判断油品组成中轻重成分的大致含量。液体燃料在生产过程中，馏程常作为重要的质量控制指标，无论对生产、使用、储存等各方面都有重要意义。

各馏出温度在发动机上的使用意义，以车用汽油为例，大致如下：

① 初馏点。表示燃料中最轻组分的沸点，但不能判断轻馏分的含量多少，一般车用汽油对初馏点没有具体要求。

② 10%馏出温度。表示燃料中含轻质组分的多少。它对冷发动机在冬季启动的难易和发动机在夏季是否产生气阻有直接影响。发动机在冷启动时，汽油中只有最轻组分蒸发形成混合气进行燃烧，10%馏出温度过高，发动机因混合气中油蒸气过少而启动困难，启动时间增长，增加了耗油量，在冬季这个问题更为严重。10%馏出温度越低，汽油中轻质馏分越多，蒸发性越好，发动机就越易在较低温度下启动。用10%馏出温度不同的汽油，在一定条件下试验其能直接启动的最低温度，汽油10%馏出温度与启动气温的关系见表2-1。发动机燃用10%馏出温度低的汽油，由于蒸发性好，能迅速形成可燃混合气，所以启动时间短，启动时相对耗油量也低。

表2-1　汽油10%馏出温度与启动气温的关系

大气温度/℃	-29	-18	-7	-5	0	5
可直接启动的最高10%馏出温度/℃	36	53	71	88	98	107

10%馏出温度也不能过低，否则会使汽油在储存、运输时蒸发损耗增大，在夏季使用时，汽油在汽油泵、输油管等曲折处或油管较热的部位形成气泡堵住油管，使供油不畅甚至中断，造成发动机熄火停车。

③ 50%馏出温度。表示燃料的平均蒸发性好坏，对发动机的预热和加速有一定的影响。这个温度低的燃料，发动机燃用时预热快，加速性好，燃料的消耗量也少。这个温度的高低还直接影响发动机的加速性及工作稳定性。此温度低，发动机加速性和稳定性就好；反之，这个温度高，当发动机由低速变为高速时，供油量急剧增加，汽油就来不及充分汽化，因而形成的可燃混合气浓度较低，甚至燃烧不起来，使发动机在加速初期不能发出需要的功率，出现功率反而降低的情况。

④ 90%馏出温度。表示燃料中含重质馏分的多少，它对于燃料能否完全燃烧和发动机磨损大小有一定的影响。这个温度高，蒸发和燃烧不完全，进入燃烧室没有被燃烧的油滴形成液膜流入气缸后，会沿气缸和缸壁间的间隙进入曲轴箱，使气缸和缸壁间的润滑油被冲洗掉，从而使得的密封性下降，气缸和缸壁间的磨损相应增大。液膜若进入曲轴箱，会对润滑油产生稀释作用，导致润滑油润滑性降低，发动机运动部件的磨损增大，而且黏度小的润滑油易于窜入燃烧室被燃烧掉，因而润滑油消耗量随之加大。

⑤ 终馏点或干点。表示燃料中最重馏分的沸点。它和90%馏出温度有相同意义。还可判断是否混有其他重质油料等。

(2) 馏程是决定一种原油的用途和加工方案的主要依据，在对原油进行加工前，要知道原油中所含轻、重馏分的数量。测定馏程可大致看出原油中含有汽油、煤油、柴油等馏分的收率，还要对馏分的性质进行分析，从收率的多少和各馏分性质的优劣来判断该原油最适宜的产品方案和加工工艺。

(3) 控制装置生产操作条件是以馏出物的馏程结果为基础的。如根据汽油馏程可以确定塔顶的操作温度，若汽油干点超过指标，塔顶温度高或塔内压力低，塔顶回流量大或原油带水多，吹汽量大。一般加大回流量，以降低塔顶温度，加强原油脱水，减少吹汽量等措施，控制产品各项指标既符合规格要求，又有较多的数量，以达到最佳经济效果。

(4) 馏程测定可大致判定燃料种类。通过馏程测定，可以判定燃料的沸点范围，各种燃料的沸点范围不同，可参考表 2-2 或各种燃料的规格标准。

表 2-2　几种液体燃料的沸点范围

液体燃料	沸点范围/℃
航空活塞式发动机燃料(75 号、95 号、100 号)	40~180
车用汽油(90 号、93 号、97 号)	35~205
喷气燃料(1 号、2 号)	130~250
3 号喷气燃料	205①~300
宽馏分喷气燃料(GJB 2376)	60~280
高闪点喷气燃料	205~300
车用柴油(Ⅲ)	300②~365
军用柴油、燃料油(重油)300℃以上	180~335

① 取 10%馏出温度；

② 取 50%馏出温度。

(5) 定期进行馏程测定可了解燃料的挥发损失及是否混有其他种类油料。燃料尤其是汽油在储存过程中轻质成分极易挥发损失，从而使初馏点和 10%点逐渐升高。若混有其他种油料则馏程发生急剧变化，沸点也会超过正常范围。

(二) 石油产品馏程测定方法

我国石油产品利用蒸馏进行的测定有 GB/T 6536—2010《石油产品常压蒸馏特性测定法》和 GB/T 255—1977(2004)《石油产品馏程测定法》。GB/T 6536 是现行蒸馏方法中使用最多的，该标准修改采用 ASTMD86：2007a《石油产品常压蒸馏试验法》，主要仪器如蒸馏烧瓶完全相同，测定方法和步骤也差不多，只是在附属仪器、个别的试验条件和结果方法及精确度要求有所不同，因此可以认为是一个国际上通用的方法。GB/T 6536 与 GB/T 255 都是间歇式没有精馏作用的逐次汽化蒸馏，各个馏出点的蒸馏温度仅能粗略确定应用性质，而不代表真实沸点。此法具有设备简单价廉、操作简便迅速和结果易重合等优点。因此被广泛使用。

GB/T 6536—2010《石油产品常压蒸馏特性测定法》规定了使用实验室间歇蒸馏仪器定量测定常压下石油产品蒸馏特性的方法，包括手动和自动仪器的测定方法。该方法适用于馏分燃料如天然汽油(稳定轻烃)、轻质和中间馏分、车用火花点燃式发动机燃料、航空活塞式发动机燃料、喷气燃料、柴油和煤油，以及石脑油和石油溶剂油产品。不适用于含有较多残留物的产品。现以 GB/T 6536—2010 方法为例介绍如下。

1. *方法概要*

根据试样的组成、蒸气压、预期初馏点和预期终馏点等性质，将试样归类为所规定五个组别中的一组，将 100mL 试样在其相应组别所规定的条件下，在环境大气压和设计约为一个理论分馏塔板的情况下，用实验室间歇蒸馏仪器进行蒸馏。根据对试验结果的要求，系统地观测并记录温度读数和冷凝物体积、蒸馏残留物和损失体积，观测的温度读数需进行大气压修正，试验结果以蒸发百分数或回收百分数对相应的温度作表或作图表示。

2. 确定被测样品所属组

组别的特性见表 2-3。

表 2-3 组别特性

样品特性	0 组	1 组	2 组	3 组	4 组
馏分类型	天然汽油				
蒸气压(37.8℃)/kPa（试验方法 GB/T 8017）		≥65.5	<65.5	<65.5	<65.5
初馏点/℃				≤100	>100
终馏点/℃		≤250	≤250	>250	>250

3. 试样储存及分析前的试样处理

0 组：储存在低于 5℃的冰箱中，开瓶前应调整至低于 5℃。

1 组和 2 组：在低于 10℃的温度下储存，开瓶前应调整至低于 10℃。

3 组和 4 组：可在环境温度或低于环境温度的条件下储存，如果在环境温度下试样不呈液态，分析前加热至高于倾点 9~21℃。如果在储存过程中有部分或完全固化，在打开试样瓶之前，在试样熔化后应将其剧烈摇动使其均匀。

4. 含水试样处理

（1）如果待测试样含有可见的水，则不适合测定，应另取一份无悬浮水的试样。

（2）0 组、1 组和 2 组如果不能得到无悬浮水的试样，将试样保持在 0~10℃，每 10mL 试样中加入约 10g 的无水硫酸钠，振荡混合物约 2min，然后将混合物静置约 15min。当试样中无悬浮水时，用倾析法倒出试样，将其保持在 1~10℃之间待分析之用。在结果报告中应注明试样曾用干燥剂干燥过。

（3）3 组和 4 组如果没有不含水的试样，可将含悬浮水的试样与无水硫酸钠或其他合适的干燥剂一起振荡，用倾析法将样品从干燥剂中分离出来，以除去悬浮的水。在结果报告中应注明试样曾用干燥剂干燥过。

对取样、试样储存和处理的要求归纳于表 2-4。

表 2-4 取样、试样储存和试样处理

项 目	0 组	1 组	2 组	3 组	4 组
试样瓶温度/℃	<5	<10			
试样储存温度/℃	<5	<10①	<10	环境温度	环境温度
分析前样品处理后温度/℃	<5	<10	<10	环境温度或高于倾点 9~21℃②	环境温度或高于倾点 9~21℃②
取样时含水	重新取样	重新取样	重新取样	按含水试样处理规定干燥	
重新取样后仍含水③	按含水试样处理规定干燥				

① 如果不具备在低于 10℃下储存样品的条件，只要能确保样品容器紧密封合且无泄漏，试样也可以在低于 20℃下储存。

② 如试样在环境温度下为(半)固体。

③ 如已知试样含水，可省略重新取样步骤，直接按含水试样处理规定进行干燥。

5. 仪器

目前蒸馏仪器分为手动型和自动型两类，手动型见图 2-1，其基本元件是蒸馏烧瓶（见图 2-2）、冷凝器和相连的冷凝浴、金属防护罩或围屏、加热器、蒸馏烧瓶支架和支板、温度测量装置和收集馏出物的接收量筒。自动型还装备有一个测量并自动记录温度及接收量筒中相应回收体积的系统。

试验时按表 2-5 的要求进行仪器准备。

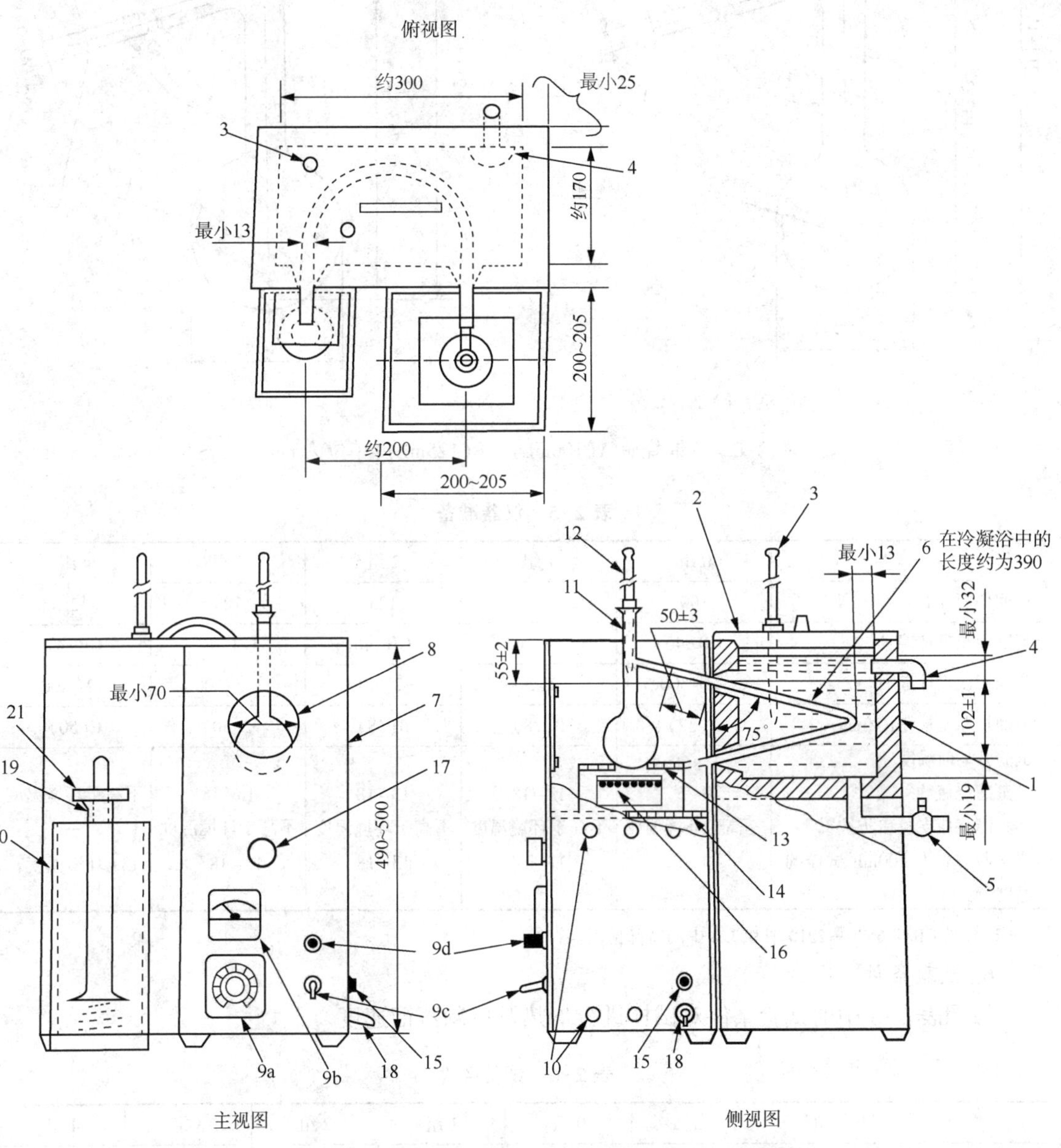

图 2-1 电加热型蒸馏仪器装置图（单位为 mm）

1—冷凝浴；2—冷凝浴盖；3—冷凝浴温度传感器；4—冷凝浴溢流口；5—冷凝浴排液口；6—冷凝管；7—防护罩；8—视窗；9a—调压器；9b—电压表或电流表；9c—电源开关；9d—电源指示灯；10—通风孔；11—蒸馏烧瓶；12—温度传感器；13—蒸馏烧瓶支板；14—蒸馏烧瓶支架台；15—接地线；16—电加热器；17—调节支架台水平的操作孔；18—电源线；19—接收量筒；20—接收量筒冷却浴；21—接收量筒遮盖物

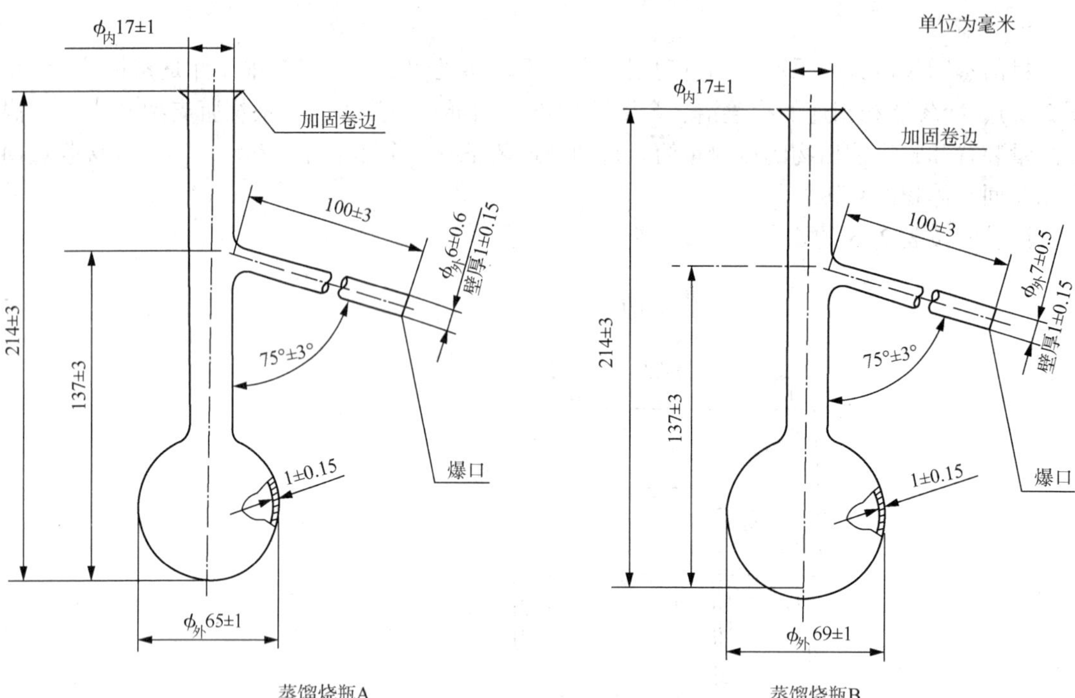

图 2-2　蒸馏烧瓶 A(100mL)、B(125mL)(单位为 mm)

表 2-5　仪器准备

项　　目	0 组	1 组	2 组	3 组	4 组
蒸馏烧瓶/mL	100	125	125	125	125
蒸馏用温度计编号	GB-46	GB-46	GB-46	GB-46	GB-47
蒸馏用温度计范围/℃	-2~300	-2~300	-2~300	-2~300	-2~400
蒸馏烧瓶支板孔径/mm	A(32)	B(38)	B(38)	C(50)	C(50)
试验开始时温度					
蒸馏烧瓶/℃	0~5	13~18	13~18	13~18	不高于环境温度
蒸馏烧瓶支板和防护罩	不高于环境温度	不高于环境温度	不高于环境温度	不高于环境温度	—
接收量筒和 100mL 试样的温度/℃	0~5	13~18	13~18	13~18①	13~环境温度①

① 详见 GB/T 6536—2010 中 9. 3. 2 中的特殊情况。

6. 试验条件

按照表 2-6 中的试验条件对试样进行加热及控制蒸馏速度。

表 2-6　试验条件

项　　目	0 组	1 组	2 组	3 组	4 组
0~5℃冷凝浴温度①/℃	0~1	0~1	0~5	0~5	0~60
接收量筒周围冷却浴温度/℃	0~4	0~18	0~18	0~18	装样温度±3
从开始加热到初馏点的时间/min	2~5	5~10	5~10	5~10	5~15
从初馏点到 5%回收体积的时间/s	—	60~100	60~100	—	—
10%回收体积的时间/min	3~4	—	—	—	—

续表

项　　目	0组	1组	2组	3组	4组
从5%回收体积到蒸馏烧瓶中5mL残留物的均匀平均冷凝速率/(mL/min)	—	4~5	4~5	4~5	4~5
从10%回收体积到蒸馏烧瓶中5mL残留物的均匀平均冷凝速率/(mL/min)	4~5	—	—	—	—
从蒸馏烧瓶中5mL残留物到终馏点的时间/(mL/min)	≤5	≤5	≤5	≤5	≤5

① 合适的冷凝浴温度取决于试样蒸馏馏分及其蜡含量，通常情况下只采用一个冷凝温度。冷凝器中蜡的形成缘于(1)馏出物液滴中出现的蜡颗粒；(2)蒸馏损失比按照试样初馏点所预估的高；(3)不稳定的回收速率；(4)用无绒的布擦除残留液体时出现蜡颗粒。应使用能得到满意操作的最低温度。通常0~4℃的浴温范围适用于煤油和轻质中间馏分燃料；在某些情况下，中间馏分燃料、重馏分油和类似的馏分可能要保持冷凝温度在38~60℃。

(三) 影响馏程测定的主要因素

蒸馏测定是一个条件试验，对其测定的影响因素也很多，不同仪器、试验方法、试验条件、操作过程等改变都会使测定结果有误差，因此试验过程必须严格按照GB/T 6536—2010或GB/T 255—1977(2004)规定进行，不得随意更改试验仪器和操作条件。影响因素主要有以下几点：

(1) 温度的一致性。试油的温度在试验前后一般应保持一致，最好在13~18℃范围内，对于天然汽油要求试油的温度在0~1℃，而蒸馏初馏点大于100℃的石油产品，允许试油的温度不高于室温。否则会因试验前后温差而影响馏出体积和馏出温度的准确性。

(2) 控制加热速度和流出速度。加热速度必须使馏出速度符合规定表2-6试验条件，避免骤然升温或降温的情况。加热强度大，馏出速度过快，会产生夹带现象而使分馏效果不好，使初馏点偏高，终馏点偏低。

(3) 选择蒸馏烧瓶支板孔径。蒸馏不同石油产品时要选用不同孔径的垫圈，其作用是控制蒸馏瓶下面加热面的大小。一方面根据油品的轻重及蒸馏时所需热量的多少，保证必要的加热面以达到规定的蒸馏速度；另一方面又要保证使最后的液面应高于加热面，以防止过热和烧坏烧瓶。

(4) 控制冷凝器内水温　对不同石油产品进行蒸馏时要求冷凝器内的水温不同，并符合试验条件表2-6要求。冷凝器中的水调至一定温度，是使沸腾后的油蒸汽在冷凝器中冷凝为液体，并使其在管内能正常流动，以冷凝液流入量筒的速度来检查控制蒸馏速度。汽油的馏分轻，蒸发性大，初馏点低，为保证蒸馏时全部汽油蒸气冷凝为液体，不至呈气态而逸出，必须控制冷凝器的水温为0~4℃(仲裁试验必须保证，而验收试验无条件可用冷水代替)。煤油、轻柴油等馏分比汽油重得多，喷气燃料的初馏点都在130℃以上，因此只需将水温控制在不高于30℃，就能使蒸气冷凝。对于凝点高于-5℃的含蜡液体燃料，因其中蜡的熔点一般在10~60℃范围内变动，在蒸馏过程中若水温在馏出蜡后温度太低，蜡就会在管中凝结，使冷凝液不能顺利流入量筒，从而破坏了正常的蒸馏温度与馏出百分数之间的关系，流速检查不准，造成操作错误和读数不准确，严重时甚至堵塞冷凝管，因此水温不能太低。再加之这些油的馏分都较重，水温较高也能使蒸气冷凝为液体。所以在蒸馏含蜡液体燃料(凝点高于或等于5℃)的过程中，控制水温在50~60℃也行。这样既能使油蒸气冷凝为液体，又不致于使蜡在管内凝结，保证冷凝液在管内自由流动，使馏程能正常进行下去。

（5）试样脱水处理。试样测定前应进行脱水，并加入沸石。如试样含水，蒸馏汽化后会在温度计上冷凝并逐渐聚成水滴，水滴落入高温的油中会迅速汽化，造成瓶内压力不稳，甚至冲油(突沸)现象。

（6）室温对初馏点、10%馏出温度的影响。室温高，测得的结果偏高；室温低，测得结果偏低。室温对试验结果的影响见表 2-7。

表 2-7　室温对试验结果的影响

室温/℃	2~5	13~15	20	25	30
对初馏点的影响	偏低约 4℃	偏低约 3℃	无	偏高约 2.5℃	偏高约 5℃
对 10%点的影响	偏低约 2℃	偏低约 1℃	无	偏高约 1.5℃	偏高约 2℃

（7）在连续进行蒸馏试验时，每次都需使电炉和防风罩的温度降至室温后，才能装上蒸馏烧瓶重新试验，以避免影响初馏点。

（8）蒸馏烧瓶可用无铅汽油洗涤，再用热空气吹干或烘干。如果瓶底有积炭，可趁热装入少量细砂，旋转摇动，再用水洗净。若瓶底还有黑色的残渣存在，可加入少量浓硝酸，加热除去。

二、发动机燃料饱和蒸气压测定

在敞口容器中，液体因为分子本身的热运动和空气流动，从中逸出的蒸气分子会逐渐扩散到周围空间去，如果扩散速度大于凝结速度，液体就会不断地汽化，直至蒸干。

在密闭容器中，液体由于蒸发的缘故，液面上空间的蒸气分子会逐渐聚积在容器内的蒸气层中。蒸气分子在不断地运动，有一部分由于撞击其他分子或器壁而返回到液体中。因此，在同一时间内，一部分液体分子蒸发变成气体，一部分气体分子碰撞后又凝成液体。在开始一段时间内，变成气体的分子多于凝成液体的分子，随后凝成液体的分子数逐渐增多，达到某一阶段，即当蒸发变成气体的分子数与返回变成液体的分子数恰好相等时，容器中的液相与气相就保持相对平衡(动态平衡，简称平衡)，称之为饱和状态，此时液面上的蒸气称之为饱和蒸气；而在气液两相未达到动态平衡时液面上的蒸气称为不饱和蒸气。饱和蒸气所显示出来的压力称为饱和蒸气压，简称蒸气压。纯净物质的蒸气压只与物质和温度有关，与气相、液相的组成无关。石油馏分是各种烃类组成的复杂混合物，其蒸气压不仅与温度有关，还与油品的组成有关，在一定温度下，油品的馏分越重，蒸气压越小，而油品的组成是随汽化率不同而改变的。在一定量的油品的汽化过程中，由于气相中轻组分含量多，因此当汽化率增加时，则液相组成逐渐变重，其蒸气压不断降低。蒸气压是表示油品蒸发性能、启动性能、生成气阻的倾向及储存时损失轻馏分的重要指标之一。

（一）测定目的和意义

饱和蒸气压主要是汽油蒸发达到平衡后汽油蒸气对容器壁产生的压力。用来评定汽油在使用中产生“气阻”倾向的大小。汽油馏程中规定 10%馏出温度不高于某一数值，以保证汽油的启动性，但 10%馏出温度过低时，易产生气阻。汽油形成气阻的倾向用蒸气压表示更为直接，因而汽油同时规定了蒸气压这一质量指标。汽油的饱和蒸气压越高，说明汽油中含轻质组分越多，其蒸发性越好，使用时在发动机燃油系统中产生“气阻”的可能性越大，在储存中的蒸发损耗也越大，但启动性能越好。

饱和蒸气压是用来控制汽油不致发生“气阻”现象的重要指标。在 GB 17930—2013《车用汽油》产品规范中对Ⅲ类车用汽油要求其蒸气压分别不大于 88kPa(11 月 1 日至 4 月 30 日)和 72kPa(5 月 1 日至 10 月 31 日)，Ⅳ类车用汽油要求其蒸气压分别为 42～85kPa(11 月 1 日至 4 月 30 日)和 40～68kPa(5 月 1 日至 10 月 31 日)，Ⅴ类车用汽油要求其蒸气压分别为45～85kPa(11 月 1 日至 4 月 30 日)和 40～65kPa(5 月 1 日至 10 月 31 日)。因为汽油饱和蒸气压的大小与使用时的大气温度和大气压有关，大气温度越高、气压越低，则汽油在发动机中也就越容易发生“气阻”。不产生“气阻”的汽油饱和蒸气压和大气温度的关系见表 2-8。为了减少“气阻”的发生，主要采取改善进油管道的布置，减少输油管的弯角，提高油泵压力等措施。在夏季，特别是在炎热地区用油桶储存高蒸气压汽油时，要采取降温措施，最好在库内存放，以防增大损耗和油桶被蒸气胀裂。

表 2-8　大气温度与不致引起“气阻”的汽油蒸气压力的关系

大气温度/℃	不致引起气阻的汽油蒸气压关系/kPa	大气温度/℃	不致引起气阻的汽油蒸气压关系/kPa
10	97.3	33	56.0
16	94.0	38	48.7
20	76.0	44	41.3
28	69.3	49	36.7

（二）石油产品饱和蒸气压测定

我国测定饱和蒸气压的方法有 GB/T 8017—2012《石油产品蒸气压测定(雷德法)》、GB/T 257—1964(2004)《发动机燃料饱和蒸气压测定法(雷德法)》、GB/T 6534—1986(2004)《汽油气-液比测定法》。目前国际上通用的饱和蒸气压则以雷德蒸气压来表示油品的饱和蒸气压。

GB/T 8017—2012 系修改采用美国材料与试验学会 ASTMD 323—08《石油产品蒸气压标准试验方法(雷德法)》，用于测定汽油、其他易挥发性石油产品及易挥发性原油蒸气压的方法。其中 A 法适用于测定蒸气压小于 180kPa 的汽油(包括仅含甲基叔丁基醚(MTBE)的汽油)和其他石油产品；A 法的改进步骤适用于 35～100kPa 的汽油和添加含氧化合物汽油的样品；B 法及其改进步骤采用半自动水平浴测定仪，同样适用于测定 A 法及其改进步骤所适用的汽油及其他石油产品；C 法适用于测定蒸气压大于 180kPa 的样品；D 法适用于测定蒸气压约为 50kPa 的航空活塞式发动机燃料。现主要介绍 A 法。

1. *方法概要*

将蒸气压测定仪的液体室充入冷却的试样，并与在浴中已经加热到 37.8℃的气体室相连。将安装好的测定仪浸入 37.8℃±0.1℃浴中，并定期振荡，直到观测到恒定压力。此读数经适当校正后，即报告为雷德法蒸气压。

2. *试验仪器*

蒸气压测定装置见图 2-3，由蒸气压测定仪(A 法见图 2-4，B 法见图 2-5)、压力计和水浴三部分组成。

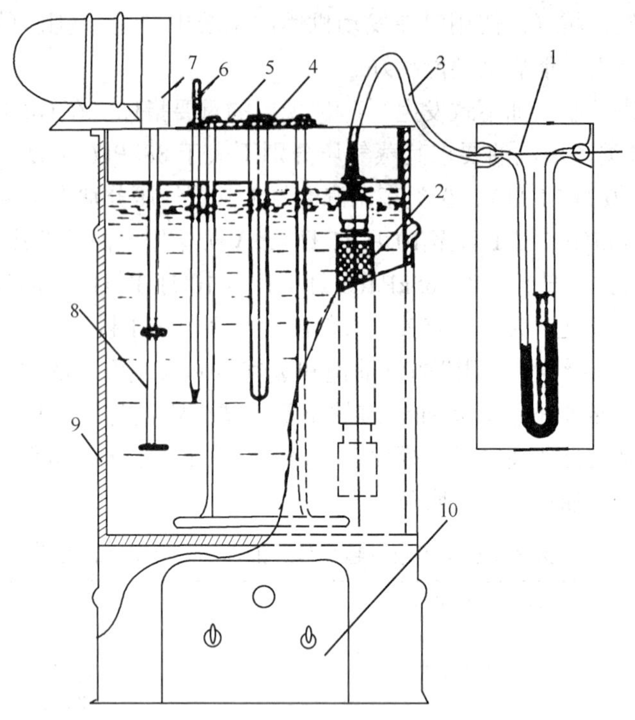

图 2-3　雷德法饱和蒸气压测定装置

1—水银压力计；2—雷德蒸气压测定器；3—橡皮管；4—接触式温度计；5—电热器；6—温度计；7—电机；8—搅拌器；9—水浴；10—继电器

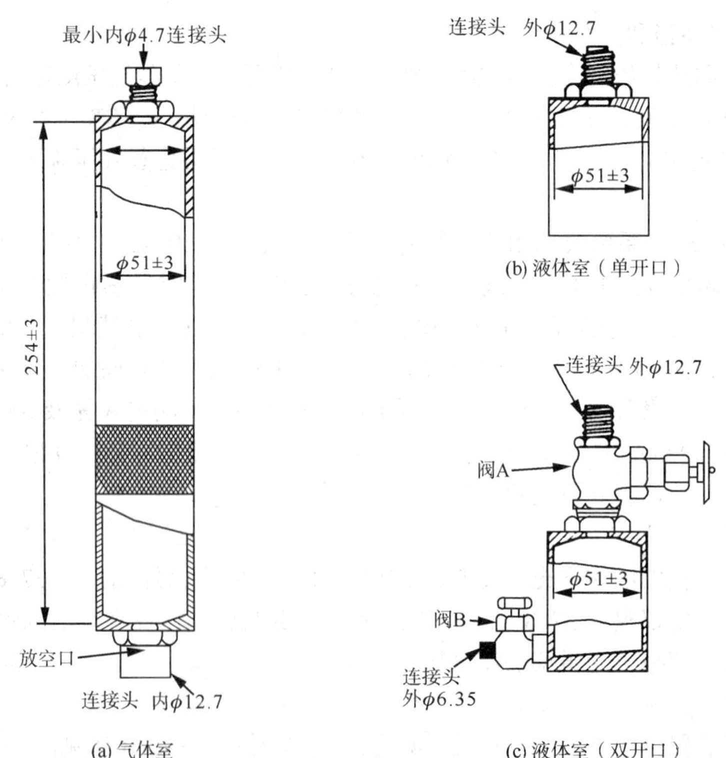

图 2-4　蒸气压测定仪

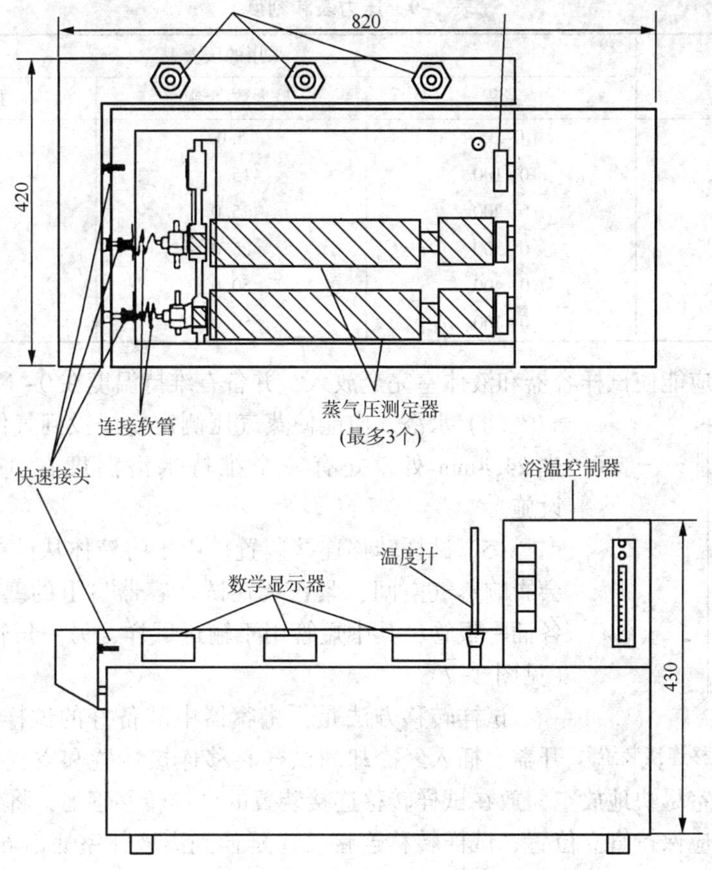

图 2-5　B 法用蒸气压测定仪

(1) 蒸气压测定仪由两个室组成：上室为气体室，下室为液体室(即样品室)。气体室一端连接压力表，另一端连接液体室。液体室又分为单开口式和双开口式两种，双开口式用于从密封的容器中取样，C 法规定用双开口式液体室。A、B、C、D 四种方法采用相同容积的气体室和液体室，气体室与液体室的容积比在 3.8~4.2，航空活塞式发动机燃料试验用的气体与液体室的容积比在 3.95~4.05 之间。B 法气体室见图 2-6。

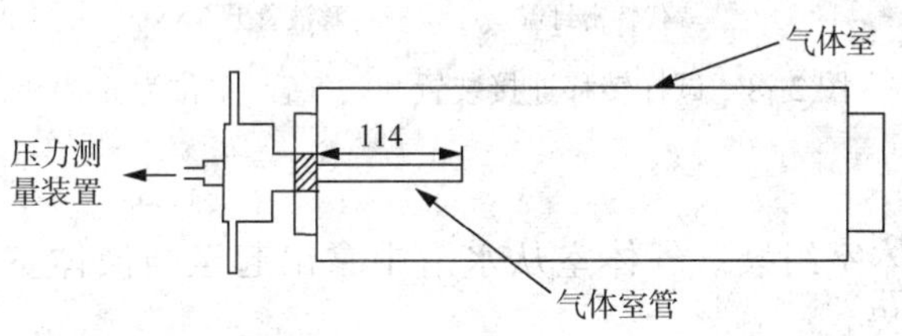

图 2-6　B 法气体室

(2) 试验用波登弹簧压力计。直径 100~150mm，装有一个 6.35mm 公螺纹接头，波登管与气体室的连通管直径不小于 4.7mm。压力表的量程和刻度按试样的蒸气压规定见表2-9。

表 2-9　压力表和刻度 kPa

雷德蒸气压	采用的压力表		
	量程	最大数字刻度	最大细刻度
≤27.5	0~35	5.0	0.5
20.0~75.0	0~100	15.0	0.5
70.0~180.0	0~200	25.0	1.0
20.0~250.0	0~300	25.0	1.0
200.0~357.0	0~400	50.0	1.5
≥350.0	0~700	50.0	2.5

（3）冷浴。应能使试样容器和液体室完全放入，并备有维持温度在 0~1℃的装置。

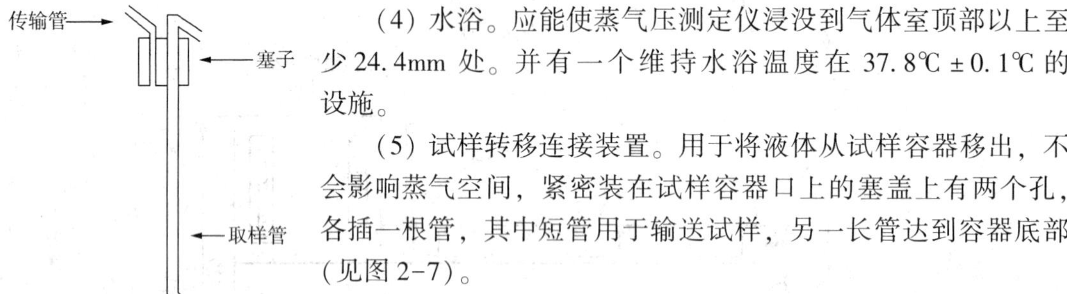

图 2-7　试样转移连接装置

（4）水浴。应能使蒸气压测定仪浸没到气体室顶部以上至少 24.4mm 处。并有一个维持水浴温度在 37.8℃±0.1℃的设施。

（5）试样转移连接装置。用于将液体从试样容器移出，不会影响蒸气空间，紧密装在试样容器口上的塞盖上有两个孔，各插一根管，其中短管用于输送试样，另一长管达到容器底部（见图 2-7）。

试样转移方法是，将容器中准备好的试样从冷浴中取出，开盖，插入经冷却的试样转移连接装置和空气管（见图 2-8），将经冷却的液体室尽快地放空，放在试样转移连接装置的试样转移管上，将整个装置很快倒置，最后液体室应保持直立位置，试样转移连接管应延伸到离液体室底部 6mm 处。试样充满液体室直至溢出，取出移液管，向试验台轻轻地叩击液体室以保证试样不含气泡。注意：如果试样浑浊，可继续试验；如果分层，废弃试样，用新试样重新试验。

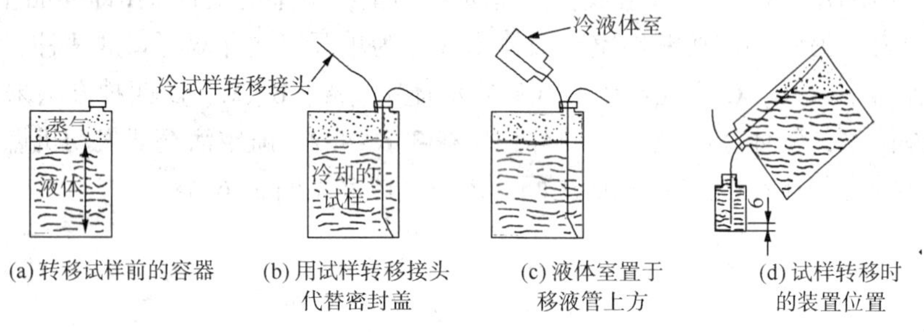

(a) 转移试样前的容器　(b) 用试样转移接头代替密封盖　(c) 液体室置于移液管上方　(d) 试样转移时的装置位置

图 2-8　试样转移连接装置和空气管（单位为 mm）

3. 试验过程

（1）气体室与液体室组装。气体室从水浴中拿出起至与液体室连接止的时间不超过 10s，并注意连接处干燥。

（2）仪器置于水浴中。A 法：将蒸气压测定仪倒置，使试样从液体室进入气体室，上下剧烈摇动仪器 8 次，使压力表向上浸入温度为 37.8℃±0.1℃的水浴中，水浴的液面高出气体室顶部至少 25mm。B 法：当仪器处于垂直状态时，立即在快速接头处连接螺旋管。使仪器向下翻转 20°~30°达 4s 或 5s，让试样流进气体室，而又不至从气体室进入压力计的管中。将仪器组件放入 37.8℃±0.1℃的水浴中，使液体室的底端连上驱动联轴节，而仪器的另一端安装在支撑轴承上，接通开关开始转动液体室和气体室组件。注意整个过程中是否泄漏。

(3) 蒸气压测定。放入水浴中仪器至少 5min 之后，轻轻敲击压力表，并观察读数。再取出仪器上下剧烈摇动，重复至少 5 次，直到最后两次相邻的压力读数相同并显示已达到平衡状态为止。读取最后的压力，精准至 0. 25kPa。记录此数值作为未经校正的蒸气压。

C 法、D 法测定查阅 GB/T 8017—2012。

(三) 影响饱和蒸气压测定的主要因素

饱和蒸气压测定是一个条件试验，对其测定的影响因素也很多，仪器、试验方法、试验条件、操作过程等不同都会使测定结果产生严重的误差，因此试验过程必须严格按照 GB/T 8017—2012 规定进行，不得随意更改试验仪器和操作条件。具体的影响因素主要有以下方面：

(1) 压力表校正。只能使用准确的压力表，当压力表的读数不同于压力测量装置(大于 180kPa 时，用净重测定器)时，读数之差超过压力表量程范围的 1%时，应认为此压力是不准确的。例如对于 0~30kPa 的压力表，其校正的修正数不应大于 0. 3kPa；对于 0~90kPa 的压力表，其校正的修正数不应大于 0. 9kPa。

(2) 必须按测定器中试样的空气饱和的规定，剧烈地摇荡蒸气压测定器，使试样与测定器内空气达到平衡。因为有些蒸气压测定仪忽略了空气压缩造成的影响，在使用仪器之前，应确定两室连接的动作会使气体室中的空气压缩，可采用密封好的塞盖盖住液体室，再用正常方式连接仪器。

(3) 在试验前和试验中，应仔细检查全部仪器是否漏油和漏气。

(4) 取样和试样的管理应严格执行标准中的规定，避免试样蒸发损失和轻微的组成变化，试验前绝不能把蒸气压测定器的任何部件当作试样容器使用。

(5) 为保持气体室和液体室正确的体积比，匹配好的两个室在未经重新校验下不能互换，以保证体积比在要求的范围内。

(6) 按规定彻底冲洗压力表、气体室和液体室，以保证不含有残余试样。

(7) 仪器的安装必须小心按标准方法中要求进行操作，不得超过规定的安装时间。

(8) 严格控制试样的温度(0~1℃)以及测定水浴的温度(37. 8℃±0. 1℃)。

第三节　石油产品洁净性测定

引起燃料洁净度下降的主要物质有水分、固体杂质、表面活性物质及细菌等。经过良好精制的石油产品是不含上述水分、杂质的，但是燃料在生产、运输、储存和加注过程中，由于种种原因，可能混入不同数量的上述杂质。

一、石油产品水分测定

石油产品中一般不含水分，但在储存、运输过程中可能由于各种原因而混入水分。如容器不干净，残留有水分；储油容器密封不严或在加注过程中雨雪冰霜落入等，均可使油料中混入水分；空气中的水蒸汽在温度降低时，也能凝结成水滴从容器壁落入油中。此外，轻质燃料油(如喷气燃料)本身具有一定的溶水性，随着温度的升高和芳香烃含量的增加，燃料油的溶水性也逐渐加大。空气中湿度增大时，燃料油中溶水量也相应增加。当温度降低时，水在燃料油中的溶解度下降，超过饱和水分便以水滴和冰粒析出成为水分。

(一)测定目的和意义

石油产品中不可避免地会混入水分，这些水分在燃料油和润滑油中的存在形式有三种：

(1)溶解水。以水分子状态存在于烃类分子空隙间，与烃类呈均相，这种状态的水叫做溶解水。其溶解量决定于油品的化学成分和温度。通常烷烃、环烷烃及烯烃溶解水的能力较弱，芳香烃能溶解较多的水分。温度越高，水能溶解于油品的数量越多。溶解水不影响石油产品透明度。

(2)乳化水。指水分以极细小的水粒状态分散于油中，这种分散很细的乳浊液，由于水滴微粒小，比游离水分更难自油品中分出。

(3)游离水。析出的微小水粒聚集成较大颗粒从油中沉降下来，呈油水分离状态存在。

在石油产品规格中要求燃料油和润滑油不含水分，通常是指不含乳化水和游离水，溶解水是很难除去的。燃料油和润滑油中含有水分会产生一系列危害：水分会引起容器和机械的腐蚀；低温时，水分结成冰粒会堵塞油路、油滤，影响供油，造成停机或增加磨损；燃料油中的水分会促使胶质生成；润滑油中的水分会促使润滑油乳化，破坏添加剂和润滑油薄膜，使润滑油的性能变坏。

润滑脂中的水分按其存在的状态不同，可分为两种。一种是结合水，是某些润滑脂的稳定剂，它起稳定油、皂结合的作用，是某些润滑脂的组成成分之一。钙基润滑脂的稳定剂就是水，它若失去水分，会造成油皂分离。另一种是游离水，它不是润滑脂的组成部分，而是从外界混入的。润滑脂中若有游离水，不仅会使润滑性能变坏，而且有腐蚀作用。对有些润滑脂(如钠基润滑脂)还会因游离水过多而乳化，引起油、皂分离，滴点降低，所以游离水是有害物质，必须注意防止混入。

(二)石油产品水分测定的原理

石油产品水分测定法分定性法和定量法。对轻质燃料油，如汽油和煤油，采用目测法，定性检查轻质燃料中的水分，具体是将试油摇动均匀，注入直径为40~60mm的玻璃量筒中观察，如果试油混浊或沉降有水珠，则有水分存在。如果试油透明，无水珠沉降，则没有水分。如试油是盛装在无色试样瓶里，也可直接摇动试样瓶进行观察。当检查油车中的燃料是否有水分时，通常是用一个容积为250mL并带有把柄的无色广口瓶，从刚行驶后的油车沉淀槽放出燃料油，先将玻璃瓶冲洗干净，然后取约2/3瓶的燃料油，摇动均匀，然后对着阳光或光线明亮处仔细观察，如果试油发生混浊或底部有微小可移动的水珠，则含有水分。目测法只能判断出含水量在0.003%(即30μg/g)以上的油样。因为油样含水在0.003%以上呈混浊，在0.003%以下呈清澈透明。

对润滑油中含有的水分，用目测法不容易检查时，按SH/T 0257—1992(2004)进行水分定性。液体石油产品按GB/T 260—1977(2004)，润滑脂按GB/T 512—1965(2004)进行。但是蒸馏法对于含水量小于0.03%的油品无法测定，为此可采用GB/T 11133—2015 石油产品、润滑油和添加剂中水含量测定 卡尔费休库仑滴定法和SH/T 0255—1992(2004)添加剂和含添加剂润滑油水分测定法(电量法)。

GB/T 11133 液体石油产品水含量测定法(卡尔·费休法)是基于在含有吡啶、甲醇等有机溶剂中，试样中的水与卡氏试剂发生如下反应：

$$H_2O+SO_2+I_2+3C_5H_5N \longrightarrow 2C_5H_5N \cdot HI+C_5H_5N \cdot SO_3$$

$$C_5H_5N \cdot SO_3+CH_3OH \longrightarrow C_5H_5N \cdot HSO_4CH_3$$

本标准利用双铂电极作指示电极，用按照“死停点”法原理装配的终点显示器指示反应的终点。根据消耗的卡氏试剂体积，计算试样的水含量。

SH/T 0255 添加剂和含添加剂润滑油水分测定法(电量法)是用一定量的脱水溶剂(苯或甲苯)和试样混合并进行共沸蒸馏，馏出液以一定比例混合的卡尔·费休试剂、甲醇、三氯甲烷混合液为电解液，以电量法测定其水含量。

当馏出液中有水时，碘氧化二氧化硫，发生如下化学反应：

$$I_2+SO_2++3C_5H_5N+H_2O \longrightarrow 2C_5H_5N \cdot HI+C_5H_5N \cdot SO_3$$

生成的硫酸吡啶又同甲醇反应生成稳定的甲基硫酸吡啶：

$$C_5H_5N \cdot SO_3+CH_3OH \longrightarrow C_5H_5NH \cdot SO_3CH_3$$

消耗的碘由溶液中碘离子在阳极发生氧化反应来补充：

$$2I^- - 2e \longrightarrow I_2$$

测量补充消耗的碘所需要的电量，根据法拉第电解定律，可求出试样中的水含量。

下面主要介绍 SH/T 0257—1992(2004)水分定性法和定量法 GB/T 260—1977(2004)、GB/T 512—1965(2004)。

(三) GB/T 260—1977(2004)石油产品水分测定法

1. 方法概要

一定量的试样(燃料或润滑油)与无水溶剂混合，进行蒸馏测定其水分含量并以百分数表示。

2. 水分测定器

由圆底烧瓶(容量为 500mL)，水分接受器(接受器的刻度在 0.3mL 以下设有十等分刻线；0.3~1.0mL 之间设有七等分刻线；1.0~10mL 之间每分度为 0.2mL)，直管式冷凝管(长度为 250~300mm)，加热器(220V，可调控温度)等组成，见图 2-9 和图 2-10。

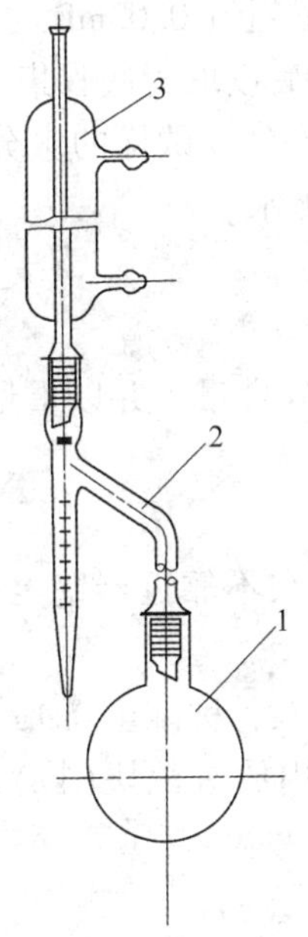

图 2-9 水分测定仪

1—圆底烧瓶；2—接受器；3—冷凝管

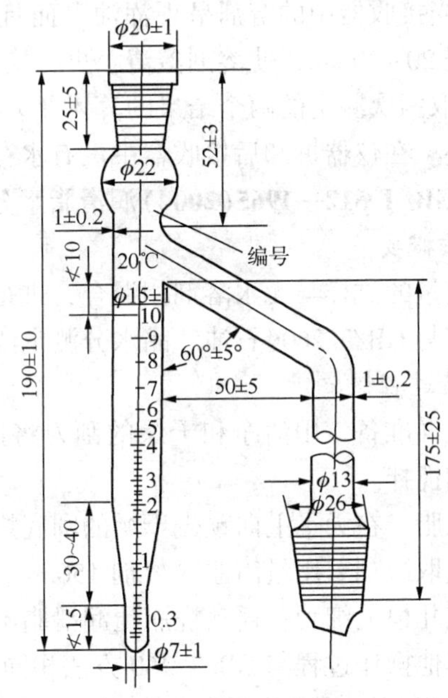

图 2-10 水分接收器

3. 试验过程概要

(1) 试样摇动均匀。将装入量不超过瓶内容积四分之三的试样摇动 5min 以混合均匀。

黏稠的或含石蜡的石油产品应预先加热到40~50℃，才进行摇匀。

（2）称量试样。向预先洗净并烘干的圆底烧瓶中称入摇匀的试样100g，称准至0.1g。

（3）量取溶剂。用量筒取100mL溶剂(工业溶剂油或直馏汽油(或90~120℃石油醚)在80℃以上的馏分，溶剂在使用前必须脱水和过滤)，注入圆底烧瓶中，投入一些无釉瓷片、浮石或毛细管，并将圆底烧瓶中的混合物仔细摇匀。

注：①黏度小的试样可以用量筒量取100mL，注入圆底烧瓶中，再用这只未经洗涤的量筒量出100mL溶剂。圆底烧瓶中的试样重量，等于试样的密度乘100所得之积。

② 试样的水分超过10%时，试样的重量应酌量减少，要求蒸出的水不超过10mL。

（4）组装仪器。将圆底烧瓶接上水分接受器以及冷凝管(冷凝器上端应用干棉花塞上)，再放在加热器上，打开冷却水开关，使冷却水由下而上流出冷却。(注：可以在冷凝管的上端，外接一个干燥管，以免空气中的水蒸汽进入冷凝管凝结。)

（5）控制加热速度。用电炉、酒精灯或调成小火焰的煤气灯加热圆底烧瓶，并控制回流速度，使冷凝管的斜口滴下2~4滴/s液体。

（6）蒸馏将近完毕时，如果冷凝管内壁沾有水滴，应使圆底烧瓶中的混合物在短时间内进行剧烈沸腾，利用冷凝的溶剂将水滴尽量洗入接收器中。

（7）接受器中收集的水不再增加，而且溶剂的上层完全透明时，停止加热。回流的时间不应超过1h。

（8）停止加热后，如果冷凝管内壁仍沾有水滴，应从冷凝管的上端倒入蒸馏用的溶剂，把水滴冲到接受器。如果溶剂冲洗依然无效，就用金属丝或细玻璃棒带有橡皮或塑料头的一端，把冷凝管内壁的水滴刮进接收器中。

（9）圆底烧瓶冷却后，将仪器拆卸，读出接受器中收集的水的体积。

（10）当接收器中的溶剂呈现浑浊，而且管底收集的水不超过0.03mL时，将接收器放入热水中浸20~30min，使溶剂澄清，再将接收器冷却到室温后读取管底收集水的体积。

（11）取两次测定的两个结果的算术平均值作为试样的水分，试样的水分少于0.03%，认为是痕迹。在仪器拆卸后接收器中没有水存在，认为试样无水。

（四）GB/T 512—1965(2004)润滑脂水分测定法

1. *方法概要*

将一定量的试样与无水溶剂相混合，进行蒸馏测定其水分含量，并以重量百分数表示。水分测定器与GB/T 260《石油产品水分测定法》的仪器相同

2. *试验过程概要*

（1）试样准备。用洁净和干燥的刮刀将试样表面刮掉，在不靠近器壁至少三处取出试样，并仔细搅拌。

（2）取脂。在天平上向预先干燥的圆底烧瓶中称取20~25g，称准至0.1g。

（3）量取溶剂。用量筒注入溶剂150mL，并向圆底烧瓶内放进数块(粒)未上釉的陶瓷片、浮石或几根毛细管，摇动烧瓶让润滑脂不粘瓶上。

（4）其他操作过程与GB/T 260方法相同。

注：①如润滑脂中预期的水分在10%以上，则试样重量应减少至10~15g。

②仲裁试验时，冷却水的温度与室温的差数，应控制在±5℃之内。

③在试验过程中，如果出现有成团、暴沸、乳化起泡等现象，使试验无法进行时，允许加入油酸或硬脂酸5~10g。但此时应将试样按SH/T 0329测定游离碱(以NaOH%表示)换算成测定水分试样量的总碱量，再乘以0.45后作为补正值，从刻度管水分读数中减去补正值。如补正后为负数，则认为该试样水分为“无”。

（五）SH/T 0257—1992（2004）润滑油水分定性试验法

1. 方法概要

将试样加热至指定的温度下，用听声响的方法，定性地判定试样中有无水分存在。

2. 准备工作

（1）油浴。直径约100mm，高约90mm的圆筒形容器，并且有金属盖；在盖的中心从盖里面用一金属支柱与一金属圆盘连接，此盘距盖下面80mm，距浴底约10mm。盖上有孔，与圆盘内的孔对应，以供安装温度计及试管用。

（2）试管。直径10~15mm，高120~150mm。

（3）温度计。0~200℃。

（4）加热器。

（5）取闪点不低于240℃的矿物油注入油浴中，至80mm高度为止。然后将油浴放在三脚架上加热至175℃±5℃。

（6）将试样于室温下注入洗涤干净干燥的玻璃试管中至80~90mm高度，将干燥的温度计插入软木塞中，再用该软木塞塞住试管，使温度计水银球位于试管的中央，并且使其离试管底约为20~30mm高。

3. 试验步骤

将盛有试样的试管垂直地插入热油浴中，仔细观察试管及试样若干分钟，直至试样温度达到150℃为止。如试样中有水分时，即发生泡沫，可以听到噼啪响声，甚至试管会发生震动或颤动，高出浴面的油层会变成浑浊。

4. 结果的判断

（1）如果听到显著的响声不少于两次，即确定有水分存在。

（2）如果第一次试验发生下列情形之一时，应再作试验。

发生一次显著的响声及泡沫；发生不显著的响声及泡沫；仅有泡沫。

（3）如果在重复试验时，仍有一次显著响声与泡沫，即认为有水分存在；如果试管中温度达到130℃时，仅有不显著的响声及泡沫，或仅有泡沫，则认为试样中不含水分。

（六）影响水分测定的主要因素

蒸馏法测定油品的水分时，影响测定的因素很多，其中主要影响因素有：

（1）取样。对液体试样测定前要剧烈摇动均匀，迅速倒取；对润滑脂取三个不同点混合均匀，以便准确测出水分。

（2）仪器、试剂干燥。测定所用的圆底烧瓶、水分接受器、冷凝管等不能带有水分，必须干燥。

（3）溶剂馏分。试验方法中规定加入一定量的无水溶剂，其作用一是降低试油的黏度，避免含水油品沸腾时所引起的冲击和起泡现象，便于将水蒸出；二是溶剂蒸出后不断冷凝回流到烧瓶内，可使水、溶剂、油品混合物的沸点不升高，或升高极少，防止过热现象，便于将水全部携带出来。对于测定润滑脂的水分，溶剂还有一个作用，就是溶解润滑脂，使脂中的水分能均匀分散在溶剂中，便于蒸馏出来。

初馏点过低（低于80℃），100℃以下的轻质馏分太多，则水、溶剂、油品混合物的沸点低，只是轻质汽油不断回流，水分蒸不出来；若溶剂的馏分太重，溶剂在水分蒸发前馏出太少，烧瓶中的液体容易发生突沸或冲油现象，严重影响测定结果。从实际工作出发，用汽油作溶剂主要是防止初馏点太低，轻质成分过多。为此，必要时可用普遍蒸馏烧瓶和直形冷凝管将汽油进行蒸馏，把80℃以前馏分(测润滑脂水分是90℃以前馏分)舍去。

(4) 控制加热速度　加热速度不能太快，以免发生冲油和蒸气冷凝不完全，造成火灾，测定结果不准确。

(5) 蒸馏前应往烧瓶中投入几粒无釉瓷片，以便在瓶中液体加热至沸腾时能形成许多细小的空气泡，保证液体均匀沸腾，不致发生突沸。

(6) 停止加热后，如果冷凝管内壁仍沾有水滴，应用金属丝或玻璃棒带有橡皮和塑料头的一端把水刮下，并用溶剂将水冲入水分接受器中。

(7) 润滑脂测定过程中，如果出现有成团、暴沸、乳化起泡等现象，使试验无法进行时，允许加入油酸或硬脂酸5~10g，但对试验结果必须进行修正。加入油酸和硬脂酸的目的在于和润滑脂中的游离碱作用生成可溶解于水的脂肪酸盐，以利于破坏和分化在试验过程中出现的皂凝聚成团、蒸馏时暴沸引起的乳化、起泡等现象。

二、石油产品机械杂质测定

在石油产品中所有不溶于规定溶剂的沉淀状或悬浮状物质，称为机械杂质。这些杂质包括泥沙、铁锈、棉纤维和木纤维，还有添加剂中夹杂的无机盐类等。一部分是运输、储存或油品精制过程中混入的，如白土精制油品时可能混入白土粉末。在储存和使用过程中，由于储运条件不完善，而落入尘土，或是由于设备、管线的腐蚀、氧化而产生的铁锈，机件磨损产生的金属屑都可能混入油品中。润滑油中含有添加剂时，可发现有0.025%以下的机械杂质、但不一定是外来杂质，而是添加剂组成中的物质，不能滤过而留在滤纸上被当成机械杂质。

(一) 测定目的和意义

石油产品中的机械杂质是反映油品纯度的质量指标。液体燃料中含有机械杂质会使过滤器堵塞，影响或甚至中断供油，还会造成精密零件的磨损。如采用缸内喷油技术的电喷汽油机高压油泵和喷油器都是很精密的部件，柴油机燃料系统高压油泵的套筒与柱塞的配合间隙被控制在0.0025mm以下，若被机械杂质磨划而引起的划痕都会使工作性能严重恶化，同时机械杂质还会引起柱塞和喷油器中的喷针卡死。燃料油中的机械杂质会堵塞过滤网，磨坏抽油泵，堵塞喷油嘴，严重影响正常燃烧，必须加以限制，军舰用燃料油要求机械杂质不大于0.1%。润滑油基础油的机械杂质都控制在0.005%以下(机械杂质在0.005%以下认为是无)；加添加剂后的成品油机械杂质一般都增大。对于一些含有大量添加剂的油品(如一些添加剂量大的内燃机油)来讲，机械杂质的指标表面上看是比较大，但其机械杂质主要是加入了多种添加剂后所引入的溶剂不溶物，这些胶状的金属有机物，并不影响使用效果。不应当简单地用机械杂质的多少来判断油品的好坏，而应分析“杂质”的内容。否则就会带来不必要的损失和浪费。

对使用者来讲，关注机械杂质是非常必要的。因为润滑油在使用、储存、运输中如果混入灰尘、泥沙、金属碎屑、铁锈及金属氧化物等，会加速机械设备的磨损，严重时堵塞油路、油嘴和滤油器，破坏正常润滑。据报道，若设备机况、工况和润滑油质量正常，润滑油的洁净度是影响设备寿命和维护成本的一个很关键的参数。欧美一些先进的工矿企业正推行对大型设备的润滑系统进行精密的过滤和监控，并取得显著的成效。因此，用户在使用前和使用中，应对润滑油进行严格的过滤并防止外部杂质对润滑系统的污染。

（二）石油产品机械杂质测定

我国现行测定机械杂质的方法标准有 GB/T 511—2010《石油和石油产品及添加剂机械杂质测定法》、GB/T 513—1977(2004)《润滑脂机械杂质测定法》、SH/T 0330—1994(2004)《润滑脂机械杂质测定法(抽出法)》、SH/T 0336—92(2004)《润滑脂机械杂质含量测定法(显微镜法)》。上述方法标准除 GB/T 511 主要适用于测定燃料油和润滑油外，其他三个方法标准适用于润滑脂，详见第十章。

GB/T 511—2010《石油和石油产品及添加剂机械杂质测定法》，是根据原苏联国家标准 ГОСТ 6370—1983(1997)《石油、石油产品和添加剂机械杂质测定法》制订的。其测定原理是：在规定的测定条件下，先用溶剂稀释一定量的试样后，用定量滤纸或微孔玻璃滤器过滤，使油品中所含的固体悬浮粒子分离出来，再用溶剂把试油全部洗净，进行烘干和称重，测定结果以质量分数表示。GB/T 511 的缺点是测定结果往往偏大，原因是一些有机物质吸附在滤纸或滤器上，一些沥青可逆性物质和一些添加剂，被当做机械杂质计为测定结果，从而反映不出真正的杂质含量。

（三）影响机械杂质测定的主要因素

GB/T 511—2010《石油和石油产品及添加剂机械杂质测定法》是以溶剂溶解、过滤、称重等过程进行的重量法测定，由于各种油品在溶剂中的溶解、过滤的难易程度不同，操作步骤比较复杂，影响测定的因素较多，其中主要的影响因素有：

(1) 根据试样的性质选择适当的溶剂，以保证试样在溶剂中能较好地溶解，否则测定就无法进行。

(2) 试样称取时要混合均匀，石蜡和黏稠的石油产品应预先加热到 40~80℃的温度，仔细搅拌均匀，若试样不均匀则影响测定结果的准确性。

(3) 空滤纸不能和带沉淀的滤纸在同一烘箱中同时干燥，以免空滤纸吸附溶剂及油类的蒸气影响恒重。

(4) 漏斗和滤纸冷却后，称量的动作要迅速，以免因滤纸的吸湿作用而影响恒重。前后冷却时间也必须一致。

(5) 在过滤洗涤过程中，要避免试油中的机械杂质损失，同时要防止对外来杂质如空气中的尘埃等落在滤纸上，洗涤时滤纸上的试油必须彻底洗净，以免影响测定结果。试验中如果用乙醇作洗涤剂时，为了消除乙醇和滤纸作用引起的误差，恒重前应用 50mL 乙醇洗涤滤纸，然后进行干燥恒重。

(6) 测定含有胶质或沥青质润滑油的机械杂质，要注意滤纸上的残渣中有无砂子及其他摩擦性物质，因为该类产品中规定不允许有砂子及其他摩擦物。

(7) 使用微孔玻璃过滤器做试验时，应分别过滤油、水层，先过滤油，后过滤水。

(8) 在整个试验中滤纸或微孔玻璃过滤器的恒重称量，应使用同一天平，同一个干燥器，中间不更换干燥剂，冷却的地点要一致。

三、污染物的测定

石油产品中除了机械杂质外，还含有一些溶于石油产品中的杂质，对石油产品的使用性能有一定的影响。在产品技术规范中，表征这类溶于石油产品中杂质的试验方法有喷气燃料的水反应试验，喷气燃料水分离指数测定，喷气燃料、液压油固体颗粒污染物测定等。

（一）测定目的和意义

喷气燃料水反应测定主要用于检定喷气燃料中有无水溶性掺入物，评定燃料的清洁度，同时鉴定油(包括添加剂)、水的分离性质。当测定航空活塞式发动机燃料时，水反应体积的变化表明燃料中存在着水溶性组分如醇类。当测定航空涡轮燃料时，水反应界面评级高表明存在着较多的部分溶解污染物，如表面活性剂。这些影响界面的污染物容易使过滤分离器很快失去作用导致游离水和颗粒物的通过。水分离指数用来评价喷气燃料通过凝聚介质时分离水难易程度的数值，也可以反映燃料中是否存在磺酸盐和环烷酸盐等表面活性物质，以评价燃料通过过滤器时对水的分离能力。它以0~100单位表示，洁净透明的喷气燃料为100。喷气燃料固体颗粒污染物是将一定体积的试样，通过预先称量的混合纤维素酯微孔(孔径为1.2μm或3μm)滤膜，以滤膜上的沉淀物和滤膜灼烧后的无机物，分别作为试样的固体颗粒杂质和灰分。

在液压油液中，总是存在着固体颗粒污染物。而液压系统所有运动偶件均为精密配合，如果有污染物存在，可能造成严重后果。

由于我国石油工业不断发展，采油和炼油技术不断提高，在原油处理及加工过程中也应用到破乳剂、缓蚀剂。为了改善喷气燃料的性能，往往也加有诸如防冰添加剂、抗静电添加剂、抗腐蚀添加剂、热安定性添加剂等，在酸、碱精制过程中，若酸碱渣分离不干净、水洗沉降不充分，以及在燃料储存、保管、运输过程中混入某些表面活性物质，这些都有可能使燃料混进水溶性掺入物，影响燃料的清洁度及水的分离性质。为此，测定水反应、水分离指数、固体颗粒污染物等，对喷气燃料、液压油的生产控制、提高产品质量，改善产品性能有其重要的意义。

（二）喷气燃料水反应试验

我国现行航空燃料水反应试验方法为GB/T 1793—2008，是修改采用ASTM D1094—00(2005)《航空燃料水反应标准试验方法》制订的。方法原理是在测定条件下用能保持pH=7的缓冲溶液与燃料混合，若燃料中存有水溶性掺入物，则进入水相，从而引起水层的体积变化。若燃料中存有残留的酸、碱渣及从原料或加工设备携带进来的痕量破乳剂、缓蚀剂、添加剂、金属盐类或其他表面活性物质(能降低溶液表面张力物质的总称)，便会吸附在燃料与水两液间的界面(指液体-液体的分界面)上，形成膜、纤维带状物、碎片、泡沫或浮渣等中间层，或在互不相溶的燃料与水分离层附近呈现乳浊液。

方法概要：

配制磷酸盐缓冲溶液：将1.15g无水磷酸氢二钾(K_2HPO_4)和0.47g无水磷酸二氢钾(KH_2PO_4)溶解在100mL水中，此溶液的pH=7。

在室温下取20mL磷酸盐缓冲溶液倒入量筒中，记录体积，精确到0.5mL。在室温下加80mL试样，塞上玻璃塞。上下摇动量筒2min±5s，每秒2~3次，摇动幅度为12~25cm。注意小心摇动量筒以避免产生旋涡，因为它会破坏可能形成的乳化。立即把量筒放在没有震动的平台上，静置5min。不要拿起量筒，在散射光照射下，观察记录如下内容：

(1) 水相体积的变化，精确到0.5mL。

(2) 分离程度评级，按表2-10确定两相分离程度。

(3) 界面情况评级，按表2-11评定分离程度。

对燃料层中出现的轻微混浊可不予考虑，此混浊对着白背景观察不到。

表 2-10 分离程度

级 别	现 象
1	在每一层或燃料层上，完全不存在乳化物和(或)沉淀物
2	除了在燃料层中有气泡或小水滴外，其他同 1 级
3	在每一层中或在燃料层上有乳化物和(或)沉淀物，或者在水层中有小液滴，或小液滴粘附于量筒上(不包括燃料层上面的壁面)上

表 2-11 界面情况

级 别	现 象
1	清澈和清洁
1b	小的清澈的小气泡遮盖估计不大于 50%的界面，界面处无碎片、带状物或膜
2	界面处有碎片、带状物或膜
3	界面有松散的带状物和(或)少量浮沫
4	界面有紧密的带状物和(或)较多浮沫

(三) 喷气燃料水分离指数测定

水分离指数是用来评价喷气燃料通过凝聚介质时分离水难易程度的数值。它以 0~100 单位表示，洁净透明的喷气燃料为 100。

我国现行喷气燃料水分离指数测定方法为 GB/T 11129—1989(2004)，本标准规定了喷气燃料与水分离特性的测定方法。适用于评价喷气燃料的洁净度，它可以反映燃料中是否存在磺酸盐和环烷酸盐等表面活性物质，估价燃料通过过滤凝聚器时对水的分离能力。

1. 方法概要

在水分离指数测定仪中，水和燃料形成乳化液后，定量地通过一个装有标准过滤垫片的凝聚器池，通过光电池测其流过凝聚器后燃料的浊度。

2. 水分离指数测定仪

图 2-11 为 1104 型 CRC 测定仪正视图，图 2-12 为仪器流程图。

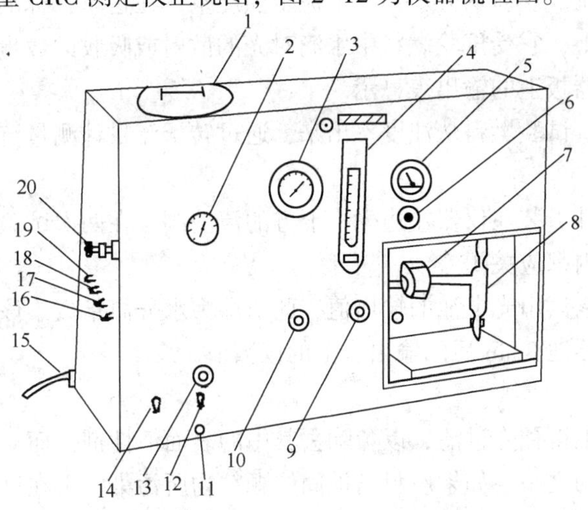

图 2-11 水分离指数测定仪正视图

1—燃料罐；2—燃料温度计；3—燃料压力表；4—转子流量计；5—输出表；6—输出表调节旋钮；7—凝聚器池；8—分水器；9—计量阀；10—乳化阀；11—保险丝；12—电源开关；13—试验灯；14—泵开关；15—电源线；16—燃料出口；17—氮气进口；18—进水口；19—出水口；20—清洗阀

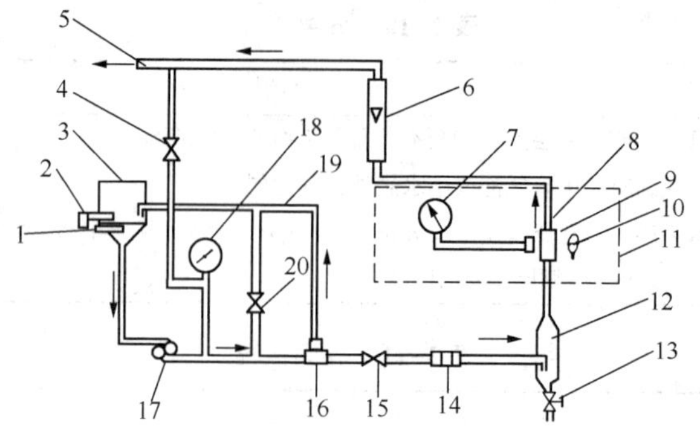

图 2-12　水分离指数测定仪流程图

1—冷却套；2—温度计；3—燃料罐；4—清洗阀；5—燃料口；6—转子流量计；7—输出表；8—光电池；9—浊度室；10—灯；11—浊度测量系统；12—分离器；13—放空活塞；14—凝聚器池；15—计量阀；16—压力调节器；17—泵；18—压力表；19—回流线；20—乳化阀

（1）水分离仪燃料系统。主要由燃料储罐及盖、燃料泵、乳化阀、计量阀、压力调节器、转子流量计、凝聚器池、分水器和浊度计组成。

（2）泵和计量阀。由于重力，燃料从储罐流到泵的入口。通过压力调节器调节燃料返回到储罐的流量，以维持泵的出口压力。通过计量阀控制从调节器出来到其余系统的燃料流量。返回到储罐的燃料在流经泵时受到加热，为了保持储罐中试验燃料的规定温度，在储罐内装有冷却水夹套。为了冬季保持试验燃料的温度，在储罐外壁加有电加热套(16Ω)。

（3）乳化阀。在关闭计量阀后，打开此阀用于制备乳化液，此时，不用压力调节器控制压力，而靠乳化阀人为地控制压力。在乳化过程以后关闭乳化阀，同时打开计量阀以便继续进行试验。

（4）凝聚器池和分水器。凝聚器池接受从计量阀来的油水乳化液通过 3.55mm ± 0.013mm 的孔口及过滤垫片后使水滴凝聚，并在分水器中沉降。

（5）浊度测量系统。燃料从分水器向上流至浊度室。在这里，标准强度的光线通过试验燃料射到一个光电池上，它受试验燃料中水滴对光的散射或吸收的数量支配。光电池的输出电流由安装在正面仪器板上的输出表显示。

（6）转子流量计。试验燃料从浊度室出来，通过转子流量计测量流速，接着排放到仪器外边的废油接受器中。

（7）燃料系统附件。装在仪器左边壳板上方的清洗阀，在两次试验间冲洗压力表环路线时打开。在其他时间内都应关闭。

（8）输出表。由它读出光电池的输出值，此值即为水分离指数。该水分离指数系指试验燃料从开始通过凝聚器池 8min 后的输出表上的读数值。

3. 试验过程概要

（1）试验前样品不得预先过滤，以免除去其中的表面活性剂，而对燃料中表面活性剂的检查正是本试验的目的之一。如果燃料已被固体颗粒物所污染，则在试验前允许通过沉降法分离。

（2）按方法规定的步骤严格清洗燃料系统。

（3）乳化的形成。向储罐中加 2L 试验燃料，并启动泵。在整个试验运转过程中，检查储罐燃料温度，打开冷却水或加热开关进行调节使储罐的燃料维持在 24~27℃ 温度范围内。

打开乳化阀，使压力调至552kPa±14kPa。用长针头注射器在60s±15s内，以均匀的速度直接向储罐底部的燃料中注入2mL蒸馏水。记下开始注水的时间，使水和燃料混合液连续循环乳化5min。

(4) 试验运转。在乳化5min后，立即关闭乳化阀，并打开计量阀使乳化的混合液以150mL/min的流速流过系统。每2min记录一次光电计的读数，记录到第8min时，停止记录，将第8min的指示值作为该燃料的水分离指数值。

(5) 对新的仪器和更换仪器主要零件及发现异常时，要用参比液进行验证，其结果符合表2-12要求时，方可进行燃料的测定。

表2-12　参比液的水分离指数要求

分散剂浓度/(mL/L)	标准的水分离指数	允许范围	
		最小	最大
0	99	97	100
0.2	89	82	91
0.4	80	69	88
0.6	72	59	83
0.8	65	51	77

参比液用参比基础燃料(一种无表面活性物，水分离指数为98~100的煤油型燃料)和分散剂[每mL甲苯中含1mg无水的丁二酸二(2-乙基己基)酯磺酸钠]配制而成。

(四) 固体颗粒污染物测定

1. 概述

我国现行固体颗粒污染物的测定方法有SH/T 0093—1991《喷气燃料固体颗粒污染物测定法》，GB/T 14039—2002《液压传动油液固体颗粒污染等级代号》，GJB1264.5—1994《航空涡轮发动机润滑油试验方法-固体颗粒杂质测定方法》及NB/SH/T 0868—2013《喷气燃料洁净度的测定便携式自动颗粒计数器法》。

SH/T 0093—1991《喷气燃料固体颗粒污染物测定法》规定了测定喷气燃料中固体颗粒污染物含量的实验室方法，其方法概要为：在规定的条件下，试样经玻璃砂芯过滤装置过滤，微孔薄膜过滤片上的增重物即为试样的总污染物含量，以mg/L表示。如试样需测定微孔薄膜过滤片颜色评级及过滤时间，按该方法的附录A进行。过滤时间是指从启动真空泵到试样过滤完所需的时间，如果在30min内4L试样过滤不完，应停止试验并计量和记录未过滤的剩余试样。微孔薄膜过滤片颜色的评定采用与膜滤片颜色标准进行目视比较，选择与膜滤片标准中的颜色带及级别，如膜滤片颜色处于两个级别之间，则选择较低的。

GB/T 14039—2002《液压传动油液固体颗粒污染等级代号》修改采用ISO 4406：1999《液压传动油液固体颗粒污染等级代号》(英文版)，是对GB/T 14039—1993《液压系统工作介质固体颗粒污染等级代号》的修订。该标准规定了确定液压系统的油液中固体颗粒污染等级所采用的代号。具体方法是通过将单位体积油液中的颗粒数转换成较宽范围的等级或代码，以简化颗粒计数数据的报告形式。油液的污染等级代号由代码组成。代码每增加一级，颗粒数一般增加一倍。

代码是根据每毫升液样中的颗粒数确定的，见表2-13。

表 2-13　代码的确定

每毫升的颗粒数		代　　码
大于	小于等于	
2500000	—	>28
1300000	2500000	28
640000	1300000	27
320000	640000	26
160000	320000	25
80000	160000	24
40000	80000	23
20000	40000	22
10000	20000	21
5000	10000	20
2500	5000	19
1300	2500	18
640	1300	17
320	640	16
160	320	15
80	160	14
40	80	13
20	40	12
10	20	11
5	10	10
2. 5	5	9
1. 3	2. 5	8
0. 64	1. 3	7
0. 32	0. 64	6
0. 16	0. 32	5
0. 08	0. 16	4
0. 04	0. 08	3
0. 02	0. 04	2
0. 01	0. 02	1
0. 00	0. 01	0

每毫升液样中颗粒数的上、下限之间，采用了通常为 2 的等比级差，使代码保持在一个合理的范围内，并且保证每一等级都有意义。

当使用按照 GB/T 18854—2002 规定的方法校准过的自动颗粒计数器，按照 ISO 11500 或其他公认的方法来进行颗粒计数时，所报告的污染等级代号由三个代码组成，该代码分别代表如下的颗粒尺寸及其分布：

第一个代码代表每毫升油液中颗粒尺寸≥4μm(c)的颗粒数；

第二个代码代表每毫升油液中颗粒尺寸≥6μm(c)的颗粒数；

第三个代码代表每毫升油液中颗粒尺寸≥14μm(c)的颗粒数；

例 1：代号 22/18/13，其中第一个代码 22 表示每毫升油液中≥4μm(c)的颗粒数在大于 20000~40000 之间(包括 40000 在内)；第二个代码 18 表示≥6μm(c)的颗粒数在大于 1300~

2500 之间(包括 2500 在内)；第三个代码 13 表示≥14μm(c)的颗粒数在大于 40~80 之间(包括 80 在内)。

在应用时，可用“*”(表示颗粒数太多而无法计数)或“-”(表示不需要计数)两个符号来表示代码。

例 2：*/19/14 表示油液中≥4μm(c)的颗粒数太多而无法计数；

例 3：-/19/14 表示油液中≥4μm(c)的颗粒不需要计数。

注：代码小于 8 时，重复性受液样中所测的实际颗粒数的影响。原始计数值应大于 20 个颗粒，如果不可能，则当其中一个尺寸范围的原始颗粒计数值小于 20 时，该尺寸范围的代码前应标注≥符号。例如：代号 14/12/≥7 表示在每毫升油液中，≥4μm(c)的颗粒数在大于 80 到 160 之间(包括 160 在内)；≥6μm(c)的颗粒数在大于 20 到 40 之间(包括 40 在内)；第三个代码≥7 表示每毫升油液中≥14μm(c)的颗粒数在大于 0. 64 到 1. 3 之间(包括 1. 3 在内)，但计数值小于 20。这时，统计的可信度降低。由于可信度较低，14μm(c)部分的代码实际上可能高于 7，即表示每毫升油液中的颗粒数可能大于 1. 3 个。

当使用显微镜并按照 ISO 4407 进行计数时，所报告的污染等级代号由≥5μm 和≥15μm 两个颗粒尺寸范围的颗粒数代码组成。为了与用自动颗粒计数器所得的数据报告相一致，代号由三部分组成，第一部分用符号“-”表示。

例 4：-/18/13。

GJB 1264. 5—1994 航空涡轮发动机润滑油试验方法—固体颗粒杂质测定方法参照采用 FS791C(1986)3010. 1 标准方法代替石油化工行业标准 SH/T 0470—92(原标准代号 SY-4030-84)《航空合成润滑油固体颗粒杂质测定法》。本标准与参照标准的主要技术差异是本标准根据国内实际情况参照 FS791C(1986)3010. 1 标准方法采用了相应的试验设备，测试仪器和试验材料。具体方法是将一定体积的试样，通过预先称重的混合纤维素酯微孔(孔径为 1. 2μm 或 3μm)滤膜(简称滤膜)，以滤膜上的沉淀物和滤膜灼烧后的无机物，分别作为试样的固体颗粒杂质和灰分。

NB/SH/T 0868—2013 喷气燃料洁净度的测定　便携式自动颗粒计数器法是引用了 GB/T 14039—2002，ISO 4406，MOD。本标准规定了测定粒径从 4~30μm 的尘粒和微小水滴在喷气燃料中分散程度的方法，每毫升试样中累计计数最大可以测定到 60000。

下面主要介绍 NB/SH/T 0868—2013 喷气燃料洁净度的测定　便携式自动颗粒计数器法。

2. NB/SH/T 0868—2013 喷气燃料洁净度的测定　便携式自动颗粒计数器法

(1) 方法概要。试样以 30mL/min 从试样容器中抽出，通过光学测量室后，进入废液容器。自动测试程序首先用 50mL 试样冲洗光学测量室和管道，紧接着是三次测试，每次测试用样量均为 10mL，最后给出的结果为三次测量的平均值。由于试样中夹带的颗粒/液滴使光减弱，从而产生电压的下降。电压的下降与颗粒/液滴直径是成比例的。试验完成后，软件会计算并显示每一预定粒径中颗粒/液滴的数量。

(2) 仪器与试剂

① 便携式自动颗粒计数器(APC)　由一个光学测量池连接在通过自动切换阀来控制双联泵系统的计算机上组成。

② 试样容器　圆筒形，内衬合适密封圈的盖子，容积至少为 125mL，同时要保证测试样品高于容器底部 10mm 以上。

③ 过滤装置　孔径为 0.45μm 滤膜的过滤器过滤正庚烷。

④ 校正液　含有介质试验粉尘的溶剂(MTD)。

⑤ 正庚烷　分析纯，用过滤装置上公称孔径为 0.45μm 的滤膜过滤。试样容器使用前，需用经过滤处理后的正庚烷清洗三次。

⑥ 滤膜　公称孔径为 0.45μm 的纤维素或聚碳酸酯。

(3) 试样准备

① 手动或用自动装置翻转试样容器不少于 60 次。

② 至少取 125mL 摇匀后试样在洁净的试样容器，盖上清洁的盖子。

(4) 试验步骤

① 试验前翻转摇动试样最少 1min(大约 1 次/s)。

② 试样容器和试样体积都符合要求，允许直接从样品容器中取样。

③ 确保清洁的试样输送管在试验用去约 80mL 试样后，输送管仍位于燃料液面以下。

④ 确保试样输送管不会碰到试样容器的壁或底。

⑤ 按仪器制造商的说明书开始自动测试程序。

⑥ 双头泵吸取 50mL 试样通过试样输送管和光学测量室，对其进行清洗。然后是每次吸取 10mL 试样进入光学测量室进行测试，共三次。记录三次的测试结果及平均值，并打印。

结果可永久性储存和再次打印，或下载到个人计算机或其他计算装置中。

如果在三次测试结果中，≥4μm 的三次数据差值超过 10%或 200 个/mL 颗粒时，可能表示进样有问题。

⑦ 当前面所测试样中的颗粒计数超过 20000 个/mL 时，在做下一个试样前，要用滤过的正庚烷对系统进行冲洗，即按步骤③~⑥进行空白试验，以避免试样间交叉污染。

(5) 结果处理。报告打印或显示每毫升试样的最终结果(三次试验的平均值)。

① 累计计数：每毫升试样中粒径≥4μm、≥6μm、≥14μm、≥21μm、≥25μm 和≥30μm的颗粒数(个/mL)。

② ISO 等级代号：按照 GB/T 14039 的表述方式，所预设的三个粒径≥4μm、≥6μm 和≥14μm 对应的代码。

(五) 影响污染物测定的主要因素

喷气燃料的水反应试验、水分离指数测定和喷气燃料、液压油固体颗粒污染物测定，是用不同方法测定油品中的污染物，测定时影响测定的因素很多，现分述如下：

1. 影响喷气燃料水反应测定的主要因素

(1)配制 pH=7 磷酸盐缓冲溶液，量取缓冲溶液要准确至 0.5mL。

磷酸盐缓冲溶液是由磷酸氢二钾与磷酸二氢钾组成。其作用是使水不因少量酸、碱杂质的影响而始终保持中性，以利于测定。因为若有酸、碱物质进入水层(哪怕是极少量)，会改变被检物质的性质，使应在油水两液间界面出现的现象也随着改变。例如，某些环烷酸皂，与水混合后，在两液间界面会呈现肉眼可看得出来的悬浮物，但如有酸与之反应，这些现象可能减弱或消失。某些酸性杂质也可与碱反应成为盐类，均会影响结果的正确判断。故缓冲溶液对水反应的测定是一个很重要的条件。

(2) 量筒要洗干净。用蒸馏水冲洗后，量筒壁应均匀润滑而无条纹和水珠，并要求无酸、碱、乙醇及其他杂质。

(3) 摇动混合液时要符合规定时间和振荡程度，如摇动过于激烈，会产生乳化。

(4) 水相体积变化的量要求读准，并应正确评定油水界面和油水分离状况的级别。

2. 影响喷气燃料水分离指数测定的主要因素

(1) 校准水分离仪时，应首先对燃料温度计和压力表进行校准。

① 校准燃料温度计。燃料温度计与标准玻璃温度计一起在24℃浴中对比校正。

② 校准压力表：在凝聚器池处插入一个标准压力表。把燃料加入储罐并打开计量阀，关闭其他所有阀，启动泵，调节压力调节器使标准压力达到689kPa下(100psig)。如有必要，可在压力表上作出标准压力表读数为689kPa(100psig)时的记号。

(2) 在每次试验结束和每次清洗后，留在仪器中的残留液体要全部排净。当跨接管线中出现大量气泡时，立即停泵，否则泵在抽空条件下运转容易损坏。

(3) 必须定期对泵的输出量进行检查。在压力689kPa(100psig)下，泵的输出量为415mL/min±15mL/min，此流量是在计量阀、乳化阀和清洗阀都关闭时通过测量回流至储罐的量而定。试验燃料的温度应维持在24~27℃。每运转100次应对泵的输出量进行核对，对输出量低于400mL/min时，应换泵。所换的泵在689kPa(100psig)压力下应满足流量为415mL/min±15mL/min的要求。

(4) 过滤垫片在凝聚器池中受压程度对试验结果有较大影响。为此，规定其压缩间隙为1.588mm±0.013mm。

(5) 试验前样品。燃料不得预先过滤，以免除去其中表面活性剂。如果燃料已被固体颗粒物所污染，则在试验前允许通过沉降法分离。

(6) 样品容器最好用环氧树脂衬里的容器。也可用碳钢桶、不锈钢桶、硬质玻璃瓶和聚四氟乙烯桶。但不能用聚乙烯、聚丙烯塑料桶(容器一定要干净和干燥)。

(7) 某些燃料在储罐和废油排放段可能产生静电，在操作中为了避免和减少静电危险，可在水分离测定仪的储罐和排废油管线处接根合适的地线。如果能用氮气覆盖燃料储罐和废油排放系统则更好。

(8)如果发现光电计读数不稳定时，检查灯泡是否有问题，假如不是灯泡损坏，可能是变阻器或灯泡插座接触不良造成。可以用一片细砂纸打磨一下电接触处。

(9) 压力调节器调节时，泵一定要在运转中，以防损坏。

(10) 仪器电源打开前先开稳压器开关，当电压升到220V时，稳定15min后进行试验。

(11) 造成故障的原因和排除的方法按表2-14处理。

表2-14 可能出现的故障及处理方法

序号	故障	故障原因	处理方法
1	装置无电	保险丝断 电源有故障	换保险丝 修复电源
2	泵不工作	装置无电 泵开关坏 线路有毛病 电机损坏	修复电源 换开关 修理线路 换电机
3	泵量变小	泵磨损 电机故障 管线脏或阻塞 管子曲折	换泵 换电机 清洗管线 换管子

续表

序号	故障	故障原因	处理方法
4	压力不准	压力调节器上锁紧螺帽松动	重调压力，拧紧锁紧螺帽
5	试验中压力降太大	计量阀上的衬垫螺帽松动	拧紧衬垫螺帽
6	不能达到所需压力	隔膜坏或弹簧坏（指压力调节器） 燃料压力表指针粘住 泵损坏 管线脏或阻塞	更换或修理压力调节器 撬开表盘前盖拨动指针自由动作 换泵 清洗或换管线
7	输出表不指示	灯泡烧坏 指针粘住 线路有毛病 光电池有毛病	换灯泡 轻敲输表 修理线路 更换光电池
8	输出表波动	灯泡烧坏 接触点有凹坑	换灯泡 打磨灯泡头和插座接触点，在电源和水分离仪间加稳压器
9	用旋钮调节输出表调不到100的位置	灯泡烧坏 接触点有凹坑 灯泡电压不准 光电池坏 浊度室脏 燃料颜色太深	换灯泡 打磨灯泡头和插座 接触点将控制旋钮调在50，再调可变电阻 更换光电池 清洗浊度室 评定喷气燃料中属不正常的问题，颜色太深的燃料输出表不能得到100的读数
10	转子流量计浮子发生故障	管子脏	清洗管子
11	燃料不流过评定系统	管子脏 流量计管子粘住	清洗管子 清洗流量计管子

3. 影响喷气燃料固体颗粒污染物测定的主要因素

（1）检查玻璃砂芯过滤装置的漏斗和漏斗座的对接处，要求表面必须平坦且密封性好。

（2）控制温度为90℃±5℃，不应使用空气循环风扇。

（3）玻璃砂芯过滤装置、培养皿和玻璃支架等必须用清洗剂、自来水、蒸馏水冲洗干净。

（4）试验膜滤片与控制膜滤片在玻璃砂芯过滤装置对接好，用铝金属夹夹住玻璃砂芯过滤装置，防止试样不经过膜滤片而侧漏。

（5）剧烈摇动试样瓶约30s，试样倒入一部分在过滤器中，开动真空泵3min后真空度达到80kPa。

（6）试液过滤完后，一定要用50mL石油醚冲洗试样瓶内壁，使污染物全部转移到膜滤片上。

4. 影响便携式自动颗粒计数器法测定的主要因素

（1）金属进样管必需用孔径为0.45μm滤膜的过滤器过滤过的正庚烷冲洗干净，防止颗粒物的带入影响。

（2）试样翻转摇动1次/s，使颗粒物个数在每毫升中均匀分散，为防止空气进入，不要过分摇动。试样测试用量每次必须 10mL，确保清洁的试样输送管在试验用去约 80mL 试样后，输送管仍位于燃料液面以下。

(3) 直接从试样容器取样可减少局部污染进入试样，但该试样不适合再进行其他试验。

四、石油产品灰分测定

在规定条件下，油品被碳化后的残留物经灼烧所得的无机物，称为灰分，以质量百分数表示。

石油产品中的灰分来源有以下几个方面：一是由原油中带来的可溶性矿物盐，在蒸馏时残留在重质残油中；二是炼制过程中混入的，例如在酸碱精制时产生的金属盐，如硫酸钠、磺酸钠等未除净，或白土处理时未滤尽的白土微粒；三是油品在炼制(特别是酸碱精制)和储运过程中设备腐蚀产生的金属化合物；四是为改善润滑油质量而加入的金属盐类添加剂，如有些清净分散剂、抗氧抗腐添加剂等，会使油品灰分增加。

除上述来源外，润滑油在使用过程中还可因与油接触的金属受腐蚀和灰尘的污染而增加灰分。

组成灰分的主要组分为下列诸元素的化合物，即硫、硅、钙、镁、铁、钠、铝、锰等，有些还发现有钒、铜、磷、镍等。

油品灰分的颜色由组成灰分的化合物决定。通常为白色、淡黄色或赤红色。

灰分是不能燃烧的矿物质，呈粒状，非常坚硬。

(一) 测定目的和意义

灰分是评定柴油、燃料油(指用于船舶锅炉、加热炉、冶金炉和其他工业炉和大马力及中、低速船舶柴油机的燃料)和润滑油的评定指标。

灰分对于不同的油品具有不同的概念。对基础油或不含有金属盐类添加剂的油品来说，灰分可用于判断油品的精制深度，越少越好。对于加有金属盐类添加剂的油(新油)，灰分就可作为定量控制添加剂加入量的手段，这时的灰分在指标意义上不是越少越好，而是应不低于某个值(或范围)。如对于发动机油，在配方的原料确定后，就可把其基础油的最高灰分和成品油的最低灰分作为油品质量控制的参考指标，因此测定灰分的意义可归纳如下：

(1) 灰分可作为油品洗涤与精制是否正常的指标。如在酸碱精制时，脱渣不完全，则残留的盐类和皂类使灰分增大。润滑油白土精制带入的白土也会使灰分增大。

(2) 评定重质燃料油使用性能的重要指标。重质燃料油若含灰分太大，灰分沉积在管壁、蒸汽过热器、节油器和空气预热器上，不但使传热效率降低，而且会引起这些设备的提前损坏，当灰分中含有微量的钠和钒时，高温下还可能产生气相腐蚀，对炉管寿命的影响更为严重。

(3) 评定柴油使用性能的重要指标。柴油中的的灰分相当于磨料，在摩擦过程中会引起磨料磨损，是造成汽缸壁与活塞环磨损的重要原因之一。

(4) 评定润滑油使用性能的重要指标。润滑油的灰分，在一定程度上，可评定润滑油在发动机零件上的沉积物；灰分多的润滑油，其积炭的紧密程度较大，较坚硬。但是这种结论只对不含添加剂的润滑油才是可靠的。若润滑油灰分是由于某些添加剂所造成，则难以从灰分的多少判断其形成积炭的情况。加剂前的灰分含量应少，以保证适当的精制程度；但加剂后的灰分是用来保证有足够的添加剂，以满足润滑油的质量要求。

（二）石油产品灰分测定

我国现行测定石油产品灰分的方法标准有：GB/T 508—1985(2004)《石油产品灰分测定法》、GB/T 2433—2001(2004)《添加剂和含添加剂润滑油硫酸盐灰分测定法》、SH/T 0327—1992(2004)《润滑脂灰分测定法》。

GB/T 508—1985(2004)《石油产品灰分测定法》，是参照采用国际标准 ISO 6245—1982《石油产品灰分测定法》制订的。该方法主要适用于测定燃料油的灰分。主要测定步骤是在已恒重的坩埚中称取一定量试样，用无灰滤纸作引火芯，点燃坩埚中的试样，使其燃烧到只剩下灰分和残留的碳，碳质残留物再在 775℃±25℃的高温炉中加热转化成灰分，然后冷却至室温并称量恒重。

GB/T 2433—2001(2004)《添加剂和含添加剂润滑油硫酸盐灰分测定法》，是参考引用了 ISO 3987—1980《石油产品-润滑油和添加剂-硫酸盐灰分的测定》的内容制订的。该方法适用于测定添加剂和含添加剂润滑油的灰分。其测定方法步骤与 GB/T 508 基本相同，只是增加了将炭化后的残渣用质量分数为 98%的硫酸和 1：1 硫酸水溶液处理的步骤，目的在于使残渣中的添加剂金属元素(钡、钙、镁、锌、钾、钠等)生成硫酸盐。

SH/T 0327—1992(2004)《润滑脂灰分测定法》，该方法标准适用于测定润滑脂的灰分。其测定方法步骤与上述两个方法基本相同。

以上三种方法标准的操作步骤大致相同，只是操作条件上有所不同，主要是煅烧温度不同。SH/T 0327—1992(2004)煅烧空坩埚的温度是 800℃±20℃、煅烧炭化残渣的温度是 600℃±20℃；GB/T 508—1988(2004)和 GB/T 2433—2001(2004)煅烧空坩埚和炭化残渣温度均为 775℃±25℃；称取试样的精度不同。GB/T 2433—2001(2004)要求称准至 0.0001g，其他两个方法要求称准至 0.01g 即可；煅烧炭化残渣方法不同。GB/T 2433—2001(2004)要求分别加入硫酸和(1：1)硫酸水溶液处理，其他两个方法无此要求。

（三）影响灰分测定的主要因素

（1）测定前，试油必须充分摇匀，摇匀后应迅速、准确地称取试样。

（2）用剪下的滤纸点火，不要用火柴，以免火柴头落入坩埚中，燃烧时要适当加热，掌握住燃烧速度，维持火焰高度在 10cm 左右，以防止试油从坩埚边缘溢出、飞溅和过高的火焰带走灰分微粒，燃烧试油一定要燃尽，放入高温炉要慢，使它逐步升温，以防止放入高温炉时因突然燃起的火焰将坩埚中的灰分微粒带走。

（3）滤纸折成圆锥体，放入坩埚中要求能紧贴坩埚内壁，尽量把油面盖住，同时要放稳。在油浸透滤纸后才能引火，以防滤纸在油未燃尽时早已烧完，起不到灯芯的作用，而影响燃烧速度。

（4）当试样中存在水分时，要缓慢加热，让水分慢慢蒸发，直至浸透试样的滤纸引火芯可以燃着为止。

（5）由于测定灰分用的瓷坩埚，体积较大，在空气中易吸水，不易恒重。因此，恒重时，前后冷却条件、时间要一致。煅烧、冷却、称量应严格按规定的温度和时间进行。

（6）从高温炉中取出坩埚，在外面放置时要注意防止气流吹走灰分微粒。打开干燥器盖要轻，以免外部空气急聚而冲走坩埚内的灰分。

（7）在做硫酸盐灰分配制(1：1)硫酸水溶液时，一定要用耐热烧杯，将硫酸加入水中，切不可将水加入硫酸中，待冷却至室温后再用普通玻璃容器盛装。

（8）同一试油的“硫酸灰分”可能比“灰分”高 20%左右，并且前者多为白色、淡黄色或赤红色的疏松物质，而后者则是无规则的坚硬的小块。

第四节　石油产品安全性测定

石油和石油产品在储存、运输和使用过程中，当蒸发的蒸气与空气或氧气混合，在一定浓度范围内，遇到外界火焰将会引起爆炸，发生火灾危害。石油产品安全性与石油产品的可燃性、静电导电性及挥发性等有关。这些性能常用石油产品的闪点、燃点、电导率及蒸气压等指标来表示。本节主要阐述石油产品闪点测定和轻质石油产品电导率测定。

一、石油产品闪点测定

闪点是表示石油产品着火危险性的指标，对油品储存、运输和使用安全意义重大。油品的危险等级是根据闪点划分的。闪点是评定石油产品安全性的质量指标之一。

在规定条件下加热试油，油蒸气与空气所形成的混合气接触火焰能发生闪火时的试油的最低温度称为闪点。根据测定方法的不同，闪点分为开杯闪点和闭杯闪点两种。

闪火是微小爆炸，但并不是任何可燃气体与空气形成的混合气都能闪火爆炸，只有混合气中可燃性气体的体积分数达到一定数值时，遇火才能爆炸，过高或过低则空气或燃气不足，都不会发生爆炸。

可燃性气体与空气混合时，遇火发生爆炸的体积分数范围，称为爆炸界限。在爆炸界限内，可燃气在混合气中的最低体积分数称为爆炸下限，最高体积分数称为爆炸上限。

油品的闪点就是指常压下，油品蒸气与空气混合达到爆炸下限的温度。由于在试验条件下油品用量很少，着火后瞬间可燃混合气即已烧尽，所以人们看到的只是短暂的火苗一闪。

测定闪点后继续提高温度，在规定试验条件下，可燃混合气能被火焰点燃，并连续燃烧不少于 5s 的最低温度称为燃点。

将油品预先加热到较高的温度，然后使之与空气接触，无需引火，油品即可因剧烈氧化而产生火焰自行燃烧，这就是油品的自燃现象，能发生自燃的最低油温，称为自燃点。

常见烃类及油品的爆炸界限、闪点和自燃点见表 2-15。

表 2-15　一些烃类及油品的爆炸界限、闪点和自燃点

名　称	爆炸下限/%	爆炸上限/%	闪点/℃	自燃点[①]/℃
甲烷	5.00	15.5	<-66.7	645
乙烷	3.22	12.45	<-66.7	515~530
丙烷	2.37	9.50	<-66.7	510
丁烷	1.86	8.41	<-60(闭)	405~490
戊烷	1.04	7.80	<-40(闭)	287~550
己烷	1.25	6.90	-22(闭)	234~540
环己烷	1.30	7.80	—	200~520
苯	1.41	6.75	—	540~580
甲苯	1.27	6.75	—	536~550
乙烯	3.05	28.60	<-66.7	287~550
乙炔	2.50	80.00	<0	335
氢气	4.10	74.20	—	510

续表

名　　称	爆炸下限/%	爆炸上限/%	闪点/℃	自燃点①/℃
一氧化碳	12.5	74.2	—	610
石油干气	约3	13.0	—	650~750
汽油	1.0	6.0	-35	415~530
煤油	1.4	7.5	28~60	330~425
轻柴油	—	—	45~120	350~380
润滑油	—	—	130~340	300~380
减压渣油	—	—	>120	230~240

①自燃点的测定值与测定方法有关，因此不同来源的数据差异很大。表中所列数据为各文献的综合结果。

通常情况下，烷烃比芳烃容易氧化，故含烷烃多的油品自燃点比较低，但其闪点却比黏度相同而含环烷烃和芳烃较多的油品高。在同类烃中，随相对分子质量增大，自燃点降低，而闪点和燃点增高。

油品的沸点越低，馏分越轻，相对分子质量越小，越易挥发，其闪点和燃点越低，反之则升高。油品闪点和燃点的高低取决于低沸点烃类含量，当有极少量轻油混入到高沸点油品中时，就能引起闪点显著降低。例如，某润滑油中掺入1%的汽油，闪点可从200℃降至170℃。正是由于这一原因，原油的闪点是很低的，它和低闪点油品一起被列入易燃物品之中。

对同一种油品，闪点总是低于燃点和自燃点；对于不同油品，闪点越低，燃点越低，自燃点越高；反之，自燃点越低。

（一）测定闪点、燃点和自燃点的意义

（1）判断油品馏分组成的轻重，指导油品生产。例如，精馏塔侧线产品闪点偏低，说明它与上部产品分割不清，混有轻组分，应及时加大侧线汽提蒸汽量，分离出轻组分。

（2）鉴定油品发生火灾的危险性。闪点是发生火灾的最低温度，闪点越低，燃料越易燃烧，火灾危险性也越大。实际生产中油品的危险等级就是根据闪点来划分的，闭杯闪点在45℃以下的油品称为易燃品，闭杯闪点在45℃以上的油品称为可燃品。

（3）测定闪点可检查是否混油或使用过的润滑油是否被轻质燃料稀释。在重质油品中混入轻质油品闪点降低，如柴油中混入汽油或喷气燃料，闪点就明显下降。内燃机工作过程中如有未燃完的燃料流入曲轴箱，就会使内燃机油稀释，闪点也随着燃料的增多而降低。所以，可以从润滑油的闪点是否降低，检查出是否有轻质油品混入，对于某些润滑油而言，同时测定开口、闭口闪点，可作为油品含有低沸点混入物的指标，用于生产检查。通常开口闪点要比闭口闪点高20~30℃，这是因为开口闪点测定时，有一部分油蒸气挥发掉了。如两者结果悬殊太大，则说明该油混有了轻质馏分，或是蒸馏时有裂解现象，或是脱蜡过程中用溶剂精制时，溶剂分离不完全等。用测定开、闭口闪点的温度差来检查是否混有轻质成分是最灵敏的办法。例如某基础油混有0.5%汽油时，开口、闭口闪点的温度差达120℃，见表2-16。

表2-16　基础油开口和闭口闪点差

油　　样	开口闪点/℃	闭口闪点/℃	闪点差/℃
基础油	230	200	30
基础油+0.5%汽油	200	80	120

闪点的测定之所以要分为闭口杯法和开口杯法，主要决定于石油产品的性质和使用条

件。闭口杯法多用于轻质油品，如溶剂油、煤油等，由于测定条件与轻质油品实际储存和使用条件相似，可以作为防火安全控制指标的依据。对于多数润滑油及重质油，尤其是在非密闭机件或温度不高的条件下使用的润滑油，它们含轻组分较少，即便有极少的轻组分混入，也将在使用过程中挥发掉，不致造成着火或爆炸的危险。所以这类油品采用开口杯法测定闪点。在某些润滑油的规格中，规定了开口杯闪点和闭口杯闪点两种质量指标，其目的是用两者之差去检查润滑油馏分的宽窄程度以及有无掺入轻质油品成分。有些润滑油在密闭容器内使用，由于种种原因(如高速或其他原因引起设备过热，发生电流短路、电弧作用等)而产生高温，会使润滑油发生分解，或从其他部件掺进轻质油品成分，这些轻组分在密闭器内蒸发聚集并与空气混合后，有着火或爆炸的危险。若只用开口杯法测定，不易发现轻油成分的存在，所以规定还要用闭口杯法进行测定。属于这类油品的有电器用油及某些航空润滑油等。

(二) 石油产品闪点测定

我国测定闪点的方法有 GB/T 261—2008《闪点的测定宾斯基-马丁闭口杯法》、GB/T 267—2004《石油产品闪点与燃点测定法(开口杯法)》、GB/T 3536—2008《石油产品闪点和燃点的测定(克利夫兰开口杯法)》和 SH/T 0768—2005《闪点测定法(常闭式闭口杯法)》四种标准试验方法。国外测定闪点的方法有 ISO 2592—2000《闪点与燃点的测定-克利夫兰开口杯法》、ISO 2719—2002《闪点的测定-宾斯基·马丁斯闭口杯法》、ISO 3679—2004《闪点的测定-快速平衡闭口杯法》、ISO 3680—2004《闪火/非闪火的测定-快速平衡闭口杯法》、ISO 13736—2008《闪点的测定-阿贝尔闭口杯法》等。

1. 宾斯基-马丁闭口杯闪点测定法

GB/T 261—2008《宾斯基-马丁闭口杯闪点测定法》是修改采用 ISO 2719—2002 标准试验方法制定的，适用于测定闪点高于 40℃的可燃液体、带悬浮颗粒的液体、在试验条件下表面趋于成膜液体和其他液体的闪点。本标准不适用于含水油漆或含高挥发性材料的液体。

(1) 方法概要。将试样倒入试验杯至加料线处，按要求插入温度计并安装好仪器。调节火焰直径为 3~4mm。调整升温速率为 5~6℃/min，搅拌速率为 90~120r/min。对于预期闪点不高于 110℃的试样，从预期闪点以下 23℃±5℃开始点火，每升高 1℃点火一次，对于预期闪点高于 110℃的试样，同样从预期闪点以下 23℃±5℃开始点火，每升高 2℃点火一次。点火时停止搅拌，要求火焰在 0.5s 内下降至试验杯的蒸气空间内，并在此位置停留 1s，然后迅速升高回至原位置。记录产生明显着火的温度，作为试样的观察闪点。如果该温度与最初点火温度的差值不在 18~28℃范围之内，则应更换新试样重新进行试验，调整最初点火温度，直到闪火温度和最初点火温度的差值在 18~28℃范围为止。

注：当检测残渣燃料油、稀释沥青、用过润滑油、表面趋于成膜的液体、带悬浮颗粒的液体及高粘稠材料的闪点时，除升温速率调整为 1.0~1.5℃/min，搅拌速率调整为 250r/min±10r/min 外，其他试验步骤不变。

(2) 大气压修正。由于油品的蒸发与大气压力有关，所以必须将观察闪点修正到标准大气压(101.3kPa)下的闪点 T_c。结果精确至 0.5℃。

$$T_c = T_o + 0.25(101.3 - P_k)$$

式中 T_o——环境大气压下的观察闪点，℃；

P_k——环境大气压，kPa。

2. 克利夫兰开口杯闪点测定法

GB/T 3536—2008《克利夫兰开口杯闪点测定法》是修改采用 ISO 2592—2000 标准试验方

法，适用于除燃料油以外的开口杯闪点高于79℃的石油产品。

（1）方法概要。将试样装入试验杯至刻线处，插入温度计并安装好试验仪器。调节火焰直径为3.2~4.8mm。开始加热时，调整试样的升温速度为14~17℃/min。当试样温度达到预期闪点前约56℃时减慢加热速度，使试样在达到闪点前的最后23℃±5℃时升温速度为5~6℃/min。在预期闪点前至少23℃±5℃时，开始用试验火焰扫划，温度每升高2℃扫划一次。试验火焰每次通过试验杯所需时间约为1s。当在试样液面上的任何一点出现闪火时，立即记录温度计的温度读数，作为观察闪点。如果观察闪点与最初点火温度相差少于18℃，则此结果无效。应更换新试样重新进行测定，调整最初点火温度，直至得到有效结果，即此结果应比最初点火温度高18℃以上。

如需测定试样的燃点，按闪点试验步骤测定闪点之后，以5~6℃/min的速度继续升温。试样每升高2℃就扫划一次，直到试样着火，并能连续燃烧不少于5s。记录此温度作为试样的观察燃点。

（2）大气压力修正。用下式将观察闪点或燃点修正到标准大气压(101.3kPa)，报告修正后的闪点或燃点，以℃为单位，且结果修约至整数。

$$T_c = T_o + 0.25(101.3 - P_k)$$

式中 T_o——环境大气压下的观察闪点，℃；

P_k——环境大气压，kPa。

（三）影响闪点测定的主要因素

（1）试样含水量。试样含水时必须进行脱水，方可进行闪点测定。闭口杯闪点测定法规定试样含水不大于0.05%，开口杯闪点测定法规定试样含水不大于0.1%，否则，必须脱水。含水试样加热时，分散在油中的水会汽化形成水蒸气，有时形成气泡覆盖于液面上，影响油品的正常汽化，推迟闪火时间，使测定结果偏高。水分较多的重油，用开口杯法测定闪点时，由于水的汽化，加热到一定温度时，试样易溢出油杯，使试验无法进行。

（2）加热速度。加热速度过快，试样蒸发迅速，会使混合气局部浓度达到爆炸下限而提前闪火，导致测定结果偏低；加热速度过慢，测定时间将延长，点火次数增多，消耗了部分油气，使到达爆炸下限的温度升高，则测定结果偏高。因此，必须严格按标准控制加热速度。

（3）点火的控制。点火用的火焰大小、与试样液面的距离及停留时间都应按国家标准规定执行。若球形火焰直径偏大，与液面距离较近，停留时间过长都会使测定结果偏低。

（4）试样的装入量。按要求杯中试样要装至环形刻线处，装入量过多或过少都会改变液面以上的空间高度，进而影响油蒸气和空气混合的浓度，使测定结果不准确。

（5）大气压力。油品的闪点与外界压力有关，气压低，油品易挥发，闪点有所降低；反之，闪点则升高。非标准大气压下测得的闪点应修正到标准大气压(101.3kPa)下。

二、喷气燃料电导率测定

喷气燃料在储存、运输和加注过程中，摩擦产生大量静电，如果静电不能及时导出，静电荷就会聚集起来，可能引起火花放电，此时如遇到可燃性混合气体，将会引起火灾。静电荷的聚集是引起喷气燃料火灾危险的重要原因之一，因此喷气燃料电导率的测定十分重要。

（一）测定目的和意义

在规定的试验条件下，于浸没在试样内的电导池两个电极之间施加一个直流电压，根据试样导电能力的强弱所产生的电流以电导率的数值来表示，单位为pS/m(皮西门子/米)。

液体燃料流动时与所接触的物质摩擦会产生静电。例如，在泵送燃料时，燃料和管壁、过滤器等发生强烈摩擦，而燃料的导电性能很弱，因而产生并聚集大量的静电荷，其静电势一般能达到数千甚至上万伏的高压，容易引起静电火灾事故。

燃料的静电产生和积聚与其电导率有关。燃料越纯净，电导率越低，当燃料中含有水分和杂质时，电导率随之上升。在燃料中加入金属盐或其他极性物质后，其电导率也迅速提高。

电导率弱的燃料，在相同条件下，静电荷的消失慢，因而积聚快。反之电导率高的燃料，静电荷消失快，电荷不易积聚。经研究，认为当电导率超过50pS/m时，就可以保证安全。所以，我国喷气燃料要求电导率最低指标为50pS/m。当然喷气燃料的电导率也不是越大越好，因此，我国规定喷气燃料的电导率在50~450pS/m范围内。

另外燃料的静电产生还与加油时的流速和流量有关。流速越快、流量越大，产生静电越多，引起燃料静电产生和积聚的因素还有过滤介质、大气湿度等。燃料在加注过程中，因过滤介质存在增大了摩擦面积，从而产生大量的静电荷。大气湿度大，静电荷不容易积聚，反之，天气干燥时，静电荷易积聚，所以静电着火事故多发生于大气干燥季节。

为了提高燃料的导电性能，防止燃料在运输和加注过程中由于静电而产生着火事故，在喷气燃料中加入抗静电添加剂。对抗静电添加剂的加入量有一定要求，因为加入量过大，会影响喷气燃料的洁净性。

燃料在加注、输送和使用过程中，因静电的原因国内、外曾多次发生着火事故。为了防止静电着火，除了改善操作方法、改装加油设备及静电接地外，在燃料中加入适量的抗静电添加剂，按规定测定燃料的电导率是防止静电着火事故的重要措施。

燃料在出厂前测定电导率，可以控制抗静电添加剂的加入量。因加入量过大，影响水分离指数等指标，加入量过小，达不到出厂要求的电导率指标。储存中及使用前测定电导率，可以正确指导燃料的储存和使用，特别对电导率低于50pS/m的喷气燃料，应加入适量抗静电添加剂，使电导率增大到50pS/m以上，可以防止重大静电着火事故的发生。所以，测定燃料的电导率，对于燃料的运输、加注及使用中的安全，具有重要的意义。

(二)喷气燃料电导率测定

我国现行测定轻质石油产品电导率的方法是GB/T 6539—1997(2004)《航空燃料与馏分燃料电导率测定法》，该标准是等效采用美国试验与材料协会标准ASTM D2624—95制订的。

1. 方法概要

该标准适用于测定含或不含抗静电添加剂的喷气燃料与馏分燃料的电导率。本标准采用便携式仪器测试方法，可在现场油罐内进行测试，也可在实验室内进行测试。该方法是在浸没于燃料内的两个电极之间施加一个直流电压，用电导率测定仪测定这两个电极间的电流以电导率的数值来表示。

2. 试验步骤

(1) 当对铁路油槽车、汽车加油车等进行现场测量时，可试用MAIHAK MLA型电导率测定仪或EMCEE1152型电导率测定仪。将电导率测定仪地线接到储罐上。将清洁、干燥的电导池浸入到待测的试样中，上下移动电导池，以排出气泡和上次测试时留存的残油。测量时，应保证电导池全部浸入试样中，并要注意防止电导池与水接触。如果试样刚泵送至储罐，应待试样停放一定时间后，再浸入电导池。冲洗电导池后，保持电导池稳定。开启电导率测定仪，待初次稳定后，记录最高读数，测量试样温度。

(2) 当对试样进行实验室和现场测量时，用试样彻底冲洗电导池，以除去上次测试时留在电导池上的残油。把试样移至清洁的测量容器中，按所用电导率测定仪规定的校准程序校准电导率测定仪，把电导池完全浸入到试样中，注意电导池不要与测量容器底部接触，以免引起读数误差。按规定的程序测量试样电导率和试样温度。

(三) 影响电导率测定的主要因素

(1) 测量前，应检查仪器电源电压是否正常，并进行调零或校准，对 DDY 型指针式电导率测定仪，调零及校准要反复调节几次，防止指针校准点出现紊乱现象。

(2) 测量时，按下测量按钮及读数的时间不宜过长，否则会因油品电解及离子衰减等过程，影响读取结果的准确性。

(3) 燃料的电导率高低与温度有关，因此，测量电导率时，要同时测量温度，如有条件，应制定燃料电导率与温度的校准曲线，校准到标准温度(20℃)的电导率。

(4) 外场测定时，如试样刚刚泵送进罐中，应待试样静止 30min 后进行测量。以保证试样处于静止状态，同时防止带电试样与电导池(电极)之间的静电放电。另外还要防止电导池与容器底部接触，因为容器底部通常有水分存在。

(5) 实验室测量时，采样容器在采样前应用清洗溶剂(洗涤汽油或石油醚彻底洗净，并用空气吹干，容器应用待测试样清洗；取样量不应少于 1L；采样后，试样送实验室应静置约 30min 再进行测定，但燃料的电导率随时间也有变化，尤其对于刚加入抗静电添加剂后的燃料，电导率更容易衰减。试样放置时间越长，测定结果越偏小。因此，采样后应尽快测定电导率，最迟不应超过 24h。

(6) 测量完毕，电导池(电极)应用清洗溶剂清洗，然后用空气吹干，放在阴凉干燥处备用。如存放环境湿度大，下次使用时，仪器不易调零。出现不能调零时，可先用异丙醇清洗电导池(电极)，然后用分析纯甲苯清洗后用电吹风吹干。

第五节　石油产品低温性测定

石油产品的低温性是指石油产品低温下使用时，能够泵送和通过油滤的性能。低温性能差的石油产品在较低温度时会析出结晶，黏度增加以至失去流动性，影响石油产品的运输和使用。因此，低温流动性是评定油品的重要质量指标之一。不同石油产品的低温流动性是根据其组成和使用条件，在严格规定的试验条件下进行测定的。车用汽油的馏分轻，沸点低，其低温性能好，一般不作要求；对航空活塞式发动机燃料和喷气燃料，要求具有较低的结晶点或冰点；润滑油的低温性能主要用倾点、凝点来评定；柴油以浊点、凝点或冷滤点作为低温流动性的评定指标。

一、石油产品凝点、倾点和冷滤点测定

石油产品的凝固和纯化合物的凝固有很大的不同。纯化合物的凝点是一个物理常数，而油品是由多种烃类及少量氧、硫、氮等化合物组成的混合物，并没有明确的凝固温度，所谓“凝固”只是作为整体来看失去了流动性，并不是所有组分都变成了固体。当温度降低时，其结晶凝固过程是在一个相当宽的温度范围内实现的。油品的组成不同，失去流动性的原因也不同，一般有两种情况。

(1) 黏温凝固。对于含蜡很少或不含蜡的油品，当温度降低时，其黏度增加，而黏度增加到一定程度时，油品就会变成无定形的黏稠玻璃状物质而失去流动性。这种现象称为黏温凝固。

(2) 构造凝固。当含蜡油品温度逐渐降低时，油品中所含的蜡在达到熔点时就逐渐结晶析出。最初析出的是肉眼观察不到的极其细微的结晶，使原来透明的油品产生云雾状浑浊现象；再继续冷却油品，蜡的结晶逐渐长大至明显可辨；进一步降温，蜡的结晶现象加剧，并聚合起来形成结晶网络，蜡结晶均匀分散在液相中，将处于液态的油包在其中，使整个油品失去流动性，这种现象称为构造凝固。

黏温凝固和构造凝固，都是指油品刚刚失去流动性的状态，实际上，此时的油品仍是一种黏稠的膏状物，只是在一定条件下失去流动性。油品的凝固性质主要决定于它的化学组成和结构。影响黏温凝固的是油中的胶状物质以及多环短侧链的环状烃；影响构造凝固的是油中的高熔点的正构烷烃、异构烷烃及带烷基侧链的环状烃。

(一) 测定目的和意义

凝点、倾点和冷滤点都是评定油品低温流动性能的质量指标。

凝点是在规定的试验条件下，将盛于试管内的试油冷却并倾斜 45°经过 1min 后，液面不再移动的最高温度，以℃表示。

倾点是在规定条件下，被冷却的试样能流动的最低温度，以℃表示。

冷滤点是在规定条件下，被冷却的 20mL 试样开始不能通过过滤器的最高温度，以℃表示。

测定这些项目的意义主要有以下几点：

(1) 估计油品中石蜡含量。对于含蜡油品来说，石蜡含量越多，越易凝固，凝点、倾点、冷凝点就越高。若油品中石蜡含量增加 0.1%，其凝点约升高 9.5~13℃。若对油品采用溶剂脱蜡，凝点会明显降低。

(2) 选油的依据。凝点用以表示柴油的牌号，如 0 号柴油的凝点不高于 0℃。凝点、冷滤点关系到柴油在发动机燃料系统中能顺利流动的最低温度，低温时析出的固体石蜡颗粒，会堵塞燃料过滤器，终止燃料供应。根据不同气温、地区和季节，选用不同牌号的车用柴油。一般其环境温度应高于柴油凝点 3~6℃。

我国现行测定石油产品凝点、倾点和冷滤点的方法主要有：GB/T 510—1983(2004)《石油产品凝点测定法》、GB/T 3535—2006《石油产品倾点测定法》、SH/T 0248—2006《柴油和民用取暖油冷滤点测定法》。上述几种方法的测定原理基本相同，都是在降低试样温度的条件下，判断油品的低温流动性能。

(二) GB/T 510—1983(2004)《石油产品凝点测定法》

该方法主要用于柴油、润滑油凝点的测定。试验时将试样装在规定的试管中，并冷却到预期的温度时，试管倾斜 45°经过 1min，观察液面是否移动。

GB/T 510 方法的试验步骤如下：

(1) 取样。在干燥洁净的试管中注入试样，使液面满到环形标线处。将已配套好的温度计固定在试管中央。套管底部注入 1~2mL 无水乙醇。

(2) 预热试样。装有试样和温度计的试管，垂直地浸在 50℃±1℃的水浴中，直至试样的温度达到 50℃±1℃为止。

(3) 冷却试样。将预热好的试样放在室温中静置，直至试管中的试样冷却到 35℃±5℃

为止。然后将这套仪器放入低温测定仪器孔中。设置冷却环境的冷却剂温度要比试样的预期凝点低 7~8℃。

（4）观察试样凝点范围。

① 当试样温度冷却到预期的凝点时，将浸在冷却剂中的试管和套管倾斜成为 45°，并将这样的倾斜状态保持 1min，但试管和套管的试样部分仍要浸没在冷却剂内。

此后，从冷却剂中小心取出试管和套管，迅速地用工业乙醇擦拭套管外壁，垂直放置仪器并透过套管观察试管里面的液面是否有过移动的迹象。

② 当液面位置有移动时，从套管中取出试管，并将试管重新预热至试样达 50℃±1℃（试验温度低于-20℃时，重新测定前应将装有试样和温度计的试管放在室温中，待试样温度升到-20℃，才将试管浸在水浴中加热），再放室温中静置，直至试管中的试样冷却到 35℃±5℃后，用比上次试验温度低 4℃或其他更低的温度重新进行测定，直至某试验温度能使液面位置停止移动为止。

③ 当液面的位置没有移动时，从套管中取出试管，并将试管重新预热至试样达 50℃±1℃，再放室温中静置，直至试管中的试样冷却到 35℃±5℃后，用比上次试验温度高 4℃或其他更高的温度重新进行测定，直至某试验温度能使液面位置有了移动为止。

④ 找出凝点的温度范围（液面位置从移动到不移动或从不移动到移动的温度范围）之后，就采用比移动的温度低 2℃，或采用比不移动的温度高 2℃，重新进行试验。如此重复试验，直至确定某试验温度能使试样的液面停留不动而提高 2℃又能使液面移动时，就取使液面不动的温度，作为试样的凝点。

（5）试样的凝点必须进行重复测定。第二次测定时的开始试验温度，要比第一次所测出的凝点高 2℃。

（三）GB/T 3535—2006《石油产品倾点测定法》

该方法是修改采用国际标准 ISO 3016—1994《石油产品倾点测定法》制订的。我国石油产品标准中大部分润滑油采用倾点作为低温性控制指标。

1. *方法概要*

试样经预加热后，在规定速率下冷却，每隔 3℃检查一次试样的流动性。记录观察到试样能够流动的最低温度作为倾点。冷却速率的控制是通过预先设定好温度的水浴和冷浴来实现的。在试验前 24h 内曾被加热超过 45℃的样品，或是不知其受热经历的样品，均需在室温下放置 24h 后，方可进行试验。

2. 试验过程

倾点高于-33℃的试样和倾点为-33℃和低于-33℃的试样的试验过程是不相同的，以表 2-17 说明如下：

表 2-17　倾点测定过程

步骤	倾点高于-33℃的试样	倾点为-33℃或低于-33℃的试样
1	将试样在不搅动的情况下，放入已保持在高于预期倾点 12℃，但至少是 48℃的浴中，将试样加热到 45℃或高于预期倾点 9℃（以较高者为准）	试样在不搅动的情况下在 48℃的浴中加热到 45℃
2	将试管转移到已维持在 24℃±1.5℃的浴中，当试样温度降低到高于预期倾点 9℃时，按规定开始检查试样的流动性①	将试管放在 6℃±1.5℃浴中冷却至 15℃

续表

步骤	倾点高于-33℃的试样	倾点为-33℃或低于-33℃的试样
3	如果当试样温度降到27℃时，试样仍能流动，则小心地从浴中取出试管，擦拭试管外表面，然后将试管放在0℃的浴中	当试样温度降到15℃时，则小心地从浴中取出试管，擦拭试管外表面，然后将试管放在0℃的浴中
4	如果试样温度降至9℃时仍能流动，则将试样转移到-18℃浴中，试样温度每降低3℃，检查一次试样流动性	
5	如果试样温度降至-6℃时仍能流动，则将试样转移到-33℃浴中，试样温度每降低3℃，检查一次试样流动性	
6	如果试样温度降至-24℃时仍能流动，则将试样转移到-51℃浴中，试样温度每降低3℃，检查一次试样流动性	
7	如果试样温度降至-42℃时仍能流动，则将试样转移到-69℃浴中，试样温度每降低3℃，检查一次试样流动性	

①试样温度每降低3℃都应将试管从浴或套管中取出，将试管充分地倾斜以确定试样是否流动，如果试样显示出有任何移动，应立即将试管放回浴或套管中。取出试管、观察试样流动性和试管返回到浴中的全部操作要求不超过3s；当试管倾斜而试样不流动时，应立即将试管放置于水平位置5s(用计时器测量)，并仔细观察试样表面，如果试样显示出有任何移动，应立即将试管放回浴或套管中。待再降低3℃时，重新观察试样的流动性，直至将试管置于水平位置5s，试管中的试样不移动，记录此时观察到的温度计读数。

将试管置于水平位置5s试管中的试样不移动时对应的最高温度称为凝固温度，在凝固温度的结果上加3℃作为试样的倾点或下倾点(即最低倾点)，取重复测定的两个结果的平均值作为试验结果。

对于燃料油、重质润滑油基础油和含有残渣燃料组分的产品，如果按照上述方法测定得到的结果称为试样的上倾点(即最高倾点)；如果是在搅动的情况下，先将试样加热至105℃，然后再倒入试管中，按上述步骤测定得到的结果称为试样的下倾点。

(四) SH/T 0248—2006《柴油和民用取暖油冷滤点测定法》

SH/T 0248—2006《柴油和民用取暖油冷滤点测定法》是参照英国能源研究会标准IP309/99《柴油和民用取暖油冷滤点测定法》修订的。我国现行石油产品标准只有普通柴油和车用柴油采用了冷滤点作为低温性控制指标。

1. 石油产品冷滤点测定仪

分为手动仪器和自动仪器，两者均可用于仲裁试验。其基本原理见图2-13，由试杯、套管、保温环、定位环(2个，由耐油塑料或其他合适材料制成，厚约5mm)、支撑环、塞子、吸量管、过滤器、温度计、冷浴、三通阀、真空源、真空调节装置等组成。

2. 方法概要

试样在规定条件下冷却，通过可控的真空装置，使试样在200mmH_2O±1mmH_2O压差下经标准滤网过滤器吸入吸量管。试样每低于前次温度1℃，重复此步骤，直至试样中蜡状结晶析出量足够使流动停止或流速降低，记录试样充满吸量管的时间超过60s或不能完全返回到试杯时的温度作为试样的冷滤点。

如果第一次过滤达到吸量管刻度标记的时间超过60s，放弃本次试验，在一个稍高的温度下重复试验。

当试样降到-20℃时，若还未达到其冷滤点，则应将试杯迅速转移到-51℃±1℃的冷浴中继续试验，或将制冷装置调整到-51℃±1℃；当试样降到-35℃时，若还未达到其冷滤点，

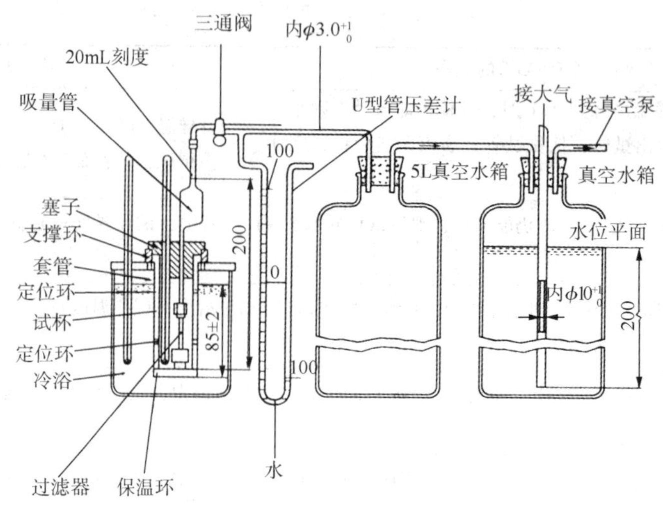

图 2-13 仪器的组装图(图中数字单位为 mm)

则应将试杯迅速转移到-67℃±2℃。试样温度每降低 1℃，重复进行抽吸操作。当试样降到-51℃时，若还未达到试样的冷滤点，则应停止试验并报告结果为“-51℃时未堵塞”。

按照上述各步冷却后，如果试样充满吸量管刻度标记时间小于 60s，但在旋转三通阀到初始位置时，吸量管中的液体不能全部自然流回试杯中，则记录本次抽吸开始时的温度为试样的冷滤点。

(五) 影响凝点、倾点和冷滤点测定的主要因素

影响凝点、倾点和冷滤点测定的因素很多，其中主要因素有预热条件和冷却速度。

(1) 冷却速度的影响。冷却速度太快，有些油品的凝点、倾点偏低。因为当迅速冷却时，随着油品黏度的增大，晶体增长很慢，在晶体尚未形成坚固的石蜡“结晶网络”前，温度就降低很多。

测定凝点时，要控制冷却剂的温度比试油的预期凝点低 7~8℃。测定倾点时，试样温度达到高于浴温度 27℃时，就转移试管。若温差小，油品温度下降慢，往往会拖长测定时间，使结果偏高。若温差大，则冷却速度快，而且在倾斜时间内，温度还会继续下降，那样会使测定结果偏低。

(2) 热处理的影响。所谓热处理是指使油品加热到某一温度，然后冷却到某温度的过程。经过热处理，大部分含蜡油品的低温指标均起变化。这种变化的性质及程度决定于热处理时油品加热温度的高低。逐渐提高热处理温度时，含蜡油品低温指标通常要升高到某一最大限度，然后开始下降；当热处理到达某一最适宜温度时，油品低温指标即具有最小数值。例如；某油品凝点为 0℃，当其逐渐加热到 40℃，凝点提高到 5℃，即达到最大限度。热处理温度提高到 47℃时，凝点又重新下降到 0℃。进一步将热处理温度提高到 70℃时，则凝点下降到-10℃。

热处理后含蜡油品低温指标起变化的原因，是因为进行加热时，溶解于油品中的石蜡起了变化，因而在油品冷却时，石蜡结晶过程改变了自己的特性，改变了开始结晶温度，结晶体形状及其形成连续结构(促成石油产品凝固之石蜡网络)的能力。如用现行标准方法测定凝点时，常发现有误差，这可用热处理的影响来解释。油品在分析前脱水加热和先预热等均会产生使凝点改变的热处理作用。

在多数情况下油品中石蜡状态的变化是很不稳定的，过了一段时间，受了热处理的油品又恢复其最初的低温性能。

热处理后低温性能的改变，还决定于油品的化学成分，胶状物质多、石蜡含量少的油品，经热处理后，因为胶状物质阻止了熔化的石蜡结晶，所以低温指标降低了。石蜡含量多、胶状物质少的油品，在热处理后，低温指标增高，这是由于冷却的油品中，一部分蜡处于分散状态，因而液相中含有少量已溶解的石蜡，而当温度较高时，便形成了石蜡的“结晶网络”。

(3) 水分和杂质的影响。油品中含有水分和杂质对低温指标的测定会产生影响。水在0℃开始结晶，会使油品的低温指标增高，杂质将阻碍油品中的蜡形成结晶网，使油品低温指标偏低。因此，油品含水分和杂质在试验前应将其除去。

(4) 测定过程中的影响。测定凝点、倾点时温度计必须固定好，以免因其活动而破坏晶网的正常形成。

(5) 结果判断的影响。每项低温指标的测试，都规定了观察的时间，凝点要求倾斜仪器45°，保持1min；倾点要求将试管放在水平位置，在5s内观察试样流动情况；冷滤点要求观察1min通过过滤器的试样量。低温测试指标都为条件试验，如果超过规定的时间，温度将发生变化，就会直接影响测试结果的准确性。

二、浊点、结晶点和冰点测定

浊点、结晶点和冰点是评定轻质燃料的低温性指标。通常结晶点和冰点是航空活塞式发动机燃料、喷气燃料的低温性指标；浊点是评定柴油的低温性指标。

(一) 测定目的和意义

浊点是在规定条件下冷却，试油开始呈现浑浊时的最高温度，单位以℃表示。

结晶点是在油品达到浊点后，在测定条件下冷却至出现结晶时的最高温度，单位以℃表示。

冰点是结晶点出现后再使其升温至所形成的结晶消失时的最低温度，单位以℃表示。

轻质油品中含有在低温下能结晶的固态烃和溶解水，它们会降低油品的耐寒性。在低温时，溶于油品中的固态烃和溶解水便会从油品中分离出来，而呈现浑浊，继续冷却则析出结晶，破坏油品的均匀性；飞机发动机经常在高空低温条件下工作，滤油器的堵塞和供油的减少，常常是在比燃料浊点高很多的温度下开始的。因此，在低温时尽管燃料中的固态烃类的结晶现象不很严重，但危害性却很大，因为这时产生的结晶，一方面积聚在油管内和滤油器上，另一方面还会成为冰结晶的晶核，使烃结晶和冰结晶体同时聚于油管内和滤油器上，使供油不足，甚至中断，造成高空飞行事故。因此，我国对航空活塞式发动机燃料和喷气燃料的低温性能指标提出了严格的要求。由于用浊点作柴油低温指标过于苛刻，同时浊点不能表明加有流动改进剂柴油的低温性能，因此，除美国等少数国家外，大都不采用浊点作为柴油的低温性能指标。我国也只在军用柴油产品规范中要求报告浊点，但并未作出相应指标限制。

我国现行测定石油产品浊点、结晶点和冰点的方法主要有：GB/T 6986—2014《石油浊点测定法》、NB/SH/T 0179—2013《轻质石油产品浊点和结晶点测定法》、GB/T 2430—2008《喷气燃料冰点测定法》。上述几种方法的测定原理基本相同，都是在降低试样温度的条件下，判断油品的低温流动性能。

(二) GB/T 6986—2014《石油浊点测定法》

GB/T 6986《石油浊点测定法》是修改采用 ASTM D2500—11 制订的。适用于测定在40mm

层厚时仍保持透明且浊点低于49℃的石油产品、生物柴油和生物柴油调和燃料的浊点。

1. 方法概要

石油浊点测定仪与倾点测定仪相同。以规定速度冷却试样，并定期观察，当在试管底部开始看到浑浊时的温度，记为浊点。

2. 试验步骤概要

（1）将清澈、洁净的试样倒入试管液位标线处，或按试管型式加到两刻线之间。

（2）用带有试验温度计的软木塞塞紧试管。若预期浊点高于-36℃，选用GB-37温度计；如果预期浊点低于-36℃，则选用GB-36温度计。调整软木塞和温度计的位置，使软木塞塞紧，温度计和试管同一轴线，而温度计感温泡放置在试管底部之上。

（3）冷浴温度保持在0℃±1℃。将装油试管放入套管中。

（4）每当看到试验温度计读数下降1℃时，在不搅动情况下，迅速将试管取出，观察浊点，然后再放回套管。完成这一操作必须不超过3s。当试样冷却至9℃，还未显示浊点，则将试管移入温度保持在-18℃±1.5℃的第二个浴的套管中。若试样被冷却至-6℃还未显示浊点，则将试管移入温度保持在-33℃±1.5℃的第三个浴的套管中。

（5）为了测定很低的浊点，需要几个浴，4号浴的浴温为-51℃±1.5℃，5号浴的浴温为-69℃±1.5℃，当试样冷却至-24℃或-42℃时还未出现浊点，则分别移至4号浴或5号浴。绝不要将冷试管直接放入冷却介质中。

（6）当连续冷却的试管底部出现蜡结晶时，记录试验温度计读数作为浊点。蜡变浑浊或雾状总是最先出现在温度最低的试管底部。而通常由于油中含有痕量水，轻微的雾状会遍及整个试样，且随着温度下降，会变得更明显。一般来说，此种水雾不干扰蜡浊点的测定，若有干扰，通常用不起毛滤纸过滤即可。若遇柴油出现的雾状甚浓，则应取100mL新鲜试样和5g无水硫酸钠，摇动至少5min，并使用不起毛的干燥滤纸过滤，只要时间足够，用此方法将可脱除或足以减少水雾，使易于看出蜡浑浊。除预期浊点高于35℃以外，应总是在高于估计浊点至少14℃的温度下进行脱水和过滤，且不超过49℃。

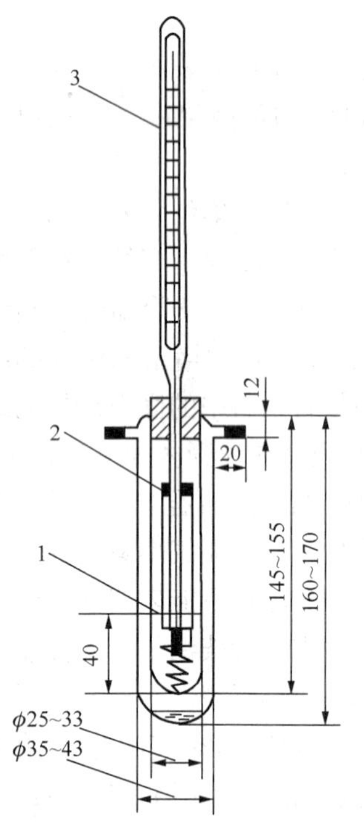

图2-14 浊点和结晶点测定器
1—环形标线；2—搅拌器；3—温度计

（三）NB/SH/T 0179—2013《轻质石油产品浊点和结晶点测定法》

该方法是修改采用前苏联国家标准ГОСТ 5066—91《发动机燃料浊点、结晶点和冰点测定法》制订的，代替SH/T 0179—1992(2000)，与SH/T 0179—1992(2000)相比主要变化为：试验步骤中观察试样的状态从试样预期浊点或预期结晶点前3℃修改为5℃；重复性由2℃修改为1℃，并增加了再现性。我国现行的石油产品标准中，只有军用柴油保留有浊点指标，1号、2号、4号喷气燃料采用结晶点作为低温性控制指标。

1. 方法概要

试样在规定的试验条件下冷却，并定期地进行检查，当试样开始呈现浑浊时的最高温度作为浊点；用肉眼看出试样中有结晶出现时的最高温度作为结晶点。

2. 试验仪器

石油浊点和结晶点测定器，见图 2-14，包括双壁玻璃试管、搅拌器、广口保温瓶或圆筒形容器、水银温度计。橡胶塞套在温度计和搅拌器上，且能使温度计位于试管的中心，温度计底部与内管底部距离 15mm。

3. 试验步骤

(1) 未脱水试样浊点和结晶点测定。

① 试样应当保存在严密封闭的瓶子中。在进行测定时，准备两支清洁、干燥的双壁试管。(第一支试管是装储用冷剂试验的试样。如果试管的支管未经焊闭，需在试管的夹层中注入 0. 5~1mL 的无水乙醇。将试样注入试管内，装到标线处。第二支试管也用试样装到标线处，作为标准物。)

② 将仪器调到比试样的预期浊点低 15℃±2℃。将装有试样的第一支试管通过盖上的孔口，插入冷剂容器中。

③ 浊点的测定。在进行冷却时，搅拌器要用 60~200 次/min(搅拌器下降到管底再提起到液面作为搅拌一次)的速度来搅拌试样。使用手摇搅拌器时，连续搅拌的时间至少为 20s，搅拌中断的时间不应超过 15s。

在到达预期的浊点前 5℃时，从冷剂中取出试管，迅速放入工业乙醇中；然后在透光良好的条件下，将这支试管插在试管架上，要与并排的标准物进行比较，观察试样的状态。每次观察所需的时间，即从冷剂中取出试管的一瞬间起，到把试管放回冷剂中的一瞬间止，不得超过 12s。

如果试样与标准物比较，没有发生异样(或有轻微的色泽变化，但在进一步降低温度时，色泽不再变深，这时应认为尚未达到浊点)，将试管放入冷剂中，以后每经 1℃就观察一次，仍要同标准物进行比较，直至试样开始呈现浑浊为止。

试样开始呈现浑浊时，温度计所示的温度就是浊点。

④ 结晶点的测定。在测定浊点后，将冷剂温度下降到比所测试样的结晶点低 15℃±2℃，在冷却时也要继续搅拌试样。在到达预期的结晶点前 5℃时，从冷剂中取出试管，迅速放在一杯工业乙醇中浸一浸，然后观察试样的状态。

如果试样中未呈现晶体，再将试管放入冷剂中，以后每经 1℃观察一次，每次观察所需的时间不应超过 12s。

当燃料中开始呈现为肉眼所能看见的晶体时，温度计所示的温度就是结晶点。在进行第二次测定时，要在同一天从同一只瓶子中取用未经测定的试样。

(2) 脱水试样浊点的测定。

① 在试验前，将试样用干燥的滤纸过滤。如果试样中含有水，必须预先脱水。脱水的手续是在试样中加入新煅烧过的粉状硫酸钠，或加入新煅烧过的粒状氯化钙，摇荡 10~15min 试样澄清后，再经干燥的滤纸过滤。

② 将装有试样与温度计的试管放入 80~100℃的水浴中，使试样温度达到 50℃±1℃。

③ 将仪器温度下降到比试样的预期浊点低 10℃±2℃。

④ 将装试样的试管从水浴中取出，垂直地固定在支架上，在室温中静置，直至试样冷却至 30~40℃，再将试管插在装有冷却仪器的孔隙中。

⑤ 在到达预期的浊点前 5℃时，从冷剂中取出试管，迅速放入工业乙醇中，然后在透光良好的条件下，将这支试管插在试管架上，要与并排的标准物进行比较，观察试样的状态。

每次观察所需的时间，即从冷剂中取出试管的一瞬间起，到把试管放回冷剂中的一瞬间止，不得超过 12s。

如果试样与标准物比较，没有发生异样(或有轻微的色泽变化，但在进一步降低温度时，色泽不再变深，这时应认为尚未达到浊点)，将试管放入冷剂中，以后每经 1℃就观察一次，仍要同标准物进行比较，直至试样开始呈现浑浊为止。

试样开始呈现浑浊时，温度计所示的温度就是浊点。(进行第二次试验时，必须在预先洗涤过和干燥过的试管中装入未经测定的试样。)

(四) GB/T 2430—2008《喷气燃料冰点测定法》

GB/T 2430—2008《喷气燃料冰点测定法》是参照美国试验与材料协会标准 ASTMD2386：2000《航空燃料冰点标准试验法》修订的，我国现行产品标准中，只有 3 号喷气燃料和高闪点喷气燃料，采用了冰点作为低温性控制指标。

1. 方法概要

在规定的条件下，航空燃料经过冷却形成固态烃类结晶，然后使燃料升温，当烃类结晶消失时的最低温度即为航空燃料的冰点。

2. 冰点测定器

仪器示意图见图 2-15，包括双壁玻璃试管、防潮管、搅拌器、真空保温瓶、温度计、压帽等。

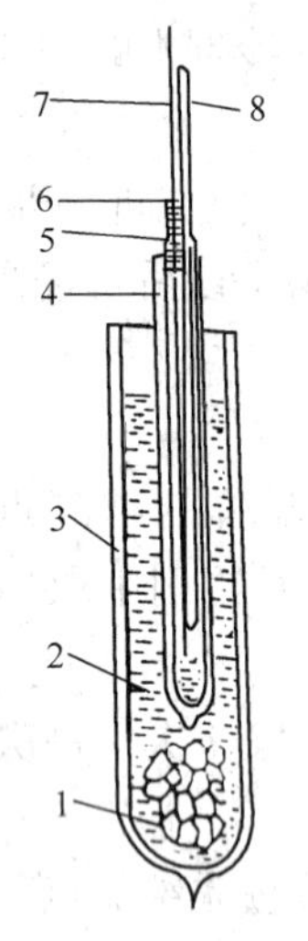

图 2-15　冰点测定仪

1—干冰；2—冷却剂；3—真空保温瓶；4—双壁玻璃管；5—软木塞；6—压帽；7—搅拌器；8—温度计

3. 试验步骤

(1) 取样。量取 25mL±1mL 试样倒入清洁、干燥的双壁玻璃试管中。用带有搅拌器、温度计和防潮管(或压帽)的软木塞紧紧塞紧双壁玻璃试管，调节温度计位置，使感温泡不要触壁，并位于双壁玻璃试管的中心，温度计的感温泡距离双壁玻璃试管底部 10~15mm。

(2) 将试样放入冷却仪器，其试样在冷却剂液面下约 15~20mm 处。

(3) 除观察时，整个试验期间要连续不断地搅拌试样，以 1~1.5 次/s 的速度上下移动搅拌器，并要注意搅拌器的铜圈向下时不要触及双壁玻璃试管底部，向上时要保持在试样液面之下。在进行某些步骤的操作时，允许瞬间停止搅拌，不断观察试样，以便发现烃类结晶。由于有水存在的缘故，当温度降至接近-10℃时，会出现云状物，继续降温时云状物不增加，可以不必考虑此类云状物。当试样中开始出现肉眼所能看见的晶体时，记录烃类结晶出现的温度。从冷却剂中移走双壁玻璃试管，允许试样在室温下继续升温，同时仍以 1~1.5 次/s 的速度进行搅拌，继续观察试样，直到烃类结晶消失，记录烃类晶体完全消失时的温度。

(五) 影响浊点、结晶点和冰点测定的主要因素

影响浊点、结晶点和冰点测定的因素很多，其中主要因素有油品的化学组成和溶解水。

(1) 油品化学组成的影响。不同类型的烃类的化学组成和化学结构不同，其结晶点不同，相同碳原子数的正构烷烃和芳香烃的结晶点较高，而环烷烃和烯烃的较低；在同一族烃类中，随沸点升高，其结晶点增高。例如，用石蜡基的大庆原油炼制的喷气燃料，其结晶点比用中间基的克拉玛依原油、胜利原油炼制的喷气燃料高得多，见表2-18。从表中还可以看出，由同一原油炼制的喷气燃料，馏分越重，其密度越大，结晶点越高，这是由于同类烃随相对分子质量的增大，其沸点、相对密度、熔点逐渐升高的缘故。为保证结晶点合格，喷气燃料的尾部馏分不能过重。

表 2-18 大庆和克拉玛依喷气燃料馏分范围与低温性能关系

项目	馏分范围/℃	密度 20℃/(kg/m³)	结晶点/℃
大庆	130~210	767.9	-65
	130~220	770.9	-59.5
	130~230	774.3	-58
	130~240	776.3	-52
	130~250	778.8	-47
克拉玛依	120~230	784.8	-65
	130~240	788.3	-63
	140~240	791.0	-60

(2) 油品中溶解水的影响。当轻质油品中有微量水存在时，在较低温度下，溶解水会达到过饱和状态，以游离水或冰晶颗粒的形式存在，这不仅本身堵塞过滤器和输油导管，更重要的是这些微小晶粒可以作为烃类结晶的晶核，使熔点较高的烃类围绕这些晶核迅速长成大的结晶，使燃料系统的导管和滤网堵塞现象加剧，甚至中断供油，造成事故。

轻质油品中溶解水的数量取决于油品的化学组成、大气压力、环境温度及储存条件等。各种烃类对水的溶解度按下列次序递减：芳烃>烯烃>环烷烃>烷烃。芳烃的吸水性比相对分子质量相近的其他烃类约大9~14倍。由此可见，喷气燃料中要限制芳香烃含量。水在各种烃类中的溶解度见表2-19。

表 2-19 水在各种烃类中的溶解度

物质	温度/℃	溶解度/%	物质	温度/℃	溶解度/%
正戊烷	25	0.011	甲苯	22	0.052
正庚烷	25	0.015	二甲苯	22	0.038
苯	22	0.066			

在同一种烃类中，随着相对分子量与黏度的增加，水在烃中的溶解度减少。温度升高时，水在燃料中溶解度增加。根据这一道理，可采用冷冻过滤的方法，除去油中的水分。

第六节 石油产品腐蚀性测定

石油产品在储运、使用过程中，对所接触的机械设备、金属材料、涂料及橡胶制品等的腐蚀、烧蚀、溶胀作用，统称为石油产品的腐蚀性。由于机械设备、储油容器、输油管道及加油设施等多为金属材料制成，因此石油产品的腐蚀性主要是指对金属材料的腐蚀。金属腐蚀不仅会引起金属表面色泽、外形发生变化，而且会直接影响其力学性能，降低有关仪器、仪表、设备的精密度和灵敏度，缩短其使用寿命，甚至导致重大事故。通常金属材料的腐蚀既有化学腐蚀也有电化学腐蚀，高温情况下可能发生更严重的“烧蚀”现象。导致油品腐蚀金属设备、机械构件的因素很多，但直接原因就是油品中含有水溶性酸、碱和有机酸物质以及含硫化合物，特别是油品中没有彻底清除的硫及化合物对发动机及其他机械设备的腐蚀更加严重。表征石油产品腐蚀性的指标主要有水溶性酸及碱、腐蚀试验，酸度(值)，游离碱或游离有机酸及硫含量等。

一、石油产品酸碱性能测定

石油产品在加工、运输及使用过程中由于管理的不严格会不同程度的混入酸或碱性物质。这些物质的存在对机械设备会造成一定的腐蚀。因此油品的质量标准中规定不允许含有水溶性酸或碱，而酸度、酸值、游离酸碱在石油产品质量指标中其含量有相应的限制。

(一) 测定目的和意义

1. 水溶性酸碱

水溶性酸及碱指石油产品中能溶解于水的无机酸和低分子有机酸、碱和碱性化合物。水溶性酸通常包括硫酸及其衍生物，包括磺酸、酸性硫酸脂以及因氧化而生成的低分子有机酸；水溶性碱有氢氧化钠和碳酸钠。石油产品水溶性酸碱试验是用来测定液体石油产品、添加剂、润滑脂、石蜡及含蜡组分中是否含有可溶于水的酸或碱。这是一种定性试验，它既不说明有什么样的酸或碱，也不说明所含酸或碱的量。

水溶性酸几乎对所有的金属都有很强的腐蚀性，特别当油品中有水存在时，由于增加了电离度，其腐蚀性会更强。水溶性碱对有色金属，特别是铝有较强的腐蚀性。油品中存在水溶性酸或碱，在空气中水分、氧气及光照受热的长时间作用下，会引起油品氧化、胶化及分解。因此石油产品技术规范规定轻质燃料油、未加添加剂的润滑油中，都不允许有水溶性酸、碱的存在。

2. 酸度和酸值

酸度或酸值是指中和 100mL 或 1g 石油产品中酸性物质所消耗的氢氧化钾的毫克数，单位分别是 mgKOH/100mL 和 mgKOH/g。通常酸度用于液体燃料，而酸值用于润滑油。酸度(值)表示油品中酸性物质的总含量，包括无机酸、有机酸、酚类化合物、酯类、内酯、树脂以及重金属盐类、铵盐和其他弱碱的盐类、多元酸的酸式盐和某些抗氧及清净添加剂等。无机酸在油品中的残留量极少，若酸洗精制工艺控制得当，油品中几乎不存在无机酸；油品中的有机酸主要有环烷酸和脂肪酸，它们大部分是原油中固有的且在石油炼制过程中没有完全脱尽的，部分是石油炼制或油品运输、储存过程中被氧化而生成的。另外，油品中还含有少量酚类化合物，苯酚等主要存在于轻质油品中，萘酚等主要存在于重质油品中。这些化合物虽然含量较少，但其危害性也很大。

石油产品酸度(值)测定目的和意义：

(1) 根据酸度(值)的大小，可判断油品中所含的酸性物数量。油品中酸性物质数量随原料与油品精制程度而变化。酸度(值)越高，说明油品中所含的酸性物质就越多。

(2) 可概略地判断油品对金属的腐蚀性。油品中的有机酸含量少，在无水分和温度较低时，一般不会对金属产生腐蚀作用，但当酸性物含量增多且存在水分时，就能严重腐蚀金属。油品中的环烷酸、脂肪酸等有机酸与某些有色金属(如铅和锌等)作用，所生成的腐蚀产物为金属皂类，还会促使燃料油品和润滑油加速氧化。同时，皂类物质逐渐聚集在油中形成沉积物，破坏机器的正常工作。汽油在储存中，氧化所生成的酸性物质，比环烷酸的腐蚀性强，它们的一部分能溶于水，当油品中有水落入时，便会增加其腐蚀容器的能力。柴油中的酸性物质对柴油发动机工作状况有非常大的影响，酸度大的柴油会使发动机内的积炭增加，这种积炭是造成活塞磨损和喷雾器喷嘴结焦的原因。

(3) 由酸值大小变化可判断使用中润滑油的变质程度。对使用中的润滑油而言，在运行机械内持续使用较长一段时间后，由于机件间的摩擦、受热以及其他外在因素的作用，油品将受到氧化而逐渐变质，出现酸性物质增加的倾向。因此，可根据使用环境中油品的酸(碱)值是否超出换油指标，来确定是否应当更换机油。

(二) 石油产品水溶性酸及碱测定

我国测定石油产品水溶性酸及碱的方法有：GB/T 259—1988(2004)《石油产品水溶性酸及碱测定法》和 SH/T 0298—1992(2004)《含防锈剂润滑油水溶性酸测定法(pH 值法)》。

1. GB/T 259—1988(2004)《*石油产品水溶性酸及碱测定法*》

该标准适用于测定液体石油产品、添加剂、润滑脂、石蜡、地蜡及含蜡组分的水溶性酸或水溶性碱。其测定原理是用蒸馏水或乙醇水溶液抽提试样中的水溶性酸或碱，然后，分别用甲基橙或酚酞指示剂检查抽出液颜色的变化情况，以判断有无水溶性酸或碱的存在。也可用酸度计测定水溶性酸或碱，方法规定当石油产品质量评价出现不一致时，则水溶性酸或碱的仲裁试验应用酸度计测定。

(1) 不同类型油品的处理方法。当试验液体石油产品时，将 50mL 试样和 50 mL 蒸馏水放入分液漏斗，加热至 50~60℃。轻质石油产品，如汽油和溶剂油等均不加热。

对 50℃运动黏度大于 75mm^2/s 的石油产品，应预先在室温下与 50mL 汽油混合，然后，加入 50mL 加热至 50~60℃的蒸馏水。

将分液漏斗中的试验溶液，轻轻地摇动 5min，不允许乳化。放出澄清后下部的水层，经滤纸过滤后，滤入锥形烧瓶中。

当试验润滑脂、石蜡、地蜡和含蜡组分时，取 50g 预先熔化好的试样，称准至 0.01g。将其置于瓷蒸发皿或锥形烧瓶中，然后，注入 50mL 蒸馏水，并煮沸至完全熔化。

冷却至室温后，小心地将下部水层倒入有滤纸的漏斗中，滤入锥形烧瓶。对已凝固的产品(如石蜡和地蜡等)，则事先用玻璃棒刺破蜡层。

当试验添加剂产品时，向分液漏斗中注入 10mL 试样和 40 mL 溶剂油，再加入 50mL 加热至 50~60℃蒸馏水。将分液漏斗摇动 5min，澄清后分出下部水层，经有滤纸的漏斗，滤入锥形烧瓶。

若当石油产品与水混合，即用水抽提水溶性酸或碱而产生乳化时，则用 50~60℃的(1：1)95%乙醇水溶液代替蒸馏水处理。

注：试验柴油、碱洗润滑油、含添加剂润滑油和粗制的残留石油产品时，遇到试样的水抽出液对酚酞呈现碱性反应(可能由于皂化物发生水解作用引起)时，也可按本条步骤进行试验。

(2) 将试验所得抽提物，用酸度计或指示剂测定水溶性酸或碱。

① 指示剂法测定水溶性酸或碱。一支试管加 1~2mL 抽提物，另取一支试管加 1~2mL 蒸馏水，分别加入 2 滴甲基橙指示剂，比较颜色变化。若抽提物呈玫瑰红色，表示试样有水溶性酸存在。

第二支抽提物试管中加入 3 滴酚酞，若呈红色则有水溶性碱存在。当抽提物两种指示剂都不呈红色，则认为没有水溶性酸或碱。

② 酸度计测定水溶性酸或碱。向烧杯中注入 30~50mL 抽提物，电极浸入深度为 10~12mm，用酸度计测定。根据表 2-20 确定是否有水溶性酸或碱。

表 2-20 抽提液 pH 值与水溶性酸、碱的关系

石油产品抽提物特征	pH 值	石油产品抽提物特征	pH 值
酸　性	<4.5	弱碱性	>9.0~10.0
弱酸性	4.5~5.0	碱　性	>10.0
无水溶性酸或碱	>5.0~9.0		

即抽提液 pH 值小于 5.0 时，油样中含有水溶性酸；pH 值大于 9.0 时，说明溶液中含有水溶性碱；pH 值为 5.0~9.0 之间说明油品中不含有水溶性酸和水溶性碱。而 pH 值计法测定时规定：pH 值小于 5.0，显酸性，pH 值大于 10.0 显碱性。由于出现结果不一致的情况，因此方法标准中规定，若出现结果不一致的情况，仲裁时用 pH 值计法。

2. SH/T 0298—1992(2004)《含防锈剂润滑油水溶性酸测定法(pH 值法)》

该标准适用于测定含防锈剂(例如十二烯基丁二酸)润滑油的水溶性酸。其测定原理是用一定量煮沸后 pH 值达到 6.0~7.0 的蒸馏水加入到同体积的试油中，并于水浴中加热到 75~80℃，摇荡 5min 后静置分层。然后取 10mL 水抽出液于比色管中，用溴酚蓝或溴甲酚绿指示液作指示剂，与适宜的已知 pH 值的标准缓冲溶液标准色进行比色，以确定其 pH 值。因防锈剂十二烯基丁二酸为酸性，加入油品后，其质量指标要求控制 pH 值不大于 4.4，而 GB/T 259 方法中以甲基橙为指示剂(其变色范围 pH 为 3.1~4.4)，在酸性溶液中显红色，在中性及碱性溶液中则显黄色，甲基橙指示剂从明显的红色变到明显的黄色之间存在着一系列的过渡颜色。再加上试验人员的操作经验以及对颜色的判断能力不一，往往对同一油样得出不同的结果而影响对油品质量监督和评定的正确性。因此 GB/T 259 方法不适用于含防锈剂润滑油的水溶性酸测定。

(三) 石油产品酸度、酸值测定

根据油品的特性，测定油品酸度和酸值有不少的方法，归纳起来有两大类：一类是颜色指示滴定法，即根据所用的酸碱指示剂颜色的变化来确定滴定终点；另一类是电位滴定法，即根据电位的变化来确定滴定终点。

用于测定酸度、酸值的颜色指示滴定法的我国现行标准有：GB/T 258—1977(2004)《汽油、煤油、柴油酸度测定法》、GB/T 264—1983(2004)《石油产品酸值测定法》、GB/T 12574—1990(2004)《喷气燃料总酸值测定法》、SH/T 0163—1992(2006)《石油产品总酸值测定法》、SH/T 0069—1991(2006)《发动机防冻剂、防锈剂和冷却液 pH 值测定法》；电位滴定法方法标准主要有 GB/T 7304-2014《石油产品酸值的测定　电位滴定法》。

1. GB/T 12574—1990(2004)《喷气燃料总酸值测定》

该方法标准的测定适用于测定总酸值范围为 0.000~0.100mgKOH/g 的喷气燃料。基本原理是将 100g±5g 试样溶解在 100mL 滴定剂(500mL 甲苯+5mL 水+495mL 异丙醇混合)中。向所得的均相溶液中通入氮气将其覆盖，并用氢氧化钾异丙醇标准滴定溶液进行滴定，以对-萘酚苯指示剂的颜色变化(在酸性溶液中显橙色；在碱性溶液中显绿色)确定终点。

2. GB/T 258—1977(2004)《汽油、煤油、柴油酸度测定法》

利用沸腾的乙醇抽提出试油中的酸性物质，再用氢氧化钾乙醇溶液进行滴定，由滴定用去氢氧化钾乙醇溶液的体积，计算出试油的酸度，用 mgKOH/100mL 表示结果。

(1) 取 95%乙醇 50mL 注入清洁的无水的锥形瓶内，回流煮沸 5min。

(2) 在煮沸过的 95%的乙醇中加入 0.5mL 的碱性蓝溶液(或甲酚红溶液)后，在不断摇荡下趁热用 0.05mol/L 氢氧化钾乙醇溶液使 95%乙醇中和，直至锥形瓶中的混合物从蓝色变

为浅红色(或从黄色变为紫红色)为止。

(3) 在煮沸过的95%乙醇中加入数滴酚酞溶液代替碱性蓝溶液(或甲酚红溶液)时，按同样方法中和至浅玫瑰红色为止；将试样(汽油、煤油分别取50mL，柴油20mL，均在20℃±3℃时来量取)注入中和过的热的95%乙醇中，在锥形瓶装上回流冷凝管之后，将锥形烧瓶中的混合物煮沸5min(对已经加入碱性蓝溶液或甲酚红溶液的混合物，此时应再加入0.5mL的碱性蓝溶液或甲酚红溶液)，在不断摇荡下趁热用0.05mol/L氢氧化钾乙醇溶液滴定，直至95%乙醇层的碱性蓝溶液从蓝色变为浅红色(甲酚红溶液从黄色变为紫红色)为止，或直至95%乙醇层的酚酞溶液呈现浅玫瑰红色为止。

在每次滴定过程中，自锥形瓶停止加热到滴定达到终点，所经过的时间不应超过3min。

3. GB/T 264—1983(2004)《石油产品酸值测定法》

该方法的测定原理与GB/T 258—1977(2004)相同，即利用沸腾的乙醇抽提出试油中的酸性物质，再用氢氧化钾乙醇溶液进行滴定，由滴定用去氢氧化钾乙醇溶液的体积，计算出试油的酸值，并用mgKOH/g表示酸值的结果。

4. SH/T 0163—1992(2006)《石油产品总酸值测定法》

该方法主要采用半微量颜色指示剂法测定石油产品中的总酸值，适用于测定试样在水中的离解常数大于10^{-9}的酸，离解常数小于10^{-9}的极弱酸不会发生干扰，而水解常数大于10^{-9}的盐会起反应。由于本标准(每测定一次酸值)所消耗的试样较少(0.1～5.0g，并且精确至0.0001g)，受到的干扰较小，特别适合确定油品在氧化条件下酸值所发生的相对变化。其基本原理是将试样溶解在甲苯、异丙醇和少量水组成的溶剂中，在室温及氮气保护下，用氢氧化钾异丙醇标准滴定溶液滴定至加入的α-萘酚苯基甲醇指示液由红色变成稳定的绿色为终点。

对切削油、防锈油以及相类似组分的油品，或颜色太深太黑的油样，因终点显色难于分辨，建议选用电位滴定法测定。

5. GB/T 7304—2014《石油产品酸值的测定 电位滴定法》

该标准规定了用电位滴定法测定石油产品、润滑剂、生物柴油和生物柴油调和燃料的两种测定方法。方法A适用于测定能溶解于甲苯和异丙醇混合溶剂的石油产品和润滑剂中的酸性组分。这些酸性组分在水中的离解常数要大于10^{-9}，离解常数小于10^{-9}的极弱酸不产生干扰，但水解常数大于10^{-9}的盐类将会参与反应。方法B适用于具有较低酸性和溶解性差异较大的生物柴油和生物柴油调和燃料。基本原理是将试样溶解在含有少量水的甲苯异丙醇混合溶剂中，以氢氧化钾异丙醇标准溶液为滴定剂进行电位滴定，所用的电极对为玻璃指示电极-银/氯化银参比电极。在手绘或自动绘制的电位-滴定剂量的曲线上仅把明显突跃点作为终点；如果没有明显突跃点，则以相应的新配非水酸性或碱性缓冲溶液的电位值作为滴定终点。

电位滴定法是利用滴定时抽出溶液中氢离子浓度的改变，通过电位检测、显示氢离子浓度的变化来确定的，避免酸碱指示剂法因存在肉眼观察颜色变化不客观而可能带来的测量误差，能够在有色或浑浊的抽出溶液中进行滴定分析，对测定轻、重石油产品中的酸、碱含量皆适用。

(四) 影响测定的主要因素

1. 石油产品水溶性酸、碱测定的影响因素

(1) 试验柴油、碱洗润滑油、含添加剂润滑油，遇到试样的水抽出液出现碱性反应时，必须改用(1∶1)95%乙醇水溶液重新进行试验，如再出现碱性反应，才能判定试样中有水溶性碱存在。

柴油、碱洗润滑油呈碱性反应的原因：在燃料中，柴油馏分相对较重，所含有机酸(主要是环烷酸)较多，在炼制过程中都要进行碱洗将其除去，因此柴油都可认为是碱洗柴油。经过碱洗的柴油和润滑油，油中的有机酸与碱作用生成的有机酸盐习惯上又称为皂。上述皂类物质可以溶解在水中，能够在水洗时洗掉。但如果水洗不完全，或者油中残留有混浊的水，则油中就会残留上述皂化物。皂本身对金属没有腐蚀，但它们都是强碱弱酸盐，遇水时可以水解而呈碱性。以 RCOONa 的水解为例，RCOONa 在水溶液中完全电离为 Na^+ 和 $RCOO^-$，而水则微弱电离成 H^+ 和 OH^-。因为 NaOH 是强电解质，所以 Na^+ 和 OH^- 并不结合，但是 H^+ 和 $RCOO^-$ 相遇时，则能生成难电离的 RCOOH 分子，这样就减少了溶液中的 H^+ 浓度，从而破坏了水的电离平衡，以致使水继续电离。随着 RCOOH 分子的继续生成，H^+ 则被束缚在 RCOOH 分子中，而 OH^- 在溶液中的浓度则相应增大。这样，溶液里 $[OH^-]>[H^+]$，致使溶液呈碱性。

碱洗可除去有机酸和中和酸洗后残留的硫酸及酸洗生成物如磺酸和硫酸酯外，还可除去硫化氢、硫醇和酚等物质。生成的盐类都可看作强碱弱酸盐，如未除净残留在油中，则遇水可因水解而呈碱性，其水解与有机酸钠盐(RCOONa)相似。

含添加剂的润滑油呈碱性反应的原因：润滑油中加入的清净分散剂多是有机钡盐、钙盐或镁盐等，这些有机盐也可水解显碱性。为了中和燃料燃烧后所生成的 SO_2 和 SO_3，以及润滑油氧化所生成的酸类，清净分散剂在制造过程中都要加入过量的 $Ba(OH)_2$ 或 $Ca(OH)_2$，使添加剂中的金属含量远大于中性盐的金属含量，金属比甚至可高达 20，碱值可高达 250mgKOH/g 以上(超碱度添加剂)。总之清净分散剂一般都是碱性，在做水溶性酸或碱试验时呈碱性反应，在规格中是允许的。

用水做试验呈碱性反应时，水抽出液呈碱性反应的情况，试验方法规定改用(1∶1)95%乙醇水溶液代替蒸馏水重新进行试验，如再出现碱性反应才能判定试油中有水溶性碱存在。改用(1∶1)95%乙醇水溶液主要是为了防止盐的水解。有机酸盐水解时，形成了强碱与弱有机酸，虽然水解的程度并不太大，但仍然能使水溶液的 pH 值大于 8.2，所以其水溶液对酚酞指示剂呈碱性反应。改用(1∶1)95%乙醇水溶液后，由于水的浓度减小，盐类的水解程度比用纯水试验时小得多。这时，溶液的 pH 值虽然大于 7，但小于 8.2，所以此溶液对酚酞不呈碱性反应。

(2) 黏度的影响。在 50℃时黏度大于 75 mm^2/s 的试样，可用溶剂油稀释；对于与水混合不能分离出水层的重质燃料油，可改用(1∶1)95%乙醇代替蒸馏水。溶剂油可降低石油产品的黏度和密度，有助于水溶性酸碱的抽出，并促使油水分离；重质燃料油经搅拌后，很易与水乳化，因为其含有的胶质、沥青质具有表面活性，若用(1∶1)95%乙醇溶液代替蒸馏水则可以消除乳浊现象，达到油水分离的目的。

(3) 仪器及试剂的影响。试验所用仪器必须清洁，试验所用蒸馏水、乙醇、汽油等溶剂必须检查呈中性。

(4) 取样的影响。水溶性酸或碱常沉积在试油底部，因此在量取试油前应充分摇匀。

(5) 应猛烈摇动分液漏斗内混合液，使其充分接触，并注意适时打开玻璃塞放气，以免漏斗内压力过大将玻璃塞冲出打碎。

2. 石油产品酸度、酸值测定的影响因素

(1) 滴定终点的准确。试验方法规定用酚酞作指示剂，滴定乙醇层由无色至浅红色为止；用碱性蓝作指示剂，滴定至乙醇层由蓝色变为浅红色为止，或对于滴定终点不能呈现浅红色(或紫红色)试样，允许滴定到混合液的原有颜色开始明显地改变时作为终点。

判断终点比较困难的是用碱性蓝作指示剂测定酸值。其滴定过程是：加入指示剂后溶液呈蓝色，逐渐加入碱液至快到终点时，在蓝色中出现红色，随着碱量增大红色增多而呈蓝紫色，最后变为红色，应以紫色消失突然显全红色为终点。这个过程对直馏及经过精制的浅色油品比较明显，但对某些裂化及未经精制的中间产品或经使用过的某些润滑油，由于干扰物的存在，会破坏指示剂的结构，使滴定终点变色不明显，往往只是蓝色消退而不出现红色。遇到这种情况时，只好以蓝色明显消退为终点。但由于各人判断的差别会产生较大误差，如测定要求高时，可用电位滴定来判定终点。

实践证明，滴定到达终点时，有两个特征：颜色有明显的变化；透明度发生改变，到达终点时溶液比较透明，没有到达终点，溶液较混浊。通常第一个特征比较明显，因此以颜色发生突变或蓝色明显消退时为滴定终点。为便于观察颜色变化，在滴定的锥形瓶下应垫上白瓷板或白板，周围不能放有色的东西，同时眼睛视线的位置也应合适，要从一个合适的角度去观察，以便边摇边滴。

(2) 指示剂的影响。碱性蓝指示剂配制时必须要用 HCl 进行中和，否则会影响测得结果。

(3) 试验中选用乙醇作溶剂。必须用乙醇而不用水作溶剂。使用乙醇作溶剂主要有两个作用：

① 有机酸在水中的溶解度很小，而在乙醇中的溶解度大，因而用乙醇作溶剂可把油样中的有机酸抽提出来。乙醇加热以后，更有利于有机酸的抽出。

② 乙醇是非水滴定中的“两性溶剂”，在此起碱性溶剂的作用，使有机弱酸增强其相对酸度而成强酸，从而增大突跃范围，使结果明显，滴定反应就能顺利进行。

(4) KOH-乙醇溶液浓度的影响。必须配成乙醇溶液，浓度规定为 0.05mol/L，是将 KOH 溶解在乙醇中，这便于和已抽取至乙醇中的有机酸在同一相中迅速完全地进行反应。浓度大，滴定的相对误差大，因此规定较小的浓度 0.05mol/L。

(5) 滴定过程中 CO_2 的影响。滴定要迅速，时间尽量缩短，勿超过 3min。主要是：

① 由于酸度、酸值一般都很小，相对来说 CO_2 的影响就比较大，为防止 CO_2 的影响，就必须煮沸并趁热滴定。室温下空气中的 CO_2 极易溶于乙醇中，它在乙醇中的溶解度比在水中大三倍，不煮沸赶走就会使测定结果偏高。

② 加热煮沸有利于将油样中的有机酸抽提到乙醇中。

③ 趁热滴定可避免某些油品因和乙醇-水形成乳化液而妨碍滴定时对颜色变化的观察。

④ 中和乙醇溶剂必须趁热滴定是为了和后面中和试油的条件一致，否则空白滴定就会消耗较多的 KOH-乙醇溶液，当加入试油重新煮沸排除 CO_2 后，原多消耗的碱液必然要中和一部分油品中的有机酸，使测定结果偏低。

(6) 试验操作过程的影响。要求正确摇动锥形瓶，使碱液能完全与乙醇层中的酸作用，不要使润滑油翻起，影响对终点颜色的观察。

(7) 测定用过的润滑油的酸值，往往因润滑油酸值太大或润滑油太脏，致使终点变化不明显或看不清，此时可采取将试油减量 1/2~1/4。若仍有困难，则可用分液漏斗将润滑油与抽出液分离，再将抽出液加热沸腾后趁热滴定。

二、石油产品硫含量测定

石油产品中硫及硫化物的存在会制约油品的安定性，加速油品氧化、变质进程，造成储油容器或使用设备的腐蚀。其燃烧后生成的SO_2或SO_3排放到大气中，严重污染环境，破坏生态平衡，对人体产生危害。因此，石油产品质量标准对硫含量有严格要求。

（一）测定目的和意义

随着社会的发展和环保法规日益严格，石油产品的硫含量指标越来越被人们重视。如国家标准对车用汽油硫含量的要求从0.015%降为0.005%，到2013年颁发的车用汽油国家标准(GB 17930—2013)(Ⅴ)硫含量为0.001%。严格控制硫及硫化物含量，既保证了石油产品质量，也减少了环境污染。众所周知，原油的元素组成中除C和H以外，还含有少量的S、N、O等其他元素，这些元素是构成石油非烃类物质的主要成分。目前，原油中可以鉴定出100多种含硫化合物，主要包括硫醚、硫醇、噻吩、二(多)硫化合物等。原油中含有的硫化物的存在数量及类型，不仅对研究石油的形成具有重大意义，同时还可以用于指导石油炼制过程。一般而言，不同炼制工艺所得到的馏分油，其含硫化合物的结构式是不同的，直馏馏分中，烷基硫醚(醇)较多；热裂化馏分中，芳香基硫醚(醇)较多。

1. 硫及硫化物的危害

硫及硫化物对石油炼制、油品质量及其应用的危害，主要有以下几个方面。

（1）腐蚀石油炼制装置。在原油炼制过程中，各种含硫有机物分解后均可部分产生H_2S，H_2S一旦遇水将对金属设备造成严重腐蚀。

（2）污染催化剂。含硫物质的存在会与重金属催化剂中的金属元素形成硫化物，使催化剂降低或失去活性，造成催化剂中毒。因此，在石油炼制过程中，一般对使用原料的硫含量需进行严格的控制，如催化重整原料，硫含量必须低于1.5mg/kg，同时还要控制水分不得超过15 mg/kg。

（3）影响油品质量。含硫化合物在油品中的存在，将严重影响石油产品的质量。含硫物质通常具有特殊的异味，尤其是硫醇具有强烈的恶臭味。油品中的硫含量若超出规定的允许范围，不仅会影响人们的感官性能，还会严重制约油品的安定性，加速油品氧化、变质进程，甚至导致储油容器或使用设备的腐蚀。但在民用煤气或液化气中，可适量加入少量低级硫醇，利用其特殊异味判断燃气是否泄漏。

（4）严重污染环境。燃料油品中的硫及含硫化合物，燃烧后最终的转化产物将以SO_2或SO_3形式排放到大气中，它们是形成大气酸雨的主要成分之一，污染环境，破坏生态平衡，对人体产生危害。

2. 测定意义

硫含量是指存在于油品中的硫及其衍生物(硫化氢、硫醇、二硫化物等)的含量，通常以质量分数表示。测定硫含量的意义如下：

（1）用于指导生产。原油的产地不同，其硫含量也有差异。含硫质量分数低于0.5%的称为低硫原油，介于0.5%~2%之间的称为含硫原油，高于2%的称为高硫原油。对不同硫含量的原油，其炼制工艺也不尽相同。硫在石油馏分中的分布一般是随石油馏分馏程范围的升高而增加，从轻质油品中的硫含量多少可以看出含硫化合物在石油炼制过程中是否发生分解，大部分含硫物质主要集中在重质馏分油和渣油中。因此，检测不同馏分油中的硫含量，可以用来判断工艺条件是否合适以及保护催化剂免于污染。

（2）油品质量控制指标。喷气燃料中硫含量的多少，可直接反映出喷气式发动机内腐蚀活性产物的多少和生成积炭的可能性，油品中硫化物的存在还易于发生高温“烧蚀”现象，导致潜在的飞行安全隐患。国产3号喷气燃料质量指标中，规定总硫含量不大于0.20%，硫醇性硫含量不大于0.0020%。目前，国产车用汽油(Ⅴ)GB 17930—2013质量指标中，规定硫含量不大于0.001%，车用柴油(GB 19147—2013)要求总硫含量不大于0.005%。部分石油产品质量标准中规定的硫含量见表2-21。

表2-21　部分油品硫含量的质量指标

油品名称	硫含量		试验方法标准
车用汽油(Ⅳ和Ⅴ)(GB 17930—2013)	硫醇性硫/%	≤0.001	GB/T 1792
	总硫含量/mg/kg	≤10	SH/T 0689
3号喷气燃料(GB 6537—2006)	硫醇性硫/%	≤0.0020	GB/T 1792
	总硫含量/%	≤0.20	GB/T 380
车用柴油(Ⅳ)(GB 19147—2013)	硫醇性硫	—	—
	总硫含量/mg/kg	≤50	SH/T 0689

值得说明的是，并不是对所有的油品硫含量越低越好，如硫化异丁烯是工业齿轮油、车辆齿轮油必须添加的极压抗磨剂。

（二）石油产品硫含量测定

对石油产品中含硫化合物或硫含量的测定，最常用的检测方式有两种：一是使用特定的试剂与试样中的待测物质直接反应，如博士试验法、氨-硫酸铜法等；二是将试样中的待测物质先转化为可以检测的成分后再进行间接测定，如燃灯法、管式炉法等。间接测定法一般是通过试样完全燃烧所生成的SO_2或SO_3产物，经由吸收(接收)溶液转化为Na_2SO_3或H_2SO_4物质后，再选择滴定分析法或其他分析方法针对转化产物进行测定，表征结果时将其换算成试样中的硫含量。此外，还用现代分析仪器进行无损测定，如GB/T 11140—2008《石油产品硫含量测定法(X射线光谱法)》(该标准参照采用ASTM D2622：2007)、GB/T 17040—2008《石油产品硫含量测定法(能量色散X射线荧光光谱法)》(该标准等效采用ASTM D4294：2003)等。

石油产品中硫含量测定的标准方法，现有GB/T 380—1977(2004)《石油产品硫含量测定法(燃灯法)》和SH/T 0253—1992《轻质石油产品中总硫含量测定法(电量法)》；深色(重质)石油产品中硫含量的测定，有GB/T 387—1990(2004)《深色石油产品硫含量测定法(管式炉法)》、GB/T 388—1964(2004)《石油产品硫含量测定法(氧弹法)》、GB/T 11131—1989《石油产品总硫含量测定法(灯法)》及SH/T 0172—2001(2007)《石油产品硫含量测定法(高温法)》等。

1. 燃灯法

燃灯法测定石油产品中的硫含量，按GB/T 380—1977(2004)《石油产品硫含量测定法(燃灯法)》标准试验方法进行，该方法主要适用于测定雷德蒸气压力不高于80kPa(600mmHg)的轻质石油产品(如汽油、煤油、柴油等)的硫含量，试验过程中使用的主要仪器设备为燃灯法硫含量测定器。

燃灯法测定油品硫含量的基本原理是：将试样装入特定的灯中进行完全燃烧，使试样中的含硫化合物转化为二氧化硫，用碳酸钠水溶液吸收生成的二氧化硫，再用已知浓度的盐酸溶液返滴定，由滴定时消耗盐酸溶液的体积，计算出试样中的硫含量。

国外有些燃灯法测定标准中，采用过氧化氢(H_2O_2)来接收(吸收)硫的氧化物，使其氧化成硫酸后再测定(与下面的管式炉法原理相似)。由于硫氧化物的转化产物是硫酸，因此与之相对应的测定方法也有多种，最简单的方法是用氢氧化钠溶液滴定；或用高氯酸钡溶液滴定（以钍啉-亚甲基蓝为混合指示液）；或另加入氯化钡溶液、形成硫酸钡沉淀，进行化学称量分析。

2. 管式炉法

测定原油或重质石油产品中的硫含量，按GB/T 387—1990（2004）《深色石油产品硫含量测定法（管式炉法）》标准试验方法进行，主要适用于测定试样中含硫质量分数大于0.1%的深色石油产品，试验过程中使用的主要仪器设备为管式电阻炉。

管式炉法测定油品硫含量的测定原理与燃灯法的类似，都属于间接测定石油产品中硫含量的定量分析方法。燃灯法只能测定具有毛细渗透能力、可供灯芯燃烧的轻质或黏度不是太高的液态石油产品。对于黏度高不宜用燃灯法测定硫含量的液态油品，可利用与其他不含硫的标准有机溶剂混合、稀释后再进行测定（若所用有机溶剂含硫量固定，也可借助液体的可加性原理进行测定）；而对于某些石油产品，如原油、渣油、润滑油、石油焦、蜡、沥青以及含硫添加剂等半固态或固态物质，则需要采用管式炉法或其他试验方法进行硫含量的测定。

管式炉法测定油品硫含量的具体原理是：将试样放入管式电阻炉内并在规定流速的空气流中完全燃烧，将生成的二氧化硫和三氧化硫用过氧化氢-硫酸接收溶液吸收（此时，二氧化硫也被氧化成硫酸），再用已知浓度的氢氧化钠溶液滴定接收溶液中原有和新生成的硫酸，根据滴定时消耗氢氧化钠溶液的体积（扣除空白值），即可计算出试样中的硫含量。

国内外类似标准中，有的采用碘化钾和淀粉指示剂的酸性溶液，来作为SO_2的接收（吸收）介质，随着接收溶液中硫化物（SO_2）的质量增加，接收溶液所呈现的蓝色逐渐淡化，再用碘化钾溶液进行返滴定，由反应过程中所消耗碘化钾溶液的体积，即可计算出试样中的硫含量。

3. 氧弹法

氧弹法测定石油产品中的硫含量，是按照GB/T 388—1964（2004）《石油产品硫含量测定法（氧弹法）》标准试验方法进行的，该方法主要适用于测定润滑油、重质燃料油等重质石油产品中的硫含量。

其基本原理是将试样装入氧弹中进行完全燃烧，再用蒸馏水洗出，然后用氯化钡进行沉淀过滤，再在高温下灼烧灰化，并称量以计算出试样中的硫含量。

4. SH/T 0689—2000《轻质烃及发动机燃料和其他油品的总硫含量测定法（紫外荧光法）》

本标准适用测定沸点范围是25~400℃，室温下黏度范围约0.2~10mm^2/s之间的液态烃中总硫含量，也适应于总硫含量在1.0~8000mg/kg的石脑油、馏分油、发动机燃料油和其他油品。

将烃类试样直接注入裂解管或进样舟中，由进样器将试样送至高温燃烧管（1100℃），在富氧条件中，硫被氧化成SO_2；试样燃烧生成的气体在除去水后被紫外光照射，SO_2吸收紫外光的能量转变为激发态的二氧化硫，当激发态的二氧化硫返回到稳定态的SO_2时发射荧光，并由光电倍增管检测，由所得信号值计算出试样的硫含量。

测定时首先在标准条件下利用硫标准溶液（母液）以配制一系列校准标准溶液，其浓度范围应能包括待测试样浓度，并且所含硫的类型和基体都要与待测试样相似。按规定方法进样，测定试样溶液的平均响应值并计算测量结果。

5. GB/T 11140—2008《石油产品硫含量测定　波长色散 X 射线荧光光谱法(X 射线光谱法)》

在室温条件下液态的、适当加热呈液态的或者可溶于烃类溶剂的石油和石油产品总硫含量的测定，按 GB/T 11140—2008《石油产品硫含量测定　波长色散 X 射线荧光光谱法》标准方法进行。即本方法适用于测定柴油、喷气燃料、煤油、其他馏分油、石脑油、润滑油基础油、液压油、原油、车用汽油、含醇汽油和生物柴油。采用波长色散 X 射线荧光光谱仪(波长范围为 0.52~0.55nm)测定，其最高检出限为 3mg/kg。对于试样中硫含量大于 4.6%(质量分数)的需对其稀释再进行测定。本方法具有样品量少，快速而精确地测定石油和石油产品硫含量的特点，典型样品分析时间是 1~2min/每个样品。

基本原理是：将样品置于 X 射线光束中，测定 0.5373nm 波长下硫 K_α 辐射谱线的强度。将最高强度减去在 0.5190nm(对于铑靶 X 射线管为 0.5437nm)的推荐波长下测得的背景强度，作为净计数率与预先制定的校准曲线进行比较，从而获得质量分数或毫克每千克(mg/kg)表示的硫含量。

6. GB/T 17040—2008《石油产品硫含量测定法(能量色散 X 射线荧光光谱法)》

本标准可以快速、准确地测定石油产品中的硫含量，样品基本不需要处理，一般一个样品的分析时间是 2~4min。

本标准用能量色散 X 射线荧光光谱法测定石油和石油产品中的硫含量的试验方法。包括柴油、石脑油、煤油、渣油、润滑油基础油、液压油、喷气燃料、原油、车用汽油和其他馏分油在内的碳氢化合物中的硫含量。测定硫的含量范围(质量分数)从 0.150%到 5.00%。基本原理是把样品置于从 X 射线源发射出来的射线束中，测量激发出来能量为 2.3keV 的硫 K_α 特征 X 射线强度，并将累计计数与预先制备好的标准样品的计数进行对比，从而获得用质量分数表示的硫含量。

7. SH/T 0172—2001(2007)《石油产品硫含量测定法(高温法)》

该方法主要适用于测定添加剂和含添加剂的润滑油中硫含量。本标准方法适合于沸点高于 177℃、硫含量不低于 0.06%(质量分数)的石油产品，也可测定硫含量高达 8%(质量分数)的石油焦。

本标准中规定了三种测定方法，分别采用了电感应型炉和电阻炉进行高温分解，再用碘酸盐测定。第三种利用高温炉进行高温分解后采用红外检测系统进行检测。

碘酸盐检测的基本原理是将试样在高温氧气流中燃烧，其中大约 97%的硫转化为二氧化硫。为了获得准确的结果，要使用一个校正因子。燃烧产物通入一个装有碘化钾和淀粉指示剂的酸性溶液的吸收器中，加入碘酸钾标准溶液，使吸收器溶液呈浅蓝色。随着燃烧的进行，蓝色变淡时，加入碘酸钾标准溶液。从燃烧过程中所消耗的碘酸钾标准溶液的总量来计算试样的硫含量。

红外检测方法基本原理是将称量好的试样装入特殊的瓷舟(加入五氧化二钒为催化剂)，将瓷舟推入具有氧气氛围的 1371℃的燃烧炉中，硫燃烧转化为 SO_2。用捕集器除去湿气和粉尘后，用红外检测器进行检测。微处理器根据试样质量、检测信号和预先测得的校正因子来计算试样中的硫含量。然后打印出试样标识号和硫含量的质量百分数。校正因子是通过测定与样品类型相近的标准物质而得到的。

8. SH/T 0253—1992《轻质石油产品中硫含量测定法(电量法)》

本标准采用电量法测试试样中总硫含量的方法，能测定沸点为 40~310℃的轻质石油产品。硫含量范围为 0.5~1000μg/g，若大于 1000μg/g 硫含量的试样，可经稀释后测定。

基本原理是将试样在裂解管汽化段汽化并与载气（氮气）混合进入燃烧段，在此与氧气混合，试样裂解氧化后，硫转化为SO_2，随载气一并进入滴定池，与电解液中的三碘离子发生如下反应：

$$I_3^- + SO_2 + H_2O \longrightarrow SO_3 + 3I^- + 2H^+$$

滴定池中I_3^-浓度降低，指示-参比电极对指示出这一变化并和给定的偏压相比较，然后将此信号输入微库仑仪放大器，经放大后输出电压加到电解电极，电解阳极处发生如下反应：

$$3I^- \longrightarrow I_3^- + 2e^-$$

被消耗的三碘离子得到补充，消耗的电量就是电解电流对时间的积分，根据法拉第电解定律可求出试样的总硫含量S（μg/g），如下式：

$$S = \frac{0.1666 \times Q}{V \times \rho \times C}$$

$$C = \frac{S_2}{S_3}$$

式中　Q——测定电量，μC；

V——试样体积，μL；

ρ——取样时试样的密度，g/mL；

C——回收率，%

S_2——标样硫含量测定平均值，μg/g；

S_3——标样硫含量配制值，μg/g。

回收率必须大于75%才能进行试验。

（三）喷气燃料硫醇性硫含量测定

测定喷气燃料硫醇性硫的方法主要有定性和定量两种类型。常用定性试验方法为SH/T 0174—1992（2000）《芳烃和轻质石油产品硫醇定性试验法（博士试验法）》；定量标准试验方法有GB/T 505—1965（2004）《发动机燃料硫醇性硫含量测定法（氨-硫酸铜法）》和GB/T 1792—2015《汽油、煤油、喷气燃料和馏分燃料中硫醇硫的测定 电位滴定法》。

1. 博士试验法

定性测定芳烃和轻质石油产品中的硫醇，按SH/T 0174—1992（2000）《芳烃和轻质石油产品硫醇定性试验法（博士试验法）》标准试验方法进行，该标准等效采用ISO 5257—1979，主要适用于定性检测芳烃和轻质石油产品中硫醇性硫，也可检测其中的硫化氢。博士试验是利用博士试剂检测汽油、煤油、喷气燃料、石脑油、苯类等轻质石油产品中，是否含有硫醇或硫化氢的一个非常灵敏的定性试验方法。该方法操作简单、快速、灵敏，在油品精制工艺控制和产品质量检测过程中具有广泛的应用，苯基硫醇和乙基硫醇在试样中存在量为18mg/kg、异丙基硫醇为6mg/kg、异丁基硫醇为0.6mg/kg，就可以观察出颜色的变化。

（1）方法概要。博士试验法的基本原理是根据亚铅酸钠溶液与试样中的硫醇反应，形成铅的有机硫化物，该物质再与硫元素反应形成深色的硫化铅，来定性地检测试样中是否存在硫醇类物质。

博士试剂的配制：将25g乙酸铅溶解在200mL蒸馏水中，过滤，并将滤液加入溶有60g氢氧化钠的100mL的蒸馏水溶液中，再在沸水中加热此混合液30min，冷却后用蒸馏水稀释到1L。

$$Pb(CH_3COOH)_2+2NaOH \longrightarrow Na_2PbO_2+2CH_3COOH$$

（2）初步试验。通过加入亚铅酸钠溶液摇动后，按博士试验变化表（见表 2-22），判断是否（或可能）有硫化氢、过氧化物、硫醇和元素硫的存在（仅有硫醇和元素硫存在时，可直接得到结论）。另取试样进一步试验，一是排除硫化氢的干扰（用 $CdCl_2$ 驱除，两者反应生成黑色的硫化镉沉淀，$CdCl_2+H_2S \longrightarrow CdS\downarrow+2HCl$），分离处理后的试样，继续进行最后试验；二是用碘化钾-淀粉酸性溶液进行检验，若试液变蓝则说明试样中含有过氧化物，则该标准试验方法无法用于检测试样中有无硫醇性硫，即不必再进行最后试验。

表 2-22　博士试验法的试验变化（初步试验结果）

观察外观变化	初步试验结果	有关说明
立即生成黑色沉淀	有硫化氢存在	需要驱除硫化氢，再进行最后试验
缓慢生成褐色沉淀	可能有过氧化物存在	需要另做试验加以确认，若确实有过氧化物存在则不必进行最后试验
在摇动期间溶液变成乳白色，然后颜色变深	有硫醇和元素硫存在	可以得出结论
无变化或黄色	难以判断硫醇是否存在	需要进行最后试验再加以确认

用博士试剂进行“初步试验”，若试样中有硫醇存在，则有如下反应：

$$Na_2PbO_2+2RSH \longrightarrow (RS)_2Pb+2NaOH$$

硫醇铅以溶解状态存在于试液中，通常呈现的颜色并不明显，或因硫醇分子量的不同，使试验溶液呈现微黄色。

（3）最后试验。用博士试剂进行“最后试验”，即向上述溶液中加入少量的硫黄粉，硫醇铅遇到硫黄粉则生成硫化铅深色沉淀，其反应如下：

$$(RS)_2Pb+S \longrightarrow PbS(\text{黑色})\downarrow + RSSR$$

生成的硫化铅沉淀将使博士试剂与试样（油）的液接界面（该界面同时还含有硫黄粉层）颜色变深（呈橘红色、棕色，甚至黑色）。若参与反应的硫黄粉层的颜色没有明显变深现象，则说明试样中不含有硫醇性硫。

2. 氨-硫酸铜法

GB/T 505—1965（2004）《发动机燃料硫醇性硫含量测定法（氨-硫酸铜法）》主要适用于测定发动机燃料中硫醇性硫的含量。

氨-硫酸铜法测定油品中硫醇性硫含量的基本原理是将氨-硫酸铜溶液（氨过量时为深蓝色）与试样中的硫醇相互作用形成铜的硫醇化合物，从而使深蓝色溶液快速褪色，随着氨-硫酸铜溶液的逐步滴入，当反应接近化学计量点时溶液又呈现浅蓝色，该颜色虽经摇动也不消失则达到滴定终点。反应过程如下：

向硫酸铜水溶液中加入氨水，生成淡绿色的碱式盐 $Cu_2(OH)_2SO_4$ 沉淀。

$$2CuSO_4+2NH_3\cdot H_2O \longrightarrow Cu_2(OH)_2SO_4\downarrow+(NH_4)_2SO_4$$

补加过量的氨水，则有深蓝色的四氨合铜配离子 $[Cu(NH_3)_4]^{2+}$ 生成。

$$Cu_2(OH)_2SO_4+8NH_3\cdot H_2O \longrightarrow Cu(NH_3)_4SO_4+[Cu(NH_3)_4](OH)_2+8H_2O$$

通过上述氨-硫酸铜溶液所生成的产物 $[Cu(NH_3)_4]^{2+}$ 与试样中存在的硫醇作用，使得滴入试液中的滴定剂自身颜色（深蓝色）很快褪色。

$$[Cu(NH_3)_4](OH)_2+2C_2H_5SH \longrightarrow (C_2H_5S)_2Cu+4NH_3+2H_2O$$

$$[Cu(NH_3)_4]SO_4+2C_2H_5SH \longrightarrow (C_2H_5S)_2Cu+4NH_3+H_2SO_4$$

借助稍微过量的氨-硫酸铜溶液(注意本身为指示剂)滴入试液后，此时混合溶液会呈现出铜的四氨配合物$[Cu(NH_3)_4]^{2+}$的低浓度颜色(浅蓝色)，达到滴定终点。

氨-硫酸铜法属于化学定量分析中的直接滴定分析法。该方法的优点是简单、测定时间比较短，但是不足之处是准确性不十分理想，尤其对脂肪系硫醇性硫测定的结果稍微偏低。基于这一原因，对石油产品中硫醇性硫的定量测定，现多采用电位滴定法，即GB/T 1792—1988(2004)《馏分燃料中硫醇性硫含量测定法(电位滴定法)》。

3. 电位滴定法

GB/T 1792—2015《汽油、煤油、喷气燃料和馏分燃料中硫醇硫的测定 电位滴定法》主要适用于测定含量在0.0003%~0.01%(质量分数)范围内，无硫化氢的喷气燃料、汽油、煤油和轻柴油中硫醇性硫。

电位滴定法测定油品中硫醇性硫含量的基本原理是将无硫化氢试样溶解在乙酸钠的异丙醇溶剂中，用硝酸银醇标准溶液进行电位滴定，用玻璃参比电极和银-硫化银指示电极之间的电位突跃指示滴定终点。在滴定过程中，硫醇硫沉淀为硫醇银。反应过程如下：

$$C_2H_5SH + AgNO_3 \longrightarrow C_2H_5SAg\downarrow + HNO_3$$

为使硝酸银在试样中更好地溶解及减少硫醇银沉淀对硝酸银的吸附，试验中采取用大量的异丙醇作溶剂。本试验需先将试样脱除硫化氢，其具体过程是取5mL试样于试管中，加入5mL酸性硫酸镉溶液后摇动，定性检查硫化氢。若无沉淀出现则直接进行测定。若有沉淀产生，则需要进行脱除。取3~4倍分析所需的试样加到装有等于试样体积一半的酸性硫酸镉溶液的分液漏斗中，剧烈摇动。分离并放出含有黄色沉淀的水相，再用另一份酸性硫酸镉溶液抽提。再放出水相，并用三份30mL水洗试样。每次洗后将水排出。再用快速滤纸过滤洗过的试样。此后，再于试管中进一步检查洗过的试样中有无硫化氢。若无硫化氢即可进行测定，否则再用酸性硫酸镉溶液抽提，直至硫化氢脱尽。

油品中硫醇性硫的测定，国外或国际上还有用硝酸银化学滴定分析法(以硫氰酸铵为返滴定剂，铁矾作指示剂)来测定的，主要依据是：$RSH+AgNO_3 \longrightarrow RSAg\downarrow + HNO_3$

(四)影响测定的主要因素

1. 燃灯法

(1)试样燃烧的完全程度。试样在燃灯中能否完全燃烧，对测定结果影响很大，如试样在燃烧过程中冒黑烟或未经燃烧而挥发跑掉，则使测定结果偏低。试验过程中调整气流流速，调节灯芯和火焰高度，甚至用标准正庚烷(或乙醇、汽油等)来稀释较黏稠的油品等试验步骤的目的，都是为了促使试样完全燃烧。

(2)试验材料和环境条件。如果使用材料或环境空气中有含硫成分，势必要影响测定结果，标准中规定不许用火柴等含硫引火器具点火；倘若滴定与空白试验同体积的质量浓度为0.3%的碳酸钠水溶液，所消耗的盐酸溶液的体积比空白试验所消耗的盐酸溶液多出0.05mL，则视为试验环境的空气氛围已染有含硫组分，需要彻底通风后另行测定。

(3)吸收液用量。每次加入吸收器内的碳酸钠溶液的体积是否准确一致、操作过程中有无损失，对测定结果也有影响。若吸收器内的碳酸钠溶液因注入时不准确或操作过程中有损失，都会导致空白试验测定结果产生偏差。标准中规定用吸量管准确地向吸收器中注入质量浓度为0.3%的碳酸钠溶液10mL，其目的就是要保证吸收器内加入碳酸钠溶液体积的准确性。

(4) 终点判断。标准中规定在滴定的同时要搅拌吸收溶液，还要与空白试验达到终点所显现的颜色作比较，都是为了正确判断滴定终点。

2. 管式炉法

(1) 燃烧温度控制。试验过程中的炉膛温度必须达到900℃以上，否则重质油品中存在的某些多硫化合物和磺酸盐不能完全分解、燃烧，从而影响部分含硫物质不能完全转化成硫的氧化物，使测定结果偏低。

(2) 对助燃气体的要求。所用的空气必须经过洗气瓶净化，流速要保持在500mL/min。过快，容易将未燃烧的硫分带走；过慢，会导致燃烧不完全(因供氧不足)。两种情形皆会导致测定结果偏低。

(3) 气路密闭性。测定器的供气系统应当不漏气，若有漏气现象发生，将使测定结果产生误差。正压送气供气状态时，漏气可使燃烧生成的硫的氧化物逸出，使测定结果偏低；负压抽气供气状态时，未经洗气瓶净化的空气容易进入管内，如果试验环境的空气中已有硫，则使测定结果偏高。

(4) 器皿的洁净程度。试验中使用的石英管及瓷舟等，切不可含有硫化物或其他能吸收硫的介质。

3. 博士试验法

(1) 对试剂的要求。制备好的博士试剂应储备在密闭的容器内，呈无色、透明状态，如不干净，用前可进行过滤。

(2) 硫黄粉及其用量。所用的升华硫应是纯净、干燥的粉状硫黄，每次所加入的量要保证在试样和亚铅酸钠溶液的液接界面上浮有足够的硫黄粉薄层(为35~40mg)，不要加入过多或过少，以免影响结果观察。

(3)要保证完全反应。为使反应在规定时间内完成，试样与博士试剂混合后应当用力摇动，并在规定静置时间内观察油、水两相及硫黄粉层的颜色变化情况。

(4) 排除硫化氢干扰。如果试样中含有硫化氢，则在未加入硫黄粉之前摇动，就会出现PbS黑色沉淀，应重新取一份试样与氯化镉溶液一起摇动，反复冲洗、分离，将硫化氢除尽，否则，最后试验将难以判断是否有硫醇性硫的存在。

4. 氨-硫酸铜法

(1) 碘挥发损失对测定结果的影响。在标定氨-硫酸铜溶液的滴定度时，加碘化钾前要使待测试液冷却至20℃±5℃，以免碘挥发损失。

(2) 试样的预处理。试样中的硫化氢会影响测定结果，因此有硫化氢存在时，试验前要用氯化镉溶液处理，将硫化氢除尽。

(3) 滴定终点的判断。用氨-硫酸铜法测定油品中的硫醇性硫，终点时溶液的颜色是由前期的深蓝色过渡到浅蓝色直至消失为止，应仔细进行滴定操作，按标准规定充分振荡，避免氨-硫酸铜溶液过量较多，使测定结果偏高。为了使滴定终点便于观察，无色水相的体积达到4~5mL时，可从分液漏斗下部放出。若水相的颜色改变难以在分液漏斗内观察清楚，在预计要达到滴定终点时，还可将滴定至接近无色的试液从分液漏斗中放出1~3滴于白色瓷蒸发皿(或点滴板)中进行颜色观察。

5. 电位滴定法

(1) 滴定溶剂的选择。汽油中所含硫醇的相对分子质量较低，在溶液中容易挥发损失，因此标准方法采用在异丙醇中加入乙醇钠溶液，以保证滴定溶剂呈碱性；而喷气燃料、煤油和柴油中含相对分子质量较高的硫醇，用硫酸性滴定溶剂，则有利于在滴定过程中更快达到平衡。

（2）滴定溶剂的净化。硫醇极易被氧化为二硫化物（R-S-S-R′），从而由“活性硫”转变为“非活性硫”。因此，要求每天在测定前，都要用快速氮气流净化滴定溶剂10min，以除去溶解氧，保持隔绝空气。

（3）标准滴定溶液的配制和盛放。为避免硝酸银见光分解，配制和盛放硝酸银-异丙醇标准滴定溶液时，必须使用棕色容器；标准滴定溶液的有效期不超过3天，若出现浑浊沉淀，必须另行配制；在有争议时，需当天配制。

（4）滴定时间的控制。为避免滴定期间硫化物被空气氧化，应尽量缩短滴定时间，在接近终点等待电位恒定时，不能中断滴定。

三、石油产品腐蚀试验

石油产品腐蚀试验是测定油品在一定温度下对金属的腐蚀作用。腐蚀试验不合格是不能使用的，否则将对设备造成腐蚀。腐蚀是腐蚀性物质和水分同时与金属表面作用时发生的。因此腐蚀试验目的在于防止这些物质侵蚀金属表面。

（一）测定目的和意义

直接用金属片检查石油产品对金属有无腐蚀性的试验称为腐蚀试验。试验目的是定性判断石油产品中有无在常温下能直接腐蚀金属的活性硫化物（如硫化氢 H_2S 和硫醇 RSH 等）和游离硫等腐蚀性物质，如果含有这些物质则金属片上将呈现腐蚀斑点或变色，可用肉眼观察出来。因此，腐蚀试验是检查石油产品中的游离硫和活性硫化物等腐蚀性物质的定性试验方法。

石油产品腐蚀试验，在石油炼制过程中用来检查和控制油品脱硫精制的深度，以保证其质量。在对粗汽油精制时，此试验可定性检查这类硫化物的脱除是否完全。如某些高硫分原油炼出的粗汽油，把铜片浸入后很快就覆盖上黑色薄层。为了脱除其中所含的硫化氢和低级硫醇，通常在管线里打碱液或用酸、碱精制法，使活性硫化物生成胶质叠合物而除去。

在储运和使用过程中用来检查和预测油品的腐蚀性。燃料在运输、储运和使用过程，都同金属接触，这些金属除钢铁之外，还有铜和铅合金、铝合金等。尤其对内燃机喷油器和供油系统中的金属影响更大，故要求铜片试验合格。可直接检查喷气燃料内对金属银腐蚀的活性组分，提高喷气燃料的质量，防止其对金属的腐蚀作用，保证燃油泵安全运转。凡是腐蚀试验不合格的油品，禁止使用。

目前国内外一些飞机发动机燃油泵采用了镀银附件，以改善其抗磨性能，延长使用时间。但银对燃料中活性硫化物的腐蚀性极为敏感，国外曾几次发生过铜片试验合格的燃料，对发动机的镀银附件产生腐蚀剥落。为此，进行喷气燃料银片腐蚀试验，对于直接检查喷气燃料内对金属腐蚀的活性组分，提高喷气燃料的质量，防止其对银的零件的腐蚀作用，保证燃料泵安全运转和喷气燃料的国际互换性的要求，以及检查、验收和科学研究工作都有着重要的意义。

（二）石油产品腐蚀试验

石油产品腐蚀试验方法很多，有GB/T 5096—1985（2004）《石油产品铜片腐蚀试验法》、SH/T 0023—1990（2006）《喷气燃料银片腐蚀试验法》、GB/T 7326—1987（2004）《润滑脂铜片腐蚀试验法》和SH/T 0331—1992（2004）《润滑脂腐蚀试验法》及GB/T 5018—2008《润滑脂防腐蚀性试验法》等。它们的试验目的、原理及操作方法相似，所不同的主要是金属片的材料、尺寸和试验温度及时间。

本节主要介绍液体燃料腐蚀性试验常用的标准方法 GB/T 5096—1985(2004)和 SH/T 0023—1990(2006)。两种方法的试验原理相同，均以磨光、洗净、晾干的金属片浸入定量的试油中，在规定的温度下保持一定时间后，取出金属片进行洗涤，并与腐蚀标准色板或未试验金属片比较，观察金属片的颜色变化，判断腐蚀程度。两种方法的试验条件和结果判断方法略有不同，它们的比较见表 2-23。

表 2-23 GB/T 5096 和 SH/T 0023 腐蚀试验的比较

试验方法标准	GB/T 5096					SH/T 0023
试验油品	航空活塞式发动机燃料/喷气燃料	天然汽油	柴油、燃料油、车用汽油	溶剂油/煤油	润滑油	喷气燃料
试验金属	纯铜片	纯铜片	纯铜片	纯铜片	纯铜片	纯银片
试验温度/℃	100	40	50	100	100	50
保持时间/h	2	3	3	3	3	4

1. 铜片腐蚀测定

GB/T 5096—1985(2004)《石油产品铜片腐蚀试验法》，适用于测定航空活塞式发动机燃料、车用汽油、喷气燃料、天然汽油或具有雷德蒸气压不大于 124kPa(930mmHg)的其他烃类、溶剂油、煤油、柴油、馏分燃料油、润滑油和其他石油产品对铜的腐蚀性程度。

若试样的雷德蒸气压大于 124kPa，则采用 SH/T 023—1992《液化石油气铜片腐蚀实验法》。

(1) 方法概要。将一块已磨好的规定尺寸和形状的铜片浸渍在一定量待测试样中，使油品中腐蚀介质(如水溶性酸、碱、有机酸性物质，特别是“活性硫”等)与金属铜片接触，并在规定的温度下维持一段时间，使试样中腐蚀活性组分与金属铜片发生化学或电化学反应，试验结束后再取出铜片，根据洗涤后铜片表面颜色变化及腐蚀迹象，并与腐蚀标准色板进行比较，确定该油品对铜片的腐蚀级别。

(2) 试片的准备。为了有效地达到预期的结果，需先用碳化硅或氧化铝(刚玉)砂纸(或砂布)把铜片六个面上的瑕疵去掉。再用 65μm(240 粒度)的碳化硅或氧化铝(刚玉)砂纸(或砂布)处理，以除去在此以前用其他等级砂纸留下的打磨痕迹。用定量滤纸擦去铜片上的金属屑后，把铜片浸没在洗涤溶剂中。铜片从洗涤溶剂中取出后，可直接进行最后磨光，或储存在洗涤溶剂中备用。

最后磨光的操作是：从洗涤溶剂中取出铜片，用无灰滤纸保护手指来夹拿铜片，取一些 105μm(150 目)的碳化硅或氧化铝(刚玉)砂粒放在玻璃板上，用 1 滴洗涤溶剂湿润，并用一块脱脂棉蘸取砂粒。用不锈钢镊子夹持铜片，千万不能接触手指。先摩擦铜片各端边，然后将铜片夹在夹钳上，用沾在脱脂棉上的碳化硅或氧化铝(刚玉)砂粒磨光主要表面。磨时要沿铜片的长轴方向，在返回来磨以前，使动程越出铜片的末端。用一块干净的脱脂棉使劲地磨擦铜片，以除去所有的金属屑，直到用一块新的脱脂棉擦拭时不再留下污斑为止。马上浸入已准备好的试样中。

(3) 试样。试样应储放在干净的、深色玻璃瓶或其他不致影响到试样的腐蚀性的合适的容器中，镀锡容器会影响试样的腐蚀程度，因此，不能使用镀锡铁皮容器来储存试样。

如果在试样中看到有悬浮水(浑浊)则用一张中速定性滤纸把足够体积的试样过滤到一个清洁、干燥的试管中。此操作尽可能在暗室或避光的屏风下进行。

(4) 试验步骤。不同的产品采用不同的试验步骤，现分别介绍述如下。

① 航空汽油、喷气燃料。把完全清澈和无任何悬浮水或无内含水的试样倒入清洁、干燥的试管中 30mL 刻线处，并将经过最后磨光的干净的铜片在 1min 内浸入该试管的试样中。把该试管小心地滑入试验弹中，并把弹盖旋紧。把试验弹完全浸入已维持在 100℃±1℃的水浴中。在浴中放置 2h±5min 后，取出试验弹，并在自来水中冲几分钟。打开试验弹盖，取出试管，检查铜片。

② 天然汽油。试验步骤和航空汽油、喷气燃料相同，但温度设为 40℃±1℃，试验时间为 3h±5min。

③ 柴油、燃料油、车用汽油。把完全清澈、无悬浮水或内含水的试样，倒入清洁、干燥的试管中 30mL 刻线处，并将经过最后磨光、干净的铜片在 1min 内浸入该试管的试样中。用一个有排气孔(打一个直径为 2～3mm 小孔)的软木塞塞住试管。把该试管放到已维持在 50℃±1℃的浴水中。在试验过程中，试管的内容物要防止强烈的光线。在浴中放置 3h±5min 后，再检查铜片。

④ 溶剂油、煤油。试验步骤和柴油、燃料油、车用汽油相同，但温度为 100℃±1℃。

⑤ 润滑油。试验步骤和柴油、燃料油、车用汽油相同，但温度为 100℃±1℃。此外，还可以在改变了的试验时间和温度下进行试验。为统一起见，建议从 120℃起，以 30℃为递增量向上提高温度。

⑥ 铜片的检查方法。把试管的内容物倒入 150mL 高型烧杯中，倒时要让铜片轻轻地滑入，以避免碰破烧杯。用不锈钢镊子立即将铜片取出，浸入洗涤溶剂中，洗去试样。立即取出铜片，用定量滤纸吸干铜片上的洗涤溶剂。把铜片与腐蚀标准色板比较来检查变色或腐蚀迹象。比较时，把铜片和腐蚀标准色板对光线成 45°折射的方式拿持，进行观察。如果把铜片放在扁平试管中，能避免夹持的铜片在检查和比较过程中留下斑迹和弄脏。扁平试管要用脱脂棉塞住。

(5) 结果判断。试验过程中铜片表面受待测试样的侵蚀程度，取决于试样中含有的腐蚀活性组分的多少，由此预测石油产品在使用环境下对金属设备及构件的腐蚀倾向。腐蚀标准共分为四级，见表 2-24。

表 2-24 腐蚀标准色板的分级

分级	名称	说明①
新磨光的铜片②	—	—
1	轻度变色	(1) 淡橙色，几乎与新磨光的铜片一样 (2) 深橙色
2	中度变色	(1) 紫红色 (2) 淡紫色 (3) 带有淡紫蓝色，或银色，或两种都有，并分别覆盖在紫红色上的多彩色 (4) 银色 (5) 黄铜色或金黄色

续表

分　级	名　称	说　明[①]
3	深度变色	(1) 洋红色覆盖在黄铜色上的多彩色 (2) 有红和绿显示的多彩色(孔雀绿)，但不带灰色
4	腐蚀	(1) 透明的黑色、深灰色或仅带有孔雀绿的棕色 (2) 石墨黑色或无光泽的黑色 (3) 有光泽黑色或乌黑发亮的黑色

① 铜片腐蚀标准色板是由表中这些说明所表示的色板组成的。

② 此系列中所包括的新磨光铜片，仅作为试验前磨光铜片的外观标志。即使一个完全不腐蚀的试样经试验后也不可能重现这种外观。

当铜片是介于两种相邻的标准色板之间的腐蚀级时，则按其变色严重的腐蚀级判断试样。当铜片出现有比标准色板中 1b 还深的橙色时，则认为铜片仍属于 1 级；但是，如果观察到有红颜色时，则所观察的铜片判断为 2 级。

2 级中紫红色铜片可能被误认为是黄铜色完全被洋红色的色彩所覆盖的 3 级。为了区别这两个级别，可以把铜片浸没在洗涤溶剂中。2 级会出现一个深橙色，而 3 级不变色。

为了区别 2 级和 3 级中多种颜色的铜片，把铜片放入试管中，并把这支试管平躺在 315~370℃的电热板上 4~6min。另外用一支试管，放入一支高温蒸馏用温度计，观察这支温度计的温度来调节电炉的温度。如果铜片呈现银色，然后再呈现为金黄色，则认为铜片属 2 级。如果铜片出现如 4 级所述透明的黑色及其他各色，则认为铜片属 3 级。

在加热浸提过程中，如果发现手指印或任何颗粒或水滴而弄脏了铜片，则需要重新进行试验；如果沿铜片的平面的边缘棱角出现一个比铜片大部分表面腐蚀级还要高的腐蚀级别，则需要重新进行试验。这种情况大多是在磨片时磨损了边缘而引起的；如果平行测定的两个结果不相同，则重新进行试验。当重新试验的两个结果仍不相同时，则按变色严重的腐蚀级来判断试样。

2. 银片腐蚀的测定

SH/T 0023《喷气燃料银片腐蚀试验法》，适用于评定喷气燃料对航空涡轮发动机燃料系统银部件的腐蚀影响，它比铜片腐蚀试验更加灵敏。

(1) 方法概要。将磨光的银片浸渍在盛有 250mL 试样的试管中，再将其置入温度为 50℃±1℃的水浴中，维持 4h 或更长时间，使试样中腐蚀介质(如水溶性酸、碱、有机酸性物质，特别是游离硫和硫醇等)与金属银片发生化学或电化学反应，待试验结束后再取出银片，根据洗涤后银片表面颜色变化及腐蚀迹象，按标准中规定的银片腐蚀分级表确定该试样对银片的腐蚀级别。

(2) 银片的准备。先用细的碳化硅砂布(纸)把银片六个表面上的划痕和瑕疵磨去。再用 65μm(240 粒度)的碳化硅砂布(纸)打磨，以除去此前其他粒度砂布留下的磨痕。然后把试片浸入异辛烷中。

银片处理的手工操作步骤应为：将一张砂布(纸)放在平整的表面上，用异辛烷润湿砂布，将银片在砂布上旋转式地打磨，同时要用无灰滤纸夹持，以防止银片与手指接触。也可用规定粒度的砂布对银片进行机械磨光处理。

最后磨光：取一团脱脂棉，用 1 滴异辛烷将其润湿，再从玻璃板上沾取少许 150 目的碳化硅砂粒；把银片从异辛烷中取出，在无灰滤纸夹持保护下，用手指捏紧试片，在沾有碳化硅细砂粒的棉团上，依次磨光银片的两端和两边。用新的脱脂棉团用力擦拭。随后的操作中，银片只准用不锈钢镊子夹持，再不许与手指接触。把银片夹在试片夹具中，用沾在脱脂棉上的碳化硅砂粒磨光主表面。沿长轴方向磨片，磨程不小于试片长度。此处，借助试片夹磨光有助于均匀地完整无损地磨光银片各个表面，得到完好的磨光银片。棱角被磨成椭圆形的试片不宜使用。其后，用干净的脱脂棉用力擦拭银片，除去所有金属屑，直至新脱脂棉上不再有金属粉末。将最后磨光的试片在1min内，浸入试样。

(3) 试样的准备。在取样及随后的处理中，特别要注意尽量避免让样品暴露在空气中，并防止暴露在直射的乃至散射的阳光下。在对燃料腐蚀性没有影响的容器中装注至少250 mL样品。马口铁容器对燃料腐蚀性有明显影响，最好用清洁的棕色玻璃瓶。样品应装满，上部空间不应大于5%。取样后立即加盖，储于阴凉处，最好低于4℃。并应尽快进行试验。

如发现样品中有悬浮水(雾状)，则应在避光的情况下通过中速定量滤纸过滤到清洁、干燥的试管中。无论试验前或后，银片接触水会产生渍斑，造成银片评级困难。

(4) 试验步骤。量取250mL试样于银片腐蚀装置的盛样磨口试管中。将银片悬放在冷凝器下端玻璃钩所挂的玻璃框架上，盖上带有冷凝器的磨口盖，连接冷凝器上的冷却水流(入口水温在20℃±5℃范围)，控制其流速为10mL/min。将上述装配妥当的银片腐蚀装置浸入水浴中至盛样磨口试管浸入线处，维持温度为50℃±1℃。当达到规定试验时间4h时，取出银片浸入异辛烷中，随后立即取出，用滤纸吸干，检查银片的腐蚀痕迹。

(5) 结果判断。比较试验后银片和新磨光银片的外观(银片各个表面包括边角都应注意到)，按表2-25分级判断试样的腐蚀性。

表2-25　银片腐蚀分级

级　别	命　名	现象描述
0	不变色	除局部可能稍失去光泽外，几乎和新磨光的银片相同
1	轻度变色	淡褐色，或银白色褪色
2	中度变色	孔雀屏色，如蓝色或紫红色或中度和深度麦黄色或褐色
3	轻度变黑	表面有黑色或灰色斑点和斑块，或有一层均匀的黑色沉积膜
4	变黑	均匀地深度变黑，有或无剥落现象

(三) 影响因素与注意事项

(1) 腐蚀试验都是条件试验，必须按规定控制温度和准确掌握浸泡时间，既不能延长，也不能缩短。一般规律都是温度越高，时间越长，金属片就越易腐蚀。若更改操作条件，就无法进行对比，所得结果也失去原有的意义。

(2) 金属片必须磨光，磨光后不能用手指直接接触，并不能在空气中长期放置、必须在完成最后一道磨光后的1min内将试片浸入试样中。

(3) 所用试剂应保证对试片无腐蚀后方能使用。

(4) 铜片腐蚀试验的国家标准(GB/T 5096)中都明确规定不允许将试样预先经滤纸过滤。但ISO和ASTM-IP联合标准及GB/T 5096都明确规定，如果试样中发现悬浮水(浑浊)时，应通过中速定性滤纸过滤。ISO及ASTM-IP联合方法都明确指出，在试验前、试样中或试验后铜片与水接触都会引起污染而给评定铜片带来困难。因此，过滤与不过滤是个试验条件。试样经过滤后再做腐蚀，是定性测定油中可以引起腐蚀的游离硫和活性硫化物；试样不过滤做腐蚀，除了测定硫以外还包括可以引起腐蚀的水及溶于水中的其他物质，如盐类等，这样造成腐蚀的因素就多一些，要求就更苛刻。目前在国际方法未修改之前，不允许将试样预先经滤纸过滤，但如果发现试样明显浑浊有水，而且铜片试验又不合格时，可将试样以滤纸过滤后再做一次腐蚀试验，以便说明问题。

(5) 银片腐蚀试验中，要求试样尽量避免接触空气和阳光照射并需过滤脱水，其原因是为了防止硫化物氧化。如果试样中有水，并与空气接触和受阳光照射，会使银片的腐蚀加剧，使评定的级别产生较大的误差。

第七节　液体燃料安定性测定

石油产品在运输、储存和使用过程中保持其性质不发生变化的性能，称为石油产品的安定性。石油产品在储存和运输过程中，添加剂被水溶解或析出沉淀而引起质量变化，这些都是物理性质的变化，属于物理安定性的范畴。石油产品在储存、运输和使用过程中，还常有颜色变深、胶质增加、酸度增大、生成沉渣的现象，这是由于石油产品在常温条件下氧化变质的结果，是化学变化。石油产品在常温下保持其化学性质不变的特性称为油品的抗氧化安定性；石油产品在较高使用温度下保持其化学性质不变的特性称为油品的热氧化安定性，又称热安定性。

液体燃料的氧化安定性对燃料的使用性能至关重要，引起燃料质量发生变化的主要因素是燃料自身的氧化，主要表现在以下几个方面：

(1) 颜色变深。刚刚生产出来的燃料通常为无色或淡黄色，随着氧化程度不断加重，颜色也会逐渐加深，逐渐由淡黄色变为棕红色、棕褐色，直至黑色。单纯的颜色变化并不会对燃料使用产生较大影响，但燃料颜色变深通常都是由于燃料中的胶质增加引起的，因此颜色也常常作为判断燃料质量的一项指标。

(2) 生成酸性物质。如果燃料的化学安定性不好，其在储存中就极易发生氧化反应而生成一些有机酸，从而使得燃料酸度增大，进而对金属储存容器以及燃料系统中的金属部件产生腐蚀，使得机械使用寿命缩短。

(3) 生成胶质。燃料在长时间的储存中常常会生成一些相对分子质量很大，且不易挥发的黏性物质，称之为胶质。可溶的胶质会溶解在燃料中使得燃料的颜色变深变黄，含量较多时会使燃料呈褐色。使用胶质过多的燃料时，液体燃料系统的金属部件上会有黏稠沉淀析出，可能会造成发动机无法正常工作。

(4) 生成积炭。胶质不易挥发，但在高温条件下会分解生成碳质固体，称之为积炭。部分积聚在进气阀周围的积炭，会落入汽缸，造成活塞和气阀损坏，同时还会使得润滑油变脏。随着燃料的雾化而进入汽缸里的胶质，则会在燃烧室里形成积炭，积聚在汽缸壁以及活塞顶等零部件上，造成导热系数降低、零部件局部过热、汽缸压缩比增大、燃烧室内温度升高，爆震倾向明显增强等问题发生。沉积在火花塞上的积炭，会导致点火不良。

汽油严重氧化会给汽油使用带来很大危害。氧化生成的胶质沉积在油罐、油箱中，会使新加入的燃料迅速变质，降低新油的储存期。燃料中胶质过多会堵塞燃料滤清器，破坏燃料的正常供给。黏稠的胶质沉积在油管、喷油嘴等部位，会严重影响燃料的供应和混合气的形成。沉积在进气阀上的胶质，受热后形成十分黏稠的胶状物，使气阀出现黏着现象，甚至使进气阀关闭不严，产生漏气，严重时甚至将气阀烧坏或将其完全黏住，使发动机无法工作。胶质的挥发性很低，进入燃烧室后，在高温下极易受热分解而生成积炭，除了降低导热系数，造成零件局部过热外，还会增大气缸压缩比，使燃烧室温度升高，爆震倾向增大，易形成炽热点，引起早燃。沉积在火花塞上的积炭，会导致点火不良。氧化生成的酸性物质，会增强燃料腐蚀性，缩短发动机的寿命。总之，使用安定性差的汽油，会严重影响发动机正常工作，降低燃料的储存期。汽油的氧化安定性用溶剂洗胶质含量、诱导期等来进行评定。

在柴油组成中，不饱和烃(特别是二烯烃)和环烷芳香烃是引起柴油储存安定性不良的主要原因，多环芳香烃则是引起柴油热氧化安定性不良的主要原因。此外，柴油中的非烃化合物不仅对储存安定性不利，而且对热安定性也有不良影响，其中以硫化物的危害最显著。为了得到储存安定性合格的柴油，必须控制这些非烃化合物的含量。如果柴油机使用热安定性差的柴油，柴油机的燃料系统如喷油嘴等部位会出现不溶性的凝聚物、漆膜和积炭等，影响柴油机正常工作。安定性好的柴油在储存中颜色和胶质变化不大，很少生成胶质和沉渣。安定性差的柴油最明显表现是颜色变深，胶质增大。使用高胶质的柴油，容易出现喷油嘴和过滤器堵塞现象。柴油产品规范中用10%蒸余物残炭值表示柴油的热氧化安定性，氧化安定性总不溶物表示柴油的储存安定性，军用柴油还增加实际胶质这一指标来表示军用柴油的储存安定性；此外，普通柴油和军用柴油还用色度来考察其精制程度，间接表示其储存安定性。

一般来说，喷气燃料的储存安定性较好，其原因主要是喷气燃料都是直馏或加氢产品，烯烃含量极少，硫化物特别是硫醇性硫控制很严，在储存过程中氧化反应很微弱，胶质和酸性物质生成量很少。喷气燃料在长期储存过程中，会出现不同程度的变色。因此喷气燃料的颜色是评价其变质程度或污染的一个重要指标。另外，对航空发动机实际使用有明确影响的燃料安定性主要体现在实际胶质和沉淀物的生成倾向，特别是生成沉淀物的倾向。因此，沉淀物生成倾向是影响喷气燃料使用性能的关键因素，可通过考察燃料生成沉淀物的倾向来评价燃料变色对安定性的影响。静态热安定试验后燃料的颜色可较好地反映燃料生成沉淀物的倾向，综合评价表明SH/T 0241—1992《喷气燃料静态热安定性测定》是最适合作为评价变色喷气燃料安定性的质量控制方法，JFTOT试验可作为变色喷气燃料安定性的补充评价方法。

喷气燃料规格中对实际胶质、烯烃含量、总硫含量、硫醇性硫含量、颜色以及总酸值都作了严格规定，从而保证燃料具有良好的储存安定性。此外，喷气燃料还应具有优异的热安定性。喷气燃料常用GB/T 9169—2010《喷气燃料热氧化安定性的测定(JFTOT法)》来评定其热安定性。

综上所述，测定液体燃料安定性方法标准有GB/T 509—1988(2004)《发动机燃料实际胶质测定法》、GB/T 8019—2008《燃料胶质含量的测定 喷射蒸发法》、GB/T 8018—1987(2004)《汽油氧化安定性测定法(诱导期法)》、GB/T 256—1982(2004)《汽油诱导期测定法》、SH/T 0237—1992(2004)《汽油储存安定性测定法》、SH/T 0241—1992(2004)《喷气燃料静态热安定性测定》、GB/T 9169—2010《喷气燃料热氧化安定性的测定 JFTOT法》、SH/T 0175—2004《馏分燃料油氧化安全性测定法(加速法)》、SH/T 0238—1992(2004)《柴油储存安定性测定法》和SH/T 0184—1992(2007)《柴油储存安定性测定法(冰乙酸-甲醛法)》等。

一、石油产品胶质测定

根据胶质溶解度的不同，可将其分为三种类型：不可溶胶质、可溶性胶质和黏附胶质。不可溶胶质(或称沉渣)能在燃料中形成沉淀，可以通过过滤分离出来；可溶性胶质能溶解在燃料中，只有通过蒸发的方法才能使其作为不挥发物质残留下来，达到分离，测定的实际胶质就是用蒸发的方法测得的这种类型的胶质；黏附胶质是指不溶于燃料中并黏附在容器壁上的那部分胶质，它与不可溶胶质共存，但不溶于有机溶剂中。以上三种胶质合称为油料的总胶质。

液体燃料的胶质，是指液体燃料在试验条件规定的热空气(或蒸汽)流中蒸发即人工氧化，使油中的烃类经过氧化、聚合、缩合，生成深棕黄色或黑色的复杂物质，这种现象称为显胶或生胶。液体燃料胶质含量以100mL试油中胶质的毫克数表示。测定的胶质含量并不是油品中含有胶状物的真正数量，只是作为评定液体燃料在发动机中使用时生成胶质倾向的一个指标。

(一) 测定目的和意义

胶质是用于评定燃料在发动机中生成胶质的倾向、判断燃料储存安定性的重要指标。胶质含量较小时，能以溶液的形式存在于燃料中。随着油品氧化变质的加剧，胶质含量不断增加，在发动机运行中形成沉积物的数量也越多。当胶质超过一定限量时，会引起供油系统、活塞及燃烧室中沉积炭的增加。此外，由于炼制所用原料的不同，燃料中一些不安定组分的含量也不同，所以储存安定性也不一样。按照GB/T 8019—2008《燃料胶质含量的测定 喷射蒸发法测定》，我国车用汽油GB 17930—2013规定未洗胶质(加清净剂前)不大于30mg/100mL，溶剂洗胶质不大于5mg/100mL；航空活塞式发动机燃料GB 1787—2008规定实际胶质不大于3mg/100mL；3号喷气燃料GB 6537—2006规定喷气燃料实际胶质含量不大于7mg/100mL。

(1) 液体燃料胶质是作为液体燃料在使用时生成胶质倾向的指标。通常，液体燃料胶质含量越大，在发动机中使用时形成的沉积物的量就会越多。特别是当胶质超过一定数量时，会引起供油系统、活塞及燃烧室中炭沉积的增加。

(2) 液体燃料胶质也是液体燃料在储存时氧化安定性好坏的控制指标之一。由于生产工艺流程及所用原料不同，液体燃料中各种化学成分的含量不同，以及储存条件不同，所以安定性也随之不同。定期测定胶质，可确定燃料是否适于继续储存。如发现胶质开始迅速增加，应尽快发出使用，以避免严重变质。

(3) 胶质也是石油炼制过程中的控制指标之一。经过充分精制的石油产品通常含有的胶质很少。

(二) 胶质测定方法

我国液体燃料胶质测定标准主要有GB/T 509—1988(2004)《发动机燃料实际胶质测定法》和GB/T 8019—2008《燃料胶质含量的测定 喷射蒸发法》两种。两种方法均是将一定体积的燃料在规定的仪器内，在规定温度和空气(或蒸汽)流的条件下，使其蒸发、氧化、聚合、缩合，以所生成残留物作为胶质，再换算为100mL中所含胶质的毫克数，以mg/100mL表示。两者不仅测定的仪器构造不同，而且操作条件、取样量、蒸发温度、蒸发时间也有明显不同。

试验方法测得的胶质不是指油品中含有胶状物的真正数量，只是作为评定液体燃料在发动机中使用时生成胶质倾向的一个指标。它包括两部分：一部分是石油产品在储存过程中生成的可溶性胶质，它呈溶解状态存在于燃料中，过滤不能除去；另一部分是石油产品中存在的不安定组分在测定条件下反应生成的胶质。GB/T 8019中的实际胶质是指航空燃料的蒸发残渣，未经进一步处理；溶剂洗胶质含量指非航空燃料蒸发残渣经过正庚烷洗涤，除去洗涤液后的残渣量。未洗胶质含量是指在试验条件下，非航空燃料的蒸发残渣量，未经进一步处理。而GB/T 509实际胶质是指液体燃料的蒸发残渣，未经进一步处理。

1. GB/T 8019—2008《喷射蒸发法测定燃料胶质含量》

我国现行车用汽油、喷气燃料、活塞式发动机燃料等标准中的胶质含量以该方法为准。

GB /T 8019—2008 适用于测定航空燃料的实际胶质以及车用汽油和其他挥发性馏分(包括含有醇类、醚类含氧化合物以及沉积物抑制添加剂的产品)在试验时胶质含量。其基本原理将已知量的试样在控制的温度，空气或蒸汽流的条件下蒸发 30min。若试样为航空燃料，其实际胶质含量将残渣称量并以 mg/100mL 表示；若试样为车用汽油，将正庚烷抽提前残渣(未洗胶质)和抽提后残渣(溶剂洗胶质)称量以 mg/100mL 表示。

试验所用喷射蒸发法胶质测定仪如图 2-16 所示，操作条件见表 2-26。

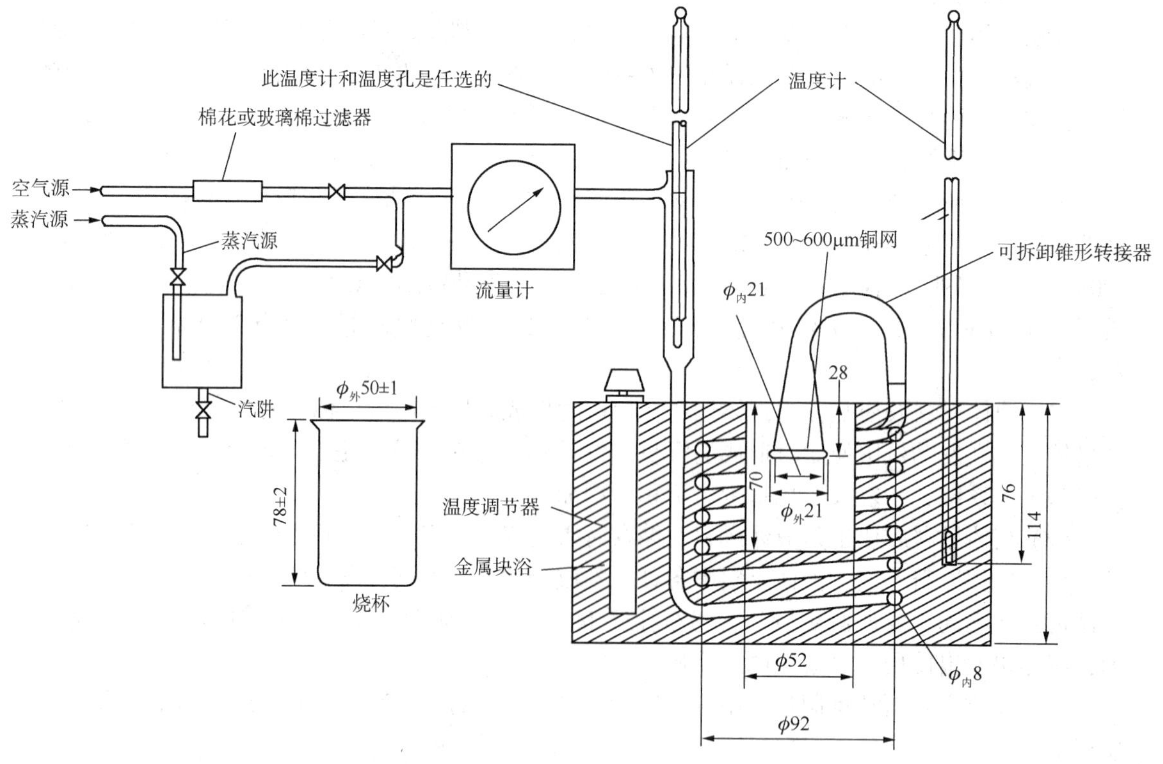

图 2-16　喷射蒸发法实际胶质测定仪(单位为 mm)

2. GB/T 509 发动机燃料实际胶质测定法

GB/T 509 方法测定的是在该方法规定的试验条件下燃料蒸发时形成的胶质。该方法适用于测定汽油、煤油和柴油。测得的实际胶质包括两部分：一部分是油品储存时生成的可溶性胶质，它呈溶解状态存在于燃料中，过滤不能除去；另一部分是油品中存在的不安定组分在该方法规定的测定条件下反应生成的胶质。该方法是将 25mL 试样在规定的仪器、温度和空气流的条件下蒸发，再把所得残渣称量，并以 100mL 试样中所含实际胶质的毫克数表示。试验条件见表 2-26。

表 2-26　GB/T 8019 与 GB/T 509 测定法条件区别

方法	GB/T 8019—2008	GB/T 509—1988(2004)
样品	航空燃料、车用汽油	汽油、煤油、柴油
胶质种类	实际胶质、溶剂洗胶质含量、未洗胶质含量	实际胶质

续表

方法	GB/T 8019—2008	GB/T 509—1988(2004)
蒸发气体	车用汽油用空气；航空燃料用蒸汽	空气
烧杯恒重	烧杯在烘箱中恒重，150℃烘箱 1h，干燥器中 2h(天平旁)	烧杯在仪器上恒重，干燥 15min，干燥器中 30～40min，恒重 0.0004g
样品数量	50mL±0.5mL	25mL
样品处理	过滤	去水、过滤
试验温度	汽油：浴温 160～165℃，孔温 150～160℃；喷气燃料：浴温 232～246℃，孔温 229～235℃	汽油 150℃±3℃；煤油 180℃±3℃ 柴油 250℃±5℃
气体流速	空气：常温常压 600 mL/s±90mL/s 蒸汽：1000 mL/s±150mL/s 最终均为 1000 mL/s±150mL/s	初速 20 L/min±2L/min，汽油 5min，煤油和柴油 20min，增到 55 L/min±5L/min
供气时间	总共 30min±0.5min	蒸干后汽、煤油继续通气 15～20min，柴油 30min，然后恒重
冷却时间	至少 2h	30～40min
称重	不需要恒重，但需配衡烧杯	恒重

3. 测定燃料胶质的主要影响因素

胶质测定是一个条件性试验，因此必须在规定的仪器中，按标准方法严格进行操作。由于很多试样中胶质含量很少，因此操作要特别仔细，否则误差就会超过允许值，甚至出现负的结果。

(1) 要特别注意清洁。胶质烧杯和油浴槽要仔细洗净，试油要用无灰滤纸过滤，空气要过滤，管路要清洁。要防止水分、润滑油和管道中的铁锈被带入胶质烧杯中，所有要与胶质烧杯接触的仪器物品，如干燥器、坩埚钳或镊子等都必须清洁。在操作中稍有不慎粘染上很少污物或落入灰尘，就会使试验失败。整套试验仪器应放在通风橱内加罩盖好，防止落入灰尘。

(2) 要按规定控制好试验温度。一般来说，在空气中有氧存在的试验条件下，胶质生成速度随温度升高而增大，故控制的水浴温度超过标准规定时，测定的结果将偏大；温度过低时，油品基体成分无法蒸发完全，测定的结果也偏大。

(3) 空气(或蒸汽)流速的控制与流量校正。若初始阶段空气(或蒸汽)流速较大，会引起油滴飞溅至外面，则测定结果偏低；若自始至终空气(或蒸汽)流速都较小，由于施加于试样中的携带易挥发产物的流速低且氧气的供应量也不足，则测定结果偏大。

(4) 盛装试样的容器要采用玻璃质。仪器对同一试样，当盛样容器为金属材质时，由于其对试样胶质的生成具有催化作用，则所测结果通常比玻璃容器偏大。因此，测定实际胶质时要求都使用玻璃器皿作采样容器和盛样，而不使用钢或铜质的容器。

(5) 注意称量。由于胶质烧杯表面积大，胶质吸水性更强，因此难于恒重，为此，试验前后应使用同一干燥器，不得中间更换干燥剂，每次在干燥器中冷却的时间和地点要相同。称量要迅速准确，尽量减少在空气中露置的时间。试验前要测出胶质烧杯的大概质量，以提高称量速度和使每次称量时间相同。

二、诱导期测定

诱导期是指在规定的加速氧化条件下，油品处于稳定状态所经历的时间，以 min 表示。

诱导期是国际普遍采用的评定汽油抗氧化安定性的重要指标，它表示汽油在长期储存中氧化并生成胶质的倾向。一般来说诱导期越长，油品形成胶质的倾向越小，抗氧化安定性越好，油品越稳定，可以储存的时间越长。测定诱导期的方法有 GB/T 8018—2015《汽油氧化安定性测定法(诱导期法)》、GB/T 256—1982(2004)《汽油诱导期测定法》、ASTM D525《汽油氧化安定性测定法(诱导期法)》、ASTM D7545《中间馏分燃料氧化安定性的快速微量分析法》和 ASTM D7525《火花点火液体燃料氧化安定性的快速微量分析法》等。

(一) 测定目的及意义

汽油诱导期是控制汽油安定性的指标之一。诱导期标志着一个时间，在此时间内汽油可储存而不会生成超过允许的胶质。通过试验所找到诱导期和储存时间的关系是：测得的汽油诱导期为 360min 时，汽油可储存 6 个月以上，而性质不致变坏，只有诱导期达到 500min 以上的汽油，才适宜于较长时间的储存。通常，汽油的诱导期越长，生成胶质的倾向越小，抗氧化安定性就越好，储存期就越长，反之安定性就差。GB 17930—2013 车用汽油(Ⅳ和Ⅴ)的质量指标要求诱导期(GB/T 8018 方法)应不少于 480min。要提高汽油的安定性，除改进炼制工艺以外，还可采用往油品中加入抗氧防胶剂和金属钝化剂的措施，延缓其氧化速度。

(二) GB/T 8018 汽油氧化安定性测定法(诱导期法)

GB/T 8018 适用于测定在加速氧化条件下汽油的氧化安定性。也可用诱导期来表示车用汽油在储存时生成胶质的倾向。但是，在不同的储存条件下和对不同的汽油，其诱导期和在储存时生成胶质的相互关系会有显著差别。测定时，使氧弹和试油温度达到 15~25℃，把装有 50mL 试样的玻璃样品瓶放入氧弹中，再向氧弹充氧至 689kPa，控制弹内氧压达到690~705kPa。然后把装有试样的氧弹放入沸水浴中，控制水浴温度在 98~102℃之间。使试样在氧弹中氧化，按规定的时间间隔读取压力，或连续记录压力，直至到达转折点。试样从氧弹放入水浴中起至达到转折点所需要的时间即为试验温度下的实测诱导期。方法中规定诱导期的定义是从氧弹放入 100℃热浴中至转折点之间所经过的时间，以 min 表示。转折点为压力-时间曲线上的一点，是在 15min 以内压力降达到 14kPa，而且再继续 15min 压力降不小于 14kPa 的开始下降的那一点。

由实测诱导期计算 100℃时的诱导期。若试验温度高于 100℃，则试样 100℃时的诱导期 $X = X_1(1 + 0.101\Delta t)$；若试验温度低于 100℃，则试样 100℃时的诱导期 $X = X_1/(1 + 0.101\Delta t)$。式中 X_1表示试验温度下的实测诱导期，min；Δt 表示试验温度和 100℃之间的代数差；报告结果取测定两个结果的算术平均值作为试样的诱导期。

(三) 影响汽油诱导期测定的主要因素

(1) 测定器安装状况对测定的影响。测定器如有漏气，哪怕是难以发觉的渗漏，都会造成测定结果的偏差。仪器洗净及干燥与否也会对测定结果造成影响，因为如果残留有容易和氧起反应的物质，就会加速氧化而使压力提前下降。为确保测定器严密不漏气，应正确使用拧紧弹盖的扭力扳手，平时要维护好，拧紧时必须对称紧固，用劲要均匀，并用试漏液检查是否漏气。

(2) 通入氧气的量要严格符合方法的规定。第一次通入氧气直至表压达到 690~705kPa 时为止，要慢慢地通入(不少于 3min)，目的在于排出氧弹内的空气，注意要慢慢放掉氧弹内的压力，每次释放的时间不少于 2min。试漏的水浴应控制温度为 15~20℃，因为最后调整弹内的氧气压力直至表压达 690~705kPa，并观察泄漏情况是要求在 15~20℃时进行的。

(3) 测定温度必须控制在 98~102℃之间。这是测定的主要条件之一，温度的高低会影响测定结果的精确度。应根据当地气压高低适当调整浴液，如试验地区的大气压低于101.3kPa，水热至沸腾仍达不到规定温度时，可添加适量的较高沸点的液体，如甘油或乙二醇，直至水浴的温度符合要求为止。因为这是测定汽油诱导期的主要条件之一，温度的高低会直接影响测定结果的准确度和精密度。

(4) 试验弹符合规格要求。

(5) 按照规定试验前仪器进行压力校正。

(6) 用胶质溶剂洗涤样品瓶中胶质，严禁用手持取样品瓶和盖子，只能用镊子取。

(7) 用胶质溶剂洗去填杆和弹柄之间环状空间里的胶质或汽油。在每次试验开始前，氧弹和所有连接管线都应进行充分干燥。

三、汽油储存安定性的测定

(一) 目的和意义

车用汽油要求要有良好的安定性，否则在储存和使用过程中，会出现颜色变深、生成黏稠状沉淀物的现象。使用安定性不好的汽油，会在发动机油箱、滤网、气化器等各部件上生成各种不同的沉积物对发动机造成损害，严重时会堵塞喷油嘴，中断供油，并且胶质在高温时在火花塞、气门、汽缸等处形成积炭，影响发动机的正常工作。为了保证油品的安定性好，常需对油品进行精制，以除去其中的不安定组分，或加入添加剂，以改善其安定性，使发动机正常运转，延长发动机的使用寿命。

(二) SH/T 0237—1992(2004)《汽油储存安定性测定法》

1. 方法概要

将一定体积的试样在93℃下储存16h，测定其吸氧量和生成的总胶质，以不安定指数值 BZ 来表示其储存安定性；BZ 值越小，则试样储存安定性越好。该方法的储存试验结果与常温储存试验结果有一定对应关系，根据该方法的储存试验结果，可以预测汽油在常温下的储存期。该方法既考虑了试油的吸氧量，也考虑了胶质的质量，适用于测定各种牌号汽油的储存安定性。

2. 准备工作

(1) 将试样用无水氯化钙脱水，然后用滤纸过滤。

(2) 将已过滤的试样测定其总胶质含量 m(按方法 GB/T 509 进行测定)。

3. 试验步骤

(1) 用量筒准确量取130mL已脱水过滤的试样倒入清洁、干燥的试瓶中，将试瓶放入保护性钢弹中。

(2) 将钢弹放入93℃±0.5℃恒温的油浴或烘箱中并计时。16h后试验终止，取出钢弹，急剧冷却至室温。取出试瓶并继续冷却至室温。用带有热导检测器的气相色谱仪测定试瓶内预留空间的氧含量。

(3) 用定量滤纸过滤试瓶中试样。再用石油醚多次洗涤试瓶直至无油，并过滤石油醚洗液，然后将滤纸仔细地用石油醚洗涤至无油。

(4) 在过滤漏斗下换上已恒重的锥形瓶。用1∶1的苯-乙醇混合液完全溶解试瓶中黏附的沉渣并过滤苯-乙醇混合液。用苯-乙醇混合液仔细溶解滤纸上的沉渣，直至完全溶解。收集所有滤液于锥形瓶中，然后将锥形瓶放入90℃恒温水浴中蒸掉溶剂，再放入烘箱105℃±3℃中烘干、称量直至连续称量间的差数不超过0.0004g为止。该锥形瓶的增重即为

130mL 试样的沉渣量 X(mg/100mL)。

4. 结果处理

试样的不安定指数值 $BZ_{16}=(O_0-O_{16})(m_{16}-m_0)/O_0$ 来计算，其中 O_0 表示实验前预留空间的氧含量，以 21%预留体积计算；O_{16} 表示实验后剩余的氧含量,%(体积分数)；m_{16} 为试验后的总胶质含量，mg/100mL；m_0 为试验前的总胶质含量，mg/100mL。以两次测定的算术平均值作为试验结果。

5. 影响汽油储存安定性测定的主要因素

（1）要特别注意清洁。试瓶要仔细洗净，试样要脱水过滤。

（2）要按规定控制好试验温度。

（3）洗涤时要注意，不要把滤纸弄坏。

（4）注意称量。

四、喷气燃料储存安定性和热氧化安定性测定

飞机在飞行过程中受空气的摩擦热、润滑油热交换器的传导热和燃烧室头部的燃烧室辐射热，都会使喷气燃料的温度不断上升，导致喷气燃料氧化变质。因此喷气燃料不仅要求有良好的储存安定性，还要求有良好的热氧化安定性。

（一）测定目的和意义

喷气燃料在高空中使用时，其不仅是喷气式发动机的燃料，同时还起着冷却剂和润滑剂的作用。飞机在飞行过程中会产生各种热量，使喷气燃料的温度不断上升，从而导致燃料中的不安定组分与油品中的溶解氧作用且有金属的催化，引起喷气燃料氧化变质，生成胶质沉渣。这些胶质沉渣黏附在热交换器的器壁上，会导致冷却效率降低；沉积在燃料导管、过滤器和喷嘴上，会导致过滤器和喷嘴堵塞，使喷出的燃料不均匀，导致燃烧不完全；附着在燃料系统的金属表面上，会生成漆膜和积碳。因此，评价喷气燃料的热氧化安定性就具有非常重要的实际价值。喷气燃料通常都是直馏的或加氢的产品，所以它的储存安定性一般良好。

（二）测定方法

喷气燃料安定性常用 SH/T 0241—1992(2004)《喷气燃料静态热安定性测定法》和 GB/T 9169—2010《喷气燃料热氧化安定性的测定法(JFTOT 法)》来评定。

1. SH/T 0241 喷气燃料静态热安定性测定

取 50mL 经脱水并过滤的试样，注入悬有铜片的油杯中，油杯置于钢弹内，再把钢弹放置在温度为 150℃ ±2℃的恒温浴中，保持 4h。然后取出，用恒重的耐酸玻璃过滤漏斗吸滤试样，然后用石油醚洗涤油杯、铜片并将石油醚洗液过滤，最后用石油醚洗涤沉淀直至通过耐酸玻璃过滤漏斗的石油醚洗液无色为止。将带有沉淀的过滤漏斗放在 105℃ ±2℃的烘箱中干燥 1h 后称重。

影响喷气燃料静态热安定性测定的主要因素有：

（1）要特别注意清洁。耐酸玻璃过滤漏斗要仔细洗净，试样要脱水过滤；铜片要打磨光滑，并洗涤干净。

（2）要按规定控制好试验温度和试验时间。一般来说，沉淀生成量随温度升高和时间增长而增大。

（3）要注意洗涤程度，用石油醚洗涤油杯中残留物和耐酸玻璃漏斗中的沉淀时，一定要洗涤彻底。若油杯中残留物未能洗出，测定结果偏低；过滤漏斗沉淀中的油分未洗涤干净，

则测定结果偏高。

(4) 注意恒重和称重。

(5) 要注意气密性，所用钢弹必须保证严密不漏气，否则会影响测定结果。

2. 喷气燃料热氧化安定性的测定

喷气燃料热氧化安定性评定方法主要采用 GB/T 9169—2010《喷气燃料热氧化安定性的测定(JFTOT 法)》，系修改采用 ASTM D3241—08a《航空涡轮燃料热氧化安定性标准试验方法(JFTOT 法)》制定的，代替 GB/T 9169—1988。该方法适用于评定喷气燃料在模拟发动机燃油系统工作条件下，产生分解沉积物的倾向。喷气燃料热氧化安定性测定时使用符合要求的喷气燃料热氧化试验器(JFTOT)。该仪器是模拟航空涡轮喷气发动机燃油系统的工作状况，使试验燃料在试验器内的工作条件与在发动机燃油系统实际工作条件相近似。

由于该方法是修改采用 ASTM D3241—08a，方法所规定的操作与试验步骤是以进口的喷气燃料热氧化试验仪(JFTOT)为依据。进口型号的试验仪器有 202、203、215、230、240、230Mk Ⅲ六种，但与其等同的国产试验仪也可使用。

所有型号的 JFTOT 试验仪都有试验前对样品充气的装置，充气的目的是提供氧化所需的氧气。如果样品中没有氧气存在，正常的试验便无法完成。取 600mL 的试验燃料，用单层普通定性滤纸过滤后，以 1.5L/min 的流量将过滤后的干燥空气充入燃料样品 6min，这 9L 的空气能使样品的空气饱和度达到 97%。充气时试验燃料的温度应调整至 15~32℃之间，从充气至开始对试样加热的时间不得超过 1h，从而保证有足够的氧气。

在正常的 JFTOT 试验温度下(根据燃料规格确定)，喷气燃料在加热管内会沸腾，这会妨碍温度的精确控制以及干涉沉积物的自然形成，因此，试验仪有燃料增压系统，202 型、203 型和 215 型仪器用氮气增压，230 型和 240 型仪器用液压柱塞泵增压，使燃料系统压力以 0.2~0.3MPa/s 速度逐渐增加至 3.45MPa，即系统应在总压 3.45MPa 下进行操作。

经过滤和充气后的试验燃料最初被存放在一个燃料储罐内，然后一次循环通过仪器到一个废样品接受器内。样品流动的动力来自一台正排量泵，该泵使样品以 3.0mL/min 的流速泵送至套管换热器，然后进入一个不锈钢网纺织的，孔径为 17μm 的多孔精密过滤器，该过滤器能够捕集试验过程中燃料变质生成的分解产物。套管换热器是试验系统的核心，是得到一致结果的关键，也是所有型号的 JFTOT 装置中的通用部件。试验结果用加热器表面所形成的沉积物的颜色级别和过滤器前后压差的大小表示。如 3 号喷气燃料在 260℃、2.5h 试验条件下，管评级在 3 级以内且无孔雀蓝色或异常沉淀物，压差小于 3.3 kPa 为合格。

结果报告应包括下列内容：试验产品名称，最大加热器管温度、加热器管表面沉积物评定值或级别；试验结束时，试验过滤器前后的压差或达到 3.3kPa(25mmHg)压差所需要的时间。对记录型的 JFTOT 仪器所记录的最大压差应视为试验结束时的压差。

影响喷气燃料热氧化安定性测定的主要因素有：

(1) 注意取样与预处理过程。采样容器应为清洁、干燥的玻璃瓶、不锈钢桶或涂有环氧树脂衬里的桶。使用时将试样 600mL 用单层普通滤纸过滤，并用 1.5mL/min 的空气充气 6min。

(2) 要注意加热管的防护。试验过程中，不要碰到加热管中间的试验部位，否则会影响沉积物在管壁上的形成。如果触及了加热管中间的试验部分，则该加热管不能使用。

(3) 燃料油品流速的控制。必须使用恒速马达驱动，供油流速为 3.0mL/min。

五、柴油的安定性测定

柴油在储存、运输和使用过程中抵抗氧化变质的能力，称为柴油的储存安定性。安定性好的柴油便于储存、运输和使用，因此评定柴油的安定性是非常必要的。安定性差的柴油，在长期储存中，由于多环芳烃及含硫化合物的存在，使柴油的颜色和胶质变化很大，所生成的不可溶胶质和沉渣会沉积在容器或发动机的燃料系统中，影响正常供油。柴油的热安定性又称热氧化安定性，它反映了柴油在受热和溶解氧的作用下发生变质的倾向。柴油发动机运转时，油箱中温度可达60~80℃。由于油箱中柴油剧烈地震荡，而与空气充分接触。使柴油中溶解氧达到饱和程度。柴油进入燃油系统后，温度继续升高，并在金属的催化作用下，使其中不安定组分与溶解氧急剧氧化，生成氧化缩合产物。这些产物以漆状沉积在喷油嘴针芯上，严重时造成喷嘴针芯黏死，中断供油；沉积在喷嘴周围呈积炭状的缩合物能破坏燃料供应，使喷雾恶化；沉积在燃烧室壁及气门部位的积炭，会使设备磨损加剧。

（一）评定柴油安定性的目的及意义

柴油的胶质是评定柴油的安定性和发动机燃料系统中生成沉积物，以及在燃烧室里产生结焦积炭多少的指标。使用胶质含量高的燃料在燃烧时产生的积炭多，造成磨损增加。柴油产品规范中用10%蒸余物残炭值表示柴油的热氧化安定性，氧化安定性总不溶物表示柴油的储存安定性，军用柴油还增加实际胶质这一指标来表示军用柴油的储存安定性；此外，普通柴油和军用柴油还用色度来考察其精制程度，间接表示其储存安定性。柴油10%蒸余物残炭是把测定柴油馏程中馏出90%以后的残留物作为试样所测得的残炭。即指柴油的10%残留物在残炭测定器中隔绝空气的条件下，受热蒸发和分解后所剩的焦黑色残留物，以质量百分数表示。10%蒸余物残炭值越大，柴油在喷油嘴和气缸零件上形成积炭的倾向越大。柴油的氧化安定性总不溶物反映柴油的储存安定性，氧化安定性总不溶物越大，柴油储存安定性越差，在发动机进油系统中生成沉积物越多。该方法是将已过滤的350mL试样在通入氧气连续鼓泡和95℃下老化16h，测定试样形成的总不溶物含量(包括可滤出不溶物和黏附性不溶物)。色度是石油产品颜色与标准色板相比较所得到的颜色标度，颜色浅，表示液体燃料氧化安定性好。油品颜色的深浅，同胶质含量有直接关系。因此可从色度来判断油品的精制深度、蒸馏操作情况以及混油污染情况等。

（二）测定方法

柴油安定性测定方法主要有SH/T 0175—2004《馏分燃料油氧化安全性测定法(加速法)》、SH/T 0238—1992(2004)《柴油储存安定性测定法》和SH/T 0184—1992(2007)《柴油储存安定性测定法(冰乙酸-甲醛法)》。

SH/T 0238—1992(2004)《柴油储存安定性测定法》规定了用试样在规定试验条件下形成的沉渣数量和颜色变化评定柴油储存安定性。该方法不适用于加氢柴油，但可用于评定、筛选柴油抗氧剂。测定时，将700mL脱水过滤试样在规定条件下100℃、16h(50℃时为4周)搅拌，加速储存后将试样冷却至室温，过滤并用石油醚多次清洗试瓶和过滤设备，然后用苯-乙醇溶液溶解清洗试瓶壁沉渣和过滤设备，直至滤液无色，水浴蒸干苯-乙醇溶液，再在105℃±3℃烘干后放入干燥器中冷却30min，恒重，测定其沉渣量(通过锥形烧瓶本身的质量及含沉渣时的质量差表示)和透光率(用72型光电分光光度计，采用460nm波长、1cm比色皿蒸馏水作参比液)，来判断柴油的储存安定性，最后结果以mg/100mL表示。

SH/T 0184—1992(2007)《柴油储存安定性测定法(冰乙酸-甲醛法)》适用于不加添加剂

的柴油，将5mL冰乙酸与1mL甲醛溶液加入到已称重5mL试样的试管中(先恒重试管，再加样称重)，在振荡机上振荡15min使其充分混合，随后在离心机上离心分离5min，使油与溶剂分为两相，吸去油样并用石油醚多次清洗磨口塞、试管壁和下层溶剂相以除去油迹；将洗好带有溶剂的试管放入140℃±2℃烘箱中烘5h后放入干燥器中冷却30min，恒重，称得所得试管增加的质量，即为所生成的残余物量，以质量百分数表示(试管质量的增量/油的重量)。

SH/T 0175—2004《馏分燃料油氧化安全性测定法(加速法)》等效采用ASTM D2274—2001。测定柴油氧化后可过滤不溶物的量、氧化后黏附性不溶物的量及氧化后总不溶物的量。该方法规定了用加速氧化的办法来测定馏分燃料油的固有安定性能，适用于90%点的馏出温度不高于370℃的中间馏分燃料油。该方法不适用于含渣油的燃料油及主要成分是非石油成分的燃料油，也不能准确预测柴油在油罐中储存一定时间后生成总不溶物的量。

在上述三种方法中，SH/T 0175—2004《馏分燃料油氧化安全性测定法(加速法)》常被用于评价柴油安定性，在这里详细介绍。

1. *方法概要*

SH/T 0175—2004《馏分燃料油氧化安全性测定法(加速法)》是将已过滤的350mL试样装入氧化管中，通入氧气，速率为50mL/min，在95℃下氧化16h。然后将氧化后的试样冷却至室温，异辛烷冲洗，过滤，得到可滤出不溶物(测滤纸的质量差)。用三合剂(丙酮、甲醇、甲苯等体积混合)把黏附性不溶物从氧化管壁和通氧管壁上洗下来，把三合剂蒸发除去，得到黏附性不溶物，冷却称量烧杯重量差。可滤出不溶物的量和黏附性不溶物的量之和为总不溶物的量，以mg/100mL表示。黏附性不溶物是指在规定试验条件下，试样在氧化过程中产生并在试样从氧化管中放出后黏附在管壁上的不溶于异辛烷的物质。可滤出不溶物是指在规定试验条件下，试样在氧化过程中产生并通过过滤从试样中能分离出去的物质，它包括两个部分，一部分是氧化后在试样中悬浮的物质，另一部分是在管壁上易于用异辛烷冲洗下来的物质。

2. *试验步骤*

(1) 过滤试样。在合适真空度下过滤约400mL试样，接收到干净的500mL吸滤瓶内，弃去滤膜。

(2) 氧化试样。避光条件下将350mL ±5mL已过滤的试样装入干净的氧化管内后放入95℃±0.2℃恒温氧化浴中，氧化管内试样的液面应低于加热介质的液面；依次装好通氧管和冷凝器，接通冷凝水和氧气，调节氧气流量为50 mL/min ±5mL/min。从第一个氧化管放入氧化浴中开始计时，连续氧化16 h±0.25h。

(3) 冷却试样。氧化结束后，按照放入氧化浴中的顺序从氧化浴中取出各氧化管，将氧化管放入室温下且通风的暗处冷却至接近室温，记录第一个氧化管取出的时间。

(4) 测定可滤出不溶物。把两张质量配重的滤膜放入过滤仪器，并安装好；抽真空(真空度约80kPa)过滤冷却至室温的试样；全部试样过滤完后，再用异辛烷淋洗氧化管和通氧管三次，每次用量50 mL±5mL；冲洗液均通过过滤仪器抽滤；卸下过滤仪器漏斗上部，再用50mL ±5mL异辛烷清洗滤膜的托板和漏斗上下部分，弃去滤液。小心取出滤膜，在80℃±2℃烘箱中干燥两张滤膜30min后取出并冷却30min，分别称量并记录上层滤膜(样品)和下层滤膜(空白)的质量，精确至0.1mg。计算可过滤不溶物的量A。

(5) 测定黏附性不溶物。用75mL±5mL的三合剂分三次洗下黏附在氧化管壁和通氧管壁上的不溶物。检查氧化管壁和通氧管壁表面是否还有未洗下的不溶物或管壁带有颜色，如果还有未洗下的不溶物或管壁带有颜色，再用25mL三合剂冲洗。冲洗液均收集在已称过质量的200mL高型烧杯内，把烧杯放在135℃的电热板上，在通风柜内加热蒸发三合剂。待三合剂蒸干后，将含有不溶物的烧杯放在无干燥剂的干燥器内，冷却1h。称量各烧杯质量，精确至0.1mg。蒸发和试验样品等体积的三合剂，作为黏附性不溶物的空白，校正三合剂中的杂质。计算黏附性不溶物的量B。

3. 结果处理

（1）试样氧化后可过滤不溶物的量A(mg/100mL)=(上层试样滤膜质量mg-下层空白滤膜质量mg)/3.5。

（2）试样氧化后黏附性不溶物含量(mg/100mL)=[(试验后烧杯及其内容物总质量-试验前烧杯质量)-(试验后空白烧杯及其内容物总质量-试验前空白烧杯质量)]/3.5。

（3）试样氧化后总不溶物的量X(mg/100mL)为可滤出不溶物和黏附性不溶物之和。

（4）取重复测定得到的两个不溶物结果的算术平均值，报告为试样的总不溶物X(mg/100mL)，报告结果取一位小数。

（三）影响馏分燃料油氧化安全性测定的主要因素

（1）每个试样都应过滤，且每次过滤都应用新滤膜，过滤后装入氧化管内的试样应在1h之内放入加热浴中；暂时存放时应避光存放且应在尽量短的时间内进行氧化试验。

（2）抽真空系统抽力不应过大，否则可能损坏滤膜。

（3）氧化管试样在冷却过程中要防止污物、灰尘和水分进入，冷却温度要高于试样浊点。

（4）氧化管从氧化浴中取出冷却至室温到可滤出不溶物测定时间不应超过4h。

（5）挑选完好无损、质量接近的两张滤膜，分别称量并记录其质量，精确至0.1mg。

（6）若滤膜严重堵塞，不能在2h之内完成过滤，应另外用两张滤膜过滤剩余的试样。

（7）金属催化作用的干扰氧化是导致生成不溶物的主要化学过程，像铜和铬这些金属物质能够催化氧化反应，结果造成生成的不溶物的量增多。因此在测定中要彻底清除这些金属离子的影响，诸如要彻底清洗能和被测试样接触的各试验仪器和样品容器，同时为了防止铬离子的存在，不能用铬酸洗液清洗氧化管和其他玻璃仪器。

（8）如果在三合剂中使用了纯度不高的试剂，将会造成黏附性不溶物含量的增加，因此在配制三合剂时必须要用分析纯或纯度更高的试剂。

（9）试样暴露于紫外光线下，会造成总不溶物含量的增加。因此，试验用的样品必须避开紫外光线(阳光或荧光)的照射。试样取样、转移、过滤、测定和称量的全部操作过程都应避免阳光直射。试样通氧前的保存、通氧操作、通氧后的降温都应在暗处进行。

六、石油产品颜色测定

石油产品的颜色与原油的性质、加工工艺、精制深度等因素有关。石油中含有胶质成分，特别是含有较多的具有强染色能力的中性胶质，颜色明显加深。原油经过炼制，一般直馏产品安定性较好，含胶质少，颜色浅。裂化产品由于含有不饱和烃和非烃类化合物，性质不稳定，在储运和使用过程中，与空气中的氧发生作用生成胶状物质，颜色变深。如果石油产品经过良好精制，脱除其中的不安定组分，颜色变浅。

（一）测定目的及意义

测定石油产品颜色主要用于判断油品精制程度、储存安定性及混油污染情况等。喷气燃料、煤油颜色按 GB/T 3555—1992(2004)《石油产品赛波特颜色测定法(赛波特比色计法)》规定的方法测定，是石油产品颜色与标准色板相比较所得到的颜色标度。色号从+30～-16(+30 颜色最浅，-16 颜色最深)。喷气燃料的颜色是评价其变质程度或污染的一个重要指标。柴油颜色按 GB/T 6540—1986(2004)《石油产品颜色测定法》规定的方法测定，色号从 0.5～8.0(0.5 颜色最浅，8.0 颜色最深)。GB 252—2011《普通柴油产品规范》规定其颜色不大于 3 号，GJB 3075—1997《军用柴油产品规范》规定其颜色不大于 3 号。

（二）测定方法

测定石油产品颜色分为目视比色法和分光光度法，现行标准多采用目视比色法。主要有 GB/T 6540—1986(2004)《石油产品颜色测定法》和 GB/T 3555—1992(2004)《石油产品赛波特颜色测定法(赛波特比色计法)》。GB/T 6540 是将试样注入试样容器中，用一个标准光源从 0.5～8.0 值排列的颜色玻璃圆片进行比较，以相等的色号作为该试样的色号。如果试样颜色找不到确切匹配的颜色，而落在两个标准颜色之间，则报告两个颜色中较高的一个颜色。GB/T 3555 是按照规定的方法调整试样的液柱高度，直至试样明显浅于标准色板的颜色。无论试样颜色较深、可疑或匹配，均报告试样的上一个液柱高度所对应的赛波特颜色号。

1. GB/T 3555—1992(2004)《*石油产品赛波特颜色测定法*》

GB/T 3555—1992(2004)《石油产品赛波特颜色测定法》适用于未染色的车用汽油、航空活塞式发动机燃料、喷气燃料、石脑油、煤油及石油蜡等精制石油产品。当透过试样液柱与标准色板观测对比时，测得与三种标准色板之一最接近时的液柱高度数值，查表得出赛波特颜色号。赛波特颜色号规定为-16(最深)～+30(最浅)，颜色深于-16 号的石油产品可用 GB/T 6540 测定。

赛波特比色计由试样管(用硼硅玻璃管或颜色特性相当的玻璃管制成)、标准色板玻璃管(材质、颜色以及内外径尺寸与试样管相同)、光学观测仪、光源等组成。试样注入试样管，标准色板安放在标准色板玻璃管下部的回转盘上，标准色板为圆形玻璃板，有整厚和半厚两种。光学观测仪由棱镜和目镜组成，棱镜的折射角与折射区相匹配，调整棱镜，使通过管子的光线折射进入光度头，并能由目镜观测到圆形视场，视场的一半被透过试样的光照亮，另一半被透过标准色板的光照亮。

测定时，将试样装满试样管(试样在试样管中必须无气泡)，先用一片整厚标准色板进行比色，若试样颜色浅于标准色板的颜色，改换半厚标准色板进行比色；如果试样高度在刻度 6.25in 处的颜色深于一片整厚标准色板，则把色板换成两片整厚色板后进行测试。选定合适的标准色板后，调整试样的液柱高度，使试样颜色稍深于标准色板颜色。然后按表 2-27 中试样的液柱高度排放试样，排放至表 2-27 中选定的标准色板所对应的最接近的试样的液柱高度。如果目镜所观察到的试样颜色仍深于标准色板的颜色，再把试样高度降至与表 2-27中下一个色号相对应的高度，并进行比色，反复进行上述操作，直到试样的颜色十分接近标准色板颜色。若已确定这一点，则再把试样高度降至下一个规定高度。当试样颜色确认无疑地浅于标准色板时，记录已确定的前一试样高度对应的色号作为该试样的赛波特颜色。

对于石油蜡试样，则首先加热石油蜡到高于其冻凝点 8～17℃，然后预热试样管，将熔化的石油蜡试样注入试样管中，关掉加热器。当试样管中蜡样热波消失后，按上述步骤测定。

表 2-27 赛波特颜色号与试样的液柱高度对照

色　板	试样高度/mm(in)	赛波特颜色号	标准色板	试样高度/mm(in)	赛波特颜色号
半厚板 1 片	508(20. 00)	+30	整厚板 2 片	158(6. 25)	+7
	457(18. 00)	+29		152(6. 00)	+6
	406(16. 00)	+28		146(5. 75)	+5
	355(14. 00)	+27		139(5. 50)	+4
	304(12. 00)	+26		133(5. 25)	+3
整厚板 1 片	508(20. 00)	+25		127(5. 00)	+2
	457(18. 00)	+24		120(4. 75)	+1
	406(16. 00)	+23		114(4. 50)	+0
	355(14. 00)	+22		107(4. 25)	-1
	304(12. 00)	+21		101(4. 00)	-2
	273(10. 75)	+20		95(3. 75)	-3
	241(9. 50)	+19		92(3. 63)	-4
	209(8. 25)	+18		88(3. 50)	-5
	184(7. 25)	+17		85(3. 38)	-6
	158(6. 25)	+16		82(3. 25)	-7
整厚板 2 片	266(10. 50)	+15		79(3. 13)	-8
	247(9. 75)	+14		76(3. 00)	-9
	228(9. 00)	+13		73(2. 75)	-10
	209(8. 25)	+12		69(2. 75)	-11
	196(7. 75)	+11		66(2. 25)	-12
	184(7. 25)	+10		63(2. 50)	-13
	171(6. 75)	+9		60(2. 75)	-14
	165(6. 50)	+8		57(2. 25)	-15

2. GB/T 6540—1986(2004)《石油产品颜色测定法》

GB/T 6540—1986(2004)《石油产品颜色测定法》适用于目测法测定各种润滑油、煤油、柴油、石油蜡等石油产品的颜色。

测定在由光源、玻璃颜色标准板、带盖的试样容器和观察目镜组成的比色仪上进行，能通过直接目测或用光学目镜同时观察试样和任一颜色标准色板。仪器有两个大小和形状相等的照亮面，其一为透过颜色标准比色板的照亮面，其二为透过试样的照亮面，这两个照亮面对称地分布在垂直中线的两边，在水平方向最近部分分开的距离对观察者眼睛的视角不小于 2°，但也不得大于 3. 6°。

液体石油产品可直接倒入试样容器至 50mm 以上的深度，比较试样和标准玻璃比色板的颜色，确定和试样颜色相同的标准玻璃比色板号，当不能完全相同时，采用相邻颜色较深的标准玻璃比色板号。试样不清晰时加热到高于其浊点 6℃以上或至浑浊消失，然后测其颜色。若试样的颜色比 8 号标准颜色更深，则用 85 份体积的稀释剂与 15 份体积试样混合均匀测定混合物的颜色；对于包括软蜡等石油蜡，可将试样加热到高于蜡熔点 11 ～17℃后在此温度下测定颜色。如果试样颜色深于 8 号，则用同温度的 85 份体积的稀释剂与 15 份体积熔融试样混合均匀测定混合物的颜色。

试验结果按如下项目报告：

(1) 与试样颜色相同的标准玻璃比色板号作为试样颜色的色号。

(2) 如果试样的颜色居于两个标准玻璃比色板之间，则报告较深的玻璃比色板号，并在色号前面加“小于”。决不能报告为颜色深于给出的标准，除非颜色比 8 号深，可报告为大于 8 号。

(3) 如果试样用煤油稀释，则在报告混合物颜色的色号后面加上“稀释”两字。

第三章　液体燃料的燃烧性和润滑性评定

第一节　汽油的燃烧性评定

汽油燃烧性主要用抗爆性来表示，它是汽油在一定压缩比发动机中不产生爆震燃烧的性能。汽油在贫混合气状态下运行时的抗爆性用辛烷值来表示，在富混合气时的抗爆性用品度来衡量，因而车用汽油和航空活塞式发动机燃料抗爆性的表示方法有所不同，车用汽油的抗爆性用研究法辛烷值和抗爆指数来表示，航空活塞式发动机燃料抗爆性除用马达法辛烷值表示外，还使用品度来表示其富混合气时的抗爆性。

一、辛烷值(*ON*)

辛烷值是在规定的试验条件下与被测汽油抗爆性相同的标准燃料中所含异辛烷的体积百分数。标准燃料由不同体积的异辛烷(2,2,4-三甲基戊烷)和正庚烷混配而成。异辛烷用作抗爆性优良的标准，辛烷值规定为100；正庚烷用作抗爆性低的标准，辛烷值规定为0。将两者按不同体积比进行混配，就可以得到辛烷值由0~100的各种标准燃料。

辛烷值测定是在标准试验条件下，把试油与已知辛烷值的标准燃料(参比燃料)在爆震试验机上进行比较，若爆震强度相当，则标准燃料中所含异辛烷的体积百分数即为试油的辛烷值。依测定条件不同，主要有以下几种辛烷值：

1. 马达法辛烷值(*MON*)

测定条件较苛刻，发动机转速为900r/min，混合气温度149℃。它反映汽车在高速、重负荷条件下行驶时汽油的抗爆性。

2. 研究法辛烷值(*RON*)

测定条件缓和，转速为600 r/min，混合气为室温。这种辛烷值反映汽车在市区慢速行驶时汽油的抗爆性。对同一种汽油，其研究法辛烷值比马达法辛烷值高约5~10个单位，两者之间差值称敏感性或敏感度。

3. 道路辛烷值

道路辛烷值也称行车辛烷值，用汽车进行实测或在全功率试验台上模拟汽车在公路上行驶条件进行测定。道路辛烷值也可用马达法和研究法辛烷值按经验公式计算求得。马达法辛烷值和研究法辛烷值的平均值可近似地表示道路辛烷值。

汽车在道路上行驶时对汽油辛烷值的要求，不能单独用*MON*或*RON*来描述，目前采用抗爆指数这一指标来表示。

$$抗爆指数=(MON+RON)/2$$

我国车用汽油是以研究法辛烷值和抗爆指数作为抗爆性评定指标。汽油辛烷值越高，其抗爆性越好。我国车用汽油的牌号就是按研究法辛烷值大小划分的，如93号车用汽油要求其研究法辛烷值不小于93，同时抗爆指数不小于88。

辛烷值越高，发动机的压缩比可越高，发动机的燃料经济性越好。

二、品度

品度是在规定条件下的标准发动机试验中，燃料发出的功率与异辛烷发出功率相比的百分数。燃料的品度值愈高表示该燃料在富油混合气工作条件下可发出的功率愈高，抗爆性也愈好。

航空活塞式发动机燃料的抗爆性除用辛烷值表示外，同时还必须用品度表示。这主要是辛烷值只能反映飞机在巡航时，发动机用贫混合气(过剩空气系数 $\alpha=1.0$ 左右)工作时的抗爆性。当飞机起飞、爬高时，为了得到最大功率，发动机必须用富混合气($\alpha=0.6\sim0.65$)工作，此时需用品度来衡量汽油的抗爆性。

我国航空活塞式发动机燃料的牌号采用辛烷值/品度表示其燃烧性能，如 95 号航空活塞式发动机燃料要求其马达法辛烷值不低于 95，品度不低于 130。

三、辛烷值评定方法概述

目前中国已颁布并实施的辛烷值测定方法有 GB/T 5487—2015《汽油辛烷值测定法(研究法)》、GB/T 503—1995(2004)《汽油辛烷值测定法(马达法)》和 GB/T 18339—2001《车用汽油辛烷值测定法(介电常数法)》。前两种方法规定了用美国试验与材料协会辛烷值试验机(ASTM-CFR)测定汽油辛烷值的步骤、运转工况、试验条件以及操作细则等，其测定数据国际认可，准确度较好，其他类型的辛烷值机在甲苯标定燃料的标定值合格后，参照本方法进行辛烷值测定。GB/T 18339—2001《车用汽油辛烷值测定法(介电常数法)》通过数理统计间接测定辛烷值，由于原油种类、生产工艺、汽油调和组分、油品添加剂等诸多因素的变化，介电常数法测定辛烷值具有局限性，比如不适用测定加入抗爆剂的汽油及车用乙醇汽油的辛烷值。本节重点介绍 GB/T 5487 和 GB/T 503 方法。

四、试验设备与材料

1. 试验装置

包括一台可连续改变压缩比的单缸汽油发动机，合适的负载设备、辅助设备仪表，它们都装在一个固定的底座上。改变压缩比的方式是改变汽缸高度，即改变发动机汽缸活塞的相对位置，用汽缸高度测微计或数字计数器的读数指示汽缸高度，亦即测微计或数字计数器的读数间接反映发动机压缩比的大小。负载设备即控速电机，电机工作状态取决于发动机的输出功率，可以在电动机和发电机之间转换，从而控制发动机在 600r/min 或 900r/min 下稳定运转。

美国华克夏(Waukesha)发动机燃料研究部制造的 CFR 试验机定为本方法的试验设备，该机已被国际标准化组织石油产品技术委员会(ISO/TC28)确认为标准化机型。

2. 燃料

(1) 标准异辛烷(2,2,4-三甲基戊烷)。其 *RON* 和 *MON* 均定为 100，规格指标符合 GB/T 11117.1。

(2) 标准正庚烷。其 *RON* 和 *MON* 均定为 0，指标符合 GB/T 11117.2。

(3) 稀释乙基液。用于调配辛烷值大于 100 的参考燃料。乙基液在标准异辛烷中的加入量与辛烷值之间的关系按以下公式计算或查有关表。

$$辛烷值 = 100 + \frac{28.28T}{1.0 + 0.736T + \sqrt{1.0 + 1.472T \pm 0.035216T^2}}$$

式中 T 为每美加仑异辛烷中四乙基铅的毫升数，1 美加仑等于 3.785L，计算中只用平方根中数量的正根。

（4）基础甲苯标定燃料。甲苯（规格指标符合 GB/T 11117.3）与异辛烷，正庚烷调和成爆震试验装置的标定燃料，是高灵敏的燃料，用以确定允许偏差，校正试验装置的评定特性。调和比例与相应的辛烷值见表 3-1。

表 3-1　基础甲苯标准燃料

研究法		组成/%（体积）			马达法	
经校正的辛烷值	评定允许差数	甲苯	异辛烷	正庚烷	经校正的辛烷值	评定允许差数
65.2	±0.4	50	0	50	57.8	±0.6
75.5	±0.3	58	0	42	66.5	±0.3
85.0	±0.3	66	0	34	74.4	±0.3
89.3	±0.3	70	0	30	78.0	±0.3
93.4	±0.3	74	0	26	81.6	±0.3
96.9	±0.2	74	5	21	85.3	±0.3
99.6	±0.3	74	10	16	88.8	±0.3
103.3	±0.4	74	15	11	92.6	±0.3
108.0	±0.8	74	20	6	96.8	±0.4
—	—	74	24	2	99.8	±0.4
113.7	±0.9	74	26	0	100.8	±0.4

3. 爆震传感器

安装在汽缸头上的磁致伸缩型传感器，直接和汽缸内的燃烧气体相接触产生与汽缸内气体压力变化速率成正比的电压，汽缸内的爆震倾向越严重，传感器产生的电压数值越大。

传感器的外壳是钢制的，壳上带有散热片。里面有一磁钢立于壳体下部的镍杆上，镍杆立于薄膜上，镍杆处有一绕组。其工作原理是这样的：当作用于薄膜的压力变化时，金属镍杆产生应变，使通过绕组的磁通量发生变化，并与磁通量的瞬时变化成正比。由于磁通的变化是根据作用于薄膜的压力而引起的，所以感应电势的大小比例于气缸内的爆震强度。传感器绕组产生的电压输入给放大器，经放大后传给爆震表而指示出读数。传感器的构造见图 3-1。

4. 爆震仪与爆震表

接收由爆震传感器送来的交流脉冲信号，删除其他振动频率的波，只留下爆震波，并送给爆震表。由于两种爆震强度略有差异的燃料在爆震传感器中产生的讯号电压相差只有百分之几，为了提高放大器的灵敏度，放大器设计成具有两级放大能力，即先将传感器输来的讯号进行第一级放大，然后再引入第二级放大，在第二级放大中，只有经过第一级放大的全部讯号中超过一定幅值的讯号才能得到进一步放大，从而使辨别率，即灵敏度有很大的提高，例如，传感器传来的二种讯号的幅值强度比为 100：95，而在第二级放大中只对其中超过幅值强度 90 以上的基本讯号进行再放大，即只对强度比为 100：95 中的去除了强度为 90 的剩下部分进行再放大，因而使放大的讯号强度比提高而放大为 10：5，也就是 2：1 了，此时的放大灵敏度即提高了 10 倍。放大之后，进行放大值积分，其时间常数设计为由 6 级电阻调节。

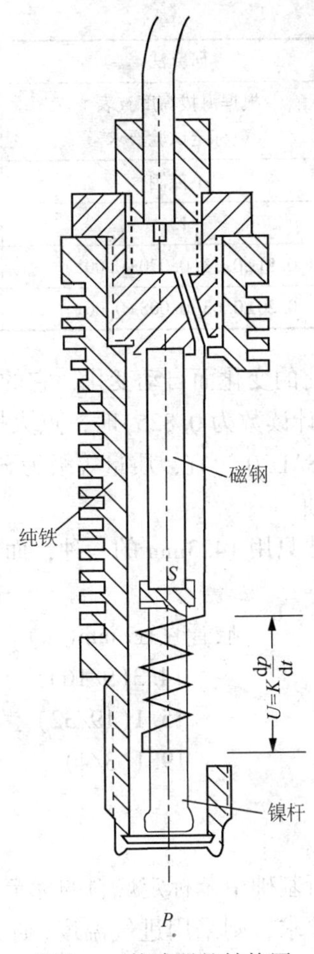

图 3-1　传感器的结构图

爆震表实际上是一个惠斯登桥式毫伏表，用 0~100 分度来显示爆震强度。当爆震表读数范围超出 20~80 时，爆震表读数与爆震强度的关系是非线性的，所以其工作范围为 20~80。

五、试验条件

有关操作条件见表 3-2。

表 3-2　辛烷值测定条件

条　件	研究法	马达法
发动机转速/(r/min)	600±6	900±9
曲轴箱油/牌号	L-ESE 级以上汽油机油，SAE30	L-ESE 级以上汽油机油，SAE30
操作温度下油压/kPa(lbf/in^2)	172~207(25~30)	172~207(25~30)
曲轴箱油温/℃	57±8.5(135±15)	57±8.5(135±15)
冷却剂温度/℃(℉)	100±1.5(212±3)	100±1.5(212±3)
吸气湿度/[g 水/kg 干空气(g 水/1b 干空气)]	3.56~7.12(25~50)	3.56~7.12(25~50)

续表

条　　件	研究法	马达法
吸气温度/℃(℉)	根据海拔高度查表 或标定试验要求	38±2.8(100±5)
混合气温度/℃(℉)	不控制	149±1.1(300±2)
点火时间(上死点前)角度/(°)	13	随压缩比自动改变
火花塞间隙/mm(in)	0.51±0.13(0.020±0.005)	0.51±0.13(0.020±0.005)
进、排气阀门间隙/mm(in)	0.20±0.03(0.008±0.001)	0.20±0.03(0.008±0.001)

马达法的点火提前角随压缩比的变化而自动变化，它的基本定位是在不经大气压力修正的情况下计数器读数为264(测微计读数为0.825)时，点火提前角为上止点前26°。

曲轴箱润滑油的黏度等级以SAE30为宜，质量等级为SE级以上单级汽油机油，不允许使用含有黏度指数改进剂的多级油。

关于化油器喉管直径，研究法只用14.3mm的一种，而马达法在不同海拔高度采用不同的喉管：

海拔高度/m	喉管直径/mm(in)
0~500	14.3(9/16)
500~1000	15.1(19/32)
1000以上	19.1(3/4)

六、校正评定特性

发动机在标准试验条件下进行基础甲苯标定燃料的标定试验，试验结果必须符合表3-1要求。如果校验结果达不到规定要求，则采用进气温度(研究法)或混合气温度(马达法)调谐的方法，使校正值满足要求。

关于进气温度，马达法是固定的(38℃±2.8℃)，同时控制混合气温度(149℃±1.1℃)。但是，有时在149℃±1.1℃混合气温度下，甲苯标定燃料的评定值超出表3-1的允差范围，此时允许调整混合气温度，调谐范围为141~157℃(285~315℉)。如果此时甲苯标定燃料达到了方法的要求，则做试样时也在该温度上做。但试样的辛烷值与甲苯标定燃料的辛烷值不得超过±2.0，而且评定的辛烷值范围仅限于79.0~93.0。对研究法而言，进气温度随大气压力的变化而变化，且不控制混合气温度。具体要求是根据当天大气压力查表确定进气温度，允许的波动范围是±1.1℃。在此温度下，如果基础甲苯标定试验的结果符合表3-1要求，则评定试样时就采用该温度。如果基础甲苯标定试验的结果不符合表3-1要求，就用改变进气温度调谐的方法，使试验结果符合表3-1要求，此后进行的评定就采用该温度。

七、试验基本过程

辛烷值测定分为内插法和压缩比法两种，内插法结果更准确，但操作复杂，相反，压缩比法操作简单，但结果不如内插法精确。

(一) 内插法

通过压缩比和混合气浓度的反复调节，使试样在某一个压缩比下的最大爆震强度计数为50±3，根据此时的压缩比查表得到试样的辛烷值估计值，选用两种标准燃料，其一的辛烷值比估计值高一个单位，另一个的辛烷值比估计值低一个单位，保持该压缩比不变，通过混合气浓度的调节，找出两种标准燃料的最大爆震读数，则试样的爆震读数位于两个标准燃料的爆震读数之间，根据标准燃料的辛烷值和三个油样的爆震读数即可计算出试油的辛烷值。

（二）压缩比法

1. 确定标准爆震强度。

已知辛烷值的参比燃料在爆震试验装置中燃烧，且汽缸高度(即发动机压缩比)已调整到操作表规定的与该参比燃料对应的规定值上，此时参比燃料产生的最大爆震强度称为标准爆震强度。操作表由试验标准提供，指在101.3kPa大气压力下，标准燃料产生标准爆震强度下，其辛烷值与气缸高度之间的特定关系。

(1) 选用与试样同一范围的第一参比燃料，即根据对试样辛烷值的了解或估计选用一个合适的标准燃料，其辛烷值与试样辛烷值的最大允差不大于2.0(试样辛烷值等于或低于90.0)或1.0(试样辛烷值介于90.1~100.0)。

(2) 把压缩比调整到符合该参比燃料产生标准爆震强度时有关操作表的规定值上。

(3) 调整标准燃料液面，取得最大爆震燃料-空气比，即最大爆震读数。

(4) 调整爆震仪的“仪表读数”使爆震表读数在50位置上。

2. 评定试样燃料。

(1) 把化油器燃料选择阀转到装有试样的燃料罐供油。

(2) 调整压缩比使爆震表读数为50。

(3) 调节燃料罐液面，取得最大爆震的燃料-空气比。

(4) 重新调整压缩比使爆震表读数为50。

(5) 读取计数器读数或测微计读数(经大气压补偿的读数)，查表得到试样的辛烷值。

八、其他辛烷值测定方法简介

1. GB/T 18339—2001《车用汽油辛烷值测定法(介电常数法)》

其测定原理是运用数理统计方法对大量试验数据进行处理，得到车用汽油介电常数与其辛烷值的相关关系，从而通过测定车用汽油的介电常数，确定其辛烷值。该仪器设有扫描测定档位和分段测定档位(依据车用汽油的牌号划分)，经标定和校准后，可用于测定研究法辛烷值(*RON*)。

标定试剂采用分析纯环己烷和分析纯甲苯，校准用标准物质必须采用与待测试样种类和牌号相对应的由国家计量行政管理部门审核批准的车用汽油辛烷值标准物质。

测定辛烷值时，使用标定试剂对仪器的扫描测定档进行标定，直到标定结果满足或校正到：环己烷(85.0±0.5)*RON*、甲苯(115.0±1.5)*RON*。根据被测试样的牌号或表3-3要求选择相应的标准物质分别校准仪器的分段测定档。将仪器传感器插入盛有标准物质的烧杯中，利用仪器校准键将该档读数校准为标准物质已知的辛烷值数值。

表3-3　辛烷值测定仪分段测定档的选择

扫描值(*RON*)	≤92.0	92.1~94.0	94.1~96.0
应选档	90	93	95

辛烷值测定步骤如下：

(1) 将仪器传感器插入盛有试样的烧杯中；

（2）对已知牌号的待测样，选择相应的测定档测定，得到辛烷值；

（3）对未知牌号的待测样，先进行扫描测定，再根据扫描值查表 3-3，选择相应测定档进行测定。

2. 气相色谱法在辛烷值测定中的应用

气相色谱分析技术是研究燃料油化学组成的最有效分析手段之一，特别是 19 世纪 90 年代以来，随着毛细管气相色谱的发展，人们已经有能力把汽油分至近 300 个组分。随着气相色谱和质谱、气相色谱和红外光谱联用技术的成熟，人们已经有能力对汽油的每一个化学组分进行定性鉴定。在对汽油各单烃的化学结构与其辛烷值关系研究的基础上，气相色谱分析汽油所获得的汽油各化学组分和含量的信息可以用于计算汽油的辛烷值。但是，这样做存在一个问题，由于汽油化学组成相当复杂，人们不可能知道汽油中每一个化学组分单烃的权重和辛烷值。因此，采用上述方法实际上不可行。人们从对不同化学结构单烃与其辛烷值关系的研究知道，不同化学结构类型的单烃的辛烷值不同，如汽油中高辛烷值组分是芳烃、支链烷烃、支链稀烃等，低辛烷值组分是直链烷烃等，并且随着碳原子数目的增加，辛烷值下降。因此，可以把汽油中不同化学结构的单烃化合物进行分组，通过统计的方法，计算出汽油的辛烷值。

l967 年 Jenkins 将气相色谱组成分析用于辛烷值的测定，1984 年，梁汉昌等用毛细管气相色谱法测定了胜利油田汽油的辛烷值。1987 年和 1988 年，DURAND 和程桂珍等分别提出了用高分辨气相色谱法测定汽油辛烷值。1999 年，张承聪等将国内外普遍采用的 31 组分组改缩至 21 组，将分析时间减少至 35min，实现了用高分辨色谱对汽油辛烷值的快速测定。同年，李为民等将毛细管色谱分析结果与人工神经网络方法结合起来用于汽油辛烷值的预测，与常用的线性回归数学模型法相比，其预测结果有了很大的改善。

3. 近红外光谱法测定汽油辛烷值

近红外光谱区一般指 850~2500nm 的光谱范围，分析化学家从该光谱区所得到的有机化合物的分子组成、结构信息主要是 X-H 的泛频振动吸收，（X=C、O、N）。早在 20 世纪 30 年代，人们已经对有机化合物在近红外光谱区的光谱特征进行了系统研究，不同化学键结构的近红外光谱信息相互干扰小，可以获得不同结构基团的近红外光谱信息，而且，光谱图的重现性好，分析精度高，适合进行定量分析。1965 年，Karl Norris 利用近红外光谱定量测定 O—H 键的特点，使用近红外漫反射技术定量测定了农副产品中的水含量，由此揭开了近红外光谱法应用于混合有机化合物体系的质量指标定量分析的序幕。随着计算机技术和化学计量学的发展，近红外光谱在定量分析方面的特色逐渐应用于各个领域，到 20 世纪 80 年代后期，近红外光谱开始进入石油化工领域，1986 年，美国华盛顿大学工艺分析中心首先报道了应用近红外光谱技术快速测定汽油质量指标的研究。1987 年，后勤工程学院油品测试评定中心开展了应用近红外光谱测定石油产品质量指标的研究。

对于烃类化合物来说，近红外区的吸收带均是由烃类分子的 C—H 伸缩振动的泛频或组频引起的。由于不同基团的 C—H 键的非谐性常数有差异，各基团的近红外吸收带较中红外区分离得要好。此外，吸收带的强度随谱带级次的升高而迅速减小。近红外区的吸收带的强度虽小，但是这些吸收带的吸光系数仅取决于产生吸收的基团（如甲基、亚甲基、烯基或芳基）在分子中的浓度，与分子的残余部分无关。这就使得近红外光谱特别适用于建立在烃类功能团基础上的分析。

近红外光谱法能够测定汽油辛烷值，得力于化学计量学的发展。近红外光谱法测定汽油质量指标是建立在对汽油的各结构基团定量信息的统计表征的基础之上的，但是，仅从近红外光谱获得的汽油稀烃、芳烃结构基团信息不足以把汽油按其组成的不同分为不同类别，因此，用近红外光谱法测定汽油辛烷值方法的普遍适用性取决于训练集标准样品所代表的汽油组成结构的范围，在汽油中当加入醇或者甲基叔丁基醚(MTBE)辛烷值添加剂时，由于这类添加剂在近红外光谱区有响应，因此当在训练集样品中有这一类的添加剂的汽油样品时，近红外光谱法可以准确预测这类汽油样品的辛烷值。在这方面的研究中，为保证训练集样品在汽油的化学组成结构方面的代表性，以使所得到的数学模型有更广的适应性，训练集样品数目大于200个是常见的，所采用的化学计量学方法多为偏最小二乘法，对汽油近红外光谱谱图的信息采取多是采用全谱方法，即等波长间距采集所有波长的光谱数据进入数学模型。随着计算机技术的发展，实现汽油近红外光谱数据的自动采集与数学模型计算已经是方便的事。

近红外光谱法除了能够测定汽油的辛烷值外，还能够测定汽油近二十项质量指标，表3-4是近红外光谱法能够测定的汽油质量指标。

表3-4 近红外光谱法测定汽油质量指标项目

质量指标项目	辛烷值(马达法、研究法)、密度、蒸汽压(雷德蒸气压)、闪点、馏程、雾点、黏度等
组成分析项目	总芳烃含量、稀烃含量、甲苯、二甲苯含量、含氧化合物(MTBE、甲醇、乙醇等)等

中国现行车用汽油产品标准为GB 17930—2013，系国家强制性产品标准。该产品标准规定：研究法辛烷值测定只采用GB/T 5487方法，抗爆指数测定只采用GB/T 5487和GB/T 503方法，并且明确上述2个方法标准通过被引用而成为强制性产品标准的一部分；该产品标准没有再指定其他辛烷值检测方法。因此，对车用汽油产品进行质量监督抽查时，应采用GB/T 5487和GB/T 503方法。介电常数法虽然已制定了国家标准，但从实际情况看，分别采用GB/T 18339与GB/T 5487标准检测的辛烷值数据之间没有规律性，对依据GB/T 18339测定得到的辛烷值结果有异议时，以GB/T 5487测定方法得到的测定结果为准。至于气相色谱法和近红外光谱法，由于测定原理的局限性，建议在条件波动不大、不对外出具数据的场合使用，如炼厂中间过程控制分析、科学研究过程等。

第二节 柴油燃烧性能评定

柴油在柴油机中燃烧时是否容易着火的性能称为发火性。柴油发火性能的好坏，主要取决于自燃点的高低。自燃点越低，燃料的发火性能越好。在柴油机中，燃料的自燃点虽然对发火延迟期有决定性的影响，但在实际工作中并不以自燃点来表示其发火性能。因为还有许多因素也能或多或少影响燃料的燃烧过程，例如燃料喷射的细密程度、燃料的蒸发性、黏度以及发动机的压缩比等，评定柴油发火性能的指标有十六烷值和柴油指数等。

一、着火滞后期法测定柴油的十六烷值(GB/T 386—2010)

1. 着火滞后期与十六烷值(CN)的概念

着火滞后期指柴油发动机从喷油到柴油自行发火燃烧所经历的时间。

十六烷值原定义是指和柴油发火性能相同的标准燃料中，所含正十六烷的体积百分数。其标准燃料是指正十六烷和α-甲基萘按不同体积比例调配而成。正十六烷发火性很好，规定它的十六烷值为100；α-甲基萘的发火性很差，规定它的十六烷值为0。把正十六烷和α-甲基萘按不同体积进行混配，就可以得到十六烷值由0~100的各种标准燃料，如某标准燃料是由46%的正十六烷和54%的α-甲基萘组成，则该标准燃料的十六烷值为46。测定某一柴油的十六烷值时，就拿它和标准燃料在十六烷值机中进行试验比较。如某一柴油的发火性恰好与含有46%正十六烷和54%α-甲基萘的标准燃料相同，则该柴油的十六烷值为46。

由于α-甲基萘在结构上与柴油有较大差异，已用七甲基壬烷代替α-甲基萘作为标准燃料之一，故目前使用的标准燃料是正十六烷和七甲基壬烷的混合物。七甲基壬烷的十六烷值为15，因此所测十六烷值不再是标准燃料中正十六烷的体积分数，需按下式进行换算。

$$CN = \text{正十六烷}\% + 0.15 \times (\text{七甲基壬烷}\%)$$

2. 试验用柴油发动机

其排量为611.73cm^3，标准汽缸直径82.550~82.588mm，活塞冲程114.3mm，压缩比连续可调(7.95~23.50)。压缩比的大小由手轮读数换算而来，读数刻度尺附在牵引膨胀塞的螺杆上，小手轮为锁紧手轮，大手轮用于调整压缩比，见图3-2。

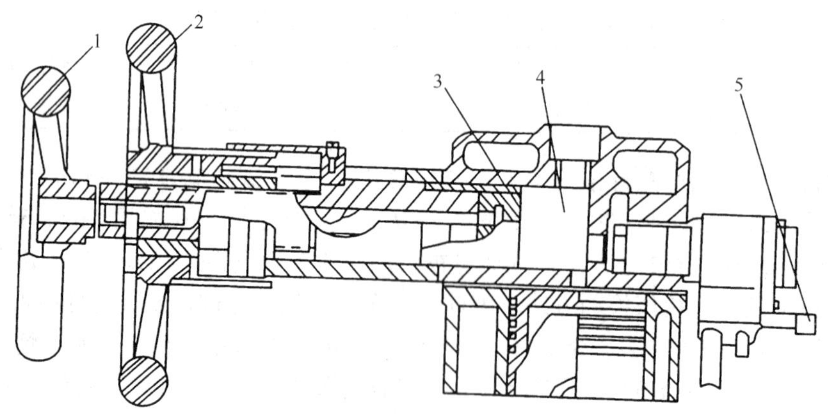

图3-2 燃烧室装配图

1—锁紧手轮；2—调压缩比手轮；3—膨胀塞；4—燃烧室；5—旁通阀

3. 传感器

(1) 喷油信号传感器。装在靠近喷油器针阀处，用来测量针阀顶杆的升程，指示开始喷油的时刻。图3-3为油针速度传感器，由线圈和永久磁棒组成，永久磁棒与针阀挺杆有约1mm间隙。喷油时针阀挺杆跳动改变磁棒与挺杆的间隙使磁通量变化，线圈内产生感应电动势。其喷油信号波形见图3-4。

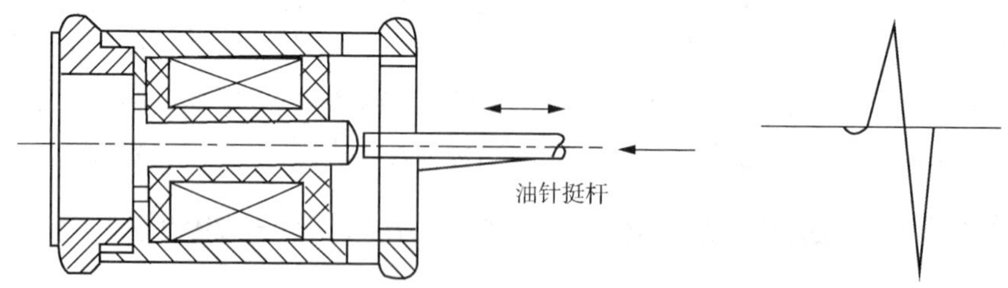

图3-3 油针速度传感器

图3-4 喷油信号波形

(2) 着火信号传感器。安装在发动机气缸盖的测量孔内，用于测量燃料开始燃烧时的气缸内的压力。图3-5为压力增长率传感器，是利用磁致伸缩现象的反效应来测量汽缸内压力增长率的。由物理概念可知，镍棒具有磁致伸缩效应，镍棒在强磁场的作用下，如果通过镍棒的磁通变化，镍棒能随之伸长或缩短；反之，如果磁化镍棒受外力作用伸长或缩短，则会导致作用于镍棒的磁通变化。若将镍棒放在一个线圈中间，由于磁通的变化将在线圈中感应电势，线圈的感应电势和气缸中压力的变化率成正比。压缩过程压力变化较缓慢，着火后气缸中压力突然增加，见图 3-6。

(3) 参比信号传感器。两个电磁传感器安装在发动机飞轮上方托架中，间距 12.5°，其中一个标志活塞上死点位置。当飞轮外圆上的铁销通过传感器时，产生两个电压脉冲的时间差正好相应于传感器移过的曲轴转角。见图 3-7。

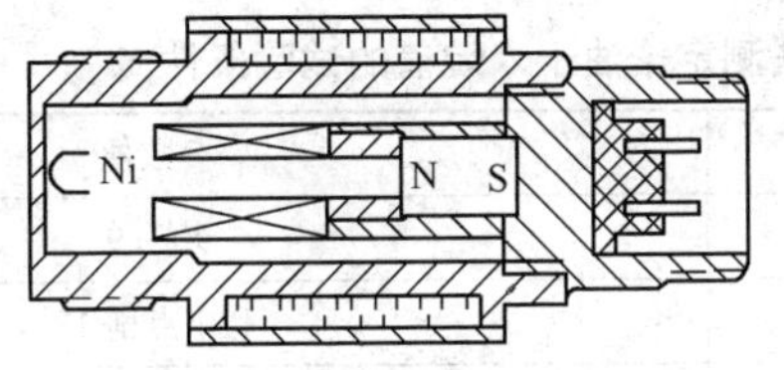

图 3-5　压力增长率传感器

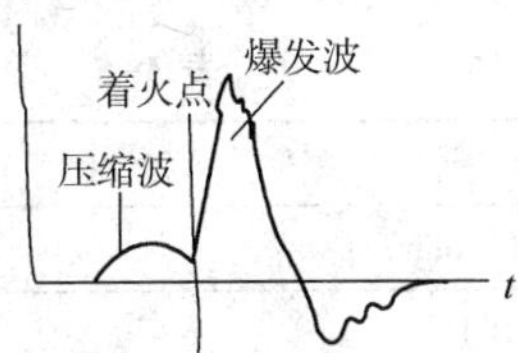

图 3-6　压力增长率传感器波形

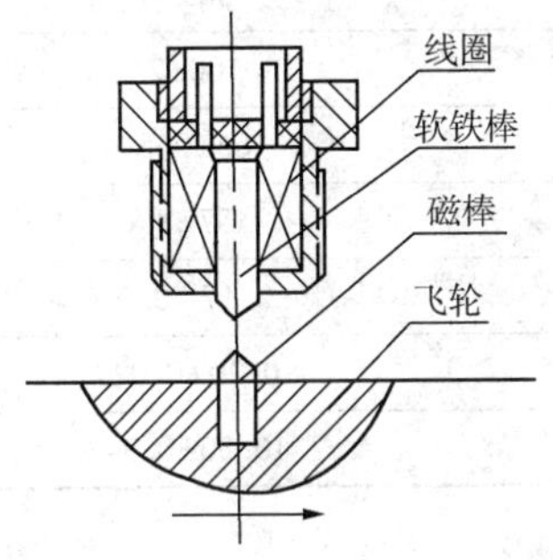

图 3-7　参考信号传感器

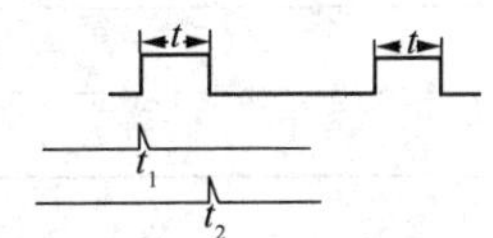

图 3-8　着火滞后期单次测量原理

t—着火落后时间间隔；t_1—喷油信号；t_2—着火信号

4. 着火滞后期表

通过连接电缆接受四个电磁传感器输入电压脉冲的电子仪器，用来测量柴油的着火滞后期。其测量原理是：由喷油传感器获得的喷油信号，经放大和整形后，送到双稳电路的一个输入端，由着火传感器获得的着火信号也经放大和整形后，送入该双稳电路的另一个输入端，双稳电路将输出一脉冲，此脉冲前沿代表喷油开始时刻，后沿代表着火开始时刻，脉冲宽度即为被测油的着火滞后期，见图 3-8。但是单次测量的偶然误差是较大的，由于其测量误差符合统计规律，随着测量次数的增加，偶然误差的算术平均值将趋于零。所以电路设计成直接显示若干次测量的算术平均值，使测量结果既直观，又稳定，见图 3-9。

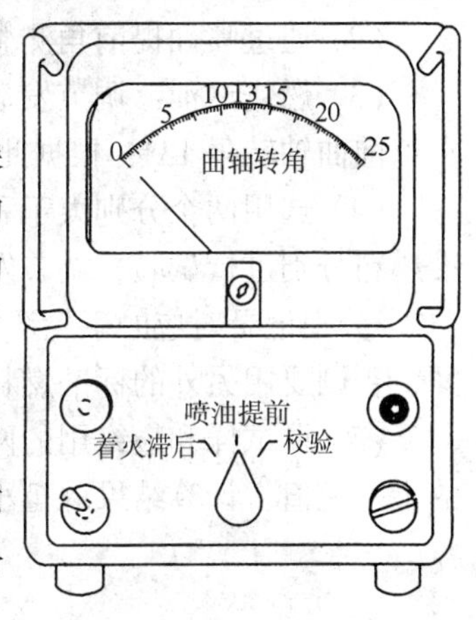

图 3-9　着火滞后期表

5. 燃料

(1) 正标准燃料。试验所用正标准燃料为正十六烷和七甲基壬烷，规定正十六烷的十六烷值为 100，七甲基壬烷的十六烷值为 15。由正十六烷和七甲基壬烷按体积混合后的标准燃料的十六烷值为：CN=正十六烷%+0.15×(七甲基壬烷%)

计算结果时，取两位小数。正标准燃料用来检查副标准燃料，测取及检查由副标准燃料换算为正标准燃料的换算表以及作仲裁试验。

（2）副标准燃料。副标准燃料是一种工业产品，由烃类混合物组成，其中一种是高十六烷值的（*CN* 不低于 55），另一种是低十六烷值（*CN* 不高于 25）。日常测定柴油的十六烷值时，可用经正标准燃料校正过的副标准燃料及其按体积组成的混合物。

（3）检验燃料。检验燃料是经正标准燃料校正的，具有固定十六烷值的两种典型的柴油燃料，专门用来检查十六烷值机评价柴油十六烷值的准确性。

6. 试验条件

GB/T 386—2010 方法的试验条件见表 3-5。

表 3-5　着火滞后期法测定柴油十六烷值的试验条件

参　数	参数值
发动机转速/(r/min)	900±9
喷油提前角/(°)	上止点前 13
喷油量/(mL/min)	13. 0±0. 2
喷油器冷却温度/℃	38±3
发动机冷却温度/℃	100±2
吸入空气温度/℃	66±0. 5
润滑油温度/℃	57±8
润滑油压力/MPa	0. 17~0. 2
气门间隙/mm	0. 20±0. 02
喷油器开启压力/MPa	10. 30±0. 34

7. 试验概述

在标准操作条件下，在专用的单缸柴油机上将试样的着火性质与已知十六烷值的标准燃料的着火性质相比较而测定试油的十六烷值。其基本原理是在特定的标准条件下，当柴油的着火滞后期相同而发火性能不同时，对应的发动机的压缩比不同。所以根据试油和标准燃料在具有相同着火滞后期时对应的柴油机的压缩比的大小即可测定试样的十六烷值。

（1）通过喷油量测微计的调节，使试油和标准油的喷油量均为 13. 0mL/min ± 0. 2mL/min。

（2）通过喷油提前角测微计的调节，使喷油提前角为上止点前 13°。

（3）燃烧试油，调节发动机的压缩比（用手轮读数表示），使被测样的着火滞后期为上止点前曲轴转角 13°，根据此时的手轮读数，估计试样的大概十六烷值。

（4）选用两个分别大于和小于试样十六烷值估计值且相差不大于 5 个十六烷值单位的标准燃料分别进行试验，调节发动机的压缩比，使标准燃料的着火滞后期为上止点前曲轴转角 13°，分别记录对应的手轮读数，此时，试样的手轮读数应处于两种标准燃料的手轮读数之间，否则要用另外的标准燃料进行试验，直到满足上述条件为止。

（5）取试样和最终用的两种标准燃料试验得到的三次手轮读数的算术平均值，计算试样的十六烷值，计算结果取至小数点后二位。

$$CN = CN_1 + (CN_2 - CN_1)\frac{a - a_1}{a_2 - a_1}$$

式中　*CN*——试样的十六烷值；

CN_1——低着火性质标准燃料的十六烷值；

CN_2——高着火性质标准燃料的十六烷值；

a——试样三次测定手轮读数的算术平均值；

a_1——低十六烷值标准燃料三次测定手轮读数的算术平均值；

a_2——高十六烷值标准燃料三次测定手轮读数的算术平均值。

二、馏分燃料十六烷值指数计算法[GB/T 11139—1989(2004)]

十六烷值指数(CI)表示馏分燃料在发动机中发火性能的一个计算值，可以从馏分燃料的标准密度和中沸点温度计算而得。标准密度我国规定为20℃下的密度(g/cm^3)，按GB/T 1884方法测定。中沸点指具有对称蒸馏曲线的油品在规定条件下蒸馏时，馏出50%体积的相应温度，按GB/T 6536方法测出。

1. 意义

十六烷值指数不能随意用来代替用标准发动机试验装置所测定的十六烷值。但在使用十六烷指数时，如果考虑了它的局限性，则可以用来作为预测十六烷值的一种辅助手段。

(1) 在不可能用发动机试验测定十六烷值的情况下，计算 CI 是估计 CN 的有效方法。

(2) 当试样量少到不足以进行发动机试验时，一般可以用计算 CI 作为近似的 CN。

(3) 在某种馏分燃料的十六烷值已经确定的情况下，只要这种燃料的原料和生产工艺保持不变，CI 可以用来检验以后生产的产品的 CN。

十六烷指数和十六烷值的相关性很大程度上取决于20℃密度和中沸点两者测定结果的准确性。

十六烷值在30~55范围内，75%馏分燃料的十六烷指数和十六烷值的相关性略小于±2个单位。不在此范围内相关性差一些。对直馏燃料、催化裂化燃料以及它们的混合物，其相关性最好，对于含有较多热裂化燃料的混合物，其相关性最差。

2. 计算方法

分别用GB/T 1884和GB/T 6536测定馏分燃料的20℃密度和中沸点，然后按公式直接计算或用计算图查找十六烷指数，并修约至整数。

$$CI = 431.29 - 1586.88\rho_{20} + 730.97(\rho_{20})^2 + 12.392(\rho_{20})^3 + 0.0515(\rho_{20})^4 - 0.554B + 97.803(\lg B)^2$$

式中 ρ_{20}——测定试样20℃时的密度，g/cm^3；

B——测定试样的中沸点温度，℃。

查图的方法是：在图3-10中的密度标尺和中沸点标尺上分别通过 ρ_{20} 和 B 两点划一条细直线，该直线与十六烷指数标尺的相交点即为试油的十六烷指数。

3. 十六烷指数的局限性

(1) 不适用于加有十六烷值改进剂的燃料；

(2) 不适用于纯烃、合成燃料、烷基化物、焦化产品以及从页岩油和油砂中衍生出的馏分燃料；

(3) 如果用于原油、残渣油以及终馏点在260℃以下的挥发性产品时，其相关性基本上不准确。

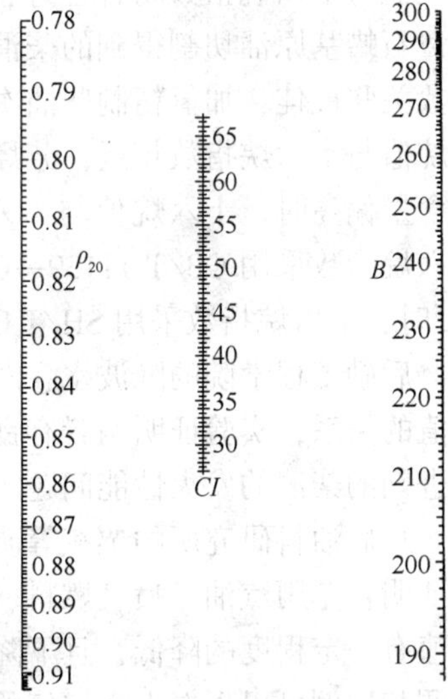

图3-10 十六烷指数诺谟计算图

三、十六烷指数计算法——四变量公式法(SH/T 0694—2000)简介

该法是等效采用国际标准 ISO 4264：1995(石油产品-中间馏分燃料十六烷指数计算法-四变量公式法》，适用于石油中间馏分燃料及含有来源于油砂和油页岩的非石油馏分的燃料，不适用于加有十六烷值改进剂的燃料、纯烃以及由煤生产的馏分燃料。

方法概要：按照标准试验方法测定试样的15℃密度以及10%、50%和90%的馏出温度。利用所测得的试验数据，依据给出的公式或图表，采用计算方法或图解法得到试样的十六烷指数。

$$CI = 45.2 + 0.0892(T_{10} - 215) + (0.131 + 0.901B)(T_{50} - 260) + (0.0523 - 0.42B)(T_{90} - 310) + 0.00049[(T_{10} - 215)^2 - (T_{90} - 310)^2] + 107B + 60B^2$$

$$B = \exp[-0.0035(D - 850)] - 1$$

式中 T_{10}——试样的10%回收温度,℃；

T_{50}——试样的50%回收温度,℃；

T_{90}——试样的90%回收温度,℃；

D——试样的15℃密度，kg/m^3。

SH/T 0694—2000法对燃料性质的推荐适用范围：十六烷值32.5~56.5；密度(15℃)为805.0~895.0kg/m^3；10%馏出温度171~259℃；50%馏出温度212~308℃；90%馏出温度251~363℃。

四、柴油十六烷值测定方法及其对发动机使用影响的讨论

GB/T 11139—2004馏分燃料十六烷指数计算法比SH/T 0694—2000中间馏分燃料十六烷指数计算法(四变量公式法)的适用范围广，并且在计算公式与计算图表方面都较SH/T 0694—2000简单和方便。

中国石化抚顺石油化工研究院的高波等考察了不同性质柴油以及烷烃、芳烃、烯烃含量对柴油十六烷值和十六烷指数关联性的影响。结果表明，中间基原油切割得到的柴油馏分十六烷值与十六烷指数吻合性好，对环烷基原油切割得到的柴油馏分十六烷值小于十六烷指数，石蜡基原油切割得到的柴油馏分十六烷值大于十六烷指数。直馏柴油十六烷值与十六烷指数关联最佳，加氢精制柴油次之，加氢裂化柴油最差。烷烃质量分数为30%~37%时，十六烷值与十六烷指数相近；芳烃质量分数为20%~30%时，十六烷值与十六烷指数相近，芳烃含量偏高时，十六烷值与十六烷指数关联性变差。当柴油密度为0.815~0.845g/mL时，十六烷指数采用GB/T 11139—04计算较准确；当柴油密度大于0.845g/mL或小于0.815g/mL时，十六烷指数采用SH/T 0694—2000(ASTM D4737-96)四变量计算公式计算较佳。

后勤工程学院的陈波水、浙江交通职业技术学院的马林才等研究了柴油的自燃点与十六烷值的关系，实验证明两者有良好的相关性，从而克服了十六烷值指数无法测定含十六烷值改进剂的柴油的发火性能问题。

总后油料研究所的粟斌等研究了柴油机应急燃料的发火性及其对发动机性能的影响，实验证明：车用汽油、喷气燃料、液压油和大豆油以一定的比例掺入柴油后，都会使燃料十六烷值有一定程度的降低，且下降幅度与各调和油品的调和比例基本上是线性关系。应急燃料的调和比例可以根据十六烷值的要求由回归公式计算确定；排气温度和功率随着应急燃料十六烷值的升高而升高，但是如果十六烷值过高，会导致排气温度和功率都有下降趋势；大豆

油的黏度大，流动阻力大，同时密度较大，热值较低，虽然其十六烷值较高，但经济性能仍然较差；应急燃料的十六烷值对于排气烟度的影响较为复杂，对于试验柴油机来说，十六烷值在 55~60 之间的燃料，产生的烟度最小。

第三节 喷气燃料的燃烧性评定

喷气发动机中燃料的燃烧是扩散式的连续燃烧，即一边形成混合气一边进行燃烧。由于其特殊的燃烧方式，喷气发动机对燃料有如下要求：一是燃料的燃烧要连续、稳定，在严寒区冬季和高空熄火后能迅速起动；二是燃料的燃烧要完全、生成的积炭要少。芳烃的燃烧极限窄，容易产生熄火及抖动，同时芳烃的生炭性大，因而芳烃不是喷气燃料的理想组分。喷气燃料用无烟火焰高度和辉光值来评定喷气燃料的燃烧性，其主要目的是限制芳烃含量。

一、无烟火焰高度(*SP*)

无烟火焰高度又称烟点，是在规定的条件下，试样在标准灯具中燃烧时不冒黑烟的最大火焰高度，单位为 mm。燃料中芳香烃越多，其无烟火焰高度越小，燃料馏分愈重，则无烟火焰高度也愈低，燃烧时生成的炭粒越多，火焰明亮度越大，易使燃烧室受辐射过多而超温，故生成积炭的倾向显著增大。合适的烟点，可以保证燃料正常燃烧，避免积炭形成。

涡轮发动机内生成积炭的倾向，与喷气燃料无烟火焰高度之间有密切的关系。燃料的无烟火焰高度愈小，则生成积炭愈多。国产喷气燃料均须进行无烟火焰高度测定，如常用的 3 号喷气燃料要求无烟火焰高度不小于 25mm；或无烟火焰高度不小于 20 mm，但萘系烃含量不大于 3%(体积分数)，以限制双环芳香烃含量，因双环芳香烃比单环芳香烃更易产生较多的积炭。

二、GB/T 382 煤油烟点测定法

本方法适用于测定灯用煤油和喷气燃料的烟点。

1. 烟点灯

由以下几部分组成：备有灯芯管和空气导管的储油器，装配有灯芯导管和进气口的对流室平台、灯体和灯罩。烟点灯上还备有一个专用的 50mm 标尺，在其黑色玻璃上每 1mm 分度处用白线标记，灯芯导管的顶部与标尺的零点标记处在同一水平面上，储油器能缓慢和均匀地升降。

2. 测定过程

(1) 将 20mL 试样倒入洁净的储油器内，把灯芯管放入储油器中并拧紧，使灯芯在灯芯管中突出 3mm，将储油器插入灯中。

(2) 把灯芯点燃并调节火焰高度为 10mm，燃烧 5min。将灯芯升高到呈现油烟，然后平稳地降低火焰高度，此时火焰外形可能出现下列几种情况：

一个长光状，可轻微地看得见有烟，间断不定形状并跳跃的火焰；

一个延长的点光状，光边有向上的凹面，如图 3-11 中的 A；

点尖状正好消失，出现一个很亮的燃烧火焰，如图 3-11 中 B；

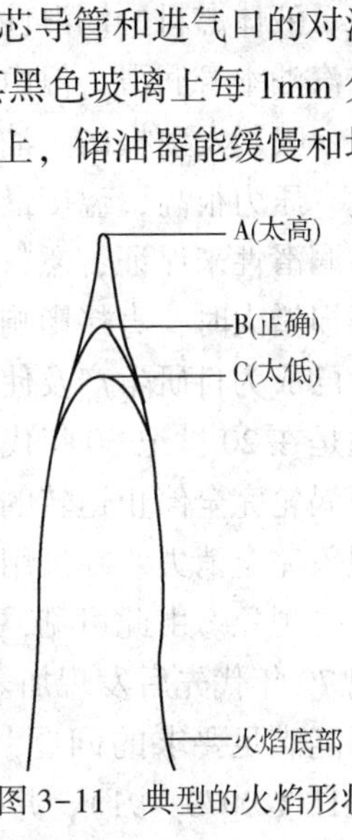

图 3-11 典型的火焰形状

一个完好的圆光，如图 3-11 中 C。

估读图 3-11 中 B 火焰高度，精确至 0.5mm，取三次烟点观测值的算术平均值，作为试样烟点的测定值。

三、辉光值(*LN*)

辉光值主要用来表示燃料燃烧时的火焰辐射强度。

辉光值是在标准仪器内，用规定方法测定火焰辐射强度的一个相对值，它是用固定火焰辐射强度下火焰温度升高的相对值表示。辉光值与燃料的化学组成有关，当烃类碳原子数相同时，各类烃的辉光值为：烷烃的辉光值最高，环烷烃、烯烃居中，芳香烃最小。

四、GB/T 11128 法测定辉光值

1. 测定意义

辉光值与燃烧产物传出的潜在的辐射热有定性关系，因为辐射传热对喷气发动机燃烧室火焰筒和其他热部件金属表面有强烈的影响，辉光值可提供燃料特性与这些部件寿命相关的依据。同时燃料的辉光值越高，燃烧时生成的积炭倾向越小。例如，3 号喷气燃料要求辉光值不小于 45。

2. 测定方法

将被测试样放入辉光计(见图 3-12)的灯芯式小油灯内燃烧，火焰辐射强度通过一滤光片和光电池装置测得，同时用正对火焰上方的热电偶测得油灯横面的温升值作一曲线，将试样温升与在恒定的辐射水平下分别与基准样品四氢萘和异辛烷所测得的火焰温升进行对比。为了确保所有仪器的恒定评价基准均相同，规定以四氢萘烟点时的火焰辐射强度为基准，温升曲线见图 3-13。辉光值的计算是由试样的温升值与四氢萘的温升值之差，除以异辛烷与四氢萘的温升值之差得出。

第四节　液体燃料的润滑性评定

液体燃料的润滑性主要指喷气燃料和柴油的润滑性，虽然汽油机的供油泵和喷油泵也是靠汽油本身润滑，但由于汽油泵的工作压力小得多，所以对汽油的润滑性要求很低。

喷气发动机的主油泵、加力油泵运转时，既有滑动摩擦，又有滚动摩擦，摩擦表面温度、压力很高，温度最高达 300~400℃，接触应力为 250~300MPa，泵的润滑是靠燃料自身的润滑性来保证，燃料还作为冷却剂带走摩擦产生的热量。当燃料润滑性能不足、燃料泵的磨损增大时，直接影响发动机燃油供应的灵敏调节、油泵寿命乃至飞行安全。喷气燃料润滑性已成为科研生产及使用部门关注的重要使用性能指标。我国开始认识到喷气燃料润滑性问题是在 20 世纪 60 年代，在试用大庆 1 号喷气燃料时，出现了涡轮惯性时间(即关闭油门后至涡轮完全停止运转的时间)缩短，转动涡轮有时有响声，在滴入数滴航空润滑油后，这些现象完全消失。在试用胜利 1 号喷气燃料过程中出现了主燃油泵故障频发，油泵柱塞严重磨损等现象。由此可见，喷气燃料润滑性能差，会严重影响燃油泵的正常运转。我国在 20 世纪 70 年代先后发现加氢裂化喷气燃料和非加氢深度精制喷气燃料在实际使用中出现润滑性不能满足要求的问题，为此，建立了 MHK-500 环块试验机评定喷气燃料润滑性的方法(SH/T 0073—91)，并提出用抗磨指数 K_m>90 监控喷气燃料的润滑性。进入 20 世纪 90 年代

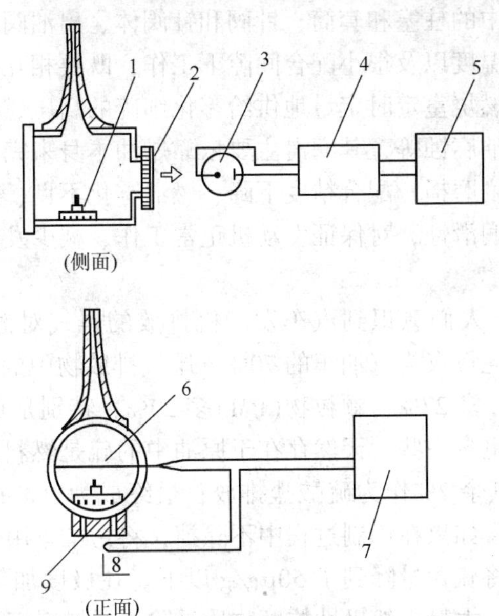

图 3-12 辉光计示意图

1—灯芯式小油灯；2—橙色滤光片；3—光电池；4—放大器；5—辉光计表；
6—火焰热电偶；7—电位计；8—大气热电偶；9—空气流入口

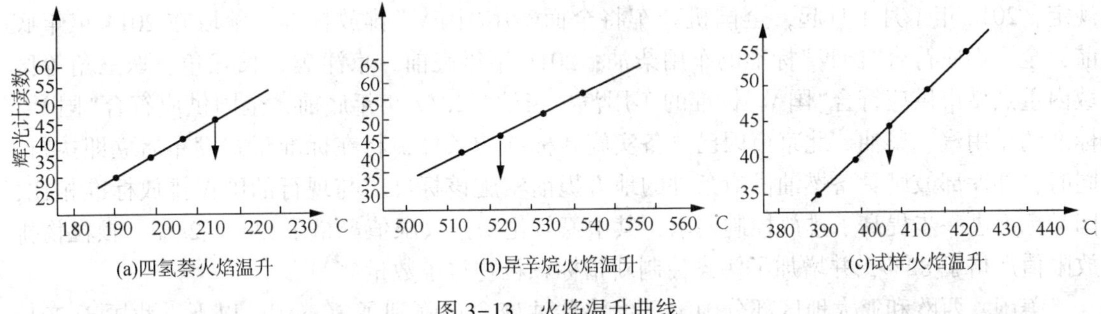

(a)四氢萘火焰温升　　(b)异辛烷火焰温升　　(c)试样火焰温升

图 3-13 火焰温升曲线

以来，国产喷气燃料的质量情况发生了很大变化，加氢裂化和加氢精制工艺生产的喷气燃料所占比例大幅度增加，我国民用的喷气燃料质量完全与国际的 Jet A-1 喷气燃料接轨。加氢精制虽然提高了燃料的热安定性，但由于去除了带极性的非烃类化合物，如环烷酸、酚类以及某些含硫和含氮化合物而导致润滑性降低，因为这些极性物质具有较强的极性，容易吸附在金属表面上，形成牢固的油膜，有效地降低了金属间的摩擦和磨损。烃类的极性很弱，难以保证润滑，因此加氢精制后需加入少量抗磨添加剂，以提高燃料的润滑性能，这类添加剂能在金属表面形成一层对水无渗透性的吸附膜，同时具有防腐和抗磨作用。常用的防腐抗磨添加剂有长烷基链的脂肪酸，烷基胺基磷酸酯等。

目前国际上评定喷气燃料润滑性的试验方法为 ASTM D5001—90a，该方法是使用 BOCEL-100 试验机进行评定，燃料的润滑性以在试球上产生的磨痕直径 *WSD* 表示。美国对军用喷气燃料的润滑性要求磨痕直径 *WSD* 不大于 0.65mm，而民用喷气燃料磨痕直径 *WSD* 不大于 0.85mm。2000 年由中国石化石油化工科学研究院起草了 SH/T0687—2000(2007)《航空涡轮燃料润滑性测定法(球柱润滑性评定仪法)》，该方法基本等效采用 ASTM D5001，具有良好的重复性和再现性，是我国评定喷气燃料润滑性通常采用的方法。

柴油机燃油供给系统中的柱塞和套筒、针阀和针阀体、出油阀和阀座这些精密偶件，在高速、高压、高温或较高温度以及很小配合间隙下工作，既要相互灵活滑动，又要在高压油中保持密封性，以保证向燃烧室定时定量地供给雾化细碎的高压燃油。这些部件在工作中将受到机械磨损、冲击和燃油腐蚀等，其润滑主要依靠燃油本身来完成。如果柴油抗磨润滑性不好，将导致精密部件过度磨损、配合精度下降、燃油雾化不良、发动机功率不足或怠速不稳等问题。研究柴油抗磨润滑性，对保证发动机正常工作、减少发动机部件磨损具有重要的实际意义。

20 世纪 80 年代末期，人们意识到汽车发动机排放的尾气对健康和环境的危害相当严重，虽然柴油车的燃料消耗量仅为汽油车的 70%，尾气排放物中的 CO_2 和 CO 都比汽油车尾气少，但 NO_x 多 21%，HC 多 27%，颗粒物(PM)多 22%，特别是重负荷柴油车尾气排放物和多环有机物等有害物质更多一些。天然存在于原油中的硫是燃料产生 PM 的关键，98%在燃烧过程中转化为 SO_2，其余 2%作为硫酸盐排放，最终成为 PM 的一部分，也可使汽车尾气催化转化器催化剂中毒。如果在炼制过程中不除掉，将污染车用燃油、影响环境。美国和西欧各国、亚太地区已经将硫含量降到了 50μg/g 以下。在极度加氢情况下生产低硫、低芳烃柴油特别是超低硫柴油，大量天然极性抗磨物质被除去，燃料润滑性大大降低，美国、加拿大、瑞典等早期使用低硫柴油的国家频频出现柴油机高压油泵和喷油器粘着磨损导致燃料泵失效的故障。

2013 年 9 月 17 日，环保部发布《轻型汽车污染物排放限值及测量方法(中国第五阶段)》规定，2018 年 1 月 1 日起，全国机动车将全面实施“国Ⅴ”排放标准；争取在 2014 年年底前，全国供应符合“国Ⅳ”标准的车用柴油；2015 年年底前，京津冀、长三角、珠三角等区域内重点城市供应符合“国Ⅴ”标准的车用汽、柴油；2017 年年底前，全国供应符合“国Ⅴ”标准的车用汽、柴油。北京市因已具备实施新标准的条件，将在标准正式发布后立即执行。同时，环保部鼓励具备燃油供应条件的地方提前实施该标准。与现行的国Ⅳ排放标准相比，国Ⅴ标准进一步提高了排放控制要求，其中氮氧化物排放限值严格了 25%~28%、颗粒物排放限值严格了 82%，并增加了污染控制新指标颗粒物粒子数量。

美国、西欧和亚太地区部分国家已经将柴油硫含量降到了 50mg/kg 以下，我国于 2013 年颁布了 GB 19147—2013 车用柴油(Ⅴ)标准，根据该标准，车用柴油(Ⅲ)标准已废止，2015 年 1 月 1 起执行车用柴油(Ⅳ)标准，相应地硫含量由 350mg/kg 降为 50mg/kg，2018 年 1 月 1 起执行车用柴油(Ⅴ)标准，相应地硫含量由 50mg/kg 降为 10mg/kg，同时十六烷值由 49(5 号、0 号、-10 号)、46(-20 号)、45(-35 号、-50 号)分别提高至 51、49、47。然而柴油中的天然硫化物、极性物质都是良好的抗磨组分，低硫化的炼油工艺必然会降低柴油对发动机喷射系统的润滑能力，以致发动机燃油泵过早损坏。

为了寻找新的可再生能源，乙醇、甲醚(DME)等成为人们关注的对象，乙醇调和柴油、DME 替代柴油已用于实际发动机。甲醚等生物替代柴油，属于可再生资源且资源充足，减少了人类对原油的依赖，并且有利于减少大气温室气体及发动机颗粒物质排放。但是，乙醇、甲醚对柴油润滑性产生极大影响，发动机喷油系统磨损问题严重。

美军和北大西洋公约组织(NATO)实行战场单一燃料，将航空燃油用于地面装备的柴油发动机而出现大面积油泵失效。

为了评价柴油的润滑性能，预测其在燃料泵系统中的磨损状况，开发了众多模拟试验方法。其中以 Falex 公司开发的球座试验(BOTS)和球板试验(BOTD)、美军 Belvoir 燃料和润滑油研究中心开发的球柱试验(BOCLE)和擦伤负荷试验(SLBOCLE)，以及英国伦敦帝国学院开发的高频往复试验(HFRR)影响最大。1991 年，SAE、CEC 分别设立专门委员会或工作小组，考察现有试验室模拟评定方法的有效性。1992 年，在 ISO 的协调下，SAE 和 CEC 共同组成 SC/WG6 工作组，对现有柴油润滑性能评定方法进行了系统的评估。其中 HFRR 是目前普遍认可的柴油润滑性能模拟评定方法。

一、SH/T 0687—2000(2007)《航空涡轮燃料润滑性测定法(球柱润滑性评定仪法)》

该方法重复性和再现性好，是目前我国评定喷气燃料润滑性通常采用的方法。

1. 方法概要

把测试的试样放入试验油池中，保持池内空气相对湿度为 10%。一个不能转动的钢球被固定在垂直安装的卡盘中，使之正对一个轴向安装的钢环，并加上负荷。试验柱体部分浸入油池，并以固定速度旋转，这样就可以保持柱体处于润湿条件下，并连续不断地把试样输送到球/环界面上。在试球上产生的磨痕直径是试样润滑性的量度。

2. 仪器与试剂

(1) 仪器。采用美国 INTER AV INC(美国阿维奥尔公司)BOCLE-100 试验机，试球为 ANSI 标准钢 E-52100 铬合金钢，试环为 SAE8720 钢。国内已实现了该仪器的国产化，其型号为 MRQ-001。

(2) 试剂。丙酮、异丙醇、异辛烷、参考液 A 和 B。其中参考液 A 和 B 用于校机，要求在标准条件下 A 油的磨痕直径为 0. 56mm±0. 04mm，B 油的磨痕直径为 0. 86mm±0. 08mm。

3. 试验操作条件

(1) 试样体积：50mL±1. 0mL；

(2) 试样温度：25℃±1℃；

(3) 经调节的空气：在 25℃±1℃时的相对湿度为 10%±0. 2%；

(4) 试样预处理：一股气流以 0. 5L/min 通入试样中，同时另一股气流以 3. 3L/min 流过试样表面 15min；

(5) 试样试验条件：空气以 3. 8L/min 流过试样表面；

(6) 施加的负荷：9. 8N；

(7) 柱体转动速度：240r/min±1r/min；

(8) 试验时间：30min±1min。

4. 影响喷气燃料磨痕直径的因素

(1) T1501 抗静电添加剂。加入 T1501 抗静电添加剂后，试样的磨痕直径稍减小；但随着加剂量的增加，磨痕直径趋于稳定。探其原因，是因为空白样中缺少天然极性物质，而抗静电添加剂具有极性，它的加入增加了喷气燃料吸附于钢球的能力，使实验过程中测定的磨痕直径减少，在实际应用过程中提高了喷气燃料的润滑性。但实验证明，两者测定结果的差值在方法的精密度范围内，即抗静电添加剂对喷气燃料的抗磨性并没有实质性影响。

(2) 环境温度对磨痕直径的影响。环境温度越高，相应的喷气燃料的磨痕直径越大，这主要是油温提高以后，喷气燃料的黏度降低，在钢球上的黏附能力变小，所以必须严格控制试验温度。

(3) 环境湿度对磨痕直径的影响。喷气燃料具有一定的吸潮能力，当湿度增加时，磨痕直径基本呈线性增大。由于水的极性远大于喷气燃料，所以水更容易吸附在金属界面上，但是水的润滑性远差于喷气燃料的润滑性，所以这种结果是必然的。因此，在实验中一定要控制好湿度。

（4）原油和加氢工艺对磨痕直径的影响。不同原油生产的直馏喷气燃料的磨痕直径有一定差别，但不明显。直馏喷气燃料经过加氢后，其磨痕直径增加较大，并具有普遍性。所以说对喷气燃料进行加氢对其润滑性不利。现在较普遍的做法是，在加氢喷气燃料中加入抗磨剂如 T1602 来改善其润滑性。T1602 抗磨剂来源方便，对喷气燃料其他性能影响较小，对于我国加氢精制和加氢裂化生产的喷气燃料，必须加入 15mg/L 左右的 T1602 添加剂。

5. 抗磨指数(环块法)与本方法的相关性

陶志平等考察 K_m 值与 *WSD* 值之间的关系，并得到了如下回归方程：

$$Y=-261.75X+296.41$$

式中 Y——K_m 值；

X——*WSD* 值。

其相关系数为 0.908。按照我国长期执行的抗磨指数 K_m 不小于 90，则可以得到磨痕直径 *WSD* 为 0.79mm，这高于按照 DEF STAN 91.91/4 中要求不大于 0.85mm 的指标。同样，*WSD* 为 0.85mm 时，可以得到 K_m 值为 74。若按照美国军用飞机 *WSD* 要求不大于 0.65mm 的标准，K_m 值应大于 126。

二、SH/T 0765—2005《车用柴油润滑性评定法(高频往复试验机法)》

我国车用柴油从 GB/T 19147—2003 标准开始增加了对柴油润滑性的要求，采用的分析方法是 ISO 12156—1：1997，2005 年我国进行了方法标准化，方法代号为 SH/T 0765—2005，简称为 HFRR 法(the high-frequency reciprocating rig)。2009 年发布的车用柴油标准升级为强制性标准，标准代号为 GB 19147—2009，但润滑性评定指标并没有变化，要求 HFRR 法测定的磨斑直径不大于 460μm。

1. 仪器和试剂

高频往复试验装置(包括高频往复试验机、恒温恒湿箱)，100 倍显微镜，超声波清洗器，干燥器，丙酮(分析纯)，甲苯(分析纯)。

专用实验片由退火的 AISI E52100 钢棒加工成具有维氏硬度“HV30”为 190~210，并经研磨和抛光到表面粗糙度 $Ra<0.02\mu m$。

专用试验球材料为 AISI E52100 钢，直径 6mm，洛氏硬度 HRC 为 58~66，表面粗糙度 $Ra<0.05\mu m$。

2. 仪器的安装

高频往复试验机(HFRR)对环境的温度和湿度有要求，因此 HFRR 配备专用的恒温恒湿箱。恒温恒湿箱安装完毕后，将装满盐过饱和溶液(调节湿度用)的水槽放在下层的隔板上，将 HFRR 安放在上层隔板上，连接线路和温度、湿度传感器。

3. 试验步骤

使用前，样品池和测试球、测试圆片以及它们的固定支架、所有相关的固定螺丝，均要浸泡在甲苯中，用超声波清洗器清洗数次，然后换丙酮清洗，以确保彻底清洁。在之后的安装过程中，要使用清洁的工具，保护测试部分(片，球，池和固定装置)不受污染。

将测试圆片放入样品池，光面向上。将测试球放在测试球支架的槽内，用螺丝固定好。将测试球支架与 HFRR 上的振动臂相连，并固定。将热电偶插入样品池。

在恒温恒湿箱温度和湿度满足实验条件的情况下，HFRR 要在恒温恒湿箱内放置一段时间，使 HFRR 与箱内的温度一致。达到要求后，将 2mL 试样注入样品池。在振动臂上悬挂 200g 砝码，记录恒温恒湿箱内温湿度，开始实验。实验条件见表 3-6。

表 3-6 实验条件

参 数	数值	参 数	数值
取样量/mL	2.0±0.2	样品温度/℃	60±2
冲程/mm	1.0±0.02	承载负荷/g	200±1
频率/Hz	50±1	测试时间/min	75±0.1
环境温度与湿度	见注释		

注释：试验环境的温度与湿度应在距试验件 0.1~0.5m 范围内测量，并控制在图 3-14 所示的容许范围内。如果其值不符合图 3-14 的要求，则需采取措施进行调整。调整湿度的方法是在水槽中换装不同种类盐的过饱和溶液，参见表 3-7。

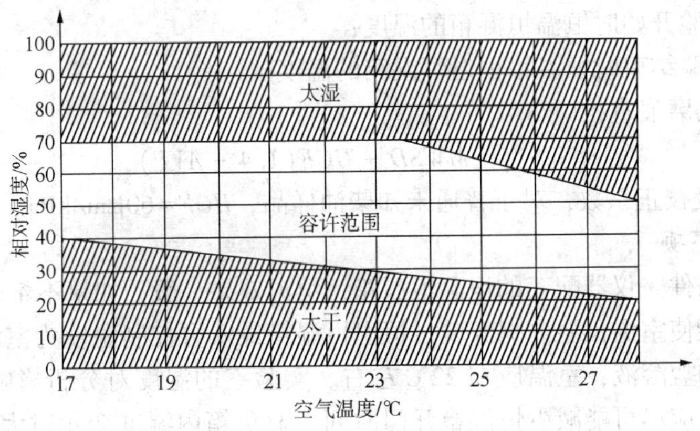

图 3-14 试验环境的容许范围

表 3-7 实验温度与盐溶液种类关系

环境温度/℃	恒温恒湿箱内温度/℃	盐溶液种类
<20	20	NaBr
<25	25	K_2CO_3
<30	28	NaI
<30	30	$MgCl_2$

实验时间是 75min。实验结束前，记录恒温恒湿箱内的温度和湿度。之后，切断振动和加热器开关，将悬挂的砝码取下。卸下测试球支架，用甲苯和丙酮反复清洗直至清洁，干燥后，用笔在测试球面上标出磨痕的位置。

样品池和固定螺丝等其他部件，也用同样的方式清洗干净，置于干燥器中保存、备用。将装有测试球的支架，放在显微镜下面，调整位置，使测试球磨痕处于目镜视野的中心。调显微镜的焦距，直到能够清楚地看到磨痕的边缘。测量磨痕直径。分别在 X 轴和 Y 轴方向上读取磨痕直径，精确到 1μm。

4. 数据处理

测定的磨痕直径称为未校正平均磨斑直径（$MWSD$），最终结果需要按水蒸气压 1.4kPa 为标准进行校正。校正后的磨痕直径用 $WS_{1.4}$表示，计算方式如下：

（1）未校正的平均磨痕直径 $MWSD=(x+y)/2$，x 为振动方向上的垂直磨痕直径，y 为振动方向上的水平磨痕直径。

（2）计算实验开始与结束时的绝对水蒸气压（AVP_1 和 AVP_2）、实验过程的平均绝对水蒸气压（AVP）。

$$AVP_1 = (RH_1—10^{\nu_1})/750$$

$$AVP_2 = (RH_2—10^{\nu_2})/750$$

$$AVP = (AVP_1 + AVP_2)/2$$

式中 RH_1——实验开始时恒温箱的相对湿度,%。

RH_2——实验结束时恒温箱的相对湿度,%。

ν_1、ν_2 按下式计算：

$$\nu_1 = 8.017352 - 1705.984/(231.864 + t_1)$$

$$\nu_2 = 8.017352 - 1705.984/(231.864 + t_2)$$

t_1——实验开始时恒温恒湿箱的温度；

t_2——实验结束时恒温箱恒温恒湿箱的温度。

（3）校正后的磨痕直径（$WS_{1.4}$）

$$WS_{1.4} = MWSD + HCF(1.4 - AVP)$$

HCF 称为湿度校正系数，对于普通未知柴油样品，$HCF=60\mu m/kPa$。

5. 试验注意事项

（1）实验室条件。仪器配套的恒温恒湿箱，恒温效果一般，如果不希望配制多种过饱和盐溶液，应尽可能使室温恒温。据经验，恒温恒湿箱最低可控制温度为室温以上 2℃。如果选择 K_2CO_3 过饱和盐溶液，室温应在 22℃ 左右。实验室的湿度对分析影响不大，但室内湿度过低或过高时，应尽可能减少恒湿箱开门时间，避免箱内湿度变化过大，恢复时间过长。另外实验室湿度较低时，要注意及时向盐溶液中补充水，室内湿度过高时，盐溶液会吸附空气中的水，注意不要溢出。

（2）选择过饱和盐溶液的原则。在实验室条件允许情况下，应尽可能选择低温条件的盐溶液。高温条件的盐溶液容易析出，并在恒温恒湿箱内部各处结晶，建议使用 25℃ 条件下的 K_2CO_3，因为该实验条件是实验室最易实现的最低温度条件。如果确实需要使用 NaI 或 $MgCl_2$ 盐溶液，建议分析完毕后，要尽快将其从恒温恒湿箱中取出，妥善保存。如果实验室温度变化较大，则需准备几种盐溶液。无论是更换盐溶液，还是处理箱内的盐结晶都是很麻烦的。

（3）用显微镜读数。焦距的调节是非常重要的，不同的焦距下读数误差可达数十微米。由于显微镜下观察的测试球面呈球形，在调节焦距时，选择参照点不同，调节的焦距就不同。在调节焦距时，应选择的参照点为测试球面上磨痕的最外沿。当焦距调节到磨痕的最外沿清晰即可，这样的读数误差很小。

第四章 润滑油的通用性能与参数

降低摩擦、减小磨损是润滑剂最重要的性能要求，但由于不同机械设备、不同工作条件对润滑剂的性能要求存在差异，导致润滑剂种类繁多，研制开发难度大、技术含量高，选择和使用复杂。要研制与设备及其工况条件相适应的润滑剂并合理应用，首先要了解润滑剂的性能。润滑油约占润滑剂总量的90%以上，本章主要介绍润滑油的性能。

第一节 润滑油的通用理化性能

一、润滑剂和有关产品的分类

润滑油是各种发动机和机械上使用最为广泛的润滑剂，按照国家标准 GB/T498 的规定，润滑剂和有关产品属于石油产品六大类中的 L 类，由于 L 类产品种类繁多，应用广泛，所以又根据其主要应用场合将 L 类产品分为 19 组，每个组又单独制定一个分类标准，一个组的详细分类由产品的品种确定，但该品种必须符合该组所要求的主要应用场合。L 类产品的分组情况见表 4-1。

表 4-1 润滑剂和有关产品(L 类)的分类

组别	应用场合
A	全损耗系统 Total loss systems
B	脱模 Mould release
C	齿轮 Gears
D	压缩机(包括冷冻机和真空泵)Compressors(including refrigeration vacuum pumps)
E	内燃机 Internal combustion engine
F	主轴、轴承和离心器 Spindle bearings, bearing and associated clutches
G	导轨 Sideways
H	液压系统 Hydraulic systems
M	金属加工 Metal working
N	电器绝缘 Electrical insulation
P	风动工具 Pneumatic tools
Q	热传导 Heat transfer
R	暂时保护防腐蚀 Temporary protection against corrosion
T	汽轮机 Turbines
U	热处理 Heat treatment
X	用润滑脂的场合 Applications requiring grease
Y	其他应用场合 Other applications
Z	蒸汽气缸 Steam cylinders
S	特殊润滑剂应用场合 Applications of particular lubricants

二、润滑油的理化性能与使用性能

润滑油的性能可分为理化性能和使用性能。理化性能指油料的静态特性，如黏度、密度、酸值、机械杂质等。油料的静态特性还应包括用大型精密仪器进行测试评定的组成分析，元素分析及常见官能团分析。使用性能指油料的动态特性，即油料在实际使用过程中表现出来的特性，如润滑性、清净分散性、防锈防腐性等。测定理化性能的试验称为理化试验，其测定结果称为理化性能指标。测定使用性能的试验称为模拟台架试验，测定结果称为性能指标。一般地理化性能指标难以反映油品的实际使用情况，如酸值，酸值高说明油品中的酸性物质多，但并不能由此推断油品的防腐蚀性差，因为酸值只能反映油品中酸的数量，而不能反映酸的种类和性质，无机酸的腐蚀性远远大于有机酸，低分子有机酸的腐蚀性又远大于高分子有机酸，有些高分子有机酸不仅不增大油品的腐蚀，相反还具有防锈防腐性能。

润滑油的某些理化性能及其意义与燃料油的相应性能一致，凡两类油品重叠的性能本章则尽量简化。

三、润滑油的流变性

润滑油的流变性，即黏度与剪切速率的关系。流体分为两种：一种是服从牛顿黏性定律的流体；一种是不服从牛顿黏性定律的流体。

1. 牛顿黏性定律

牛顿在研究黏性液体流动规律时，提出“在黏性液体任何一点的剪切力与剪切率即速度梯度成正比”。假设流体是按层次排列的，那么当外力作用时，即一层沿着另一层液体相对流动，在各层间则发生剪切作用。若在力 F_1 作用下最上层以 $v + \mathrm{d}v$ 的速度向前进，在力 F_2 作用下第二层以 v 的速度前进，两液层的面积为 A，其间距离为 $\mathrm{d}y$。假设薄层均为稳流，不发生层间的乱流，则两液层间相对运动作用力之差与内摩擦力相等，即为 $F = F_1 - F_2$。F 是剪切力，则剪切应力 $\tau = F/A$ 。两液层间的剪切速度梯度为 $\mathrm{d}v/\mathrm{d}y$ ，根据牛顿黏性定律得：

$$\frac{F}{A} = \eta \frac{\mathrm{d}v}{\mathrm{d}y}$$

此式称之为牛顿黏性方程式，比例常数 η 表示液体黏度。

黏度可表述为，液体在外力作用下移动时，液体分子间产生内摩擦力的性质。

为了与流动的其他阻力相区别，通常把内摩擦所造成的并符合牛顿黏性方程式的黏度叫做牛顿黏度。

并非所有液体都符合牛顿黏性定律。在一定的温度和压力下，黏度不再是一个常数，而是随剪切速度的变化而变化，剪切速度越大，黏度越小，这时的黏度通常称为非牛顿黏度或表观黏度。润滑油在低温下产生蜡结晶时的黏度就属于非牛顿黏度，因为在高剪切下蜡结晶会破碎，所以其黏度随剪切速率增大而下降，但下降的幅度会越来越小，直至不再降低。加有黏度指数改进剂的润滑油，其黏度也属于非牛顿黏度，一方面黏度指数改进剂会因剪切而断裂，另一方面剪切会导致黏度指数改进剂在油品中的溶解状态发生变化。

2. 黏度的表示

表示黏度的方法很多，通常分为三种：动力黏度、运动黏度和条件黏度。

（1）动力黏度。动力黏度（Dynamic Viscosity）又称为绝对黏度或牛顿液体黏度。相距1cm的两液层，面积各为 $1\mathrm{cm}^2$，相对移动速度为1cm/s，产生内摩擦阻力为 1×10^{-5}N 时，流体的黏度为0.1Pa·s。通常，用符号 η 表示动力黏度。当温度为 t℃时，动力黏度用 η_t 来表示。国际单位用 Pa·s（帕斯卡·秒）来表示动力黏度，也可用泊（P）和厘泊（cP）。1Pa·s =10P，1mPa·s =0.001Pa·s =1cP。

当不考虑剪切对动力黏度的影响时，即润滑油服从牛顿黏性定律时，动力黏度可通过运动黏度和密度进行换算。

当润滑油不服从牛顿黏性定律时，如润滑油的温度接近凝点时，其动力黏度则不能通过运动黏度和密度进行换算。对内燃机油而言，常用低温动力黏度(CCS)、边界泵送黏度(MRV)表示其低温条件下的流动性，用高温高剪切黏度(HTHS)表示其在发动机工作状态下在高温零部件上形成润滑油膜的能力。对齿轮油而言，常用表观黏度表示其低温条件下的流动性。

(2) 运动黏度。运动黏度是流体动力黏度与同温度下流体密度的比值，即 $\nu = \eta/\rho$ 。运动黏度的单位是斯和厘斯(与泊和厘泊相应)。

在国际单位制中，运动黏度的单位均为 m^2/s。$1m^2/s = 10^4St = 10^6cSt$。斯的符号是 St(是 Stoke 的字首)，厘斯是用 cSt(Centistoke)来表示。由于 m^2/s 的单位太大，使用不方便，通常用 mm^2/s 作为运动黏度的单位，$1m^2/s = 10^6mm^2/s$。

测定运动黏度最常用的是玻璃毛细管型黏度计，我国运动黏度测定是按 GB/T 265 试验方法进行。

(3) 条件黏度。条件黏度是采用特定黏度计在一定条件下测定的条件性数值，是相对黏度。常见的有恩氏黏度、雷氏黏度和赛氏黏度。

恩氏黏度采用恩格勒黏度计测定，是在规定温度下从恩氏黏度计中流出 200mL 试油所需的秒数与同体积的水在 20℃ 流出所需的秒数的比值，以符号°E 表示。单位习惯上称“度”。如某油在 100℃时，从恩氏黏度计中流出 200mL 所需的时间是 293s，同体积的水在 20℃流出时间是 51s，则 $E_{100} = 293/51 = 5.7$，即该油在 100℃时，其恩氏黏度为 5.7 度。国际上，许多国家采用恩氏黏度，如前苏联、东欧、德、法、意、瑞典、挪威等国。

雷氏黏度是用雷德乌德黏度计测定的。在规定温度(70℉、140℉、212℉)下，从雷氏黏度计流出 50mL 试油所需的时间，以“s”为单位。根据黏度计的孔径，可分为雷氏 1 号(轻质油)和雷氏 2 号(重质油)两种。英国常用雷氏黏度。

赛氏黏度用赛波尔特黏度计测定。在规定温度(100℉、210℉或 212℉)下，从赛氏黏度计流出 60mL 试油所需的时间，以“s”为单位。根据黏度计孔径不同，可分为通用黏度(用 SUS 或 SSU 表示)和重油黏度又称赛氏费罗黏度(用 SFS 表示)两种。美国常用赛氏黏度。

3. 润滑油黏度与温度的关系

润滑油的黏度是随温度变化而变化的，温度升高黏度变小，温度下降黏度增大。这种黏度随温度变化的关系，称为润滑油的黏温性。

黏温性能是润滑油的一项重要指标。如内燃机油在发动机中工作时，接触到的各润滑部位的工作温度的差别相当大，如活塞环处约为 205(汽)~300℃(柴)，活塞裙部约为 110(汽)~115℃(柴)，主轴承约 85(汽)~95℃(柴)。冬季室外停车后，油底壳里的机油温度可降至和大气温度一样低。因此，要求发动机润滑油在高温部件上工作时能保持一定的黏度，形成一定厚度的油膜，起到应有的润滑作用；低温时，黏度不要变得太大，防止启动困难和磨损增大。

一般情况下，润滑油在 50℃以下黏度随温度变化较显著，50~100℃之间变化幅度较小，100℃以上变化更小。这是因为 50℃以下时，润滑油分子运动能量较小，分子间距离近，分子间引力加大，同时石蜡结晶逐渐析出，出现结构黏度。高温时(>100℃)，润滑油分子运动能量大，分子间距离较远，引力较小，固体烃充分溶解，因此黏度随温度变化缓慢。

黏度指数(VI, Viscosity Index)是国际通用的表示润滑油黏温特性的最常用的指标。黏度指数越大，表示润滑油的黏温特性越好；反之越差，所以这项指标的规格是“不小于”某数值。

采用两种标准油，一种是黏温性能极好的石蜡基油，它的黏度指数为100，另一种是黏温性能极差的沥青基油，它的黏度指数是0，未知油的黏度指数与上述两种油进行比较评定。我国GB/T 1995是用测试验油40℃和100℃运动黏度来计算黏度指数的方法，也是国际广泛采用的方法。先按GB/T 265测试油40℃、100℃运动黏度(mm^2/s)，再计算试油的黏度指数。

黏度指数是划分润滑油基础油的一个重要依据。

20世纪90年代初，美国石油学会(API)把基础油分为五大类，其分类标准和精制方式见表4-2。

表4-2　API基础油分类和生产方式

分类	饱和烃含量/%	硫含量/%	黏度指数	精制方式
Ⅰ	<90	>0.03	80~120	溶剂精制
Ⅱ	≥90	≤0.03	80~120	加氢处理
Ⅲ	≥90	≤0.03	≥120	深度加氢
Ⅳ	PAO(聚α-烯烃)			
Ⅴ	除Ⅰ-Ⅳ类以外的所有其他基础油			

Ⅰ类油是溶剂精制矿物基础油，Ⅱ和Ⅲ类基础油是加氢精制矿物基础油，Ⅳ和Ⅴ类中除去动、植物油以外都是合成基础油。当前世界基础油仍以矿物基础油为主，合成油所占比例为10%~15%。

我国在20世纪80年代，根据矿物基础油的主要化学组成，将其分为三大系列：一是黏度指数大于95的以大庆石蜡基原油为代表的低硫石蜡基油系列(SN)；二是黏度指数大于60的以新疆中间基原油为代表的中间基油系列(ZN)和从环烷基原油中提炼的环烷基油系列(DN)。每个系列产品按黏度划分为从低到高的若干个黏度牌号。1995年修订我国1983年建立的基础油标准，建立了基础油行业标准Q/SHR001—95，按黏度指数将基础油划分为低、中、高、很高和超高黏度指数五类。每一类又分为“通用基础油”和“专用基础油”两类，在专用基础油中又分为“低凝(W)”和“深度精制(S)”两种，见表4-3。

表4-3　基础油Q/SHR 001—95分类

基础油类别		品种代号				
		超高黏度指数	很高黏度指数	高黏度指数	中黏度指数	低黏度指数
		≥140	120~140	90~120	40~90	<40
通用基础油		UHVI	VHVI	HVI	MVI	LVI
专用基础油	低凝	UHVI W	VHVI W	HVI W	MVI W	—
	深度精制	UHVI S	VHVI S	HVI S	MVI S	—

该标准HVI、MVI和LVI基础油是在国内原石蜡基、中间基和环烷基基础油的基础上制定的，而其他类别的基础油是根据高档润滑油研制和生产的需要制定的。但与API分类相比较，我国Q/SHR001—95行业标准中对矿物基础油的饱和烃和硫含量无明确规定。

在上述分类中，API 分类得到较为广泛的认可。为了与国际接轨，2009 年中国石油天然气集团公司将国际基础油分类标准和我国的 Q/SHR 001—95 分类标准相结合，制定了 Q/SY 44—2009 企业标准，见表 4-4。

表 4-4 基础油 Q/SY 44—2009 分类

项目	Ⅰ		Ⅱ		Ⅲ
	MVI	HVI HVIS HVIW	HVIH	HVIP	VHVI
饱和烃/%	<90	<90	≥90	≥90	≥90
黏度指数 VI	80≤VI<95	95≤VI<120	80≤VI<110	110≤VI<120	VI≥120

4. 润滑油黏度与压力的关系

在高压下，润滑油分子与分子间引力增大，分子移动时内摩擦阻力增加，故黏度变大。当压力小于 5MPa 时，黏度随压力变化很小；压力大于 20MPa 时，黏度随压力增加而增大较显著；随后压力愈大，黏度增大的愈快。当压力较大时，润滑油的动力黏度与压力存在下列关系。

$\eta_P = \eta_0 e^{aP}$，式中，η_P 为压力 P 时油的动力黏度，Pa·s；η_0 为常压下油的动力黏度，Pa·s；P 为压力，MPa；a 为黏压系数，取决于润滑油的种类，在一定压力范围内，对一定的润滑油，在一定的温度下，a 是一个常数，多数润滑油在 $10^{-3}\mathrm{cm^2/kg}$ 数量级；e 是自然对数的底数。在温度 20~100℃ 范围内，润滑油黏度随压力增大的平均值见表 4-5。

表 4-5 润滑油黏度-压力关系(20~100℃)

压力/MPa	7	15	20	40	60	100
黏度增高/%	20~25	35~40	50~60	120~160	250~350	800~4000

高温时，压力对黏度的影响小；低温时，压力对黏度的影响大。温度相同时，压力对高黏度油的影响比低黏度油大。油分子组成越复杂，压力对黏度的影响也愈大。压力升高对植物油黏度的影响不明显，对矿物油不仅影响黏度而且使黏度指数增高。这一特性对低黏度指数的矿物油表现更为突出。

在实际使用中，润滑油黏压性是十分重要的，一些滚动轴承和双曲线齿轮油膜压力可达 3000~4000MPa，正是因为润滑油具有粘压性才实现了弹性流体动压润滑，从而保证了该类摩擦副的正常润滑。

四、润滑油的低温性

润滑油的低温性与液体燃料的低温性既有相似之处，又有一定差异。

液体燃料的低温性主要影响燃料通过过滤器的能力，对柴油而言还会影响发动机的启动性，同时柴油牌号就是根据低温性评定指标-凝点划分的。

对压力润滑而言，润滑油的低温性主要影响其泵送性、通过过滤器的能力及发动机的启动性。评定润滑油低温性的通用指标是凝点、倾点，低温动力黏度和边界泵送黏度是车用发动机油的最重要低温性评价指标，低温表观黏度和成沟点是齿轮油的低温性评价指标。

五、润滑油的抗乳化性

润滑油抵抗与水混合形成乳化液的性能称为抗乳化性。抗乳化性好的润滑油不易形成乳化液或者虽然暂时形成乳化液但很容易迅速分离。

能够引起润滑油乳化的物质主要有：ⓐ炼制过程中未除净的环烷酸、磺化物等。ⓑ使用中产生的氧化物。ⓒ储运和使用过程中混入的水分。ⓓ用来改变油品某些性能的添加剂，如清净分散剂、防锈剂等。

润滑油乳化后会降低润滑性和流动性，可能导致添加剂的水解、机械的磨损和腐蚀等问题。

1. 提高油品抗乳化性的主要措施

（1）采用抗乳化性好的基础油。基础油的精制程度是影响油品抗乳化性的主要因素之一，炼制中未除净的天然胶质、环烷酸；以及酸碱精制过程中生成而未除净的磺酸盐、磺基环烷酸盐等是具有亲水性的杂质，它们严重影响基础油的破乳性，因此要选择深度精制、破乳性好的基础油。但并不是基础油精制程度越深越好，如果精制程度过深，有些理想的芳香烃也被除去，这就降低了油品的安定性，使油品在使用中较易变质，容易产生胶质及有机酸，这样油品在使用过程中的抗乳化性能将会变差。

（2）注重添加剂对油品抗乳化性能的影响。润滑油中的添加剂，特别是一些油性剂、极压抗磨剂、抗腐蚀剂、抗锈蚀等添加剂是带极性的表面活性剂。它们定向地排列在水滴表面上，当数量足够时能形成坚韧的界面膜，水滴就不易聚结成大颗粒而沉降下来，分水性变差。另外，这些表面活性物质吸附在界面上，能降低水相和油相界面自由焓，这就减少了聚结倾向而使系统稳定。例如石蜡油与水的界面自由焓为 $0.041J/m^2$，加入油酸后则降至 $0.00001J/m^2$ 以下。

（3）加入破乳剂提高油品的抗乳化性能。油品中混入少量水分形成了油包水的乳化液，所以破乳剂大都是水包油型表面活性剂。破乳剂吸附在油-水界面上，改变界面的张力或吸附在乳化剂上破坏乳化剂亲水-亲油平衡，使乳化液从油包水转变为水包油型，在转变过程中实现油水的分离。胺与环氧乙烷缩合物、乙二醇酯、环氧乙烷与环氧丙烷的共聚物等是常用的破乳剂。

（4）过滤或白土处理提高油品的抗乳化性能。油品在使用过程中，由于氧化、腐蚀等会产生羧酸及其盐类、胶质、沥青质、半油焦质、炭青质等，另外使用过程中也会混入灰尘，以及机械磨损产生的金属屑等杂质，这些杂质被吸附在液滴表面形成界面膜，液滴碰撞时能起保护作用，使液滴因不易破裂而导致抗乳化性能变差。因此油品使用一段时期后进行精过滤或活性白土处理可除去这些物质，从而提高油品的抗乳化性能。

2. 抗乳化性能的评定方法

主要有 GB/T 7305《石油和合成液抗水分离性能测定法》，GB/T 8022《润滑油抗乳化性能测定法》，SH/T 0256《润滑油破乳时间测定法》，SH/T 0267《润滑油氢氧化钠抽出物酸化试验》等。

六、润滑油的抗泡性

油品生成泡沫的倾向以及生成泡沫的稳定性能，称为起泡性，润滑油防止泡沫产生或使泡沫消失的能力称为抗泡性。泡沫是一种以液体为连续相，以空气或其他气体为分散相的不稳定的分散体系。润滑油在使用过程中由于受到振荡、搅动等作用混入空气也会形成气泡。尤其在高速齿轮、大容积泵送和飞溅润滑系统中，润滑油生成泡沫的倾向是一个严重的问题。如果润滑油抗泡性能不好，就会在使用过程中形成许多气泡，加速油品氧化，影响油品的润滑性能，甚至造成溢油现象，还可能阻碍润滑油在循环系统中的传送和影响液压油的压力传递。因此，要求润滑油要有良好的抗泡性，在出现泡沫后应能及时消除，以保证润滑油在润滑系统中能正常工作。

润滑油抗泡性能的测定，对于控制生产和使用，具有重要意义。为防止气泡造成的危害，一般在油中添加抗泡沫添加剂。生产中要控制抗泡沫添加剂的加入量，保证新油起泡性质量指标合格。如果润滑油抗泡性能不好，会有下列危害：

(1) 使油从机械的呼吸孔和注油管中溢流出来，或者在油液面指示器中指示出假的油液面。

(2) 在润滑系统中，气泡的产生破坏了正常的润滑条件，增加了机械磨损，甚至造成机械故障。

(3) 在液压系统中，因为气泡的压缩影响了功率和速度。

(4) 由于气泡的产生，会加速油品的氧化变质，缩短油品的使用周期。

在润油油中加入抗泡剂是消泡方法最简单、消泡效果也很好的措施。其作用机理通常认为抗泡剂的表面张力比润滑油小，当抗泡剂与泡沫接触后，使接触部分的表面张力局部降低，而其余部分表面张力不变，结果则使接触部分的膜变薄，最后导致破裂。也有观点认为抗泡剂增大了气泡壁对空气的渗透性，从而加速了小泡沫合并成大泡沫，降低了泡膜壁的强度和弹性，达到消泡的目的。

(1) 甲基硅油。甲基硅油作为润滑油抗泡剂使用已有近 60 年的历史，是硅和氯代甲烷以铜作催化剂在高温下反应生成甲基氯硅烷，再经水解、脱水、聚合制得直链状硅油。我国甲基硅油的产品代号为 T 901，是无色无嗅的液体。甲基硅油用作润滑油的抗泡剂时，其 25℃黏度一般为 $100 \sim 1000 mm^2/s$，加入量为 $1 \sim 100 \mu g/g$。对低黏度润滑油通常宜选用高黏度硅油，对高黏度润滑油，宜选用低黏度硅油，必要时将高、低黏度的两种甲基硅油混合使用。

甲基硅油与润滑油不互溶，故需将甲基硅油抗泡剂均匀地分散在润滑油中，如果甲基硅油不能以微粒状分散于油中，就不能发挥其抗泡作用。通常采用将抗泡剂预先溶解在溶剂中，然后搅拌加入油中；或采用特殊设备(如胶体磨)将甲基硅油稳定分散在煤油中后再加入到油中。

(2) 非硅型抗泡剂。甲基硅油在酸性介质中不稳定，抗泡性差，且它对空气释放值的影响比较大，为此发展了非硅型抗泡剂。非硅型抗泡剂多是丙烯酸酯或甲基丙烯酸酯的均聚物或与其他物质的共聚物。我国开发的 T 911 和 T 912 两个牌号的抗泡剂，是由丙烯酸乙酯、乙烯基正丁醚、乙烯酸-2-乙基已酯等单体及引发剂在甲苯溶液中经过无规共聚而制得，外观均为淡黄色黏性液体。T 911 相对分子质量为 2000~5000，在中质及重质润滑油中显示出较高的初期抗泡性和良好的消泡持久性；T 912 相对分子质量为 7000~15000，在轻、中、重质润滑油中均有良好的抗泡性能。T 911 和 T 912 能弥补硅油抗泡剂在使用中难以分散、与酸性添加剂复合作用会削弱或失去抗泡性的不足。与绝大多数其他添加剂的配伍性良好，在单独使用硅油抗泡剂效果较差时，若将硅油与本品合用，将会产生良好的效果。但本品应避免与 T 601、T 705、T 109 等添加剂复合使用，以免消泡力减弱。产品使用时，一般可直接加入油品中，但若用于黏度大的油品时，可将该剂用溶剂油稀释 1~2 倍，再加入油品中，也可在提高调油的温度至 100~110℃时直接加入，一般添加量为 10~150μg/g。

(3) 复合抗泡剂。复合抗泡剂是由硅型和非硅型抗泡剂复合而成，发挥了硅型和非硅型抗泡剂各自的长处，达到提高油品抗泡性和改善其空气释放性能的目的。我国研制的 1 号复合抗泡剂(T 921)主要用于对空气释放值要求高的抗磨液压油；2 号复合抗泡剂(T 922)主要用于使用了合成磺酸盐的内燃机油和发泡严重的齿轮油中；3 号复合抗泡剂(T 923)主要用于含有大量清净剂、分散剂而发泡严重的船用油品中。

常用的润滑油抗泡性的评定方法是 GB/T 12579，后来又发展了 SH/T 0722《润滑油高温泡沫特性测定法》和 GJB 498—88《航空涡轮发动机油泡沫特性测定法(静态泡沫试验)》。SH/T 0308《润滑油空气释放值测定法》是测定液压油、汽轮机油等油品分离雾沫空气的能力，虽然与抗泡性相关，但与通常的抗泡性含义不同。抗泡试验反映的是油面以上泡沫的生成倾向和泡沫的稳定性，而空气释放值是反映油面以下即油中的泡沫能否快速从油中逸出。

第二节　润滑油的通用使用性能

由于油品理化指标的测定比较简单，所需仪器设备也简单，消耗的人力物力较少，因而主要用作油品生产过程中的质量控制手段。对于储存和使用过程中的油品，可以通过理化指标的测定反映油品的变质情况，因为使用性能发生变化必然引起理化指标的变化，如储存化验和换油指标均是以此为依据。但是，理化性能指标通常难以反映油品的实际使用情况，如油品的润滑性、防锈性等只有在使用过程中才能体现，所以油品的使用性能又可以理解为油品的动态特性，通常用油料模拟台架试验来评定。

一、油品的润滑性

润滑油降低摩擦，减小磨损，防止烧结的能力称为润滑性能。此性能可以使摩擦表面的摩擦系数减小，从而降低设备的能耗，提高工作效率，并且能减缓摩擦表面的相互磨损，延长机械设备的使用寿命。

润滑性能是润滑剂最重要的性能之一。根据摩擦零件的工作条件和润滑剂在摩擦表面间所起的作用，可将润滑分为两种基本类型：流体润滑和边界润滑。

流体润滑是在两摩擦表面之间有一具有一定压力的薄层流体，流体将摩擦表面完全隔开，流体中的压力平衡了摩擦零件所受的外载荷。流体润滑还可进一步分为液体动压润滑、液体静压润滑。液体动压润滑是由摩擦面间的相对运动，使收敛形缝隙中的黏性液体产生压力，用以平衡外载荷，并使液体形成足够厚的油膜将两摩擦表面完全隔开。液体静压润滑是借助外部设备，向摩擦表面供给一种具有压力的液体将两摩擦表面分开，并由液体的压力平衡外载荷。流体润滑的主要优点是摩擦阻力小，但必须在润滑油黏度与运动零件的转速、负荷配合适当的条件下才能实现。在负荷增大或黏度、转速降低的情况下，流体动压油膜将会变薄，当油膜厚度变薄到小于摩擦面微凸体的高度时，两摩擦面较高的微凸体将会直接接触，其余的地方被一到几层分子厚的油膜隔开，这种情况就属于边界润滑。简而言之，边界润滑是大部分摩擦面上存在一层与介质性质不同的薄膜，这层薄膜的厚度在 0.1μm 以下，不能防止摩擦面微凸体的接触，但有良好的润滑性能，可减少摩擦和磨损。

就润滑油本身来说，影响流体润滑的主要因素是润滑油的黏度，在一定的转速、负荷等条件下，黏度越大，油膜越厚。但对边界润滑来说，影响润滑效果的主要因素是其油性和极压性。

润滑油因表面活性物质(极性分子)通过物理或化学吸附在金属表面形成吸附膜，以降低摩擦的性能叫做油性。油性好，即润滑油在机械摩擦表面上形成的油膜牢固，可以承受较大的负荷而不易破裂。润滑油的油性好坏与其黏度大小和油中所含的极性分子的类型和数量有密切关系。一般地黏度大的油形成的油膜强度比黏度小的油形成的油膜强度大，极性分子的极性越强，形成的油膜强度也越大，油中含极性分子多的油膜强度比极性分子少的大。

润滑油中的极性分子(含硫、磷、氯等的化合物)在较苛刻的摩擦条件下与金属发生化学反应生成稳定性高的边界化学反应膜，从而减低摩擦和磨损，防止产生擦伤、烧结的性能称为极压性，又称抗擦伤性能。含 S、P、Cl 的金属化学反应物的熔点和硬度均低于金属本身，所以这些物质在压力作用下可局部熔化或发生塑性流动，从而保护摩擦件本身免受损伤并降低运动阻力。

由于实际使用的机械设备工作条件千差万别，从接触方式看有线接触、点接触、面接触。从运动形式看有滑动、滚动、滑动-滚动复合。按摩擦副形状分有球型、环块型、滚子式、旋转圆盘、棒型等。见图 4-1。这些特点决定了评定润滑剂极压抗磨性的仪器设备和试验方法较多。

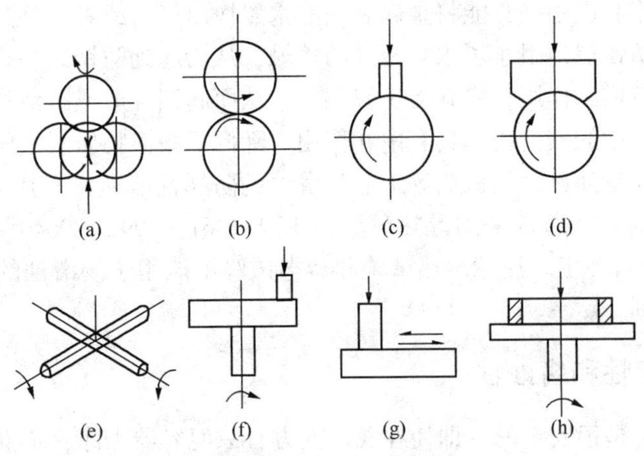

图 4-1　试验机的几种接触和运动形式

(a) 点接触、滑动；(b) 线接触的滑动、滚动或兼有滑动滚动；
(c) 面接触或线接触的滑动；(d) 面接触滑动；(e) 点接触，滑动；
(f) 面接触，滑动；(g) 面接触，往复运动；(h) 面接触，滑动

常用的评定润滑剂润滑性能的模拟方法有四球机法、梯姆肯法、齿轮试验机法、法莱克斯销和 V 形块法、青铜—钢法、SRV 法等，台架方法有评定车辆齿轮油的 L-37、L-42，评定内燃机油的 MS 程序、Mack 台架、Caterpillar 台架等。在计算机技术、信号处理技术以及人工智能技术发展的推动下，摩擦学测试技术的发展十分迅速，从试验仪器控制到实验信号处理手段都发生了根本性的转变，测试信号的采集和处理越来越简单，仪器的功能越来越强大。

二、防锈性

所谓防锈性，是指润滑油品阻止与其接触的金属部件生锈的能力。据统计，世界上约有1/3的金属是由于生锈在工业中报废，许多设备也因生锈或腐蚀使其不能正常运转，因此各国都非常重视设备在储存、运输和使用过程中的防锈、腐蚀问题。

水、氧气及其他腐蚀性介质是导致锈蚀的外因，纯矿物油不能有效地阻止锈蚀和腐蚀的产生，因为实验证明，水蒸汽可以穿透油膜，而且以恒速进行，而氧气及其他腐蚀性气体在润滑油中的溶解度比在水中还高。

为了提高油品的防锈性，简单有效的方法是加入防锈剂。人类最早使用牛油、羊毛脂、石油脂类进行金属的防锈；1927年出现了磺酸盐作为防锈剂的专利；20世纪30年代烯基丁二酸、亚油酸二聚物等防锈剂产品问世；20世纪40~50年代为了解决武器防锈问题，各国都很重视防锈剂及其产品的研究，防锈剂产品得到迅速发展，出现了多元醇脂肪酸酯、有机胺、有机胺盐、杂环化合物、氧化石油脂、氧化石蜡及其盐、苯并三氮唑等众多防锈剂品种。至目前研究报道的防锈剂品种达数百种，我国常用的防锈剂类型有磺酸盐、十七烯基咪唑啉的烯基丁二酸盐、环烷酸锌、苯并三氮唑、十二烯基丁二酸、十二烯基丁二酸半酯、山梨糖醇单油酸酯(司本-80)等。

防锈剂多是一些极性物质，其分子结构的特点与油性剂类似，一端是极性很强的基团，具有亲水性；另一端是非极性的烷基，具有疏水性。当含有防锈剂的油品与金属接触时，防锈剂的极性基通过物理吸附或化学吸附在金属表面形成紧密的单分子层或多分子层；或者一些防锈剂与金属的亲和性很强，能将金属表面的水置换出来，或者一些防锈剂与成膜材料一起形成硬膜或软膜防锈层，阻止了水与金属的接触，从而起到防锈效果。一些防锈剂还对水及一些腐蚀性物质有增溶作用，将其溶于胶束中，从而起到分散或减活作用。当然一些防锈剂还具有碱性，对油中的酸性物质具有中和作用，降低了酸性物质对金属的侵蚀。

对于液压油、齿轮油、汽轮机油等工业润滑油的防锈性能通常采用GB/T 11143方法进行评定；对于防锈油脂，通常采用湿热试验[GB/T 2361—1992(2004)]和盐雾试验[SH/T 0081—91(2006)]进行评定。注意湿热试验和盐雾试验不能用于润滑油的防锈性评定，因为其试验条件过于苛刻。

三、氧化安定性和腐蚀性

润滑油在常温下是很安定的，即使在我国南方，只要容器干净，不混入水分，储存6~8年，质量指标都没有明显变化。润滑油在高温下的氧化速度比常温下要快得多。由于高温氧化，使其颜色变黑，黏度增大，酸性物质增多，并产生沉淀。润滑油抵抗氧化变质的能力称为抗氧化安定性，它是润滑油的重要化学性质，决定了润滑油在使用期中是否容易变质，是决定润滑油使用期限的重要因素。润滑油中含有的有机酸等物质对金属的腐蚀程度称为润滑油的腐蚀性，通常要求润滑油在使用中不应腐蚀金属零件。润滑油中的烃类对金属是无腐蚀作用的，腐蚀性物质的来源主要是润滑油氧化后产生的酸性物质、原油中含有的有机酸、炼制过程中残留的酸或碱、储运过程中混入的水分等。含硫化合物在润滑油中的腐蚀效应不同于液体燃料，含硫化合物不是引起润滑油腐蚀的主要因素。因为液体燃料中的含硫化物燃烧后直接生成SO_2或SO_3，而润滑油中的含硫化物与金属作用时，能在金属表面生成防止腐蚀的保护膜，只是当这种保护膜受高温作用分解并从金属表面脱落时才造成腐蚀。

润滑油的抗氧化安定性和腐蚀性是互相影响的，抗氧化安定性差的润滑油，易氧化产生酸性物质，增大腐蚀性；引起油品具有腐蚀性的一些因素，如酸性物质、水分等又会加速润滑油的氧化。

评定润滑油腐蚀性的试验主要有水溶性酸或碱、酸值、润滑油腐蚀试验(SH/T 0195)、铜片腐蚀(GB/T 5096)、发动机润滑油腐蚀度测定法(GB/T 391)。

润滑油氧化安定性测定方法有多种，其原理基本相同，一般都是向试样中直接通入氧气或净化干燥的空气。在金属等催化剂的作用下，在规定温度下经历规定的时间观察试样的沉淀或测定沉淀值、测定试样的酸值、黏度等指标的变化。试验条件因油品而异，尽量模拟油品使用的工况。主要有加抑制剂矿物油的氧化特性测定法(GB/T 12581)、润滑油老化特性测定法(康氏残炭法，GB/T 12709)、极压润滑油氧化性能测定法(SH/T 0123)、润滑油氧化安定性测定法(旋转氧弹法，SH/T 0193)、润滑油抗氧化安定性测定法(SH/T 0196)等。

四、多级油的剪切安定性

所谓多级油，是指油品同时具有良好的低温启动性和高温润滑性，一种牌号的油品即可同时满足设备冬天、夏天两个季节的使用要求，故又称为冬夏通用油，从而可简化用油品种，实现油品通用化。

为了实现多级油的性能要求，油品配方一般选用黏度较小的基础油，同时添加黏度指数改进剂的技术方案，由于基础油的黏度小，故低温性好，但不能满足高温条件下的润滑要求，而黏度指数改进剂的使用可提高油品的高温黏度。

黏度指数改进剂的出现始于20世纪30年代，其种类很多，化学成分各不相同，常用的有聚异丁烯(PIB)、聚甲基丙烯酸酯(PMA)、乙丙共聚物(OCP)及氢化苯乙烯双烯共聚物(HSD)等。黏度指数改进剂是油溶性的链状高分子化合物，相对分子质量达5000~1500000。黏度指数改进剂的线型结构分子，其膨胀或收缩与温度有关。在低温时，这种高分子化合物因分子间的作用力凝聚起来，分子由线型结构收缩成为小的圆形状态，对润滑油的内摩擦影响小，使得加入黏度指数改进剂后低温下的黏度增加不多，不至于影响低温使用性能。在高温下这种高分子化合物本身运动能增加，凝聚力减小了，分子伸展成线型结构，其流体力学体积增大，导致液体内摩擦力增大，即黏度增加，从而降低了油品因温度升高而黏度降低的幅度，起到了增黏作用，见图4-2。这样提高了油品的黏度指数，既保证了对润滑油低温启动的要求，又保证了高温下润滑的要求。在润滑油中加入黏度指数改进剂可调配大跨度的多级油品，简化了油品品种，而且与单级油相比，多级油的燃油和润滑油耗量降低，并能显著降低机械的磨损。

石油产品抵抗剪切作用，保持其黏度和与黏度有关性质的能力称为剪切安定性。加黏度

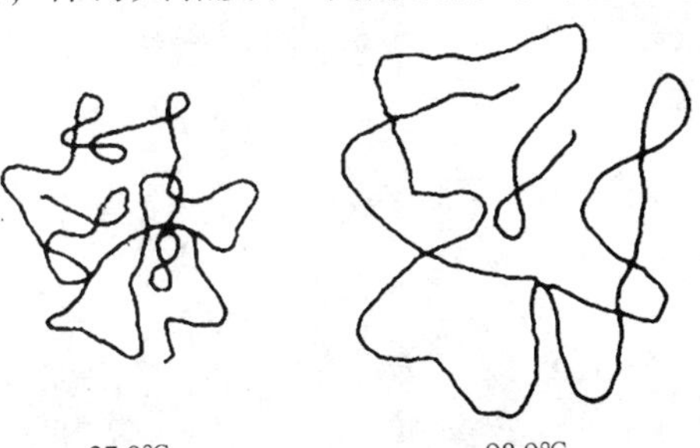

图4-2　黏度指数改进剂在润滑油中的形状随温度变化示意图

指数改进剂的油品，使用过程中会发生暂时黏度下降和永久黏度下降。

多级油的暂时黏度下降是由于增黏剂受到高速剪切时，添加剂的线团在流动方向上发生拉伸变形，且分子排列的方向趋向与流动方向一致，增黏效果降低，除去剪切力，黏度又可恢复。永久黏度下降是由于黏度指数改进剂的大分子被剪断，从而失去稠化能力，因而油品的黏度不会回升。

所谓的油品剪切安定性是指油品抵抗永久黏度下降的能力，以油品剪切后的黏度下降率表示：

$$黏度损失\ \% = \frac{\nu_0 - \nu_1}{\nu_0} \times 100$$

式中　ν_0——剪切前油品黏度；

ν_1——剪切后油品黏度。

常用的评定油品剪切安定性的方法有：SH/T 0505—92《含聚合物油剪切安定性测定法(超声波剪切法)》、SH/T 0200—92《含聚合物润滑油剪切安定性测定法(齿轮机法)》、SH/T 0103—07《柴油喷嘴剪切法》、NB/SH/T 0845—2010《圆锥滚子轴承试验机法》。

第五章　润滑油通用性能的测试评定

第一节　黏度与黏温性能

液体石油产品运动黏度的测定方法有：GB/T 265—1988《石油产品运动黏度测定法和动力黏度计算法》和 NB/SH/T 0870—2013《石油产品运动黏度和密度的测定及运动黏度的计算斯塔宾格黏度计法》。

一、GB/T 265—1988《石油产品运动黏度测定法和动力黏度计算法》

1. *方法概要*

该方法是将装好试样的玻璃毛细管黏度计垂直安装在某一温度恒定的恒温浴中，放置一段时间，当试样温度达到浴温后，测定试样在重力下流过一个标定好的玻璃毛细管黏度计的时间，该毛细管常数与流动时间的乘积，即为该温度下测定液体的运动黏度。在温度 t 时运动黏度用符号 ν_t 表示。该温度下运动黏度和同温度下液体的密度之积为该温度下液体的动力黏度，在温度 t 时的动力黏度用符号 η_t 表示。

2. *准备工作*

（1）调节恒温浴温度，精确到±0. 1℃。不同温度使用的恒温浴液体见表 5-1 所示。

表 5-1　在不同温度使用的恒温浴液体

测定的温度/℃	恒温浴液体
50～100	透明矿物油、丙三醇（甘油）或 25%硝酸铵水溶液（该溶液的表面会浮着一层透明的矿物油）
20～50	水
0～20	水与冰的混合物，或乙醇与干冰（固体二氧化碳）的混合物
0～-50	乙醇与干冰的混合物，在无乙醇的情况下，可用无铅汽油代替

（2）当试样含有水或机械杂质时，必须经过脱水处理或用滤纸过滤除去机械杂质。

（3）毛细管黏度计使用前应用溶剂油或石油醚洗涤并烘干。

（4）选择符合要求且清洁、干燥的毛细管黏度计（如图 5-1 所示）。确保试验通过毛细管黏度计时的时间不少于 200s，内径为 0. 4mm 的黏度计流动时间不少于 350s。

3. *试验步骤*

开始试验时，利用橡皮球将一定体积的试样吸入黏度计。将装有试样的黏度计浸入在事先准备妥当的恒温浴中，确保试验过程中试样完全浸没在恒温浴中。将黏度计调整成为垂直状态，用铅垂线从两个相互垂直的方向检查毛细管黏度计是否垂直。试样恒温如表 5-2 规定的时间后进行测定。

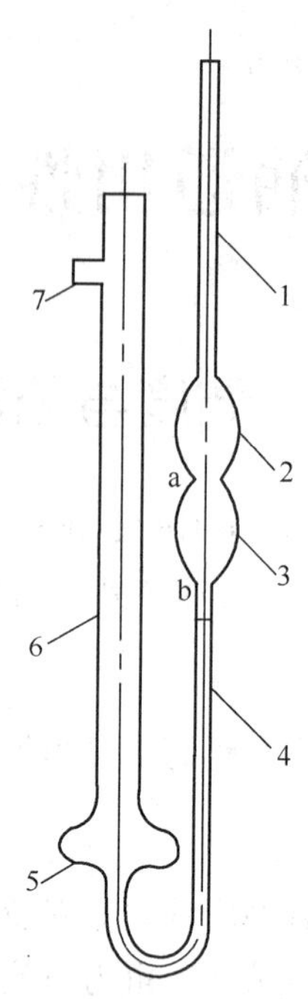

图 5-1　毛细管黏度计示意图

1、6—管身；2、3、5—扩张部分；4—毛细管；7—支管；a、b—标线

表 5-2　黏度计在恒温浴中的恒温时间

试验温度/℃	恒温时间/min	试验温度/℃	恒温时间/min
80、100	20	20	10
40、50	15	0～-50	15

测定时，记录试样液面从标线 a 流到标线 b 的时间，精确到 0. 1s，重复测定至少四次，取不少于 3 次符合要求的流动时间计算试样的平均流动时间。

4. 结果处理

运动黏度的计算。在温度 t 时，试样的运动黏度 $\nu_t = c \times \tau_t$，c 为黏度计常数，单位是 mm^2/s^2；τ_t 为试样的平均流动时间，单位是 s。

动力黏度的计算。首先按 GB 1884《石油和液体石油产品密度测定法(密度计法)和 GB1885《石油计量换算表》测定试样在温度 t 时的密度 ρ_t。在温度 t 时，试样的动力黏度 $\eta_t = \nu_t \times \rho_t$，$\rho_t$ 为温度 t 时试样的密度，g/cm^3。

二、影响黏度测定的主要因素

(1) 黏度计必须清洁干燥。在连续测定中可用无铅汽油或石油醚(溶剂汽油、70 号或 75 号航空活塞式发动机燃料)、苯-乙醇(4∶1)洗涤；当用溶剂洗不干净或长期放置的黏度计，应用铬酸洗液、水、蒸馏水依次洗涤，直到洗净为止。然后放在 110℃左右的烘箱烘干或用经过滤后的热空气吹干。

(2) 试油若含有水分、杂质时，要预先脱水和过滤，将其除去。因为杂质会影响试油的正常流动。有水分会在高温下汽化或低温下凝固，这都会影响试油的真实黏度。

脱水方法：对于含水分较少的轻质油品(煤油、柴油)，可将其通过干燥的滤纸和棉花，脱除其中的水分；对于容易流动的试油，用新煅烧并冷却的硫酸钠加入试油中，摇动、静置沉降后，再用滤纸过滤；对于黏度大的润滑油，可先预热到不高于50℃，然后再经煅烧过的食盐层过滤脱水。

过滤粘稠试油可采用下述方法：在一个500mL的抽滤瓶中，放进一支直径比瓶口略小的试管，瓶口用一个中间插有漏斗的橡皮塞塞住，漏斗颈的上端伸入试管内。在漏斗上放好滤纸，将润滑油注入漏斗中，然后抽气过滤。过滤时，润滑油可以先行预热或用红外线灯泡等热源直接照射加热。

用过的润滑油的过滤，可采用绸布或细铜丝网(飞机加油枪用的，125目)作过滤介质，将润滑油加热到约40℃让其自行过滤。若需要脱除油中的水分时，可在细铜丝网下加一层新炒干的食盐进行过滤。

轻柴油和煤油含水较多需要脱水时，要在具形锥形瓶中进行，加入的脱水剂温度不能过高，并用滤纸自行过滤。

(3) 恒温准确，时间足够，使试油的实际温度真正达到试验温度。油品的黏度受温度的影响最大，即使是极微小的温度变化(超过±0.1℃)，均能引起较大的误差，故在测定运动黏度时，必须严格控制试验温度。为此，既要考虑温度计在所测温度的修正值，又要考虑温度计露出液柱的修正(如果露出液柱仅几度，此项修正可以忽略)，务必使恒温浴的实际温度控制在规定范围内。为使温度均匀，在试验过程中必须不断搅拌。黏度计在恒温浴内必须有足够的恒温时间。

(4) 黏度计必须垂直，深度要适当。如果黏度计不垂直，呈倾斜状态，黏度计两端的压力差就发生了变化，影响结果的准确性。对品氏黏度计，倾斜1°时产生0.6%的相对误差，倾斜愈大，误差愈大。因此测定时必须要用铅垂线从两个相互垂直的方向去检查并调整毛细管的垂直情况。

(5) 测定前应选用适当的黏度计，务使试油在毛细管中的流动时间不低于200s，内径为0.4mm的黏度计流动时间不少于350s。如果流动时间太短，流速快，液体在管中的流动状态可能由层流变为紊流，就不能用泊肃叶方程式计算液体黏度；因读数和秒表有一定误差，时间越短，产生的相对误差越大。选择黏度计以黏度计常数为依据，选择时，用估计黏度值除以200s，即可得出所需黏度计常数的范围。

(6) 试验过程中，毛细管中的试油不允许存在有气泡。若出现气泡，可用橡皮球将气泡吸到扩张部分，再很快将橡皮球拿开，气泡即可破灭。如果试油中有气泡存在，就影响装油体积，改变了试油的密度，并形成非连续的流动，造成试验误差。

三、NB/SH/T 0870—2013《石油产品动力黏度和密度的测定及运动黏度的计算 斯塔宾格黏度计法》

本标准可同时测定透明和不透明液体石油产品及原油的动力黏度和密度，但仅适用于剪切应力和剪切速率成比例的液体(即牛顿流体)。

斯塔宾格黏度计(Stabinger viscometer)是一个同心轴圆筒构造的测量体系，见图5-2。其外圆筒(样品管)通过一个保持一定旋转速度的马达驱动。低密度的内圆筒(转子)在较高密度试样的离心作用下悬浮在转动轴中，并处在磁铁和软铁环的纵向位置。因此，整个系统不存在像在旋转黏度计中的轴承摩擦。内圆筒中的永磁铁在铜壳体中产生涡流，通过黏性力的驱动扭矩和阻滞涡流扭矩的平衡确定内圆筒的旋转速度，这一旋转速度被电子系统(霍尔效应传感器）通过计算旋转磁场的频率测出。

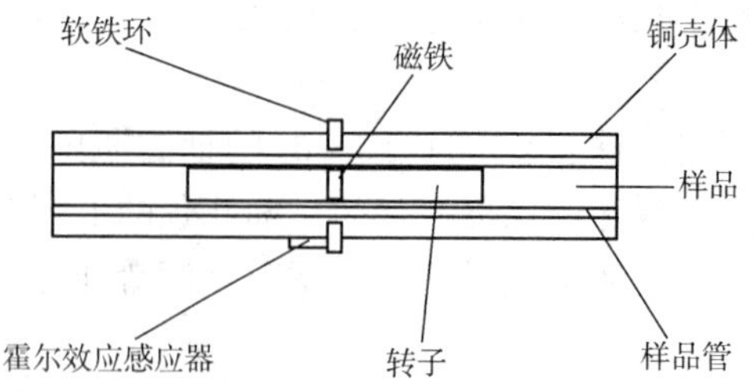

图 5-2　斯塔宾格黏度计

黏度的校准使用参考标准物，可溯源至 ASTM D2162 规定的标准黏度计程序，建议核查周期为一个月。

1. 方法概要

将试样注入精确控温的测量池中，测量池由一对同心旋转的圆筒和一个 U 形振动管组成。通过测定试样在剪切应力和涡流制动器影响下的内圆筒的平衡旋转速度（与调整数据相关）得到动力黏度，通过测定 U 形管的振动频率（与调整数据相关）得到密度。运动黏度由动力黏度与密度的比值计算得到。

2. 准备工作

（1）取样。对于可能含有颗粒的试样，可用 75μm 的滤膜去除其中的颗粒，用磁铁除去其中的铁屑。含蜡试样可以使用预热过滤器，加热熔化蜡晶体后进行过滤。

（2）使用经过校准合格的黏度测试单元、密度测试单元、温度控制单元进行测试。

3. 试验步骤

（1）标准步骤（清洗和干燥）。设定温度至测试温度，按照表 5-3 设定确定性限值和温度平衡标准。用注射器抽取至少 3mL 试样，如果试样足够，建议把注射器抽满。注入测量池至少 2mL 试样。注射器留在进样口，开始测试，待仪器显示测试结果有效，记录测定结果。继续注入 1mL 试样（勿拔出注射器），重复测试。如果试样两次连续测定的结果之差超出表 5-3 所列的确定性要求，应重复以上操作直至差值在其范围内。摒弃所有之前的结果并报告最后测试结果。如果获得有效测量结果前，注射器中的试样已全部注入，应按要求清洗和干燥测量池后，按以上步骤重复测定。如果重复测定数次后仍未获得有效结果，报告平均值和标准偏差，并注明超出的要求。试验后清除样品，按规定清洗和干燥测量池。

（2）替代步骤（试样置换）。适用于前后互溶的试样（如各种柴油燃料）。

设定温度至测试温度，按照表 5-3 设定确定性限值和温度平衡标准。用注射器抽取出至少 5mL 试样，如果试样足够，建议使用 10mL 或更大的注射器抽满。缓缓注入测量池至少 3mL 试样。确保新试样能置换上一个而不会将两者混合。注射器留在进样口，开始测试，待仪器显示测试结果有效，记录测定结果。继续缓慢注入 2mL 试样，重复测试。如果两次连续测定的结果之差超出表 5-3 所列的确定性要求，应重复以上操作直至差值在其允许范围内。摒弃所有之前的结果并报告最后测试结果。如果获得有效测量结果前，注射器中的试样已全部注入，应重取试样进行试验。如果重复测定数次后仍未获得有效结果，报告平均值和标准偏差，并注明超出的要求。该测试完成后，继续测试下一个试样，完成最后一个试样的测试后，按要求清洗测量池。

4. 结果处理

记录值即为最终结果，动力黏度用 mPa · s 表示，运动黏度用 mm^2/s，密度用 g/cm^3 或

kg/m³表示。

5. 精密度

(1) 确定性。在同一实验室，同一操作者使用同一仪器，对连续测定得到单一试验结果的两个测定值之差不应超过表 5-3 的要求。

表 5-3 确定性和温度平衡要求

测试项目	测试温度/℃		
	15	40	100
动力黏度/mPa·s	未提供	0.001*X*(0.1%)	0.001*X*(0.1%)
密度/(g/cm³)	未提供	0.0002	0.0002
温度平衡时的黏度	未提供	1min 保持在±0.07%	1min 保持在±0.07%
温度平衡时的密度	未提供	1min 保持在±0.00003g/cm³	1min 保持在±0.00003g/cm³

注：*X* 为两个结果的平均值。

(2) 重复性。在同一实验室，同一操作者使用同一仪器，使用相同方法，对同一试样连续测定的两个试验结果之差不应超过表 5-4 的要求。

表 5-4 重复性

测试项目	测试温度/℃		
	15	40	100
动力黏度/mPa·s	未提供	0.00101*X*(0.1%)	0.0003516(*X*+5)
运动黏度/(mm²/s)	未提供	0.00094 *X*(0.09%)	0.0003473(*X*+5)
密度/(g/cm³)	0.00046	0.00030	0.00033

注：*X* 为两个结果的平均值。

(3) 再现性。在不同实验室，不同操作者使用不同的仪器，使用相同方法，对同一试样测定的两个单一、独立结果之差不应超过表 5-5 要求。

表 5-5 再现性

测试项目	测试温度/℃		
	15	40	100
动力黏度/mPa·s	未提供	0.00540*X*(0.54%)	0.002563(*X*+5)
运动黏度/(mm²/s)	未提供	0.00584 *X*(0.58%)	0.002889(*X*+5)
密度/(g/cm³)	0.00177	0.00147	0.00131

注：*X* 为两个结果的平均值。

四、黏度指数计算

根据国际标准化组织(ISO)的具体要求，GB/T 1995《石油产品黏度指数计算法》中规定，人为地选定两种油作为标准，一种为黏温性质较好的 *H* 油，黏度指数规定为 100；另一种为黏温性质差的 *L* 油，其黏度指数规定为 0。将这两种油又分成若干窄馏分，分别测定各馏分在 100℃和 40℃时的运动黏度，然后在 *H* 油和 *L* 油若干窄馏分测定数据中，分别选出 100℃运动黏度相同的两个窄馏分组成一组，列成表格，见 GB/T 1995，本书仅选部分数据列于表 5-6。

表 5-6 标准油的部分运动黏度数据

运动黏度(100℃)/(mm^2/s)	运动黏度(40℃)/(mm^2/s)		
	L	$D=L-H$	H
7.70	93.2	37.01	56.20
7.80	95.43	38.12	57.31
7.90	97.72	39.27	58.45
8.00	100.0	40.40	59.60
8.10	102.3	41.57	60.74
8.20	104.6	42.72	61.89
8.30	106.9	43.85	63.05
8.40	109.2	45.01	64.18
8.50	111.5	46.19	65.32
8.60	113.9	47.40	66.48
8.70	116.2	48.57	67.64
8.80	118.5	49.75	68.79
8.90	120.9	50.96	69.94
9.00	123.3	52.20	71.10
9.10	125.7	53.40	72.27
9.20	128.0	54.61	73.42
9.30	130.4	55.84	74.57
9.40	132.8	57.10	75.73
9.50	135.3	58.36	76.91

注：GB/T 1995—1998 中列出了标准在 100℃运动黏度为 2~100mm^2/s 的数据，本表仅选取一部分。

欲确定某一油品的黏度指数时，先测定其在 40℃和 100℃时的运动黏度，然后在表 5-6 中找出 100℃时与试样黏度相同的标准组。

当试样黏度指数小于 100 时，按下式计算黏度指数。

$$VI = \frac{L - U}{L - H} \times 100 = \frac{L - U}{D} \times 100$$

式中 VI——试样的黏度指数，

L——与试样在 100℃时的运动黏度相同，黏度指数为 0 的标准油在 40℃时的运动黏度，mm^2/s；

H——与试样在 100℃时的运动黏度相同，黏度指数为 100 的标准油在 40℃时的运动黏度，mm^2/s；

U——试样在 40℃时的运动黏度，mm^2/s。

若试样 100℃的运动黏度介于 2~70mm^2/s 时，可直接查表或采用内插法求得 L 和 D 值，再代入公式进行计算。

【例题 5-1】 已知某试样在 40℃和 100℃时的运动黏度分别为 73.3mm^2/s 和 8.86mm^2/s，求试样的黏度指数。

解：由 100℃时的运动黏度为 8.86mm^2/s，用内插法计算得：

$$L = 118.5 + \frac{8.86 - 8.80}{8.90 - 8.80}(120.9 - 118.5) = 119.94$$

$$D = 48.75 + \frac{8.86 - 8.80}{8.90 - 8.80}(50.96 - 49.75) = 50.48$$

$$VI=\frac{L-U}{D}\times 100=\frac{119.94-73.30}{50.48}\times 100=92.39=92$$

要求黏度指数计算结果用整数表示，如果计算值恰好在两个整数之间，应修约为最接近的偶数。例如，91.5 应报告为 92。

若试样的 100℃的运动黏度大于 70mm²/s，则不能直接查表，此时

$$L=0.8353\nu_{100}^2+14.67\nu_{100}-216$$

$$H=0.1684\nu_{100}^2+11.85\nu_{100}-97$$

式中 ν_{100}——试样在 100℃时的黏度，mm²/s。

当试样黏度指数大于等于 100 时

$$VI=\frac{10^N-1}{0.00715}+100$$

$$N=\frac{\lg H-\lg U}{\lg \nu_{100}}$$

【例题 5-2】 已知试样在 40℃和 100℃时的运动黏度分别为 53.47mm²/s 和 7.80mm²/s，计算该试样的黏度指数。

解： 由 100℃运动黏度为 7.80mm²/s 查表得 H=57.31mm²/s

$$N=\frac{\lg H-\lg U}{\lg \nu_{100}}=\frac{\lg 57.31-\lg 53.47}{\lg 7.80}=0.03376$$

$$VI=\frac{10^N-1}{0.00715}+100=\frac{10^{0.03376}-1}{0.00715}+100=111.31=111$$

第二节 润滑油的抗乳化性能评定

我国测定润滑油破乳化性能的方法标准有 SH/T 0256—1992(2004)《润滑油破乳化时间测定法》、GB/T 7305—2003《石油和合成液水分离性测定法》、SH/T 0191—1992《润滑油破乳化值测定法》、GB/T 8022—1987《润滑油抗乳化性能测定法》。以上四项方法标准，前两项比较常用，因此，下面针对前两项方法作简要介绍。

一、SH/T 0256—1992(2004)《润滑油破乳化时间测定法》

1. 方法概要

该方法是参照原苏联国家标准制订的，适用于测定汽轮机油的破乳化时间。在规定的试验条件下，将 100mL 试样和 20mL 蒸馏水倒入 250mL 的专用量筒中，在一定压力下通入蒸气 10min 使试样和蒸馏水形成乳化液，然后把量筒浸入 55℃±1℃的水浴中，记录从停止供应蒸汽到油水完全分离所需时间为破乳化时间。

2. 准备工作

(1) 用铬酸仔细清洗仪器并连接好装置，见图 5-3。

(2) 往蒸汽发生器中注入 3/4 高度的蒸馏水，将玻璃压力计插入蒸汽发生器中。蒸汽排出管末端插入到盛水至排水管的锥形瓶底部，在锥形瓶的排水管下放置 10mL 的量筒。

(3) 向 250mL 的量筒中倒入 20mL 蒸馏水和 100mL 试样。

(4) 打开蒸汽排出管的玻璃活塞，用电炉加热蒸汽发生器中的水，当水沸腾时，关闭玻

璃活塞，用变压器控制加热，使压力计与蒸汽发生器的液面差为 300～500mm。然后测量 1min 内从锥形烧瓶的排水管中流出冷凝水的体积，如测量的结果在 6mL/min±0.2mL/min 范围并保持稳定，记下压力计与蒸汽发生器的液面差，此时认为仪器已准备好，可以进行试验。若测量的结果大于或小于 6mL/min±0.2mL/min，应调节蒸汽发生器的加热程度，使蒸汽达到所要求的速度，记下压力计的液面。

（5）锥形瓶中的水，每次试验时温度不应高于 90℃。

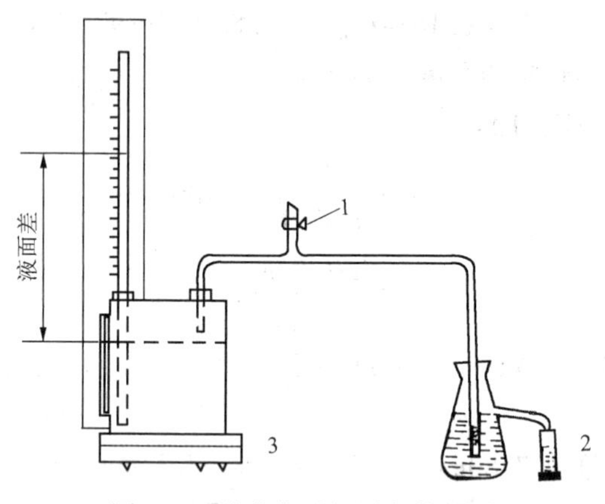

图 5-3　破乳化时间测定装置图

1—玻璃活塞；2—量筒；3—电炉

3. 试验步骤

（1）试样在热水中保温，使试样温度达到 80～85℃，并将排汽玻璃管的末端插入量筒的底部中心。

（2）从浑浊的液体中开始剧烈地冒出蒸汽时起，让蒸汽再继续通入 10min，此时压力计中的液面与试验开始时记下的液面的差数不能大于 50mm。

（3）蒸汽通入 10min 后，从量筒中取出供给蒸汽的玻璃管，记下时间，同时将量筒浸在 55℃±1℃的水浴中，在油层和水层分离完全的时候，记下试验结束的时间。

（4）对装有水油混合物的量筒停止供给蒸汽时起，到水油完全分离为止，为破乳化时间，以秒(s)表示。

4. 结果判断

在油层、水层之间不是完整的乳化层，就认为液体是分层的。

水层、油层的弯月形界面，从下面看去应该是清亮的，在量筒壁上的水油分界线上有狭窄的乳化液环。在水油分界面上有个别的泡沫，或在水层和油层中有浑浊现象，都不必注意。

取重复测定两个结果的算术平均值作为试样的破乳化时间，重复测定两个结果间的差数，不应超过算术平均值的 10%。

二、GB/T 7305—2003《石油和合成液水分离性测定法》

1. 方法概要

该方法是采用美国试验与材料协会标准 ASTM D1401—1998《石油和合成液水分离性测定法》修定的。适用于测定石油和合成液与水分离的能力。将试样和蒸馏水各 40mL 装入专用量筒内，在规定试验温度（所测试样 40℃时运动黏度为 30～100mm^2/s 的油品，试验温度为 54℃±1℃，运动黏度大于 100mm²/s 的油品，试验温度为 82℃±1℃）下，用搅拌器以 1500r/min 的转速搅拌 5min，记录油水层界面的乳化层体积减少至等于或小于 3mL 时的油水分离时间，如果静置 1h 后，乳化层仍大于 3mL，则记录此时油、水和乳化层的毫升数作为试验结果。

2. 准备工作

（1）用清洗溶剂清洗量筒，再用铬酸洗液、自来水、蒸馏水进一步清洗量筒，直至量筒内壁不挂水珠为止。

（2）用脱脂棉、竹镊子在石油醚、无水乙醇中依次清洗搅拌棒和叶片，并风干。同时在清洗过程中注意不要将搅拌棒弄弯曲。

（3）水浴温度控制精度为±1℃。

3. 试验步骤

（1）将水浴加热至 54℃±1℃（比较粘稠的油品加热至 82℃±1℃），并保持恒定。向干净量筒内慢慢倒入 40mL 试剂水（如果初始体积是在室温下测量的，则要考虑随着试验温度的升高而产生的体积膨胀或者在试验温度下测量初始体积）。然后倒入试样 40mL 至量筒刻度为 80mL 处。将量筒放入 54℃±1℃（或 82℃±1℃）恒温浴中，再将搅拌叶片放入量筒内，用金属夹具固定，通常静置约 10min，使量筒内的油水温度与水浴温度一致。但加热时间通常随设备的类别而定，并最长不超过 30min。

（2）量筒固定在搅拌叶片的正下方，降低叶片至距量筒底部 6mm 处，将传动装置与连杆啮合，开始搅拌，观察和调节搅拌棒，以 1500r/min±15r/min，搅拌试样 5min，停止搅拌后，提起搅拌棒，用包有耐油橡胶的玻璃棒把搅拌叶片上的油刮落到量筒内，每隔 5 min，观察并记录量筒内分离的油、水和乳化层体积数。必要时将量筒移出水浴，观察并记录。

4. 结果处理

（1）记录达到产品水分离性能要求或超出了水分离性能要求的试验范围（通常 54℃±1℃ 时为 30min，82℃±1℃时为 60min 时，乳化液为 3mL 或更少）的时间，且每隔 5min 记录试验结果。油层报告的最大体积数为 43mL。结果的报告格式如下所示：

40-40-0（20）完全分离时间为 20min，15min 时残留的乳化层超过 3mL。

39-38-3（20）没有出现完全分离，但乳化层降至 3mL，试验结束。

39-35-6（60）60min 后，残留的乳化层超过 3mL，即 39mL 的油，35mL 的水，6mL 的乳化层。

41-37-2（20）没有出现完全分离，但乳化层在 20min 后减少到 3mL 或更少。

43-37-0（30）30min 后，乳化层减少到 3mL 或更少。25min 时，乳化层超过 3mL，例如，0-36-44 或 43-33-4。

（2）各层外观记录如表 5-7。

表 5-7 各层外观术语记录

油（富油）层	水层或富水层	乳化层
透明	透明	模糊的花边
雾状	花边状或有水泡，或两者均有	浑浊（或乳白状）
浑浊（或乳白状）	雾状	奶油状
以上三种情况的组合现象	浑浊（或乳白状）及以上四种情况的组合现象	以上三种情况的组合现象

(3) 油/乳化层和水/乳化层界面外观用如下术语记录：

① 界面清楚，明显。

② 界面不清楚，有泡。

③ 界面不清楚，有花边。

(4) 重复性要求

该试验方法的精密度是以 40℃ 的运动黏度为 28.8~90mm²/s 的汽轮机油为试验油而取得的，试验完成时，乳化层为 3mL 或更少。精密度如图 5-4 所示。该图表明油品的平均乳化层的测试结果所允许的重复性和再现性(95%置信水平)的最大偏差。但这也许不适用于其他油品或合成液。

图 5-4 的使用说明：以 min 为单位，计算平均测定结果。从纵坐标上的零点 A 向右移到横坐标上的 B 点，根据试验的平均结果，计算并找出误差点 C^+ 和 C^-。如果误差点落在重复性区域内，则表明结果在精密度范围内。

例如：有一个油样的乳化性为 40-40-0(10min) 和 40-40-0(15min)，试验的平均时间结果为 12.5min(B)，误差为+2.5(C^+)和-2.5(C^-)。这些点落在重复性区域内。

该图同样适用于不同实验室间的再现性结果测定。

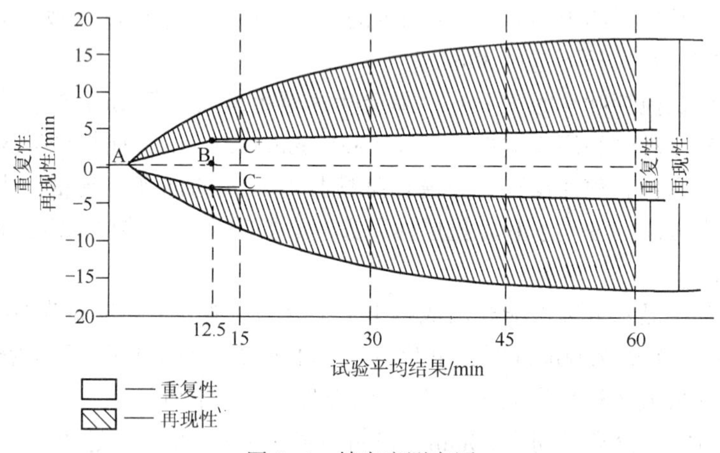

图 5-4 精密度测定图

以上两项测定方法的测定原理基本相同，均是试样与水形成乳化液后，测定油水分离所需的时间。存在的主要差异：一是乳化方式不同。SH/T 0256—1992(2004)采用水蒸汽乳化，而 GB/T 7305—2003 采用搅拌乳化；二是试验温度不同。SH/T 0256—1992(2004)试验温度为 55℃±1℃，而 GB/T 7305—2003 试验温度为 54℃±1℃或 82℃±1℃；三是测定结果判断方法不同。SH/T 0256—1992(2004)测定时，在油层和水层之间不是完整的乳化层，就认为液体是分层的，以停止通入蒸汽到油水完全分层的时间，即为破乳化时间。而 GB/T 7305—2003 测定时，如果搅拌后静置时间在 1h 以内，乳化层等于或小于 3mL，则分别记录各层的毫升数及时间，作为试验结果，如果静置时间超过 1h 后，乳化层仍大于 3mL，则记录此时油、水和乳化层的毫升数，作为试验结果。

三、影响破乳化时间测定的主要因素

破乳化时间的测定是一项条件性试验，而且对所用仪器、物品、蒸馏水等的洁净程度要求很高，只有按标准方法严格操作，才能获得统一的、正确的结果。测定中应特别注意以下事项：

(1) 仪器设备、蒸馏水都应干净，无杂质，呈中性。如果清洗仪器不彻底，带有去污粉、白土或肥皂等残余物，会使破乳化时间增大。

(2) 在测定时间内，压力计与蒸汽发生器液面高差应保持恒定，才能保证蒸汽流量稳定。一般蒸汽流量大，带入油中的水多，而且搅拌激烈，乳化程度深，破乳化时间长；蒸汽流量小，则破乳化时间短。对于测定机械搅拌后的乳化时间，则要注意搅拌器的形状、尺寸符合要求，高度合适，特别要控制好转速为 1500r/min。通蒸汽或机械搅拌的时间要准确。

(3) 通蒸汽前后或搅拌前后的油温都应达到试验条件所要求的范围，前者保持乳化浴水温在 19~26℃，分离浴水温在 93~95℃，后者保持水浴温度在 54℃±1℃或 82℃±1℃。因为油温会影响油的黏度，从而影响乳化程度及乳化液分离时间。

(4) 在水浴中静置分层时，应防止仪器受震动。因震动会缩短破乳化时间。

(5) 注意结果的正确判断。往往初学者易产生的偏差是：等到水油分界面的个别泡沫消失后才按秒表，从而使测定结果偏大。应按照规定：在油层、水层之间只要不是完整的乳化层，从下面看去水、油层的弯月形界面是清亮的，则认为已分离完全，而不必注意水油分界面上的狭窄乳化液环及个别的泡沫或水、油层中的浑浊现象。GB/T 7305—2003 破乳化时间测定，每隔 5min 记录一次分出的油层、水层体积，直至 54℃±1℃大于 30min 或 82℃±1℃大于 60min，乳化层大于 3mL 停止记录。

第三节　润滑油的抗泡性能评定

常用的润滑油抗泡性的评定方法是 GB/T 12579 方法，后来又发展了 SH/T 0722《润滑油高温泡沫特性测定法》和 GJB 498—88《航空涡轮发动机油泡沫特性测定法(静态泡沫试验)》。

一、GB/T 12579-2002《润滑油泡沫特性测定法》

1. 方法概要

GB/T 12579—2002《润滑油泡沫特性测定法》是最常用的润滑油抗泡性评定方法，用于内燃机油、液压油、压缩机油、齿轮油、轴承油、金属加工液等各种循环系统用油的抗泡性的评定。本方法测定原理是将预热后又冷却到 24℃的试样，按规定的量加入到两个泡沫试验量筒中，分别在 24℃ ±0.5℃和 93℃ ±0.5℃下恒温。插入干净气体扩散头，并与通空气管接通，通入已净化的空气 94 mL/min ±5mL/min，5min 后关闭空气源；立即记下量筒中的泡沫体积。量筒静置 10min 后，再记录泡沫体积。当做完 93℃ ±0.5℃的通气试验并记录完毕后，取出量筒在室温下静置冷却到 43℃，再放入 24℃±0.5℃恒温浴中，测其在该温度下的泡沫倾向和泡沫稳定性。整个试验必须在 3h 内完成。

2. 准备工作

彻底清洗试验量筒及进气管、气体扩散头；按图 5-5 将仪器安装好，要求整个系统密闭，不得漏气；准备 24℃±0.5℃和 93℃±0.5℃两个恒温水浴。

3. 试验步骤

(1) 不经机械摇动或搅拌，将 200mL 试样倒入 600mL 烧杯中加热到 49℃±3℃，并让其冷却到 24℃±3℃。

(2) 程序 1。在 1000mL 量筒中倒入 190mL 试样后浸入 24℃℃±0.5℃水浴中，至少浸没

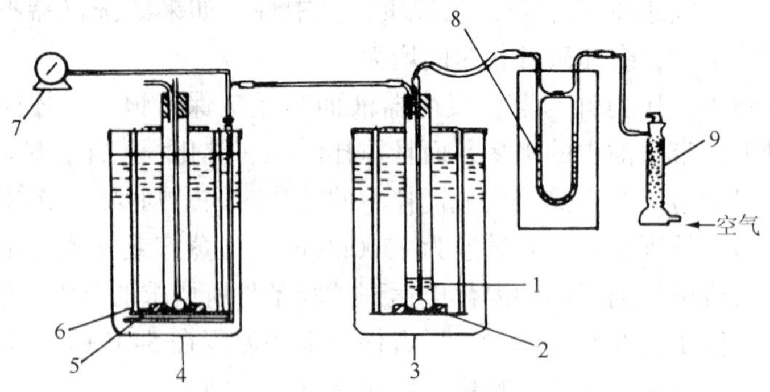

图 5-5　泡沫试验设备

1—1000mL 刻度量筒；2—气体扩散头；3—93.5℃试验浴；4—24℃试验浴；5—重的金属环；6—铜盘管；7—流量计；8—压差式流量计；9—干燥塔

至 900mL 刻线处；试样温度达到浴温时，连接好泡沫试验设备，调节空气流速为 94 mL/min ±5mL/min；从气体扩散头中出现第一个气泡开始计时，通气 5min ±3s，立即记录泡沫的体积。让量筒静止 10min ±10s，再记录泡沫的体积。

（3）程序 2。在 1L 量筒中倒入 180mL 第二份试样后浸入 93℃±0.5℃水浴中，其他试验步骤同程序 1 所述。

（4）程序 3。用搅动的方法除去 93℃±0.5℃试验后留下的所有泡沫。置于室温使试样冷却至低于 43.5℃，然后将量筒放入 24℃浴中。当试样达到浴温后，其他试验步骤如程序 1 所述。

（5）某些含有泡沫抑制剂的润滑油，储存超过两周可按如下操作：将 18～32℃的 500mL 样品倒入 1L 的干净容器中，加盖，以最大的速度搅拌 1min 后静止，使引入的气泡消散，升高油温至 24℃±3℃。在搅拌后的 3h 内，按程序 1 试验步骤进行。

4. 结果处理

报告结果精确到 5mL，表示为"泡沫倾向"（在吹气周期结束时的泡沫体积）和泡沫稳定性（在静止周期结束时的泡沫体积）。每个结果要注明程序号以及试样是直接测定还是经过搅拌后测定。当泡沫或气泡层没有完全覆盖油表面，且可见片状或眼睛状的清晰油品，报告泡沫体积为 0。

二、SH/T 0722《润滑油高温泡沫特性测定法》

该方法是将试样加热到 49℃，恒温 30min 后冷却至室温，然后将试样转移至带刻度的 1000mL 量筒内，并加热到 150℃，以 200mL/min 的流速向金属扩散头内通干燥空气 5min，测定停止通气前瞬间的静态泡沫量、运动泡沫量以及停止通气后规定时间的静态泡沫量、泡沫消失的时间和总体积增加百分数。本方法适用于高速传动装置使用的传动液、大容积泵送及飞溅润滑系统使用的发动机油的抗泡性能的测定。

SH/T 0722 方法与 GB/T 12579 方法的试验仪器和操作过程十分相似，但也有明显的差异，主要体现在评定指标上。对静态泡沫等有关术语介绍如下：

（1）夹带空气。在液体中，空气（或气体）分散在液体中所形成的两相混合物，其中大部分体积是液体。空气（或气体）是以直径为 10～1000μm 不连续气泡形式存在，这些气泡分布并不均匀。随着时间的推移，气泡升到表面并聚集形成较大的气泡，然后破裂或形成泡沫；气泡也能在次表面聚集，在这种情况下，气泡上升更快。

(2) 泡沫。在液体内部或表面聚集起来的气泡，从体积上考虑，其中空气(或气体)是主要组成部分。

(3) 泡沫消失时间。用于泡沫试验，指在吹空气 5min 结束时，即切断空气源后，出现零泡沫的时间，以秒(s)为单位。

(4) 静态泡沫。指泡沫试验时，空气通过扩散头所产生的泡沫。

(5) 泡沫稳定性。泡沫试验时，切断空气源后，在规定时间存在的静态泡沫量。

(6) 五秒泡沫稳定性。切断空气 5s 后的静态泡沫量。

15s 泡沫稳定性、1min 泡沫稳定性、5min 泡沫稳定性、10min 泡沫稳定性分别表示切断空气 15s、1min、5min、10min 后的静态泡沫量。

(7) 泡沫倾向性。指泡沫试验时，停止通气前瞬间的静态泡沫量。

(8) 运动泡沫。指泡沫试验时，空气通过扩散头所产生的夹带空气。空气通过扩散头使油样的体积增加，并且这些夹带的空气被认为是泡沫。

(9) 体积增加分数。指泡沫试验时，在试验温度下，表示总体积增加量占原体积包括扩散头体积的分数。

(10) 总体积。指泡沫试验时，泡沫、液体、扩散头及进气管被浸入部分的体积之和。

(11) 初始总体积。指泡沫试验时，在试验温度下，供给空气前，泡沫、液体、扩散头及进气管被浸入部分的体积之和。

(12) 最终总体积。指泡沫试验时，停止通气前瞬间泡沫、液体、扩散头及进气管被浸入部分的体积之和。

(13) 顶部体积。在任何给定试验时间，泡沫、液体、扩散头及进气管被浸入部分的体积之和。

(14) 底部体积。在任何给定试验时间，无空气存在的液体样品体积。

相关术语的含义可参照图 5-6。

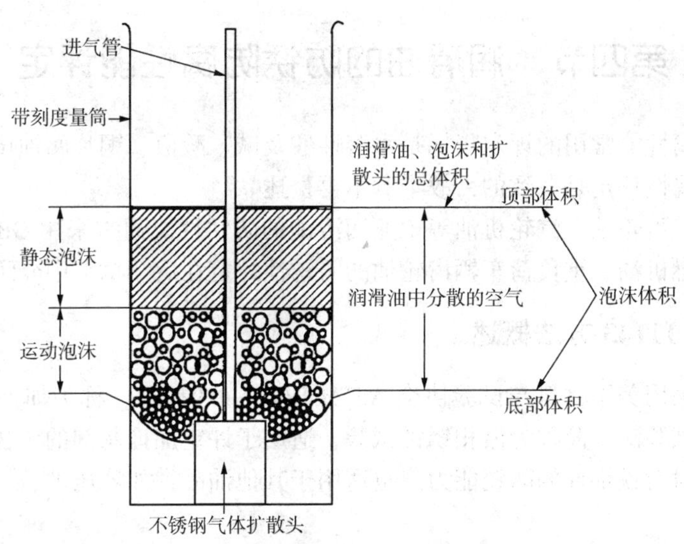

图 5-6 术语图解

三、GJB 498《航空涡轮发动机油泡沫特性测定法(静态泡沫试验)》

该方法是专为航空涡轮发动机油的抗泡性能评定而制定，参照美国联邦标准FS791B3213。用本方法测定合成航空润滑油的泡沫特性与实际运行的航空涡轮发动机的使用结果有良好的一致性。

基本试验过程是：量取200mL试样于清洁干燥的500mL量筒中，将量筒浸入80℃的恒温水浴内，安装有扩散头的空气管，使扩散头刚好触及量筒底部圆形截面的中心位置上，恒温15min，使试样温度达到80℃，接通空气源，调节空气流量至1000 mL/min±20mL/min，连续通气30min后，切断气源。

记录30min试验期间所产生的最大泡沫体积。把泡沫-空气界面刻度值减去泡沫-流体界面刻度值作为泡沫体积，若有泡沫液体混合层，还应记录混合层体积。

切断气源后，记录润滑油表面泡沫消失到露出环形油面所需的时间或停气5min后所剩余的泡沫体积。

四、影响抗泡性测定的主要因素

(1) 气体扩散头要经过校验，不同泡沫试验要求的扩散头不同。

(2) 试验量筒及进气管必须干净，试验温度要准确控制。因为润滑油的起泡倾向和泡沫稳定性与油品的成分(特别是表面活性剂，如清净剂、分散剂、腐蚀抑制剂、防锈剂等都是表面活性剂)、温度和黏度等有密切的关系。如果试验器具不干净，可能污染油样，试油温度高，泡沫容易破裂。黏度对泡沫的影响则更为复杂，对黏度不太大的润滑油来说，温度升高时黏度变小，成泡性和泡沫稳定性均下降，但对较黏稠的润滑油来说，温度升高时，黏度下降到适于生成气泡的范围，反而会增大成泡倾向。

(3) 对于储存超过两周的试样应高速搅拌后测定并在报告结果时注明，因为某些类型的润滑油在储存中，泡沫抑制剂分散性会发生改变，导致泡沫增多。

第四节　润滑油的防锈防腐性能评定

润滑油的防腐性能常用的评定指标是水溶性酸及碱、酸值、铜片腐蚀试验等，与第二章中液体燃料的防腐性评定是一致的，故本章不再赘述。

对于液压油、齿轮油、汽轮机油等工业润滑油的防锈性能通常采用GB/T 11143方法进行评定。对于内燃机油、重负荷车辆齿轮油的防锈性评定在后续章节中介绍。

一、GB/T 11143方法概述

该方法修改采用美国材料与试验协会ASTM D665—03标准，称为加抑制剂矿物油在水存在下防锈性能试验法，简称为液相锈蚀试验，适用于评定加抑制剂的矿物油，特别是汽轮机油在同水混合时对铁部件的防锈能力。也适用于其他油品，如液压油、工业齿轮油及比水重的液体。

该方法是将300mL试样和30mL蒸馏水(A法)或合成海水(B法)混合，把圆柱形的试验钢棒全部浸在其中，在60℃下进行搅拌。通常试验周期为24h，但根据合同双方的要求，时间亦可长可短。试验周期结束后观察试验钢棒锈蚀的痕迹和锈蚀的程度。

1999 年之前，ASTM D665 建议的试验周期一直为 24h，但 ASTM D665—03 标准中指出，对比试验结果表明试验周期为 4h 与 24h 的试验钢棒未发现锈蚀等级差异，故 ASTM D665—03 建议试验周期为 4h。

二、仪器与材料

（1）油浴或水浴。能保持试样温度在 60℃±1℃ 的恒温液体浴。适宜作浴用的油，其 40℃运动黏度为 28. 8～35. 2mm²/s。浴槽应带盖，盖上具有放试验烧杯用的孔。

（2）搅拌器。由符合 GB 1220 中 1Cr18Ni9Ti 要求的不锈钢制成，其结构呈倒“T”字形，在直径为 6mm 的搅拌杆上装一个 25mm×6mm×0. 6mm 的扁平叶片，叶片对称于杆并在垂直平面上，该搅拌器用于 A 法和 B 法。

当评定比水密度大的液体时，由于上述搅拌器的搅拌作用不足以使水与试验液体完全混合，故在此基础上安装一个辅助叶片，其材质为不锈钢，尺寸为 19. 0mm×12. 7mm×0. 6mm，辅助叶片在搅拌杆上的位置是其底边距 T 形叶片的顶边 57mm 处，并且两个叶片的平面在同一垂直平面上。

（3）试验钢棒。材质应符合如下规定：碳（C）含量 0. 15～0. 20%；锰（Mn）含量 0. 60～0. 90%；硫（S）含量≤0. 05%；磷（P）含量≤0. 04%；硅（Si）含量<0. 10%。

（4）钢棒研磨和抛光设备。包括一台速度为 1700～1800r/min 旋转试验钢棒的设备及能夹住试验钢棒用的合适的夹头。

（5）参比油。用于校正实验仪器，其在 A 法中合格而在 B 法中不合格，配制方法如下：

在白矿物油中（运动黏度符合 SH/T 0006 中 32 号工业白油要求）加入 0. 0150%（质量分数，以下百分数均为质量分数）的添加剂，添加剂由 60%的十二烯基丁二酸和 40%的普通石蜡基基础油（40℃运动黏度为 19. 8～24. 2mm²/s）构成。十二烯基丁二酸应使用 Lubrizol 850 或相当的产品。

仪器组装图见图 5-7。

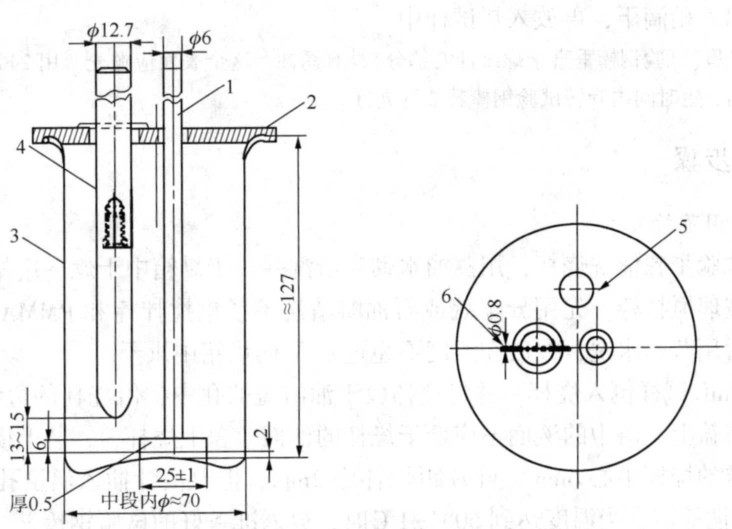

图 5-7 仪器组装示意图（单位为 mm）

1—搅拌器；2—烧杯盖；3—烧杯；4—试验钢棒组合件；5—温度计插孔；6—销子

三、准备工作

（1）每次试验应准备两根试验钢棒，可以是新的或使用过的。新的试验钢棒直径为12.7mm，长度约为68mm（不包括拧入手柄的螺纹部分）。

注：在做对比试验时，显示锈蚀的试验钢棒不应再使用。在各种油的试验中重复出现锈蚀的试验钢棒可能是有问题的。这些试验钢棒应放入合格的油中进行试验，如果在重复试验中仍然发生锈蚀，则这些试验钢棒应废弃。

（2）初磨。如果试验钢棒以前使用过，且没有锈蚀或其他不平整，初磨则可省去。只需按下述（3）所述进行最后抛光。如果是新的试验钢棒或者试验钢棒表面的任一处有锈蚀或凹凸不平，则先用石油醚或异辛烷进行清洗，再用150号氧化铝砂布研磨，以除去肉眼能看见的全部凹凸不平整、坑点及伤痕。把试验钢棒固定在研磨和抛光设备的夹头上，并以1700～1800r/min的速度旋转试验钢棒，用旧的150号氧化铝布进行研磨，以除去锈蚀或表面较大的凹凸不平之处。再用150号新砂布完成磨光，然后用240号氧化铝布进行最后抛光或从夹头上取下试验钢棒，在使用前应储放在异辛烷中。当使用过的试验钢棒直径减少到9.5mm时，就不可再用。

注：试验钢棒用石油醚或异辛烷清洗后，直到试验结束之前的任何步骤，都不准用手接触，可以使用镊子或者干净的无绒棉布。

（3）最后抛光。临试验前，必须用240号氧化铝砂布对试验钢棒进行最后抛光。如果试验钢棒已初磨完毕，则停止运转试验钢棒的马达，对于从异辛烷中取出的试验钢棒用一块干净的布把试验钢棒擦干，然后装在夹头上，再进行最后抛光，抛光步骤为：用一块240号氧化铝砂布条紧围试验钢棒半周，以平稳而适当的力拉住砂布松动的一端，持续1～2min进行抛光，使之产生没有纵向划痕的均匀精细的磨光表面，用新砂布完成抛光的最后阶段。从夹头上取下试验钢棒不要用手指接触，用一块干净且干燥的无绒棉布或丝毛织物轻轻揩拭，然后装到塑料手柄上，立即浸入试样中。也可以先放入装有试样的干净试管中，然后将试验钢棒从试管中取出，稍滴干，再放入热试样中。

注：为保证平肩（试验钢棒垂直于螺纹杆的部分）没有锈蚀，这个表面应抛光。用240号氧化铝砂布放在夹具和平肩之间，短时间内旋转试验钢棒就能抛光好。

四、试验步骤

1. *方法A（用蒸馏水）*

（1）按照试验步骤清洗烧杯，用蒸馏水彻底清洗并放于烘箱中干燥。用相同的方法清洗玻璃烧杯盖和玻璃搅拌棒。先用异辛烷或石油醚清洗不锈钢搅拌棒和PMMA盖，再用热水充分冲洗，最后用蒸馏水洗，并放在温度不超过65℃的烘箱中烘干。

（2）将300mL试样倒入烧杯，并将烧杯放于油浴盖的孔中，借烧杯的边缘固定在盖上，使烧杯悬挂在浴盖上。浴中的液面不应低于烧杯的油面。盖上烧杯盖，装上搅拌器，使搅拌杆距离装有试样的烧杯中心6mm，叶片距烧杯底2mm。把温度计插入温度孔，其浸入深度为56mm。开动搅拌器，当温度达到60℃±1℃时，放入准备好的试验钢棒。

（3）把试验钢棒组合件悬挂在烧杯盖上的试样孔中，使其下端距离烧杯底13～15mm。

（4）继续搅拌30min，以保证试验钢棒完全润湿。在搅拌的情况下，取下温度计片刻，通过此孔加入30mL蒸馏水，然后重新放回温度计。由加水时起，在油-水混合物保持在

60℃±1℃的温度下，以1000r/min±50r/min的速度继续搅拌24h。在24h后，停止搅拌，取出试验钢棒沥干，然后用异辛烷或石油醚洗涤，如有必要可以用漆涂层将试验钢棒保护起来。

注：一般在12h后作锈蚀观察，观察试样能否通过试验的征兆，试验通常进行24h，但按合同双方的要求，试验周期亦可长可短，ASTM D665—03建议试验周期为4h。

2. 方法B(用合成海水)

加抑制剂矿物油在合成海水存在下防锈性能试验方法，与方法A(用蒸馏水)基本相同，只是用合成海水代替蒸馏水。

(1) 合成海水的组成见表5-8。

表5-8　人工合成海水的组成

盐	浓度/(g/L)	盐	浓度/(g/L)
氯化钠($NaCl$)	24.54	碳酸氢钠($NaHCO_3$)	0.20
氯化镁($MgCl \cdot 6H_2O$)	11.10	溴化钾(KBr)	0.10
硫酸钠(Na_2SO_4)	4.09	硼酸(H_3BO_3)	0.03
氯化钙($CaCl_2$)	1.16	氯化锶($SrCl \cdot 6H_2O$)	0.04
氯化钾(KCl)	0.69	氟化钠(NaF)	0.003

(2) 合成海水的制备。按下述方法配制合成海水溶液，此方法可避免在浓溶液中析出沉淀。

① 用化学纯试剂和蒸馏水制备下列原料溶液。

1号基础溶液。将氯化镁($MgCl \cdot 6H_2O$)3885g、无水氯化钙($CaCl_2$)406g、氯化锶($SrCl \cdot 6H_2O$)14g溶解于蒸馏水，并稀释到7L。

2号基础溶液。将氯化钾(KCl)483g、碳酸氢钠($NaHCO_3$)140g、溴化钾(KBr)70g、硼酸(H_3BO_3)21g、氟化钠(NaF)2.1g溶解并稀释到7L。

② 将245.4g氯化钠($NaCl$)和40.94g硫酸钠(Na_2SO_4)溶解于几升蒸馏水中，加入200mL 1号基础溶液和100mL 2号基础溶液，并稀释到10L，进行搅拌，再加入0.05mol/L碳酸钠溶液(Na_2CO_3)直到pH值为7.8~8.2(约需碳酸钠溶液1~2mL)。

3. 方法C(用于比水重的液体)

用于方法A、B的搅拌器所产生的搅拌作用不足以使水和比水重的液体达到完全混合，所以进行方法C试验时必须更换搅拌器。其他试验步骤与方法A或B相同，但必须注明是使用的蒸馏水还是合成海水。

五、结果的判断

(1) 试验结束时，试验钢棒的所有检查都不使用放大镜，并应在不经强化的通常光线下进行。就本试验来说，通常光线是指650 lx(勒克斯)的照度。通过上述检查过程，凡试验钢棒上有肉眼可见的任何锈点和条纹即为锈蚀的试验钢棒。在试验钢棒本身不褪色或不存在斑点的情况下，如果表面褪色或斑点可被无绒棉布或薄纸很容易擦掉，则不应认为是锈蚀。

(2) 本标准规定为了报告某种试样合格与否，必须进行平行试验。如在试验周期结束时，两根试验钢棒均无锈蚀，那么试样为“合格”。如两根试验钢棒均锈蚀，则应报告为“不合格”。如一根试验钢棒锈蚀而另一根不锈蚀，则应再取两根钢棒重新进行试验。如果重做的两根试验钢棒任何一根出现锈蚀，则应报告该试样为不合格，如果重做的两根试验钢棒都没有锈蚀，则应报告该试样为合格。

当需指出锈蚀的程度时，为统一起见，建议按下述的锈蚀程度分级。

① 轻微锈蚀。限于锈点不超过6个，每个锈点直径不大于1mm。

② 中等锈蚀。锈蚀超过6个点，但小于试验钢棒表面积的5%。

③ 严重锈蚀。锈蚀面积超过试验钢棒表面积的5%。

(3) 试验报告应指明采用方法A、B、C。如用方法C，则应注明是用蒸馏水还是合成海水。

六、注意事项

(1) 试验钢棒用石油醚或异辛烷清洗后，直到试验结束前的任何步骤，都不能用手接触，可以使用镊子或者干净的无绒棉布。

(2) 必须按方法要求认真细致地打磨试棒。表面光洁度是影响锈蚀的重要因素，表面光洁度越高，越不易锈蚀，所以如果钢棒表面有缺陷，如凹坑，划痕，则该缺陷处就极易锈蚀，从而导致结果失真。

(3) 必须等钢棒浸入试油中30min时才可加蒸馏水或合成海水。试验证明，当将钢棒浸入试油中后，马上加水，则在很短时间内钢棒就会严重锈蚀，这是因为水的极性很大，水比基础油和防锈添加剂更快地占据了钢棒表面，抑制了防锈添加剂的防锈作用，也导致结果失真。

(4) C法所使用的搅拌器与A、B法的搅拌器不同。

(5) 报告试验结果时必须注明是A法或B法或C法，C法还必须注明是使用的蒸馏水还是合成海水。

第五节　润滑油的润滑性能评定

一、四球机试验

四球机按使用条件分为极压式四球机和磨损式四球机。它们的一般区别是极压式四球机的负荷范围较宽，测量精度较磨损试验机要求低，这类四球机又有液压加荷和机械加荷之分，液压式四球机具有自动化程度高的特点，机械加荷式四球机结构比较简单，制造成本相对也低。而磨损式四球机要求在低负荷长时间条件下运转，故要求设备的测量精度较高。

极压式四球机于1933年由Boerlage设计。我国自主品牌的四球机形成商品化生产始于20世纪60~70年代，最具代表性的是以下两种机型：一种是MQ-12液压式四球摩擦试验机，由济南材料试验机厂于20世纪60年代初期研制生产；另一种是SQ-Ⅱ吉山杠杆式四球摩擦试验机，由广州机床研究所于20世纪70年代初研制生产。近年来，国内在四球机的自动化和智能化方面取得了明显进展，如加载方式采用加载弹簧与伺服电机和计算机相结合，实现了载荷的全自动控制，可自动加载、自动载荷修正。又比如钢球磨痕大小的测量也实现了自动化，从而消除了人为误差。

四球机是以四个标准ϕ12.7mm试验钢球为摩擦副，在点接触、纯滑动的接触和运动方式下，按照不同实验方法的实验条件评定润滑剂的极压性、抗磨性和减摩性及其他摩擦学性能。

具体组成是上钢球通过弹性夹头固定于主轴锥孔内，下面三个钢球用油盒固定在一起，四个钢球在试验油盒中以等边四面体排列，通过杠杆、液压或加载弹簧自下而上对钢球施加一定负荷，试验过程中四个钢球的接触点都浸没在润滑剂中，见图5-8。在特定的负荷、转速、温度下运转一定的时间，通过下面三个钢球上产生的磨痕直径或运转时的摩擦系数等参数，根据相应的试验方法，对润滑剂的各种摩擦磨损性能作出评价。

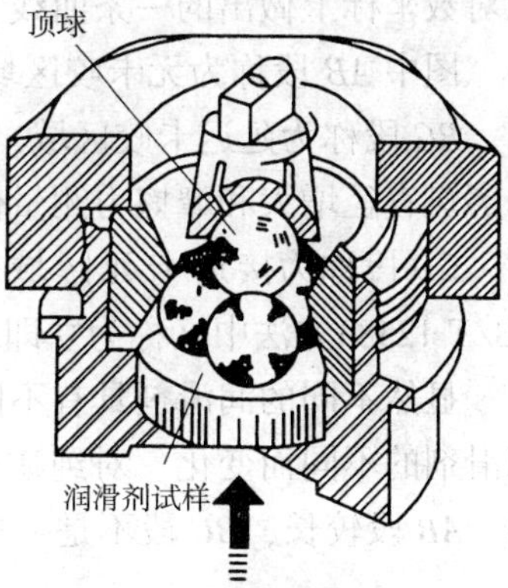

图5-8 四球试验机示意图

(一)与四球机试验有关的基本概念

1. 赫兹直径与赫兹线

用四球法测定润滑剂极压性能时，在静态条件(即没有相对转动)下由于钢球弹性变形引起的凹坑的平均直径称为赫兹直径，以mm表示，其值可按下式计算：

$$D_h = 4.08 \times 10^{-2} \cdot P^{\frac{1}{3}}$$

式中 D_h——赫兹直径，mm；

P——所加静态负荷，N。

以赫兹直径为纵坐标，所加静态负荷为横坐标在双对数坐标中作出的一条直线称为赫兹线。

2. 磨痕直径

用四球法测定润滑剂极压性能时，在不同负荷下三个固定钢球上产生的圆形、斑点状、光亮磨痕的平均直径，以毫米表示。

3. 卡咬或咬黏

测定润滑剂极压性能时，试件表面产生严重的黏附和材料迁移而使相对运动停止的现象。

4. 最大无卡咬负荷 P_B

用四球法测定润滑剂极压性能时，在规定条件下钢球不发生卡咬的最高负荷。P_B 值的大小代表油膜强度的高低。

5. 烧结点 P_D

用四球法测定润滑剂极压性能时，在规定条件下使钢球发生烧结的最低负荷。烧结点曾称为烧结负荷，它表示润滑剂的极限工作能力。

6. 综合磨损值和综合磨损指数

用四球法测定润滑剂极压性能时，在规定条件下得到的若干次校正负荷的平均值，综合磨损值在GB/T 12583方法中又称为负荷-磨损指数，它表示润滑剂的平均极压性能。

7. 校正负荷

用四球法测定润滑剂极压性能时，在规定条件下所加负荷乘以该负荷下赫芝直径再除以实测磨痕直径所得到的结果。

8. 磨痕-负荷曲线

用四球法测定润滑剂极压性能时，以磨痕直径为纵坐标，以相应的所加负荷为横坐标在双对数坐标上做出的一条曲线，见图 5-9。

图中 AB 段称为无卡咬区域，即润滑剂油膜尚未被破坏时所加的负荷区域。

BC 段称为延迟卡咬区域，即润滑剂膜可被瞬间破坏所加负荷的区域，油膜瞬时破坏可由磨斑直径增大和摩擦力测量值瞬时增大看出，在 GB/T 12583 方法中又称为初期卡咬区。

CD 段称为接近卡死区域，即以出现卡咬、大的磨痕直径、烧结为特征的区域，在 GB/T 12583方法中又称为立即卡咬区。

显然不同的润滑剂具有不同的磨损-负荷曲线，即 AB 段、BC 段和 CD 段的区域范围随润滑剂的不同而变化。对纯矿物油来说，AB 段较短，BC 段很陡。含有抗磨添加剂的润滑油，AB 段较长，BC 段不是一条直线，而是由多阶梯部分所组成，见图 5-10。

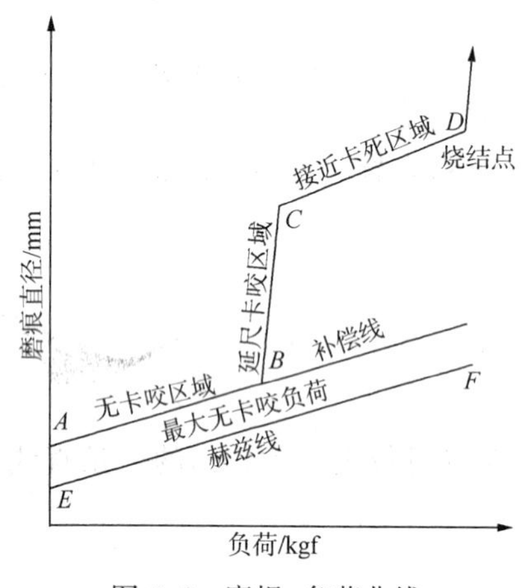

图 5-9　磨损-负荷曲线

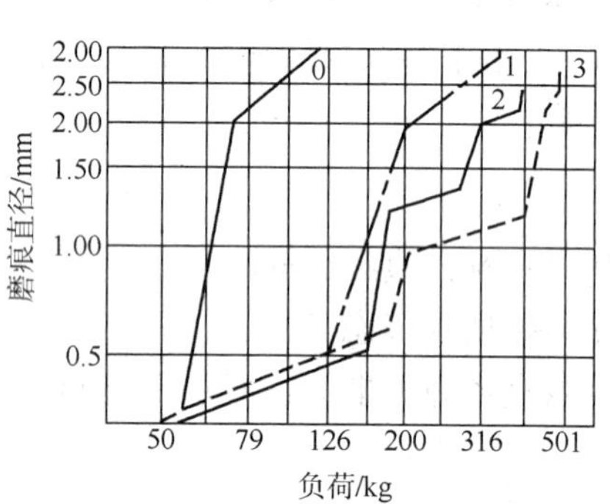

图 5-10　不同油品的磨损-负荷曲线

0—基础油；1—基础油+10%氯化石蜡；2—基础油+6%硫化烯烃，1%磷酸正丁酯，0.1%巯基苯并噻唑；3—基础油+1 和 2 中的抗磨添加剂

9. 补偿线和补偿直径

在存在润滑剂而又不发生卡咬的条件下，在下面的三个球上产生光亮的圆斑状磨痕，以该磨痕直径的平均值对应所加的负荷，在双对数坐标图中做出的一条直线称为补偿线。补偿线上相应于某一负荷的磨痕直径称为该负荷下的补偿直径。

不同润滑剂的补偿线是接近的，即存在润滑剂且不发生卡咬时，相同负荷下的磨斑直径与润滑剂的性能无多大关系，所以可以用一条代表平均斜度的补偿线来表示。见图 5-9。

(二)四球试验条件

目前我国已建立了六个四球试验方法，见表 5-9。

表 5-9　有关的四球试验方法

方法名称	润滑剂承载能力测定法	润滑剂极压性能测定法	润滑脂极压性能测定法	润滑油摩擦系数测定法	润滑脂抗磨性能测定法	润滑油抗磨性能测定法	
						A 法	B 法
方法代号	GB/T 3142	GB/T 12583	SH/T 0202	SH/T 0762	SH/T 0204	SH/T 0189	
转速/(r/min)	1450±50	1760±40	1770±60	600±30	1200±50	1200±60	1200±60
油温/℃	室温	初始 18~35	27±8	75	75±2	75±2	75±2
时间/s	10	10	10	10min 的倍数	60min±1min	60min±1min	60min±1min

续表

方法名称	润滑剂承载能力测定法	润滑剂极压性能测定法	润滑脂极压性能测定法	润滑油摩擦系数测定法	润滑脂抗磨性能测定法	润滑油抗磨性能测定法	
						A 法	B 法
负荷	根据油品性能确定	根据油品性能确定	根据润滑脂性能确定	98.1N 并依次递增	392N±2N	147N±2N	392N±4N
结果报告	P_B、P_D、ZMZ	P_B、P_D、LWI	P_B、P_D、ZMZ	每增加 98.1N 时摩擦系数等	三个钢球的平均磨斑直径的大小		

试验时，首先用溶剂汽油清洗钢球、油盒、夹具及其他在试验过程中与试样接触的零部件，再用石油醚清洗两次，然后用热风吹干，清洗后的钢球应光洁无锈斑。钢球及与试样接触的零部件的洁净程度是影响试验结果的重要因素，所以清洗次数并不是说清洗两次就一定能满足要求，特别是当进行润滑脂试验时，由于润滑脂的黏附力强，必须清洗多次，一个基本的判断依据是石油醚不再变色。在 ASTM D2783 方法中推荐使用正庚烷作为清洗溶剂，由于正庚烷的价格远远高于石油醚，故我国用石油醚清洗也是合理的，但应注意不要使用本身具有承载能力的溶剂，如四氯化碳，尽管其具有特别好的清洗效果。

清洗后的钢球及有关的零部件要用热风吹干，其目的并不是让石油醚尽快蒸发，而是为了防止在钢球及零部件表面上产生凝露。仔细观察可见，刚用石油醚清洗后的钢球表面是不光亮的，环境温度越高，此现象越明显，原因就是由于石油醚的蒸发，导致钢球等表面温度低于环境温度，于是空气中的水分就会在钢球上产生凝露，如果不用热风吹干，则由于水的极性大于油品及添加剂，水在钢球表面的吸附就会影响油膜和吸附膜的强度，导致试验结果偏低。

将三只钢球放入油盒内，通过压环和锁紧螺帽把三只钢球固定住，将试油倒入油盒中，让试油浸没钢球，只要试油浸没钢球，试油量的多少对试验结果没有影响，反之，如果试油没有浸没钢球则可能造成试验结果偏低。如果是试验润滑脂，则先在油盒中放上足够数量的润滑脂，把球嵌入润滑脂中，放上压环，拧紧螺帽固紧油盒，抹平表面的润滑脂并调整到压环与螺帽的接合处。试样中不能有空穴存在。

将第四只钢球固定在夹头上，把夹头安装在转轴上。由于夹头不断地经受磨损和卡咬，因此每次试验前应仔细检查夹头，如果发现试验钢球与夹头不能紧密结合或夹头有咬伤痕迹，应及时更换。不同试验机所用夹头不同。

把装好试样和钢球的油盒正中地安放在上球座下面，根据各类四球机的说明书进行加载，达到所需的负荷后，启动电动机，试验时间由时间继电器自动控制。

每个试验周期结束后，用专用显微镜测量油盒内钢球纵横两个方向的磨痕直径。

(三) 关于最大无卡咬负荷 P_B 的测定

测定 P_B 时要求在最大无卡咬负荷 P_B 下的磨痕直径不得大于相应的补偿线上的磨痕直径(即补偿直径)的 5%。因为不同油品的补偿线是接近的，而补偿线又是在无卡咬的前提下得到的，所以只要磨痕直径大于相应的补偿直径，则该负荷必定大于 P_B，这由磨损-负荷曲线可以明确地看到。当所加负荷小于 P_B 时，则磨痕直径即为补偿直径，又由于补偿线是用一条代表平均斜度的补偿线表示的，所以有些油品无论多大负荷下的磨痕直径可能总比相应的由这条代表平均斜度的补偿线确定的补偿直径大，所以将补偿直径的 1.05 倍作为比较的依据是可行的，同时也是合理的。当某一负荷下的磨痕直径小于相应补偿直径的 1.05 倍，则

认为该负荷小于 P_B。当所加负荷小于 P_B时，则增大负荷重新试验。当所加负荷大于 P_B时，则减小负荷重新试验。当大于 P_B的负荷和小于 P_B的负荷之差符合表 5-10 要求时，则停止试验，取刚才进行比较的较小的负荷为 P_B值。

表 5-10 最大无卡咬负荷测定要求(适用于 GB/T3142 和 GB/T12583 方法)

P_B/N	误差/N
$P_B \leq 392$	20
$402 \leq P_B \leq 784$	29
$794 \leq P_B \leq 1177$	49
$1187 \leq P_B \leq 1569$	69
$P_B > 1569$	98

为简化试验程序，方法提供了用以判断 P_B点的 $P \sim D_{补偿}(1+5\%)$表，对于 GB/T 3142 法，见表 5-11，对 GB/T 12583 方法，见表 5-12。表中 $D_{补偿}$表示与负荷 P 相应的补偿直径。例如：某油在 80kgf 负荷下测得的磨痕直径为 0.47mm，而由表 5-11 查知 80kgf 负荷下 $D_{补偿}(1+5\%)$为 0.44mm，则可以断定该油的 P_B值小于 80kgf。

表 5-11 用以判断 P_B点的 $P \sim D_{补偿}(1+5\%)$表(只适用于 GB/T 3142)

P/kgf	9	10	11	13	15	17	19	21	23	25	28	31	34	38	40
$D_{补偿}(1+5\%)$/mm	0.21	0.22	0.23	0.24	0.25	0.26	0.27	0.28	0.29	0.30	0.31	0.32	0.33	0.34	0.35
P/kgf	44	48	52	56	61	66	71	76	82	88	94	100	107	114	121
$D_{补偿}(1+5\%)$/mm	0.36	0.37	0.38	0.39	0.40	0.41	0.42	0.43	0.44	0.45	0.46	0.47	0.48	0.49	0.50
P/kgf	128	135	143	152	161	171	181	191	201						
$D_{补偿}(1+5\%)$/mm	0.51	0.52	0.53	0.54	0.55	0.56	0.57	0.58	0.59						

注：负荷介于二格之间，则取后一格数值，如 P=120kgf，则取 $D_{补偿}(1+5\%)$=0.50mm。

表 5-12 判断 P_B点的 $P \sim D_{补偿}(1+5\%)$(GB/T 12583)

P/N(kgf)	98(10)	108(11)	118(12)	127(13)	137(14)	157(16)	177(18)	196(20)	216(22)
$1.05D_{补偿}$/mm	0.22	0.23	0.23	0.24	0.25	0.26	0.27	0.28	0.29
P/N(kgf)	235(24)	255(26)	275(28)	294(30)	314(32)	333(34)	353(36)	373(38)	392(40)
$1.05D_{补偿}$/mm	0.30	0.30	0.31	0.32	0.33	0.33	0.34	0.35	0.35
P/N(kgf)	412(42)	431(44)	461(47)	490(50)	510(52)	530(54)	559(57)	588(60)	618(63)
$1.05D_{补偿}$/mm	0.36	0.36	0.37	0.38	0.39	0.39	0.40	0.40	0.41
P/N(kgf)	637(65)	667(68)	696(71)	726(74)	755(77)	784(80)	834(85)	883(90)	932(95)
$1.05D_{补偿}$/mm	0.42	0.42	0.43	0.44	0.44	0.45	0.46	0.47	0.47
P/N(kgf)	981(100)	1020(104)	1069(109)	1118(114)	1167(119)	1236(126)	1294(132)	1363(139)	1432(146)
$1.05D_{补偿}$/mm	0.48	0.49	0.50	0.50	0.51	0.52	0.53	0.54	0.55

为了达到对 P_B测定误差的要求，如 P_B介于 41~80kgf 时，允许的误差为 3kgf，但表中所列出的负荷中，任两级之差均大于 3kgf，如负荷为 61kgf，得到的磨痕直径小于 0.40mm，则断定 P_B值大于 61kgf，而负荷为 66kgf 时，得到的磨痕直径大于 0.41mm，则判定 P_B值小于 66kgf，由此得到 P_B值介于 61~66kgf 之间，如取 P_B=61kgf，而真正的 P_B=65kgf，则误差为

65-61=4kg，超过了误差范围，此时必须在 61~66kgf 之间再做一次试验，如施加负荷为 64kgf，但表中没有 64kgf 对应的 $D_{补偿}(1+5\%)$ 值，此时依据下列原则判断：

当负荷介于二格之间时，则取后一格的 $D_{补偿}(1+5\%)$ 数值。

依据上述原则将 64kgf 负荷下得到的磨斑直径与 0.41mm 比较，如磨斑直径小于 0.41mm，则取 P_B=64kgf，如磨斑直径大于 0.41mm，则取 P_B=61kgf。

（四）关于烧结负荷 P_D 的测定

在四球试验中，共将试验负荷分为 22 个级别，见表 5-13。起始负荷 59N，最高负荷 7845N，LD_h 系数一栏的数值是试验负荷乘以该负荷下的赫兹直径后的结果，用于计算校正负荷。整个负荷级别整体上呈几何级数，公比约为 1.26，即前一级负荷值乘以 1.26，再按取整数原则处理即得到后一级负荷。关于负荷级别也可用另一种表述，即各负荷级别的对数值呈等差数列，公差为 0.1，即前一负荷级别的对数值加上 0.1 后的逆对数值按取整数原则处理得到后一级负荷。但是，实际计算结果与方法规定的负荷值并不完全相同，特别是采用牛顿作单位时更为明显。

表 5-13　四球试验级别

负荷级别	负荷 L/ N(kgf)	LD_h 系数/ N·mm(kg·mm)	负荷级别	负荷 L/ N(kgf)	LD_h 系数/ N·mm(kg·mm)
1	59(6)	9.32(0.95)	12	784(80)	294.96(30.08)
2	78(8)	13.73(1.40)	13	981(100)	397.14(40.50)
3	98(10)	18.44(1.88)	14	1236(126)	541.29(55.20)
4	127(13)	26.18(2.67)	15	1569(160)	743.29(75.80)
5	157(16)	34.52(3.52)	16	1961(200)	1002.17(102.20)
6	196(20)	46.48(4.74)	17	2452(250)	1348.33(137.50)
7	235(24)	59.33(6.05)	18	3089(315)	1834.70(187.10)
8	314(32)	86.98(8.87)	19	3922(400)	2529.95(258.00)
9	392(40)	117.28(11.96)	20	4903(500)	3402.68(347.00)
10	490(50)	157.88(16.10)	21	6080(620)	4530.37(462.00)
11	618(63)	214.36(21.86)	22	7845(800)	6364.09(649.00)

测定烧结负荷 P_D 时，可根据所测试油的种类确定起始负荷，如内燃机油可从 981N 开始，齿轮油可从 1569N 开始，如无法估计，一般从 784N 负荷开始，按表 5-13 规定的负荷级别依次进行试验，直到烧结发生为止。要求重复一次，若两次均烧结，则试验时采用的负荷就作为烧结负荷。如果第二次重复试验不发生烧结，则需要用较大的负荷进行新的试验和重复试验。发生烧结时应及时关闭电动机，否则会引起严重的磨损，或钢球与夹头甚至与上轴烧结在一起。下列现象可帮助判断是否发生了烧结：

（1）摩擦力数值剧烈波动。

（2）电动机噪声增加。

（3）油盒冒烟。

（4）加载杠杆臂突然降低。

某些极压性能很强的润滑油还未达到真正烧结，钢球的磨痕直径已达到极限值，则把产生最大磨损直径 4mm 的负荷作为烧结点，有的润滑剂在极高的负荷下都不烧结，就做到机器的极限负荷 7845N 为止。

（五）关于综合磨损值 *ZMZ* 和负荷磨损指数 *LWI* 的测定

GB/T 3142、GB/T 12583 和 SH/T 0202 方法测定 *ZMZ/LWI* 均采用 RIA 法，即 10 点法，它等于在烧结点以前按 0.1 对数单位负荷加到三个静止球上，10 次试验校正负荷的平均值。又由于采用了平均补偿线而使实际实验次数少于 10 次，即 P_B点以前的负荷级别直接采用平均校正负荷而不必要每次测定。

1. GB/T 3142 方法

GB/T 3142 方法的综合磨损值按以下公式计算：

$$ZMZ = \frac{A + B/2}{10} = \frac{A_1 + A_2 + B/2}{10}$$

式中 A——当 P_D大于 400kgf 时，A 为 315kgf(含)以前的 9 级校正负荷的总和；当 P_D小于或等于 400kgf 时，A 为烧结前 10 级校正负荷的总和；

B——当 P_D大于 400kgf 时，B 为从 400kgf 开始至烧结以前的各级校正负荷的算术平均值；当 P_D小于或等于 400kgf 时，B 为零；

A_1——P_B点以前，即补偿线上的那部分校正负荷的总和，可由表 5-14 查得；

A_2——P_B点以后，315kgf(含)以前的各级校正负荷的总和。

测定综合磨损值 *ZMZ* 时，可分为两种情况：

（1）已知试样的 P_B值。首先确定试样的 P_B点在表 5-13 中属于那一个负荷级，然后从比 P_B点高一级的负荷开始，按表中规定的负荷级别逐级加大载荷试验，测出每一级负荷对应的磨痕直径，直到烧结为止。

（2）未知试样的 P_B值。根据试样的性质，确定一个与试样 P_B估计值接近的负荷级别进行试验，如该负荷级别大于试样的 P_B值，则逐级降低负荷直到该级负荷小于 P_B为止。然后再从首选负荷开始逐级加大负荷直至烧结为止；如首选负荷小于 P_B，则逐级加大负荷直到烧结为止。

根据试样的 P_B和 P_D查表 5-14 可求得 A_1，即以 P_D为横轴，以 P_B为纵轴，两轴的交叉点即为 A_1。如果 P_B值介于两级负荷之间，则以低于 P_B值的那级负荷为准。

表 5-14　补偿线上校正负荷总和表(用于 GB/T 3142)

最大无卡咬负荷	烧结负荷 P_D/kgf										
P_B/kgf	800	620	500	400	315	250	200	160	126	100	80
315	1226	1226	1226	1262							
250	937	937	937	973	1003						
200	708	708	708	774	774	795					
160	526	526	526	562	591	613	631				
126	380.5	380.5	380.5	416.8	445.9	467.5	485.6	500			
100	265.7	265.7	265.7	302	331	352.7	370.8	385.2	396.9		
80	174.9	174.9	174.9	211.2	240.2	261.9	279.9	294.4	306.1	315.1	
63		102.3	102.3	138.5	167.6	189.3	207.3	221.7	233.4	242.5	249.7
50			45.5	81.7	110.7	132.5	150.5	164.9	176.6	185.7	192.9
40				36.2	65.3	87	105	119.4	131.2	140.2	147.4
32					29.1	50.8	68.8	83.2	94.9	104	111.2

续表

最大无卡咬负荷	烧结负荷 P_D/kgf										
P_B/kgf	800	620	500	400	315	250	200	160	126	100	80
24						21.7	39.7	54.1	65.8	74.9	82.1
20							18	32.4	44.2	53.2	60.4
16								14.4	26.1	35.2	42.4
13									11.7	20.8	24
10										9	16.3
8											7.2

计算 A_2 时，首先计算出 P_B 至 315kgf(含)之间的各级负荷的校正负荷，然后将各级校正负荷求总和即为 A_2，如 P_D 小于 315kgf，则算至烧结负荷级别的前一级。

当 P_D 大于 400kgf 时，才计算 B，即计算出 400kgf 负荷级至烧结负荷前一级的各级校正负荷，然后计算各级校正负荷的算术平均值。

如何计算校正负荷呢？根据校正负荷的定义：用四球法测定润滑剂极压性能时，在规定条件下所加负荷乘以该负荷下赫兹直径与实测磨痕直径的比值，由此可见，要计算校正负荷，首先要测定出每级负荷下的赫兹直径与磨斑直径，磨斑直径在实验过程中已经测定了，那是否每次实验都要测定赫兹直径呢？表 5-13 中给出了 LD_h 系数，即所加负荷乘以该负荷下赫兹直径后的数值，所以计算校正负荷时用 LD_h 系数除以该负荷下的磨斑直径即得到校正负荷。如试验负荷为 160kgf，则该级负荷下的校正负荷 = 75.80/该级负荷下的磨斑直径。

将 A_1、A_2、B 代入公式即可求得 ZMZ。

对 GB/T 3142 方法，综合磨损值 ZMZ 的测定有时并不是严格意义上的 10 点法，即烧结负荷以前十级试验校正负荷的平均值。当烧结负荷等于 500kgf 时，所用到的负荷级数为十级，但对 400kgf 这一级进行了加权处理，即 400kgf 这一级校正负荷的一半作为一级；当烧结负荷大于 500kgf 时，所用到的负荷级数多于十级，即从 400kgf 至烧结前的那一级的校正负荷的算术平均值的一半作为一级；只有当烧结负荷小于等于 400kgf 时，所用到的负荷级数才是十级，即烧结负荷以前十级试验校正负荷的平均值。

2. GB/T 12583 和 SH/T 0202 方法

这两种方法的综合磨损指数按以下公式计算：

$$LWI = \frac{A}{10} = \frac{A_1 + A_2}{10}$$

式中 A——烧结负荷前十级校正负荷的总和；

A_1——补偿线上的那部分校正负荷的总和，由表 5-15 查得，同样要注意 P_B 点的靠级，处理方法同 GB/T 3142；

A_2——最大无卡咬负荷 P_B 以后，烧结负荷 P_D 以前的各级校正负荷的总和。

一些特殊油品在任何负荷下所测得的磨斑直径均大于 $D_{补偿}(1+5\%)$，对此类样品则在烧结点以前的十级负荷都必须测出磨斑直径，然后计算这十级负荷的校正负荷的总和，再除以 10 即为 LWI。

表 5-15　补偿线上校正负荷总表(用于 GB/T 12583)

最大无卡咬负荷 P_B/N(kgf)	烧结点 P_D/N(kgf)										
	7845 (800)	6080 (620)	4903 (500)	3922 (400)	3089 (315)	2452 (250)	1961 (200)	1569 (160)	1236 (126)	981 (100)	784 (80)
1961 (200)	5715 (583)	6266 (639)	6707 (684)	7060 (720)	7345 (749)	7551 (770)					
1569 (160)	4020 (410)	4570 (466)	5011 (511)	5364 (547)	5648 (576)	5854 (597)	6031 (615)				
1236 (126)	2646 (269.8)	3195 (325.8)	3633 (370.5)	3991 (407)	4266 (435)	4481 (457)	4648 (474)	4795 (489)			
981 (100)	1566 (159.7)	2116 (215.8)	2554 (260.5)	2909 (296.7)	3190 (325.3)	3402 (346.9)	3573 (364.4)	2707 (378)	3824 (390)		
784 (80)	702 (71.6)	1252 (127.7)	1691 (172.4)	2046 (208.6)	2326 (237.2)	2532 (258.2)	2709 (276.3)	2844 (290)	2961 (302)	3050 (311)	
618 (63)		550 (56.1)	1988 (100.8)	1343 (137)	1624 (165.6)	1885 (187.1)	2007 (204.7)	2146 (218.8)	2259 (230.4)	2347 (239.3)	2419 (246.7)
490 (50)			438 (44.7)	793 (80.9)	1074 (109.5)	1285 (131)	1457 (148.6)	1595 (162.7)	1709 (174.3)	1796 (183.2)	1869 (190.6)
392 (40)				355 (36.2)	635 (64.8)	847 (86.4)	1019 (103.9)	1157 (118)	1271 (129.6)	1359 (138.6)	1431 (145.9)
314 (32)					280 (28.6)	492 (50.2)	664 (67.7)	802 (81.8)	916 (93.4)	1004 (102.4)	1076 (109.7)
235 (24)						212 (21.6)	383 (39.1)	522 (53.2)	635 (64.8)	724 (73.8)	795 (81.1)
196 (20)							173 (17.6)	310 (31.6)	424 (43.2)	512 (52.2)	581 (59.2)
157 (16)								138 (14.1)	252 (25.7)	339 (34.6)	412 (42)
127 (13)									114 (11.6)	202 (20.6)	274 (27.9)
98 (10)										88 (9.0)	160 (16.3)
78 (8)											73 (7.4)

(六) 关于润滑脂极压性能的测定(SH/T 0202)

SH/T 0202 方法所规定的在极压四球机上测定润滑脂极压性能的方法除试样温度和加注试样的方法外，其他所有操作、判断和计算均与 GB/T 12583 方法完全相同。

由于润滑脂的稠度与其温度有关，所以方法对试样温度作了较严格的规定，即 27℃ ±8℃。

由于润滑脂不能像润滑油那样自由流动，这就决定了将润滑脂加注至油盒的方法不同于润滑油。具体方法是：将温度为27℃±8℃的润滑脂装满油盒，填装时避免带进气泡，然后把三个干净的钢球嵌入油盒中，小心地将固定环压在三个钢球上，拧紧固定螺帽，刮走从固定螺帽压出的多余润滑脂。

（七）关于润滑剂抗磨损性能测定

1. 润滑油抗磨性评定

SH/T 0189 方法测定润滑油抗磨损性能的方法是：所有仪器操作均与 GB/T 3142 或 GB/T 12583方法基本相同，只是采用可加热的油盒，将油温控制在 75℃±2℃，根据不同油品选用不同的负荷 147N 或者 392N，顶球在 1200r/min 下连续旋转 60 min，以下面三个钢球的平均磨斑直径的大小表示润滑油的抗磨损性好坏。

测量磨斑直径时，精确到 0. 01mm。对每个钢球上的磨斑测量两次，两次测量的位置要相互垂直。如果磨斑是一个椭圆，则在磨痕方向作一次测量，另一次测量与磨痕方向垂直。如果一个下球的两次测量平均值与所有的六次测量平均值偏差大于 0. 04mm，则应该检查上球与油盒的轴心对中情况。

为了保证试验的精确度，做磨损试验的四球机不能再用于做极压试验。用于磨损试验的钢球，每粒只能进行一次试验，但用于极压试验的钢球可以用多次(一般为 3~5 次)，只是必须确保磨损不重叠，此时测量磨斑直径时，可将油盒旋转一周，如果三个钢球上的磨斑均出现在显微镜中的某一特定位置，则所测量的磨斑为当前负荷形成，否则不是。

2. 润滑脂抗磨性评定

SH/T 0204 方法规定的在磨损四球机上评定润滑脂抗磨性能的方法除加注试样的方法外，其他所有操作及注意事项均与 SH/T 0189 方法完全相同。试样加注方法与 SH/T 0202 方法一致。

（八）SH/T 0762 润滑油摩擦系数测定法(四球机法)

1995 年 ASTM 颁布了“用四球磨损试验机测定润滑油摩擦系数的试验方法(ASTM D5183)”，该方法以四球机为试验设备，在特定的转速和温度条件下，采用连续加载方式施加负荷，在边界润滑条件下测定油品在不同负荷下的摩擦系数、磨斑直径和油膜破裂时的失效负荷。试验中既有油性试验和磨损试验的成分也有极压试验的成分，在负荷由低到高变化过程中油品或添加剂摩擦磨损机理和相互作用机理以及减摩、抗磨、极压作用效果与固定负荷下的情形是不相同的，当需要同时考察油品添加剂的减摩、抗磨和极压性能时，该方法可以灵敏地反映出添加剂配方的变化对减摩、抗磨和极压性能所产生的作用效果，是一种快速、简捷、有效的试验室模拟试验方法。我国于 2005 年等效采用 ASTM D5183 方法制定了 SH/T 0762 方法。

1. 试验方法概述

本试验适用于各类润滑油的摩擦系数测定，以平均磨合磨斑直径、每增加 98N 力测得的摩擦系数、失效负荷和最终磨斑直径等四项指标作为试验结果。

试验分两个程序完成，程序Ⅰ是白油磨合试验，程序Ⅱ是逐级加载条件下的试验油摩擦系数试验，试验操作与四球机极压试验或抗磨试验大致相同。程序Ⅰ用 10mL 白油(符合 SH/T 0006 工业白油标准)为磨合油，其 40℃黏度为 24. 3~26. 1mm^2/s，试验前用活性氧化铝过滤以除去残余的杂质。磨合结束时，下面三个钢球的平均磨斑直径应为 0. 65mm±0. 05mm，否则更换新钢球重新磨合。对于不同试验机，磨合磨斑直径可能超出这一范围，但重复结果的偏差应为±0.05mm，所以使用者应首先确定所用试验机的平均磨合磨斑直径。程序Ⅱ是使用经过磨合的钢球进行试验，试油量10mL，首先在98.1N负荷下运转10min，然后在不停机的情况下依次递增98.1N负荷并在相应负荷下运转10min，最大负荷981N，如果981N负荷前摩擦力记录仪开始出现跳动，则不再继续增大负荷，结束试验。磨合和试验阶段的试验参数见表5-16。

表5-16　四球机法摩擦系数试验条件

参数	磨合阶段	试验阶段
温度/℃	75±2	75±2
转速/(r/min)	600	600
时间/min	60	10/每负荷级
负荷/N	392	起始98.1并依次递增98.1

2. 试验结果

试验结束后，报告以下结果：

(1) 平均磨合磨斑直径，mm。

(2) 每增加98.1N负荷并运转10min时的摩擦系数。

(3) 失效负荷，N。

(4) 最终平均磨斑直径，mm。

(九) GB/T 3142和GB/T 12583试验结果的关系

从试验参数来看，GB/T 3142和GB/T 12583方法的区别仅仅在于主轴转速不同，前者为1450r/min，后者为1760r/min，其他参数没有变化，那么在不同转速条件下，润滑油的承载能力在数值上是否有变化呢？笔者探讨了GB/T 3142与GB/T 12583试验结果之间的相关性。

试验选用了31种试油在MQ-800四球机上分别按照GB/T 3142和GB/T 12583方法测定其最大无卡咬负荷P_B、烧结负荷P_D、综合磨损值*ZMZ*及综合磨损指数*LWI*。试验结果证明：

(1) GB/T 3142方法测得的P_B、P_D、*ZMZ*一般高于GB/T 12583方法测定的结果。

(2) 转速对P_B、P_D、*ZMZ/LWI*测定结果的影响，一方面是由于滑动距离不同，另一方面是由于试验的苛刻程度不同，即使在滑动距离相同的情况下，高转速条件下的磨斑直径要大些，即转速越高，试验的苛刻程度越大。其次是*ZMZ/LWI*所采用的计算方法不同。

(3) GB/T 3142与GB/T 12583两种方法测得的P_B、P_D、*ZMZ/LWI*之间具有显著的相关性，其相关系数均大于0.95。

(十) 影响四球机试验结果的主要因素探讨

影响四球机试验结果准确性的因素很多，主要因素包括四球机设计加工的精度、钢球的质量和精度，以及操作规范等。

1. 四球机设计和加工的精度

四球机设计和加工精度对四球机试验结果有重大影响。如起动时间，即按键与四球机真正达到试验转速的时间差(MQ-800四球机约为1.5s)对试验结果影响很大，P_D点可相差三级。此外，负荷在传递过程中的损失、摆差、振动、油盒的整体质量(应保证下面三个钢球磨痕大小基本相同)等都有重要的影响。

2. 钢球的质量和精度

钢球本身的材质和几何精度对四球机试验结果有重大的影响，必须采用标准钢球。在采用非标准钢球时，应选用重复性好、几何精度高的钢球，以保证四球机试验的准确性，用非标准钢球只能供研究者横向比较试验结果，不能用于检测成品油。

3. 操作因素

必须严格按照标准进行规范化操作，才能得到准确的四球机试验结果。可能带来误差的方面有：

(1) 安装。应保证四球机处于水平状态，无振动，下面三个钢球磨痕一致。

(2) 预运转。长时间不做试验后必须预运转，即让试验机空转3min左右。

(3) 试验机组合件和钢球在试验前应用溶剂反复清洗、然后用热风吹干，否则会对试验结果造成一定的影响。用热风吹干的目的并不是为了让溶剂蒸发，事实上即使在冬季溶剂仍可自然蒸发。在溶剂蒸发的过程中，所清洗的零部件表面温度会降低，空气中的水蒸气会在其上产生凝露，即零部件表面有一层水膜，在夏季此现象更为明显，故室温越高越应注意用热风吹干零部件。

(4) 换钢球。国外每一个试验周期均采用4个新球，国内一般是将钢球多次使用。这样做必须注意上球重圈、下球重点。特别是在低负荷下上球的磨圈很浅，甚至观察不到，容易产生重圈现象。在高负荷下，上球磨圈大，且周围有烧黑的痕迹，下球磨斑大，易重点，此时钢球的使用次数不宜过多。

(5) 磨痕的测量。测量磨痕时应特别注意调好显微镜，在十字线沿磨痕方向或垂直于磨痕方向移动，不允许出现歪斜现象，否则测量值偏高。应分清磨痕与钢球的界限，有毛刺(高负荷下出现)时应先刮去再测量，以免测量值偏高。

(6) P_B点的判断。应以$P-D_{补偿}$表为判断P_B点的准绳，其他现象，如是否产生了尖锐噪声、磨痕是否为圆形、摩擦力曲线的变化等只能作为辅助手段。

(7) 需要特别指出的是关于P_D的测定，要求在相同负荷下能重复。如果第一次试验烧结，而重复试验不烧结，则必须增大一级负荷继续试验。

二、环块磨损试验机

环块磨损试验机又叫梯姆肯试验机(Timken)，环块试验机名称的由来也和四球试验机一样，是根据所用试验件得来的，四球机的试验件为四只钢球，钢球呈等边四面体接触，环块试验机的试验件为一只试环和一只试块，环与块之间为线接触滑动运动状态。

梯姆肯试验机于1932年诞生，1948年ASTM开始对其研究，于1966年公布了评定润滑脂的标准试验方法ASTM D2509，于1969年公布了评定润滑油的标准试验方法ASTM D2782，我国对应的标准方法是SH/T 0203—92(2004)和GB/T 11144—2007。环块磨损试验机主要用于以下三个方面：

(1) 评定润滑剂在滑动状态下的极压性能，极压性能用*OK*值表示。润滑油极压性能测定法代号为GB/T 11144—2007，润滑脂极压性能测定法代号为SH/T 0203—92(2004)。

(2) 测定喷气燃料的抗磨指数[SH/T 0073—91(2006)]

(3) 测定润滑剂及材料的摩擦系数。

表5-17是几种油品的*OK*值要求。

表 5-17　几种油品的 *OK* 值

油品或规格名称	*OK* 值/N	方法	油品或规格名称	*OK* 值/N	方法
CKC 工业齿轮油	≮200	GB/T 11144	极压锂基脂	≮156	SH/T 0203
CKD 工业齿轮油	≮267	GB/T 11144	极压复合锂基脂	≮156	SH/T 0203
极压复合铝基脂	≮200	SH/T 0203			

1. 试验机简介

目前国产环块试验机有：MHK-500 型、MHK-500A 型及 HQ-1 型等，其中 HQ-1 型又称为高速环块磨损试验机。三种试验机的结构基本相同，可分为四大系统：

（1）主轴驱动系统。包括电动机、由电动机驱动的水平轴，试验时试环被一左旋锁紧螺母固定在水平轴上而旋转。

（2）测定系统。由试环、试块、试块架、双杠杆组成。试块架是用来固定试块的，双杠杆一为负荷杠杆，通过在杠杆上加砝码提供试验负荷，二为摩擦杠杆，用于测定摩擦力。

（3）试样循环系统。MHK-500/500A 型试验机采用循环供油方式，主要包括油箱、循环泵、试样阀等。当进行润滑脂试验时，通过离合器将循环泵与水平轴断开、循环泵不工作，通过专门设计的给脂器将润滑脂挤压至摩擦面。HQ-1 型试验机采用浸渍润滑方式。

（4）自动加载系统。其作用是将一定的负荷缓缓地加到负荷杠杆上，从而防止产生冲击负荷。其原理是通过电机带动蜗轮蜗杆，使砝码托盘均匀地下降或上升，从而平稳地加载或卸载。要求其加载速率是 8.9~13.3N/s。

试验机的示意图见图 5-11。

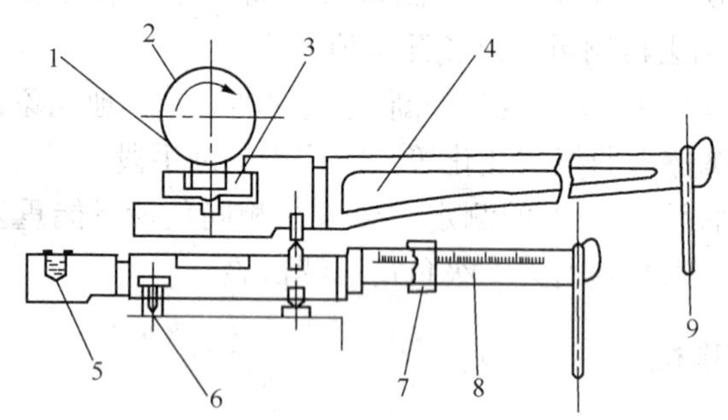

图 5-11　试验机示意图

1—试块；2—试环；3—试块架；4—负荷杠杆；5—水平器；6—定位销；7—游码；8—摩擦杠杆；9—砝码

试环由渗碳钢制成，洛氏硬度 *HRC*58~62，或维氏硬度 *HV*653~756，宽度 13.06mm±0.005mm，周长为 154.51mm±0.23mm，直径为 $49.22^{+0.025}_{-0.127}$ mm，最大半径偏心率为 0.013mm，表面粗糙度 0.51~0.76μm（轮廓算术平均偏差）。

试块也是由渗碳钢制成，试验表面宽为 12.32mm±0.005mm，长为 19.05mm±0.41mm，洛氏硬度 *HRC*58~62，或维氏硬度 *HV*653~756，表面粗糙度 0.51~0.76μm（轮廓算术平均偏差）。磨纹方向垂直试块长边，相邻两磨面之间垂直度和相对两面之间的平行度均不大于 0.005mm。

2. 有关基本概念

（1）卡咬。试件摩擦表面金属间的局部熔合。在发生卡咬时，通常在试环表面出现条纹、摩擦磨损增加或者有异样的噪声和振动。卡咬的原因是由于摩擦产生的高温超过了金属的熔点，导致金属熔化。

(2) 擦伤。擦伤是卡咬的结果，擦伤的状态取决于卡咬的程度，当严重擦伤时，试块上出现皱纹状深而宽的磨斑，最常遇到的形态是在较平滑的磨痕上，出现延伸到磨痕外的局部损伤，称为典型擦伤。试环上出现过多的黏着，通常是试块磨痕擦伤的表现。

(3) *OK* 值。在环块试验机上钢制试件纯滑动摩擦表面上不出现卡咬或擦伤时负荷杠杆砝码盘组件的重量。

注意：*OK* 值不是摩擦面上的绝对负荷，而是负荷杆砝码盘上的砝码重量，不包括双杠杆及砝码盘的重量。

(4) *OK* 磨斑。在梯姆肯试验机上进行极压性能试验时，在 *OK* 负荷下在试块上得到的磨斑，其特征是磨斑光滑、整齐。

有关磨斑见图 5-12。

图 5-12　有关磨斑

3. 试验方法概述(GB/T 11144—2007 方法)

(1) 依次用洗涤汽油和石油醚清洗与试验油接触的零部件，洗净后不应有残留痕迹，油路中不应有残留溶剂。再用 1000mL 的新试样冲洗油路，然后排放干净，此试样不得作为试验用油。

(2) 将约 3L 试样注入试验油箱，预热到 37.8℃±2.8℃，如果用浸没式加热器，要防止试样过热，也可事先将试样预热后，再注入试验油箱。但在试验开始时，试样温度应为 37.8℃±2.8℃，对于 37.8℃黏度超过 5000mm^2/s 的试样，因试验油泵不能使试样正常循环，建议在 65.6℃(150℉)进行试验。但必须在报告 *OK* 数值时说明试验温度。

(3) 选一组新试环和试块，用洗涤汽油清洗，并用清洁的绸布或脱脂棉或滤纸擦净，接着用石油醚冲洗、吹干。

(4) 把试环安装在主轴上，适当上紧，但避免过紧而变形，太松则会使环和主轴有相对滑动。在装试件时，避免用手接触试环表面。按同样的要求，把试块装在试块架中。调整杠杆系统，使所有刀刃全部对准，使杠杆严格保持水平。将选定的砝码，放在加载装置的加载盘上，将加载盘上的弹簧挂在负荷杠杆末端的坡口上，要避免冲击试件。用试样涂抹试块和试环，慢慢用手或其他方法转动主轴几周，如果安装正确，覆盖在试验环上的试样将被均匀地拭净。

(5) 调整试样出口距离试环约 1.6mm，全开油箱出口阀，让试样流经试环进入油池，当油池半满时，启动电动机后均匀增加转速，15s 时达到 800r/min±5r/min，跑合 15s 完成试运转。

(6) 试运转之后，以 8.9~13.3N/s 的速度施加一个比估计擦伤值小的负荷，在无法估计时，建议起始负荷为 133.4N(30 lbf)。同时，在此负荷下启动试验机并记时。

① 如果在此期间有擦伤迹象(有异常震动、噪声及转速下降等)，应立即停车，关掉出

口阀，并卸掉负荷。因为深度擦伤产生高温，会使试块表面变色，改变整个试块表面特征，这一试块报废，不可再使用。

② 如果未出现擦伤现象，让试验机运转 10min±15s。然后按下加载装置旋扭卸掉负荷，同时停掉主轴电机。关闭出油阀。移开负荷杠杆，取出试块，在一倍的放大镜下观察试块表面。只要磨痕出现任何擦伤，则试样在此一负荷下失效。

(7) 如果不发生擦伤，翻转试块，换上新试环，增加 44. 5N(10 lbf)负荷。重新试验直至出现擦伤为止。然后再由擦伤负荷降低 22. 2N(5 lbf)负荷，进行最后一次试验。

(8) 如果在 133. 4N(30 lbf)负荷下产生擦伤，减少 26. 7N(6 lbf)进行试验直到不出现擦伤，然后再增加 13. 3N(3 lbf)负荷，进行最后一次试验。

(9) 如果某一负荷级的磨痕对于确定是否擦伤有疑问，则在此相同负荷下重复试验。如果第二次试验产生擦伤，则这一负荷为擦伤负荷。如果第二次试验不产生擦伤，则此负荷为不擦伤负荷。如果第二次试验仍产生疑问，不要简单地对这一负荷作出评价。可在高一级负荷下进行试验，借助高一级负荷试验结果确定有疑问一级负荷的结果。如果高一级负荷下是擦伤，则原先有疑问一级负荷也应判断为擦伤。造成可疑的原因一是因磨损量太小而无法判断，二是含极压剂的油在低负荷时添加剂还没有很好地发挥作用。

擦伤与否的判断方法归纳如下：

① 根据试验时出现的现象。下列现象可帮助判断是否发生了擦伤，但不能作为依据：

(a) 主轴转速下降。因擦伤使摩擦增大，导致电机负荷增大，但刚开始加负荷时，转速会有一定下降，这是由于加载负荷逐渐增大所致，不属于擦伤的范围，这时应将转速调整至 800r/min。

(b) 电机出现异常的噪声。这也是由于摩擦增大造成的。

(c) 加载杠杆出现异常的振动。

(d) 试环表面出现明显划痕。

② 试块形成的磨斑。磨斑形态是判断是否发生了擦伤的最终依据。

严重擦伤：为皱纹状深而宽的磨痕。

典型擦伤：在较光滑的磨斑上有局部损伤，并且单方向超出磨斑(俗称出头)，出头的位置在润滑剂流出侧，且一般有熔合特征。

③ 不属于擦伤的情况：

(a) 磨痕内的局部损伤(即不出头)。

(b) 磨粒磨损造成的划痕，一般表现为细长发亮，其长度往往磨斑两侧都有超出。

(c) 磨斑的润滑油流出侧因高温或化学反应而产生的变色现象。

4. 润滑脂极压性能测定法(SH/T 0203)

该方法中的有关定义、设备操作方法及擦伤的判断与 GB/T 11144—2007 方法相同。其方法概要为试验润滑脂在 24℃±6℃条件下以 45g/min±9g/min 的速率压到试验环和试验块之间，由主轴系统带动试验环在静止的试块上转动，主轴转速为 800r/min±5r/min，试验时间为 10min±15s，通过观察试块表面磨痕，测出不出现擦伤时的最大负荷 *OK* 值。

5. HQ-1 型高速梯姆肯简介

HQ-1 型摩擦磨损试验机可模拟多种工况条件，摩擦副接触形式可以是点接触(将 MHK-500A 机中的试块改为四球机所用的钢球)，也可以是线接触(同 MHK-500A)。摩擦副的相对滑移速度、试验载荷和试验温度调节范围较宽，试验时间可选择并定时控制。运转过程中可随时记录摩擦力大小，试验后可测得试件磨损量。其主要技术参数为：

转速：1~3000r/min。

滑移速度：0.0025~7.5m/s。

加载负荷：20~2000N。

摩擦力测定范围：0~441N。

试验温度：室温~150℃。

环境气氛：大气。

利用 HQ-1 型试验机评定 GL-5 级齿轮油的抗擦伤能力与 CRC-L-42 台架试验取得了很好的相关性。

6. 对梯姆肯 *OK* 值意义的探讨

自 1932 年出现梯姆肯试验至今，在工业齿轮油的研制和质量检验中，梯姆肯的 *OK* 值一直得到重视，具有代表性的美国钢铁公司(U.S. Steel)、美国齿轮制造协会(AGMA)、美国润滑工程师协会(ASLE)等都把梯姆肯的 *OK* 值作为工业极压齿轮油的规格指标之一。但是 *OK* 值的再现性及与实际的相关性不好的问题也始终是两个难题，同时对 *OK* 值的意义也有不同看法。

(1) *OK* 值与油品的极压性。所谓极压润滑就是当摩擦面的接触压力增高时，边界吸附油膜发生破裂并产生极压反应膜的一种润滑状态。润滑油建立这种极压润滑的能力称为润滑油的极压性能。

OK 值的高低与极压性能有很大的关系，但还不能说 *OK* 值完全反映了油品极压性能的差别。例如硫磷型齿轮油的实际使用性能优于硫铅型，但硫磷型齿轮油的 *OK* 值却低于硫铅型，所以对于不同类型的油品来说，*OK* 值难以比较其极压性能的高低，但对于同类型油品来说，*OK* 值还是有对比意义的。因此，*OK* 值的高低只是反映了润滑剂在 2m/s 纯滑动线接触条件下，防止试件金属材料擦伤的能力，该能力不仅与极压性有密切关系，而且还与其他性能有关。

(2) *OK* 值与油品的跑合性。平田等人的研究表明，梯姆肯试验时其摩擦磨损润滑过程一般可分为两个阶段，在试验的前一阶段是磨损速率及摩擦系数不稳定的阶段，而试验的后一阶段是磨损及摩擦系数趋向稳定的阶段。试验表明，试验的前一阶段对 *OK* 值的影响是很大的，这一阶段实际上是跑合过程，也就是摩擦系数波动的阶段。对硫磷型油来说，其配方不同，摩擦系数稳定的时间也不一样，跑合过程越短，*OK* 值越高。添加油性剂，特别是添加金属钝化剂有利于梯姆肯的跑合过程。而硫铅型油几乎不存在摩擦系数波动的阶段，在极短的时间内磨斑就十分平滑，硫铅型油 *OK* 值比硫磷型油 *OK* 值高，与硫铅型油具有良好的跑合性有密切关系。因此可以说油品的跑合性对 *OK* 值的影响是很大的。

(3) *OK* 值与润滑剂的吸附能力。润滑剂的承载能力与吸附性有密切关系，这已被大量事实所证明。

平田等人用电子探针等手段探讨了硫化烯烃与二乙基己基磷酸酯的油胺盐(含磷 5.7%；氮 2.1%)调配的油在梯姆肯上的行为，认为油胺盐的吸附能力比硫化烯烃高，所以油胺盐适当地抑制了硫化烯烃的极压反应，使试验初期磨斑上的硫元素含量要比单独加硫化烯烃低，随着跑合的进展，极压反应逐渐缓和，而吸附作用变得更为重要，所以磨斑上磷元素的含量不断增加，摩擦系数也不断稳定，到试验的后期磷的量稳定下来，摩擦和磨斑也都稳定下来。并且发现在试验初期磨斑上的硫磷摩尔比与油中的硫磷比相当。因此平田认为：在梯姆肯试验初期可以发生金属的接触和塑性变形，因而添加剂的吸附能力、化学反应性以及油品添加剂的浓度是形成润滑膜的重要因素。

对于复合配方来说，萨尼(Sanin)认为几种分子的吸附比一种分子的吸附要困难，所以吸附的效果是十分重要的。例如3%的硫化烯烃与0.3%的亚磷酸二正丁酯对 *OK* 值并无复合效果，再加0.1%苯并三氮唑(钝化剂)也无复合效果，然而再加入1%的油酸环氧酯后 *OK* 值却有显著的提高，由于这些添加剂都是极性分子，这个现象肯定与金属表面所吸附的添加剂成分和比例有关，因此在复合配方的研究中应该注意各种添加剂的吸附能力。虽然 *OK* 值与润滑剂吸附能力之间的关系是很复杂的，但可以认为，梯姆肯 *OK* 值不仅与极压性有关而且与吸附能力也有密切关系。

(4) *OK* 值与金属材料。许多事实证明，同一种润滑油对不同金属材料的抗擦伤能力有显著的差别。ASTM 或 IP 梯姆肯试验标准方法所采用的试件是由梯姆肯公司生产的，材料为优质耐磨轴承用镍钼渗碳钢，牌号是 AISI(美国钢铁协会)4620 或者是 SAE(美国汽车工程师协会)4620，其主要成分为碳0.17%~0.22%，镍1.65%~2.00%，钼0.20%~0.80%，经渗碳、淬火、回火处理，洛氏硬度达 *HRC*58~62，平均粗糙度为0.5~0.8μm 均方根值。而国产的梯姆肯试件材料为高碳-铬轴承钢，牌号为 GCr15，主要成份为碳0.95%~1.05%，铬1.30%~1.65%，经淬火、回火 *HRC* 也可达到58~62。但试验证明，进口试件和国产试件对油品适应性及区分性上是有差别的。

总之，梯姆肯 *OK* 值仅表示润滑剂在特定试验条件下，防止特定金属试件擦伤的能力。它不完全表示润滑剂极压性的高低，只是润滑剂对特定金属试件的跑合作用和建立边界吸附膜和极压膜综合能力的反映。其结果不一定与使用性能相关。但对于同类型的油品，*OK* 值还是有相对比较的意义。

7. SH/T0073—91(06)《喷气燃料抗磨指数测定法》

喷气燃料不可能用反映极压性能的 *OK* 值表示，于是采用了与特定标准物二甲苯抗磨性相比较的办法，因为二甲苯的抗磨性和航空煤油的抗磨性非常接近。

试验条件为：试验温度10~40℃；试验时间：10min；负荷：10N；转速：200r/min；试油流量：40mL/min，连续供油。

在上述条件下首先测出二甲苯的磨痕宽 $b_{标}$，将有关零部件清洗后再测出航空煤油的磨痕宽 $b_{试}$，以 $b_{标}$ 作分子，$b_{试}$ 作分母，计算值称为抗磨指数，用 K_m 表示，显然 K_m 越大，表示航煤的抗磨性越好。

三、齿轮试验机

齿轮试验机是线接触的滚动和滑动混合摩擦，因而较四球机和环块试验机更接近实际使用情况。到目前为止，各国根据自己的实际情况，采用不同的齿轮试验机，如美国的 Ryder 齿轮试验机，英国的 IAE 齿轮试验机，德国的 FZG 齿轮试验机，我国生产的各种型号的齿轮试验机均是以 FZG 为基础改进而成的，质量水平与 FZG 齿轮试验机相当。

FZG 是德国慕尼黑技术大学齿轮设计研究所的缩写，由该所设计的一种齿轮试验机被命名为 FZG 齿轮试验机，用这种齿轮试验机评定润滑油脂的极压抗磨性能已为国际上所公认，已有不少国家的润滑油脂标准规格中采用了齿轮试验机评定数据。

目前齿轮试验机主要用于评定抗磨液压油、工业齿轮油和变速箱油的极压抗磨性及含聚合物润滑油的剪切安定性，但不适用于评定高极压性能润滑油的承载能力，如 GL-4 和 GL-

5 规格的齿轮油。抗磨性指标见表 5-18。

表 5-18　有关规格要求的齿轮试验机结果

规　格	失效级(A/8.3/90)	规　格	失效级(A/8.3/90)
HM	≮10	AGMA250.03	>9
HG	≮10	AGMA250.04	>11
HV	≮10	US Steel 224	≮11
CKD	≮11	DIN5125 抗磨液压油	≥9
CKC	≮11		

1. 齿轮试验机简介

整个试验装置包括电动机，闭式动力传递系统及控制台。闭式动力传递系统包括一个驱动齿轮箱和一个试验齿轮箱，用两根扭力轴将两对齿轮(试验齿轮和陪试齿轮)连接起来。试验齿轮对的齿面较窄(20mm)，每次试验均要拆装一次(评定含聚合物润滑油的剪切安定性时一付齿面可用多次)；陪试齿轮对齿面较宽(30mm)，安装之后一般不经常拆卸，所以陪试齿轮箱中必须使用高质量的齿轮油。试验齿轮对和陪试齿轮对均由一只大齿轮和一只小齿轮组成，两只大齿轮用弹性轴联接，两只小齿轮间用刚性轴联接，在刚性轴上有加载离合器，陪试大齿轮的轴与电机直接相联。试验齿轮安装在密闭的齿轮箱内，被试验的润滑油装入箱中，油浴式润滑，装油量 1.25L，油箱内设计有电热器，用以控制初始油温，作承载能力试验时允许运转时试油自由升温，但作剪切安定性试验时必须安装冷却系统，保证试油恒温。试验机的结构见图 5-13。加载时首先松开加载离合器的螺丝，然后用固定销将试验小齿轮固定，用杠杆和砝码扭转刚性轴，通过陪试齿轮将力传给弹性轴，再传给试验齿轮，然后将加载离合器的螺丝拧紧，去掉砝码和杠杆。由于弹性轴的作用，在两对齿轮和二根轴间就形成一个封闭力流，所以这种试验机又称为封闭力流式齿轮试验机。

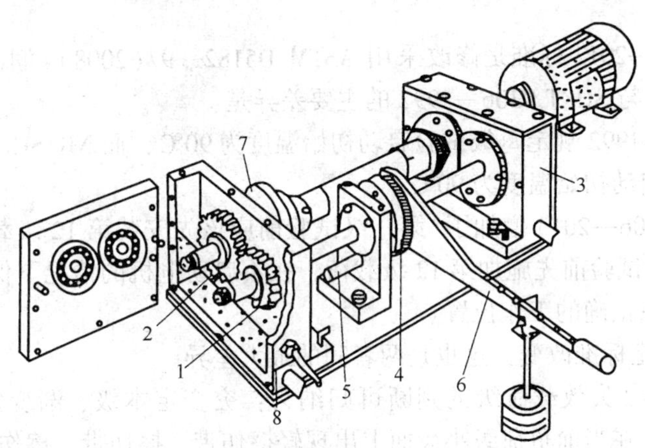

图 5-13　齿轮试验机结构

1—试验小齿轮；2— 试验大齿轮；3— 陪试齿轮；4— 加载离合器；
5— 锁紧销；6— 加载杠杆砝码；7— 扭矩指示盘；8—热电偶

试验齿轮的大齿轮用模锻坯，小齿轮用轧制圆形棒料，两者都用合金钢(20MnCr5)制成。齿轮经过热处理，表面淬火深度 0.6~0.8mm，经过回火后表面硬度达到 *HRC*60~62(洛氏硬度)，齿轮的加工粗糙度指数 *Ra* 达到 0.4~0.6μm，齿面经过马格(Maag)磨齿机研磨成网纹状表面。齿轮生产完毕，最后经过配对，用双面仪检测，使齿轮旋转一周的偏摆必须小于允许的误差。试验齿轮是配对供货的，每一对试验齿轮只能检测一种润滑油，因此试验齿轮对的消耗是比较大的。由于试验齿轮的制造精度要求很高很严格，才能使试验结果获得较好的重复性和再现性，所以试验成本也比较高。

设计有三种不同的试验齿轮，即 A、C、L 型，它们之间的主要区别在于齿型的变位系数不相同，因此齿面的滑动速度也有较大差距，L 型的滑动速度最大(16.6m/s)，C 型滑动速度最小(2.76m/s)，A 型命名为标准型试验齿轮(滑动速度 8.3m/s)，标准试验采用 A 型齿轮，目前我国也只生产 A 型齿轮。

2. 试验方法

齿轮试验机的用途是多方面的，因此试验方法有多种，A/8.3/90 为标准方法，即用 A 型齿轮，小齿轮节圆线速度 8.3m/s，试油温度 90℃，运转时间 15min。除此以外还有：

(1) A/16.6/90。这是较为强化的一种方法，用 A 型齿轮，小齿轮节圆线速度 16.6m/s(相当于电机转速为 2900r/min)，运行时间 7.5min，初始油温 90℃。根据尼曼(Niemann)、撒爱亲(Seitzinger)的计算，与标准试验相比，其承载力级高于标准试验 2 个力级。

(2) L/16.6/90。这是一种很苛刻的方法，用 L 型齿轮，小齿轮节圆线速度 16.6m/s，运行时间 7.5min，初始油温 90℃。与标准试验相比，其承载力级高 4~5 级。因此用标准试验承载力级大于 12 级的油品可以用这种方法来评定。

(3) A/2.76/50。用 A 型齿轮，小齿轮节圆线速度 2.67m/s，运行时间 45min，初始温度 50℃，这种方法用于评定润滑脂的承载能力。

(4) C/2.76/50。用 C 型齿轮，其他同 A/2.76/50，也是用于评定润滑脂的承载能力。

我国制定的 SH/T 0306—1992 是参照 IP334/80 标准制定的，属于 A/8.3/90 标准方法。2013 年 6 月 8 日发布了 NB/SH/T 0306—2013 标准《润滑油承载能力的评定　FZG 目测法》，2013 年 10 月 1 日实施，代替 SH/T 0306—1992，用于液压油、工业齿轮油和变速箱油的极压抗磨性评定。

NB/SH/T 0306—2013 标准是修改采用 ASTM D5182—97(2008)《润滑油承载能力测定法》(FZG 目测法)，与 SH/T 0306—1992 的主要差异是：

① SH/T 0306—1992 规定每级试验启动初始温度为 90℃，而 NB/SH/T 0306—2013 规定从第 4 级开始试验启动初始温度为 90℃。

② NB/SH/T 0306—2013 增加了"第一级试验前应该先安装第 12 级载荷，保持 2~3min(不运转)"，即正式试验前先施加第 12 级载荷，在不启动电机的情况下保持 2~3min，目的是确保所有间隙都在正确的工作位置。

③ 试验结果判定标准改变，这也是两者间的最大差异。

SH/T 0306—1992 失效载荷级的判断可归纳为：突变定本级、渐变定前级，最高十二级。突变定本级即：在当前负荷级小齿面上出现轻擦伤带、擦伤带、擦伤与胶合带，而且将小齿轮 16 个齿面上出现的擦伤与胶合线带相加的总宽度等于或大于一个齿面宽，但前一级负荷齿面未破坏，则把当前负荷级定为失效级。渐变定前级即：当前负荷级齿面擦伤或胶合宽度较前级增加，总计小齿轮 16 个齿面上出现的擦伤或胶合的总宽度等于或大于一个齿面宽，或某一齿面出现大面积或全齿面擦伤与胶合，但前一级负荷也出现了擦伤与胶合，只不过小齿轮 16 个齿面上出现的擦伤与胶合线带不足一个齿宽，则把当前负荷的前一级定为失效级。最高 12 级即：当负荷为 12 级时，仍未达到失效程度，则不再继续试验，结果为失效级大于12级。

NB/SH/T 0306—2013则规定，如果小齿轮16个齿面上的所有总黏着磨损(胶合)或刮伤宽度等于或大于一个齿面宽(20mm)就认为试验失效，该载荷级别就是失效级别。如果运行12级后仍未失效，也终止试验，报告试验结果为12级未失效。

NB/SH/T 0306—2013试验的基本过程如下。

(1) 用溶剂油清洗试验齿轮和试验齿轮箱，并吹干。

(2) 组装试验齿轮，小齿轮装在刚性轴上(右边)，大齿轮装在弹性轴上(左边)。

(3) 将约1.25L试油加入试验齿轮箱内，安装好齿轮箱上盖，不加载，拧紧离合器上所有螺母，盖上防护罩，空载运转3~5min后放出试样。再将1.25L新试样加入试验齿轮箱内。

(4) 第一级试验前应该先安装第12级载荷，在不启动电机的情况下保持2~3min，然后卸掉所有载荷，以确保所有间隙都在正确的工作位置。

(5) 施加第1级载荷，按表5-19中规定的试验条件进行试验。加载时加载杆H要保持与水平面的夹角在±15°以内。进行1~3级试验时，当启动电机时同时打开加热器开关。

各载荷级见表5-20。

表5-19 试验条件

项目	试验条件
电动机转速	约1460r/min(相当于节圆线速度8.3m/s)
每一载荷级运转时间	15min，约21700转(电动机转数)
第4~12级试验初始试样温度	90℃±3℃(可在温度控制器上预调)
齿轮类型	A型

表5-20 载荷级

载荷级	小齿轮上的扭矩/N·m	试验齿轮的齿面载荷/N	赫兹接触应力/(N/mm^2)	加载离合器上的载荷
1	3.33	99.1	146	H_1
2	13.7	407.7	295	H_2
3	35.3	1044	474	H_2+K
4	60.8	1800	621	H_2+K+W_1
5	94.1	2786	773	$H_2+K+W_1+W_2$
6	135.3	4007	929	$H_2+K+W_1+W_2+W_3$
7	183.4	5435	1080	$H_2+K+W_1+\cdots+W_4$
8	239.3	7080	1232	$H_2+K+W_1+\cdots+W_5$
9	302	8949	1386	$H_2+K+W_1+\cdots+W_6$
10	372.6	11029	1539	$H_2+K+W_1+\cdots+W_7$
11	450.1	13343	1691	$H_2+K+W_1+\cdots+W_8$
12	534.5	15826	1841	$H_2+K+W_1+\cdots+W_9$

注：H_1—轻加载杆质量；H_2—重加载杆质量；K—砝码盘质量；W_1~W_9—砝码质量。

(6) 从第4级开始，包括以后各级载荷，电机启动时的试油温度控制在90℃±3℃，运转过程中允许试油温度自由上升。

（7）从第 4 级开始，包括以后各级载荷，记录试验结束时的油温，每级试验结束时，打开试验齿轮箱上盖，目测齿面的破坏情况，根据图例和表 5-21 评定和记录齿面损坏。

（8）如果小齿轮 16 个齿面上的所有总黏着磨损（胶合）或刮伤宽度等于或大于一个齿面宽（20mm）就认为试验失效，该载荷级别就是失效级别。如果运行 12 级后仍未失效，也终止试验，报告试验结果为 12 级未失效。

表 5-21　齿面破坏形式的判断

齿面破坏形式	齿轮破坏情况与特征
抛光	比新齿面光滑，齿面磨纹逐渐平滑，粗糙度减小
划痕	在齿面的滑动方向出现细线。细线未从齿顶延伸到齿根，交叉磨纹未消失、粗糙度基本不变
刮伤	刮伤和划痕滑动方向相同，呈线状或带状，有轻、中、深程度之分，擦伤的沟槽从齿顶延伸到齿根，粗糙度增大，刮伤处交叉磨纹消失
胶合	呈线带状或全齿面胶合，胶合处形貌模糊，交叉磨纹消失，粗糙度比交叉磨纹大且深

注：用目测法检查齿面，观察距离为 25cm 左右。

四、法莱克斯轴与 V 形块试验

法莱克斯轴与 V 形块试验机也是摩擦磨损试验的常用设备之一，世界上第一台法莱克斯轴与 V 形块试验机于 1932 年建立和销售。

1. 仪器设备与材料

（1）法莱克斯试验机，见图 5-14 和图 5-15。将附有负荷表的棘轮装置装在加载臂上，通过棘轮臂由电机带动棘轮旋转，即可实现加载。钢制试验轴也由电机带动旋转。

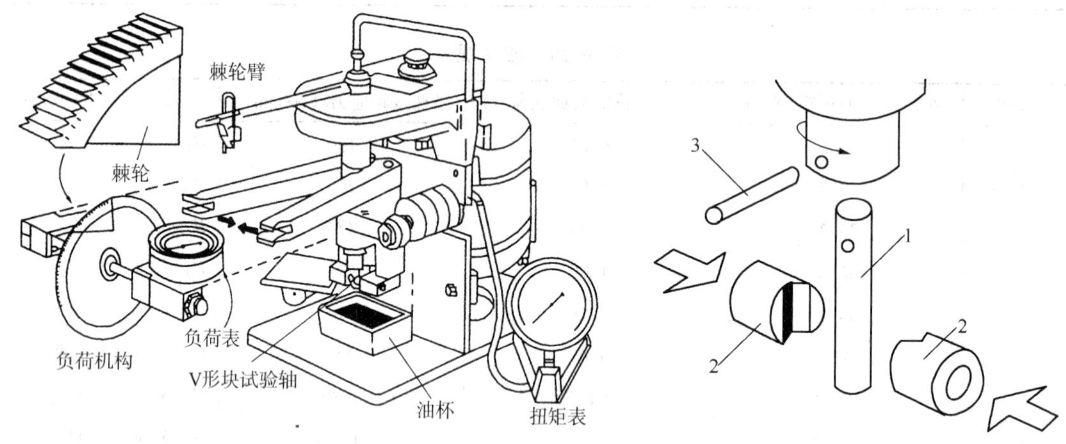

图 5-14　法莱克斯润滑油试验机示意图

图 5-15　试验件组成示意图
1—试验销；2—V 形块；3—剪切销

（2）标准 V 形块。夹角 96°±1°，材料 AISIC-1137 钢，洛氏硬度 *HRC*20～24。表面粗糙度 0.13～2.5μm 均方根值。

（3）标准试验轴。材料 AISI3135 钢，外圆直径 6.35mm，长 31.75mm。磨光平面的洛氏硬度 *HRB*87～91，表面粗糙度 0.13～2.5μm 均方根值。

（4）锁紧销。材料为 1/2H 黄铜，符合 ASTM B16 标准。

（5）洗涤试剂。洗涤汽油和石油醚。

2. 负荷表的校正

为了保证每次试验所加负荷的一致性，每次试验前均要对负荷表进行校正。校正的方法是用镶嵌有直径 10mm 布氏球的固定螺丝，在布氏硬度为 *HB*37 ~ 39 的标准软铜板上压痕，则一定大小的压痕直径和确定的负荷相对应。以 SH/T0187 方法为例说明如下：

已知真实负荷与标准软铜板上所形成的压痕直径的大小之间的关系如表 5-22 所示，在双对数坐标纸上，以负荷 N 为纵坐标，以压痕直径 mm 为横坐标，用表中数据画一条直线，把该线标以“校正负荷”，见图 5-16，校正负荷曲线即表示压痕直径与负荷之间确定的对应关系，如真实负荷为 2224N，则在标准软铜板上所形成的压痕直径的大小肯定为 2.62mm，反之，欲在标准软铜板上形成 4.47mm 的压痕直径，则必须施加 8896N 的负荷。

表 5-22 真实负荷与软铜板上压痕直径间关系

负荷/N(lbf)	压痕直径/mm
2224(500)	2.62
4450(1000)	3.42
6670(1500)	4.00
8896(2000)	4.47

以负荷表的示值为纵坐标，以该示值下产生的压痕直径 mm 为横坐标，在图 5-16 上画出的一条直线标以“表负荷”。

如果负荷表的示值是准确的，那么校正负荷和表负荷两条直线应该是重合的，否则就必须进行表负荷与真实负荷之间的换算。

例如 SH/T 0187 标准中 A 法正式试验时，要求首先在 1334N 校正负荷下进行磨合，所以必须根据表负荷和校正负荷曲线，查出 1334N 校正负荷所对应的表负荷。其方法是在校正负荷曲线上，找出 1334N 坐标点，通过该点画一条直线与压痕直径坐标(横坐标)垂直并与表负荷曲线相交。通过该交点画一水平线与纵坐标相交，交点即表负荷。反之，可由表负荷求出真实负荷。

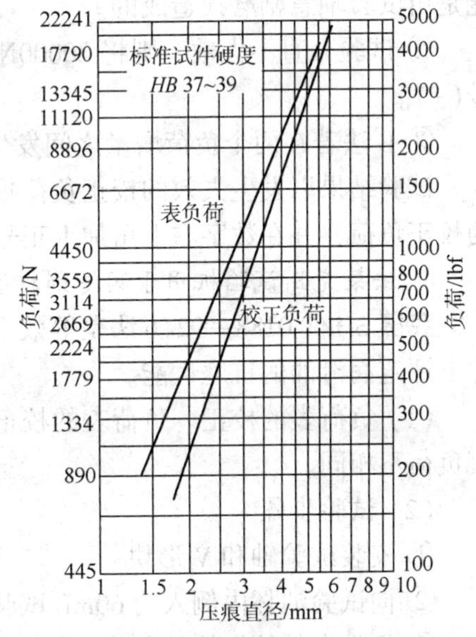

图 5-16 表负荷与校正负荷的关系

3. 克莱克斯试验机评定润滑剂的极压性

我国 SH/T 0187—92 方法是等效采用 ASTM D3233—73(1978)而制定的，用于评定润滑油的极压性能，可以分辨出试油高、中、低极压性能水平差异，但与使用试验的相关性还不明确。

该标准包括 A 法和 B 法两种方法。

(1) A 法。

① 磨合。

(a) 打开加热开关，将 60mL 试样加热到 52℃±3℃，然后关掉开关。

(b) 用手转动棘轮消除松弛，此时，扭矩表应当归零，或调至零点。

(c) 开动电动机，置棘轮臂于棘轮上，自动增加负荷至相当于 1334N 校正负荷的表负荷。脱开棘轮臂，开动秒表，在该负荷下将机器运转 5min。在必要时可通过手或者借助棘轮上紧负荷，以保证负荷接近于恒定不变。

② 试验。重新置棘轮臂于棘轮上，让其啮合直至试验失效或者读数达到 20000N。在失效或不失效而达到 20000N 时，停止电动机。记录失效时表负荷，如若不失效，则记录 20000N。

（2）B 法。

① 磨合。与 A 法磨合完全相同。

② 试验。

（a）重新置棘轮臂于棘轮上，让其啮合直至表负荷读数达到相当于 2224N 校正负荷。在该负荷下运转 1min。

必要时，可借助棘轮施加此负荷以及后来的递加负荷，以保持负荷接近于恒定不变。在磨合及加载期间，均要让电动机运转。

（b）按相当于 1112N 校正负荷的数值递增表负荷，每次增量加载后运转 1min。记录发生失效时的负荷。如果一直不发生失效，则记录 20000N。

（3）试验结果的判断。

① 试验失效指试验发生卡咬、锁紧销损坏，或者棘轮运转而不能使负荷增加，这种情况是由试验轴急剧磨损造成的。

② 试验一直不失效，则将 20000N 的表负荷换算成校正负荷，并在数字的右上角加上正号(+)。

③ B 法若在两个负荷增量之间发生失效，则记录较高的增量负荷级为失效负荷。

试验结果以发生失效的校正负荷报告，如果不发生失效，则报告 20000N 表负荷换算出的校正负荷，并在数字右上角加上正号。

4. *法莱克斯试验机用于润滑剂抗磨性的评定*

我国 SH/T 0188—92 方法是等效采用 ASTM D2670—81 而制定的，用于在特定的试验条件下评定润滑油的抗磨性能。

（1）负荷表的校正。负荷表的校正与 SH/T 0187 校正方法完全一致，所不同的仅仅是压痕负荷不相同。

（2）试验步骤

① 安装试验轴和 V 形块。

② 向试验油杯内倒入约 60mL 试验样并恒温至 24℃±3℃。

③ 把带有棘轮机构的负荷表装置装在加载臂上，用手转动棘轮，消除装置松弛。此时，扭矩表应当指零或者将起始状态视作零。

④ 开动电动机，置棘轮臂于棘轮上，增加负荷直到相当于在标准试件上产生直径 2.10mm 压痕的表负荷值。对于 3559N 或 13345N 负荷表，一般约为 1112N，如果使用 20000N 表，一般约为 1246N。取开棘轮臂，停止加载并启动秒表计时，让试验机在该负荷下运转 5min。

⑤ 重新置棘轮臂于棘轮上，加载到相当于标准试件上产生直径 3.30mm 压痕的表负荷。当达到该负荷时，脱开棘轮臂，启动秒表并记录棘轮齿数。在试验期间，磨损引起负荷下降，当 3559N 负荷表下降 22N，20000N 负荷表下降 222N 时，要用棘轮上紧负荷，以保持试验期间负荷接近不变。运转 15min 后，使负荷降低 445N，然后用棘轮恢复到试验负荷，立

即在棘轮上划线测定磨损齿数。停下电动机。

⑥ 对承载能力低的试样，试验时 V 形块与试验轴会发生卡咬，此时应停止试验。

(3) 试验结果的判断。润滑油的磨损性能是以总磨损齿数表示的。

由法莱克斯试验机的结构可知，V 形块的夹头与加载杠杆成刚性联接，棘轮加载机构安装在加载杠杆上，当转动棘轮时即可收紧加载杠杆，所以棘轮的位置和所加的负荷相对应。在试验步骤④中，施加相当于在标准试件产生直径 2.10mm 压痕的表负荷，并在该负荷下运转 5min，是为了对试验件进行磨合。接着对试件施加相当于标准件产生直径 3.30mm 压痕的表负荷，并记录棘轮齿轮数，即标记处的齿轮标号数，在运转过程中，由于试验轴和 V 形块均受到磨损，试验轴相对变细，V 形块产生凹痕，所以如果加载杠杆不继续收紧，则轴与块之间的负荷会下降，即轴和 V 形块磨损程度越大，如果保持负荷不变则加载杠杆收紧的程度就越大，即棘轮转过的齿数就越多。所以棘轮从产生相当于标准件产生直径 3.30mm 压痕的负荷到试验最后仍达到这一负荷所转过的齿数(称为总磨损齿数)就代表了润滑油抗磨性能的好坏。

显然总磨损齿数越小，润滑油的抗磨性能越好。

5. 法莱克斯试验机用于液体润滑剂摩擦系数的测定

将钢制试验销对着浸没于液体润滑剂试样里的两个静止 V 形块的 V 形槽面，以 290r/min±10r/min 转速运转。用棘轮机构施加一定的负荷，用扭矩表测定试验销回转的摩擦扭矩，以校正的真实扭矩和真实负荷计算摩擦系数。试验方法标准号为 SH/T 0201—92(06)。

(1) 试验步骤。

① 启动电动机，啮合加载棘爪与棘轮，自动增加负荷，直至真实负荷达到 890N 为止，将棘爪脱开棘轮，在该负荷下磨合 5min。

② 停下电动机，卸去负荷，测定油杯中试样温度。如果温度低于 52℃，则加热至 55℃±3℃。如果温度高于 58℃，则在空气中降至 55℃±3℃。

③ 用手转动加载棘轮，消除加载机构的松弛状态，使负荷表读数为零，扭矩表读数也为零或调至零。

④ 启动电动机，啮合加载棘轮，自动增加负荷，直至达到真实负荷 1334N 为止，脱开棘爪，在该负荷下运转 15min，让扭矩表自动记录扭矩。必要时，用手轻轻转动棘轮，以保持负荷不变。

⑤ 试验结束，卸掉负荷，停下电动机，取下油杯，倒掉试样，拆除负荷表棘轮加载机构及试验件，清洗试验机。

(2) 计算。

① 计算扭矩表记录的平均值，并将平均值变换成真实扭矩值。

② 摩擦系数 μ 按下列公式计算：

$$\mu = \frac{116.8T}{L_d}$$

式中 T——真实扭矩值，N·m；

L_d——真实负荷值，N。

由于试验用真实负荷为 1334N，故上式可以简化为 $\mu = 0.08756T$。

五、MM-200 磨损试验机(Amsler 试验机)

MM-200 磨损试验机在国外称为 Amsler 试验机，可以根据需要对金属材料和非金属材料进行多种摩擦试验，如液体摩擦、干摩擦或磨料磨损，本节主要介绍利用 MM-200 磨损试验机测定液体润滑剂摩擦系数的方法，方法代号为 SH/T 0190—92(06)。

1. 设备与试件

本试验机由转速分别为 2870r/min±20r/min 和 1440r/min±10r/min 的双速电动机带动，试验机压力负荷范围为 0~1960N。采用高速档时，上试辊转速为 360r/min，下试辊转速为 400r/min，试辊间相对滑动速度为 0.310m/s。采用低速档时，上试辊转速为 180r/min，下试辊转速为 200r/min，相对滑动速度为 0.155m/s。试验机上备有负荷指示标尺和摩擦力矩值指示标尺，见图 5-17。

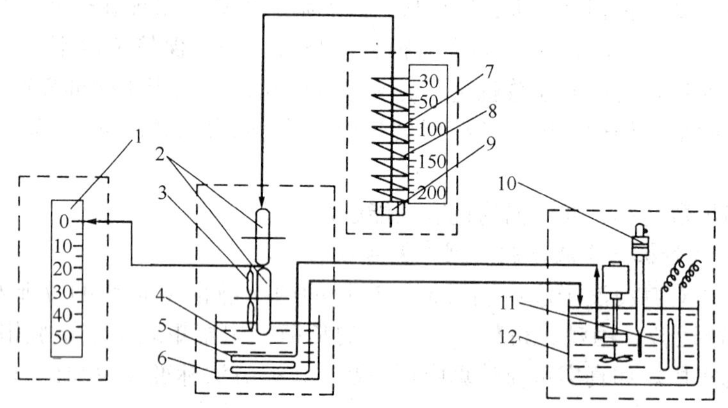

图 5-17 MM-200 磨损试验机测定摩擦系数示意图

1—摩擦力矩标尺；2—上下试辊；3—搅拌桨；4—试样；5—加热盘管；6—油盒；7—负荷指示标尺；8—加载弹簧；9—加载螺母；10—接点温度计；11—电加热盘管；12—恒温浴

上下试辊为圆环状，接触面为曲率半径与圆环最大半径相等的球面，试辊材质为 40CrMnMo，硬度 *HRC*48~54。试辊尺寸见图 5-18。

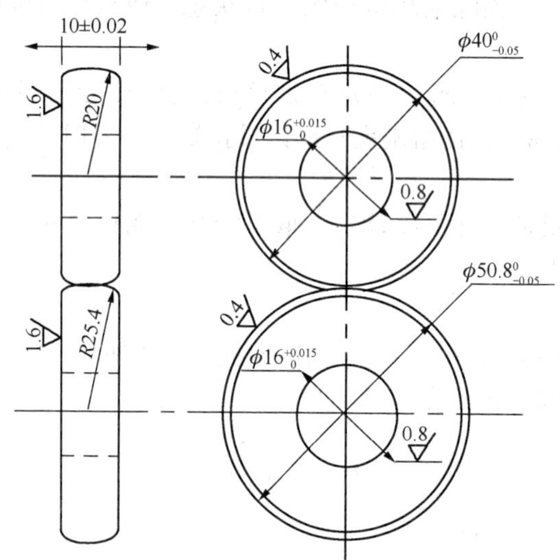

图 5-18 上、下试辊尺寸

2. 试验

（1）将约 180mL 摇动均匀的试样倒入油盒中，使下试辊浸入试样约 3mm 深。

（2）连接加载机构，用手调节上部加载螺丝，使上下试辊相距约 2mm，安装好油盒罩。

在调节上部加载螺丝前，应将加载螺母旋到底，确信弹簧不再受力，否则加载机构会抵在机座上，致使负荷加不到试辊上，虽然此时拧紧加载螺母时负荷标尺仍有指示。

(3) 当试样温度升至规定温度后，启动电动机，并按下列要求选择试验条件：

测定油类润滑剂的摩擦系数：转速选用低速档，上辊转速为 180r/min，下辊转速为 200r/min；试验温度为 25℃±10℃。

测定乳化液的摩擦系数：转速选高速档，上辊转速为 360r/min，下辊转速为 400r/min；试验温度为 40℃±2℃。

(4) 用加载扳手连续不停地施加负荷，要求在 3 分钟内加到 1960N(200kgf)，分别记录 490N(50kgf)、980N(100kgf)、1470N(150kgf) 和 1960N(200kgf) 负荷下的摩擦力矩值。1960N 负荷下保持 1 分钟后再记录一次摩擦力矩值，观察摩擦力矩变化情况。

注意：摩擦力矩标尺要和力矩平衡砝码配套。摩擦力矩标尺有 0~98N·cm(0~10kg·cm)、0~490N·cm(0~50kg·cm)、0~980N·cm(0~100kg·cm) 和 0~1470N·cm(0~150kg·cm) 四个量程。而力矩平衡砝码有 A、B、C、D 四只，其对应关系为：

力矩标尺范围	应加的力矩平衡砝码
0~98N·cm	A
0~490N·cm	A+B
0~980N·cm	A+B+C
0~1470N·cm	A+B+C+D

(5) 摩擦力矩值记录完后，用加载扳手卸下负荷，关机、停电。

(6) 取下油盒，倒出试样，油盒、试辊和加热盘管按规定程序先用溶剂油然后用石油醚清洗干净，再用电吹风吹干，以备下次试验用。

3. 试验结果

试样摩擦系数 $=M/(P \cdot R)$，其中 M 为摩擦力矩(N·cm)、P 为试验负荷(N)、R 为下试辊半径(cm)。

虽然试验过程中记录了 490N、980N、1470N 负荷下的摩擦力矩，但是试样的摩擦系数只以负荷刚加至 1960N 时的摩擦力矩为计算依据。所以试验负荷 P 为 1960N，标准下试辊半径为 2.54cm，故计算摩擦系数的公式可简化为：$\mu=0.000201M$，计算结果保留到小数点后第三位。

4. 试验机的校验

使用新试辊或试辊做 100 次试验后，需用参考油样进行标定。推荐用上海延安油脂厂生产的油酸(符合沪 Q/HG—102)为参考油，其摩擦系数范围是低速时 0.058±0.003，高速时 0.049±0.003。

济南舜茂试验仪器有限公司对 MM-200 试验机进行了升级，主要是用压力传感器取代了负荷指示标尺，用位移传感器取代了摩擦力矩标尺，从而提高了测量精度。同时可自动记录并存储负荷、摩擦力矩、试样温度并自动计算摩擦系数。

六、SRV 摩擦试验机

SRV 振动摩擦试验机是 1975 年德国公司所设计制造的。该试验机由机械系统和电子控制系统组成，见图 5-19。

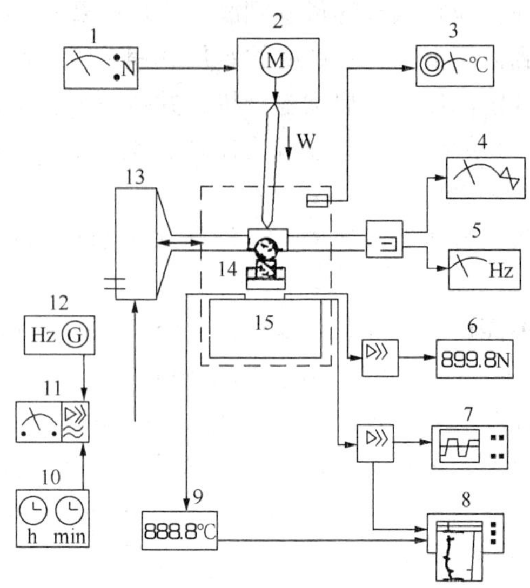

图 5-19　SRV 试验机原理图

1—负荷控制器；2—加载装置；3—加热控制器；4—振幅显示器；5—频率显示器；6—负荷显示器；7—示波器；8—记录仪；9—温度显示器；10—定时器；11—放大器；12—频率发生器；13—电磁电机；14—试件；15—压电传感器

其工作原理是上试件在外加可变负荷作用下对静止的下试件作来回摆动(其摆动频率和振幅可调)。即由频率发生器产生一个频率信号，经放大器放大后传到电磁电机，电磁电机使往复式连杆来回摆动。试件有球与平面间的点接触、柱与平面间的线接触、园环与平面间的面接触，也可根据需要加工其他形式的试件。负荷由一电动机和一弹簧加到试件上。加热器由加热电阻丝和热敏电阻组成并对试件加热和控制。摩擦副在试验过程中所产生的摩擦力经接收器-石英二维传感器产生信号，放大到记录仪记录下摩擦系数。

其主要参数是：

试件类型：2 滚柱对滚针(滚动摩擦)；环对面；球对面。

接触方式：点；线；面。

运动方式：不同振幅和频率下的振动滑动运动。

振幅：0~3500μm。

频率：10~150Hz。

接触负荷：0~1200N(270 lbf)(最大)。

温度：190℃(最高)。

SRV 试验机的负荷、振幅、振动频率、时间、测试油温都可自行选定，是测定振动条件下润滑油降低摩擦和减缓磨损常用的试验机。根据 Optimol 公司的经验推荐几种油品在 SRV 上进行测试的试验参数见表 5-23。

表 5-23　几种油品的试验参数

油类型	切削油	高温齿轮油	多级发动机油	液压油	极压齿轮油
负荷/N	400	50/300	50/300	50/300	50/400
冲程/μm	1000	1000	1000	1000	1000
频率/Hz	50	50	50	50	50

续表

油类型		切削油	高温齿轮油	多级发动机油	液压油	极压齿轮油
总摩擦距离/m		720	720	720	720	720
温度/℃		室温	120	120	50	50
试验时间/h		2	2	5.5	2	2
上试件	球 ϕ10mm		√	√	√	√
	圆柱 ϕ15mm×22mm	√				
下试件：圆柱 ϕ24mm×7.9mm		√	√	√	√	√

ASTM 已接受德国 DIN 51834 SRV 方法，作为一个正式的 ASTM 标准，即 ASTM D5706—95 和 ASTM D5707—95。D5706 用于评价润滑剂的极压性，D5707 用于测定润滑脂在选定的温度和负荷下的磨损性能和摩擦系数。

第六节　润滑油的剪切安定性评定

为了同时满足多级油的高低温性能要求，油品配方一般选用黏度较小的基础油，同时添加黏度指数改进剂的技术方案。但在油品使用过程中，由于机械剪切作用导致黏度指数改进剂的大分子被剪断，从而失去稠化能力，引起油品的黏度发生永久性下降，润滑性变差，汽车机油压力报警。

常用的评定油品剪切安定性的方法有：SH/T 0505—92《超声波剪切法》、SH/T 0200—92《齿轮试验机法》、SH/T 0103—07《柴油喷嘴剪切法》、NB/SH/T 0845—2010《圆锥滚子轴承试验机法》。

一、含聚合物油剪切安定性测定法（SH/T 0505—92《超声波剪切法》）

该方法适用于测定含聚合物的液压油和内燃机油的剪切安定性。以油在超声波振荡器中受超声波剪切作用所引起的黏度下降率来表示其剪切安定性的好坏。

1. 超声波剪切仪组成和工作原理

该仪器由超声波发生器、电声换能器、聚能头及稳压器、频率计、电压表、定时装置、点温计等部分组成，其原理图见图 5-20。

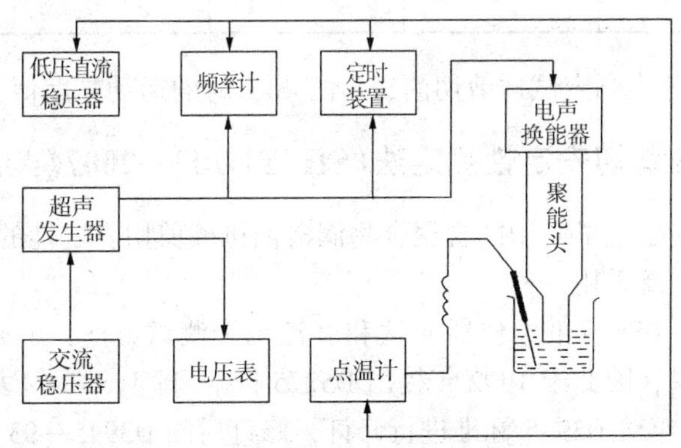

图 5-20　超声波剪切仪原理图

超声波发生器是一个输出功率≥250W 的激励源，把机械振幅放大，通过其固有频率是

20kHz±1kHz 的磁致伸缩式电声换能器，由换能器将电超声变为机械能，作用于油样进行剪切，剪切的时间可由定时装置控制，剪切功率和频率分别由电压表和频率计监视，油样的温度由插入油样中的点温计指示，交流电子稳压器主要用来稳定超声波发生器，低压直流稳压器则作为频率计、定时装置和点温计等的电源。

由于磁致伸缩棒抵在金属膜片上，于是金属膜片把磁致伸缩棒的伸缩振动振幅放大。当膜片上凹时，膜片附近的压力变小，油中形成了充满蒸气的空穴，当膜片下凸时，空穴又急剧收缩，产生了强有力的液力冲击，液力冲击引起的冲击波压力可高达几千 MPa，同时产生具有巨大速度梯度的液体流，冲击波和急流围绕着稠化剂的大分子流过，并对其起破坏作用，分子链最长的大分子首先受到破坏，经过长时间的超声波处理，稠化剂的平均相对分子质量可趋向最小值，但不同的高聚物在同样条件下有不同的最小值。

2. 仪器标准工作状态的确定

仪器出厂前已用标准油校验并确定了标准工作曲线。但考虑到仪器的工作稳定性和可靠性，使用单位停机一个月以上或正常使用三个月后，需对仪器的标准工作状态进行校正以保证测定结果的准确可靠。

用 CSJ-标 2 标准油，严格按照方法的操作要求，分别在不同的剪切“功率”下分别对标准油进行剪切，测定标准油剪切后的黏度下降率。以重复测定两次结果的黏度下降率的平均值和相应的剪切功率，绘制出本仪器的标准工作曲线，标准油黏度下降率为 16%±1% 所对应的剪切功率作为仪器的标准状态“功率”值。

3. 基本试验过程

（1）为保证仪器工作的稳定性，在每天正式试验前，必须用 30mL 润滑油，在标准剪切试验条件下工作 15min。

（2）每天考察新试样前，必须用标准油按标准剪切试验条件测定 1～2 次，并计算出其 40℃时的黏度下降率，如果本仪器所测定的黏度下降率不在 16%±1% 范围时，必须调整“功率”值，直至标准油的黏度下降率等于 16%±1%，以后的各次试验就可采用这个“功率”值对新试样进行试验。只有如此，才能对不同日期所得的各次试验结果进行有效的比较。

（3）主要试验参数见表 5-24。

表 5-24　超声波剪切试验条件

参数	试油量/mL	恒温浴温度/℃	恒温时间/min	剪切时间/min	剪切功率
数值	30	38±2	10	10	标准油黏度下降率为 16%±1% 对应的值

（4）按 GB/T265 分别测定试样剪切前、后的 40℃时的运动黏度值，计算黏度下降率。

二、含聚合物油剪切安定性测定法（SH/T 0103—2007《柴油喷嘴剪切法》）

柴油喷嘴剪切试验是最早应用的含聚合物润滑油机械剪切安定性的评定方法。这种试验方法在欧、美国家被广泛采用。

美国 ASTM D3945—86 标准中包括 A 法和 B 法两个测试方法，但是由于 A 法与 B 法经常得出不同的试验结果，因此于 1992 年提出 D5275 标准（即 FISST 方法）以替代 D3945 标准中的 B 法，并于 1993 年对 D3945 标准进行修订，修订后的 D3945—93 标准只包括原标准中的 A 法。但是随着时间的推移，油品的发展日新月异，黏度指数改进剂的应用越来越多，对试验方法的要求也越来越高。ASTM 于 1998 年提出了 D6278 标准，以替代 D3945—93 标准，提高了试验方法的精密度，同时在校准等要求上发生了变化。D6278 与 D3945 标准在仪器、校准、操作、标准油等要求上均不相同，可能得出不同的试验结果。

我国于 1992 年参照 ASTM D3945—86（A 法）即后来的 D3945—93 标准颁布了 SH/T 0103—92《含聚合物油剪切安定性测定法（柴油喷嘴法）》的标准，后修订为 SH/T 0103—2007。SH/T 0103—07 是修改采用 ASTM D6278—02，与 D6278—02 方法的主要区别：一是 D6278—02 要求喷嘴支架型号为 Bosch KD43SA53/15，而我国在用仪器基本上是使用 Bosch KD43SA53/13，DIN51328 及 CEC L-14-A-93 也要求使用 Bosch KD43SA53/13；二是 D6278—02 要求校准周期为 420 个循环，并要求校准七天之后必须重新校准，校准周期较短，SH/T 0103—2007 方法未采用 D6278—02 10.7 条中的校准周期所要求的应用质量控制曲线来监控系统的稳定性和精密度。与 SH/T 0103—92 相比 SH/T 0103—2007 的主要变化如下：

（1）未经校准的或新喷嘴的压力调节。1992 标准中要求喷嘴压力为 17.5MPa±0.35MPa，2007 标准则为 13.0MPa；

（2）仪器校准。1992 标准中规定在 17.5MPa±0.35MPa 下，参比油 100℃运动黏度的损失值在 2.50～3.20 mm^2/s 范围内，2007 标准则为在 13.0～18.0MPa 压力范围内，参比油 100℃运动黏度的损失值在 2.75～2.85 mm^2/s 范围内；

（3）校准周期。1992 标准中无要求，2007 标准则规定试验仪器在经过 420 个循环后必须进行校准，在校准七天之后进行试验时也必须用 RL-34 参比油重新校准；

（4）操作。1992 标准中要求试验过程中喷嘴压力在 17.5MPa±0.35MPa，2007 标准则要求保持在 13.0～18.0MPa。

柴油喷嘴试验是检验内燃机油剪切安定性的标准试验方法，也适用于试验汽车传动液和液压油，但用于多级齿轮油却不理想，因为齿轮箱中发生的齿面接触和在轴承上的剪切速率要比该方法中的剪切速率大得多。

柴油喷嘴试验的优点在于用油量少、试验周期短、费用低、容易操作、方法的准确性可以接受，但剪切强度小，所以不适用于齿轮油的评定。

1. 试验仪器

该方法的标准仪器为德国 BOSCH 公司生产，由储液槽、双活塞喷射泵、喷射雾化室、冷却器及压力传感器等组成，见图 5-21。

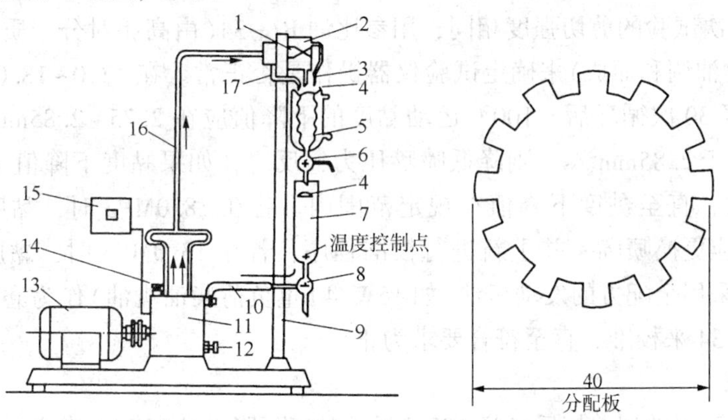

图 5-21　柴油喷嘴剪切安定性试验仪及分配板

1—喷嘴；2—雾化室；3—雾化室出口；4—分配板；5—冷却器；6—冷却器出口的三通活塞；7—储液槽；8—储液槽出口的三通活塞；9—支架；10—与泵吸入口连接的管；11—双活塞式喷射泵；12—泵流速调节螺丝；13—电动机；14—泵排气螺丝；15—冲程计数器；16—从泵到喷射器的压力管线；17—过剩液体的回流管线

（1）储液槽（图中7）。其顶部开口，容积大约为250mL，内设一个液体分配板（图中4），以确保试样沿槽壁均匀排出，防止循环油样形成沟流，从而保证试样与冷却表面充分接触。其温度由储液槽底部中心的测温点进行测定。温度计离底部的排放口约10~15mm。储液槽有一个三通活塞（图中8），它是一个不可互换的实心锥形塞，其额定孔为8mm。用耐油橡胶管或塑料管（图中10）连接三通活塞到泵的入口。

（2）双活塞式喷射泵（图中11）。型号为BOSCH PE2A90D300/3S2266型，该泵带有一个冲程计数器，泵排气螺丝及泵流速调节螺丝，由一台三相电动机驱动，频率为50Hz时，其转速为925r/min±25r/min。

（3）喷射泵出口。用耐高压钢管连接到雾化室，在此管线上安装一个压力表以观察油压。雾化室是试样从试验喷嘴到充满试样的小容器。目的是为了最大限度地减少泡沫的生成。在系统清洗过程中，用一个带开关的排空管尽可能地排尽前次试验的废试样。柴油喷嘴为Bosch DN8S2型轴向喷嘴喷射器，批号为0434 200 012，安装在Bosch KD43SA53/13喷嘴支架上（ASTM D6278方法为KD43SA53/15）。这个喷嘴支架还包括一个过滤筒。

应避免燃油喷射装置精密部件的损坏（如泵的喷嘴阀总成中的销和套），试验过程中若过滤筒堵塞将会引起压力表压力读数的异常增长，此时应更换过滤筒。

（4）冷却器（图中5）。用于维持试样的规定温度。该冷却器是带外部冷却套结构的玻璃容器，储油槽中分油板的位置应该在冷却器的上部，以保证试样与冷却表面充分接触，冷却外套应接在一可调的冷却水源上，通过调节冷却水的流量来控制试油温度。

2. 试验原理

试油经喷射泵加压后经高压钢管进入喷嘴，当油压达到喷嘴的开口压力时，喷嘴开始喷油，通过喷雾室将喷出的油雾收集后通过分配板沿冷却器的热交换表面流入储液槽中，储液槽中的试油经与泵吸入口连接的管被吸入喷射泵，循环往复，直到试油被剪切30次后结束试验。

剪切效应主要发生在喷嘴上，当试油被喷出时，试油压力瞬间由高压状态进入常压，此压力变化导致黏度指数改进剂的大分子被剪断，当然喷射泵本身也会对黏度指数改进剂产生剪切。

为了保证每次试验的剪切强度相同，用参比油RL-34（由高相对分子质量聚甲基丙烯酸酯（PMA）与矿物油调和而成）来确定试验仪器操作是否正常。在13.0~18.0MPa下，170mL参比油RL-34经30次循环后，100℃运动黏度的下降值应在2.75~2.85mm^2/s范围内，如果黏度下降值大于2.85mm^2/s，则降低喷嘴压力，反之，如果黏度下降值小于2.75mm^2/s，则升高喷嘴压力，直至黏度下降值在规定范围内。若在18.0MPa时，黏度下降值仍小于2.75mm^2/s，则应更换喷嘴，并重新进行校准程序，若在13.0MPa时，黏度下降值仍大于2.85mm^2/s，可采用全配方的发动机油（如15W/40重负荷柴油机油）作为磨合油对喷嘴进行磨合，再用RL-34来校准，直至符合要求为止。

3. 试验结果

试油的剪切安定性用剪切后试样100℃运动黏度下降百分率*PVL*来表示，按下式计算：

$$PVL=(\nu_u-\nu_s)/\nu_u\times100\%$$

式中 ν_u——剪切前试样在100℃时的运动黏度，mm^2/s；

ν_s——剪切后试样在100℃时的运动黏度，mm^2/s。

三、含聚合物润滑油剪切安定性测定法（SH/T 0200—92《齿轮试验机法》）

1. 概述

FZG 齿轮试验机原先的主要用途是评定工业齿轮油和液压油的抗磨性能，后来发现齿轮是对油品剪切最苛刻的零件，因此把评定润滑性能的 FZG 齿轮试验机用来进行含聚合物润滑油的剪切安定性试验。20 世纪 80 年代初，英国石油学会制定了标准 IP351/81。此后，该方法在评价含聚合物润滑油剪切安定性方面得到了较广泛的应用，不但可以评价含聚合物的液压油、内燃机油，而且可以评价齿轮油。

SH/T 0200—1992（2006）方法是在 IP351/81 方法的基础上，结合国内实际情况，对 CL-100 型或 FZG 型齿轮试验机进行局部改装，基本参照 IP351/81 方法的试验条件，通过条件试验、重复性、选择性的考察，以及与行车试验或其他机械剪切试验相关性的考察，建立的试验方法。即将一定量的试样加入试验齿轮箱内，在规定的温度、载荷、转速下，运转一定的时间，根据试样在试验过程中受到机械剪切作用所引起的永久性黏度损失，来评价试样的剪切安定性。

2. 齿轮试验机

FZG 型或 CL-100 型均可，但需进行适当改装。

① 试验齿轮箱内要安装冷却器，以保证试验过程中可以对试油进行冷却。

② 控制台上安装温度调节仪，能控制电加热器和冷却器，使试油维持在试验的温度范围内。

③ 试验齿轮箱上盖上设置采样孔。

国内新设计和生产的齿轮试验机已具备评定油品剪切安定性的功能。

试验齿轮可用国产 QCL-003 型或德国 FZG“A”型齿轮。每对齿轮的每一面最多可做 20 次剪切试验，齿面损坏的试验无效。

3. 试验条件

针对不同类型的油品，其试验条件不同，见表 5-25。

表 5-25　齿轮机剪切试验条件

参　数	齿轮油	液压油	内燃机油
油温/℃	90±2	60±2	90±2
载荷/级	6	3	3
油量/g	800±2	800±2	800±2
转速/（r/min）	2980±20	2980±20	2980±20
时间/h	20	14	14

在剪切试验条件中，转速和载荷对油品降解的影响程度最为显著。在一定的时间内，转速决定了油品所受到的剪切次数，控制其他变量，剪切次数越多，油品的降解程度越大。而且由于在齿轮传动中，两齿廓的啮合传动是滚动-滑动复合状态，因此，提高转速必将在两齿廓间产生高的相对滑动速度，这个速度越快，由此产生的剪切速率越高，对油品的降解越大。同时，在高速运转下，润滑油膜的负荷能力随速度增加而增加，提高了流体动力油膜的承载能力，也就相应延长了试验齿轮的使用寿命。所以从降解效果和经济性考虑，采用高转速更有利。载荷之所以成为影响油品降解的显著因素，是因为它决定了试验试样在试验过程

中的最小油膜厚度，而油膜厚度影响着产生剪切速率的大小。但随着载荷增大，这种影响增大的幅度逐渐缩小，所以将试验齿轮的润滑状态限制在流体动力润滑状态是合理的，一则不会太多地降低剪切强度，二则可降低齿轮的磨损，有利于节省齿轮。油量、油温等因素对降解影响较小，在保证试验齿轮箱内轴承得到充分润滑和试样能够获得齿轮剪切作用的前提下，尽量减少试样用量。考虑到各类油品实际使用温度不同，确定齿轮油和内燃机油的试验油温为90℃，液压油的试验油温为60℃。

4. 结果报告

剪切前后试样的100℃运动黏度之差值表示该试样的剪切安定性，并注明试验条件。

四、传动润滑剂黏度剪切安定性的测定（NB/SH/T 0845—2011《圆锥滚子轴承试验机法》）

四球机是研究润滑剂最老和最普及的试验装置之一，在第五节中重点讨论了四球机在润滑油、脂及燃料极压抗磨性能方面的应用。用改进的四球机评定多级油的剪切安定性的方法最早由奥迪公司所属的美国国民车分公司（VW-Audi）开发，称为锥型滚柱轴承试验法。实验证明，该方法的剪切速率高、试验费用低、试油用量少、操作简单。

我国NB/SH/T 0845—2010标准是根据欧洲协调委员会CEC L-45—99（2008）《传动润滑剂黏度剪切安定性的测定》标准制定的。

1. 方法概要

以具有恒温控制及自动记录主轴转数功能的标准四球极压试验机为试验平台，将试验钢球换成圆锥滚子轴承，油盒、夹头等部件换成专用试验头，通过加热或冷却液在试验头内的循环来控制试油温度，剪切作用发生在滚子与轴承内、外圈间，形成类似齿轮剪切的条件，以试油试验前、后运动黏度的下降率表示其黏度剪切安定性。本方法适用于各类传动润滑剂。

2. 圆锥滚子轴承的磨合

试验轴承为SKF32008XQ型圆锥滚子轴承，新试验轴承必须首先进行磨合，以确定该轴承是否可用，具体磨合程序如下：

（1）按标准用新参考油RL181进行试验，共运行1740000r，如果电机转速为1450r/min，其运行时间为19h40min。

（2）按GB/T 265方法测定RL181试验前、后的100℃运动黏度，计算黏度下降百分率。

（3）如果黏度下降百分率为10%~15%，则使用此轴承评定试样，一副轴承的累积使用时间不能大于200h。

（4）如果黏度下降百分率<10%或>20%，则更换轴承。

（5）如果黏度下降百分率为15%~20%，则更换轴承或者继续使用此轴承重新进行磨合，如符合（3）要求，则进行试样的评定，如不符合（3）要求，则考虑更换轴承。

3. 试验过程

（1）开机前先打开温控器，将试油预热到50℃±1℃。

（2）调整温控器，使油温达到60℃±1℃，然后开机，按表5-26所规定的试验条件进行试验。

（3）停止试验，关闭温控器，卸下适配器，将试油倒入一个干净的容器中。

（4）按GB/T 265方法测定试验前、后试样的运动黏度，计算黏度下降百分率。

表 5-26 试验条件

电机转速/(r/min)	1475±25	试验载荷/N	5000±200
试油温度/℃	60±1	转数/试验时间	174000/约 19h40min
试油量/mL	40±0.5		

4. 参考油校机

为了保证设备的性能正常，必须进行参考油校机试验。校机试验频次见表 5-27，每次出现意外测量结果时，都应进行校正。参考油的限值见表 5-28。

表 5-27 参考油校机试验频次

试验序号	RL181	RL209	RL210	试验序号	RL181	RL209	RL210
0		√		31	√		
10			√	40		√	
11	√			50			√
20		√		51	√		
30			√				

表 5-28 参考油通过/不通过限值

参考油	下限值/%	上限值/%
RL181	10	15
RL209	5.4	11.6
RL210	16.5	26.3

第六章　内燃机油性能与评定

内燃机润滑油又称为发动机润滑油、曲轴箱润滑油，通常简称为内燃机油或发动机油，是润滑油中用量最大、品种规格繁多、工作条件苛刻、性能要求很高的一类油品。

内燃机油按内燃机工作方式分为汽油机油和柴油机油，按内燃机冲程数分为二冲程发动机油和四冲程发动机油，按所用装置分为汽车发动机油、船用发动机油、铁路机车用润滑油、航空活塞式发动机润滑油等。按黏度又分为单级油和多级油，既可用于汽油机又可用于柴油机的称为通用油。

第一节　发动机润滑系统

发动机工作时很多机械部件都是在很小的间隙下作高速相对运动，它们之间将因摩擦增加发动机的功率消耗，加速机械部件的磨损，而且摩擦产生的热可能烧损工作表面，致使发动机无法运转，因此四冲程发动机有一套完整的润滑系统，将洁净的润滑油输送到运动部件的摩擦表面，从而减小摩擦阻力、降低功率消耗，减轻磨损，以达到提高发动机工作可靠性和耐久性的目的。

一、内燃机的润滑方式

1. 四冲程发动机润滑方式

四冲程往复活塞式发动机主要由气缸、活塞、连杆、曲轴等主要机件和其他辅助设备组成，见图6-1。

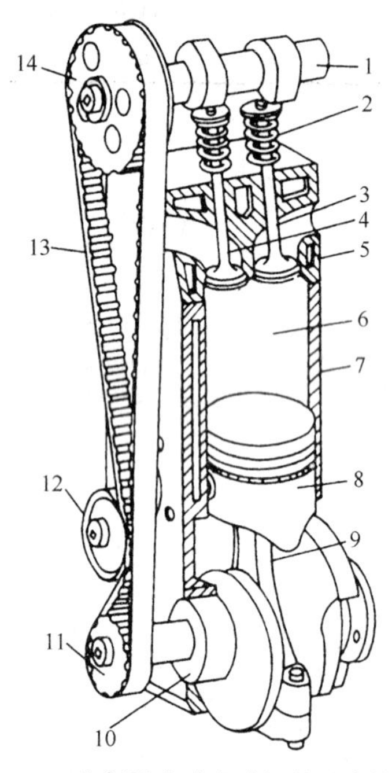

图6-1　往复活塞式发动机的基本结构

1—凸轮轴；2—气门弹簧；3—进气门；4—排气门；5—气缸盖；6—气缸；7—机体；8—活塞；9—连杆；10—曲轴；11—曲轴齿形带轮；12—张紧轮；13—齿形带；14—凸轮轴齿形带轮

活塞通过活塞销与连杆的一端铰接，连杆的另一端则与曲轴相连。燃料燃烧产生的高温、高压燃气，在气缸内膨胀，推动活塞作功，活塞的往复运动由连杆传给曲轴，使曲轴旋转而产生动力。

四冲程发动机润滑方式可分为飞溅润滑、压力润滑和油雾润滑。

（1）飞溅润滑。飞溅润滑是利用曲柄搅动机油，把机油油滴甩到发动机各部位进行润滑，早期的发动机大都采用飞溅润滑，这需要布置较长的曲柄，使曲柄在转动时能深入到机油面以下。曲柄的形状应有利于甩起较多的机油，在发动机运转时，机油便被甩到如气缸、曲轴、侧置气门等润滑点。飞溅润滑不用机油泵，构造简单，但很难将机油供给轴承。随着发动机的技术进步，这种润滑方式越来越不适用，例如顶置气门布置在气缸盖上，现代发动机大都采用整体式轴承和轴瓦，机油无压力是无法达到这些部位的。此外，随着发动机转速的提高，曲柄甩油产生的阻力越来越大，动力损失也随之增大，同时曲柄甩油，容易使气泡混入机油中，加速机油的氧化变质。于是，压力润滑方式便被多数现代发动机采用。

(2) 压力润滑。压力润滑方式使用机油泵供油，把机油强制供给各润滑点。在现代发动机上，并不是所有需要润滑的部位都能采用压力润滑，曲轴各轴颈、凸轮轴等是压力润滑，但连杆小头、气缸、活塞等则仍依靠飞溅润滑。有的发动机在飞溅润滑的基础上增加喷射装置，对活塞及活塞环进行直接喷射，并提高机油喷射量，以求显著改善发动机的散热和润滑效果。在压力润滑方式中，机油泵把一定压力的机油输送到各润滑点并形成油膜，保证各机件的金属面不直接发生摩擦。如果没有机油压力，发动机会立即损坏。机油压力取决于供油量和发动机转速，为保证发动机正常运转，在发动机最高转速时主油道的机油压力应不低于 $3kg/cm^2$，为确保油压，发动机装有油压警示灯和油压表，油压表可随时显示机油的压力。

(3) 油雾润滑。对于四冲程内燃机，一般只介绍飞溅润滑和压力润滑两种方式。实际上，还存在另一种方式，即油雾润滑，如气门调整螺钉球头、气门杆顶端等处，利用油雾黏附于摩擦表面周围，而后再渗入摩擦部位进行润滑。

四冲程发动机的润滑系统通常是由油底壳、机油泵、机油滤清器等组成，综合采用飞溅润滑、压力润滑、油雾润滑，图 6-2 所示为桑塔纳轿车的润滑系统示意图。

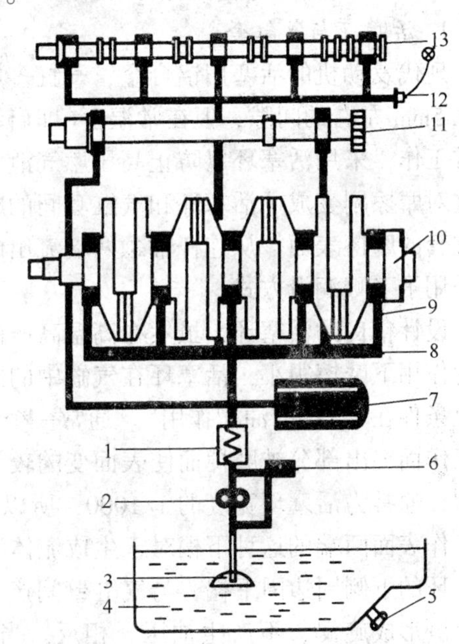

图 6-2　桑塔纳轿车润滑系统示意图

1—旁通阀；2—机油泵；3—集滤器；4—油底壳；5—放油塞；6—安全阀；7—机油滤清器；8—主油道；9—分油道；10—曲轴；11—中间轴；12—限压阀；13—凸轮轴

发动机工作时，发动机油从油底壳 4 经集滤器 3 被机油泵 2 送入机油滤清器 7。如果油压太高，则发动机油经机油泵上的安全阀 6 返回机油泵入口。全部发动机油经滤清器过滤后进入发动机主油道 8。滤清器上设有旁通阀，当滤清器堵塞时，发动机油不经过滤清器由旁通阀直接进入主油道。发动机油经主油道进入五条分油道 9，分别润滑五个主轴承。然后，发动机油经轴上的斜油道，从主轴承流向连杆轴承润滑连杆轴颈，从连杆轴颈两端流出的润滑油，靠曲柄的旋转运动甩到汽缸、活塞或活塞销等摩擦表面进行润滑。主油道中的部分发动机油经第六条分油道供入中间轴 11 的后轴承。中间轴的前轴承由机油滤清器出油口的一条油道供油润滑。主油道的另一分油道直通配气机构凸轮轴轴承的润滑油道，此油道也有五个分油道，分别向五个凸轮轴轴承供油。整个压力润滑油路的终端装有最低机油压力报警器，同时在机油滤清器上也装有压力开关。

上述润滑系统的润滑油储存在油底壳内，当发动机工作时，机油泵把发动机底壳中的机油输送到各个润滑部位，润滑后的油都回到油底壳内，这种润滑系统称为湿式油底壳润滑系统，它是小型及车用发动机普遍采用的润滑系统。对于一些大型固定、船用柴油机或者一些高速、高负荷的飞机、坦克、赛车的发动机则通常采用干式油底壳润滑系统。它的特点是发动机与机油箱是分开的，油箱位置可自由配置，储油量可为湿式油底壳润滑系统的数倍，另外，发动机与机油箱分开使机油与窜入曲轴箱的废燃气接触机会少，可防止机油变质。

2. 二冲程发动机润滑方式

对二冲程发动机而言，由于其结构上的差异，它不能像四冲程发动机那样实现其关键部位的压力润滑和机油的循环使用，而只能以下列两种方式进行润滑：

一是预混合润滑法。将机油按一定比例预先掺入燃料油中，并充分搅拌，依靠混合在燃料中的机油润滑发动机内的摩擦表面。

二是分离润滑法。将燃料和机油分别装在两个油箱内，通过机油泵将机油送至化油器的柱塞腔内，与燃料、空气混合后进入曲轴箱，其润滑油流量由油门开度来控制。由于分离润滑法采用定量供应，机油消耗量较少，只是预混合法耗量的 1/3，不但能提高燃烧率，减少积炭和废气中的有害气体，还能使摩擦表面充分润滑，目前已被广泛采用。

二、发动机润滑部位及润滑特点

四冲程发动机主要的润滑部位是活塞环与气缸套、轴承和配气机构。

1. 活塞环与气缸套

现代发动机的活塞用铝合金，气缸多用铸铁，两者的热膨胀系数不同，活塞和气缸间应有 0.5mm 左右的间隙，但在常温下(即启动时)燃气严重泄漏而不能运转，因此为使发动机正常工作，采用活塞环以防止高压燃气泄漏同时使活塞在气缸内的运动阻力较小。活塞和气缸这对摩擦副变成了活塞环和气缸套间的摩擦和润滑问题。由于压力送油难以到达活塞环和气缸套的摩擦表面，从连杆轴颈两端流出的润滑油，靠曲轴的旋转运动飞溅到该摩擦表面，即采用了飞溅润滑方式。

设计精良的活塞环，虽然在高温高压的燃气作用下在气缸内剧烈地往复滑动，但在润滑油的作用下摩擦很小，活塞环在气缸中的绝大部分行程处于流体润滑状态。实现流体润滑的必要条件在于产生“油楔作用”。通常一个矩形截面的新活塞环，经过 10~15h 的磨合运转，新工作面突出部分被磨掉而使表面变的较为光滑。同时活塞环两端下榻，下榻量值只有几个微米，通常为活塞环宽度的 1/1000，所以在实物上难以用肉眼分辨出来，但是磨合后活塞环工作表面两端的这种下榻对于生成流体润滑膜是极为有利的。当活塞环在气缸中向下运动时，环的下侧周边因下榻，与气缸壁间产生“油楔作用”而形成有效的流体动力润滑膜，环的上侧形成旋涡，不产生油压。相反，当活塞向上运动时，在环的上侧产生“油楔作用”。活塞环这样的往复运动，使其与气缸壁之间形成流体润滑状态。理论上，在曲轴转角为 -180°(活塞环上止点)、180°(活塞环下止点)处油膜厚度为 0。实际上，由于油膜的收缩，尽管在上、下止点活塞环速度为 0，油膜厚度却不为 0，但为最小值。通常认为活塞环在汽缸的上、下止点处于边界润滑状态。

2. 轴承的润滑

在发动机中的轴承大多数为滑动轴承，主要包括曲轴主轴承、连杆轴承、凸轮轴轴承和活塞销轴承等。

发动机的曲轴主轴承和连杆轴承都承受很大的负荷，为了避免轴承的损坏，提供良好的润滑是很重要的。通常是将润滑油通过压力供油方式先供给曲轴主轴承，然后曲轴主轴承再向连杆轴承和凸轮轴轴承供油，因此曲轴主轴承上一般开有油槽。从润滑角度考虑，则只需在曲轴主轴承上的轴瓦开个半圆周油槽即可；从冷却效果考虑，上下轴瓦均开槽有利，然而开油槽会使轴承的承载能力大大降低，根据发动机轴承的负荷分析，对于负荷较大的连杆轴承的上瓦和曲轴主轴承的下瓦，最好不要开油槽。轴瓦上的油孔和油槽的设计要考虑到整个油道布置，其原则是足够的油量连续进入曲轴主轴承油槽，再经曲轴内油道连续供给连杆大端轴承和凸轮轴轴承。润滑油量要根据轴颈的大小、负荷、滑动速度产生的摩擦热、轴承材料的耐热性等因素来决定。理论上，曲轴主轴承、连杆轴承和凸轮轴轴承应实现完全的流体润滑，但事实上这种理想状态在内燃机工作时不能完全做到。尤其是汽车、拖拉机的转速、负荷等工作条件经常变动，且启动和停车频繁发生，因而常常会有边界摩擦，甚至是干摩擦发生。

相比于主轴承和连杆大端轴承，活塞销轴承的润滑工况条件更为恶劣。首先是它的单位面积上承受的压力更高，油膜更易破坏；其次它的滑动速度较低，不易形成流体润滑膜；润滑油供应量和供油压力受往复运动惯性力的影响比较大；活塞销在轴承中往复摆动摩擦，油槽设计困难。对于活塞销轴承的润滑方式，通常利用连杆中心油道中润滑油的惯性力，将润滑油输送到轴承的间隙中去；或利用活塞刮下来的润滑油，以及飞溅的润滑油通过油孔进入到轴承中进行润滑。

3. 配气机构的润滑

发动机的配气机构是按发动机循环工作的要求来控制进气和排气过程，实现气缸中气体更换的装置，主要零部件为凸轮和随动件、凸轮轴和轴承、摇臂和摇臂轴、气门杆及气门导管等。这些摩擦表面常处于混合润滑或边界润滑状态。

凸轮是控制发动机进、排气开闭时的主要部件，随动件包括挺柱、推杆等，凸轮和挺柱这对摩擦副滑动速度和温度都不太高，但负荷甚大，接触应力超过 700MPa，一般采用飞溅或自流润滑方式；摇臂在其轴上摆动，承受负荷的部位限制在一个方向上，有时瞬时停止相对运动，这与曲轴轴承相比，流体润滑膜的形成和保持都比较困难，因此一般采用强制供油来改善其润滑；气门杆和气门导管这对摩擦副作往复运动，其接触状态和摇臂，燃烧压力和惯性力有关，气门杆末端接触应力很高，油膜形成很困难，一般用润滑摇臂轴之后的润滑油自流到气门杆和气门导管这对摩擦副表面上，且供给的润滑油量很少。因为若供油量太多，润滑油会从间隙中漏入燃烧室，这样不仅增加润滑油的消耗量，而且润滑油在燃烧室中燃烧不完全，导致燃烧室中积炭增多，增大废气对环境的污染。

三、内燃机的工作特点

内燃机与其他各种机械相比，其运动零件的摩擦面有许多特殊性，特别是随着内燃机向高速度、高强度、大功率和防止废气污染等方面不断发展，这种特殊性就变得更为突出。根据内燃机的工作状况，其工作特点归纳为：

(1) 温度高、温差大。内燃机除了产生摩擦热以外，还要受到燃料燃烧产生的热量的影响，因而当内燃机工作一段时间后，各摩擦面的温度都比较高，如活塞顶、气缸壁及气缸盖，大约在 250~300℃之间，活塞裙部大约在 110~150℃之间，主轴承、曲轴箱油温为 85~95℃。另外，内燃机大多在室外使用，冬季不工作时，其零部件的温度与环境温度接近，当冷机启动和运转开始时，各摩擦面极易发生干摩擦和半干摩擦。

(2) 运动速度快。内燃机曲轴转速多为 1500~4800r/min，活塞平均速度高达 8~14m/s，摩擦面上形成润滑油膜非常困难，用喷溅或飞溅方法进入活塞与气缸壁之间的润滑油，还会被未汽化燃烧的液体燃料稀释和带入燃烧室而烧掉。因此，在活塞与气缸壁之间，经常处于边界润滑状态。热膨胀和热变形会影响各运动零件正常的配合间隙，严重时会导致发生摩擦面黏着和烧结等故障。

（3）载荷重。现代内燃机的热效率高、质量小、功率大，因而运动零件单位摩擦面的载荷很大。例如连杆的轴承负荷为7.0～24.5MPa，主轴承的负荷为5.0～12.0MPa。有一些摩擦零件，如凸轮和气门挺杆等，还连续地处于极压润滑状态，连杆的轴承还要承受冲击负荷。

（4）易受到环境因素的影响。内燃机在进气冲程中吸入的尘埃，燃料燃烧生成的废气和固态物，以及润滑油在高温和低温下氧化生成的积炭、漆膜和油泥等沉积物，都会对各摩擦面起加速磨损和增大腐蚀的作用，缩短摩擦零件的使用寿命。

第二节　内燃机油的性能与分类

一、内燃机油的性能要求

内燃机油起着润滑、冷却、洗涤、密封和防锈作用，其性能要求如下：

1. 适宜的黏度和良好的黏温性能

发动机油的黏度和黏温性，对油品的润滑性能、流动性能和冷却性能等都有很大影响。在内燃机的工作特点中提到，其工作温度非常宽广，如在非严寒地区都要在-20～250℃以上的宽温度范围内工作，这就要求内燃机油不仅应有适当的黏度，而且还要有良好的黏温特性。如果黏度太低，则发动机的运动部件得不到良好的润滑。据有关资料介绍，不含黏度指数改进剂的内燃机油，100℃运动黏度低于6mm^2/s时，连杆轴承和曲轴轴承的磨损会明显增加；含黏度指数改进剂的内燃机油，100℃运动黏度低于4.5mm^2/s时，轴承的磨损也较严重。但是，如果油的黏度过高和黏温特性不好，也会使发动机低温下启动困难，发生干摩擦，而且也增大发动机磨损和摩擦能耗。根据流体动压润滑理论计算和实验证明，内燃机使用的润滑油，其100℃运动黏度以10mm^2/s左右为宜，黏度指数应在90以上。一般而言，高负荷、低转速的发动机应选用黏度较大的润滑油；反之，低负荷、高转速的发动机应选用黏度较小的润滑油。

2. 优良的清净分散性

发动机在工作中不断地生成积炭，漆膜和油泥，而且燃料燃烧以及油品变质都会产生酸性物质。发动机油应具有较好的清净分散性能，抑制氧化胶状物和积炭的生成；将沉积在机件上的沉积物洗涤下来，并分散在油中；中和酸性物质以防止酸性物质对发动机的腐蚀和加速油品的氧化变质。

3. 良好的流变性和泵送性能

发动机油一般需加入黏度指数改进剂，因此它是非牛顿流体，即在相同温度下表观黏度随剪切速率的增大而减小，这对油品的使用性能产生较大的影响。机油泵入口的剪切速率为10^3～10^4s^{-1}；轴颈/轴承、活塞环/气缸壁的剪切速率为10^5～10^6s^{-1}，而凸轮/挺杆的剪切速率为10^6～10^8s^{-1}。轴颈/轴承、活塞环/气缸壁的剪切速率不但较高，而且正常工作温度也较高，轴承的温度可达150℃，而气缸的温度更高，因此发动机油在高温、高剪下应具有较高的表观黏度以形成足够厚的流体润滑膜。多级油的高温高剪切黏度一般不小于3.0～3.5mPa·s。

发动机低温启动不是受曲轴箱内大量油的黏度影响，而主要受上次停车时残留在轴颈/

轴承、活塞环/气缸壁、凸轮/挺杆等有关部件上的油的黏度影响，因此油品在低温、高剪切速率下表观黏度要小，以便于发动机的启动。低温下发动机启动后，发动机油还要求在低温、低剪速下具有低的表观黏度，以使发动机油能及时泵送到气缸及其他摩擦部位，而泵送性主要取决于曲轴箱内润滑油的黏度大小。

4. 优良的抗氧化能力和热稳定性

油品的氧化速度与温度、氧浓度以及金属的催化作用都有密切关系。内燃机油的工作温度比其他很多品种的润滑油都高，油在润滑系统中高速循环和在油箱中被剧烈地搅拌，显著增加了与空气接触的面积和氧的浓度，加之受机械零件的金属如铁、铜和铝等的催化作用，使油的氧化速度加快。同时，磨损的磨粒以及从气缸泄漏出来的气体中的固态物和尘埃等，也会起促进油加速氧化的作用。氧化的结果，生成腐蚀金属的酸性物质以及由于黏度增大，油泥和漆膜大量生成而使内燃机油失去应有的润滑作用。

另外，充填在活塞环部分的气体，大部分是空气；活塞头部的温度在200℃以上；油在活塞与气缸壁之间是呈薄层状态；这些因素都会促使油品发生剧烈的热氧化反应生成漆状胶膜，这种漆膜是热的不良导体，不仅会使活塞和气缸壁过热，发动机功率下降，而且能使活塞环粘结在活塞环槽内，轻者使活塞环失去弹力，严重时使活塞环卡死。当活塞环失去密封性能后，不仅使内燃机油窜入燃烧室烧掉，增加耗油量和气缸积炭，而且由于未气化燃烧的燃料窜入曲轴箱，既降低发动机的功率，增大燃料消耗，又使内燃机油受稀释，降低润滑性能。

提高内燃机油抗氧化能力和热稳定性的有效途径是采取选用抗氧性好的基础油并加入足够数量的抗氧抗腐添加剂。

5. 良好的极压抗磨性能和减摩性能

发动机活塞往复运动的上、下死点处、配气机构，以及发动机启动和停止时的轴承通常处于边界润滑状态，油品中应加入极压抗磨剂以提高油品的极压抗磨性。一些高质量级别的发动机油，还需加入摩擦改进剂，以降低机件摩擦阻力，减少机械功率损失，达到节约燃料的目的。

除了上述的主要性能要求外，发动机油还应具有良好的抗泡、抗腐和防锈性能。由于发动机油在油路中循环使用，以及飞溅润滑，很容易形成气泡。抗腐和防锈性能是为了防止窜气中的腐蚀气体和水分进入曲轴箱而对发动机产生锈蚀及腐蚀。

二、内燃机油的黏度分类

为确保发动机油具有上述性能，发动机油的黏度、闪点、倾点、残炭等一般理化性能需满足相应的指标要求，其中黏度是最基础的指标之一，它与发动机油的润滑性、低温泵送性、低温启动等性能密切相关。不同构造、不同工作条件的发动机对发动机油的黏度大小要求不同，为此对发动机油黏度进行了分类。目前较为通用的是SAE(美国汽车工程师学会)的黏度分类法。1926年SAE提出了只按黏度对发动机油进行分类，1933年公布了10W和20W两个低温的黏度分类，其黏度用-17.8℃赛氏秒数表示，但其值由高温区的值用外推法测定。后又经1950年，1955年两度修改，直到1962年开始采用SAE J300的名称，但内容到1967年都未变化。1967年后开始用冷模拟启动法测定-17.8℃(0℉)黏度(CCS黏度)以代替不准确的外推法，同时增加测定98.9℃(210℉)的运动黏度。此后随着温度表示方法由华氏度(℉)转变为摄氏度(℃)，SAE黏度分类依据也变为测定-18℃的CCS黏度和100℃

的运动黏度值。不同黏度级别的具体值见表 6-1。该黏度分级规定了两个系列的黏度牌号，即含字母 W 和不含字母 W 的。带字母 W 的牌号是根据 CCS 黏度范围和 100℃的最小运动黏度值来划分的；不带字母 W 的牌号仅根据 100℃时的运动黏度值的范围来划分。仅仅符合这两个系列中的一种黏度分级的油称为单级油，如果一种内燃机油的黏度既符合 W 系列的一种黏度级别，又符合非 W 系列的一种黏度级别则称为多级油。例如一个油品-18℃的动力黏度值为 2800 mPa · s，100℃的运动黏度值为 15. 2 mm^2/s，则这个油品为多级油，黏度级别为 15W/40。

表 6-1　SAE 发动机油黏度分级(SAE J300—1974)

黏度级号	黏度范围			
	动力黏度(-18℃)/mPa · s		运动黏度(100℃)/(mm^2/s)	
	最小	最大	最小	最大
5W	—	1250	3. 8	—
10W	1250	2500	3. 8	—
15W	2500	5000	4. 1	—
20W	2500	10000	5. 6	—
20	—	—	5. 6	9. 3
30	—	—	9. 3	12. 5
40	—	—	12. 5	16. 3
50	—	—	16. 3	21. 9

此后发现仅测定-18℃的表观黏度不能预测更低温度下的冷启动性能，冷启动模拟法测定的表观黏度实际上是低温高剪切速率下的黏度值，不能反映油品低温下低剪切速率下的黏度，而该黏度值与油品是否能及时泵送到气缸及其他摩擦部位相关，应增加油品的低温泵送性能。1987 年规定的 SAE J300 黏度分级指标见表 6-2。规定了不同黏度级别相应低温下的 CCS 黏度值，并增加了边界泵送温度(MRV 法测定值，该温度是表观黏度最高 3000mPa · s 时的最大值)。我国 GB/T 14906—94(2004)就是参照 SAE J300(1987 年 6 月 1 日发布)制订的，实际上两者完全相同。

表 6-2　SAE 发动机油黏度分级(SAE J300—1987)

黏度级号	相应温度下的最大动力黏度/mPa · s	最大边界泵送温度/℃ 不高于	运动黏度(100℃)/(mm^2/s)	
			最小	最大
0W	3250(-30℃)	-35	3. 8	—
5W	3500(-25℃)	-30	3. 8	—
10W	3500(-20℃)	-25	4. 1	—
15W	3500(-15℃)	-20	5. 6	—
20W	4500(-10℃)	-15	5. 6	—
25W	6000(-5℃)	-10	9. 3	—
20	—	—	5. 6	9. 3
30	—	—	9. 3	12. 5
40	—	—	12. 5	16. 3
50	—	—	16. 3	21. 9
60	—	—	21. 9	26. 1

我国 GB 11121—2006 汽油机油标准中的 SE、SF 和 GB 11122—2006 柴汽油机油标准中的 CC、CD 采用的是 SAE J300—1987 标准，而 SG、SH、GF-1、SJ、GF-2、SL、GF-3、CF、CF-4、CH-4、CI-4 则采用的是 SAE J300—1999 标准，见表 6-3。

表 6-3　SAE 发动机油黏度分级(SAE J300—1999)

SAE 黏度等级	低温动力黏度/mPa·s 最大值	低温泵送黏度/mPa·s 最大值	运动黏度(100℃)/(mm^2/s)		高温高剪切动力黏度/mPa·s(150℃，10^6s^{-1})最小
			最小	最大	
0W	6200(在-35℃)	60000(在-40℃)	3.8	—	—
5W	6600(在-30℃)	60000(在-35℃)	3.8	—	—
10W	7000(在-25℃)	60000(在-30℃)	4.1	—	—
15W	7000(在-20℃)	60000(在-25℃)	5.6	—	—
20W	9500(在-15℃)	60000(在-20℃)	5.6	—	—
25W	13000(在-10℃)	60000(在-15℃)	9.3	—	—
20	—	—	5.6	9.3	2.6
30	—	—	9.3	12.5	2.9
40	—	—	12.5	16.3	2.9(0W/40、5W/40、10W/40)
40	—	—	12.5	16.3	3.7(15W/40、20W/40、25W/40、40)
50	—	—	16.3	21.9	3.7
60	—	—	21.9	26.1	3.7

在 SAE J300—1999 标准中，低温动力黏度和低温泵送黏度的测定温度比 1992 版标准低 5℃，相应地低温动力黏度的界限值增大了约一倍，低温泵送黏度指标由 30000mPa·s 增至 60000mPa·s，但实际上 1999 版对内燃机油低温性能的要求更苛刻。

20 世纪 80 年代以前，我国发动机油黏度分类沿用了原苏联的方法，以 100℃运动黏度的大小来划分，从牌号可知油品 100℃的大致运动黏度。如 15 号汽油机油，100℃运动黏度为 12.5~16.3mm^2/s。为保证发动机在寒冷地区易于启动，对于在寒冷地区使用的发动机油增加了低温性能要求(见表 6-4)。后来我国发动机油黏度分类基本参照 SAE J300 标准进行，目前仍采用等同于 SAE J300 APR—1991 的黏度分类方法，其标准号为 GB/T 14906—94(2004)。

表 6-4　我国寒区使用的稠化机油黏度分类

牌号	8 号寒区稠化汽油机油	合成 8 号稠化汽油机油(严寒地区)	合成 14 号稠化汽油机油(严寒地区)	11 号稠化柴油机油	14 号稠化柴油机油
运动黏度/(mm^2/s)					
100℃	7.5~8.5	不小于 7.0	不小于 13.0	10.5~11.5	不小于 13.5
-20℃	不大于 2300	—	—	不大于 3000	不大于 3500
-30℃	—	不大于 4000	不大于 18000	—	—

三、内燃机油的质量等级分类

国际上内燃机油的质量等级(也称使用性能)分类，主要有美国石油学会(American Petroleum Institute)的 API 质量分类、欧洲 ACEA 质量分类和国际润滑剂标准化及批准委员会(ILSAC)质量分类等。

API 质量分类是美国汽车工程师学会(SAE)、美国材料试验学会(ASTM)和 API 共同研究制定的，以便使汽车制造厂、润滑油制造厂和用户都能从油品的质量级别了解到他们所使用的内燃机油的质量和与之相适应的发动机工作条件。目前已发布的质量等级有：汽油机油(S 系列)：SA、SB、SC、SD、SE、SF、SG、SH、SJ、SL、SM、SN；柴油机油(C 系列)：CA、CB、CC、CD、CE、CF、CF-4、CG-4、CH-4、CI-4、CJ-4。由于汽车发动机设计性能和润滑油生产水平的不断改进和变化，以及环保要求的不断提高，这种性能分类也在不断更新。

ILSAC 是 International Lubricant Standardization and Approval committee 的缩写，译为“国际润滑剂标准化与审查委员会”，由美国汽车制造商协会(AAMA— American Automobile Manufacturers Association)和日本汽车制造商协会(JAMA—Japanese Automobile Manufacturers Association)联合组织而成，其职能是审查和发展“轿车发动机油最低性能标准”。ILSAC 已发布的规格有 GF—1、GF—2、GF—3、GF—4、GF—5，与 API 规格的大致对应关系为：GF—1≈SH、GF—2 ≈SJ、GF—3 ≈SL、GF—4 ≈SM、GF—5 ≈SN，两者的主要区别是 GF 规格均有节能要求，而 API 规格大部分没有节能要求，少部分规格有节能要求。

我国现行 GB11121—2006《汽油机油》和 GB 11122—2006《柴油机油》标准基本与 API 和 ILSAC 相应等级的质量要求一致。2006 版 GB 11121—2006《汽油机油》和 GB 11122—2006《柴油机油》标准的构成包括以下 3 部分。

(1) 发动机油黏温性能要求。与发动机油流变性相关的指标，如运动黏度、低温动力黏度、边界泵送温度、低温泵送黏度、高温高剪切黏度和倾点等。

(2) 发动机油模拟性能和理化性能要求。与发动机油模拟性能和理化性能相关的指标，如蒸发损失、泡沫性、凝胶指数、过滤性、均匀性与混合性、高温沉积物、磷含量、碱值、硫酸盐灰分、元素含量、水分和机械杂质等。

(3) 发动机油使用性能要求。与发动机油使用性能相关的指标，主要为发动机台架试验。

根据我国汽车工业对发动机油的实际需求，GB 11121—2006《汽油机油》标准在废除 SC 级和 SD 级汽油机油规格的同时，保留了 SE 级和 SF 级汽油机油规格，增加了 SG、SH、GF-1、SJ、GF-2、SL 和 GF-3 级汽油机油规格，共设置了 9 个汽油机油品种；GB 11122—2006《柴油机油》标准则保留了 CC 级和 CD 级柴油机油规格，增加了 CF、CF-4、CH-4 和 CI-4 级柴油机油规格，共设置了 6 个柴油机油品种。

为了方便生产和使用，2006 版 GB 11121《汽油机油》和 GB 11122《柴油机油》在多级油的黏度等级设置上，将发动机油黏度分类(GB/T 14906—04)中高温和低温黏度等级进行组合，基本上涵盖了目前国内的主要使用需求。

我国发动机油的黏温性能指标一直采用美国 SAE J300“发动机油黏度分类”标准。20 世纪 90 年代，美国汽车工程师协会(SAE)和美国材料与试验协会(ASTM)合作开展现代发动机油的低温性能研究，并根据研究成果，在 SAE J300—1999 标准中，对低温启动性和低温泵送性指标进行了修订。鉴于我国发动机油使用水平参差不齐，且配方存在着多样性，经研究和验证，提出了分段采用 SAE J300 低温性能指标的修订思路，即：原 GB 11121—1995《汽油机油》和 GB 11122—1997《柴油机油》标准保留的品种(SE 级和 SF 级汽油机油、CC 级和

CD 级柴油机油）继续采用原标准的低温性能指标（即 SAE J300—1991），即低温启动性和低温泵送性指标和试验方法均保持不变。新增高档品种（SG、SH/GF-1、SJ/GF-2 和 SL/GF-3 级汽油机油，CF、CF-4、CH-4 和 CI-4 级柴油机油）的低温启动性和低温泵送性指标和试验方法均与 SAE J300—1999 保持一致。

SAE J300—1991 和 SAE J300—1999 的区别体现在低温动力黏度这一指标上，SAE J300—1999 各黏度等级的低温动力黏度测定温度比相应的 SAEJ 300—1991 低 5℃，这一改变对油品的低温性能要求更苛刻。

2006 版 GB 11121《汽油机油》和 GB 11122《柴油机油》标准中规定了各质量等级的发动机试验要求，这些使用性能指标是产品研发鉴定时必须进行评定的重要指标。但发动机试验在日常生产中是无法进行出厂检验的，因此对于一个固定的汽油机油或柴油机油配方，在实际生产中，不可随意更换基础油，也不可随意进行黏度等级的延伸。在基础油必须更换时，应按照 API 1509 附录 E“轿车发动机油和柴油机油 API 基础油互换准则”进行相关的试验，并保留试验结果备查，在进行黏度等级延伸时，应按照 API 1509 附录 F“SAE 黏度等级发动机试验的 API 导则”进行相关的试验，并保留试验结果备查。

四、内燃机油的用途分类

发动机油按照发动机所用燃料的种类和应用场合可进行图 6-3 所示的大致分类。

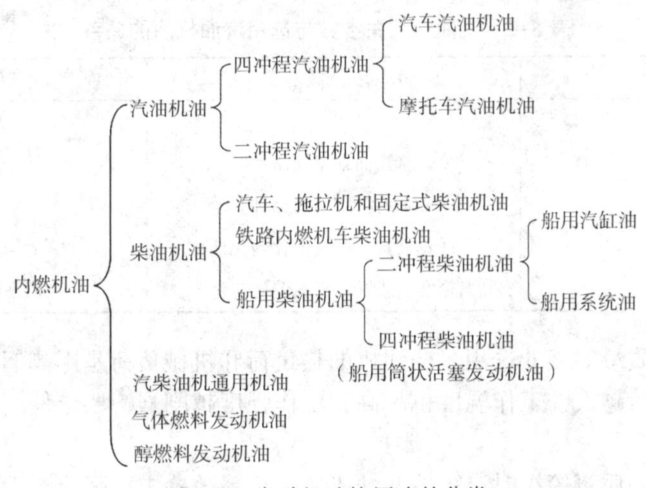

图 6-3　发动机油按用途的分类

上述各种类型的发动机油，又是严格按照黏度等级和使用性能进行详细分类。以下各节按照用途分类对发动机油进行详细介绍，黏度等级和使用性能也一并进行说明。

第三节　内燃机油的选用和使用

选用内燃机油时，首先应分清柴油车还是汽油车，然后选择相应的柴油机油、汽油机油或者柴油机/汽油机通用发动机油。

内燃机油的选用主要是按规定从质量等级和黏度牌号两方面进行，首先选择合理的质量等级，然后选择合适的黏度等级。

一、质量等级的选择

质量等级选择的原则是：根据内燃机制造商的推荐、内燃机的机械负荷和热负荷、工作条件的苛刻程度、燃料性质等来确定。

1. 根据内燃机制造商推荐选油

汽车制造商在汽车出厂时，都会对内燃机润滑油的使用作严格的试验，并会在出厂说明书中推荐选用的内燃机油，这应该是内燃机油选用的首要依据。但是，这仅仅是选油的一般原则，或者是起码要求，因为它必须考虑市场可供润滑油的质量水平和使用的工况，如富康轿车刚投放中国市场时，考虑到当时中国市场可供 SG 级以上的油不多，当时所推荐的用油就是 SF 级。还有在使用条件特别苛刻时，用油等级应提高。此外，担负执行紧急任务的车辆，如救火车、救护车和战车等，也应使用更高质量等级的内燃机油。

2. 根据内燃机的机械负荷和热负荷选油

内燃机的机械负荷和热负荷也是选用油的重要根据。如根据压缩比、发动机附设装置选择汽油机油质量等级和根据强化系数选择柴油机油质量等级。

（1）汽油机油质量等级的选用。汽油机油主要是根据发动机的压缩比确定质量等级。汽油机压缩比越大，热负荷和机械负荷越大，要求润滑油的清净分散性、抗磨极压性和抗氧防腐性也越好，汽油机油的选用原则如表 6-5 所示。

表 6-5　汽油机相关参数与选用汽油机油的关系

压缩比	发动机附设装置	质量等级
<7		SC
7~8	PVC 阀（曲轴箱强制换气）	SD
8~10	EGR 装置（废气循环）	SE
>10	EGR 装置、废气催化转化器	SF、SG
>10	涡轮增压装置、废气催化转化器	SF、SG、SH 及以上

（2）柴油机油质量等级的选用。柴油机的热负荷和机械负荷是影响润滑油质量变化的主要因素，柴油机负荷越大，工作温度也越高，工作强度越剧烈，要求使用柴油机油的质量也越高。

选择柴油机油的质量等级时，可按柴油机的强化系数确定，强化系数有传统算法和现代算法两种。

① 强化系数的传统算法。强化系数（K）的数值为发动机的平均有效压力、活塞平均速度及冲程系数的乘积。柴油机强化系数代表了柴油机的热负荷和机械负荷，根据 K 值选用柴油机油等级如表 6-6 所示。但是，由于强化系数 K 并不能完全反映机械负荷和热负荷，K 值高于 80 的尚未完成柴油机油质量等级对应关系研究。

表 6-6　强化系数 *K* 与选用柴油机油的关系

强化系数 *K*	选用柴油机油的质量等级
<50	CC
50、80	CD
>80	CE、CF-4 或更高

表 6-6 适应柴油硫含量为 0.4%以下，当柴油硫含量为 1.0%以上时选用的质量等级应提高一档。

强化系数 $K=P_e \cdot C_m \cdot Z$，P_e 为气缸平均有效压力，MPa；C_m 为活塞平均线速度，m/s；Z 为冲程系数，四冲程 $Z=0.5$，二冲程 $Z=1$。

② 强化系数的现代算法。现代算法强化系数($P_{me}C_m$)与选用柴油机油的关系见表 6-7。其计算公式如下：

$$P_{me}C_m = \pi \frac{T_{iq}\tau}{iV_s} \times 10^{-3} \times \frac{sn}{30}$$

式中 T_{iq}——有效扭矩，N·m；

τ——冲程数；

i——气缸数目；

V_s——气缸工作容积，L；

s——活塞行程，m；

n——转速，r/min。

表 6-7 强化系数 $P_{me}C_m$ 与选用柴油机油的关系

强化系数 $P_{me}C_m$	选用柴油机油的质量等级
<10	CC
10~15	CD
15~20	CF-4
20~25	CH-4
25~30	CI-4
>30	CI-4 或更高

现代算法强化系数充分考虑了机械和热负荷，与传统算法相比，其与柴油机油质量等级的对应性更好。

(3) 特殊使用条件内燃机油的选用。选用内燃机油的质量等级时，除上述选用原则外，还应根据使用环境来综合考虑。建议以下五种情况之一者，使用的润滑油要考虑提高一个质量档次或缩短换油期。

① 汽车处于停停开开的使用状态，如出租车，易产生低温油泥；

② 长期低温、低速(气温低于 0℃，速度在 16km/h 以下)行驶，易产生低温油泥；

③ 长时间在高温、高速下工作尤其是满载长距离行驶；

④ 2 吨以上的牵引车，满载，长时间行驶(带拖挂)；

⑤ 灰尘大的场所。

二、内燃机油黏度等级的选用

黏度是内燃机油的重要指标，确定内燃机油的质量等级后，选择合适的黏度等级十分重要。黏度过大或过小都会引起能源浪费、磨损增加或其他润滑故障。内燃机油的黏度等级的选用原则如下：

1. 根据发动机工作的环境温度选用

寒冷地区冬季选用黏度小、倾点低的单级或多级内燃机油，一般在寒区或严寒区为保证冬季顺利启动，应选用多级油；夏季或全年气温高的地区选用黏度适当高些的内燃机油，内燃机油黏度等级的具体选用见表 6-8。

表 6-8　内燃机油黏度等级选用表

黏度等级	适用环境气温/℃	黏度等级	适用环境气温/℃
0W	-40~-20	15W/40	-20~40
5W	-30~-10	20W/20	-15~25
5W/20	-30~25	20	-10~30
5W/30	-30~30	30	-5~30
10W	-25~-5	40	0~40
10W/30	-25~30	50	0~50

2. 根据载荷和转速选用

载荷高，转速低，如大型推土机、起重机、钻井机等，一般选用黏度大的机油；载荷低、转速高，如小轿车、吉普车、微型车及小型动力装备等，一般选用低黏度油。

3. 根据内燃机磨损状况选用

新内燃机应选用黏度较小的机油，而磨损大(摩擦面间隙增大)的内燃机则应选用黏度较大的机油。

4. 优先使用多级油

在保证润滑的前提下应优先使用多级油，如 15W/40 可在我国黄河以南地区四季通用。

多级油是由下面两方面因素所确定：

(1) 低温起动和泵送黏度的最大值与 W 级机油的对应值相当；

(2) 100℃时的最大和最小运动黏度及 150℃时高剪切率下的最小黏度，此值与不带 W 字母的等级机油的数值相当。因此，其特点在于具有非常好的黏温性能，即高低温下的黏度变化较小。冬季低温起动时，黏度相对较小的机油能迅速流到零件的摩擦部位提供润滑，保护机器免遭磨损；夏季高温运行时，黏度相对较大的机油能够在摩擦副之间保持足够的油膜厚度，提供良好润滑。因此，多级油可冬夏通用，既可减少季节性换油，又可降低发动机摩擦阻力，减少燃料消耗，节约能源。

5. 使用节能内燃机油

润滑油低黏度化是当前世界流行的节油措施之一，国外也称节能润滑油。

节能润滑油是在低黏度润滑油中加入减摩剂(还有其他添加剂)制成。采用低黏度润滑油有利于降低液体内摩擦，能达到节能，而减摩剂能形成有效的润滑膜，覆盖在金属表面，减少摩擦阻力，防止磨损。当活塞组合件和其他摩擦表面处于流体润滑时，低黏度有利于减低液体摩擦，因而节约能量；当难以形成或只有部分形成流体润滑时，减摩剂起到降低摩擦阻力、防止磨损的作用。

第四节　内燃机油的流变性评定

一、内燃机油流变性能的使用意义

对内燃机油而言，与其流变性相关的指标是运动黏度、低温动力黏度、边界泵送温度、低温泵送黏度、高温高剪切黏度和倾点等，即选用内燃机油的黏度等级时，要综合考虑这些指标。

大量的试验研究表明，发动机在较低温度下启动情况的好坏，与曲轴箱内机油的黏度无关，主要受上次停车后残留在气缸壁、曲轴上机油的黏度的影响。当发动机启动时，由于剪切作用，这些部位上油品的真实黏度会小于曲轴箱内机油的黏度，油品的这一性能用低温动力黏度来表示，用冷启动模拟机(CCS)来测定，其模拟发动机曲轴-轴瓦、缸套-活塞环等摩擦副在启动时的实际情况，属于低温高剪切率下的黏度现象。

发动机油的低温泵送性是以摇臂来油时间为尺度，即用发动机启动后润滑油到达摇臂的时间来表示。即使发动机启动了，油泵若不能把机油及时送到各摩擦表面，也会使冷启动失败或造成过量磨损。这就是机油的泵送性问题，低温泵送性则主要受曲轴箱中大量机油的黏度的影响，属于低温低剪切率下的黏度现象。

发动机正常工作时，有关部件处于高温状态，同时不同运动摩擦副间的剪切速率不同，如发动机轴承工作温度在150℃左右，剪切率在10^5~10^6s^{-1}之间。试验表明，为防止发动机轴承损坏，要求润滑油在高剪切率10^6s^{-1}和160℃时的黏度要大于3.2mm^2/s。但是用毛细管黏度计(剪切率为10^2s^{-1})测定的运动黏度不能完全代表润滑油在轴承区域的实际黏度状态，因为在高温高剪切条件下，单级油和多级油的黏度变化是不同的。为了反映润滑油在高温(相当于摩擦点上的油温)和高剪切速率下的黏度提出了高温高剪切黏度的概念及测定方法。

二、发动机油低温表观黏度的评定

发动机的低温启动性能和内燃机油低温黏度有关。由纯矿物油组成的润滑油的低温黏度，以前一直用ASTM外推黏度法(ASTM D341-43)，即通过测定润滑油在98.9℃(210℉)及37.8℃(100℉)时的黏度，在ASTM黏度关系图上作一直线并外延，以求得-17.8℃低温时的黏度。由于纯矿物油属牛顿液体，在黏温图上呈直线关系，所以这个方法和发动机冷启动情况的关联是较好的。

早期多级油低温黏度测定法，沿用纯矿物油的ASTM外推黏度法。但是，ASTM外推黏度法只适合于黏度不随剪切速度而改变的牛顿液体，多级油中由于加入了高分子聚合物黏度指数改进剂，其黏度随剪切速度而改变，属非牛顿液体。它的黏温关系在ASTM黏温关系图上不再是直线关系。正因为如此，用ASTM外推法求多级油-17.8℃的低温黏度，某些时候求出的黏度值比矿物基础油在-17.8℃时的外推黏度值还要低，这显然是不合理的。加入的高分子聚合物的相对分子质量要比基础油大几十甚至几百倍，其黏度比基础油大得多，故-17.8℃的黏度只能比基础油高。由于用外推法不能满意地求出多级油的低温黏度，人们对发动机油低温黏度的测定进行了深入地研究。

美国协调研究委员会(CRC)为了找到一种适合发动机工作情况的测量多级油低温黏度的方法，在1961~1963年间，在CRC下属11个实验室中的12台全尺寸发动机上进行试验(11台汽油机，1台柴油机)。在-17.8℃冷室中进行全尺寸发动机试验。试验中，先对发动机转速及启动马达所需电流进行精确测量，并在已知转速条件下测量转矩。用校正油(低凝低浊点纯矿物油)进行发动机试验，作出转速、电流或转矩(三者取其一)与校正油黏度关系的工作曲线。对于未知油样来说，只要在同样条件下测得其中任一参数(转速、电流或转矩)，就可从图中找出未知油样的-17.8℃黏度。这个黏度叫做“平均发动机黏度”。

美国材料试验协会(ASTM)在所属实验室内开展了大量的研究工作，以寻求一种简便而又能较真实反映多级油低温黏度的测定方法。为此，采用了不同剪切力和几何形状的黏度计，分别用上述发动机试验中使用的校正油和试验油进行试验，取多次试验的平均值与平均发动机黏度值对比。

大量的试验、对比表明，弗兰提-谢里锥板式黏度计及外力球黏度计(校正凝胶黏度计)

两种方法测出的数值相对好一些，总的趋势比较靠近平均发动机黏度。但是，这两种黏度计本身试验误差较大，重复性和再现性都不好，作为实验室测定是不理想的。此后出现的黏度测定法，以 CRC 所属海湾公司研究的“往复式黏度计”法及 CRC 所属埃索公司研究的“冷启动模拟机”法为最好，由于后者比前者的精度更高，所以被广泛采用。

1967 年，ASTM 把冷启动模拟机法(Cold Cranking Simulator，简称 CCS)作为 ASTM 测定发动机油低温黏度的试行标准，1975 年定为正式标准 ASTM D2602“用冷启动模拟机测定发动机油表观黏度的标准方法”，该方法的测定温度仍为-17.8℃。

1980 年，SAE 对发动机油黏度分类作了新的修改，与之相对应的低温黏度测定方法也以其附录的形式公布，它是在 ASTM D2602 方法的基础上发展起来的，与之不同的是将测温范围扩大为 0～-40℃。

由于 ASTM D2602 方法只能在-17.8℃一个温度下测定，远远不能满足发动机油黏度分类的需要。1983 年，ASTM D02 委员会在其年会上提出了 ASTM(83)草案方法“发动机油表观黏度测定法(冷启动模拟机法)”。1992 年，ASTM 又公布了 ASTM D5293 方法“用冷启动模拟机在-5～-35℃范围内测定发动机油表观黏度的标准方法”。由于 ASTM D5293 方法可进行多温度点的测定，能满足发动机油黏度分类的需要，所以取代了 D2602 方法，D2602 于 1994 年废除。

自 1983 年以来 ASTM 低温黏度测定方法的修订主要是围绕着对仪器的改进。尤其是美国 CANNON 公司生产的冷启动模拟机经历了模拟式仪表、数字化仪表、全计算机控制三个典型的发展过程，其稳定性和精密度都有所提高。

我国的 GB/T6538《发动机油表观黏度测定法》就是参照 ASTM D5293 方法制定的。其测定原理是：用一个电动马达驱动一个与定子紧密配合的转子，在转子与定子之间充满试样，通过调节流经定子的冷却剂流量来保持试验温度，并在靠近定子内壁处测定这一温度。转子的转速是黏度的函数，以标准曲线和测得的转子转速即可确定试样的黏度。主要测定剪切应力约为 50～100kPa，试验温度-5～-35℃范围内油品的表观黏度。该方法是在低温高剪切速率(10^5～10^4s^{-1})下考察发动机的启动情况，它反映的是机油在发动机活塞环和气缸套部位的流变行为。

三、发动机油低温泵送性能的评定

低温黏度并不能完全说明内燃机油的低温性能。这是因为，即使在低温下发动机油的低温黏度小，发动机容易启动，但如果机油泵不能及时、正常供油，低温启动仍可能失败或造成运动部件的严重磨损。因此，内燃机油还应具有良好的低温泵送性能。

莫耶尔早就发现，进油管的尺寸、浸入深度和润滑油在低剪切速度下的黏度影响润滑油泵供油。泵送性失败的原因有两个：一是进油管内形成空穴，机油不能依靠本身的重力流至滤网处，与机油低剪切率($0.2s^{-1}$)黏度有关；二是油泵入口处机油流速太慢，机油流动受到限制，与机油中剪切率($6.5s^{-1}$)黏度有关。泵送失败分别表现为气阻和流动限制。流动限制表现为泵出口压力不稳定、达不到设计压力，但这种现象不会持续太久。发动机油经过发动机的运动部件循环后，温度会升高，使油的黏度降低，流动性能变好，流动限制现象就会消失。但这种情况对发动机运动部件造成的磨损是严重的。

关于发动机油低温泵送性能的测定，人们采用了许多方法，进行了广泛而深入的研究，但仍未找到比较满意的方法。直到 1974 年，才建立了较好的模拟方法。这种方法采用 V8 型发动机的底盘和油泵系统，并观察发动机油的泵送状态。为便于研究，首先制定出判断正常泵送和不正常泵送的标准：发动机启动 1min 后，泵压下降至 146kPa 以下，称为正常泵送；发动机启动 1min 后，泵压降至 140.6kPa 以下，但不小于 42.2kPa 称为边界泵送；发动机启动 1min 后，泵压降至 42.2kPa 以下，称为不可泵送状态。

温度高时，发动机油能正常泵送。当温度降至某一数值后，就出现边界泵送状态。这个温度叫做边界泵送温度。低于这一温度，该发动机油就不能正常泵送。

针对流动限制问题，美国历经 10 年研究，于 1979 年制定了“预测发动机油边界泵送温度的标准方法(ASTM D3829)”。该方法采用小型旋转黏度计(即 Mini-Rotary Viscometer，简称 MRV)，在低温低剪切速率(10^{-1}～$10^{2}s^{-1}$)条件下，预测发动机在初始运行阶段，机油能否顺利流入油泵并供给发动机充足的油压。该方法与由流动限制而导致的泵送失败有较好的关联性。

但是在 1980～1981 年冬季，美国、北欧相继出现商品发动机泵送失败问题，而这些泵送失败的发动机所使用的油多数通过了 D3829 试验，受限于当时人们对低温泵送性的认识，只是对 D3829 方法的预测能力产生了怀疑。1981 年，经 SAE 和 ASTM 讨论，决定对 D3829 冷却循环系统程序进行改进。美国又经历近十年研究，于 1989 年制定了“低温下发动机油屈服应力和表观黏度测定法(ASTM D4684)”，该方法仍采用小型旋转黏度计，但使用改进后的 TP-1 冷却循环方式，故称为 MRV TP-1 法。它是将试样先置于 80℃下恒温 2h，再以非线性程序冷却速率，在 10h 内由 80℃冷却到试验温度，恒温冷却 16h。然后，在旋转黏度计上，逐步施加规定的扭矩，观察并测定其转动速度，再计算该温度的屈服应力和表观黏度。由三个或三个以上试验温度所得结果，确定该试样的边界泵送温度。如果只是为了满足某些规格或分类要求，则只需测定边界泵送温度低于某个规定温度即可。

D3829 与 D4684 的主要区别是：前者采用迅速的 10h 非线性降温和达到试验温度的 6h 恒温方式，试样冷却经过浊点范围(0～-15℃)仅用时 2h；后者采用缓慢的分段冷却方式，在-8～-20℃之间，降温速率为 0.33℃/h，耗时 36h，使得试样中的蜡结晶有足够的生长时间，油品黏度增大，从而可预测前者无法测出的泵送失败。

随着对低温泵送性研究的进一步深入，人们逐渐认识到，1981～1982 年冬季美国和北欧大批汽车所发生的事故，是由于汽车润滑油在低温下黏度增加的同时其化学结构也发生了变化，产生了凝胶，从而造成引擎气阻，使油路不畅，导致发动机部件的磨损。针对气阻问题，ASTM 于 1990 年又开发了 ASTM D5133 方法(该方法采用扫描 BROOKFIELD 黏度计，即 Scanning Brcokfield Viscometer)，以求从另一个侧面考察发动机油的低温泵送性能。

根据凝胶动力学原理，凝胶活化能越大，润滑油的凝固趋势越大。由于汽车润滑油的成分比较复杂，主要由基础油和各种添加剂组成，基础油中还含有蜡质，在低温下它们都有可能参与凝胶过程。所以，活化能最大的那个反应所生成的凝胶将对润滑油低温流变性起决定作用，也是导致发动机泵送失败的主要原因。D5133 方法正是利用了这一原理，将 20mL 试样置于玻璃定子中，在 90℃下经 1.5h 预热后放入冷却浴里，用一定的剪切应力在-5～-40℃之间以 1℃/h 的线性速率降温，通过数据采集测出油品的最大凝胶活化能(通常以黏度增长率的最大值表示)，即凝胶指数(GI)和开始出现最大凝胶活化能时的温度，即凝胶温度(CT)以及当黏度等于 40Pa·s 时的温度，即边界泵送温度(BPT)。上述数值越小，说明油品的低温泵送性越好。ASTM D5133 方法主要反映润滑油自然流动进入筛网的状况，而 D4684 方法则主要反映润滑油在泵入口管中的情况。

我国于 1986 年等效采用 ASTM D3829 制定了国家标准 GB/T 9171《发动机油边界泵送温

度测定法》，1992 年参照 ASTM D4684 制定了行业标准 SH/T 0562《低温下发动机油屈服应力和表观黏度测定法》，2000 年又等效采用 ASTM D4684—98 对 SH/T 0562 进行了修订。2004 年等效采用 ASTM D5133 制定了 SH/T0732《润滑油低温低剪切速率下黏度与温度关系测定法（温度扫描法）》。

四、高温高剪切条件下润滑油的流变性

在内燃机的工作过程中，活塞的往复运动通过连杆小头、大头轴承和主轴承变为旋转运动；在活塞做功过程中，轴承受到很高的冲击载荷，尤其是上半轴承负荷更大，因此机油在轴承处油膜温度高达 140～160℃，受到的剪切速率高达 $10^6 s^{-1}$，若是油膜强度不能保持，则往往会引起轴承各种故障发生，严重时将轴承烧结。在 20 世纪 80 年代，国外发动机和汽车制造商已经发现内燃机高温高剪切部位的内燃机油尤其是多级油，黏度明显减小，导致轴承各种故障发生。80 年代后期，为了满足发动机技术发展的需要，欧美一些发动机制造商对内燃机油提出了高温高剪切速率条件下测定润滑油黏度（简称 HTHS 黏度）要求。欧美各大汽车公司及美军都在内燃机油规格中增加了 HTHS 黏度。1994 年，美国汽车工程师协会在 SAE J300—94 标准中开始增加 HTHS 指标。

测定内燃机油高温高剪切黏度的方法有 5 种：

（1）ASTM D5481 高温高剪切速率下表观黏度测定法（多重毛细管法）；

（2）CEC L-36-T-84 高剪切条件下的润滑油动力黏度测定法（雷范费尔特法）；

（3）ASTM D4624 高温高剪切速率下表观黏度测定法（毛细管法）；

（4）ASTM D4683 高温高剪切速率下黏度测定法（锥形轴承模拟法）；

（5）ASTM D4741 高温高剪切速率下黏度测定法（锥形柱塞法）。

中国内燃机润滑油国家标准规定使用 SH/T0618 高剪切条件下的润滑油动力黏度测定法（雷范费尔特法）、SH/T0703 润滑油在高温高剪切速率下表观黏度测定法（多重毛细管法）和 SH/T0751 高温和高剪切速率下黏度测定法（锥形塞黏度计法）测定内燃机润滑油的高温高剪切黏度，其中 SH/T0618 为仲裁用测定方法。

SH/T0618 高剪切条件下的润滑油动力黏度测定法（雷范费尔特法）参照 CEC L-36-T-84 高剪切条件下的润滑油动力黏度测定法（雷范费尔特法）编制。SH/T0618 方法基本原理是将试样加入已固定的球型套筒中的转子和定子之间。转子和定子间以锥体配合，可调节它们之间的间隙，来调节剪切速率。在试验温度为 150℃、剪切速率为 $10^6 s^{-1}$ 和已知旋转速率条件下，测出转子反作用的扭矩值。将得到的扭矩值分别从校正曲线上或输入计算机内查出对应的黏度值，取两次黏度值的算术平均值作为试样在 150℃ 和 $10^6 s^{-1}$ 条件下的动力黏度结果，以 mPa · s 为单位报告结果，精确到小数点后两位数字。

SH/T0703 润滑油在高温高剪切速率下表观黏度测定法（多重毛细管法）由中国石化润滑油茂名分公司参照美国试验与材料协会标准 ASTM D5481 润滑油在高温高剪切速率下表观黏度测定法—多重毛细管法编制。SH/T0703 测定方法是在 150℃ 试验条件下，在氮气（或二氧化碳）的压力作用下，使试样从毛细管黏度计中流出，由试样的流出时间及压力，可得到毛细管黏度计管壁表观剪切速率达到 $1.4\times10^6 s^{-1}$ 时试样的表观黏度。用对各黏度池校正的曲线，即可确定与所测压力相对应的油品黏度。

SH/T0751 高温和高剪切速率下黏度测定法（锥形塞黏度计法）根据 ASTM D4741 高温和高剪切速率下黏度测定法（锥形塞黏度计法）重新起草，规定实验室使用型号为 BE/C（单速）

或 BS/C(多速)的高剪切速率锥形塞黏度计在 150℃和 $1\times10^6 s^{-1}$ 及 100℃和 $1\times10^6 s^{-1}$ 条件下测定润滑油的黏度。方法是将试样加入固定的球型套筒中的转子和定子之间。转子和定子之间以锥体配合，通过调节他们之间的间隙来调节剪切速率。转子在给定的速率下旋转，测定反作用的扭矩值，即可从由牛顿校正油获得的标准曲线上查出试样的黏度。该试验获得的黏度与内燃机操作条件下的轴承温度与剪切速率有一定的对应性，与压力无关。

五、HTHS、CCS、MRV 及倾点之间的关系

100℃运动黏度对选择在发动机正常操作温度下黏度适当的油品是必要的，但在发动机苛刻操作条件下高温高剪切部位的有效黏度，则需由 HTHS 黏度监控；而 CCS 和 MRV 黏度可预测发动机油低温启动性能。

为了保证油品在低温下具有良好的黏温性能，基础油组分不能选择太重，否则将影响油品的低温冷启动性能；但基础油又不能选的太轻，否则油品将因为黏度太小，而不具备足够的油膜强度，油压偏低，不能提供良好的润滑，致使发动机磨损较重的曲轴轴承和连杆大小头轴承发生烧结等严重故障。由此可见，HTHS 黏度与 CCS 黏度是相互联系又相互制约的二项指标，这对内燃机油多级油的调制提出了更高的要求。

首先要了解所选用的基础油的基本性质，即其 100℃运动黏度、HTHS 黏度和不同温度下的 CCS 黏度；同时还应搞清楚所选用的稠化剂、复合添加剂加入基础油中所引起的 100℃运动黏度、HTHS 黏度和 CCS 黏度增加值。有了这些基础数据，可在调制油品前进行预测，根据调制油品的黏度级别和质量等级加以灵活运用。

若调制成品油的 100℃运动黏度符合相应黏度级别的指标要求，而 HTHS 黏度低于指标要求时，则应增大基础油 100℃运动黏度，或增加稠化剂加入量，或改用 HTHS 黏度增值较高的稠化剂；若成品油 HTHS 黏度太大，则采取相反措施。同理，若成品油 CCS 黏度太大，则应减小基础油 100℃运动黏度，或减少稠化剂加入量，或改用 CCS 黏度增加值较低的稠化剂；反之亦然。

CCS 和 MRV 黏度均可预测发动机油的低温启动性能，两者虽然有一定联系，但其内涵和意义是不同的。由于 MRV 黏度的测定比 CCS 更麻烦，于是两者之间是否存在特定关系引起了大家的关注。实验证明：MRV 与 CCS 之间、MRV 与倾点之间并不存在显著相关性，即不能通过 CCS 或者倾点是否合格预测油品的 MRV 是否合格。

第五节　评定内燃机油清净分散性的模拟试验方法

清净分散性是内燃机油最重要的性能指标之一，由于内燃机油与高温活塞等部件接触，因而会发生氧化、聚合、缩合等一系列变化，在活塞、曲轴箱中生成积炭、漆膜和油泥，内燃机油抑制积炭、漆膜和油泥形成的能力称为清净分散性。

一、曲轴箱模拟试验方法

曲轴箱模拟试验又称为成漆板/成焦板试验，从 20 世纪 60 年代起一直是内燃机油配方筛选和添加剂性能研究领域的重要模拟评定方法。由于操作条件的不同，试验分为成漆试验和成焦试验。成漆试验一般按 SH/T 0300 标准方法进行，评定的是油品的抗氧化安定性和高温清净性，该方法与 Caterpillar $1H_2$ 和 $1G_2$ 发动机试验后活塞清净性评分(WTD)有一定的相

关性。成焦板试验是在较低的油温和较高的板温条件下，使试油间歇性地溅到高温铝板上，试验时间一般为1~2h，以焦重作为评判依据，该方法与Caterpillar $1H_2$ 和 $1G_2$ 发动机台架试验后的顶环槽积碳充满百分数有一定的相关性。可见曲轴箱模拟试验主要用于以下两个方面：

一是评定油品的抗氧化安定性，主要用于筛选基础油和评定抗氧抗腐剂的性能。

二是评定油品的高温清净性，主要用于筛选清净分散剂及复合配方。

1. 设备、材料与试剂

(1) 模拟器。由油箱、溅油器、铝板、电热板、紧固架、电机、底座、放油阀、铅片、油箱底盘等部件组合而成，见图6-4。

(2) 试片。

① 铝板。尺寸90mm×40mm×8mm，成胶有效面积2400mm^2(80mm×30mm)，铝板材料代号LC4CS。

② 铅片。尺寸和材料要求：直径为24.5mm，厚度为1mm，中心孔直径为4.5mm，材料符合GB 1470。

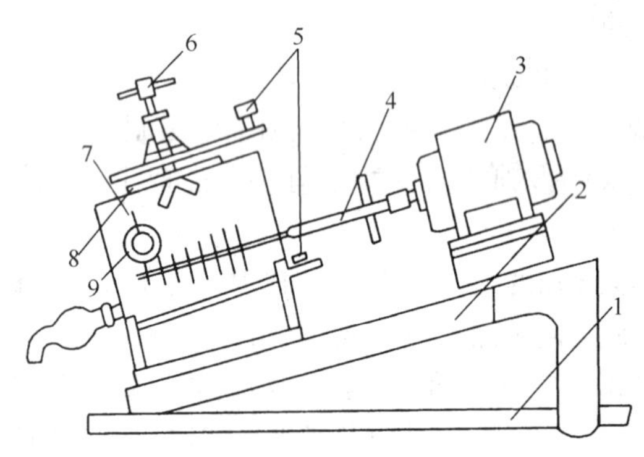

图6-4 试验装置示意图

1—油箱底盘；2—底座组合件；3—电机；4—溅油器轴组合件；5—电热板；6—紧固架；7—油箱组合；8—铝板；9—铅片

(3) 溅油器。在 $\phi8$、$\phi45$ 号钢棒上安有三行八排 $\phi0.3$ 的不锈钢针，每排间距8mm，每行与每行间的夹角度为120°，有风叶装置，可以保证电机长时间连续运转不致于温升过高。

(4) 电机。功率为60W；电压为380V；频率为50Hz；转速为1400r/min。

(5) 电热板。电热板即是加热器，它是由1.5mm厚不锈钢板制成，云母片绝缘，功率为300W。

(6) 控制装置。控制装置是由控制箱体，温度指示调节仪、可控硅电压调整器、指示灯、交流接触器、继电器、变压器等原器件组合而成，不同型号的仪器会有所不同。

2. 成漆试验方法概要

通过溅油器将内燃机油飞溅到电加热的高温铝板表面，在高温及空气氧化条件下机油在铝板上形成积炭和漆膜，以此模拟内燃机油在发动机工作中在活塞表面上生成沉积物的情况。并用在试验机油箱内挂铅片的方法模拟曲轴箱油在气液相状态下对发动机零部件的腐蚀。对铝板上生成的沉积物通过和标准板对比评出漆膜等级，通过称量得出沉积物的重量(称为胶重)，以评级和胶重作为考察油品的氧化安定性和高温清净性的依据。

3. 结果鉴定

(1) 胶重。铝板质量增加值为胶重，以mg表示。

(2) 评级。参照标准板进行评级。

标准板共分十级，一级清洁，十级最差。评级最低单位为0.5级，标准板的文字叙述，见表6-9。该表说明覆盖在铝板上的漆膜和积炭的不同程度，如果试验铝板上所生成的漆膜不是正好符合任何一级标准色板，而是介于相邻的两级之间，则可定为0.5级。

表 6-9 QZX 法评级标准

评级	板面精况描述	评级	板面精况描述
1	试板本色或光亮彩色花纹	6	棕色带有部分深棕色
2	淡黄色漆膜	7	深棕色部分棕色
3	浅棕色局部带有黄色	8	大部分棕色带轻微黑色
4	浅棕色、或还带轻微深棕色	9	大部分黑色局部深色
5	大部分棕色带轻微深棕色	10	黑色、光亮黑色或炭黑色

(3) 腐蚀。以铅片失去的质量衡量，以 mg 表示。

实验中经常出现铅片增重的情况，这是由于铅片上出现氧化膜或添加剂与铅片反应生成反应膜而导致的。

4. 注意事项

(1) 铅片经 HCl 处理后，一定要冲洗至中性，否则对腐蚀结果影响甚大。

(2) 试验结束后，高温铝板不能马上用石油醚清洗，一则不安全，重要的是会引起沉积物颜色变化，导致结果失真。有些试验尤其是多级油试板表面沉积物比较多而且松散，同时还有焦包油的现象，对这种试板的冲洗比较难以进行，把握不好就容易把沉积物冲洗掉，造成试验结果偏低，结果不真实。正确的冲洗方法应该是当试验结束后，取下试板，先不要冲洗，稍等一段时间，试板的温度降到室温时，再开始冲洗比较合适。开始应该从试板的边缘缓慢向中间移动，冲洗时溶剂量不能过大过猛，如果有焦包油的现象，先在包块上滴上几滴溶剂，包块就会裂开，被包在里面的油就会流出来，再缓慢冲洗，直到冲洗的溶剂不变色为止。冲洗完后用电吹风吹干或利用加热板的余热，把试板放到加热板上加热，使沉积物上的溶剂完全挥发掉。

(3) 试板的打磨。试板打磨到什么程度比较合适，有些研究者做过这样的试验：把从日本引进的新试板和经过打磨后的试板进行对比试验，以考察粗糙度对实验结果的影响，结果见表 6-10。

表 6-10 粗糙度与沉积物之间的关系

油样名称	油 A	油 B	油 C
粗糙度(R_Z)	3.31① 5.05 7.03	3.33① 7.27 12.03	3.33① 5.38 5.85
沉积物/mg	8.0 11.3 18.4	10.0 13.1 19.1	35.5 42.5 42.5

① 日本新板。

试验结果表明：日本新板与经打磨后的试板粗糙度相差较大，即打磨后铝板粗糙度增大。在相同的试验条件下，同一种试验油沉积物试验结果在日本新板上偏低，而在经过打磨后的试板上试验结果偏高。同时还可以看出，经打磨后的试板随粗糙度的增大沉积物也增大，可见试板打磨就是一个人为的影响因素。试板打磨应该用规定的砂纸打磨，打磨后试板看上去应该有暗淡的光泽，纹路垂直整齐，如果有条件，最好用打板机打磨试板，这样就可提高试验结果的精确度。

(4) 加油量的控制。加油量准确与否对试验结果来讲也是一个人为的影响因素，比如规定的加油量是 250mL，但加完油后量筒中多多少少要剩余一部分油。因为加油量的准确与否直接影响着溅油器浸入油中的深浅程度和溅油量的多少，从而影响试验结果的重复性和再现性的好坏。即使同一个操作者每次的加油量也不一定完全相同，人和人之间的加油量相差也大，所以，必须对加油量加以规范。如何规范化呢？第一，试验油度量要准确，往油箱内注油时，量筒尽量垂直倒置；第二，当油的流动状态由线流变成滴状时开始计数，滴数到50滴时为止，这样操作的目的是减少人为因素造成的加油量不准确，提高试验结果的精确度。

（5）加热电压的给定和升温速度的控制。试验温度是否控制得稳定，也是一个关键性的影响因素。因为板式成焦器的板温和油温是分别给定和控制的，在加热功率相同的情况下，虽然板温比油温高，但板温加热到试验温度只需要几分钟的时间，而油温加热到试验温度需要30~40min的时间。如何控制好升温速度以及在整个试验过程中的温度稳定呢？

① 先加热试油，当试油温度达到100℃以上时再开始加热铝板。

② 当试油温度升到130℃±5℃时启动电机。如果油温升到试验温度后再启动马达，那么在1min之内油温就升到170℃左右了，此时的油温比试验温度高出20℃，这样就有相当一段时间内的试验是在高于试验温度下进行的，容易使试验结果偏重，为了避免油温超高，在启动马达时的油温应该比试验温度低25℃左右比较合适。

③ 如果同时加热试油和铝板并启动电机，板温很快就会达到试验温度，而油温尚需0.5h左右才能达到试验温度，故相当于将试验时间延长了0.5h。此外，当试油黏度较大而室温又较低时，此时由于搅动阻力太大，有可能导致溅油器的钢针弯曲。

④ 如果同时加热试油和铝板而不启动电机，同样板温很快就会达到试验温度，随着试油温度的升高，油蒸气与高温铝板就会长时间接触，试板工作面上就有一层油气膜形成，同样会提高试验的苛刻度，并影响试验结果的重复性。

（6）油箱的清洗。每次试验结后，油箱一定要彻底清洗干净，而且要检查溅油器上是否有纤维等东西缠绕在上面，若有，一定要清除干净，不然溅油量就会发生变化，从而引起试验结果的误差。

5. 对曲轴箱模拟试验的改进及应用情况

需要注意的是，SH/T 0300方法对含有黏度指数改进剂的油品即多级油和含有较高质量分数的低温分散剂的油品的区分性以及与台架试验的对应性不够好，其原因是黏度指数改进剂和低温分散剂在高温下易裂解，从而导致试验结果失真。实验证明，所有类型的黏度指数改进剂均使油品的高温清净性变差，相对分子质量越大，对油品的高温清净性影响越明显，分散型黏度指数改进剂对油品高温清净性的影响小于非分散型黏度指数改进剂。对此，很多研究者从不同角度探讨了评定多级油的有关方法。

兰州炼油化工总厂的张德民等考察了成焦试验与$1H_2$的相关性。试验条件为：板温320℃，时间2h，油温150℃，连续溅油。在此试验条件下，当单级油的成焦量小于40mg时，有可能通过$1H_2$试验，当成焦量大于40mg时，有可能通不过$1H_2$试验，其相关率为0.83。由于多级油在同一条件下的成焦与单级油不同，故通过标准也不一样，在上述条件下，当多级油的成焦量小于60mg时，有可能通过$1H_2$试验，当成焦量大于60mg时，有可能通不过$1H_2$试验，其相关率为0.90。

燕山石化公司炼油厂的容永源提出了变温成漆/成焦试验评价柴油机油的清净性方法。其原因是发动机台架试验中活塞从顶部到裙部之间有一定的温度梯度，而固定条件的成漆/成焦试验只能模拟活塞上某一个部位的条件，即成漆板以局部结果代替整体，因而难与台架试验有较好的相关性。于是提出两个试验方案，分别考察油品的成漆和成焦性能。

方案一：试验时间3~8h，试验板温从290~320℃之间每隔10℃测试一次，试验操作与正常的成漆板试验相同，主要考察成漆性能。

方案二：试验时间1~2h，试验板温从290~340℃之间每隔10℃测试一次，主要考察结焦性能。

以板面评级和成焦量对试验温度作图，可直观地比较各试油在不同温度下的成漆/成焦性能，比较曲线比单纯地比较单一试验点有更好的区分性。或者通过比较试油出现结焦的拐点温度和漆膜评级达到一定级别时的温度来衡量试油的清净性能。成焦拐点温度越高，试油耐高温氧化性能和清净性能越好；漆膜明显加重的温度越高，试油的清净性能越好。

笔者考察了成漆板试验与1135台架试验的相关性。单级油的试验条件为：板温320℃（CC级）和330℃（CD级），油温150℃，试验时间6h，按成漆板标准方法操作和评定。试验结果证明：当评级≤3.5、胶重<36mg时，有可能通过135C_2和135D_2试验。由于在较高温度下，成漆板试验对多级油没有区分性，故降低板温，选定试验板温为290℃，试油温度仍为150℃，试验时间6h，仍按标准操作和评定，在此条件下当评级≤4.5级，胶重<78mg时，有可能通过135D_2试验。

二、热管氧化法（SH/T 0645—97）

该方法由Exxon公司在20世纪70年代建立，称为DDRT。1987年后传入中国，称为热管氧化试验。主要用于柴油机油的高温清净性评定，作为台架试验前的筛选工具。

1. 试验仪器

由中国科学院兰州化学物理研究所批量生产的RGY-911型热管氧化试验仪或具有相同功能的其他型号的仪器。见图6-5。

2. 试验原理

柴油机油在受控的高温氧化环境中同氧气混合，在高温玻璃管中循环回流，经过设定的温度、时间后，受热玻璃管的内壁将产生沉积物。沉积物颜色的深浅及沉积量与油品的清净性能有关，据此模拟评定柴油机油的清净性。

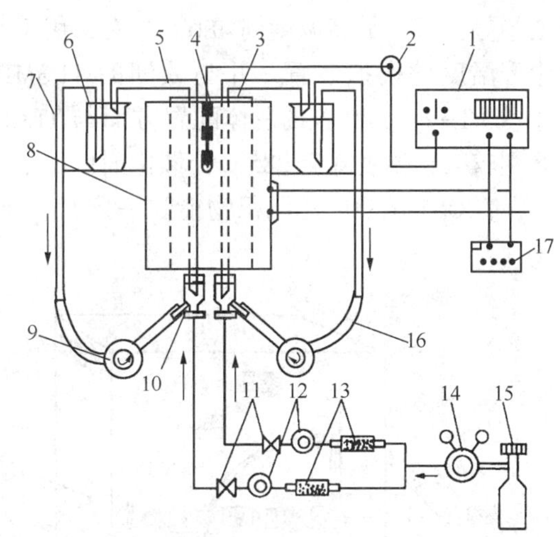

图6-5 RGY型热管氧化试验仪

1—温度控制仪；2—热电偶冷点；3—导热炉芯；4—热电偶；5—玻璃反应管；6—储油杯；7—回流管；8—加热炉；9—蠕动泵；10—混合器；11—微调阀；12—稳压阀；13—干燥管；14—减压阀；15—氧气瓶；16—硅橡胶管；17—打字机

3. 试验步骤

称取5.0g试油置于储油杯中，开启温控器，依据测试要求设定加热温度（290℃、300℃、310℃、320℃等）。待恒温后启动蠕动泵，将试油送入反应管中（试油流量为1.05~1.25 mL/min），同时通入一定量的氧气（氧气流量为1.4~1.5mL/min），循环加热试油。经一定时间后（4h或设定时间），取出反应管，用溶剂（洗涤汽油或正庚烷）冲洗反应管后，观察反应管内壁沉淀生成情况并与标准玻璃管相对照，确定该油品的级别。

4. 热管的评级

依据玻璃管内壁沉积膜颜色及沉积物长度，将热管沉积分为0~10级共11个等级。各沉积物等级的描述为：

0 级——反应管无色透明，或者长度不大于 1cm 的白色雾状沉积(对光观察)。

1 级——反应管白色雾状沉积，长度可大于 1cm，透明度很好或略有降低，或带有很淡之黄色。

2 级——反应管淡黄，透明度好。

3 级——反应管内壁为桔黄，长度 3~4cm，有一定透明度。

4 级——反应管内壁沉积物有 3~4cm，呈棕色且不透明，沉积物总长度 12~15cm。

5 级——反应管内壁沉积物有 7~8cm，呈棕色且不透明，沉积物总长度 15~16cm。

6 级——反应管内壁沉积物呈明显深棕色(发黑)，长度 4~6cm，沉积物总长度 17~18cm。

7 级——黑棕色沉积物长度达 4~10cm，黑色增加，透明度完全消失，沉积物总长度 17~18cm。

8 级——黑色沉积物长度达 18cm 左右，透明度完全消失，两端棕色沉积物长度约 2~3cm。

9 级——黑色积炭长度 20~22cm，不透明，两端棕色沉积物长度约 2~3cm。

10 级——反应管受热段(26cm)全为黑色积炭。

加有黏度指数改进剂的试油进行热管氧化试验时，反应管上会出现较多因黏度指数改进剂分解而形成的黑点，当正常评级低于 5 级时，最终级数增加 0.5 级。

三、热氧化模拟试验(TEOST 试验)

发动机油高温氧化沉积物测定法(热氧化模拟试验法 TEOST-33C)最初于 20 世纪 90 年代初期由克莱斯勒公司开发，用于评定与涡轮增压器部件(约 500℃)接触的发动机油的沉积物形成趋势，试验最高温度到 480℃左右，用于对高档汽油机油沉积物进行测定。为了开发一个中等温度的模拟装置，并与欧洲的 TU3MH 发动机试验相关联，克莱斯勒又开发了 TEOST-MHT-4，其装置的总体配置方面与 TEOST-33C 一致，但其核心的沉积物棒及油流形式区别较大，温度降至 285℃，催化剂也做了改变，从而模拟不同的发动机工况。从试验条件看，TEOST 试验的总沉积物能在一定程度上反映内燃机油的高温清净性。试验装置见图 6-6。

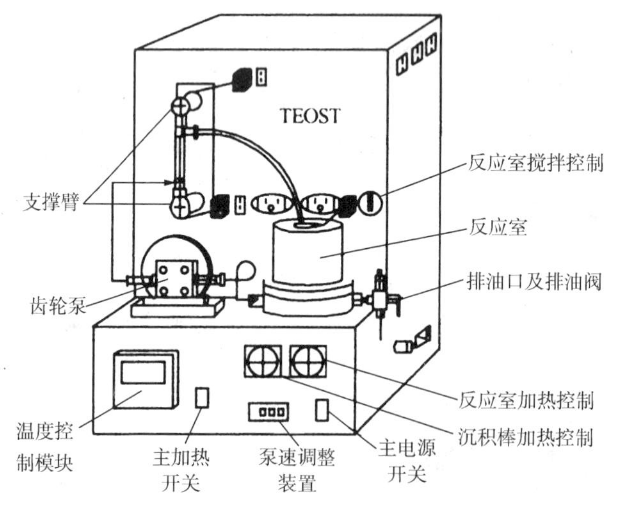

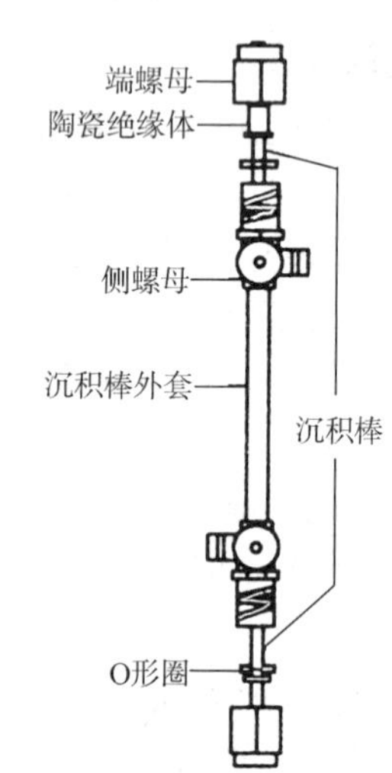

图 6-6　TEOST 试验装置与沉积棒

TEOST-33C 试验我国已引进美国全套装置并实现了方法的标准化，其方法代号为 SH/T 0750—2005。

1. TEOST-33C(ASTM D6335，SH/T 0750)试验

该方法主要适用于总沉积物在 10~65mg 的油样，但试验证明总沉积物在 2~180mg 的油样也适用。

将催化剂环烷酸铁加入 116mL 的发动机油试样(环烷酸铁的加入量相当于油样中铁含量 100mg/kg)，将油样加热到 100℃并与一氧化二氮(笑气)、湿空气接触后，在一定的泵速下通过称重过的沉积棒，沉积棒的温度在 200~480℃之间进行周期性的变化，整个试验进行 12 次循环，每次循环的时间为 9min30s。实验结束后，沉积棒经清洗、干燥、称量后计算沉积棒的质量增加值，称为棒沉积物质量。系统中放出的试样从称重过的过滤器中流过，并用溶剂多次冲洗后精确称量留在过滤器中的沉积物量，过滤器的质量增加值称为过滤器沉积物质量，这也是 TEOST 与其他模拟试验的区别所在。二者之和称为总沉积物质量。

2. TEOST-MHT-4 试验(ASTM D7097)

TEOST-MHT-4 试验是 SL、SM、SN 规格中规定的评价发动机油生成沉积物倾向的模拟方法。TEOST-MHT-4 与 TEOST-33C 的主要区别有：

(1) 温度。TEOST-33C 的试验温度是在 200~480℃之间进行周期性的变化，MHT-4 试验温度在 285℃，实际上，钢棒上不同部位的温度是不同的，有一个从高到低的范围(MHT-4 最高温度点为 285℃)，这一点更好地反映了发动机活塞的温度条件，我们知道发动机活塞从顶岸到裙部温度是逐渐降低的，而以往进行高温清净性模拟评定的曲轴箱试验和热管氧化试验都只有一个温度点，不能反映活塞各个部位的温度条件，这就与实际的发动机工况有很大的区别。

(2) 气体。发动机活塞在往复工作过程中必然会窜入少量空气，它加速了发动机油的氧化并促进了积炭的生成。TEOST-33C 的装置中通入了空气和笑气两种气体，但经过试验证明笑气对结果的影响很小，并且有毒，因此在设计 MHT-4 装置时只用了空气(10mL/min)，以此加快沉积物的生成。

(3) 催化剂。在发动机工作过程中不可避免地会产生一定的磨损，这种磨损必然会产生铁、锡、铅等金属的碎屑，从而对机油的氧化起到催化加剧作用。TEOST-33C 的催化剂是环烷酸铁；MHT-4 的催化剂是含有铁、锡、铅的有机化合物，这些微量催化剂的加入使试验条件更加接近发动机活塞环附近的工况，这也是本试验与曲轴箱模拟试验和热管氧化试验的不同之处。

(4) 油流形式。TEOST-33C 的油流是自下而上的全浸没形式，而发动机环带区热油暴露的条件是薄膜条件，为模拟这种工况，MHT-4 钢棒上用一根金属丝缠绕了数圈，试验油自上而下顺延金属丝流动，在经过严格控制的流速下(0.25g/min)，在钢棒周围形成一层薄薄的油膜，再现了发动机活塞周围的油流形式。

(5) 试验时间。TEOST-33C 试验周期是 2h，油样大约循环了 12 次；MHT-4 试验周期是 24h，油样大约循环了 36 次。

3. TEOST 试验在内燃机油规格中的应用

目前，TEOST 试验主要用于汽油机油规格中，见表 6-11。

表 6-11　汽油机油通过 TEOST 试验的指标

质量等级	SJ/GF-2	SL/GF-3	SM/GF-4	SN/GF-5
33C 总沉积物/mg　不大于	60	—	—	30
MHT 总沉积物/mg　不大于	—	45	35	35

虽然在柴油机油规格中没有 TEOST 试验指标，但该试验装置与柴油机活塞上的温度非常接近，于是中国石油大连润滑油研究开发中心的刘建新开展了用 TEOST 试验评定柴油机油高温清净性的研究。实验证明，TEOST-33C 用于评定柴油机油高温清净性时与台架试验对应性不好，而 TEOST-MHT-4 与开特皮勒 1K 台架有良好的相关性。其中与活塞总沉积物平均评分 WDK 的相关性达到近 0.8，与顶环槽充炭率 TGF 的相关性为 0.6，与顶岸重质炭 TLHC 基本没有相关性。通过对 CF-4 和 CH-4 油品不同加剂量的试验发现，总剂量与 TEOST-MHT-4 总沉积物的相关性平均达到 0.99，总沉积物的量随总剂量的减小而增大。

第六节　评定汽油机油的发动机台架试验

一、MS 程序试验概述

MS 程序是美国评定中、高档汽油机油的台架试验方法，由一系列多缸汽油机油台架试验组成。借助 MS 程序试验，可是定量给出汽油机油的性能水平。

1952 年，美国石油学会(API)提出发动机油的使用分类，第一次把汽油机油和柴油机油分开，按照不同的使用条件，汽油机油又分为 ML、MM、MS 三类。ML 类油适用于轻负荷汽油机，在性能上无特殊要求；MM 类油适用于中等负荷汽油机，要求有一定的抗磨、抗氧和防止轴承腐蚀性能，需使用含添加剂的润滑油；MS 类油适用于重负荷汽油机，要求具有较高的防止高、低温沉积物生成，抗氧、抗磨、防锈和抗腐蚀能力。API 分类的提出，促进了汽油机油的发展，为用户带来方便。但也有不足之处，那就是它没有规定相应的发动机试验和统一的性能指标。

1956 年汽车工业向美国材料试验学会(ASTM)提出了汽油机油存在的质量问题，请求统一发动机试验方法和制定性能指标。ASTM 的 GTV 科下属的 ASTM D-2 委员会的 B 技术委员会，接受此项任务并组建攻关组，其目标是：

(1) 编篡描述汽油机油性能的术语；

(2) 发展能够判断油品性能的台架试验方法，MS 类油被选为攻关对象。ASTM 于 1958 年提出了五个发动机试验方法，按罗马数字Ⅰ、Ⅱ、Ⅲ、Ⅳ、Ⅴ顺序排列。由于这套程序试验是针对 MS 类油提出的，故称为 MS 程序，其目的是使企业在相当于汽车发动机的各种工况的试验条件下，全面检查汽油机油的性能，观察汽油机油是否能满足发动机的各项要求。见表 6-12。

表 6-12　最初的 MS 程序(1958 年)

程序编号	评定项目	发动机	试验时间/h	评定部位
Ⅰ	低温、中速擦伤和磨损	奥斯莫比尔(Oldsmobile)	30	凸轮、挺杆
Ⅱ	低温沉积物和锈蚀	奥斯莫比尔	96	挺杆

续表

程序编号	评定项目	发动机	试验时间/h	评定部位
Ⅲ	高温氧化	奥斯莫比尔	36	活塞和环、阀组、泵安全阀和轴承
Ⅳ	高温、高速擦伤和磨损	1958 年 Deseto	24	凸轮、挺杆
Ⅴ	不溶物，油泥和滤网堵塞	1957 年林肯（Lincoln）或CLR 单缸	288	活塞和环、阀组、滤网

MS 程序经过 5 年试用，几千次试验，于 1962 年基本完成标准化工作，由 ASTM 正式在 STP-315 技术专刊上发表。到 20 世纪 60 年代末期，汽车不断向大马力发展，汽缸排量大、压缩比高是当时汽车的特点。为满足高压缩比对辛烷值的要求，大多数燃料加铅量大，同时，为获得较好的低温驾驶性能，采用了较大的空燃比，油泥和漆膜的生成成为汽车行驶中普遍出现的问题。70 年代以来，情况有了新的变化：持续高负荷、高速行驶造成的油温升高和机油变稠，减轻环境污染所采取的措施（催化转化器、废气循环、压力控制阀等）以及为节约燃料汽车向小型、轻量、高效方向的发展等，都对 MS 程序试验提出了新的要求。为适应不同时期评定汽油机油质量的要求，MS 程序经历了多次修订，发展简况见表 6-13。

表 6-13 MS 程序发展简况

发展单位	通用			克莱斯勒	福特	通用
程序	Ⅰ	Ⅱ	Ⅲ	Ⅳ	Ⅴ	Ⅵ
目的	低温、中速擦伤和磨损	低温沉积物和锈蚀	高温氧化及磨损	高温、高速擦伤及磨损	低温中速油泥和滤网堵塞	内燃机油燃油经济性
1962 年	标准化					
1966 年	废除	ⅡA	ⅢA			
1967 年					ⅤB	
1968 年		ⅡB	ⅢB			
1970 年			ⅢC			
1971 年		ⅡC			ⅤC	
1972 年				取消		
1978 年		ⅡD	ⅢD			
1980 年					ⅤD	
1987 年						Ⅵ
1988 年			ⅢE		ⅤE	
1996 年						ⅥA
2000 年		球锈蚀试验	ⅢF	ⅣA	ⅤG	ⅥB
2004 年			ⅢG			
2010 年						ⅥD

二、MS 程序试验的发展

1. MS 程序Ⅰ试验

在建立程序ⅡA、ⅢA 的过程中，考查了把程序Ⅰ和程序Ⅳ这两个评定凸轮、挺杆擦伤方法简化为一个方法的可能性。由于评定结果无明显差别，为了简化评定方法，故取消了程序Ⅰ。

2. MS 程序Ⅱ试验

防锈性和抗腐蚀性是汽油机油应具备的使用性能之一。程序Ⅱ发动机台架试验最初于1958年建立，并于1960年被ASTM接受，成为MS程序Ⅱ标准台架试验，用于评定发动机油在低温、短途行驶时的防锈性和抗腐蚀性。

因发动机过时以及配件不能充分供应，同时为了提高试验方法的重复性和再现性，MS程序Ⅱ试验于1966年被MS程序ⅡA试验代替。

1968年，ASTM对MS程序ⅡA试验进行了修订，公布了MS程序ⅡB试验，但操作条件变化不大。

由于MS程序ⅡB试验对锈蚀评分9.5以上的SE级汽油机油区分能力差，ASTM于1971年对MS程序ⅡB试验进行了修订，公布了MS程序ⅡC试验，以提高试验的苛刻性。

MS程序ⅡD试验于1978年建立，用于评定API SF、SG、SH、SJ及ILSAC GF-1、GF-2级汽油机油的防锈性和抗腐蚀性。

自MS程序ⅡD试验建立以来，发动机设计发生了很大的变化，MS程序ⅡD试验已不能适应发动机发展的要求。随着MS程序ⅡD发动机评定方法所用零部件于1999年1月停止生产，为了降低评定费用，满足汽油机油防锈性和抗腐蚀性的评价要求，MS程序ⅡD试验被由乙基公司和美国通用汽车公司联合开发的BRT球锈蚀试验所代替。BRT球锈蚀试验被ASTM所接受，其标准号为ASTM D6557，该方法与ⅡD发动机台架具有良好的相关性，中国石油润滑油研究开发中心于2001年引进了该试验机。

3. BRT 球锈蚀试验

BRT球锈蚀试验采用MS程序ⅡD台架试验中液压挺杆的试验球作为试验件来评价汽油机油的防锈性。试验方法采用ASTM D6557方法，国内标准为SH/T 0763—2005，将20mL试验油等量注入到20mL装有试验球的2个试验管内，试验管固定在试验台上，将酸液(含乙酸、氢溴酸、盐酸)及空气以一定的流速注入到试验管内，在振荡温度48℃、振荡速度300r/min条件下试验18h。

试验结束后，按照要求的程序对试验球进行清洗并用氮气吹干，用分析系统评价试验结果。每个球采集20个数据点，最后取平均值，试验结果用平均灰度值(AGV)表示。

BRT球锈蚀试验已列入API SL/ILSAC GF-3、API SJ/ILSAC GF-4、API SN/ILSAC GF-5汽油机油规格，通过指标为AGV不低于100。

4. MS 程序Ⅲ试验

MS程序Ⅲ试验是1962年由美国通用汽车公司开发建立的，主要用于评价汽油机油的抗高温氧化性能。

1966年，新的MS程序ⅢA试验代替了MS程序Ⅲ试验。MS程序ⅢA试验以1964年美国通用汽车公司生产的奥斯莫比尔V8汽油机代替原奥斯莫比尔V8汽油机，同时缩短了试验时间。

1967年，为控制环境污染，在汽车上安装了PCV阀(曲轴箱通风阀)。PCV阀虽然能够减少碳氢化合物的排放，但会恶化燃烧性能，加速发动机油变质。为此，于1968年公布了MS程序ⅢB试验，操作条件变化不大，但使用安装了PCV阀的发动机。

1970年，随着美国高速公路的发展及环保要求的日益严格，进一步推动了汽车发动机结构的改进，MS程序ⅢB试验也相应地修改为MS程序ⅢC试验，以解决当时美国出现的因高温和氧化产生的发动机油变稠问题，评定指标为黏度增长率。发动机油变稠主要是因高温和氧化所致，具体起因是：美国州际公路的扩展，道路质量的提高，车速增加、运行时间延长，导致油温升高；由于拖车和空气调节器的普遍使用，发动机负荷增加，造成油温上升；发动机设计方面的变化，如提高转速、加大缸径等也造成油温的升高。

研究表明，改变冷却剂组成及流量是提高油温的有效途径。于是，试验油温由ⅢB的135℃提高到149℃，冷却水温也从ⅢB的93.3℃提高到118℃。此外，试验时间从ⅢB的56h延长到ⅢC的64h。

1977年，由于MS程序ⅢC试验所用的发动机配件供应困难，换用新发动机后将MS程序ⅢC试验升级为MS程序ⅢD试验。

程度ⅢD提出的背景，还与阀系磨损有关。通用汽车公司根据采用D500铸铁挺杆的发动机在运行时发生问题多的经验，在进行新磨损试验的研究中，当初用奥斯莫比尔的7.37m^3(425in^3)排量的发动机(程序ⅢC用)，后来用5.74m^3(350in^3)排量的发动机(程序ⅢD用)。结果表明，用以前ⅢC程序(阀挺杆材质为合金铸铁)，行车试验的磨损现象不能再现，而在5.74m^3(350in^3)排量的发动机上使用D500铸铁阀挺杆，就能再现行车试验的磨损现象。关于高温氧化，程序ⅢD和ⅢC苛刻程度大致相同。燃料还是使用GMR995含铅燃料。这是因为在使用无铅汽油的情况下，即使使用差的参考油也不发生稠化。就清净性来说，油泥和程序ⅢC的苛刻程度相当；但漆膜生成要严重些，故把规格的合格界限值降低了。程序ⅢD增加了4h的磨合时间，总运行时间延长到68h，于1978年正式使用。

1988年，美国公布了SG汽油机油规格。SG级汽油机油比SF级汽油机油除具有更好的油泥分散性外，还提高了高温抗氧化性和抗磨性，为此用MS程序ⅢE试验代替了MS程序ⅢD试验。MS程序ⅢE试验主要模拟美国南部夏季汽车在高速公路上高速行驶的条件，其试验方法为ASTM D5533，主要用于评价API SG、SH、SJ和ILSAC GF-1、GF-2级汽油机油的高温抗氧化性、高温沉积以及磨损性。

2001年，随着API SL/ILSAC GF-3汽油机油规格的推出，由MS程序ⅢF试验代替了无配件的MS程序ⅢE试验，发动机设计使用带滑轮的凸轮挺杆，试验发动机改装“平挺杆”，同时使用无铅汽油。尽管在MS程序ⅢF试验和现场测试中使用了低磨损油，但磨损还是很严重的。通过更换硬件，最终解决了磨损严重的问题。2002年，由美国通用汽车公司和美国西南研究院组建的专家组为解决氧化安定性问题，修改了MS程序ⅢF试验的换油条件和操作条件，以提高汽油机油的抗氧化性，MS程序ⅢF试验最终被接受。

ILSAC GF-4汽油机油氧化安定性的提高以新的MS程序ⅢG试验来保证，MS程序ⅢG试验的苛刻度是MS程序ⅢF试验的2倍。

API SN /ILSAC GF-5规格要求ⅢGA，ⅢGA试验是在ⅢG试验的基础上加上测试油样的动力黏度，以测定油品氧化后的低温性能保持能力。

MS程序ⅢE、ⅢF和ⅢG台架所使用的发动机均为别克V-6，发动机排气量也相同，所不同的是MS程序ⅢE试验使用含铅汽油，而其余2个台架使用无铅汽油；同时，为了提高汽油机油的抗氧化性，MS程序ⅢG试验所需试验时间最长，试验载荷变化最大。

5. MS程序Ⅳ试验

在建立MS程序ⅡA、ⅢA试验过程中，考察了程序Ⅰ和Ⅳ这2个评定凸轮、挺杆擦伤方法简化为一个方法的可能性。由于评定结果无明显差别，故取消了MS程序Ⅰ试验。20世纪 50 年代初，为了改善发动机的加速性能，需要提高进排气效率，凸轮挺杆擦伤成为当时突出的普遍问题。为解决磨损问题，克莱斯勒公司经过 10 多年的研究，于 1962 年提出 MS 程序Ⅳ试验。直到 1972 年，试验证明 MS 程序ⅢC 试验的磨损评价项目完全可以代替 MS 程序Ⅳ试验后，为简化评定手续，节约评定经费，取消了 MS 程序Ⅳ试验。

2001 年，随着 ILSAC GF-3 规格的推出，MS 程序ⅢF 试验代替了无配件的 MS 程序ⅢE 试验，MS 程序ⅤG 试验代替了 2000 年淘汰的 MS 程序ⅤE 试验，MS 程序ⅣA 试验（NissanKA24E）则代替了 MS 程序 VE 试验的磨损性能方法 ASTM RR D02-1473，用来评价低温阀系磨损。

由于 MS 程序ⅤG 发动机进排气系统改用滚动随动传动机构，不能评定凸轮挺杆磨损，因此在 API SL/ILSAC GF-3 规格中，新增加了 MS 程序ⅣA 试验。MS 程序ⅣA 试验与 MS 程序ⅤE 试验有很好的对应性。MS 程序ⅣA 试验使用的发动机为 2.4L 燃油直喷 4 缸汽油机，每个缸有 2 个进气阀和排气阀，试验时间为 100h，包括 100 个循环，每次循环 1h，分 2 个阶段运转。

6. MS 程序Ⅴ试验

20 世纪 50 年代末，欧美城市小轿车急剧增多，造成交通堵塞，汽车经常处于低速运转和停停开开的状态，曲轴箱内温度低，加上汽油发动机功率加大，未完全燃烧的燃料进入曲轴箱增多，开始出现低温油泥问题。到 20 世纪 60 年代后期，为了减少排气污染，汽车普遍安装了 PCV 系统，使曲轴箱内废气及水蒸气不能及时排出，又加重了低温油泥的生成。1967 年，公布了采用福特发动机（装有压力控制阀）的 MS 程序ⅤB 试验，以代替使用 1957 年林肯发动机的 MS 程序Ⅴ试验。MS 程序ⅤB 的试验条件类似于 MS 程序Ⅴ试验。

1971 年，为了进一步完善试验条件，发布了 MS 程序ⅤC 试验。在 MS 程序ⅤC 试验中，发动机由 1967 年福特发动机改为 1970 年福特发动机，同时还建立了空燃比控制，新增加了发动机吸入空气温度和湿度规定。

MS 程序ⅤD 试验是 1980 年通过的，与 MS 程序ⅤC 试验相比，调整了试验发动机和燃料，增加了抗磨性评定。

20 世纪 80 年代中期，欧洲首先发现汽车在高温高速和低温低速反复交叉行驶的情况下，容易产生黑色油泥（半固体物质），这种沉积物通常出现在曲轴箱内冷表面、发动机顶盖和气缸阀座上，最严重的情况是堵塞油泵入口滤网。这是发生在公路建设高度发达、汽车经常在高速公路和城市内低速交叉行驶的结果，后来在美国也发现类似情况，但美国的车速没有欧洲的车速快，因而生成的“黑色油泥”没有欧洲的硬脆，为了解决这一问题，欧洲建立了 M102E（现称为 M111）评定方法，美国则发展了ⅤE 评定方法，两者均与实际行车试验结果有很好的对应关系。MS 程序ⅤE 试验使用新的 2.3L 燃油喷射电子点火发动机，发动机气缸压缩比为 9.5，不使用废气再循环系统（EGR），在试验中增加窜气量，增加氧化氮的量，以利于油泥的生成。同时，MS 程序ⅤE 试验所用凸轮材料易磨损，对汽油机油起催化作用。在汽油机油低温油泥生成倾向方面，MS 程序ⅤE 试验比 MS 程序ⅤD 试验更好，对不同油品的评定结果差距拉得较开，对漆膜生成的评价也更苛刻一些。

由于 ILSAC GF-3 规格的提出，MS 程序ⅤE 试验被 MS 程序ⅤG 试验代替，并增加了低温下气门导管磨损试验。MS 程序ⅤG 试验使用福特Ⅴ8 汽油机，苛刻度与 MS 程序ⅤE 试验相似，试验时间为 216h。Nisson KA24E 用来测定低温下阀系磨损，与 MS 程序ⅤE 试验的对应性很好。

7. MS 程序Ⅵ试验

程序Ⅵ是评价内燃机油节能效果的方法。研究表明，发动机燃烧产生的有效能，其中大约30%能量用于做功，25%随气缸冷却散失，25%随废气排放，20%由于各部分的机械摩擦而损失，降低摩擦成为提高燃油经济性关键因素，人们寻求各种办法来降低摩擦损失，一般从两个方面着手：选择坚固耐磨且摩擦系数小的结构设计和材料，同时使用性能良好的润滑材料。

世界各汽车大国十分重视节能型内燃机油的研制和生产，欧美称节能内燃机油为 Fuel Efficient Engine Oil，简称 FEEO。在内燃机工作条件相同的情况下，使用 FEEO 要比使用普通内燃机油消耗燃料少，即燃油经济性好。1975 年美国颁布了节能法，限制汽车的燃油消耗，对汽车燃油经济性不断提出严格的要求。自 1980 年以后，标注节能等级“EC”(EC 为 Energy Conserving 的缩写)标志的节能汽油机油与 API 汽油机油同步发展，但节能机油要求通过燃油经济性台架试验，节约更多的燃料。EC 系列发动机节能油质量等级分 EC-Ⅰ、EC-Ⅱ和 EC-Ⅲ等，他们分别表示在标准试验中，与参比油相比，要求对轿车、轻型车和载货卡车“等效燃油经济性改进”(Equivalent Fuel Economy Improvement，简称 EFEI)为 1.5%或更多、2.7%或更多和 3.9%或更多等。

评价内燃机油的“等效燃油经济性改进”即 EFEI，一般发动机试验台架是不能完成的。美国材料试验协会(ASTM)从 20 世纪 70 年代开始开发合适的试验方法用以评价发动机油的节能效率，并于 1982 年出台了 5 车试验程序方法，它是用轿车或轻型卡车在底盘测功机试验台上来完成的，5 辆车平均燃料效率比参比油提高 1.5%的称为节能油。在通用(GM)汽车公司 1982 款 GM Buick 3.8L V6 发动机的基础上，ASTM 于 1988 年建立了程序Ⅵ节能发动机台架试验，并于 1993 年引入 ILSAC GF-1 规格。该试验分为 3 个阶段(65.6℃、107℃和 135℃)，基准参比油为 SAE 20W/30 全配方油。发动机油在经过 3 个阶段的试验后，通过加权平均得出综合燃料改善效率指数 EFEI。程序Ⅵ和 5 车试验程序法相比，具有试验费用低、试验周期短、试验精密度高、区分能力强等优点。

但是，程序Ⅵ试验台架对内燃机油的黏度较敏感，而对抗磨剂的感应性不强。20 世纪 90 年代中期针对具有低摩擦性能发动机的发展，程序Ⅵ试验台架所用的发动机已不能代表这种新型发动机的性能要求，同时，由于排放和节能要求的进一步严格，要求磷含量由 SH 规格要求的不大于 0.12%降到 0.10%，出现了 API SJ/ILSAC GF-2 汽油机油规格。1996 年 ASTM 根据 Ford 公司开发的试验方法出台了程序ⅥA 替代了程序Ⅵ试验。该试验采用 Ford 公司 4.6L V8 发动机，基准参比油为 SAE 5W/30 全配方油。程序ⅥA 试验时间 50h，分 6 个阶段进行，试验参数的设定同时考虑了发动机部件在流体润滑和边界润滑条件下对燃料经济性的影响，所以比程序Ⅵ试验更能反映现代发动机的实际运行情况。

研究发现，一些发动机油的燃料经济性在车辆运行很短时间后就下降了。这主要是因为发动机油在老化过程中，其理化性质发生了变化，如黏度增长、摩擦改进剂被氧化消耗掉等，从而造成发动机油燃料经济性的下降。为了更能反映发动机的实际工况，充分考虑到油品老化对燃料经济性的影响，在程序ⅥA 的基础上，于 2000 年建立了程序ⅥB 节能发动机试验。程序ⅥB 使用与程序ⅥA 一样的发动机和参比油，所用燃料类型也相同。程序ⅥB 由 5 个操作阶段和 1 个老化程序组成，分别测试试验油老化前后的燃料经济性指数 FEI，同时评价试验油燃料经济性保持性。

程序ⅥB 与程序ⅥA 试验条件的最大差别在于阶段 1 高温高负荷工况 125℃的油温，比程序ⅥA 任一阶段油温都高。程序ⅥB 中阶段 1 和阶段 2 都处于混合润滑和边界润滑状态，而程序ⅥA 只有阶段 1 属于混合润滑和边界润滑状态。相关研究表明，在程序ⅥB 中以混合润滑和边界润滑为主的阶段 1 和阶段 2 消耗的燃料相当于总燃料消耗的 35%，其中阶段 1 占 27%，阶段 2 占 8%。相比之下，程序ⅥA 以混合润滑和边界润滑为主的阶段 1 消耗的燃料仅占总燃料消耗的 11% 。

程序ⅥB 的另一个变化就是增加了一个延长的老化阶段：先对新油进行 125℃、16h 的老化过程(这一过程与程序ⅥA 相同)，然后按程序测定新油的燃料经济性指数 FEI1；再进行延长的老化过程，在 135℃老化 80h(用来模拟车辆实际行驶 6000~10000km 后的油品状况)，然后再测定老化后油品的燃料经济性指数 FEI2，并计算 FEI1 与 FEI2 之和作为该润滑油的燃料经济性指数，而两次 FEI 的差值可用以衡量该油品的燃料经济性的保持性。老化试验的增加对润滑油燃料经济性的保持性提出了更高要求，也使得对基础油和添加剂的选择将更加严格，要求选用的复合添加剂不仅要有强减摩能力，还要有良好的减摩持久性。

在 API SM/ILSAC GF-4 汽油机油规格中，节能仍用 MS 程序ⅥB 试验来评价，其中 16h 老化之后测定的节油率 EFEI1 可以代表油品在新鲜状态下的节油性能，而 96h 之后测定的节能率 EFEI2 代表油品长期具有的节油性能。API SM/ILSAC GF-4 规格与 API SL/ILSAC GF-3 规格相比，改善了燃料经济性，特别是要求能够长期保持这种经济性能。

2007 年 2 月 ILSAC 颁布了 GF-5 规格草案，将提高燃料经济性及其保持性作为 GF-5 规格的重点之一，对节能试验台架提出了更高的要求，通用汽车公司(GM)开始主持设计程序ⅥD 发动机试验。在新颁布的 ILSAC GF-5 规格中用程序ⅥD 试验取代了程序ⅥB 试验，并且采用更高的指标要求，而矩阵试验结果表明ⅥD 比ⅥB 苛刻许多，某一油品如果在ⅥB 中燃料经济性改善 0.5%，在ⅥD 中大体上仅改善 0.3%。

8. MS 程序Ⅷ试验

一些简单的评定油品氧化安定性和腐蚀性的试验方法虽然可以判断润滑油在使用中的氧化倾向和腐蚀性的大小，但其试验结果与实际应用之间有时有较大的出入，主要表现在以下几个方面：一是含添加剂的润滑油其酸值不能预测润滑油对金属腐蚀的情况，因为有些抗氧抗腐剂和防锈剂本身呈酸性；二是内燃机油对机械零件特别是轴瓦的腐蚀，往往会严重影响其抗磨性，而抗磨性用一般的方法是难以评价的。发动机在正常连续运转时，连杆轴瓦的润滑条件比阀系和缸套-活塞环要好得多，润滑方式主要为流体动压润滑，一般不会出现磨损情况。但当润滑油抗腐蚀性不合格时，腐蚀会成为连杆轴瓦最大的威胁。当摩擦在腐蚀性环境中进行时，酸性物质会和金属材料发生化学反应，在金属表面生成反应物，通常这些反应产物在金属表面粘结不牢，很容易在下一步的摩擦过程中被磨掉，从而导致腐蚀磨损。由于摩擦不断地移去生成物，可以认为腐蚀磨损并不等同于单纯的腐蚀过程。发动机连杆轴瓦由于含有铅、铜等金属更容易产生腐蚀磨损；三是燃料的燃烧产物，燃料在燃烧过程中产生的二氧化硫和氮氧化物遇水会形成酸性物质，特别是硫化物对腐蚀有直接影响，没有燃烧自然谈不上燃烧产物的影响。所以内燃机油的氧化腐蚀性能最终要用发动机台架试验评定。

程序Ⅷ试验是由 L-38 发展而来，而 L-38 方法又是由 L-4 方法发展而来的。L-4 方法原用雪弗兰六缸汽油机，后因厂商不再提供此种发动机，美国研究协调委员会遂自行设计了莱别克(Labeco)单缸汽油机(又称 CLR 试验机)，于 1956 年正式用于评定内燃机油在高温操作条件下对发动机轴瓦的腐蚀性，称为 L-38 试验。基本试验过程是：以试样为润滑剂，试运转 4.5h 后换油，发动机在转速为 3150r/min、机油温度为 135℃(5W、10W)或 143℃(其他黏度级别)，燃油流量为2.16kg/h等固定的操作条件下，运转40h。其中试验进行到10h、20h、30h时，停机取样并补加新油。以连杆铜铅轴瓦的失重评价油品的腐蚀性，以试验10h的油样的黏度变化率评价油品的剪切安定性。

每升工业异辛烷加0.79mL的四乙基铅作为L-38试验汽油机的燃料，由于含铅汽油的排放物可直接污染大气环境，危害人体健康，同时铅会导致排气系统中催化转换器中的催化剂中毒，故随着汽油无铅化，L-38试验使用有铅汽油已无代表性，于是发展了使用无铅汽油的MS程序Ⅷ试验。简单地说，程序Ⅷ法即相当于采用无铅汽油的L-38试验。

试验方法的美国标准代号为ASTM D6709，试验过程与L-38相同，试验结果同样以连杆轴瓦失重评价油品腐蚀性，以试验10 h的油品黏度损失评价油品的剪切安定性。

两者的不同之处一是汽油机所用燃料不同，二是L-38试验既可评定中低档汽油机油又可评定中低档柴油机油，而程序Ⅷ是SH、SJ、SL、GF-3、SM、GF-4、SN、GF-5产品标准中规定的评定项目，模拟的汽车行驶工况为高温、容易产生锈蚀的环境，使用的是铜、铅和锡合金轴瓦。至于高档柴油机油则发展了专门评定柴油机轴瓦腐蚀的试验方法，称为CBT或HTCBT腐蚀台架试验。

三、MS程序和汽油机油质量等级的关系

1. 不同质量等级的汽油机油要求的台架试验

内燃机油的质量等级必须通过台架试验来界定，因为具有相同黏度等级而质量等级不同的内燃机油其理化指标是相同的。不同质量等级的汽油机油要求的台架试验见表6-14。

表6-14 汽油机油及台架评定设备的发展

公布年份	质量等级	轴瓦腐蚀	锈蚀	高温氧化	磨损	低温油泥	节能
		L-38/Ⅷ	程序Ⅱ	程序Ⅲ	程序Ⅳ	程序Ⅴ	程序Ⅵ
1952	SA	无添加剂的基础油，无台架试验要求，当年称为ML					
1952	SB	加入抗氧剂和抗磨剂，要求通过L-38和程序Ⅳ，当年称为MM					
1964	SC	L-38	ⅡA	ⅢA	Ⅳ	ⅤA	
1968	SD	L-38	ⅡB	ⅢB	Ⅳ	ⅤB	
1972	SE	L-38	ⅡC	ⅢC		ⅤC	
1980	SF	L-38	ⅡD	ⅢD		ⅤD	
1989	SG	L-38	ⅡD	ⅢE		ⅤE	
1992	SH/GF-1	L-38	ⅡD	ⅢE		ⅤE	Ⅵ
1996	SJ/GF-2	L-38	ⅡD	ⅢE		ⅤE	ⅥA
2000	SL/GF-3	Ⅷ	BRT	ⅢF	ⅣA	ⅤG	ⅥB
2004	SM/GF-4	Ⅷ	BRT	ⅢG	ⅣA	ⅤG	ⅥB
2010	SN/GF-5	Ⅷ	BRT	ⅢG/ⅢGA/ⅢGB	ⅣA	ⅤG	ⅥD

2. API认证标记和服务标志

用于识别适用于汽油发动机和柴油发动机的优质机油。带有这些标记的机油同时符合美国和国际汽车发动机制造商及润滑油行业的要求。在全球共有500多家公司自愿参与这一认证项目。

API 认证标记也被称为“爆星图标志”(Starburst)，见图 6-7。带有此标记的机油符合当前由国际润滑剂标准化和批准委员会(International Lubricant Standardization and Approval Committee，ILSAC)制定的现行发动机保护标准和节油要求，该组织由美国和日本的汽车制造商共同发起建立．这些汽车制造商推荐使用带有 API 认证标记的机油。

API 服务标志也称为“圆环图标志”(Donut)，见图 6-8。标志中 1 表示内燃机油的类别和性能等级，用于汽油发动机保养的机油属于 API 的“S”[服务(Service)]类别，用于柴油发动机的机油属于 API 的“C”[商业(Commercial)]类别。标志中 2 表示内燃机油的黏度等级。标志中 3 表示具有“节能”(energy conserving)或“资源节约”(resource conserving)性能。使用带有“节能”(EC)标识的机油可以从整体上节约车辆的耗油量，使用带有“资源节约”(RC)标识的机油不仅可提高燃料经济性，而且在涡轮增压器保护、排放控制系统兼容性并在使用含乙醇燃料(最高 E85)时保护发动机等方面比 EC 机油具有更优异的性能。标志中 4 表示内燃机油符合多个性能等级，图 6-8 表示该油既符合 API CJ-4、CI-4，又符合 API SN。标志中 5 表示带有 CI-4 Plus 标识的 API 服务标志，带有 CI-4 Plus 标识的机油可以更好地防止柴油发动机内由烟灰引起的机油黏度增加以及由于柴油发动机剪应力造成的机油黏度降低。最初引入时，CI-4 Plus 用于识别符合较高性能等级的 CI-4 机油。

图 6-7　爆星图标志

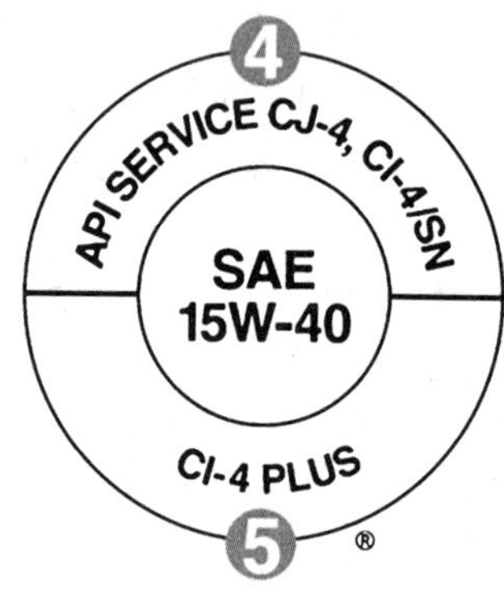

图 6-8　圆环图标志

3. 最新汽油机油规格

2010 年 4 月 23 日 API 举行电话会议，API 成员通过了所提出的 API SN 及其 SN 加资源节约的规格，但是福特、通用和克莱斯勒等汽车公司表示反对，ILSAC 弃权，由于他们不是 API 的投票成员，所以 API SN 及其 SN 加资源节约的规格仍然获得通过，这在 API 各种规格制定的历史上还是头一次 OEM 反对 API 的汽油机油规格。

API SN、SN 加资源节约及 GF-5 的规格见表 6-15 和表 6-16。

表 6-15　API SN 及 ILSAC GF-5 级汽油机油主要试验指标

试　　验	API SN 0W-20、0W-30、5W-20、5W-30、10W-30	API SN 其他黏度等级	API SN-RC (SN 加资源节约) 所有黏度等级	GF-5
1. 程序ⅢG	通过	通过	通过	通过
2. 程序ⅢGA	通过	通过	通过	通过
3. 程序ⅢGB	无要求	无要求	通过	通过

续表

试　　验	API SN 0W-20、0W-30、5W-20、5W-30、10W-30	API SN 其他黏度等级	API SN-RC （SN 加资源节约） 所有黏度等级	GF-5
4. 程序ⅣA	通过	通过	通过	通过
5. 程序ⅤG	通过	通过	通过	通过
6. 程序ⅥD	无要求	无要求	通过	通过
7. 程序Ⅷ（腐蚀）	通过	通过	通过	通过
8. ROBO 试验	通过	通过	通过	通过
9. 球锈蚀试验 BRT/最小辉度值/分	100	100	100	100
10. D5800 蒸发损失（250℃、1h）/%　最大	15	15	15	15
11. 磷含量/%	0.06~0.08	≥0.06	0.06~0.08	0.06~0.08
12. 最大硫含量/%				
0W－20、0W－30、5W－20、5W-30	0.5	无要求	0.5	0.5
10W-30	0.6	无要求	0.6	0.6
其他黏度等级	无要求	无要求	0.6	0.6
13. 程序Ⅷ（剪切）	在原黏度等级内	在原黏度等级内	在原黏度等级内	在原黏度等级内
14. 高温沉积物 TEOST MHT/mg　最大	35	45	35	35
15. 高温沉积物 TEOST33C/mg　最大				
0W-20	无要求	无要求	无要求	无要求
其他黏度等级	无要求	无要求	30	30
16. 凝胶指数　最大	12	无要求	12	12

表 6-16　API SN 及 ILSAC GF-5 级汽油机油台架试验界限值

试验方法	评定项目	界限值
1. 程序ⅢG（ASTM D7320）	平均活塞沉积物/分	不小于 4.0
	40℃黏度增长/%	不大于 150
	平均凸轮挺杆磨损/μm	不大于 60
	热黏环	无
2. 程序ⅢGA（ASTM D4684）	老化油的低温动力黏度	满足原等级 或相临更高一个等级要求
3. 程序ⅢGB（ASTM D7320）	磷保持能力/%	不小于 79
4. 程序ⅣA（ASTM D6891）	平均凸轮磨损/μm	不大于 90

续表

试验方法	评定项目	界限值
5. 程序ⅤG(ASTM D6593)	摇臂罩油泥评分	不小于 8.3
	平均发动机油泥评分	不小于 8.0
	平均发动机漆膜评分	不小于 8.9
	平均活塞裙部漆膜评分	不小于 7.5
	油环堵塞%	不大于 15
	热黏结	无
6. 程序ⅥD(ASTM D7589)	XW-20，总 FEI/FEI2/%	不小于 2.6/1.2
	XW-30，总 FEI/FEI2/%	不小于 1.9/0.9
	10W-30 和其他，FEI/FEI2/%	不小于 1.5/0.6
7. 程序Ⅷ(ASTM D6709)	轴瓦失重/mg	不大于 26
	10h 后黏度	在原黏度等级内

第七节　评定柴油机油的发动机台架试验

一、L 系统概述

1904 年美国材料试验学会(ASTM)成立，并积极从事油品质量管理和测试评定方法的建立等工作，1905 年美国汽车工程师学会(SAE)成立，随之制定了最早的润滑油黏度分类法。30 年代初通用汽车公司和开特匹勒拖拉机公司即开始用发动机台架试验评定内燃机油的使用性能，1942 年美国协调研究委员会(CRC)成立，在 CRC 的领导下，把油公司和汽车制造公司各自为政的局面统一了起来，L 系统即是 CRC 在开特匹勒拖拉机公司、雪弗莱汽车公司及通用汽车公司等厂商的发动机试验的基础上建立起来的。最初的 L 系统共有五个试验方法，即 L-1、L-2、L-3、L-4 和 L-5，其评定目的及有关操作见表 6-17。

表 6-17　L 系统的试验方法

方　法	L-1	L-2	L-3	L-4	L-5
试验目的	高温沉积物及粘环磨损	机油的油性	同 L-1 加轴承腐蚀	氧化及轴承腐蚀	综合 L-1 及 L-4
发动机	1Y7500 柴油机	1Y7500 柴油机	雪佛兰六缸汽油机	雪佛兰六缸汽油机	通用发动机公司柴油机
试验时间/h	480	31/3	120	36	500
功率/kW	14.8	27.2	22.4	19.1/缸	
转速/(r/min)	1000	900	1400	3150	2000
进气温度/℃	环境温度	32	60	>27	41
进轴承油温/℃	64.2	60	100	138	110

通过长期运转试验证明，油品只要通过 L-1 和 L-4 两个台架试验，就能通过 L-2、L-3 及 L-5 试验，因而 CRC 将这三个方法淘汰了。由于内燃机对润滑油的要求越来越高，所以 L-1 和 L-4 方法也不断改进。大负荷增压柴油机的出现，导致 1948 年清净性能较高的系列Ⅱ油(即相当于现在的 CC 级)产生，为了评定这种水平的润滑油，试验方法由 L-1 发展成为 1-D，并于 1949 年开始评定美军 MIL-L-2104B 类油的高温清净性。1-D 试验所用试验机与 L-1 相同，都是开特匹勒公司生产的排量为 3.4 升的 1Y7500 增压单缸柴油机，其主要试验条件是：发动机转速 1600r/min，试油温度 79.4℃，燃料含硫量 1%，冷却液出口温度 93.3℃，试验时间 480h。

1952 年以后，美国由战争转入和平时期，内燃机工业发展十分迅速，要求内燃机油有新分类的呼声越来越高。为此，美国石油学会(API)对内燃机油提出了新的分类，汽油机油分为 ML、MM 和 MS 三类，柴油机油分为 DG、DM 和 DS 三类。1955 年出现了高温清净性更高的系列Ⅲ油(相当于现在的 CD 级)，于是 1-D 方法又向前发展到 1-G，并于 1958 年用 1-G 方法评定美军 MIL-L-45199 规格的柴油机油。1-G 的操作条件是，发动机转速 1800r/min，试油温度 96.1℃，功率 31.3kW，试验时间 480h。由于 1-G 的热负荷和机械负荷都比较高，与发动机在正常情况下时常处于缓和的工作条件不相符，1961 年美国又建立了 1-H 方法，并用来评定 MIL-L-2104B 规格的柴油机油。1-H 的操作条件为发动机转速 1800r/min，试油温度 82.2℃，功率 25.4kW，试验时间 480h。1-G 和 1-H 方法所用发动机均为开特匹勒拖拉机公司生产的 1Y73 增压单缸柴油机。1976 年以后，由于 1-G 和 1-H 方法所用发动机活塞停止生产，改用新活塞并提高了一环槽温度，1G 和 1H 方法分别发展成为 $1G_2$和 $1H_2$，并用来评定 CD 和 CC 级柴油机油，$1G_2$和 $1H_2$是评定 CD 级和 CC 级柴油机油高温清净性的最权威方法。

从 1987 年以后，美国石油学会(API)把柴油机油分为三个类别，第一种是使用在越野的中等功率的柴油机上的 CC、CD 级和以后发展的 CF 级柴油机油；第二种是使用在二冲程大功率柴油机上的 CDⅡ和以后发展的 CF-Ⅱ柴油机，这种柴油机主要用于坦克、大轿车等；第三种是使用在大功率、负荷最重的柴油机上的 CE、CF-4、CG-4、CH-4 及后来发展的 CI-4 和 CJ-4 级柴油机油，这种柴油机主要用于高速公路上行驶的集装箱运输车和矿用装载车等。

美国重负荷柴油机油的评定方法的发展可归纳成三条主线：一是由 L-38 发展至 HTCBT；二是由 L-1 发展至 Cat. C-13；三是 Mack 系列台架的建立和发展。

二、柴油机油腐蚀性能评定(HTCBT 法)

20 世纪 90 年代后，欧美各大发动机公司竞相开发大功率重负荷柴油机，随着发动机功率的提高，原用的锡铅合金轴瓦，由于其机械强度较差、熔点较低，已不适合重负荷、高转速轴承对轴瓦材料的要求，因而必须采用机械强度较好的铜铅合金或镉银合金作为轴瓦材料。但新型轴瓦材料的抗腐蚀能力比锡铅合金要差。如铜铅合金的抗腐蚀能力仅为锡铅合金的 1/500，镉银合金的抗腐蚀能力仅为锡铅合金的 1/1300，这使得润滑油的腐蚀问题暴露出来。在发展大功率重负荷 CF-4 柴油机油过程中，康明斯公司发现某些柴油机油虽然通过了 L-38 试验，但是在其康明斯 M-11 发动机上依然会导致轴瓦的腐蚀失效，因此有必要建立相关性较好的考察润滑油对发动机配件腐蚀的试验方法。通过大量的行车试验和实验室工作，美国科研人员在联邦试验方法 791 中方法 5308 汽轮机润滑油腐蚀和氧化试验方法基础上修订了特定的试验程序、温度、金属种类，使之更适用于重负荷柴油发动机，建立了柴油机油腐蚀性能评定法，试验方法号为 ASTM D5968，简称为 CBT(Corrosive Bench Test)。该方法成为 CF-4、CG-4 重负荷柴油机油必须通过的项目。为满足日益严格的排放要求，1998 年 API 颁布的 CH-4 重负荷柴油机油的标准，明确要求必须通过该模拟台架，试验温度由 121℃提高到 135℃，试验方法号为 ASTM D6594，简称为 HTCBT(High Temperature Corrosive Bench Test)。2002 年推出的 CI-4 柴油机油，适用于带有 EGR 的柴油发动机，其规格中 HTCBT 指标与 CH-4 相同。

2000 年，中国石油大连润滑油研发中心为 CF-4 柴油机油研制需要，全套引进 ASTM D5968-2000 试验方法所需设备和备件，修改采用 ASTM D5968—2000 试验方法，建立行业标准 SH/T 0723—2002《柴油机油腐蚀性能评定法》。2002 年，为配合国内 CH-4 柴油机油研制和生产，大连润滑油研发中心修改采用 ASTM D6594—2000 试验方法，采用原有的 CBT 设备，利用 ASTM 的 TMC 提供的参比油校正仪器状态，进行重复性和区分性试验，试验结果得到 ASTM 的 TMC 认可，建立行业标准 SH/T 0754—2005“柴油机油在 135℃条件下腐蚀性能评定法”。目前这两个标准方法已经成为开发 CF-4、CH-4、CI-4、CJ-4 等高档柴油机油的必要测试和筛选手段，并使这些产品的生产、销售和使用过程得到有效的质量监控。

1. 方法的用途与原理

本试验方法用于模拟柴油机油在使用过程中因发生氧化衰变产生酸性物质而造成对有色金属腐蚀的过程，尤其是柴油机凸轮随动件和轴承中常用的铅、铜合金等的腐蚀倾向，通过测定试验后试油中金属浓度和金属铜试片的评级来表征油品的腐蚀性能，大量行车试验数据证明，本试验方法与由腐蚀引起的凸轮和轴承失效相关联。

将铜、铅、锡和磷青铜四种金属试片浸入一定量柴油机油试样中，向试样中通入空气，在 135℃高温下试验 168h，试验结束后，对金属铜试片和试样分别进行腐蚀性检测。方法应用的铜、铅、锡是纯金属片，这三种金属是实际轴瓦表面的合金原料，纯金属试片具有来源可靠、组成均匀的特点，可以保证腐蚀程度的一致性；另外磷青铜试片与凸轮销的材质相似，用于考察其相关腐蚀性。

2. 试验参数

按照 ASTM D6954 标准要求，购买其推荐的玻璃仪器和热浴仪器、金属试片、指定参比油，依据试验程序进行参比油和试验油试验，参比油试验结果报告 ASTM 分析检测中心，由其审核试验有效性。只有当参比油试验结果在 ASTM 分析检测中心提供的认可范围内时，同批次的试验油试验才可认为是有效的，因为只有这样才可以了解其试验结果与其他实验室得到的统计数据是否一致。

HTCBT 和 CBT 的对比见表 6-18。由此可见，CBT 和 HTCBT 的主要区别是油样试验温度不同，试验温度从 121℃提高到 135℃，说明 HTCBT 比 CBT 试验条件苛刻。

表 6-18　HTCBT 和 CBT 的试验条件

参　数	CBT	HTCBT
试片	铜、铅、锡、磷青铜	铜、铅、锡、磷青铜
试样量/mL	100±1	100±1
空气流量/(L/h)	5±0.5	5±0.5
试油温度/℃	121±0.5	135±0.5

续表

参　数	CBT	HTCBT
试验时间/h	168	168
评定油品	CF-4、CG-4	CH-4、CI-4、CJ-4

3. 结果评定

(1) 试验后试油中金属浓度。采用GB/T 17476《使用过的润滑油中添加剂元素、磨损金属和污染物以及基础油中某些元素测定法(电感耦合等离子体发射光谱法)》测定试样中金属浓度。

(2) 试验后铜片的评级。该方法采用GB/T 5096《石油产品铜片腐蚀试验法》对铜试片进行腐蚀评级。

有关油品的通过指标见表6-19。

表6-19　柴油机油通过CBT/HTCBT的指标

质量指标	CBT试验(CF-4、CG-4)	HTCBT试验(CH-4、CI-4、CJ-4)
试验后油中铜浓度/(mg/kg)不大于	20	20
试验后油中铅浓度/(mg/kg)不大于	60	120
试验后油中锡浓度/(mg/kg)不大于	报告	50
铜片腐蚀评级/级不大于	3	3

此外，标准方法中试验有效性有一项指标为试样的蒸发损失百分数不大于8%，如果蒸发损失百分数大于8%，说明泄漏现象严重，必须消除泄漏源，再用新试样和新金属试片重新试验。

$$蒸发损失\% = \frac{W_1 - W_2}{W_3} \times 100$$

式中　W_1——空气管、样品管和内容物(包括试样)试验前总质量，g；

W_2——空气管、样品管和内容物(包括试样)试验后总质量，g；

W_3——试样初始质量，g。

三、开特匹勒(Caterpillar)系列台架

在过去的70多年中，随着油品规格的不断升级换代，Caterpillar系列台架也在不断更新，是评定活塞沉积物、活塞环黏环和活塞环、气缸套擦伤及机油耗的重要方法，对重负荷柴油机油的发展起到了重要推动作用。开特匹勒系列台架的发展详见表6-20。

表6-20　开特匹勒系列台架概要

台架	$1H_2$	$1G_2$	1M	1K	1N	1P	1R	C-13
评定油品等级	CC	CD	CF、CF-2、MIL-L-2104G	CF-4、CH-4、CI-4	CG-4、MIL-L-2104G	CH-4	DHD-1、CI-4	CJ-4
主要评定性能	清净性	清净性	清净性 抗擦伤	清净性 抗擦伤	清净性 抗擦伤	清净性 抗擦伤	清净性 抗擦伤	清净性
发动机	1Y73 单缸增压	同1H2	同1H2	1Y540 单缸直喷	同1K	1Y3700 单缸直喷	同1P	C-13六缸 直喷+EGR

续表

台架	$1H_2$	$1G_2$	1M	1K	1N	1P	1R	C-13
燃油硫含量	0.4%	0.4%	0.4%	0.4%	0.04%	0.04%	0.04%	0.0015%
试验时间	480h	480h	120h	252h	252h	360h	504h	

开特匹勒系列台架是在L-1方法的基础上发展起来的，在C-13台架以前均采用单缸柴油机作为试验装置。Cat. C-13发动机台架试验首次增加了二环积炭评分，采用2004年生产的Cat. C-13六缸四气门直喷发动机，发动机排量12.5L，配置电子控制、双涡轮增压器，带有ACERT的废气再循环(Advanced Combustion Emissions Reduction Technology，优化燃烧排放系统设计)，燃烧的是硫含量15mg/kg以下的超低硫柴油。

四、Mack系列台架

Mack系列发动机润滑油台架已经发展了40多年，随着尾气排放标准、发动机设计、润滑油规格及市场需求的变化而不断的发展，是评定重负荷柴油机油性能的重要方法。经过多年发展，Mack台架已经从Mack T-1发展到T-12。早在1971年，Mack公司建立了Mack T-1台架来评定Mack发动机油EO-H，随后在1974年和1976年先后建立了T-4和T-5台架来评定Mack发动机油EO-I和EO-J。到1981年，建立用以评定EO-K级发动机油的Mack T-6台架，并被API引进作为评定API CE级柴油机油的方法，此后Mack系列测试方法一直作为美国柴油机油评定的重要方法，为柴油机油的规格升级提供了重要支撑。

Mack系列台架的发展历史和柴油机油的发展历史一样，其直接推动力是环保法规和发动机的技术进步。美国的柴油机油从1955年到1989年30多年的时间才由CD发展到CE，这是由于尽管从70年代到80年代初期，对柴油机排放标准逐步加严，但汽车制造厂商并不需要运用新的技术来满足法规要求。80年代，美国柴油机不断向着大功率、重负荷增压柴油机方向发展，行驶条件更为苛刻，同时，1988年开始对颗粒物进行限制，因此，要求所用的柴油机油具有比CD级油更好的活塞清净性、氧化安定性以及更小的磨损，这时发展了CE级油。CE级油用于1983年以后生产的柴油机，既可在低速、高负荷又可以在高速、高负荷下使用。CE级油相对于CD级油增加了机油耗、活塞沉积物、机油黏度增长等评价项目，相应地用CumminsNTC-400、MackT-6和MackT-7三个台架进行评定，这也是API首次将Mack台架应用于其规格标准中。随着API油品规格的不断发展，Mack系列方法先后发展了T-6、T-7、T-8、T-8A、T-8E、T-9、T-10、T-11、T-12等方法，分别评定从API CE到CJ-4的各级油品。表6-21列出了评定Mack发动机油规格与API柴油机油规格的Mack台架的对应关系。

表6-21　Mack台架的发展与相应评定的油品规格

Mack发动机油规格	Mack规格公布时间	Mack台架	API柴油机油规格
EO-K	1981	T-6	CE/CF-4
EO-K/2	1986	T-7	CE/CF-4
EO-L/L^+	1994/1996	T-8/T-9	CG-4
EO-M/M^+	1998/1999	T-9/T-8E	CH-4

续表

Mack 发动机油规格	Mack 规格公布时间	Mack 台架	API 柴油机油规格
EO-N/N$^+$	2002	T-10/T-8E	CI-4
EO-N$^+$'03	2003	T-11/T-10	CI-4$^+$
EO-O/O$^+$'07	2006/2007	T-12/T-11/T-11A	CJ-4

在 Mack T-7 以前，所有的柴油机油的测试都是高速测试，因此很少涉及到润滑油的烟炱分散问题。随着发动机润滑油的烟炱分散问题越来越受到重视，Mack 建立 T-7 来评估低速、高制动平均有效压力(BMEP)发动机润滑油与烟炱相关的黏度增长。

在 20 世纪 90 年代，氮氧化物(NO_x)的排放标准持续提高，仅凭油品的改进已经无法达到新标准的要求。重负荷发动机制造商们认为通过延迟燃料喷入时间可以降低 NO_x 的排放，但同时，延迟喷入时间会增加曲轴箱烟炱生成。于是，Mack 建立 T-8 台架来评定润滑油与烟炱相关的黏度增长。

到 1998 年，美国重负荷柴油机排放新标准出台，同时为了提高发动机效率，需要提高发动机的运行温度，随之产生了柴油机油的氧化控制和发动机腐蚀、磨损增加的问题，因而新的测试台架 Mack T-9 被建立，以测试发动机的环磨损和线磨损，评估润滑油的抗氧化控制及高温运行下的轴承腐蚀。

2002 年 10 月，美国 EPA 颁布法令要求实施重负荷车辆排放标准 2004，发动机设计增加了冷却的 EGR(废气再循环)系统来满足 NO_x 的排放要求，但是 EGR 会提高发动机的运行温度，引起燃料废气酸值增加。为评估 EGR 发动机润滑油的抗氧化性能，发动机磨损和轴承腐蚀，Mack T-10 作为 T-9 台架的改进型被建立。

API CI-4 标准出台，要求使用 EGR 发动机。随着 Mack ASET EGR 发动机的设计使用，烟炱和黏度增长问题突现。Mack 建立 T-11 作为 T-8 的改进型，用以评定 EGR 和低涡旋燃烧发动机油的烟炱、黏度增长性能。

到 2005 年，为满足美国高速公路标准 2007 对于减低颗粒物和 NO_x 排放的要求，美国的重负荷柴油机必须提高 EGR 的利用率，增加柴油燃烧排放颗粒过滤器(DPF)。为此，要求润滑油和排放气体只含有很少的 SAPS，即硫酸盐灰分 SA、磷 P 和硫 S，来保证 DPF 的使用寿命。颗粒物由四部分组成：炭黑、硫酸盐、水以及可溶的有机组分(机油以及未燃的燃料)。而柴油中的硫含量被认为是柴油性质中影响颗粒物排放的主要因素之一，降低柴油中的硫含量可以直接降低颗粒物中的硫酸盐含量。相应地，Mack T-12 台架被建立来评定发动机油在高温运行、高 EGR 水平时的氧化性能，以及发动机的环磨损和线磨损，替代了 Mack T-10。

在过去 30 多年，Mack 系列柴油机油评定台架经历了从 T-6 到 T-12 的发展，是重负荷润滑油烟炱分散性能、抗氧化性能、气缸环和线磨损保护、酸值控制和增长换油期的重要评定方法，对重负荷柴油机润滑油的发展起到重要推动作用，现将 Mack 系列台架归纳如下，见表 6-22。

表 6-22　Mack T-6 到 T-12 台架试验运行条件与评定目的

测试方法	Mack 发动机	运行时间/h	烟炱质量比/%	EGR 率	评定目的				
					黏度增长	环、线磨损	氧化安定性	油耗	油中铅含量
T-6	ETAI673	600	—	—	√	√		√	
T-7	EM6-285	150	—	—	√			√	

续表

<table>
<tr><th rowspan="2">测试方法</th><th rowspan="2">Mack发动机</th><th rowspan="2">运行时间/h</th><th rowspan="2">烟炱质量比/%</th><th rowspan="2">EGR 率</th><th colspan="5">评定目的</th></tr>
<tr><th>黏度增长</th><th>环、线磨损</th><th>氧化安定性</th><th>油耗</th><th>油中铅含量</th></tr>
<tr><td>T-8A</td><td>E7-350</td><td>150</td><td>2.9</td><td>—</td><td rowspan="3">√</td><td rowspan="3"></td><td rowspan="3"></td><td rowspan="3">√</td><td rowspan="3"></td></tr>
<tr><td>T-8</td><td>E7-350</td><td>250</td><td>3.8</td><td>—</td></tr>
<tr><td>T-8E</td><td>E7-350</td><td>300</td><td>4.8</td><td>—</td></tr>
<tr><td rowspan="2">T-9</td><td rowspan="2">E7-350 V-MAC Ⅱ</td><td>75</td><td>1.5~2.0</td><td>—</td><td rowspan="2"></td><td rowspan="2">√</td><td rowspan="2">√</td><td rowspan="2"></td><td rowspan="2">√</td></tr>
<tr><td>425</td><td>2.0~2.5</td><td>—</td></tr>
<tr><td rowspan="2">T-10</td><td rowspan="2">改进的 E7E-460</td><td>75</td><td>5.0±0.3</td><td>16.5</td><td rowspan="2"></td><td rowspan="2">√</td><td rowspan="2">√</td><td rowspan="2"></td><td rowspan="2">√</td></tr>
<tr><td>225</td><td>5.5~6.0</td><td>2.5</td></tr>
<tr><td>T-11</td><td>V-MAC Ⅲ</td><td>252</td><td>4.8~5.8</td><td>17.7</td><td>√</td><td></td><td></td><td>√</td><td></td></tr>
<tr><td rowspan="2">T-12</td><td rowspan="2">试验机</td><td>100</td><td>4.3±0.3</td><td>35.0</td><td rowspan="2"></td><td rowspan="2">√</td><td rowspan="2">√</td><td rowspan="2"></td><td rowspan="2">√</td></tr>
<tr><td>200</td><td>6.0</td><td>15.0</td></tr>
</table>

五、其他柴油机台架试验

1. Cummins 系列台架

Cummins M-11(HST)柴油机台架试验用于 API CH-4 油，通过模拟 1998 以后的重型载货车的运行工况，评定油品对由烟炱引起的发动机摇臂相关部件的磨损。

Cummin M-11(HST)使用 1994 年生产的 Cummins M-11 330-E 发动机，额定功率为 250kW，转速 1600r/min，主要评定活塞环磨损、顶置摇臂，滤网堵塞和油泥。试验时间为 200h，发动机在富油、1600r/min 下运转 100h，接着在富油、延迟喷射和 1800r/min 下运转 100h。试验结束后，评定发动机十字头失重、机油滤网堵塞(用压力差表示)、发动机阀罩和油底壳油泥的评分。试验每 25h 取样，并分析 40℃、100℃时的运动黏度、总碱值、总酸值、金属含量。

Cummins M-11(EGR)用于评定 API CI-4 级油，通过模拟 2002 年以后高速公路上行驶的载货车工况，评定油品对降低与烟炱相关的、具有废气再循环(EGR)的发动机磨损的效果。

Cummins M-11(EGR)是由 Cummins ISM 425 发动机改装而成，发动机额定功率为 317kW，转速 1800r/min，具有废气再循环装置，试验时间为 300h，主要评定活塞环磨损、气门搭桥磨损、滤网堵塞和油泥。试验开始时，发动机在富油、1600r/min 下运转 150h。随后在富油、延迟喷射各 50h 下交替运转 150h，发动机转速为 800r/min。

试验结束后，评定发动机十字头失重、顶环失重、机油滤网堵塞(压力差表示)、发动机阀罩和油底壳油泥的评分。试验每 25h 取样，并进行 40℃、100℃时的运动黏度、总碱值、总酸值和金属含量分析。

用于评定 API CJ-4 油品的 CumminsISM 与 M-11(EGR)基本相同，只是因为 M-11(EGR)台架将要停产而代之以 ISM，但燃烧 350mg/kg 的低硫柴油。试验时间从 M-11(EGR)的 300h 缩短为 ISM 的 200h，所有相应的指标均更加严格。

CumminsISB 是 API CJ-4 规格中新增加的测定特殊阀系磨损的试验。ISB 的阀系与众不同，它既采用滚动凸轮随动杆，又采用蘑菇式的扁平滑动凸轮挺杆，用来测定这种由烟炱引起的特殊阀系磨损。

2. RFWT(滚动随动件试验)发动机台架试验

RFWT 用于评定 API CG-4、CH-4、CI-4 级油，主要评定润滑油对滚动随动轴磨损的影响。采用 General Motor 6.5L 非直喷柴油机，在 3400r/min 下的额定功率为 120kW。试验时发动机在 1000r/min 和近乎最大负荷下运转 50h，其间不换油(在 25h 时补加油)，输油管油品温度和冷却液出口温度控制在 118℃，燃油硫含量 0.03%~0.05%。每次试验前安装一副新的滚动随动件，试验后取出滚动随动轴，其磨损通过表面形貌仪测定。另外，在 0.25h 和 50h 时取样，分析 40℃、100℃时的运动黏度、总碱值、总酸值和金属含量。

六、美国在用的柴油机油

目前美国市场上供应的柴油机油是 CH-4、CI-4 和 CJ-4 三个质量等级，低于 CH-4 质量水平的柴油机油则已废止。

CH-4 于 1998 年引入，用于高速四冲程柴油机，符合 1998 年废气排放标准，可与含硫量高达 0.5%的柴油一起使用。可用于代替 CD、CE、CF-4 和 CG-4 机油。

CI-4 于 2002 年引入，用于高速四冲程柴油机，符合 2002 年实施的 2004 高速公路废气排放标准，可延长配备有废气再循环装置(EGR)的发动机的使用寿命，并可与含硫量高达 0.5%的柴油一起使用。可用于代替 CD、CE、CF-4、CG-4、CH-4 机油。某些 CI-4 机油亦符合 CI-4 PLUS 要求。

CJ-4 于 2006 年引入，用于高速四冲程柴油发动机，符合 2010 年年度车型和先前年度车型柴油发动机的高速公路和 Tier4 非道路交通用废气排放标准。可与含硫量 0.05%的柴油一起使用，然而，将机油与含硫量大于 0.0015%的柴油一起使用时，可能影响废气后处理系统的耐久性和/或换油期。如使用微粒过滤器和其他先进的后处理系统，CJ-4 机油在维持排放控制系统耐久性方面则会更有效。在控制催化剂中毒、微粒过滤器阻塞、发动机磨损、活塞积垢、低高温稳定性、烟炱处理性、氧化增稠、泡沫和由剪应力引起的黏度降低方面，CJ-4 机油的保护能力十分卓越。CJ-4 机油的性能标准优于带 CI-4 PLUS 标识的 API CI-4、CI-4、CH-4、CG-4 和 CF-4。

美国在用的不同质量等级的柴油机油要求的台架试验见表 6-23，CJ-4 的评定指标及界限值见表 6-24。

表 6-23 美国在用的不同质量级别柴油机油台架试验

公布年份	1998	2002	2006
质量级别	CH-4	CI-4	CJ-4
要求通过的台架试验	1K	1K 或 1N	1N
	1P	1R	T-11
	T-9	T-10	T-12
	T-8E	T-8E	C-13
	M-11(HST)	M-11(EGR)	ISM
	ⅢF	ⅢF	ISB
	RFWT	RFWT	ⅢF
	—	T-11(CI-4 PLUS)	RFWT

表 6-24 CJ-4的评定指标及界限值

试验目的	评定方法	评定参数	1次试验	2次试验	3次试验
1. 剪切安定性	ASTM D6594	90 循环后 100℃黏度/(mm^2/s) SAE ×W-40 SAE ×W-30	 ≥12.5 ≥9.3		
2. 高温腐蚀	ASTM D6594（HTCBT）	试验油中铜浓度增加值/(mg/kg) 试验油中铅浓度增加值/(mg/kg) 铜片腐蚀评级/级	≤20 ≤120 ≤3		
3. HTHS	ASTM D4683	150℃、10^6s^{-1}时动力黏度/mPa·s	≥3.5		
4. 蒸发损失	ASTM D5800（Noack）	1h、250℃，失重/% SAE 10W-30 其他黏度等级	 ≤15 ≤13		
5. 含烟炱试油的低温泵送性	ASTM D6896	Mack T-11 或 T-11A 进行至 180h 时所取油样 低温泵送黏度/mPa·s 屈服应力/Pa	 ≤25000 <35		
6. 硫酸盐灰分	ASTMD874	%	≤1.0		
7. 磷含量	ASTMD4951	%	≤0.12		
8. 硫含量	ASTMD4951	%	≤0.4		
9. Mack T-11	ASTM D7156	油 100℃黏度增长 4.0mm^2/s时的烟炱含量/% 最小 油 100℃黏度增长 12.0mm^2/s时的烟炱含量/% 最小 油 100℃黏度增长 15.0mm^2/s时的烟炱含量/% 最小	3.5 6.0 6.7	3.4 5.9 6.6	3.3 5.9 6.5
10. Mack T-12	ASTM D7422	总优点评分 最小	1000	1000	1000
11. Cummins ISB	ASTM D7484	平均随动杆失重/mg 不大于 平均凸轮失重/mg 不大于 平均丁字压板失重/mg 不大于	100 55 报告	108 59 报告	112 61 报告
12. Cummins ISM	ASTM D7468	总优点评分 最小 顶环失重/mg 不大于	1000 100	1000 100	1000 100
13. Cat. 1N	ASTM D6750	顶环台重炭率(TLHC)/% 不大于 顶环槽充炭率(TGF)/% 不大于 缺点加权评分(WDN) 不大于 平均机油耗(0~252h)/[g/(kW·h)] 活塞环和缸套擦伤	3 20 286.2 0.139 无	4 23 311.7 0.139 无	5 25 323.0 0.139 无
14. Cat. C13	ASTM D7549	总优点评分 最小 热黏环	1000 无	1000 无	1000 无
15. Cummins RFWT	ASTM D5966	滚动随动轴磨损量/μm 不大于	7.6	8.4	9.1
16. MS ⅢF	ASTM D6984	试验结束后试油 100℃黏度增长率/% 不大于	275	275	275

由此可见，随着柴油机油规格的升级，所要求通过的发动机台架试验越来越多。尽管有些不同质量级别的柴油机油采用了相同的台架试验，但它们的性能指标要求有时相同，有时不相同。例如 RFWT 台架试验，CH-4、CI-4 和 CJ-4 通过的标准均为 1 次试验的磨损不大于 7.6μm，2 次试验不大于 8.4μm，3 次试验不大于 9.1μm。T-8E 台架试验的相对黏度(RV，其数值等于当试油中含 4.8%烟炱时的黏度与新油按 ASTM D6278 方法测定黏度的比值)指标 CH-4 通过的标准为 1 次试验不大于 2.1、2 次试验不大于 2.2、3 次试验不大于 2.3，而 CI-4 通过的标准为 1 次试验不大于 1.8、2 次试验不大于 1.9、3 次试验不大于 2.0，显然 CI-4 的通过标准更严苛。

第八节　欧洲内燃机油规格及发动机台架试验

一、欧洲与美国内燃机油规格的差别和原因

欧洲汽车和美国汽车在设计上有差别。欧洲汽车着重节能，同时兼顾排放控制和动力性；美国汽车着重排放控制，兼顾动力性和节能经济性。

欧洲车用润滑油的规格标准比美国严格，这与欧洲汽车的设计和行驶条件苛刻有关。欧美内燃机油规格的差别主要体现在以下几个方面：

1. 汽油机油的活塞清净性问题

由于欧洲轿车的热负荷和机械负荷比美国高得多，汽油小轿车的活塞第一环槽温度、油底壳机油温度均比美国车高，这种情况容易造成汽油机活塞黏环和高温沉积现象，因此单独列为评定项目，如 A/B-10 和 C-10 规格使用 TU5JP-L4 和 VW TDI 两个台架评定其高温沉积物、环黏结、油品变稠等性能。美国汽油小轿车的活塞清净性问题不严重，主要评定汽油机油的高温油变稠问题，如 API SN 级汽油机油用程序ⅢG 试验在评定油品氧化变稠的同时，顺带评定其清净性、抗磨性、老化油的低温动力黏度及磷保持能力。

2. 汽油机油的油泥问题

低温油泥和黑油泥是两种不同类型的发动机沉积物。小轿车在城市里停停开开的行驶条件易生成低温油泥，此时燃料燃烧不完全的烯烃、烟炱、水蒸气、NO_x 等沿活塞间隙窜入曲轴箱与润滑油中的添加剂分解产物、金属磨粒、漆膜积炭等沉积物结合在一起，生成黏稠状油泥，悬浮在油中或沉降在油底壳和摇臂罩等处，甚至堵塞油滤，中断油的周转，造成发动机损坏。20 世纪 80 年代中期，欧洲首先发现汽车在高温高速和低温低速反复交叉行驶的情况下，容易产生黑色油泥(半固体物质)，这种沉积物通常出现在曲轴箱内冷表面、发动机顶盖和气缸阀座上，最严重的情况是堵塞油泵入口滤网。这是发生在公路建设高度发达、汽车经常在高速公路和城市内高、低速交叉行驶的结果，后来在美国也发现类似情况，但美国的车速没有欧洲的车速快，因而生成的“黑色油泥”没有欧洲的硬脆，为了解决这一问题，欧洲建立了 M102E(现称为 M111)评定方法，美国则发展了ⅤE 评定方法，两者均与实际行车试验结果有很好的对应关系。

ACEA 的 A/B-10 和 C-10 及 API 的 SN 都使用 MS 程序ⅤG 评定油泥，但 ACEA 的 A/B-10 和 C-10 还增加了一个专门评定黑油泥的试验方法 M271 台架，由此可见，欧洲油品对黑油泥更为重视。

3. 汽油机油的磨损问题

美国汽油机油的抗磨损性能，是在评定其高温性能（程序Ⅲ）、低温油泥性能（程序Ⅴ）试验中同时进行测定，而ACEA的A/B和C系列是单独进行评定。A/B-10和C-10规格用TU3M、OM646LA进行阀系擦伤与磨损的专门评定。欧洲重视油品的抗磨性能的原因是：

欧洲车速高、发动机转速高、比功率大、油温高，而且要求换油期长，因此要求润滑油具有良好的耐磨性能。

欧洲发动机的活塞环薄、轴瓦宽度小，使摩擦减小，但增大了磨擦副的载荷。在凸轮挺杆磨擦副方面，美国采用滚动式凸轮结构，其摩擦系数比欧洲的滑动式凸轮小得多，而且所采用的材质不同，欧洲车更容易造成磨损。

磨损有高温磨损和低温磨损之分，在高温摩擦部位，要求润滑油的抗磨添加剂的活性不能太高，以免分解太快；在低温摩擦部位，要求润滑油的低温活性不能太低，以免影响抗磨效果。因此无论是TU3M或OM646LA评定方法，都规定有高温运转条件，也有低温运转条件，要求两种运转条件下的抗磨情况都要良好。

4. 柴油机油的缸套抛光问题

欧洲和美国柴油机油的主要差别在于欧洲的柴油机存在缸套的抛光问题，而活塞的清净问题并不严重。美国的柴油机则恰恰相反，特别注意活塞的清净问题，不存在缸套的抛光问题，这主要是由于活塞的设计不同。欧洲柴油机的顶环槽至活塞顶的距离长，第一环槽的温度比较低，积炭少，顶环岸和汽缸之间的间隙比美国的小，窜气量也小，活塞容易保持干净，功率损失也小，润滑油使用寿命长，缺点是如果在顶环岸和缸套之间落入一些沉积物或积炭，活塞的承压面很容易把它压实，经过上下反复运转，容易把缸套表面网纹磨掉，出现镜面状抛光，因此要多加清净剂，既保持环槽清净，又可减少缸套抛光。美国的柴油机为了减少活塞顶环岸和缸套之间的间隙，使燃烧更加完全，采取尽量提高第一环槽位置，缩短至活塞顶的长度，造成顶环槽的温度升高，容易产生积炭。因此，美国柴油机油主要评定指标是活塞第一环槽充碳率（TGF）和活塞清净性评分（WTD），而不是缸套抛光。

欧洲评定缸套抛光的试验台架，早先使用奔驰公司的OM352A，以后使用OM364A、OM441LA、OM501LA台架评定大功率重负荷的柴油机油的抗缸套抛光性能。

5. 直喷式柴油机的烟炱问题

烟炱是柴油燃烧不完全的产物，柴油机改为直喷后，喷油量增加，以提高比功率，如喷雾不好，把柴油喷到缸壁上，或与空气混合不好，都会因燃烧不完全而产生烟炱，窜到曲轴箱中，很快使润滑油变黑、变稠，造成油滤堵塞、凸轮磨损，从而缩短了换油期。柴油机的直喷强度愈增加，比功率愈大，润滑油中的烟炱含量愈多。美国和欧洲的大功率重负荷柴油机都存在这个问题，美国柴油机燃烧室由于设计的原因，比欧洲更容易产生烟炱（美国燃烧室为浅盆式，欧洲为深腔式）。

评定烟炱造成的柴油机油黏度增长及磨损，美国先后采用Mack T-7、T-8、T-8A、T-8E、T-11、CumminsM-11、Cummins ISM等台架，在API CJ-4规格中采用Mack T-11、T-11A、Cummins ISM，在ACEA2010版的E系列中采用Mack T-8E、T-11、Cummins ISM台架评定。可见美国和欧洲均非常重视烟炱对油品及发动机的影响。

6. 关于内燃机油的质量等级

美国API标准中，不同等级的汽油机油和不同等级的柴油机油其性能之间均有明显差异，而欧洲的ACEA标准中同类型的内燃机油，如A/B系列中各级别间的差别并不明显，甚至 A/B 系列与 C 系列之间都没有显著差别，这也是欧、美内燃机油的显著不同点。但大多数欧洲石油商希望欧洲生产的内燃机油也能符合 API 规格，所以在 ACEA 规格中又有相当数量的美国台架试验。

由于我国内燃机油标准完全是采用美国 API 体系，如何提供满足各种类型汽车性能要求的车用润滑油是中国汽车工业和润滑油工业所要考虑的问题。由于受中国道路条件和行车速度的制约，对润滑油的要求没有欧洲苛刻。许多欧洲汽车在中国使用和进行行车试验的经验和数据已经证明，中国生产的欧洲型轿车使用符合 API 规格的油均能满足使用要求。但是，为了适应欧洲型汽车结构设计的特点及对油品提出的某些特殊性能的要求，如抗气缸抛光、抗凸轮及随动部件磨损等，可通过引进欧洲的某些车用润滑油评定试验方法，以便对按美国油品规格研制的车用润滑油进行补充性能测试，更好地满足欧洲型汽车对油品的使用性能要求。

二、欧洲的内燃机油规格

欧洲发动机油实行统一规格的时间比美国晚。欧洲汽车制造商协会 CCMC（ACEA 前身）于 1983 年第一次公布 G1、G2、G3 汽油机油规格和 D1、D2、D3 柴油机油规格及 PD1 小轿车柴油机油规格；1989 年发展 G4、G5 汽油机油规格和 D4、D5 柴油机油规格及 PD2 小轿车柴油机油规格；1991 年修订 G4、G5 规格，增加了 M102E 黑色油泥规格指标，并停止了 Ford Cortina 汽油机油高温清净性评定项目；1993 年计划发展 G6、G7 汽油机油和 D6、D7 柴油机油新规格及 PD3、PD4 小轿车柴油机油规格，但由于 1995 年 CCMC 组织被新的汽车制造商协会 ACEA（The European Automobile Manufacturers' Association）所取代，没有按原计划执行。ACEA 决定发展和制订新的标准系列取代 G6、G7 及 D6、D7 规格，并于 1995 年 4 月、6 月 2 次公布 ACEA 规格标准方案，即把汽油机油分为 TG0、TG1、TG2 系列，柴油机油分为 TD1、TD2、TD3（TD4）系列，小轿车柴油机油分为 TPD0、TPD1、TPD2 系列。

1996 年及 1998 年 ACEA 提出了新的汽油机油规格，即 A1-96，A2-96，A3-96 和 A1-98，A2-98，A3-98。1999 年 9 月 1 日 ACEA 颁布了 A-99 规格，但与 ACEA A-98 相比，规格没有什么明显变化。2002 年 2 月 1 日 ACEA 在 1999 规格的基础上颁布了 ACEA 2002 规格。与 ACEA A-99、ACEA A-98 相比，其主要变化是：①新增了 A4、A5 规格。A4 规格主要是用在汽车直喷汽油发动机上的油品规格，A5 规格则主要是在 A3—98 规格基础上增加燃料经济性要求；②不再使用程序ⅢE/ⅢF 台架试验；③用 TU5JP—L4 代替 TU3M；④增加了 AEM 类型橡胶相容性试验；⑤A5-02 的高温高剪切黏度要求在 2.9~3.5mPa·s 之间，节能指标要优于参考油 RL191（15W/40）2.5%。

1996 年 ACEA 将柴油机油标准分两种，一种是柴油小轿车用的 ACEA B 标准，另一种是重负荷柴油卡车用的 ACEA E 标准。轻负荷柴油机在欧洲有着很大的市场，与常规汽油机相比较，非直喷式柴油机可节约燃料 15%，而直喷式可在此基础上再节约 10%，并可改善功率密度，增强发动机的可靠性。

ACEA B-98 新增了 B4 规格，符合此规定的柴油机油用于直喷式轿车柴油机，要求使用 VW 直喷涡轮增压柴油机评定油品的高温清净性，磨损试验 OM602A 对油品黏度的增加、气缸套抛光、气缸磨损、机油消耗量规定了具体指标，中温分散性试验用发动机由 XUD11ATE 变为 XUD11BTE，后者使用电控柴油喷射系统。

重型柴油机油 ACEA E-98 与 ACEA E-96 规格的不同之处在于：①增设了 E4 规格，要求进行 Mercedes-Benz Euro 2 重型柴油机 OM441LA 试验，评定缸套抛光、活塞清净性和涡轮增压器沉积物，还要进行 Mack T-8E 试验，评价油品的烟炱分散性，这是 Mack T-8E 试验第 1 次用于欧洲发动机油规格；②对缸套抛光试验 OM364A 或 OM364LA 试验，E1-98 要求试验结果优于参考油 RL134；E2-98 要求试验结果优于参考油 RL133 和 RL134 的平均值；E3-98 要求试验结果优于参考油 RL133。

1999 年 ACEA 将 E 规格提高，取消 E1 规格，增加 E5-99 规格，要求通过 MACK T-8E、MACK T-9、Cummins M11、OM602A、OM441LA、HTCBT(高温腐蚀台架试验)，将 E4-98 提升为 E4-99 规格，这是由于欧洲的轿车原厂商要求在更高功率发动机上延长换油期和提高燃料经济性。E5-99 规格是针对满足欧洲Ⅲ号排放标准的发动机制定的柴油机油规格，较 API CH-4 规格要求更高。

2002 版 ACEA B 系列规格分为 5 个级别，B1-02 为带节能性能的柴油轿车发动机油规格，B2-02 为一般性能的柴油轿车发动机油规格，B3-02 为高性能的柴油轿车发动机油规格，B4-02 为带有涡轮增压直喷柴油发动机的柴油轿车发动机油规格，B5-02 为新增规格，它在 B4 的基础上增加了燃料经济性和延长换油期的要求。

ACEA2002 B 系列和 ACEA98 B 的区别是：硫酸灰分进一步下降；新增硫磷氯含量项目；对中温分散性(XUD11BTE)试验，B1 和 B4 的通过指标变严，主要是由于 Ford 和 PSA 共同开发的新柴油机油要求油品有更好的烟炱处理能力；磨损、黏度增长和油耗台架(OM602A)汽缸的磨损由不大于 15.0μm 放松到不大于 20.0μm，对活塞的清净度和发动机的油泥不再要求；直喷柴油发动机活塞清净性和环黏结(VW TDI)试验，B4-02 中活塞清净性的指标比 98 更苛刻，这就要求 B4 油为全合成油；继 B1 之后 B5-02 也有了燃料经济性(MlllFE)的要求；VW1.6TCD 可以用 VW TDI 代替；新增 B5-02，B1-02、B4-02 的苛刻度较 98 有所增加，B2-02 和 B3-02 没有变化。

ACEA2002 E 系列分为 E2、E3、E4、E5 四个规格，与 1998E 系列的区别是：对于新增的 E5-02 也相应增加了氧化模拟和 HTCBT 腐蚀模拟试验；对缸套抛光(OM364LA)、阀系磨损(OM602A)由原来的和参比油相比改为规定了具体的限制指标，E3 中的缸套抛光(OM364LA)被要求更苛刻的 OM441LA 所取代，对于新增 E5-02，在使用 OM602A 评定磨损的同时，还增加了 Mack T-9 来评定磨损，并且第一环失重和用过油中的铅含量指标较 E5-99 变严；另外，为了评定与烟炱相关的磨损，E5-02 中也包括了 Cummins Mll，苛刻程度大大增加。苛刻度的变化方面，取消 E1，新增 E5-02，E4-02 的苛刻度较 98 有所增加，E2-02、E3-02 基本不变。

2004 年 11 月 1 日 ACEA 颁布了 2004 内燃机油规范，这是 ACEA 规范变化最大的一次，自 ACEA 发动机油规范 1996 年首次颁布以来，小轿车发动机油规范一直分为两大类，一类为汽油轿车标准-A 系，另一类为柴油轿车标准-B 系。但随着 ACEA 2004 的颁布，上述两类规范被合并为一类，也就是说任何一个满足 ACEA 小轿车规范的发动机油配方要同时覆盖汽油发动机油及柴油发动机油的性能要求。柴油轿车的发展是 ACEA 合并 A/B 规范的推动力之一。

在 ACEA 2004 中，A/B 系列标准中主要包括以下 4 个性能级别：A1/B1-04、A3/B3-04、A3/B4-04、A5/B5-04。与 ACEA 2002 比较，发动机台架试验要求没有变化，ACEA 2004 性能要求可以理解为 A 及 B 规范的结合，各自的性能与 2002 版相同。没有 A2/B2 等级的原因是，A2/B2 与 A1/B1 基本性能相同，而 A1/B1 有燃料经济性要求，因此取消了

A2/B2。A4 原来是预留给直喷汽油机，但由于问题很多而没有推出，B4 用于直喷柴油机，但又要包括汽油机，故有了 A3/B4 等级。

除此之外，ACEA 2004 引入了一类新的小轿车发动机油标准——C 系，C 系标准主要针对保护汽车尾气处理装置，分为 C1、C2、C3 三个级别，要求润滑油与尾气处理催化剂具有良好的兼容性。本规范主要针对装备了尾气处理装置的小轿车发动机，如 DPF 或三元催化转化器。C 系列性能要求主要基于 ACEA A/B 规范要求的台架试验以及对配方中 S、P 及硫酸盐灰分的限制。

A/B 规范与 C 规范的区别在于理化指标的要求有所不同，而台架要求相同。

在 ACEA 2004 中，重负荷柴油发动机油共分为 4 个性能级别，分别为 E2-96 Issue 5、E4-99 Issue3、E6-04 及 E7-04。与 ACEA 2002 相比，在新规范中 E3 及 E5 被取消，同时增加了 2 个新的性能级别 E6 与 E7。

ACEA 于 2007 年 1 月 31 日发布了 ACEA2007 规格草案，于 2007 年 2 月 1 日正式发布并执行，但该规格只对 ACEA2004 规格作了小部分修改，A/B 系列仍保留了 2004 规格中的 4 个性能级别，即 A1/B1、A3/B3、A3/B4、A5/B5，但有些指标作了相应调整，C 系列增加了一个新等级，即 C4-07，目的是加强对装有微粒过滤器的柴油轿车及装有三元催化剂的汽油轿车的保护，延长其使用寿命，基本上是引用雷诺长寿命油的所有指标。重负荷柴油机油方面，油品质量等级没有变化，即仍保留了 E2、E4、E6、E7，但要求的发动机台架试验有一定程度的变化。

2008 年 12 月 22 日 ACEA 发布了 ACEA2008 最终版本，仍然沿用 2007 版分类，但在内容上作了较大修改。ACEA 2008 新规格在性能上有较大升级，特别是在活塞清净性和油泥控制方面。由于汽车制造商广泛使用涡轮增压器、直喷技术，提高了发动机功率密度，恶化了润滑油工况，因此需要提高发动机油的油泥控制性能，欧洲汽车制造商已开始在全球范围内销售拥有更好油泥保护的车辆，为燃料质量较差地区车辆提供保障。这意味着所有现有配方和技术必须重新测试，以满足 ACEA 2008 新规格，对润滑油和添加剂行业提出了较大挑战。

2010 年 12 月 22 日 ACEA 发布了 ACEA2010 最终版本，但该规格只对 ACEA2008 规格作了小部分修改，A/B 系列仍为 4 个性能级别，即 A1/B1-10、A3/B3-10、A3/B4-10、A5/B5-10，C 系列为 C1-10、C2-10、C3-10、C4-10，E 系列为 E4-08 issue2、E6-08 issue2、E7-08 issue2、E9-08 issue2。ACEA2010 规格与 2008 版相比变化很小。

三、ACEA2012 规格

2012 年 12 月 14 日 ACEA 发布了 ACEA2012 规格，与 ACEA2010 规格相比，质量等级与 ACEA2010 相同，即既无新规格出现，也无旧规格废止，在理化指标方面，除 A1/B1-12 级 Noack 蒸发损失要求发生变化外，其他所有等级均保持不变。ACEA2012 规格的最大特征在于增加了考察生物燃料影响的有关评定。

1. 轻负荷发动机油相对于 ACEA2010 规格的不同

(1) 除 A3/B3-12 外，所有等级均增加了低温泵送性试验(CEC L-105-12)，低温泵送黏度和屈服应力应满足 SAE J300 对每个黏度等级新油的要求。

(2) 在 A5/B5-12 和所有 Cx-12 等级中增加了生物柴油对发动机油氧化安定性影响的台架试验(GFC-Lu-43-A-11)，要求在 144h 试验后的试油 100℃运动黏度的增长率小于等于200%。

（3）除A1/B1-12和A3/B3-12外，增加了生物柴油对发动机油清净分散性影响的台架试验OM646Bio（CEC L-104），要求报告活塞清净性评分、活塞环黏结和油泥评分。

（4）DV6（CEC L-106）将取代DV4（CEC L-093-04）评定烟炱引起的黏度增长，但界限值尚未确定。

（5）A1/B1-12级Noack蒸发损失由不大于15%修订为不大于13%。

2. 重负荷柴油机油相对于ACEA2010规格的不同

唯一的变化是所有重负荷柴油机油等级均增加了低温泵送性试验（CEC L-105-12）。

3. ACEA2012产品标准

ACEA2012规格对A/B类、C类和E类内燃机油的评定项目及要求见表6-25～表6-27。

表6-25　ACEA2012版轻负荷发动机油A/B类评定项目

试验目的	评定方法	评定参数	A1/B1-12	A3/B3-12	A3/B4-12	A5/B5-12
1. 剪切安定性	CECL-014-93或ASTMD6278	30循环后100℃黏度/（mm^2/s）	XW-20≥5.6； XW-30≥9.3； XW-40≥12.0	所有等级在原黏度等级范围内		
2. 高温高剪切黏度HTHS	CECL-036-90	150℃、$10^6 s^{-1}$时动力黏度/mPa·s	≥2.9和≤3.5； 对XW-20≥2.6	≥3.5		≥2.9和≤3.5
3. 蒸发损失	CECL-040-93（Noack）	1h、250℃失重/%	≤13			
4. 碱值	ASTMD2896	mgKOH/g	≥8.0	≥8.0	≥10.0	≥8.0
5. 硫酸盐灰分	ASTMD874	%	≤1.3	≥0.9和≤1.5	≥1.0和≤1.6	≤1.6
6. S、P、Cl含量	ASTMD5185、ASTMD6443	%	报告			
7. 生物柴油对氧化影响	GFC-Lu-43-A-11	170℃、通气、144h催化老化后100℃运动黏度增长率/%				<+200%（不凝固）
8. 低温泵送性	CEC L-105-12	低温泵送黏度/mPa·s和屈服应力/Pa	满足SAE J300各黏度等级新油要求		满足SAE J300各黏度等级新油要求	
9. 高温沉积物、环黏结、油品变稠	CECL-088-02（TU5JP-L4）	环黏结评分 活塞漆膜评分 绝对黏度增长	≥9.0 ≥RL216参比油 ≤0.8×RL216参比油			
10. 低温油泥	ASTMD6593-00（VG）	平均发动机油泥评分 摇臂盖油泥评分 平均活塞裙漆膜评分 平均发动机漆膜评分 压缩环热黏结 滤网堵塞/%	≥7.8 ≥8.0 ≥7.5 ≥8.9 无 ≤20			
11. 阀系擦伤磨损	CECL-038-94（TU3M）	平均凸轮磨损/μm 最大凸轮磨损/μm 8个衬里的平均评分	≤10 ≤15 ≥7.5			
12. 黑油泥	M271	平均发动机油泥评分	≥RL140+4σ			

续表

试验目的	评定方法	评定参数	A1/B1-12	A3/B3-12	A3/B4-12	A5/B5-12
13. 燃油经济性	CECL-054-96 (M111)	与参比油 RL191(15W-40)相比燃油经济性改进/%	≥2.5	—		≥2.5
14. 中温分散性	CECL-093-04 (DV4TD)将被DV6C 替代	含 6%烟炱时 100℃绝对黏度增加值/(mm^2/s) 活塞评分	≤0.60×RL223 参比油结果 ≥(RL223-2.5 分)			
15. 中温分散性	CECL-106 (DV6C)	含 6%烟炱时 100℃绝对黏度增加值/(mm^2/s) 活塞评分	待定			
16. 磨损	CECL-099-08 (OM646LA)	排气凸轮瓣磨损/μm 进气凸轮瓣磨损/μm 平均气缸套磨损/μm 缸套抛光/%　　最大 进气挺杆磨损/μm 排气挺杆磨损/μm 平均活塞清净性评分 平均发动机油泥评分	≤120 ≤100 ≤5.0 ≤3.0 报告 报告 报告 报告	≤140 ≤110 ≤5.0 ≤3.5 报告 报告 报告 报告	≤120 ≤100 ≤5.0 ≤3.0 报告 报告 报告 报告	
17. 活塞清净性和环黏结	CECL-078-99 (VW TDI)	活塞清净性评分 环黏结 8 个环平均评分 第一环最大评分 第二环最大评分 试验后碱值/(mgKOH/g) 试验后酸值/(mgKOH/g)	≥RL206 ≤1.0 ≤1.0 0.0 ≥4.0 报告	≥RL206-4 ≤1.2 ≤2.5 0.0 ≥4.0 报告	≥RL206 ≤1.0 ≤1.0 0.0 ≥6.0 报告	≥RL206 ≤1.0 ≤1.0 0.0 ≥4.0 报告
18. 生物柴油清净分散性影响	CEC L-104 (OM646Bio)	活塞清净性评分 环黏结 油泥评分	报告	报告	报告	报告

表 6-26　ACEA2012 版轻负荷发动机油 C 类评定项目

试验目的	评定方法	评定参数	C1-12	C2-12	C3-12	C4-12
1. 剪切安定性	CECL-014-93 或 ASTMD6278	30 循环后 100℃黏度/(mm^2/s)	所有等级在原黏度等级范围内			
2. HTHS	CECL-036-90	150℃、10^6s^{-1}时动力黏度/mPa·s	≥2.9		≥3.5	
3. 蒸发损失	CECL-040-93 (Noack)	1h、250℃，失重/%	≤13			≤11
4. 碱值	ASTMD2896	mgKOH/g	—		≥6.0	
5. 硫酸盐灰分	ASTMD874	%	≤0.5	≤0.8	≤0.8	≤0.5
6. 硫含量	ASTMD5185	%	≤0.2	≤0.3	≤0.3	≤0.2
7. 磷含量	ASTMD2896	%	≤0.05	≤0.09	≥0.07 和 ≤0.09	≤0.09
8. 氯含量	ASTMD6443	%	报告			

续表

试验目的	评定方法	评定参数	C1-12	C2-12	C3-12	C4-12
9. 生物柴油对氧化影响	GFC-Lu-43-A-11	170℃、通气、144h 催化老化后100℃运动黏度增长率/%	<+200%(不凝固)			
10. 低温泵送性	CEC L-105-12	低温泵送黏度 mPa·s 和屈服应力 Pa	满足 SAE J300 各黏度等级新油要求			
11. 高温沉积物、环黏结、油品变稠	CECL-088-02 (TU5JP-L4)	环黏结评分 活塞漆膜评分 绝对黏度增长	≥9.0 ≥RL216 参比油 ≤0.8×RL216 参比油			
12. 低温油泥	ASTMD6593-00 (VG)	平均发动机油泥评分 摇臂盖油泥评分 平均活塞裙漆膜评分 平均发动机漆膜评分 压缩环热黏结 滤网堵塞/%	≥7.8 ≥8.0 ≥7.5 ≥8.9 无 ≤20			
13. 阀系擦伤磨损	CECL-038-94 (TU3M)	平均凸轮磨损/μm 最大凸轮磨损/μm 8 个衬里的平均评分	≤10 ≤15 ≥7.5			
14. 黑油泥	M271	平均发动机油泥评分	≥RL140+4σ			
15. 中温分散性	CECL-093-04 (DV4TD)	含 6% 烟炱时 100℃ 绝对黏度增加值/(mm²/s) 活塞评分	≤0.60×RL223 参比油结果 ≥(RL223-2.5 分)			
16. 中温分散性	CECL-106 (DV6C)	含 6% 烟炱时 100℃ 绝对黏度增加值/(mm²/s) 活塞评分	待定			
17. 燃油经济性	CECL-54-96 (M111)	与参比油 RL191(15W-40)相比燃油经济性改进/%	≥3.0	≥2.5	≥1.0(XW-30)	
18. 磨损	CECL-099-08 (OM646LA)	排气凸轮瓣磨损/μm 进气凸轮瓣磨损/μm 平均气缸套磨损/μm 缸套抛光/% 最大 进气挺杆磨损/μm 排气挺杆磨损/μm 平均活塞清净性评分 平均发动机油泥评分	≤120 ≤100 ≤5.0 ≤3.0 报告 报告 报告 报告	≤120 报告 ≤5.0 ≤3.0 报告 报告 报告 报告	≤120 ≤100 ≤5.0 ≤3.0 报告 报告 ≥12 ≥8.8	
19. 活塞清净性和环黏结	CECL-078-99 (VW TDI)	活塞清净性评分 环黏结 8 个环平均评分 第一环最大评分 第二环最大评分 试验后碱值/(mgKOH/g) 试验后酸值/(mgKOH/g)	≥RL206 ≤1.0 ≤1.0 0.0 报告 报告	≥RL206 ≤1.2 ≤2.5 0.0 报告 报告	≥RL206 ≤1.0 ≤1.0 0.0 报告 报告	
20. 生物柴油清净分散性影响	CEC L-104 (OM646Bio)	活塞清净性评分 环黏结 油泥评分	报告	报告	报告	

比较表 6-25 和表 6-26 可见，A/B 类与 C 类之间差异并不明显，主要差异如下：

（1）C3-12、C4-12 类油的蒸发损失小于 A/B 类，而 C1-12、C2-12 与 A/B 类一致。

（2）C3-10、C4-10 虽有碱值要求，但比 A/B 类要低，而且 A/B 类均有碱值要求。

（3）C 类对 S、P 含量提出了具体要求，而 A/B 类只是报告值，同时 C 类的硫酸盐灰分明显低于 A/B 类，这是由 C 类油的主要应用对象决定的，因为 C 类油是针对有后处理装置的发动机开发的，客观上就要求低 S、低 P、低灰分。

（4）C1 油的燃油经济性最好。

（5）C 类与 A/B 类油所使用的发动机台架试验是完全相同的，其评定指标和界限值(除燃油经济性)也是完全相同的。

表 6-27　ACE2012 版重钢荷发动机油 E 类评定项目

试验目的	评定方法	评定参数	E4-12	E6-12	E7-12	E9-12
1. 剪切安定性	CECL-014-93 或 ASTMD6278	30 循环后 100℃黏度/(mm^2/s)	在原黏度等级范围内			
		90 循环后 100℃黏度/(mm^2/s)	在原黏度等级范围内			
2. HTHS	CECL-036-90	150℃、10^6s^{-1}时动力黏度/mPa · s	≥3.5			
3. 蒸发损失	CECL-040-93 (Noack)	1h、250℃，失重/%	≤13			
4. 总碱值	ASTMD2896	mgKOH/g	≥12	≥7	≥9	≥7
5. 硫酸盐灰分	ASTMD874	%	≤2.0	≤1.0	≤2.0	≤1.0
6. 磷含量	ASTMD5185	%	—	≤0.08	—	≤0.12
7. 硫含量	ASTMD5185	%	—	≤0.3	—	≤0.4
8. 氧化	CECL-085-99 (PDSC)	氧化诱导期/min	报告	报告	≥65	≥65
9. 腐蚀	ASTMD6594 (HTCBT)	试验油中铜浓度增加值/(mg/kg) 试验油中铅浓度增加值/(mg/kg) 铜片腐蚀评级/级	报告 报告 报告	报告 报告 报告	报告 ≤100 报告	≤20 ≤100 ≤3
10. 低温泵送性	CEC L-105-12	低温泵送黏度/mPa · s 和屈服应力/Pa	满足 SAE J300 各黏度等级新油要求			
11. 烟炱	ASTMD5967 (Mack T-8E)	含 4.8%烟炱相对黏度① 1 次/2 次/3 次试验平均	≤2.1/2.2/2.3			
12. 烟炱	Mack T-11	油 100℃黏度增长 4.0cSt 时的烟炱含量/%　最小 油 100℃黏度增长 12.0cst 时的烟炱含量/%　最小 油 100℃黏度增长 15.0cSt 时的烟炱含量/%　最小				3.5/3.4/3.3 6.0/5.9/5.9 6.7/6.6/6.5
13. 缸套抛光和活塞清净性	CECL-101-08 (OM501LA)	平均缸套抛光面积/% 平均活塞清净性评分 机油耗/(kg/次)	≤1.0 ≥26 ≤9	≤1.0 ≥26 ≤9	≤2.0 ≥17 ≤9	≤2.0 ≥17 ≤9
14. 磨损	CECL-099-08 (OM646LA)	排气凸轮瓣平均磨损/μm	≤140	≤140	≤155	≤155

续表

试验目的	评定方法	评定参数	E4-12	E6-12	E7-12	E9-12
15. 烟炱引起的磨损	Cummins ISM	总优点评分 3.9%烟炱时平均丁字压板失重/mg 过滤器压力差(150h)/kPa 平均发动机油泥评分 阀调节螺丝平均失重/mg			 ≤7.5/7.8/7.9 ≤55/67/74 ≥8.1/8.0/8.0 	≥1000 ≤7.1 ≤19 ≥8.7 ≤49
16. 磨损(汽缸套-环-轴瓦)	Mack T-12	总优点评分 平均线磨损/μm 平均顶环磨损失重/mg 最终铅含量变化/(μg/g) 250~300h 铅含量变化/(μg/g) 机油耗(阶段Ⅱ)/(g/h)		≥1000 ≤26 ≤117 ≤42 ≤18 ≤95	≥1000 ≤26 ≤117 ≤42 ≤18 ≤95	≥1000 ≤24 ≤105 ≤35 ≤15 ≤85

① 含4.8%烟炱相对黏度=当测试油烟炱含量为4.8%时100℃的黏度/(测试油新油时100℃的黏度-按ASTM D6278方法剪切90循环后100℃黏度减小值的一半)。

由表6-27可见，ACEA分类的重负荷柴油机油各等级之间的性能差异并不明显，现归纳如下：

(1) E4-12至E9-12这四种重负荷柴油机油均可应用于满足欧Ⅰ、Ⅱ、Ⅲ、Ⅳ、Ⅴ排放法规的发动机。

(2) E4和E6具有卓越的活塞清净性，E7和E9的该性能不如E4和E6，但可以有效保护发动机。

(3) 四种油品均具有优异的抗磨损、烟炱分散性能及热氧化安定性，满足超长换油期用油要求。

(4) E4用于某些带有EGR及SCR尾气处理装置的发动机，但不适用于带有DPF的发动机。

(5) E6适用于装备了EGR、SCR或DPF的发动机，强烈推荐应用于装载DPF的发动机，及应用超低硫含量(小于50μg/g)柴油时的情况。

(6) E7适用于大多数装载了EGR及SCR的发动机，但不适用于装载DPF的发动机。

(7) E9适用于装备了DPF和大多数装备了EGR、SCR的发动机，强烈推荐应用于装载DPF的发动机，及应用超低硫含量(小于50μg/g)柴油时的情况。

第七章　齿轮油性能与评定

第一节　齿轮传动的类型及其对齿轮油的基本性能要求

一、齿轮传动的类型、齿轮的磨损与齿轮润滑的特点

（一）齿轮传动的类型

根据齿轮轴线的相互位置可分为平行轴传动、相交轴传动和交错轴传动三类，每类传动中还包括几种传动方式。图 7-1 给出齿轮的主要类型。

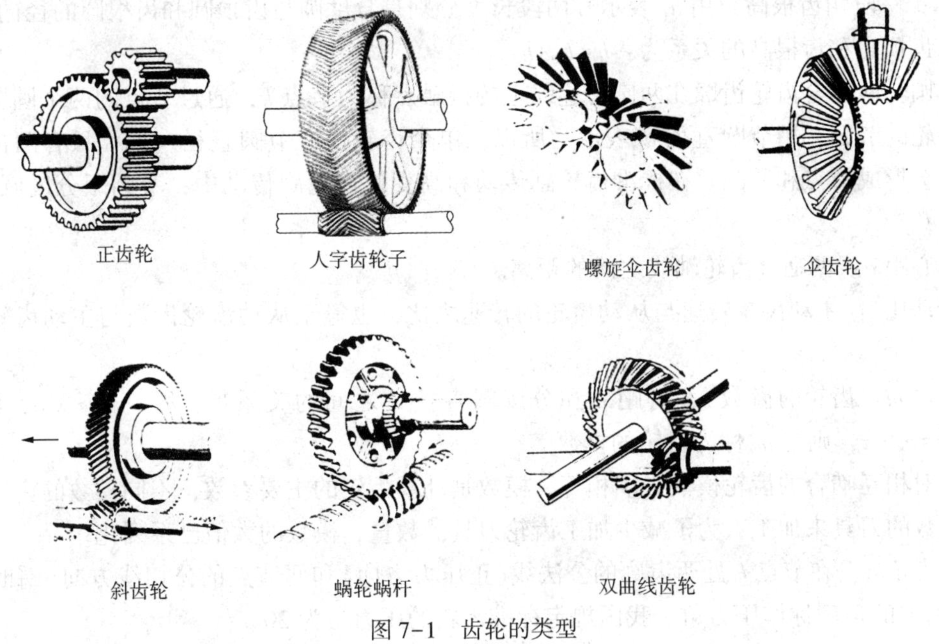

图 7-1　齿轮的类型

1. 平行轴传动

平行轴传动的两齿轮轴都是平行的。

直齿圆柱齿轮：两齿轮轴平行，该种传动是最普通的齿轮传动形式。传动中以滚动为主，但在高速时易出现振动和噪声。

直齿圆柱齿轮各部分名称及代号见图 7-2。

齿顶圆：通过齿轮齿顶的圆，其直径用 d_a 表示。

齿根圆：通过齿轮齿根的圆，其直径用 d_f 表示。

分度圆：设计、计算和制造齿轮的基准圆，其直径用 d 表示。齿轮的分度圆是一个人为定出的圆，位于齿顶圆和齿根圆的中间位置。

齿距 p：分度圆上相邻两齿对应点之间的弧长。齿距分为两段，一段称为齿厚，用 s 表

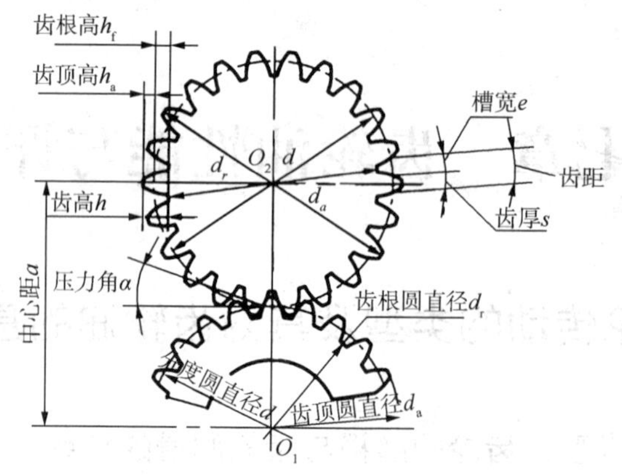

图 7-2　直齿圆柱齿轮各部分名称及代号

示；一段称为槽宽，用 e 表示，分度圆上齿厚、槽宽与齿距的关系为：$s=e=p/2$。

齿高：齿顶圆和齿根圆之间的径向距离，用 h 表示。齿高分为两段，一段叫齿顶高，用 h_a 表示；一段叫齿根高，用 h_f 表示。两段长度分别是分度圆与齿顶圆和齿根圆的径向距离。齿高、齿顶高和齿根高的关系为：$h=h_a+h_f$。

节圆：两啮合齿轮齿廓在两圆心连线上的接触点称为节点 k，通过节点的两个圆分别为两个齿轮的节圆，用节圆直径 d' 表示。所以，单个齿轮没有节圆直径一说，只有两齿轮啮合，才会形成节点和节圆。在标准齿轮副传动和高变位齿轮副传动中，节圆跟分度圆相等，即 $d=d'$。

中心距 a：两啮合齿轮轴线之间的距离。

传动比 i：主动齿轮转速与从动齿轮的转速之比，也等于从动齿轮齿数与主动齿轮齿数之比。

模数 m：齿轮的齿数 z、齿距 p 和分度圆直径 d 之间的关系是：$d\cdot\pi=z\cdot p$，即 $d=p/\pi\cdot z=m\cdot z$，则把 m 称为齿轮的模数。

一对相互啮合的齿轮模数必须相等，模数是计算齿轮的主要参数，不同模数的齿轮要用不同模数的刀具来加工，为了减少加工齿轮刀具的数量，模数的数值已系列化。

压力角 α：在节点 k 处两齿廓的公法线（正压力方向）和两节点的公切线方向（瞬时运动方向）所夹的角度称作压力角。我国规定标准齿轮的压力角为 20°。

斜齿圆柱齿轮：两齿轮轴线平行，齿向与轴线倾斜一角度，这种传动方式较直齿圆柱齿轮传递的功率大，运转较平稳，但有轴向力。

人字齿圆柱齿轮：齿轮轴线平行，传动较为平稳，无轴向力，可传递大功率。

2. 相交轴传动

在相交轴传动中，使用的都是锥形齿轮，其特点是两齿轮轴线相交。

直齿锥齿轮：两齿轮轴线相交，轮齿啮合时以滚动为主，在高速时易出现振动和噪声。

斜齿锥齿轮：比直齿锥齿轮传动稍平稳。

螺旋齿锥齿轮：两锥齿轮轴线相交，齿轮齿向为一弧线，比直齿、斜齿锥齿轮传递的功率都要大，而且传动平稳。

3. 交错轴传动

双曲线齿轮：两锥齿轮的轴线相交叉，齿向仍为弧线，轮齿的弯曲强度和接触强度都较高，并且传动较为平稳，因此，适于大功率传动。由于大小锥齿轮有一定偏距，用于汽车后桥传动可使车身重心降低，故适用于高速轿车及越野车。但该种齿轮在啮合中滑动速度大，且接触应力大，所以润滑条件苛刻，对润滑剂有较高的要求。

蜗轮传动：蜗轮与蜗杆轴线相互交叉，传动比一般较大，在啮合过程中滑动速度很大。为了避免胶合，蜗轮常以磷青铜制作，而蜗杆则用钢制作且硬度较高。在润滑剂的选择上不仅要考虑蜗轮的点蚀，而且更重要的要考虑蜗轮蜗杆的传动效率，磨损及抗胶合的能力。

螺旋齿轮传动：是指两个轴线不平行的螺旋齿(斜齿)圆柱齿轮的传动，这种传动所产生的滑动速度大，在实际的工业动力传动中很少采用。

(二) 齿轮的磨损

齿轮工作的特点是齿轮以“线”或“点”的形式接触，在运动过程中既有滚动摩擦，又有滑动摩擦。齿轮接触处的应力很大，有的重负荷齿轮接触处的应力可达 4GPa(4×10^9Pa)。这些特点使齿轮的润滑处于边界润滑及弹性流体动压润滑状态，当润滑剂使用不当将会造成齿轮损坏。

把齿轮传动装置承担的扭矩和速度超过其能力时造成的齿轮损坏称为超载磨损。在不同的工作条件下(扭矩、速度)齿轮损坏的形式分为磨损、擦伤、点蚀、断裂四种。磨损和擦伤都属于齿轮的黏附磨损。由于齿轮运动速度太低或负荷太重在齿轮间不能建立润滑油膜或使液体动压润滑油膜破裂时发生的轻微黏附磨损称为磨损。当齿轮表面以较大的速度滑动，产生较多的热量使润滑油黏度下降而导致油膜破裂时，齿表面会发生直接摩擦并发生焊接，在继续滑动中将强度较低的金属从齿表面撕裂下来，把这种较严重的黏附磨损称为擦伤。点蚀和齿断裂是齿轮工作过程中发生的齿轮材料的疲劳损坏，也属于超载磨损。断裂指弯曲应力超过材料疲劳极限时破坏齿的一部分或整个齿的情况。点蚀是齿表面在交变接触应力重复作用下发生表面疲劳，产生微观裂缝，分离出磨粒或屑片而剥落形成小凹坑或麻点的情况。

齿轮工作中除发生超载磨损之外，还经常发生磨料磨损和腐蚀磨损。磨料磨损通常是由于灰尘、沙粒等外界介质进入润滑油引起的，保持润滑系统和润滑油的清洁，对防止齿轮发生磨料磨损很重要。腐蚀磨损是由于润滑油的化学作用和周围环境中存在的腐蚀性物质引起的。在润滑油中加入防腐蚀添加剂在一定程度上可减少齿轮的腐蚀磨损。

(三) 齿轮润滑的特点

与其他零件的润滑相比，齿轮润滑具有以下几个特点。

(1) 齿轮的当量曲率半径小，油楔条件差。在齿面间存在滑动，而且滑动的方向与大小急剧变化时极易引起磨损、擦伤和胶合。

(2) 齿轮的接触应力非常高。一般滑动轴承单位负荷压力最大不超过 100MPa，而一些重载机械的齿面应力可达 400~1000MPa，双曲线齿轮的齿面应力可达 1000~3000MPa，在高接触应力作用下齿轮极易发生胶合和点蚀。

(3) 齿轮润滑的断续性。齿轮每次啮合都需重新建立油膜，在齿轮润滑过程中，流体动力润滑，弹性动力润滑与混合摩擦三种润滑方式同时存在，大部分齿轮工作是处于混合摩擦状态，因此容易引起磨损、擦伤和胶合。

二、对齿轮油的基本性能要求

1. 适当的黏度

黏度是齿轮油的主要质量指标，黏度越大其耐载荷能力越大，但黏度过大也会给循环润滑带来困难，增加齿轮运动的搅拌阻力，以致发热而造成动力损失。同时还由于黏度大的润滑油流动性差，对一度被挤压的油膜及时自动补偿修复较慢而增加磨损。因而，黏度一定要合适，特别是加有极压抗磨剂的齿轮油，其耐载荷性能主要是靠极压抗磨剂，这类齿轮油更不能追求高黏度。

2. 良好的热氧化安定性

热氧化安定性也是齿轮油的主要性能，在苛刻条件下工作的齿轮油都处在较高温度下，如汽车差速器中使用的齿轮油温度可达 120～130℃，准双曲面齿轮的油温甚至能达到 160～180℃，在较高温度下，齿轮油很易被氧化，加上齿轮箱中金属的催化作用容易使齿轮油使用性能迅速变坏。

齿轮油工作时被激烈搅动与空气接触充分，加上水分、杂质和金属的作用，使其很容易被氧化造成黏度增加，产生氧化物或油泥。而黏度增加会使冷却效果和供油性下降，氧化物是造成磨损的原因，而且从节能和维护的观点出发，希望尽可能延长换油期，因此要求齿轮油具有良好的热安定性和氧化安定性。

3. 良好的抗磨、耐载荷性能

由于齿轮的载荷一般都很高，为了使齿轮传递载荷时，齿面不会发生擦伤、磨损、胶合，要求齿轮油有很好的承载性能。如汽车后轴的双曲面齿轮，传递压力非常大，而且齿面间的侧滑速度很大，瞬间温度可高达 600～800℃，而一般油性添加剂在 100℃就会从摩擦表面脱附不能形成油膜。为提高齿轮油的抗磨性能，在中等载荷以下，必须用含油性剂和中等极压剂的齿轮油；重载荷的齿轮传动，必须使用含强极压剂的重载荷齿轮油。齿轮油的极压添加剂都是一些活性很强的添加剂，在高温摩擦面上其活性元素与金属表面发生反应，形成化学反应膜，这种膜的抗磨、抗胶合能力很强，从而减缓齿面磨损和擦伤。

4. 良好的抗泡沫性能

由于齿轮运转中的剧烈搅动，或油循环系统的油泵、轴承等的搅动以及向油箱回流的油面过低等原因，都会使得油品产生泡沫。如果泡沫不能很快消失，会因油面升高从呼吸孔漏油，同时将影响齿轮啮合面油膜的形成，或堵塞油路，使供油量减少，冷却作用不够而引起齿轮损伤。这些现象都可能引起齿轮及轴承损伤。所以齿轮油应当泡沫生成得少，消泡性好，即齿轮油应具有良好的抗泡沫性。

5. 良好的防锈防腐性能

齿轮油的腐蚀性来源于油中的酸性物质，无机酸和低分子有机酸对齿轮有很强的腐蚀性，金属中以铅、铜等有色金属及合金对酸性腐蚀最敏感。另外由于齿轮油中含有极压添加剂，化学活性强，低温下容易与金属表面发生反应造成腐蚀。齿轮油在使用过程中会发生分解或氧化变质产生酸类和胶质，特别是与水接触时容易产生腐蚀和锈蚀，因此齿轮油中要加有防锈防腐剂以提高其防锈防腐性能。

6. 良好的抗乳化性能

由于齿轮油（特别是工业齿轮油）在齿轮运转中常不可避免地接触水分，如果齿轮油的抗乳化性不好，则会造成齿轮油乳化和产生泡沫，导致油膜强度降低或破裂。加有极压抗磨剂的油乳化后，极压剂会发生水解或产生沉淀，从而失去极压作用并且产生有害物质，使齿轮油迅速变质，失去使用性能，从而造成齿轮擦伤、磨损，甚至造成事故。因此抗乳化性能是齿轮油的重要性能指标。

7. 良好的抗剪切安定性

齿轮油的黏度在使用期间，允许有一定的变化，但是在指定的温度下，不允许有大的变化。齿轮油黏度变化的发生是由于齿轮啮合运动所引起的剪切作用的结果，特别是中重载荷条件下，最容易受剪切影响的成分是聚合物，如黏度指数改进剂。因此齿轮油中使用的黏度指数改进剂必须有良好的抗剪切安定性，以保证齿轮油在使用过程中黏度基本保持不变。

对齿轮油的其他性能要求还包括良好的低温流动性、与密封材料的适应性、储存安定性，开式齿轮油还要有良好的黏附性。

第二节　齿轮油的分类

齿轮油按 GB/T 7631. 7—1995(2004)的分类，分为工业闭式齿轮油、工业开式齿轮油、车辆齿轮油，该分类未包括航空齿轮油。

一、工业齿轮油分类

1. 工业闭式齿轮油

我国工业闭式齿轮油分类，是参照 AGMA(美国齿轮制造商协会)250 系列、美钢 224 和 ISO/6743/6 的标准分类法进行分类的。我国把工业闭式齿轮油分为 CKB、CKC、CKD、CKE、CKT、CKS 六个档次(第二个字母引进 K 字，是为了避免与柴油机油混淆)，见表 7-1。

表 7-1　工业闭式齿轮油的分类[GB/T 7631. 7—1995(2004)]

分类		现行名称	组成、特性及使用说明
ISO	中国		
CKB	CKB 抗氧防锈型	工业齿轮油	由精制矿物油加入抗氧、防锈添加剂调配而成，有严格的抗氧、防锈、抗泡、抗乳化性能要求，适用于一般轻载荷的齿轮润滑
CKC	CKC 极压型	中载荷工业齿轮油	由精制矿物油加入抗氧、防锈、极压抗磨剂调配而成，比 CKB 具有较好的抗磨性．适用于中等载荷的齿轮润滑
CKD	CKD 极压型	重载荷工业齿轮油	由精制矿物油加入抗氧，防锈、极压抗磨剂调配而成，比 CKC 具有更好的抗磨性和热氧化安定性，适用于高温下操作的重载荷的齿轮润滑
CKE	CKE 蜗轮蜗杆	蜗轮蜗杆油	由精制矿物油或合成烃加入油性剂等调配而成，具有良好润滑特性和抗氧、防锈性能，适用于蜗轮蜗杆齿轮之润滑
CKT	CKT 合成烃极压型	低温中载荷工业齿轮油	由合成烃为基础油，加入同 CKC 相似的添加剂，性能除具有 CKC 的特性外，有更好的低温、高温性能，适用于在高、低温环境下的中载荷齿轮之润滑

续表

分类		现行名称	组成、特性及使用说明
ISO	中国		
CKS	CKS 合成烃型	合成烃齿轮油	由合成油或半合成油为基础油加入各种相配伍的添加剂，适用于低温、高温或温度变化大．耐化学品以及其他特殊场合的齿轮传动润滑

（1）CKB 以精制矿物油为基础油，具有抗氧、抗腐、防锈、抗泡等特点，无极压抗磨添加剂，适用于齿面接触应力小于 $500N/mm^2$ 的轻负荷下运转的齿轮。

（2）CKC 在 CKB 油抗氧、防锈的基础上提高了极压抗磨性。应用于中等负荷下工作的齿轮，如齿面应力小于 $1000N/mm^2$ 的矿山提升机、露天采掘机、水泥磨、化工、水电、矿山机械、船舶海港机械的齿轮传动。国外常用重负荷工业齿轮油代用，不设此档，我国根据机械的齿轮传动状况，保留了这一档油。

（3）CKD 油在 CKC 基础上进一步提高了极压抗磨性、热氧化安定性和抗乳化性能。适用于重负荷、高温、有水混入等工况下运转的齿轮。如齿面接触应力接近或大于 $1000N/mm^2$ 的冶金轧钢机，井下采掘机、化肥、水泥行业等有高温、有冲击、含水部位的齿轮传动，它是闭式齿轮油中的最高档次。

（4）CKE 油分为非极压型（CKE）和极压型（CKE/P）蜗轮蜗杆油两种。蜗轮蜗杆的减速比大，其齿轮的啮合部分主要为滑动摩擦，且滑动速度大、油膜易破坏、摩擦损失也大。要求油品油性好、摩擦系数低、减磨性能好。CKE 型主要用于铜-钢配对的圆柱型和双包围等类型的承受轻负荷，传动中平稳、无冲击的蜗轮蜗杆副。SKE/P 型主要用于铜-钢配对的圆柱型、承受重负荷、传动中有振动和冲击的蜗轮蜗杆副。其基础油可为矿物油和合成油型，合成油中的聚醚有较低的牵引系数，能减少热量的产生，以聚醚为基础油的蜗轮蜗杆油使用寿命一般是矿物油型的 3 倍。

（5）CKS 和 CKT 都是以合成烃为基础油，加入抗氧抗腐、极压抗磨、防锈、抗泡等添加剂配制而成。后者的抗磨极压性更优。它们具有优良的润滑性、高黏度指数、良好的低温流动性及热氧化安定性。它是为满足高温（或低温）、高速、重负荷齿轮传动装置的需要，适应齿轮油发展趋势的要求（低黏度、高质量、通用性、长寿命）而发展起来的。

工业闭式齿轮油 CKB、CKC、CKD 的产品标准见表 7-2，非极压型（CKE）和极压型（CKE/P）蜗轮蜗杆油的产品标准见表 7-3。

2. 工业开式齿轮油

根据 GB/T 7631. 7—1995（2004），我国把工业开式齿轮油分为 CKH、CKJ、CKM 三档，其极压抗磨性能依次增加，见表 7-4。开式齿轮油适用于开式及半封闭式齿轮和低速重负荷齿轮装置的润滑，用于开式齿轮无箱体或罩壳、直径大、转速低、润滑油在齿轮运动过程中因离心力和重力作用而易飞溅或滴落的场合，以及齿轮易受水分、潮气、有害气体和灰砂侵蚀的环境。开式齿轮油在低速重负荷工作条件下易被挤出或甩掉，需要良好的黏附性以保持齿面油膜、防止油滴飞溅和滴落是必备的特性。因此开式齿轮油中含有黏附剂，通常为沥青或聚合物。普通开式齿轮油以矿油馏分为基础油，加入抗氧、防锈等添加剂及适量的沥青制成。

表 7-2 工业闭式齿轮油标准(GB 5903—2011)

项目		质量指标																							试验方法
品种		L-CKB				L-CKC											L-CKD								
黏度等级(按 GB/T 3141)		100	150	220	320	32	46	68	100	150	220	320	460	680	1000	1500	68	100	150	220	320	460	680	1000	
运动黏度(40℃)/(mm^2/s)		90~110	135~165	198~242	288~352	28.8~35.2	41.4~50.6	61.2~74.8	90~110	135~165	198~242	288~352	414~506	612~748	900~1100	1350~1650	61.2~74.8	90~110	135~165	198~242	288~352	414~506	612~748	900~1100	GB/T 265
黏度指数	不小于	90				90								85			90								GB/T 1995
闪点(开口)/℃	不低于	180	200			180			200								180	200							GB/T 3536
倾点/℃	不高于	-8				-12				-9				-5			-12		-9				-5		GB/T 3535
水分/%	不大于	痕迹				痕迹											痕迹								GB/T 260
机械杂质/%	不大于	0.01				0.02											0.02								GB/T 511
铜片腐蚀试验/级 100℃，3h	不大于	1				1											1								GB/T 5096
液相锈蚀试验(24h)		无锈				无锈											无锈								GB/T 1143 (B 法)
氧化安定性/h (总酸值达 2.0mgKOH/g)	不小于	750		500		—											—								GB/T 12581
氧化安定性(312h) 100℃运动黏度增长/% 沉淀值/mL	 不大于 不大于	—				 6(95℃) 0.1(95℃)											 6(121℃) 0.1(121℃)								SH/T 0123
旋转氧弹(150℃)/min		报告				—											—								SH/T 0193
泡沫倾向性/泡沫稳定性/(mL/mL) 程序Ⅰ(24℃) 程序Ⅱ(93.5℃) 程序Ⅲ(后 24℃)	 不大于 不大于 不大于	 75/10 75/10 75/10				 50/0 50/0 50/0											 50/0 50/0 50/0								GB/T 12579

续表

项目	质量指标																							试验方法
品种	L-CKB				L-CKC											L-CKD								
黏度等级(按 GB/T 3141)	100	150	220	320	32	46	68	100	150	220	320	460	680	1000	1500	68	100	150	220	320	460	680	1000	
抗乳化性(82℃)																								GB/T 8022
油中水/% 不大于	0.5				2.0											2.0								
乳化层/mL 不大于	2.0				1.0											1.0								
总分离水/mL 不小于	30.0				80.0											80.0								
Timken 机试验(OK)负荷 N(lb) 不小于	—				200(45)											267(60)								GB/T 11144
FZG(或 CL-100)齿轮试验机试验(A/8.3/90)通过级 不小于	—				10		12			>12						12			>12					SH/T 0306
四球机试验																								
磨损指数/N(kgf) 不小于	—				—											441(45)								GB/T 3142
烧结负荷 P_D/N(kgf) 不小于	—				—											2450(250)								
磨斑直径(1800r/min, 196N, 60min, 54℃)/mm 不大于	—				—											0.35								SH/T 0189
剪切安定性(齿轮机法) 剪切后 40℃运动黏度/ mm^2/s	—				在黏度等级范围内											在黏度等级范围内								SH/T 0200

表 7-3　蜗轮蜗杆油行业标准[SH/T 0094—91(2007)]

项目		质量指标																				试验方法
品种		L-CKE										L-CKE/P										
质量等级		一级品					合格品					一级品					合格品					
黏度等级(按 GB/T 3141)		220	320	460	680	1000	220	320	460	680	1000	220	320	460	680	1000	220	320	460	680	1000	
运动黏度(40℃)/(mm²/s)		198~242	288~352	414~506	612~748	900~1100	198~242	288~352	414~506	612~748	900~1100	198~242	288~352	414~506	612~748	900~1100	198~242	288~352	414~506	612~748	900~1100	GB/T 265
黏度指数	不小于	90										90										GB/T 1995
闪点(开口)/℃	不低于	200	220				180					200	220				180					GB/T 3536
倾点/℃	不高于	-6										-12					-6					GB/T 3535
水溶性酸碱		无										—										GB/T 259
水分/%	不大于	痕迹										痕迹										GB/T 260
机械杂质/%	不大于	0.02					0.05					0.02					0.05					GB/T 511
皂化值/(mgKOH/g)		9~25					5~25					不大于 25										GB/T 8021
中和值/(mgKOH/g)		1.3										1.0					1.3					GB/T 4945
铜片腐蚀试验(100℃，3h)/级	不大于	1										1										GB/T 5096
液相锈蚀试验 蒸馏水		无锈										—					无锈					GB/T 11143
液相锈蚀试验 合成海水		—										无锈					—					GB/T 11143
沉淀值/mL	不大于	0.05										—										SH/T 0024
硫含量/%	不大于	1.00										1.25										SH/T 0303
氯含量[①]/%	不大于	—										0.03					—					SH/T 0161
抗乳化性(82℃，40-37-3mL)/min	不大于	60					—					60					—					GB/T 7305
泡沫倾向性/泡沫稳定性/(mL/mL)																						GB/T 12579
24℃	不大于	75/10										75/10					-/300					
93.5℃	不大于	75/10										75/10					-/25					
后 24℃	不大于	75/10										75/10					-/300					

续表

项　　目	质量指标				试验方法
品种	L-CKE		L-CKE/P		
质量等级	一级品	合格品	一级品	合格品	
氧化安定性②/h （中和值达 2.0mgKOH/g）　不小于	350	—	350	—	GB/T 12581
综合磨损指数（1500r/min）/N　不小于	—		392		GB/T 3142
剪切安定性③（40℃运动黏度下降率）/%　不大于	6	—	6	—	SH/T 0505

①对矿油型、未加含氯添加剂时可不测定含氯量。

②保证项目，每年测一次。

③加有增黏剂的黏度等级油必须测定。

表 7-4　工业开式齿轮油分类[GB/T 7631.7—1995(2004)]

分类		现行名称	组成、特性及使用说明
ISO	中国		
CKH	CKH	普通开式齿轮油	由精制润滑油加抗氧防锈剂调制而成。具有较好的抗氧、防锈性和一定的抗磨性。适用于一般载荷的开式齿轮和半封闭式齿轮润滑
CKJ	CKJ	极压开式齿轮油	由精制润滑油加入多种添加剂调制而成，它比 CKH 油具有更好的极压性能。适用于苛刻条件下的开式或半封闭式的齿轮箱润滑。要求 Timken OK 值不小于 200N 或 FZG 齿轮试验通过九级以上
CKM	CKM	溶剂稀释型开式齿轮油	由高黏度的普通开式或极压开式齿轮油加入挥发性溶剂调制而成，当溶剂挥发后，齿面上形成一层油膜，该油膜具有一定的极压性能。溶剂挥发后的油膜强度 Timken OK 值不小于 200N 或 FZC 齿轮试验通过九级

3. 工业齿轮油的黏度分级

我国工业齿轮油的黏度是按 GB/T 3141—94(2004)《工业液体润滑剂 ISO 黏度分类》执行，该分类等效采用国际标准 ISO 3488—1992《工业液体润滑剂一 ISO 黏度分类》。按其 40℃运动黏度的中心值分为 68、100、150、220、320、460、680 七个牌号。我国工业齿轮油黏度等级与美国齿轮制造商协会(AGMA)，国际标准化组织(ISO)的黏度等级对比列于表 7-5。

表 7-5　工业齿轮油黏度等级

黏度分级	40℃运动黏度/(mm^2/s)	AGMA 黏度级	ISO 黏度级
68	61.2~74.8	2	VG68
100	90~110	3	VG 100
150	135~165	4	VG 150
220	198~242	5	VG 220
320	288~325	6	VG 320
460	414~506	7	VG 460
680	612~748	8	VG 680

二、车辆齿轮油分类

车辆齿轮油也是按黏度和使用性能进行分类，欧洲、日本和其他许多国家都遵循美国的 SAE 的黏度分类和 API 的使用性能分类法。

1. 黏度分类

我国车辆齿轮油的黏度分类等效采用 SAE J 306—91 的分类法，制定的我国车辆齿轮油的黏度分类 GB/T 17477—1998 的具体指标与 SAE J 306—91 规定的相同。

美国汽车工程师协会(SAE) 于 2005 年发布了车辆齿轮油黏度分类标准 SAE J306—2005，其具体内容见表 7-6。

表 7-6　SAE J306—2005 车辆齿轮油黏度等级

黏度等级	最高温度 (低温黏度为 150Pa·s 时)/℃	运动黏度(100℃)/(mm^2/s)	
		最小	最大
70W	-55	4.1	
75W	-40	4.1	
80W	-26	7.0	
85W	-12	11.0	
80		7.0	11.0
85		11.0	13.5
90		13.5	18.5
110		18.5	24.0
140		24.0	32.5
190		32.5	41.0
250		41.0	

SAE 提出 SAE J306—2005 的主要原因在于：在以往的 SAE J306 标准中，SAE90/SAE140 黏度级别的黏度范围分别为 13.5~24.0mm^2/s 和 24.0~41.0mm^2/s，黏度跨度分别达到 10.5mm^2/s 和 17.0mm^2/s 之多，很容易造成虽然同属一个黏度级别，但由不同润滑油生产商提供的油品的黏度差异却较大，从而使 OEM 很难确保终端油品在使用性能上达到其设计的使用要求；油品低黏化可以提高燃油经济性，达到节能效果，但是由此导致的油膜强度降低会导致对其齿轮表面的保护能力变差。要兼顾这一对矛盾，选用合适的黏度等级的油品尤为重要。所以，我国 GB/T 17477—2012 标准等效采用了 SAE J306—2005。

对于后桥齿轮油黏度级别的选择，一般根据其最低使用环境温度和后桥运行最高温度来确定。总体上，在气温较低、承载负荷较小时，可选用黏度级别较低的齿轮油；反之可选用黏度较大的齿轮油。对于工程机械、重载或道路条件恶劣的车辆，其选用的齿轮油的黏度等级应提高一个等级。根据我国南、北方的温度差异和车辆行驶范围，可以选用不同黏度级别的单级或多级后桥齿轮油。在不同环境温度条件下推荐的后桥齿轮油黏度级别见表 7-7。

表 7-7　不同环境温度下推荐的后桥齿轮油黏度级别

环境温度/℃	后桥齿轮油黏度级别	环境温度/℃	后桥齿轮油黏度级别
-50~+35	75W，75W-90	-12~+35	85W-140
-20~+35	80W-90	-12~+35	90
-15~+50	85W-90	-12~+50	110
-15~+55	85W-110	-7~+55	140

2. 质量分类

车辆齿轮油质量等级广泛采用美国石油学会(API)分类及技术标准。API 车辆齿轮油的质量等级是按照工作条件的苛刻程度划分的，共分为 GL-1、GL-2、GL-3、GL-4、GL-5 五个等级，见表 7-8。

表 7-8　美国石油学会车辆齿轮油使用性能分类标准（SAE J308C）

分　类	使用说明	典型应用
GL-1	用于低齿面压力、低滑动速度下运行的汽车螺旋伞齿轮的驱动桥以及各种手动传动箱。直馏矿物油能满足使用要求，可加入抗氧剂、防锈剂和消泡剂，改善其性能	汽车手动变速器（牵引车和卡车）
GL-2	适用于汽车蜗轮后桥齿轮，由于其负荷、温度和滑动变速的状况，GL-1 齿轮油不能满足要求的蜗轮蜗杆齿轮规定使用 GL-2 齿轮油，这种油通常加有脂肪添加剂	蜗轮蜗杆传动和工业齿轮油
GL-3	适用于速度和负荷比较苛刻的汽车手动传动箱和螺旋伞齿轮的驱动桥，其耐负荷能力比 GL-1 和 GL-2 高，但比 GL-4 低	手动变速器和螺旋伞齿轮后桥传动
GL-4	在低速高扭矩、高速低扭矩下操作的各种齿轮，特别是客车和其他车辆用的准双曲面齿轮，规定使用 GL-4 齿轮油，要求油品抗擦伤性能等于或优于 CRC 参考油 RGO-105，并要通过试验程序，其性能水平达到 1972 年 4 月启用的 ASTM STP-512 的要求	手动变速器、螺旋伞齿轮和双曲面齿轮，中等苛刻条件下
GL-5	在高速冲击负荷、高速低扭矩、低速高扭矩下操作的各种齿轮，特别是客车和其他车辆的准双曲面齿轮规定用 GL-5 齿轮油，要求其抗擦伤性能等于或优于 CRC 参考油 RGO-110，并要通过试验程序，其性能达到 1972 年 4 月启用的 ASTM STP-512 规定的要求	用于苛刻使用条件下的双曲面齿轮和所有其他类型的齿轮，也可用于手动变速箱

我国参考 API 车辆齿轮油分类标准，将车辆齿轮油分为 CLC、CLD、CLE 三档，相当于以前的普通车辆齿轮油、中负荷车辆齿轮油、重负荷车辆齿轮油，在性能上分别相当于 API 的 GL-3、GL-4、GL-5，见表 7-9。

表 7-9　我国车辆齿轮油的详细分类

代　号	组成、特性和说明	使用部位
CLC	精制的矿物油加入抗氧、防锈、抗泡和少量极压剂等制成。适用于中等速度和负荷比较苛刻的手动变速器和螺旋伞齿轮的驱动桥	手动变速器、螺旋伞齿轮的驱动桥
CLD	精制矿物油加入抗氧、防锈、抗泡和极压剂制成。适用于在低速高扭矩、高速低扭矩下操作的各种齿轮，特别是客车和其他各种车辆用的准双曲面齿轮	手动变速器、螺旋伞齿轮和使用条件不太苛刻的准双曲面齿轮的驱动桥
CLE	精制矿物油加入抗氧、防锈、抗泡、极压剂等制成。适用于在高速冲击负荷、高速低扭矩和低速高扭矩下操作的各种齿轮，特别是客车和其他各种车辆的准双曲面齿轮	操作条件缓和或苛刻的准双曲面齿轮及其他各种齿轮驱动桥，也可用于手动变速器

理论上，车辆齿轮油质量级别的选择要考虑负荷特性、齿面滑移速度和工作温度等因素，而这些因素又与汽车传动装置的结构和齿轮类型有关。在汽车传动装置中，工作条件较苛刻的驱动桥，尤其是双曲线齿轮式主减速器，其齿面压力、滑移速度和油温均较高，齿轮油的工作条件十分苛刻，必须使用具有优异的极压抗磨性能的重负荷车辆齿轮油，才能保证双曲线主减速器的正常润滑。

不能随意选择齿轮油，否则会导致其后桥齿轮出现严重磨损，甚至报废。例如一台新东风载重汽车在走合期结束时由于急于出车，在后桥齿轮箱中使用了 GL-3 普通车辆齿轮油，而没有使用 GL-5 重负荷车辆齿轮油。该车辆行驶不到 3 天，其后桥齿轮箱就发出明显噪声。经拆检发现，主减速器齿轮副已因严重磨损而报废。这个应用实例说明，汽车后桥双曲线齿轮传递动力大，工作条件苛刻，必须使用具有优异的极压抗磨性能的重负荷车辆齿轮油才能保证其正常润滑；否则，即使在较短的行驶里程内，主从动齿面也会出现严重的磨损和擦伤。

根据中国车辆行驶现状，中国齿轮专业协会专门制定了《车辆驱动桥润滑油技术条件》和《车辆驱动桥润滑油市场准入条件》，其中明确规定，“直齿锥齿轮、螺旋锥齿轮传动的驱动桥润滑油建议选用 API GL-5 规格的车辆齿轮油，不建议使用 API GL-4 及 GL-4 以下规格的车辆齿轮油”；“不建议车辆驱动桥生产商采购车辆变速箱油、自动传动液、内燃机油等其他种类的油品作为车辆驱动桥润滑油使用”。笔者建议车辆变速齿轮箱和驱动桥均使用 GL-5 级车辆齿轮油，我国的产品标准见表 7-10。

表 7-10　重负荷车辆齿轮油产品标准[GB 13895—92(2004)]

项　目	质量标准						试验方法
黏度等级	75W	80W/90	85W/90	85W/140	90	140	
运动黏度(100℃)/(mm^2/s)	≥4.1	13.5~24.0	13.5~24.0	24.0~41.0	13.5~24.0	24.0~41.0	GB/T 265
倾点/℃	报告	报告	报告	报告	报告	报告	GB/T 3535
表观黏度 150Pa·s 的温度/℃　不高于	-40	-26	-12	-12	—	—	GB/T 11145
闪点(开)/℃　不低于	150	165	165	180	180	200	GB/T 3536
成沟点/℃　不高于	-45	-35	-20	-20	-17.8	-6.7	SH/T 0030
黏度指数　不低于	报告	报告	报告	报告	75	75	GB/T 2541
起泡性(泡沫倾向)/mL							GB/T 12579
24℃　不大于	20						
93.5℃　不大于	50						
后 24℃　不大于	20						
腐蚀试验(铜片，121℃，3h)/级　不大于	3						GB/T 5096
机械杂质/%　不大于	0.05						GB/T 511
水分/%　不大于	痕迹						GB/T 260
戊烷不溶物/%	报告						GB/T 8926A
硫酸盐灰分/%	报告						GB/T 2433
硫/%	报告						GB/T 387、388 GB/T 11140 SH/T 0172①
磷/%	报告						SH/T 0296
氮/%	报告						SH/T 0224
钙/%	报告						SH/T 0270②
储存稳定性③							SH/T 0037
液体沉淀物/%(体)　不大于	0.5						
固体沉淀物/%(质)　不大于	0.25						

续表

项目		质量标准	试验方法
锈蚀试验③			
盖板锈蚀面积/%	不大于	1	SH/T 0517
齿面、轴承及其他部件锈蚀情况		无锈	
抗擦伤试验③		通过	SH/T0519④
承载能力试验③		通过	SH/T 0518⑤
热氧化稳定性③			SH/T 0520
100℃运动黏度增长/%	不大于	100	SH/T 265
戊烷不溶物/%	不大于	3	GB/T 8926A
甲苯不溶物/%	不大于	2	GB/T 8926A

① 生产单位可根据添加剂配方不同选择适当的测定方法。

② 如果有其他金属，应该测定并报告实测结果，允许原子吸收光谱测定。

③ 保证项目，每五年评定一次。

④ 75W 油在进行抗擦伤试验时，程序Ⅱ(高速)在 79℃开始进行，程序Ⅳ(冲击)在 93℃下进行。喷水冷却，最大温升不大于 5.5~8.3℃。

⑤ 75W 油在进行承载能力试验时，高速低扭矩在 104℃下进行，低速高扭矩在 93℃下进行。

GL-4 车辆齿轮油没有形成统一的标准，各个企业自行制定相应的标准，通常采用重负荷车辆齿轮油的完整配方，但添加量减半。

第三节　车辆齿轮油的特殊评定方法

为确保车辆齿轮油能满足使用性能要求，除了采用常规的评定方法对其一般理化性能进行评定外，还需进行专门的试验评定。

一、齿轮油低温表观黏度测定

后桥台架试验表明，车辆在低温下启动时，当油品动力黏度大于 150 Pa·s 时，主轴的轴承会因供油不足而破坏。因此需测定规定低温下齿轮油的表观黏度，150 Pa·s 为临界指标。

美国的标准方法为 ASTM D2983，我国的测定方法为 GB/T 11145《车用流体润滑剂低温黏度测定法(勃罗克费尔特黏度计法)》，又译为《布鲁克费尔德法(Brookfield)》。本标准规定了采用空气冷浴或半导体致冷浴，使用勃罗克费尔特黏度计，在-5~-40℃温度范围内，车用流体润滑剂低剪切速率黏度的测定方法。按本标准测定的黏度称勃氏黏度(又称为布氏黏度)，适用于测定黏度范围为 1000~1000000mPa·s 的车用流体润滑剂，如齿轮油、液力传动油，工业及汽车液压油。

由于许多车用流体润滑剂在低温下是非牛顿液体，因此它的黏度值随勃氏黏度计的心轴转速(剪切速率)而变化，因为测定黏度的剪切率很低，所以测定结果与齿轮油低温流动性有一定的关系。试验分为 A 法和 B 法，A 法是先将试样放入试验温度的空气冷浴中，恒温 16h，然后取出，置于绝热的试管座中。连接心轴和勃氏黏度计，选好转速，测定勃氏黏度，B 法是先将试样放在达到试验温度的半导体冷浴中，连接勃氏黏度计和心轴，选好转速，恒温 2h 后测定试样的低温勃氏黏度。

试验结果一般包括：试样的试验温度、试验时心轴的转速、表盘读数以及计算的勃氏黏度。当 A 法和 B 法的测定结果有争议时，以 A 法测定结果为准。

二、齿轮油的成沟性能

汽车后桥齿轮装置采用油浴式润滑，旋转的齿轮将齿轮油携带到齿面上。在低温下油品黏度增大，如果旋转的齿轮将齿轮油划出一道沟痕，而油不能迅速流回沟痕中时，则齿轮油不能被携带到齿面上，从而导致润滑失效。该方法是将装有试样的容器，在试验温度下存放 18h，然后用钢片将试样刮一条沟，观察试样在 10s 之内是否流回并完全覆盖容器底部来判断试样的成沟特性。如果在 10s 内试油流回并完全覆盖试油容器底部，则报告试油不成沟；反之则报告成沟。美国的标准方法为联邦标准 FTMS 791B 3456. 1，我国的标准方法为 SH/T 0030。

三、GL-5 车辆齿轮油台架试验

重负荷车辆齿轮油是以精制的中性油或聚 α-烯烃合成油为基础油，加入极压抗磨、抗氧抗腐、防锈等添加剂调制而成，多级油中加有黏度指数改进剂。重负荷车辆齿轮油要通过润滑、锈蚀和氧化性能方面的四个台架试验，需对各种功能添加剂进行仔细平衡。极压抗磨剂和抗腐、防锈添加剂之间具有对抗作用；极压抗磨剂的活性越大，油品的抗氧化性能越差；含硫极压剂在高速冲击载荷条件下能有效防止齿面擦伤，而含磷极压剂在低速高扭矩条件下能有效防止齿面疲劳点蚀和剥落。这些特性无法用一般的理化指标反映，美国 CRC 在模拟汽车道路试验的基础上，制定了四个台架试验来评定 GL-5 车辆齿轮油的性能，即 CRC L-33、CRC L-37、CRC L-42 和 CRC L-60 试验。我国引进和建立了这四套台架，表 7-11 列出了这四套 CRC 台架的试验目的、主要试验条件和结果评定项目。

表 7-11　车辆齿轮油台架试验简介

试验名称	CRC L-33	CRC L-37	CRC L-42	CRC L-60
试验目的	湿热条件下的防锈性	低速高扭矩和高速低扭矩下的承载性	高速、冲击负荷下的抗擦伤性	热氧化安定性
试验方法	FTMS—5326. 1	FTMS—6506. 1	FTMS—6507. 1	FTMS—2504
国内方法	SH/T 0517	SH/T 0518	SH/T 0519	SH/T 0520
试验条件	试验件：DANA-30（Spicer 差速器总成） 试油量：1200mL 蒸馏水：30mL 运转期 油温：82. 2℃ 轴转速：2500r/min 时间：4h 储存期 油温：51. 7℃ 时间：162h	试验件：DANA-60（3/4 吨军用卡车后桥） 试油量：2800mL 高速低扭程序 桥轮速：440r/min 扭矩：535×2N · m 时间：100min 油温：147. 2℃±1. 7℃ 低速高扭程度 桥轮速：80r/min 扭矩：2350×2N · m 时间：24h 油温：135℃±1. 7℃	试验件：DANA-44（Spicer 44-1 型后桥） 试油量：1655mL 磨合程序： 油温：107℃ 扭矩：160~711N · m 转速：250r/min 高速冲击程序： 油温：93. 3℃ 转速：450~700r/min 共 5 次 检查并换油 高速高负荷冲击程序： 油温：93. 3℃ 转速：550~650r/min 扭矩：177. 6N · m 共 10 次	试验件：专用齿轮箱（R4 轴承及两个小正齿轮） 试油量：120mL 试油温度：162. 8℃ 齿轮负荷：128W 空气流量：1. 1L/h 转速：2540r/min 时间：50h 冷轧电解铜片（催化剂）

续表

试验名称	CRC L-33	CRC L-37	CRC L-42	CRC L-60
评定项目	盖板和零件上的锈蚀、腐蚀、油泥和沉淀。	齿面抛光、磨损、疲劳损伤(点蚀、剥落、波纹、螺脊)和擦伤	环形齿轮和驱动齿轮的驱动面和被驱动面的擦伤面积	黏度增长率、戊烷不溶物、甲苯不溶物和催化剂重量损失

1. 关于 L-33 方法

L-33 方法的试验条件的建立，特别是试验油温和储存油温的确定，是经过严格考察后确立的。储存期内的油温定在 51.7℃±0.6℃这一关键温度，是考虑到此温度接近于潮湿空气的露点。随着桥壳内温度的微小变化，潮气在桥壳的后盖板上引起了很大的变化，促使零件表面易于生成锈蚀和腐蚀。试验表明，台架试验结束分解驱动桥试验部件后，可以明显见到后盖板内表面及其他零件上呈现一层布满微粒的小水珠，经 7d 长期储存试验，对车辆齿轮油的防锈性是一个严格的考验。

2. L-37 和 L-42 台架与行车试验的关系

重负荷车辆齿轮油的台架评定最初由美军于 1952 年至 1960 年间开展“齿轮润滑剂质量试验方法开发”的研究课题时开始建立的。它采用 M-37(驱动程式 4×4，载重为 750kg)及 M-211(驱动程式 6×6，载重为 2500kg)的两种军用车辆经适当改装和配置有关的监测仪表后，分两个阶段进行行车试验：其一，在美国 YUMA(亚利桑那州)沙漠地区高速公路上进行高速行驶试验；其二，在美国 DEATH VALLEY(加利福尼亚州)地区进行山区高扭矩行车试验，以录取其基本数据，作为建立实验室试验台架的依据，行车试验的目的主要是研究在苛刻的行驶条件下汽车驱动桥内双曲线齿轮上所承受的动负荷、滑动速度、单位表面负荷、动态齿表面温度等数据，而后与 CRC 齿轮润滑剂小组共同研究开发实验室和行车的评定技术，再由 CRC 小组提出并建立相应的实验室台架、试验条件和方法，作为实验室评定 GL-5 级车辆齿轮油质量的主要手段。

通过行车试验证明，M-37 车辆在齿面负荷和滑动速度方面较 M-211 车辆苛刻，因而 CRC 台架的试验条件以 M-37 车辆的试验结果为主要依据。试验表明，同一车辆在不同的道路上行驶时，其驱动桥内齿轮所承受的负荷、齿面的滑动速度、油温等参数相差甚大。在沙漠地区(YUMA)高速行驶时，其驱动桥齿面的滑动速度可达 5.39m/s，而在山区(DEATH VALLEY)的高扭矩试验、特别在满载爬坡或坡道上起步时，显示出车辆驱动桥齿轮上承受极大的扭矩，最大可达 4724N·m，齿面负荷最大可达 1476.5N/mm^2，而车辆由于在爬山车速并不快，其齿面滑动速度平均约在 1~2m/s 之间，因而可以理解建立 CRCL-37 台架的试验条件，必须考虑建立两个试验程序，即高速低扭矩程序和低速高扭矩程序，以适应车辆齿轮油的实际试验需要。

车辆在高速行驶时，油温将随着车速的增加而升高。当车辆行驶的车速达到 170km/h 时，驱动桥内油温最高可达 168.9℃，而稳定油温为 134.4℃，因而行车试验的结果为 CRCL-37 台架确立油温指标的试验条件提供了依据。

行车试验的结果为建立 CRCL-37 台架提供了可靠的依据，由于台架所采用的试验驱动桥是采用原 M-37 车辆的整桥，实际上 CRCL-37 台架相当于把一辆满载的 M-37 车辆装在实验室内进行车辆齿轮油的性能评定试验，所不同的是 CRCL-37 台架的扭矩由两台大功率的测功机来施加并替代车辆的负载，行车与台架试验条件的对比见表 7-12。

表 7-12 行车试验结果与 CRCL-37 台架试验条件的比较

项 目	M—37 车辆的行车试验结果				CRCL-37 台架试验条件			
	车速（km/h）	驱动桥转速/(r/min)	齿面滑动速度/(m/s)	齿轮扭矩/N·m	驱动桥转速/(r/min)	测动机负荷/N·m	齿面负荷/(N/mm²)	试油温度/℃
高速试验 100min	116	440	5.06	1069.1	440	535×2	263.0	147
高扭矩试验 24h	74.7	80	0.92	4725.5	80	2350×2	1162.1	135

CRCL-37 台架的低速高扭试验程序是模拟满载车辆爬山时的行驶条件，其试验时间长达 24h，但实际上，车辆行驶中不可能 24h 连续地爬山，显然台架的试验条件远比实际行车试验要苛刻得多。致使在评定车辆齿轮油的四个台架中，CRCL-37 台架是属于较难通过的试验。

车辆在不同地区和不同道路上行驶时，承受着不同的齿面负荷和滑动速度。特别在山区道路上行驶时，车辆爬山和下山时车辆换挡减速，在驱动桥齿轮的非传动侧齿面上承受巨大的冲击负荷，严重时非传动侧齿面将引起擦伤破坏。为了在实验室模拟车辆这一行驶工况，考察车辆齿轮油的抗擦伤性能，专题小组建立了 CRCL-42 台架及其试验条件，其行车试验结果与台架试验条件之间的关系见表 7-13。

表 7-13 M-37 车辆行车换挡试验结果与 CRCL-42 台架试验条件的关系

M—37 车辆换挡行车结果				CRCL-42 台架试验条件				
齿轮换挡位置	陡坡路段行驶状况	齿面负荷/(N/mm²)	齿面滑动速度/(m/s)	试验程序	驱动桥扭矩/N·m	齿面负荷/(N/mm²)	驱动桥从动齿轮速度/(r/min)	齿面滑动速度/(m/s)
				程序Ⅰ：磨合阶段				
3 档与 4 档之间变速	爬山	211.8(c)	2.59	10min	108.6(d)	35.4(d)	600	4.72
		1138.0(d)	—	20min	141.1(d)	45.9(d)	850	6.68
	下山	427.1(c)	2.24	程序Ⅱ：高速冲击循环试验				
4 档与 3 档之间变速	爬山	697.9(c)	2.26	最小速度	1697.1(d)	552.6(d)	550	4.33
		1838.6(d)	—	最大速度	1113.3(c)	362.6	1100	8.66
	下山	1159.5(d)	2.26	程序Ⅳ：高荷冲击循环试验				
		336.9						
				最小速度	2647.3(d)	862.0	550	4.33
				最大速度	1995.8(c)	649.9	650	5.12

注：d—传动侧齿面；c—非传动侧齿面。

从表 7-13 中可以看出，M-37 车辆行车换挡试验结果中，当在 4 挡与 3 挡之间变速时，在非传动侧齿面上承受着较大的负荷，达到 697.9N/mm²，这与 CRCL-42 台架的程序Ⅳ高负荷冲击循环的负荷值 649.9N/mm² 相接近。

由此可见，L-37 和 L-42 试验台架的建立是以行车试验结果为依据的，因而试验结果和实际用油结果间具有良好的对应关系。

3. 关于 L-60 试验

热氧化安定性是车辆齿轮油的重要性能之一。齿轮油在接触金属表面和摩擦条件下，尤其是在双曲线齿轮的苛刻摩擦条件下受热和氧的作用，其使用性能会显著地降低。黏度的增长、油泥等沉积物以及酸性副产物的生成，是齿轮油热氧化变质的结果和判断的依据。

评定车辆齿轮油的热氧化安定性的试验方法是 CRC L-60 和 CRC L-60-1 台架，CRC L-60台架主要评价车辆齿轮油氧化后的黏度增长及不溶物含量，本方法等效采用美国联邦标准 FTMS791B2504 标准，国内标准代号为 SH/T 0520—1992(2006)；CRC L-60-1 台架主要评价车辆齿轮油氧化后的积炭、漆膜及油泥情况，比 CRC L-60 台架更为苛刻，国内标准代号为 SH/T 0755—2005。基本试验过程是：把 120mL 试油加入旁热式的齿轮箱中，齿轮箱内有两个直齿轮和一个试验轴承，在规定的负荷和铜片催化条件下运转，空气以 1.1L/h 的流量鼓泡通过齿轮箱中的试样，油温保持在 162.8℃±0.6℃，连续运转 50h。为了防止 L-60 试验油温的局部过热和提高方法的重复性，采用高温热空气流(171℃±2.8℃)来加热试验油，并控制油温精度在±0.6℃范围内。为了模拟汽车驱动桥内润滑油激烈循环流动加速氧化，试验设置了两个正齿轮和一个滚珠轴承以及两片铜催化剂。这不但模拟了驱动桥内多种材质的催化氧化过程，而且使车辆齿轮油能得到均匀的氧化。此外，还以 1.1L/h 流量的干燥压缩空气直接吹入试油内，以加速试油的热氧化。L-60 试验装置的试验腔内，特别在转动密封部件设计上，严禁采用橡胶或塑料等高分子密封材料，以防影响试验结果。试验结束后，通过对试验件和试验后的试样来评价车辆齿轮油的热氧化安定性。

试验油温确定为 162.8℃是参考了汽车在高速公路上接近 170km/h 车速时的驱动桥内的润滑油温度。从目前欧洲和美国等国的汽车行驶速度来看，最高车速时油温接近于此值。为此，车辆齿轮油的高温热氧化稳定性试验温度具有一定的代表性。同时其试验时间为连续 50h，方法的苛刻度是相当高的，如果齿轮油能承受如此苛刻的试验条件，则实际使用性能肯定是好的。

API GL-5 标准只须通过 CRC L-60 台架，相对 CRC L-60 台架，CRC L-60-1 台架增加了齿轮漆膜、积炭以及平均油泥评分，比 CRC L-60 台架更为苛刻，超过了 API GL-5 标准，见表 7-14。

表 7-14　CRC L-60-1(ASTM D5704)通过标准

运动黏度增长/%	≯100
戊烷不溶物/%	≯3.0
甲苯不溶物/%	≯2.0
齿轮平均漆膜/积炭评分	≮7.5
齿轮四面平均油泥评分	≮9.4

第八章　液压系统用油性能与评定

液压系统用油分为流体静压系统用油和流体动力系统用油。流体静压系统用油是指利用液体压力能的液压系统所使用的液压介质，简称为液压油。流体动力系统用油是指利用液体动能的液力传动系统所用的介质，称为液力传动油。车辆制动液也是采用液压传动原理制动，属于液力传动油，但在军队则归入特种液范围。

第一节　流体静压系统工作原理及其用油要求

一、液压传动系统的组成

液压系统由动力元件、操纵元件、执行元件和辅助元件四大部分组成，见图 8-1。

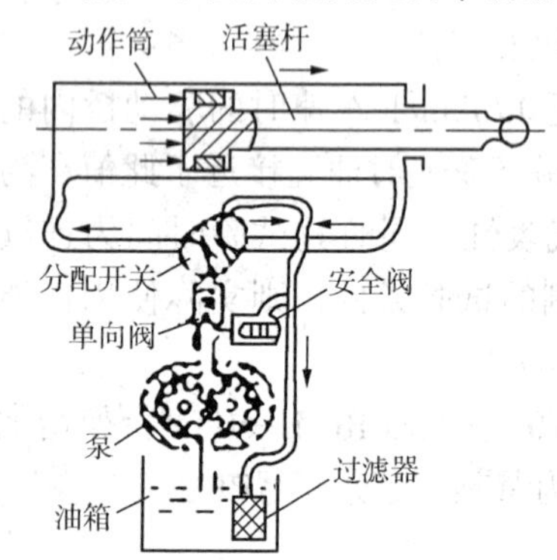

图 8-1　液压传动系统工作原理图

动力元件主要是各种油泵，油泵的作用是将机械能传给液体使之转变成液体的压力能，如各种齿轮泵可以产生 20~30MPa 的压力，而柱塞泵可产生 50~60MPa 的压力。操纵元件又称控制和调节装置，包括各种单向阀、溢流阀、节流阀、换向阀，通过它们来控制和调节液体的压力、流量和流向以满足机器的工作性能要求，并实现各种不同的工作循环。执行元件又称液压机，包括传递旋转运动的液压电机和传递往复直线运动的油缸，把液体的压力能转换成机械能输出到工作机械上。辅助元件包括油箱、油管、管接头、蓄能器、冷却器、滤油器以及各种控制仪表，起到储存输送液体，控制液体温度，对液体进行过滤，储存能量以及密封等作用。

二、液压传动系统的特点

液压传动系统具有元件单位重量传递功率大，结构简单，布局灵活便于与其他传动方式联用，易于实现远距离操纵和自动控制的优点，如传递同样功率液压传动系统元件重量是同功率电机的 10%~20%，尺寸仅为电机的 13%~20%。

从工作性能上看，液压传动系统具有速度、扭矩、功率均可无级调节，能迅速换向和变速，调速范围宽，动作速度快的优点。

从使用维护看，液压传动系统的元件自润滑性好，能实现系统的过载保护与保压，使用寿命长，元件易实现系列化、标准化、通用化。

液压传动系统与机械传动相比，缺点是速比不如机械传动准确，传动效率较低，对油液的质量、密封、冷却、过滤以及对元件的制造精度、安装、调整和维护要求较高。

三、液压系统对液压油的基本性能要求

如果说油泵(主油泵)是整个液压系统的心脏的话，那么液压油就是整个液压系统的血

液。它对整个液压系统有很大的影响。即使是一台设计先进、制造精度很高的液压设备，如果不能正确选择和使用液压油，也不能发挥设备的效率，甚至会造成严重事故，使设备损坏或缩短使用寿命。液压系统能否可靠、有效而经济地工作，在相当程度上取决于液压油的性能。有的液压设备工况条件十分恶劣，如高温、潮湿、粉尘、水分和杂质等，这就对液压油提出了更高的要求。因此，要求液压油必须具有以下特性：

1. 合适的黏度和良好的黏温特性

黏度是液压油的主要性能指标，对液压系统的平稳工作有重要影响。黏度过高时，油泵吸油阻力增加，流动过程能量损失增加，容易产生空穴和气蚀作用，造成油压不稳，使油泵工作困难，甚至受到损坏，油泵的能量损失增大，机械总效率降低；管路中压力损失增大，也会降低总效率；阀和油缸的敏感性降低，工作不够灵活。黏度过低时，油泵的内泄漏增多，容积效率降低，管路接头处的泄漏增多，控制阀的内泄漏增多，控制性能下降；润滑油膜变薄，油品对机器滑动部件的润滑性能降低，造成磨损增加，甚至发生烧结。因此黏度必须适当，多数情况下使用40℃时运动黏度为11.0~60.0mm^2/s的液压油。目前各国都在大力推广使用低黏度优质液压油和水基液压油，水基液压油有节约油料，降低润滑油成本，对保护环境和人体健康安全有利等优点。

由于工程机械多在露天环境中工作，油温会随气温变化而变化，不同地区、不同季节也会使油温发生较大变化。而液压油承受泵、阀机件的较高压力不可避免地会使油温升高，黏度下降。停机时油温下降至常温，黏度又会上升，导致启动困难。而数控机床液压油黏度变化有时会造成控制系统失灵。因此为保护液压系统工作稳定，要求液压油有较好的黏温特性，黏度指数越大越好，一般抗磨液压油的黏度指数不应低于90，低温液压油不低于130，数字控制液压油要求黏度指数在170以上。

2. 良好的抗氧化性

液压油和其他油品一样，在使用过程中都不可避免地发生氧化。特别是空气、温度、水分、杂质、金属催化剂等有利于或加速氧化的因素存在，要求液压油有较好抗氧化性尤为重要。

液压油被氧化后产生的酸性物质会增加对金属的腐蚀性，产生的黏稠油泥沉淀物会堵塞过滤器和其他孔隙，妨碍控制机构的工作，降低效率，增加磨损。氧化严重，液压油的许多性能都大为下降，以致必须更换。因此，液压油的抗氧化性越好，使用寿命就越长。通常要求酸值达到2.0mgKOH/g的时间不少于1000h。

3. 良好的防腐蚀和防锈蚀性能

液压油在工作过程中，不可避免地要接触水、空气，液压元件会因此发生锈蚀。液压油中的添加剂发生氧化、水解后，也会产生腐蚀性物质。液压元件的锈蚀、腐蚀会影响液压元件的精度，锈蚀产生的颗粒脱落也会造成磨损，从而影响液压系统的正常工作和寿命。因此，要求液压油要有较强的防锈、防腐能力。

4. 良好的抗乳化性

液压油在工作过程中，都有可能混进水，进入油箱的水，受到油泵、电机等液压元件的剧烈搅动后，容易形成乳化液。如果这种乳化液是稳定的，则会加速液压油的变质，降低润滑性、抗磨性，生成沉淀物会堵塞过滤器、管道、阀门等，还会发生锈蚀、腐蚀。因此，要求液压油有良好的抗乳化性，就是说液压油能较快地与水分离开来，使水沉到油箱底部，然后定期排出，为避免形成稳定的乳化液，常在液压油中加入抗乳化添加剂。

5. 良好的润滑性

在液压设备运转时，总要产生摩擦和磨损，尤其是在机器启动和停止时，常处于边界润滑状态，如果液压油抗磨性差，润滑性能不好就会发生磨损，造成泵和电机性能降低，寿命缩短或系统产生故障，因此为提高液压油的抗磨性能常添加一定量的极压抗磨剂，如磷酸三甲苯酯和二烷基二硫代磷酸锌等。工作压力高的液压系统，对液压油的抗磨性的要求就更高。

6. 良好的抗泡性和空气释放性

液压设备在运转时，由于下列原因会使液压油产生气泡：①在油箱内液压油与空气一起受到剧烈搅动。②油箱内油面过低，油泵吸油时把一部分空气也吸进泵里去。③因为空气在油中的溶解度是随压力增大而增加的，所以在高压区域油中溶解的空气较多，当压力降低时，空气在油中的溶解度也随之降低，油中原来溶解的空气就会析出一部分来，因而产生气泡。

液压油中气泡的害处是：①气泡很容易被压缩，因而会导致液压系统的压力下降，不准确，产生振动和噪声，液压系统的工作不规律。能量传递不稳定、不可靠。②容易产生气蚀作用，当气泡受到油泵的高压时，气泡中的气体就会溶于油中，这时气泡所在的区域就会变成局部真空，周围的油液会以极高的速度来填补这些真空区域，形成冲击压力和冲击波。这种冲击压力可高达几十甚至上百兆帕，这就是空穴作用。如果这种冲击压力和冲击波作用于固体壁面上，就会产生气蚀作用，使机器损坏。③气泡在油泵中受到迅速压缩（绝热压缩）时，产生局部高温可高达1000℃。促使油品蒸发、热分解和气化，变质变黑。④增加油与空气的接触面积，增加油中的氧分压，促进油的氧化。

抗泡性和空气释放性是液压油的重要使用性能。液压系统中易产生空气泡，不仅使液流产生空腔发出响声、振动、气冲和气阻，以致造成液压不稳，控制速度缓慢或失灵，动作精度下降，产生泡沫，体积弹性加大，损失动力能量，还会促进液压油迅速氧化变质，甚至发生液压油溢流事故。因此．液压油应有良好的抗泡性和空气释放性，即在设备运转过程中，产生的气泡要少；所产生的气泡要能很快破灭，以免与液压油一起被油泵吸进液压系统中去；溶在油中的微小气泡必须容易释放出来。为此，液压油中通常需加入甲基硅油或聚酯等抗泡剂。

7. 较好的抗剪切性

高压、高速条件下工作的液压油经过泵、阀等元件，尤其是通过各种液压元件的微孔、缝隙时，要经受剧烈的剪切作用。在剪切力的作用下，液压油中的一些大分子就会发生断裂，变成较小的分子，使液压油的黏度降低。当黏度降低到一定限度时该液压油就不能继续使用了。因此，液压油必须具有较好的抗剪切性。

8. 良好的水解安定性

液压油中的添加剂是保证油品使用性能的关键成分，如果液压油的抗水解性差，油中的某些添加剂和基本组分容易被水解，则液压油的主要性能就会因此而变坏。

9. 良好的过滤性

由于现代液压设备向着小型化、高压、高速、大流量和自动化方向发展，而微小杂质颗粒都会引起设备的磨损和失灵，因此液压系统安装有过滤器，防止杂质对液压系统的不良影响。在一些使用场合发现，抗磨液压油特别是被少量水污染后很难过滤。这种状况引起了过滤系统的阻塞和泵与其他部件污染磨损显著增加。一些数控机床中由于伺服阀非常精密，阀芯尖锐的刃边易被油中的磨损颗粒所伤害，导致机床精度下降。因此，近年来国外有些标准对液压油提出了可滤性要求，如 Denison HF-0 和英国国防部 MOD 规格中 OM-33 油。我国抗磨液压油在必要场合也可增加可滤性指标，要求液压油具有较好的过滤性。

10. 与材料的配伍性好

液压油对与其接触的各种金属材料以及橡胶、涂料、塑料等非金属材料、密封材料应有良好的适应性，不会因相互作用而使金属腐蚀，涂料溶解，橡胶过分膨胀，密封失效或油变质。

液压设备对液压油的要求，除以上几点外，特殊的工况还有特殊的要求，如在低温地区露天作业，则要求液压油低温性能好，即要求油品的低温流动性好(倾点低)、低温启动性和低温泵送性好(低温黏度小)，以保证液压设备的正常工作；与明火或高温热源接触，有可能发生火灾的液压设备，以及需要预防一氧化碳、煤尘爆炸的煤矿井下某些液压设备，要求液压油有良好的抗燃性；乳化型液压油，要求乳化稳定性要好；在核辐射环境下工作的液压设备，还要求液压油抗辐射性能要好等。

液压油除了要满足标准所规定的理化指标外，更重要的是要有较好的使用性能。切不可认为理化指标达到就是一个好的液压油。

第二节　液压系统用油的分类及牌号

一、液压系统用油的分类

我国液压油目前采用的分类标准 GB/T 7631.2—2003 是根据 ISO 6743-4：1999 标准制定的，该标准把液体传动系统用工作介质按系统中的工作性质分为流体静压和流体动力传动系统工作介质，如表 8-1 所示。该分类不包含刹车液和航空液压油。

表 8-1　液压油(液)的分类(GB/T 7613.2—2003)

用油系统	更具体应用	产品符号 ISO-L	组成和特性	典型应用	备注
流体静压系统		HH	无抑制剂的精制矿油		
		HL	精制矿物油，并改善其防锈和抗氧性		
		HM	HL 油，并改善其抗磨性	高负荷部件的一般液压系统	
		HR	HL 油，并改善其黏温性		
		HV	HM 油，并改善其黏温性	建筑和船舶设备	
		HS	无特定难燃性的合成液		特殊性能
	用于要求使用环境可接受液压液的场合	HETG	甘油三酸酯	一般液压系统(可移动式)	每个品种的基础液的最小含量应不少于70%
		HEPG	聚乙二醇		
		HEES	合成酯		
		HEPR	聚 α-烯烃和相关的烃产品		

续表

用油系统	更具体应用	产品符号 ISO-L	组成和特性	典型应用	备注
流体静压系统	液压导轨系统	HG	HM 油，并具有抗黏滑性	液压和滑动轴承导轨润滑系统合用的机床在低速下使振动或间断滑动(黏滑)减为最小	这种液体具有多种用途，但并非在所有液压应用中皆有效
	用于使用难燃液压液的场合	HFAE	水包油型乳化液		通常含水量大于80%(质量分数)
		HFAS	化学水溶液		通常含水量小于80%(质量分数)
		HFB	油包水乳化液		
		HFC	含聚合物水溶液①		通常含水量大于35%(质量分数)
		HFDR	磷酸酯无水合成液①		
		HFDU	其他成分的无水合成液①		
流体动力系统	自动传动系统	HA			与这类有关的分类尚未进行详细地研究，以后可以增加
	偶合器和变矩器	HN			

① 这类液体也可以满足 HE 品种规定的生物降解性和毒性要求。

由表 8-1 可见，液压油可分为矿物油型和合成烃液压油(液)、环境可接受液压油、难燃液压液及液力传动油(液)四大类。

液压系统用油的黏度分类按照 GB/T 3141—1994(2004)《工业液体润滑剂 ISO 黏度分类》进行，共分为 10、15、22、32、46、68、100、150 八个黏度级。

产品标记如：L-HM 32 液压油，它表示是黏度牌号为 32 的 HM 类液压油。

二、静压系统用液压油产品标准

我国最新的静压系统用液压油产品标准是 GB 11118.1—2011《液压油(L-HL、L-HM、L-HV、L-HS、L-HG)》，系参考 ISO11158—1997《润滑剂、工业用油和有关产品(L 类)-H 组(液压系统)-HH、HL、HM、HR、HV 和 HG 品种的规格》(英文版)重新编制，与 ISO11158—1997 的一致性程度为非等效。代替 GB 11118.1—1994《矿物油型和合成烃型液压油》，两者的主要差异一是 2011 标准增加了“检验规则”和附录 A“液压油性能的评定 T6H20C 双泵试验法”；二是去掉了 1994 标准中的优等品和一等品的分类，但将 HM 分为普通和高压两类，三是不同质量等级中的黏度等级进行了调整，有的黏度等级增加了，有的则减少了。

1. L-HL 液压油

HL 液压油是以适当精制的中性油为基础油，加入抗氧、防锈和抗泡等添加剂制成，但不加极压抗磨添加剂，有 15、22、32、46、68、100、150 七个黏度级别的产品。一般用于机床的液压箱、主轴箱和齿轮箱以及其他设备的低压液压系统和传动装置，也可用于要求换油期较长的轻负荷机械的油浴式非循环润滑系统。不适用于对润滑性、防爬性要求较高的液压系统、齿轮传动装置和导轨等。

2. L-HM 液压油

HM 液压油是以中间基或石蜡基原油经深度精制后为基础油，加入抗磨剂、抗氧剂和防锈剂等制成，具有良好的抗磨性，可防止液压泵及其他元件的磨损，它是目前液压油中用量最大的一类。高压抗磨液压油有 32、46、68、100 四个黏度等级，普通抗磨液压油有 22、32、46、68、100、150 六个黏度等级，见表 8-2。

最初的抗磨液压油以三甲酚磷酸酯作为抗磨剂，与至今还广泛应用于通用机床液压系统的抗氧防锈油相比，抗磨性得到了很大改善。而以二烷基二硫代磷酸锌为抗磨剂的抗磨液压油具有良好的破乳化、抗磨、防锈、抗氧化特性。到 20 世纪 70 年代中期，设备供应商发现含二烷基二硫代磷酸锌抗磨剂的液压油在某些液压控制系统中会腐蚀铜摩擦表面，产生油泥、黏住控制滑阀等问题；在高压液压系统中会导致柱塞泵的青铜滑靴严重磨损，研究表明是由于二烷基二硫代磷酸锌的热降解产生的。为此，以稳定的二烷基二硫代磷酸锌作抗磨剂的低锌抗磨液压油和无灰抗磨液压油开始投放市场，这两种液压油对各种类型的液压系统都具有良好的适应性。表 8-3 对几种典型的抗磨液压油性能进行了比较。

Dension HF-1 和 Dension HF-2 是分别针对柱塞泵和叶片泵的液压系统提出的；符合 Dension HF-0 规格的油品对钢-钢以及钢-铜摩擦副都有良好的润滑性能，适合于有叶片泵及柱塞泵混用、条件苛刻的液压系统；Cincinnati Milacron P-68/P-69/P-70 规格对油品的热安定性和金属材料适应性要求较高，因此所用的抗磨剂热安定性要好；DIN 51524 Part Ⅱ规格强调油品的承载能力。无灰抗磨液压油与稳定锌型液压油都能满足叶片泵与柱塞泵对油品抗磨性能的要求，但台架试验和实际使用结果表明：无灰抗磨液压油对柱塞泵的磨损要小一些，而稳定锌型油对叶片泵适应性更佳。尽管无灰型抗磨油综合性能更好，但无灰型抗磨液压油价格较高，锌型油仍是抗磨液压油中的主要品种。

3. L-HR 液压油

HR 液压油除具有良好的抗氧、防锈性外，还加有黏度指数改进剂，改善了其黏温性能，可用于环境温度变化大的中、低压液压系统。但其用量小，又可用 HV 油替代，我国尚未开发。

4. L-HG 液压油

通常称为液压导轨油，是加有油性剂或减摩剂构成的一类液压油。该油不仅具有优良的防锈、抗氧、抗磨性能，而且具有优良的抗黏滑性。在低速下，防爬效果很好。对于液压和导轨润滑采用同一个油路系统的精密机床，必须选用液压导轨油。

5. HV 和 HS 低温液压油

HV 和 HS 液压油是二个不同档次的低温液压油。HV 主要用于寒区，HS 主要用于严寒区。HV 液压油是采用深度脱蜡精制矿油(如加氢油)为基础油，添加防锈、抗氧、抗磨、黏度指数改进剂、降凝剂等制成的低温液压油。

HS 液压油是以低温性能优良的 α-烯烃合成油或其他合成油或加入部分加氢油为基础油，添加与 HV 液压油类似的添加剂制成的极低温液压油。

HV 和 HS 液压油都有低的倾点、优良的抗磨性、低温流动性和低温泵送性。黏度指数均大于 130，需加入黏度指数改进剂，因此油品还要有较好的剪切安定性。

表 8-2　L- HM 液压油标准(GB 11118.1—2011)

项　目		质量指标										试验方法
质量等级		L-HM(高压)				L-HM(普通)						
黏度等级(GB 3141)		32	46	68	100	22	32	46	68	100	150	—
运动黏度/(mm^2/s)												GB/T 265
0℃	不大于	—	—	—	—	300	420	780	1400	2560	—	
40℃		28.8~35.2	41.4~50.6	61.2~74.8	90~110	19.8~24.2	28.8~35.2	41.4~50.6	61.2~74.8	90~110	135~165	
黏度指数①	不小于	95	95	95	95	85	85	85	85	85	215	GB/T1995
闪点/℃(开口)	不低于	175	185	195	205	165	175	185	195	205	180	GB/T 3536
倾点②/℃	不高于	-15	-9	-9	-9	-15	-15	-9	-9	-9	-9	GB/T 3535
空气释放值(50°C)/min	不大于	6	10	13	报告	5	6	10	13	报告	报告	SH/T 0308
密封适应性指数	不大于	12	10	8	报告	13	12	10	8	报告	报告	SH/T 0305
抗乳化性(乳化液到 3mL)/min												GB/T 7305
54℃	不大于	30	30	30	—	30	30	30	30	—	—	
82℃	不大于	—	—	—	30	—	—	—	—	30	30	
泡沫性/(mL/mL)												GB/T 12579
24℃	不大于	150/0				150/0						
93.5℃	不大于	75/0				75/0						
后 24℃	不大于	150/0				150/0						
色度/号		报告				报告						GB/T 6540
酸值③/(mg KOH/g)		报告				报告						GB/T 4945
水分/%	不大于	痕迹				痕迹						GB/T 260
机械杂质/%	不大于	无				无						GB/T 511
清洁度		④				④						DL/T432、GB/T14039
铜片腐蚀试验(100℃，3h)/级	不大于	1				1						GB/T 5096

续表

项目		质量指标										试验方法
质量等级		L-HM(高压)				L-HM(普通)						
硫酸盐灰分/%		报告				报告						GB/T 2433
液相锈蚀试验	A 法(蒸馏水)	—				无锈						GB/T 11143
	B 法(合成海水)	无锈				—						
氧化安定性 氧化 1000h 后酸值/(mgKOH/g)　不大于 氧化 1000h 后酸值/(mgKOH/g)　不大于 氧化 1000h 后油泥/mg　不大于		 2.0 — 报告				 2.0 报告						 GB/T 12581 GB/T 12581 SH/T 0565
旋转氧弹(150 ℃)/min		报告				报告						SH/T 0193
抗磨性	FZG(或 CL-100)齿轮机试验[⑤] (A/8.3/90)/失效级　不小于	10	10	10	10	—	10	10	10	10	10	SH/T 0306
	叶片泵试验[⑤](100h 总失重)/mg　不大于	—	—	—	—	100	100	100	100	100	100	SH/T 0307
	四球磨斑直径(392N，60min，75℃，1200r/min/mm	报告				报告						SH/T 0189
	双泵(T6H20C)试验 叶片和柱销总失重/mg　不大于 柱塞总失重/mg　不大于	 15 300				 — —						附录 A
水解安定性 铜片失重/(mg/cm^2)　不大于 水层总酸度/(mgKOH/g)　不大于 铜片外观		 0.2 4.0 无灰、黑色				 — — —						SH/T 0301
过滤性/s 无水　不大于 2%水[⑥]　不大于		 600 600				 — —						SH/T 0210

续表

项目	质量指标		试验方法
质量等级	L-HM(高压)	L-HM(普通)	
热稳定性(135℃，168h)			SH/T0209
铜棒失重/(mg/200mL)　不大于	10	—	
钢棒失重/(mg/200mL)	报告	—	
总沉渣重/(mg/100mL)　不大于	100	—	
40℃运动黏度变化率/%	报告	—	
酸值变化率/%	报告	—	
铜棒外观	报告	—	
钢棒外观	不变色	—	
剪切安定性(250次循环后，40℃运动黏度变化)/%　不大于	1	—	SH/T 0103

① 测定方法也包括用 GB/T2541，争议时以 GB/T1995 仲裁。

② 用户有特殊要求时，可与生产单位协商。

③ 测定方法也包括用 GB/T264。

④ 由供需双方协商确定，也包括用 NAS1638 分级。

⑤ 对于 L-HM(普通)油，在产品定型时，允许只对 L-HM22(普通)进行叶片泵试验，其他各黏度等级油所含功能剂类型和量应与产品定型时 L-HM22(普通)试验油样相同。对于 L-HM(高压)油，在产品定型时，允许只对 L-HM32(高压)进行齿轮机试验和双泵试验，其他各黏度等级油所含功能剂类型和量应与产品定型时 L-HM32(高压)试验油样相同。

⑥ 有水时的过滤时间不超过无水时的过滤时间的两倍。

表 8-3 典型的抗磨液压油实测性能比较

液压油种类	常规锌型	稳定锌型	无灰型
锌含量/%(质量分数)	0.045	0.035	无
铜腐蚀(ASTMD130)/级	1a	1a	1a
锈蚀试验(IP135/ASTMD665)			
A 法	通过	通过	通过
B 法	—	通过	通过
破乳化(ASTMD1401)/min	25	10	10
氧化试验中和值不大于 2.0mgKOH/g 时间/h	1800	2500	2856
1000h 氧化试验(ASTMD4610)			
沉淀/(mg/100mL)	24	46	140
铜失重/(mg/200mL)	38	39	39
钢失重/(mg/200mL)	5.7	1.5	2~7
热安定性(135℃，168h)			
沉淀/(mg/100mL)	30	16	20.8
铜失重/(mg/200mL)	0.3	1.5	4.3
钢失重/(mg/200mL)	5	1	—
水解安定性(ASTMD2619)			
铜片失重/(mg/cm^2)	0.1	0.05	0.014
水层酸值(以 KOH 计)/mg	0.35	0.0	2.57
泵试验			
ASTMD2882，总失重/mg	29.8	22.7	—
Vickers35VQ25	—	通过	通过
叶片泵(DenisonT-5D)	通过	通过	通过
柱塞泵(DenisonP-46)	失败	通过	通过
规格适应情况			
Denison HF-0	N	Y	Y
Denison HF-1	N	Y	Y
Denison HF-2	Y	Y	Y
Cincinnati Milacron P-68	N	Y	Y
Cincinnati Milacron P-69	N	Y	Y
Cincinnati Milacron P-70	N	Y	Y
DIN51524 Part Ⅱ	Y	Y	Y

注：N—不适应该规格；Y—适应该规格。

第三节 液力传动油

液力传动油的研制、生产和应用是随着汽车安装了自动变速器而发展的。自动变速器能使汽车自动适应行驶阻力的变化，提高汽车的动力性，起步无冲击，变速震动小，乘坐舒适，过载时还能起保护作用，使发动机处于最佳工况，能充分利用发动机功率，并有利于消除排气污染。在美国，1969 年自动变速器在小汽车上的安装率就高达 90.3%，在日本，1984 年也已达 40%。这种在自动变速器中所使用的液力传动油又称之为自动传动液(ATF)，既是液力变矩器能量传递的介质，又是齿轮润滑剂和湿式离合器的冷却液。因此它必须同时具备液压油、齿轮油、离合器冷却液的性能。

一、液力耦合器、液力变矩器和自动变速箱工作原理

液力耦合器主要由泵轮、涡轮和耦合器外壳等部件组成。其中泵轮与发动机曲轴相连，涡轮与从动轴相连，泵轮和涡轮之间没有机械连接关系，二者之间靠液体流动来传递动力，就象一个风扇通过气流带动另一个风扇转动。只能传递转矩，不能改变转矩大小。

液力变矩器主要由泵轮、涡轮、导轮和变矩器外壳等部件组成，与液力耦合器的最大区别是增加了导轮。导轮对液体的导流作用使液力变矩器的输出扭矩可高于或低于输入扭矩，从而产生变矩。

自动变速箱家族中已经有了液力机械式、无级变速式和自动机械式三种主要的类型。

液力机械式自动变速箱主要由一个液力变矩器和一串行星齿轮组组成，还有各种液压多片离合器和制动闸限制或接通行星齿轮组中的某些齿轮得到不同的传动比，一组行星齿轮就是一个档位，是应用最广的自动变速箱，它实现了自动变矩变速的功能。通常指的自动变速箱就是这种形式。

无级变速箱(CVT)是全新概念的变速箱，它没有齿轮，只有锥形棘轮和钢带组成，通过钢带嵌入棘轮槽的深度，即钢带离棘轮轴心的远和近来实现无级变速，变速过程是线性的，具有平稳的优势，由于受传动钢带的限制，不能传输大的功率。

自动机械式变速箱(DSG)类似两个手动变速箱的并联，有两个离合器。

二、液力传动油的基本性能要求

1. 适宜的黏度和黏温特性

典型的自动传动液的使用温度范围为-25~170℃，要求油品具有高的黏度指数和良好的低温性能，一般规格规定黏度指数在 170 以上，倾点为-40℃，合成油则分别为 190 与-50℃。由于自动变速器油既作为工作介质又起润滑作用，故黏度要兼顾两方面的需要，在有关规格中将高温黏度规定为不小于 7.0mm^2/s(100℃)，低温黏度除要考虑低温启动性及泵送性外，还要注意离合器被烧伤的危险，一般规定在-23℃时为不大于 4000mPa·s。

2. 有良好的热氧化安定性

因为油的旋转速度高(1000~3600r/min)、流速快(可高达 20m/s)、工作温度可高达 140~175℃(而液压油一般工作温度控制在 70℃或 80℃以下)，在工作中液力油又不断与空气及铝、铜等有色金属(油品氧化催化剂)接触，所以它比液压油更易氧化变质，而一旦因为油品氧化产生油泥、漆膜或产生腐蚀性酸，或造成黏度变化，就会引起摩擦特性的改变，使离合器或摩擦片打滑，氧化生成的酸腐蚀衬套和止推垫片等；黏度过大，会使传动操作变坏；油泥会堵塞液压控制系统和排液管路，漆状物形成会导致控制阀、调节杠失灵。

3. 有合适的摩擦特性

摩擦特性是液力传动油的一个重要性质，液力传动油的摩擦特性就是要有适当的油性。要求有相匹配的静摩擦系数和动摩擦系数，一般动摩擦系数对启动扭矩的大小有影响，如果

动摩擦系数过小，换档时间就会延长。如果动摩擦系数过大，换档的最后阶段就会引起扭矩急剧增大，发出尖叫，使换档感觉恶化。通用和福特两个公司要求自动传动液的摩擦特性是不同的。通用汽车公司希望液力传动油有较大的动摩擦系数和较小的静摩擦系数，所以加有摩擦改进剂，具有较好的换档感觉。而福特公司的自动变速器的构造和摩擦材料的不同，要求动摩擦系数小，静摩擦系数大，此类油不加摩擦改进剂，具有较好的耐久性，福特公司近年来公布的规格摩擦特性要求也与通用类似。评定摩擦特性的设备，美国广泛使用 SAE NO. 2 试验机。

4. 具有良好的润滑性(抗磨性)

因为液力传动系统内的行星齿轮、轴套、止推垫圈、油泵、离合器组件和制动器传送件也要用传动油润滑，所以必须要有良好的润滑性(抗磨性)。

关于抗磨性的评定，不同规格的油要求的评定方法有差异，如 M_2C_{33}-F 规格规定用四球机测定长时间运转的磨斑直径表示，M_2C_{33}-G 规格中除用四球机测磨斑直径外，还增加了环块试验(Timken)和 Vickers 叶片泵试验，Dexron Ⅱ规格中用动力转向泵试验，这种试验方法更接近实机测定的磨损结果。在欧洲，则广泛使用齿轮试验机(FZG)进行评定。

5. 有良好的抗泡沫性和放气性

自动传动液在自动变速器中的狭小的油路里高速循环很容易起泡。如果泡沫混入油压回路，就会使油压降低，其结果导致离合器打滑，烧结事故发生，所以在自动传动液中加入抗泡剂。

用通常的起泡试验方法(ASTM D892)来测定液力传动油起泡性不够的，通用汽车公司研制了新的起泡试验方法，在 95℃和 195℃下进行测定。

6. 有良好的剪切安定性

自动传动液由于其中加有黏度指数改进剂，在变矩器中会受到强烈的剪切，结果使油品黏度降低，引起油压下降，最后导致离合器打滑，通常要规定台架试验以后油品的最低黏度，从而控制油品的剪切稳定性。

7. 与密封材料适应性好

自动传动液对密封材料不应有明显的膨胀，收缩、硬化等不良影响。在密封适应性方面，基础油和添加剂都有明显的影响，一般的石蜡基基础油对橡胶有收缩的倾向，环烷基基础油对橡胶有膨胀的倾向。通常可用这两种油调和，获得所需的膨胀特性。

三、液力传动油的组成

虽然液力传动油与其他油品一样，都是由基础油和添加剂所组成，但与发动机油、液压油、齿轮油等油品相比，液力传动油的配方最复杂，是各种性能的高度平衡，需要加入十几种添加剂和合适的品种及加入量才能达到这种平衡，添加剂的总加剂量 10%左右。在液力传动油中使用的添加剂类型、化合物、作用和加剂量范围如表 8-4 所示。

表 8-4　液力传动油中的添加剂配方组成

添加剂类型	常用化合物	作用	加剂量/%(质量分数)
清净分散剂	磺酸盐、烯基丁二酸亚胺、烷基硫代磷酸盐	控制油泥与积炭生成	2~6
抗氧剂	二硫代磷酸锌、烷基酚、芳香胺	抑制油品氧化	0.5~1.0

续表

添加剂类型	常用化合物	作用	加剂量/%(质量分数)
防锈剂	磺酸盐、十二烯基丁二酸盐、咪唑啉盐类、胺类	防锈，抑制其他金属氧化	0.2~0.4
抗磨剂	二硫代磷酸锌、磷酸酯、有机硫氮化合物，硫化油脂	防止金属磨损	0.5~1.5
抗泡剂	硅油及非硅抗泡剂	抑制泡沫生成	10~60ppm
密封材料溶胀剂	磷酸酯，芳香族化合物、氯代烃类	防止橡胶收缩和变硬	0~3
黏度指数改进剂	聚异丁烯、聚甲基丙烯酸酯、聚正丁基乙烯基酸	提高油品的黏温性	3~5
摩擦改进剂	脂肪酸、酰胺类、豚脂、硫化鲸鱼油、高分子量磷酸酯或亚磷酸酯	改善离合器的摩擦特性和换挡感觉	0.3~0.8
金属减活剂	有机氮杂环化合物	抑制其他金属腐蚀	0.01~0.2
染料	红色染料	自动传动液的识别	0.02~0.03

摩擦改进剂是液力传动油中的一种最重要的添加剂。通常所说的摩擦改进剂是用来降低动摩擦系数以降低磨损。而在液力传动油中摩擦改进剂是降低静摩擦系数，并提高动摩擦系数，以保持较高的摩擦扭矩、较低的啮合时间和舒适的换挡感觉。

四、液力传动油的分类及品种

1. 国际标准化组织(ISO)分类

ISO6743/4—1999 把液力传动油分为 HA、HN 二类，我国已等同采用此分类，于 2003 年发布并实施，标准是 GB/T 7631.2—2003。

HA——自动传动用油(液)，适用于自动变速装置；

HN——偶合器和变矩器用油，适用于功率转换器。

2. 美国石油学会(API)和美国材料试验学会(ASTM)分类

美国材料试验学会和美国石油学会把液力传动油分为三类，见表 8-5。

表 8-5 液力传动油分类方案(ASTM、API)

分　类	符合的规格	应　用
PTF-1	通用汽车公司 Dexron Ⅱ、Dexron Ⅲ、Dexron Ⅵ	适用于轿车、轻型卡车的自动传动装置
	福特汽车公司 M_2C_{138}-G、M_2C_{166}-H、Mercon、New Mercon、Mercon V	
PTF-2	埃里逊公司 Allison C-3、Allison C-4	适用于卡车、农用车、越野车的自动变速器，多级变矩器，液力偶合器和重负荷功率转换器
	汽车工程师协会 SAE J1285—80	

续表

分　类	符合的规格	应　用
PTF-3	约汉狄尔公司(John Deere)J20B、J14B、JDT-303	适用于农业和建筑机械的分动箱传动装置，液压、齿轮、刹车共用的润滑系统
	福特公司 $W_2C_{41}A$	

在美国，液力传动油主要由各大汽车或汽车齿轮变速箱和液力传动装置制造厂制定自己公司的专用规格。主要规格系列为通用汽车公司的 Dexron、福特汽车公司的 Mercon、埃里逊公司的 Allison 和卡特皮勒公司的 TO 系列规格。表 8-6 为通用公司液力传动油规格的发展历程，表 8-7 为 Dexron ⅡE 的具体指标要求。

表 8-6　通用汽车公司自动传动油(ATF)规格的发展

公布年份	规　格	主要改变内容
1949	Type A	首次确定 ATF 规格标准
1957	Type A Suffix A	改进热稳定性、更严的摩擦限值
1967	Dexron	改进泡沫特性、橡胶适应性、低温特性
1973	Dexron Ⅱ	改进摩擦特性，磨损性测定标准化
1990	Dexron ⅡE	改进低温性能、热稳定性
1993	Dexron Ⅲ	改进热稳定性、高稳定摩擦特性、保持电磁阀的灵敏度，并提高了氧化安定性及耐磨性
2000	Dexron Ⅳ	具有优良的抗挥发性、持久性和高扭矩容量，以及抗摩擦性、氧化安定性

表 8-7　Dexron ⅡE 自动传动油规格

序　号	项　目	指标要求	试验方法
1	颜色	红色 6.0~8.0	ASTM D 1500
2	元素分析(10^{-6})	报告 Ba、B、Ca、Mg、P、Si、Na、Zn、Cu、S、Al、Fe、Pb 含量	ASTM D 4951
3	红外光谱	报告	ASTM E168
4	混溶性	与参考油混合，试验结束时无分层或颜色变化	FTM791C3470.1 方法
5	运动黏度	报告 40℃、100℃测定结果	ASTM D445
6	闪点/℃	最低 160	ASTM D92
7	燃点/℃	最低 175	ASTM D92
8	低温黏度/mPa·s		ASTM D2983
	-10℃	报告	
	-20℃	最大 1500	
	-30℃	最大 5000	
	-40℃	最大 20000	
9	铜片腐蚀(150℃，3h)	无黑色表面剥落	ASTM D130 修订
10	腐蚀试验(A 法)	通过	ASTM D 665

续表

序 号	项 目	指 标 要 求	试 验 方 法
11	锈蚀试验(40℃，50h)	在任何试验表面无锈蚀和腐蚀	ASTM D1748 修订
12	磨损试验(80℃±3℃，6.9MPa)	最大磨损 15mg	ASTM D2882 修订
13	泡沫试验	95℃无泡沫，135℃最大 6mm，消泡时间不超过 15s	GM6137(M)附录 A
14	橡胶试验(150℃±1℃，70h)	品种 体积变化 硬度变化 聚丙烯酸酯 0，+10 0，-10 丁腈胶 +1，+7 -6，+2 氟橡胶 0，+10 0，-5 硅橡胶 0，+30 0，-30 乙丙胶 0，+25 0，-15	ASTM D471 (ASTM D 2240)设备
15	闸片离合器试验	(1)顺利通过 100h 运行 (2)鼓和带无异常磨损和剥落 (3)10~100h 操作期间 ①150N·m<中点动力矩<200 N·m ②δ 力矩<30 N·m ③锁闭力矩>160 N·m ④0.45s<啮合时间<0.60s	SAE NO2 试验机
16	带离合器试验	(1)顺利通过 100h 运行 (2)鼓和带无异常磨损和剥落 (3)10~100h 操作期间 ① 150N·m<中点动力矩<200 N·m ②δ 力矩<55 N·m ③锁闭力矩>190 N·m ④0.45s<啮合时间<0.60s	SAE NO2 试验机
17	氧化试验	(1)顺利通过 300h 运行 (2)变速部件的清洁度与物性状态应等于或大于使用参考油时情况 (3)总酸值增加<4.5 (4)羰基吸收油增加<0.55 (5)变速废气最小氧含量 4% (6)使用后油的-20℃黏度<3Pa·s (7)使用后油的 100℃黏度>5.5mm^2/s (8)冷却器锌铜合金焊无腐蚀	Hydramatic4L60 传动装置
18	循环试验	(1)顺利通过 20000 周期运行 (2)变速部件的清洁度与物性状态应等于或优于使用参考油时情况 (3)0.35s<1~2 挡换挡时间<0.80s (4)0.35s<2~3 挡换挡时间<0.80s (5)总酸值增加<2.5 (6)羰基吸收增加<0.35 (7)使用后油的-20℃黏度<3Pa·s (8)使用后油的 100℃黏度>5.0mm^2/s	4L60 传动装置

续表

序号	项目	指标要求	试验方法
19	汽车性能试验	换挡感觉基本上与使用参考油时相当	5.0LV-8 发动机与 4L60 传动装置

同样，福特汽车公司、埃里逊公司等的液力自动传动液的规格也在不断地完善和更新。

3. 我国液力自动传动油分类

曾根据 GB 2512—81 的规定把液力传动油分为普通液力传动油和抗磨液力传动油(又称拖拉机传动、液压两用油)。1987 年等效采用 ISO6743/4，把液力传动油分为 HA、HN 二类，同时废除了 GB 2512—81。现用的 6 号和 8 号液力传动油均为企业标准，8 号适用于小轿车和轻型卡车动力自动传动系统(自动变速器)、液压传动系统、建筑机械的自动传动系统、动力转向系统和其他液压系统和各类工业液力偶合器；与 8 号相比，6 号抗磨性更好，但黏温性和低温性稍差，主要用于内燃机车、载重车以及工程机械的液力传动系统。这两种液力传动油指标见表 8-8。

表 8-8 国产 8 号和 6 号液力传动液规格(Q/SY RH2042—2001)

项目		质量指标			试验方法
		6 号	8 号	8D 号	
运动黏度/(mm^2/s) 100℃ -20℃	 不大于	5.1~6.9 —	7.5~8.5 —	5.1~6.9 2000	GB/T 265
黏度指数	不小于	91	91	91	GB/T 1995、GB/T 2541
酸值/(mgKOH/g)	不大于	0.08	—	0.08	GB/T 264
闪点(开口)/℃	不小于	162	150	157	GB/T 267 或 GB/T 3536
凝点(开口)/℃	不高于	-31	-36	-51	GB/T 510
灰分/%		无	—	无	GB/T 295
水溶性酸碱	不大于	—	无	无	GB/T 508
机械杂质/%	不大于	0.01	0.01	0.01	GB/T 511
水分 /%(m/m)		痕迹	痕迹	痕迹	GB/T 260
最大无卡咬负荷(P_B)/N	不小于	637	报告	539	GB/T 3142
腐蚀(铜片，100℃，3h)		合格	合格	合格	SH/T 0195

从表 8-8 可知，我国研制的 8 号和 6 号液力传动油没有摩擦特性、抗磨性、橡胶相容性等重要指标，与国外产品存在较大差距。20 世纪 80 年代以后，我国轿车基地的建立使汽车工业有了较大的发展，国家制定了“八·五”重点攻关项目“汽车自动传动液(ATF)的研究”，目标是研制质量相当于美国通用汽车(GM)公司 1978 年公布的 Dexron ⅡD 规范的 ATF，在此期间引进了 Ford 公司的 ABOT 氧化台架，在上海某研究所建立了评价摩擦特性的大型摩擦试验机，并且在 1995 年引进了 SAE NO2 实验机、氧化试验和循环试验方法。在 90 年代中期完成了该攻关项目的研究，采用了进口和自行研制复合添加剂两条技术路线。随着我国要求使用符合 Dexron Ⅲ规范的进口和自行生产的高档汽车的增加，在 90 年代末期，国家又制定了“九·五”攻关项目“Dexron Ⅲ汽车自动传动液的研究”，自行研制的添加剂配方不能

通过片式摩擦台架试验，无论是中点扭矩，还是最大扭矩都不能满足 Dexron Ⅲ规范要求的不小于 150N·m 的技术指标，且传递扭矩不稳定，在试验后期有所降低。近十年来新型传动系统在我国合资企业、国有企业生产的现代汽车上逐渐得以应用，要求使用比 Dexron Ⅲ规范要求更高的 ATF。国内也有符合这些规格的产品，但都是采用进口复剂调配而成。

第四节 液压系统用油特定性能评定

一、抗磨性试验

1. 我国 GB 11118.1—2011 产品标准对抗磨性的要求

我国 GB 11118.1—2011 产品标准中涉及的抗磨性评定方法有齿轮机试验(SH/T 0306)、叶片泵试验(SH/T 0307)、四球机长期磨损试验(SH/T 0189)和 T6H20C 双泵试验(GB 11118.1—2011 标准中附录 A)。

四球机长期磨损试验(SH/T 0189)以磨斑直径为评定结果，HL、HM、HV、HS、HG 均为要求"报告"。

齿轮机试验(SH/T 0306)以失效载荷级为评定结果，除 HL 外，其他所有等级均要求失效载荷级不小于 10 级。

叶片泵试验(SH/T 0307)只用于 HM(普通)，100h 试验后定子与叶片的总失重不应大于 100mg 。

T6H20C 双泵试验(GB 11118.1—2011 标准中附录 A)用于评定 HM(高压)、HV、HS 三个级别的液压油，要求叶片和柱销总失重不大于 15mg、柱塞总失重不大于 300mg。

2. Vickers 公司叶片泵台架试验

(1) Vickers 104C 叶片泵试验台架。美国实验材料学会(ASTM)采用此台架试验建立了 ASTM D2882 试验方法。56.8L 液压油在 V104C 叶片泵装置中循环 100h，工作压力 13.79MPa±0.28MPa，转速为 1200r/min±60r/min，当液压油的 37.8℃运动黏度不大于 $50mm^2/s$ 时，油温为 65.6℃±3℃；当液压油 37.8℃运动黏度大于 $50mm^2/s$ 时，油温为 79.5℃±3℃。我国参照 ASTM D2882 方法，建立了 SH/T 0307 液压泵台架试验。

对于一般抗磨液压油，100h 试验后定子与叶片的总失重不应多于 100 mg；对于高压抗磨液压油，100h 试验后的总失重不应高于 50 mg。该试验台架通常仅用来评定普通抗磨液压油，对于高压液压系统，仅作为一个辅助台架试验。该台架试验设备相对简单，试验泵亦较便宜而被普遍采用。

(2) Vickers 20VQ5 台架试验。Vickers 20VQ5 是为取代 Vicker104C 叶片泵试验而设计的。除了提高试验温度至 93.3℃，降低了试验功率外，其他试验条件基本相同。与 Vickers 104C 试验一样，Vickers 20VQ5 亦是通过测量 100h 试验后试验件的失重判断试验的通过与否。大量的试验证明，Vickers 20VQ5 试验具有很好的重复性，对于抗磨性可给出很好的区分性，同时与其他泵试验有良好的对应关系。

(3) Vickers 35VQ25 叶片泵试验台架。Vickers 35VQ25 叶片泵试验台架是 20 世纪 70 年代由 Vickers 公司发展起来的，该台架的试验压力为 21MPa，温度为 93℃，转速为 2400r/min。试验分三个程序，每一程序使用新的试验泵运行 50h，每 50h 试验后将试验泵清洗干净后称量，定子的失重必须小于 75mg；而 10 个叶片的总失重不能超过 15mg。同时，试验的通过与否还要看试件的表面磨损情况。如果一次试验失败(无论是称重还是表面观察)，则需进行另外两次试验。试验最后按“五过四”原则仲裁。大量的试验表明，最常见的失败是由于失重超标，而当表面观察不合格时，总是伴随严重的失重和磨损。

3. Dension 公司高压泵台架试验

(1) Denison T-5D 叶片泵台架试验。Denison T-5D 叶片泵台架试验压力为 17.5MPa，转速 2400r/min，温度 71℃下运行 60h，99℃下运行 40h，功率 119kW。试验结束后，除在四个非接触区可能出现“跳线”外，定子表面的大部分波纹状原始加工印迹应保留。大量的试验结果表明，在定子的压力区很容易出现疲劳损伤，表现为点蚀、擦伤和划痕。

(2) Denison P-46 柱塞泵台架试验。Denison P-46 柱塞泵台架试验压力为 34.5MPa，转速 2400r/min，温度 71℃下运行 60h，99℃下运行 40h，功率 247kW。试验结束后，所有泵试验配件的表观不应有任何明显的变化(与试验前相比)。在 20 世纪 80 年代初，美国一飞机制造商在装配 Denison 柱塞泵的液压系统上使用含锌抗磨液压油时，发现柱塞泵铜部件产生严重腐蚀，为此建立了此柱塞泵台架试验对液压油的性能进行评定。当使用含锌抗磨液压油时，含锌抗磨添加剂与含铜金属相互作用，即黄铜由滑靴转移到爬板。若爬板不能在试验中正常转动，则可能在爬板的压力区发生非均匀磨损，同时伴有铜转移和其他形式的疲劳现象发生。

叶片泵与柱塞泵摩擦副的金属组件与运动形式均不同，因此其磨损性能没有什么相关性，故需分别用叶片泵和柱塞泵评定液压油的抗磨性。Denison HF-O 要求通过高压叶片泵(T-5D)和高压柱塞泵(P-46)联合台架试验。

(3) Denison T6C 叶片泵台架试验。随着叶片泵压力的不断增大以及使用条件日益苛刻化，Denison T6C 高压叶片泵台架试验被建立起来。该叶片泵台架试验的压力达 25MPa，转速 1800r/min。在 5h 的磨合试验后运行 300h，然后换成新的试验泵，在磨合之前往试验油中注入 1%的蒸馏水，磨合 5h 后再试验 300h。在这 300h 的试验过程中水含量需保持在 0.8%~1.2%范围内。另外，在 5~105h 之间每间隔 25h，在 105~305h 之间每间隔 50h 对流量、压力、扭矩等参数进行测量，然后画出变化图；同时每隔 100h 还要取样测黏度、含水量以及过滤性等。试验结束后称量，并计算失重量和叶片试验前后的磨损比。

(4) Denison T6H20C-B20 泵试验。按方法要求进行冲洗、磨合后，驱动电机以 1700r/min 恒定转速带动泵运转，试验件叶片泵和柱塞泵试验压力按规定进行交替式循环，在高温、无水和加水条件下运转 608h，在特定的时间内测定液压油的黏度、过滤性、热稳定性、剪切安定性、抗腐蚀性及泵磨损特性。

首先用冲洗泵、冲洗滤芯、基础油和试验用油对整个系统进行冲洗，基础油冲洗时间 8~12h，试验用油冲洗时间 24h，如果再次换试验油后在最小压力和温度条件下，使用冲洗泵循环试验油时，试验油满足 NAS7~8 级时则进入磨合试验，否则重复冲洗过程。

拆卸冲洗泵，安装新试验滤芯和试验泵，按磨合程序进行 7h 磨合。

正式试验分为 2 个阶段。第一阶段 7~307h，即在磨合程序基础上直接进入第一阶段，管路入口处试油温度为 110℃±5℃，无水状态。在 307~308h，调到系统最低压力，在泵进口位置加入油品总量 1%的蒸馏水。第 2 阶段试验时间为 308~608h，温度为 80℃±5℃，水含量保持在 0.8% ~1.2%之间。油液清洁度许可极限是 NAS1638 的 8 级。在 7~107h 和 308~408h 内每 25h，107~307h 和 408~608h 内每 50h，测量系统流量、转矩、油温、滤芯前后压差、NAS1638 清洁度。从第 7h 开始，2 个阶段的每间隔 100h 进行取样，检测试油 40℃及

100℃的运动黏度、含水量、并按 SH/T0210 法测定试油的过滤性。按 GB/T 7304 方法测定阶段 1 与阶段 2 开始和结束时试油的酸值。

试验完毕进行摩擦副称重，检查磨损痕迹。对叶片泵：叶片和柱销总失重，定子失重；定子内表面检查(没有任何卡咬、抛光或波纹为通过)；配油盘端口检查(没有任何卡咬或非正常磨损为通过)。对柱塞泵：柱塞失重；止推板表面检查；悬臂轴和衬套检查；外壳和配油盘端口检查。

Denison T6H20C-B20 泵试验的最大特征在于试验过程中系统的压力是周期循环的。双泵(叶片泵、柱塞泵)从最小压力(小于等于 1MPa)上升至最大压力，然后稳定在试验压力运转一定时间，再下降至最小压力，此过程时间为 2s，在最小压力下运行 2s，即一个循环总用时 4 s，矿物油和生物基液压油试验压力循环图见图 8-2。升压速率和降压速率均为大于 205MPa/s 而小于 350MPa/s，理论上，608h 相当于 547200 循环。系统压力的周期性变化提高了试验的苛刻度。

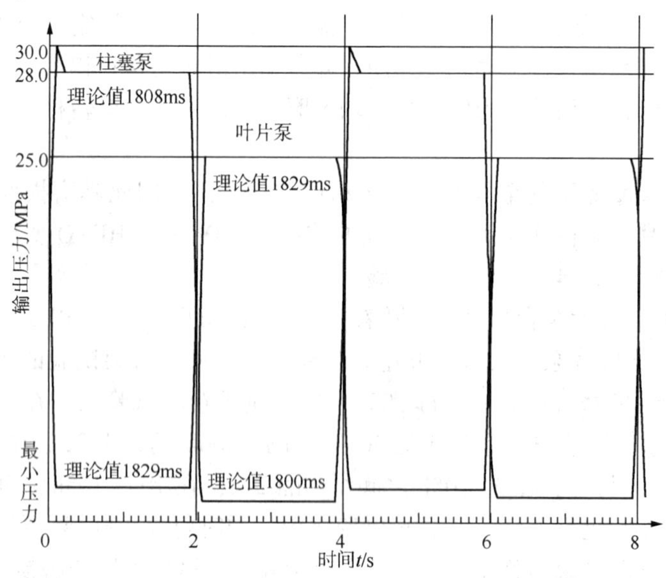

图 8-2 矿物油和生物基液压油试验压力循环图

二、液压油过滤性能评定

各类工业液压系统和车辆液压系统的液压油，由于油品过滤性能差，引起过滤器的堵塞是一个严重的问题。特别是当液压系统混入少量水时液压系统过滤器的阻塞更严重，由此引起液压传递失灵和其他元件的磨损与损坏，SH/T0210 方法在评价液压油的过滤性能方面是有价值的，适用于石油基和合成型各类液压油。

200mL 试样在规定的过滤设备中，于 18~24℃，86658 Pa(650 mmHg)真空度时进行试验，滤出 75mL 试样所需的时间(s)为无水试样的过滤性。另取 200mL 含 2%水的试样在相同条件下试验，其试验结果为含水试样的过滤性。滤膜为直径 50mm、孔径 1.2μm 的混合纤维素酯。

三、空气释放值测定法

在本标准规定条件下，试样中雾沫空气的体积减少到 0.2%时所需的时间称为空气释放值，以分钟(min)表示。

SH/T 0308—92(2004年确认)润滑油空气释放值测定法是测定液压油、汽轮机油等油品分离雾沫空气的能力，其基本试验步骤如下：

(1) 将180mL试样倒入经铬酸洗液洗净、干燥的耐热夹套玻璃试管中，放入小密度计。

(2) 接通循环水浴，让试样达到试验温度(根据试油类型确定，如25℃，50℃或75℃)，循环30min。

(3) 从小密度计上读数，精确到0.001g/cm^3，用镊子上下移动小密度计，静止后再读数一次，两次读数应当一致。若两次读数不重复，过5min再读一次，直至重复为止。记录此密度值，即为初始密度 d_o。

(4) 从试管中取出小密度计，放入烘箱中，保持在试验温度下。在试管中放入通气管，接通气源，5min后通入除去水和油的过滤压缩空气，在试验温度下使空气压力达到表压19.6kPa，保持压力和温度，必要时进行调节。通气时同时打开空气加热器，使空气温度控制在试验温度的±5℃范围内。

(5) 通气420s±1s后停止通入空气，并立即启动秒表。迅速从试管中取出通气管，从烘箱取出小密度计再放回试管中。

(6) 当密度计的值变化到空气体积减少至0.2%处，即 $d_t = d_o - 0.0017$ 时，记录停气到此点的时间。若气泡分离在15min内，记录时间精确到0.1min；大于15~30min，精确到1min，如停气30min后密度值还未达到 d_t 值，则停止试验。

空气释放值虽然与抗泡性相关，但与通常的抗泡性含义不同。抗泡试验反映的是油面以上泡沫的生成倾向和泡沫的稳定性，而空气释放值是反映油面以下即油中的泡沫能否快速从油中逸出。

第九章　其他类型工业润滑油的特性与性能评定

第一节　汽 轮 机 油

汽轮机又称透平涡轮机，包括蒸汽轮机和燃气轮机等，是以蒸汽或燃气为工质的旋转式热能动力机械，它具有单机功率大、效率较高、运转平稳和使用寿命长等优点。蒸汽轮机的主要用途是做发电用的原动机，其发电量约占总发电量的80%。汽轮机由于能变速运行，可以用它直接驱动各种泵、风机、压缩机和船舶螺旋桨等，因此按用途可把汽轮机分为电站汽轮机、工业汽轮机、船用汽轮机等。蒸汽轮机必须与蒸汽发生器(锅炉)，驱动机械(如发电机)以及凝汽器、加热器、泵等协调，配合工作组成成套设备。而燃气轮机也是由压气机、燃烧室和透平三大部分以及相应的辅助设备组成的成套动力装置。汽轮机广泛应用于电力工业、石油化工、钢铁以及大型船舶等行业。

一、汽轮机工作原理

1. 蒸汽轮机的工作原理

蒸汽轮机主要由静子和转子两大部分组成。静子包括汽缸、隔板、动静叶栅、进排气装置、端气封以及轴承、轴承座等部件。转子部分包括主轴、叶轮和动叶片、联轴器等部件。蒸汽轮机中一列静叶栅和其后的动叶栅以及有关的结构部分所组成的将蒸汽热能转变为机械功的基本工作单元，称为汽轮机的级，只有一个级的汽轮机称为单级汽轮机，有多个级的称为多级汽轮机。来自锅炉的蒸汽经过主汽阀和调节阀进入汽轮机内，依次流过一系列环形配置的喷嘴和动叶栅而膨胀作功，其热能转变为推动汽轮机转子旋转的机械功，并驱动其他机械。膨胀作功后的蒸汽由排气部件排出机外。凝汽或排出的汽被引入凝汽器而凝结。凝结水再经泵输送至加热器加热后作为锅炉给水循环使用。

2. 燃气轮机的工作原理

燃气轮机分为开式简单循环燃气轮机和闭式循环气轮机两种。开式简单循环燃气轮机的工作原理见图9-1。

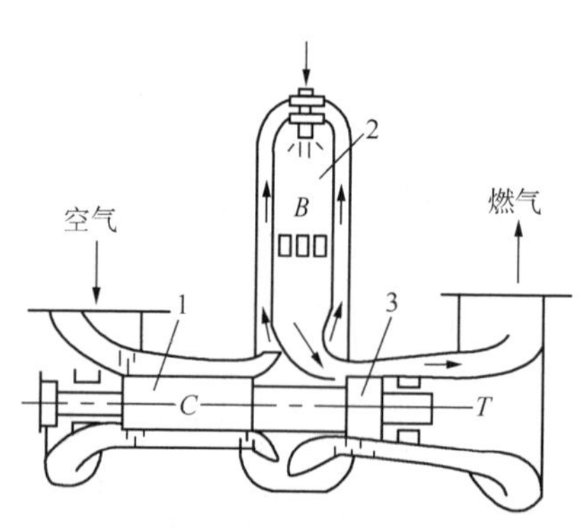

图9-1　开式简单循环燃气轮机工作原理

1—压气机；2—燃烧室；3—透平

压气机从大气中吸入空气并把它压缩到一定的压力，然后进入燃烧室与喷入的燃料混合燃烧成为高温燃气。具有作功能力的高温燃气进入汽轮机膨胀作功，同时推动转子带动压气机一起旋转，从而把燃料的化学能部分转变为机械功。燃气在汽轮机中膨胀作功过程中，压力和温度都逐渐下降，最后排放到大气中。

闭式循环汽轮机与开式循环燃气轮机的主要区别

在于工质不是燃气而是氦气、氮气、空气、二氧化碳等气体。工质是间接地从外界接受热量并在封闭回路中循环工作的。可采用提高工质基础压力的办法来增大单机功率，利用流量调节达到较高的部分负荷效率。由于工质纯净，工作过程中不易被污染，能适应多种燃料提供的热源，因此常在核电站中使用。

燃气轮机具有启动快、自动化程度高、对燃料适应性强、用水少、润滑油消耗少的优点。适用于发电，原油和天然气开采和输送，船舶交通运输等部门使用，特别适用于高原、寒冷、缺水的边远地区发电。

二、汽轮机油性能

1. 汽轮机油的作用

汽轮机油在蒸汽轮机、燃气轮机机组中的作用是相同的，主要起润滑、冷却和调速作用。

（1）润滑作用。通过润滑油泵把汽轮机油输送到汽轮机组滑动轴承的主轴和轴瓦之间，在其间形成油楔起到流体润滑作用。此外，汽轮机油还要给齿轮减速箱和调速机构等运动摩擦部件提供润滑。

（2）冷却散热作用。汽轮机组运行时，转速可达3000r/min，轴及润滑油的内摩擦会产生大量的热，而汽轮机使用的工质无论是蒸汽或燃气其热量也会通过叶轮传达到轴承上，这些热量不及时传递出去将会严重影响机组的安全运行，甚至会导致主轴烧结等事故。因此汽轮机油要在润滑油路中不断循环流动，把热量从轴承上带走，起到散热冷却作用，使轴承的正常工作温度保持在60℃以下。

（3）调速作用。汽轮机调速系统中使用的汽轮机油实际起液压介质的作用，传递控制机构给出的压力，对汽轮机的运行起调速作用。

2. 汽轮机油的性能

（1）适宜的黏度及良好的黏温特性。合适的黏度是保证汽轮机组正常润滑的一个主要因素。汽轮机对润滑油黏度的要求，依汽轮机的结构不同而异。用压力循环的汽轮机需选用黏度较小的汽轮机油；而对用油环给油润滑的小型汽轮机，因转轴传热，影响轴上油膜的附着力，需用黏度较大的油；具有减速装置的小型汽轮发电机组和船舶汽轮机，为保证齿轮得到良好的润滑，也需要使用黏度较大的油。为保证汽轮机组在不同温度下都能保持良好的润滑，要求汽轮机油有良好的黏温特性，一般要求在80~90以上。

（2）良好的氧化安定性。汽轮机油的工作温度虽然不高，但用量较大，使用时间长，并且受空气、水分和金属的作用，仍会发生氧化反应并生成酸性物质和沉淀物。酸性物质的积累，会使金属零部件腐蚀，形成盐类及使油加速氧化和降低抗乳化性能；溶于油中的氧化物，会使油的黏度增大，降低润滑、冷却和传递动力的效果；沉淀析出的氧化物，会污染堵塞润滑系统，使冷却效率下降，供油不正常。因此，要求汽轮机油必须具有良好的氧化安定性，使用中老化的速度应十分缓慢，使用寿命不少于5~15年。

（3）良好的抗乳化性。在蒸汽轮机运行过程中，蒸汽和水不可避免地从轴封或其他部位漏进汽轮机油中，如果汽轮机油抗乳化性能不好，不仅会形成乳状液而降低润滑性能，而且使油加速氧化和对金属产生锈蚀。特别是用压力循环方式供给润滑油时，汽轮机油循环油量大，并始终处于湍流状态，遇水易乳化，因此抗乳化性是汽轮机油的一项主要性能。要使汽轮机油具有良好的抗乳化性，基础油必须经过深度精制，尽量减少油中的环烷酸、胶质和多环芳香烃。

(4) 良好的防锈防腐性。汽轮机组润滑系统进入水后，不仅会造成油品的乳化，还会造成金属的锈蚀、腐蚀，特别是远洋船用汽轮机组，润滑油冷却器使用海水做冷却介质，由于海水含盐分多，如果冷却器发生渗漏，将对润滑系统金属部件造成严重锈蚀。因此汽轮机油特别是远洋船舶用的汽轮机油要有良好的防锈性能。防锈汽轮机油通常由深度精制的矿物基础油加入抗氧剂、防锈剂、金属钝化剂、抗泡沫剂等添加剂配成。

(5) 良好的抗泡沫性。汽轮机油在循环润滑过程中，会由于以下原因吸入空气：

① 油泵漏气；

② 油位过低，使油泵露出油面；

③ 润滑系统通风不良；

④ 润滑油箱的回油过多；

⑤ 回油管路上的回油量过大；

⑥ 压力调节阀放油速度太快；

⑦ 油中有杂质；

⑧ 油泵送油过量。

当汽轮机油吸入的空气不能及时释放出去时，就会产生发泡现象，使油路发生气阻，供油量不足，润滑作用下降，冷却效率降低，严重时甚至使油泵抽空和调速系统控制失常。为了避免汽轮机油产生发泡现象，除了应按汽轮机规程操作和做好维护保养，尽可能使油少吸入空气外，还要求汽轮机油具有良好的抗泡沫性，能及时地将吸入空气释放出去。

(6) 汽轮机油的特殊性能。用于以氨气为压缩介质的压缩机和汽轮机共用一套润滑系统的汽轮机油，就需具有抗氨性能(抗氨汽轮机油)。为适应大型发电机组中高压调速系统和液压系统的润滑和安全，要求使用具有极压抗磨性和防燃性的汽轮机油，在这类汽轮机油中加有极压抗磨剂，因而有较强的承载能力。

三、汽轮机油分类

GB/T 7631.10—1992(2004)《润滑剂和有关产品(L)类的分类 第10部分 T组(汽轮机)》将汽轮机油分为蒸汽轮机油4个品种，燃气轮机油5个品种，该标准等效采用ISO 6743-5-1988《润滑剂、工业润滑油和有关产品(L)类的分类 第5部分：T组(汽轮机)》。其中TSA、TGA、TGB为深度精制石油基润滑油并具有防锈性和抗氧化安定性(TGB适用于较高温度下)，TSC和TGC为不具有特殊难燃性的合成油，TSD和TGD为磷酸酯合成润滑油，TSE和TGE为深度精制石油润滑油并具有防锈性、抗氧化安定性和高承载能力。TCD磷酸酯控制液适用于汽轮机控制系统及要求工作液和润滑油分别供给，并有耐热要求的蒸汽汽轮机。TA、TB两类汽轮机油适用于航空涡轮发动机及液压传动装置。表9-1为汽轮机润滑油的分类。

四、汽轮机油的选择

1. 根据汽轮机的类型选择汽轮机油的品种

如普通的汽轮机组可选择防锈汽轮机油，接触氨的汽轮机组须选择抗氨汽轮机油，减速箱载荷高、调速器润滑条件苛刻的汽轮机组须选择极压汽轮机油，而高温汽轮机则须选择难燃汽轮机油。

表 9-1 汽轮机润滑油的分类[GB/T 7631.10—1992(2004)]

特殊用途	更具体应用	产品代号	组成和性质	应用实例
蒸汽、直接或齿轮连接到负荷	一般应用	L-TSA	具有防锈性和氧化安定性的深度精制的石油润滑油	发电机、工业装置及其相配套的控制系统，不需要改善齿轮承载能力的船舶驱动装置
	特殊用途	L-TSC	不具有特殊耐燃性的合成液①②	要求使用具有某些特殊性如氧化安定性和低温性液体的发电机、工业装置及其相配套的控制系统
	耐燃性	L-TSD	磷酸酯润滑剂①	要求使用具有耐燃性液体的发电机、工业装置及其相配套的控制系统
	高承载能力	L-TSE	具有防锈性、氧化安定性和高承载能力的深度精制石油润滑油	要求改善齿轮承载能力的发电机、工业装置和船舶齿轮装置及其配套的控制系统
气体、直接或齿轮连接到负荷	一用般用途	L-TGA	具有防锈性和氧化安定性的深度精制的石油润滑油	发电机、工业装置及其相配套的控制系统，不需要改善齿轮承载能力的船舶驱动装置
	较高温度下使用	L-TGB	具有防锈性和改善氧化安定性的深度精制石油润滑油	由于有热点出现，要求耐高温的发电机、工业装置以及其相配套的控制系统
	特殊性能	L-TGC	不具有特殊耐燃性的合成液①②	要求使用具有某些特殊性如氧化、安定性和低温性液体的发电机、工业装置及其相配套的控制系统
	耐燃性	L-TGD	磷酸酯润滑剂①	要求使用具有耐燃性液体的发电机、工业装置及其相配套的控制系统
	高承载能力	L-TGE	具有防锈性、氧化安定性和高承载能力的深度精制石油润滑油	要求改善齿轮承载能力的发电机、工业装置和船舶齿轮装置及其配套的控制系统
控制系统	耐燃性	L-TCD	磷酸酯控制液	要求使用与润滑剂分别供给，并有耐热要求的蒸汽轮机、燃气轮机控制机构
航空涡轮发动机③		L-TA		
液压传动装置③		L-TB		

① 此类品种可以与石油基产品完全相容。

② 此类品种包括合成烃以及其他化学产品。

③ 此类品种尚未建立。

2. 根据汽轮机的轴转速选择汽轮机油的黏度等级

通常在保证润滑的前提下，应尽量选用黏度较小的油品。低黏度的油，其散热性和抗乳化性均较好。设备(装备)使用说明书均提出了适合使用的黏度。

五、汽轮机油的特殊评定方法

1. 运行中汽轮机油水分含量测定

按 GB/T 7600—2014《运行中变压器油和汽轮机油水分含量测定法(库仑法)》进行测定。

2. 运行中汽轮机油破乳化度测定

按 GB/T 7605—2008《运行中汽轮机油破乳化度测定法》进行测定。

在量筒中装入 40mL 油样和 40mL 蒸馏水，并在 54℃ ±1℃ 下搅拌 5min 形成乳化液，测定乳化液分离(即乳化层的体积不大于 3mL 时)所需要的时间。静止 30min 后，如果乳化液没有完全分离，或乳化层没有减少为 3mL 或更少，则记录此时油层、水层和乳化层的体积。

3. 汽轮机油氧化安定性测定

SH/T 0124—2000《含抗氧剂的汽轮机油氧化安定性测定法》如下：

将装有试样(试样中已加入油溶性环烷酸铁、环烷酸铜催化剂)的氧化管放入温度为 120℃的加热浴中通氧 164h，试验结束后测定挥发性酸值、可溶性酸值及油泥含量。如需测定挥发性酸逸出速率达到显著增加的时间(诱导期)，可每日测定挥发性酸值，绘制酸值-时间曲线来确定。

(1) 主要试验步骤。在 100mL 的烧杯中分别称取 60mg±0. 4mg 含 1%(质量分数)铜的环烷酸铜和含 1%(质量分数)铁的环烷酸铁溶液，并称取 30g±0. 04g 试样，使试样中含铜量及含铁量均为 20mg/kg±0. 5mg/kg。然后将烧杯放在温度不超过 80℃的烘箱中对试样缓和加热不超过 5 min。待催化剂溶解后，从烘箱中取出冷却至室温，并从烧杯中称取 25g±0. 04g 的试样装入氧化管内，用一滴待测样品密封氧化管的磨砂接头。然后，将氧化管放入温度为 120℃ ±0. 5℃的加热浴中。在吸收管中加入 25mL 水及 5～6 滴酚酞-乙醇指示剂溶液，连接氧化管和吸收管。为避免吸收管中水蒸发，必须将其用隔热材料与加热浴隔开。接通氧气，调节氧气流量为 1. 0L/h±0. 1 L/h (此流速必须每日校验)。记下开始氧化的时间，在氧化期间必须保持 120℃ ±0. 5℃。如果不要求测定诱导期，连续氧化 164h。氧化结束后，关闭氧气，拆下氧化管和吸收管，将氧化管从加热浴中取出，在避光处冷却约 1h，然后将氧化油转入 500mL 的具塞锥形烧瓶中，分别将氧化管和氧气导入管用 300mL 正庚烷洗涤至无油迹。正庚烷洗涤液合并到同一具塞锥形烧瓶内。在室温下避光静置不少于 16h。

(2) 测定挥发性酸值。取下装有水和酚酞-乙醇指示剂溶液的吸收管，将吸收管中液体全部倒入 250mL 的锥形烧瓶中，并用 25mL 蒸馏水冲洗吸收管，洗涤液一并倒入同一锥形烧瓶内，用 0. 1mol/L 氢氧化钾-乙醇标准滴定溶液滴定挥发性酸，记下消耗的氢氧化钾-乙醇标准滴定溶液的体积 V_1(mL)。上述步骤在氧化结束后应尽快进行，并且在滴定时应尽可能地快。

(3) 测定诱导期。如果要求测定诱导期，每日按时将盛有蒸馏水和酚酞-乙醇指示剂溶液的吸收管拆下，同时，将另一盛有同样蒸馏水和酚酞-乙醇指示剂溶液的吸收管置于原位。用 0. 1mol/L 的氢氧化钾-乙醇标准滴定溶液按上述步骤滴定所拆下吸收管中的挥发性酸，根据每日测得的挥发性酸值绘制一条酸值-时间曲线。也可适当安排两次测定的间隔，以得到一条连续的酸值-时间曲线。

(4) 测定油泥含量。将已放置 16h 的氧化油/正庚烷混合物通过过滤膜过滤，过滤膜事先在 80℃下干燥 1h，并称准至 0.1mg。过滤液浑浊时，必须用同一过滤膜对过滤液重新过滤，直至清澈透明为止。用总量不超过 150mL 的正庚烷小心地反复冲洗具塞烧瓶及过滤膜上的油泥，直至无油迹为止。在真空条件下，小心地取下过滤器上的夹钳及储液杯，用少量正庚烷从周边到中心轻轻冲洗过滤膜表面，注意别把滤膜表面的油泥洗掉，冲洗完后保持真空几秒钟以便除去残余的正庚烷。保留过滤液和冲洗液测定可溶性酸值，小心地取下过滤膜，在 75℃±5℃下干燥 1h，并称准至 0.1mg。所求得的油泥质量记作 m_1。

用总量为 30mL 的二氯甲烷溶解附着在氧化管及氧气导入管上的油泥，并将溶液转入已恒重了的 100mL 锥形烧瓶中，在加热水浴上蒸去二氯甲烷，然后在烘箱中保持 110℃±5℃下干燥 1h，冷却至室温并称准至 0.1mg。所求得的油泥质量记作 m_2。

（5）测定可溶性酸值。将上述滤液和洗涤液收集到 500mL 容量瓶中，用正庚烷稀释至刻线，摇动均匀备用。在 500mL 锥形烧瓶中，加入 100mL 甲苯-乙醇混合溶剂及 2mL 碱性蓝 6B-乙醇指示剂溶液，用 0.1mol/L 氢氧化钾-乙醇标准滴定溶液滴定，以被滴定液出现与 10%（质量分数）硝酸钴溶液红色相当的颜色并至少保持 15s 为终点。用 100mL 移液管在容量瓶中吸取 100mL 氧化油/正庚烷溶液放入上述 500mL 锥形烧瓶中，在不高于 30℃的环境下用 0.1mol/L 氢氧化钾-乙醇标准滴定溶液滴定，以被滴定液出现与 10%（质量分数）硝酸钴溶液红色相当的颜色并至少保持 15s 为终点。测定三次，取其平均值作为消耗氢氧化钾-乙醇标准滴定溶液的体积 V_2（mL）。氧化油颜色很深时，为便于观察终点可适当减少氧化油/正庚烷溶液的取样量。所取用的体积记作 V_3。

（6）计算。挥发性酸值 X_1(mgKOH/g) = $V_1 \times c \times 0.0561 \times 1000/25$，式中 V_1 为滴定挥发性酸时，所消耗的氢氧化钾-乙醇标准滴定溶液的体积，mL；c 为氢氧化钾-乙醇标准滴定溶液的实际浓度，mol/L；25 为试样的质量，g；0.0561 为与 1.00mL 氢氧化钾-乙醇标准滴定溶液 c(KOH) = 1.000mol/L 相当的以克表示的挥发性酸（以氢氧化钾表示）的质量。

总油泥含量 D[%（质量分数）] = $4(m_1+m_2)$，式中 m_1 为不溶于正庚烷的油泥质量，g；m_2 为二氯甲烷回收的油泥质量，g；4 为变换百分数的系数。

可溶性酸值 X_2(mgKOH/g) = $(V_2 \times c \times 0.0561 \times 1000)/(25 \times V_3/500)$，式中 V_2 为中和氧化油/正庚烷溶液所消耗的氢氧化钾-乙醇标准滴定溶液的体积，mL；c 为氢氧化钾-乙醇标准滴定溶液的实际浓度，mol/L；V_3 为实际取用的氧化油/正庚烷溶液的体积，mL；25 为试样的质量，g；500 为氧化油用正庚烷稀释后的体积。

总酸值经 X(mgKOH/g) = X_1+X_2

总氧化产物 TOP[%（质量分数）] = $D+180X/561$，式中 D 为总油泥含量；X 为总酸值；180 为氧化酸性产物以克/摩尔为单位的平均相对摩尔质量；561 为氢氧化钾以 g/mol 为单位的摩尔质量的 10 倍。

4. SH/T0302—1992《抗氨汽轮机油抗氨性能试验法》

向恒温至 65℃±2℃的 800mL 试样中连续通入 12h 氨气（氨气流量为 115mL/min±2mL/min），然后静置 12h，摇动试样，目测有无沉淀物析出。

在规定的试验条件下，试样与氨气充分接触，试油中的酸性物质与氨发生化学反应，经过沉降后，摇动试样，观察试样有无沉淀物析出，有沉淀物析出者为抗氨不合格，无沉淀物析出者为抗氨合格，以重复测定两个结果一致作为测定结果，如其中一个不合格，此试验重做。

第二节 压缩机油

气体压缩机是压缩和输送气体的通用机械，在工业中有着广泛的用途。空气压缩机在油料储运工作中也被广泛使用。如管线的试压、清扫和排空，金属表面喷砂除锈，油桶整形，自控测量的控制，大中型柴油机的起动等。

一、压缩机类型及结构特点

根据压缩气体的方式把压缩机分为容积型和速度型(又称透平型)两大类。

1. 容积型压缩机

容积型压缩机是通过气缸内的活塞作往复运动，或转子作回转运动来改变工作容积，使气体体积缩小，密度增加，从而提高气体的压力。它分为往复式和回转式。

(1) 往复式压缩机。往复式压缩机常见的形式有活塞式和膜片式。它们分别通过活塞或膜片在气缸内的往复运动，并借助进排气阀的自动开闭，进行气体的吸入、压缩和排出。其特点是压力范围广泛，工业应用上最高压力达350MPa，输气不连续，气体压力有脉冲，运转时有振动。

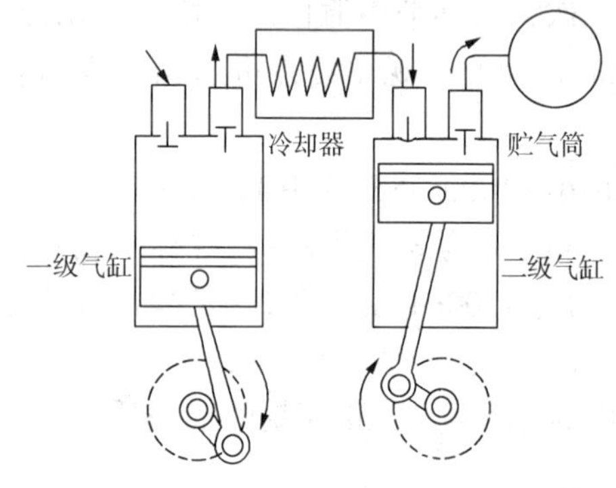

图 9-2 二级空压机工作原理图

① 活塞式压缩机是使用最广泛的一种往复式压缩机，其工作原理是利用曲柄连杆机构，变原动机的旋转运动为活塞的往复运动。根据曲柄连杆机构不同可分为十字头和无十字头式。按活塞在气缸内的作用分为单作用式、双作用式、级差式。按压缩过程分为单级和多级式。按气缸排列相对位置分为立式、卧式、角式、对称平衡式、对置式等多种形式。图 9-2 为二级空压机工作原理图。

② 膜片式压缩机通常是指曲柄连杆机构通过液体而驱动膜片工作的往复式压缩机。只有在低压力时，才由曲柄连杆机构直接驱动膜片。由于压缩机膜式腔的气密性很好，压缩介质的净度很高。因此常被用于某些珍贵的稀有气体的压缩、输送和装瓶，以及用于输送不允许有泄漏、易燃、强腐蚀性、放射性的气体和剧毒介质。

膜片式压缩机的输气量很小，每小时仅为5～20m^3。故使用范围只限于科研以及生产特殊用途产品的少数单位。

膜片式压缩机的气缸不需要润滑，其曲柄连杆和液压油缸可用液压油润滑。

(2) 回转式压缩机。这是一种借助于气缸内的一个或多个转子的旋转运动所产生的工作容积的变化，而实现气体压缩的容积型压缩机。常见的有滑片式、螺杆式、液环式和转子式多种，其中螺杆式应用最广。

与往复式压缩机比较，回转式压缩机一般不存在往复惯性力和力矩，所以转速较高，它的结构简单、运转平稳、可靠性高、具有体积小、质量小、气流脉动小等优点，是国内外发展较快的一种机型。但回转式压缩机的功率消耗比往复式稍高，目前所能达到的压力还不高。

2. 速度型压缩机

速度型(透平型)压缩机是借助作高速旋转的叶轮的离心力，使气体获得很高的速度，然后进入固定的扩压器内急剧降速，使气体速度能转变为压力能，从而提高气体的压力。按气体对叶轮的流动方向不同，可分为离心式、轴流式和混流式三种，并可采用多级增压的方式达到工作所需的压力。

速度型压缩机通常作为大排量的压缩机使用。其结构简单、紧凑，运动件只有一个带叶片的叶轮，工作时气流无脉动、振动小，且具有气腔与润滑油隔绝的特点，压缩气体中不含油，因此近年发展很快，应用范围日益广泛。

(1) 离心式压缩机主要应用于石油炼制、大型化肥生产等行业，尤其适用于压缩腐蚀性和有毒的气体。

(2) 轴流式压缩机主要应用于大型高炉、天然气液化、石油炼制及大型制气装置等，一般作为低压力、大排量的压缩机使用。

(3) 混流式压缩机使用范围较窄，适用于需要中压和中等排量的生产场合。

二、压缩机润滑及对润滑油的要求

压缩机润滑的基本任务在于借助相对摩擦表面之间形成的液体层，来减少它们的磨损，降低摩擦表面的功率消耗，同时还起到冷却运动机构的摩擦表面，以及密封压缩气体的工作容积的作用。

不同结构形式的压缩机由于工作条件、润滑特点以及压缩介质性质的不同，因此对压缩机润滑油的质量与使用性能的要求也就不同。

大多数的容积型压缩机，由于润滑油直接接触压缩介质，易受压缩气体性质的影响，容易产生在其他工业机械中所没有的因润滑引起的故障。因此对容积型压缩机润滑油的选择应该十分慎重。

1. 往复式压缩机的润滑

往复式压缩机的润滑系统，可分为与压缩气体直接接触部分的内部润滑和与压缩气体不相接触部分的外部润滑两种。内部润滑系统主要指气缸内部的润滑、密封与防锈、防腐；外部润滑系统即是运动部件的润滑与冷却。通常在大容量压缩机、高压压缩机和有十字头式压缩机中，内部润滑系统和外部润滑系统是独立的，分别采用适合各自需要的内部油和外部油。而在小型无十字头式压缩机中，运动部件的润滑系统兼作对气缸内部的润滑，其内外部油是通用的。

(1) 气缸内部的润滑。往复式压缩机气缸内部润滑具有如下的功能：减少气缸、活塞环、活塞杆及填料等摩擦表面的磨损；压缩气体的密封(在活塞环和气缸壁之间)；各部件的防锈、防腐蚀。

内部润滑油在完成上述使命后，与压缩气体一起被排出，同时润滑排气阀，通过后冷却器，一部分经分离后排出，未被分离的油进入储气罐和罐前的管路。因此，往复式压缩机的内部润滑属全损失式润滑，润滑油在压缩机中的移动路线如图 9-3 所示。

目前，气缸内部润滑大致有如下三种方式：

① 飞溅润滑。大多数用于无十字头式的小型通用压缩机。

② 吸油润滑。这是一种在压缩机进气中吸入少量润滑油的润滑方法，常用于无法采用飞溅润滑的无十字头式压缩机。

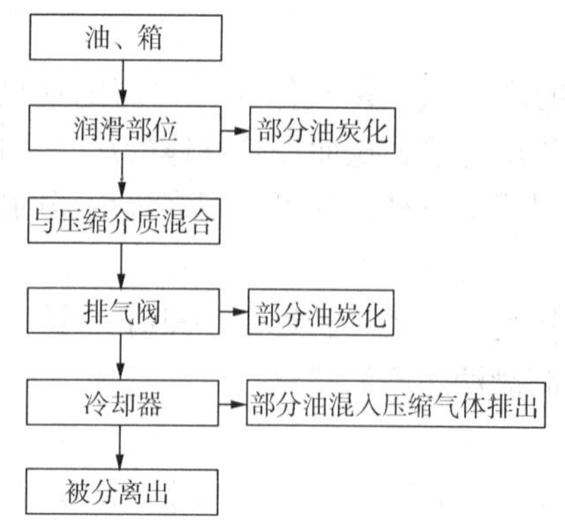

图 9-3　压缩机油在压缩机中的移动路线

③ 压力注油润滑。此方式的最大优点是能以最少的油量达到各摩擦表面的最均匀而合理的润滑，被广泛应用于有十字头式压缩机和其他大容量、高压压缩机。

(2) 外部润滑(即运动机构的润滑)。往复式压缩机运动机构的润滑目的，除了减少运动部件各轴承及十字头导轨等摩擦表面的磨损与摩擦功率消耗外，还起到冷却摩擦表面及带走金属磨屑的作用。

往复式压缩机运动机构润滑的主要方式是压力强制润滑，其特点是油量充足、润滑充分，并能有效地带走摩擦表面的热量与金属磨屑，因此在各种压缩机上广泛采用。而在微型压缩机和一部分小型压缩机中，还常常采用飞溅的润滑方式。

(3) 往复式压缩机油的使用条件。

① 高温、高压缩比(温度可达 220℃以上)，冷却条件差，容易氧化，形成积炭。

② 高氧分压(指空气压缩机)，油品与氧气的接触比在大气中多，更易被氧化。

③ 冷凝水和铜等金属在高温下的催化作用，会使油品更迅速地氧化，在气缸及排气系统中形成积炭。

④ 油品在气缸内部润滑完毕后被排出，不再回收。

(4) 往复式压缩机对压缩机油性能的要求。往复式压缩机，就其对润滑油恶劣影响的程度来说，内部润滑系统严重得多。内部使用的润滑油由于直接接触压缩气体，极易受气体性质的影响和高温高压的作用，使用条件比较苛刻，很容易氧化和形成积炭。因此要求润滑油具有以下特点：

① 良好的热氧化安定性。压缩机油要有良好的热氧化安定性，保证压缩机油在压缩机运转中较少生成油泥和高温下不易生成积炭，这是压缩机油的重要使用性能。

热安定性不好的润滑油容易分解产生小分子碳氢化合物和炭尘，这两项是造成空气压缩机发生爆炸的主要原因。由于压缩机工作温度高，一般排气阀和气缸与活塞环摩擦面温度可达 200℃以上，空气压缩机中压缩气体的氧分压又较大，所以容易促使润滑油氧化变质生成油泥和积炭，影响压缩机正常运转。根据调查，空气压缩机的故障中，有 70%是由于积炭积累。积炭并不是纯碳，而是由烃的氧化缩合物、油、磨屑、尘土等组成。所以积炭里面的油分受到强烈氧化时，便出现火星。这时，如果火星周围油的裂化气或油蒸气浓度在爆炸浓度范围以内，便会引起爆炸。所以，压缩机油必须具有良好的抗氧化安定性，尤其是用于多级压缩机的润滑油。

压缩机油应使用抗氧化性能好(产生油泥少)、炭化倾向小(积炭少)，而且形成的炭质松软易脱落，排除的深度精制的环烷基基础油并加入抗氧、抗腐、抗磨剂做内部润滑油使用。但无论抗氧化性能如何好的石油润滑油都不允许用在氧气或氯气的压缩机上，因这些高压气体遇石油会使其激烈氧化、自燃而产生爆炸事故。

② 闪点要高。闪点实际上是润滑油蒸发性的一个指标，闪点低的润滑油，在高温下所形成的润滑油蒸气就多，当积炭出现火星时，产生爆炸的可能性就大，所以要求压缩机油的闪点要高。通常，压缩机油的闪点应高于压缩空气正常工作温度 30~40℃以上。

③ 适当的黏度。为保证良好的润滑和压缩气缸的密封，润滑油必须具有一定的黏度，

而且压缩机油的黏度在高压下是会增大的，例如1MPa黏度为20mm²/s的润滑油在10MPa时会增加到40mm²/s。因此，在压缩机气缸里的润滑油黏度实际上是较大的，但黏度过大不仅浪费功率，而且由子摩擦面上的油膜恢复速度慢而增加磨损容易生成油泥和积炭，对压缩机运转不利。选择气缸内部润滑油的黏度一般应考虑压缩机的级数，排气终压和压缩机的功率等因素。对内部、外部润滑系统独立的应采用不同黏度的油。对内外部兼用的应以润滑条件差的内部用油为主来选择。一般往复式活塞压缩机适用润滑油黏度如表9-2所示。

往复式压缩机外部润滑系统用润滑油黏度的选择，主要是考虑维持轴承液体润滑的形成。一般可采用黏度等级为32~100的汽轮机油或液压油。

表9-2　往复式压缩机内部用润滑油黏度参考表

级　数	终压/kPa	黏度/(mm²/s)		功率/kW	终压/kPa	黏度(40℃)/(mm²/s)
		40℃	100℃			
1~2	~700	50~80	7~10	~75	~200	50~60
1~3	700~5000	80~100	10~12	~75	~800	70~100
3~5	5000~20000	100~120	12~16	~100	~800	80~100
5~7	20000~100000	120~190	15~20	~200	~800	100~150
1~2冷冻用	~1500	30~40	4~7	200~	~800	150~200

④ 残炭值低。残炭值是润滑油在使用中产生积炭多少的重要指标。积炭是润滑油中易被氧化的组分，在高温下与空气接触被氧化成胶质附在金属表面上继续受热过程中分解产生的。积炭不仅会影响散热效率，而且能蓄积热量形成火点，润滑油黏附在积炭火点上被蒸发和分解，裂化产生轻质碳氢化合物和游离炭，它们在高温下与空气混合达到爆炸极限时则会发生爆炸。统计表明，空气压缩机排气温度超过170℃时50%发生爆炸，因此为减少排气阀积炭，防止爆炸事故，一般润滑油要求氧化后沉积物残炭不超过0.3%，排气温度控制在150℃以下。通常深度精制的矿物油比浅度精制的油，低黏度油比高黏度油，窄馏分油比宽馏分油的积炭倾向小。环烷基油生成的积炭比石蜡基油生成的积炭松软，易于清除。

⑤ 防锈性能好。因压缩气体往往含有水分，在压缩过程中会凝聚在气缸和阀件上，容易造成气缸、阀、活塞、活塞环等部件的锈蚀。因此在压缩机油中加入适量的防锈剂和抗氧化剂，以提高其防锈、抗氧防腐性能。

2. 回转式压缩机的润滑

(1) 润滑特点。回转式压缩机有滑片式、螺杆式、转子式和液环式四种，其中螺杆式应用最广泛，回转式压缩机按其采用的润滑方式又可分为三种润滑。

① 干式压缩机。指气腔内不给油，压缩机油不接触压缩介质，如干式螺杆压缩机和转子压缩机的内腔不需用油润滑和密封，仅润滑轴承、同步齿轮和传动机构，其润滑条件相当于往复式压缩机的外部润滑系统或速度型压缩机，选油也相同。

② 滴油式压缩机(亦称非油冷式压缩机)。这是一种采用滴油润滑、双层壁水套冷却的滑片式压缩机，多数采用两级压缩，排气量较大，作为固定式使用。它有卸荷环式和无卸荷环式之分，采用一个油量可调节的注油器，通过管路将油注滴在气缸、气缸端盖及轴承座上的各个润滑点，以此润滑轴承、转子轴端密封表面及气缸、滑片、转子槽等摩擦表面，然后随压缩气体排出机外，其润滑条件与往复式压缩机内部润滑的压力注油方式相仿，选油也相同。

③ 油冷式(或称油浸式)压缩机。这是目前湿式螺杆式和滑片式压缩机中最广泛采用的润滑方式，润滑油被直接喷入气缸压缩室内，起润滑、密封、冷却等作用，然后随压缩气体排出压缩室外经油气分离，润滑油得以回收、循环使用。油冷回转式压缩机与往复式压缩机的内部润滑或滴油回转式、滑片式压缩机相比具有两个明显的特点：一是供油量大(约为排气量的0.24%~1.1%)，以保证起到最佳的冷却和有效的密封作用；二是润滑油可以回收和循环使用。

下面叙述的回转式压缩机油是指油冷回转式压缩机油，主要应用于油冷回转式压缩机。

(2) 回转式压缩机油的使用条件。

① 油成为雾状并与热的压缩空气充分混合，与氧化的接触面积大大增加，受热强度大，这是油品最易氧化的恶劣条件。

② 润滑油以高的循环速度，反复地被加热、冷却，且不断地受到冷却器中铜、铁等金属的催化，易氧化变质。

③ 混入冷凝液造成润滑油严重乳化。

④ 易受吸入空气中颗粒状杂质，悬浮状粉尘和腐蚀性气体的影响。这些杂质常常成为强烈的氧化催化剂，加速油的老化变质。

因此，润滑油在油冷回转式压缩机中的工作条件是极其苛刻的。

(3) 回转式压缩机油的基本性能要求。

① 良好的氧化安定性。由于润滑油是以雾粒状喷入压缩室中并与较高温度的压缩空气相遇，如果压缩机油氧化安定性差，油品易氧化而使黏度增加，从而减少压缩机油的喷入量，使压缩机油和压缩机的温度升高，导致漆膜和积炭生成，造成滑片运动迟钝，压缩机失效。由于回转式压缩机油循环使用，其老化变质、形成积炭的倾向甚至大于一次性使用的往复式压缩机油。

② 合适的黏度。为保证良好的润滑和有效的冷却、密封作用，润滑油应具备适当的黏度，对于压力较高的一级或二级滑片式压缩机宜用黏度较大的润滑油，而压力极低的两级滑片式压缩机，由于每一级压力和压缩温度较低，宜使用黏度较低的润滑油。螺杆式压缩机运动部件之间摩擦较滑片式缓和，且转速较高，宜使用黏度较小的油。为了得到最有利的冷却，在满足密封要求的前提下，尽量采用低黏度的润滑油，其黏度范围通常为5~15mm^2/s(100℃)。

③ 良好的抗乳化性。一级回转式压缩机通常排气温度较高，使空气中的水分呈蒸汽状态随气流带出机外。但在两级压缩机中，有时会因温度过低凝结大量水分，促使润滑油乳化，其结果不仅造成油气分离不清，油耗量增大，而且造成磨损和腐蚀加剧，水分还会使塑料滑片膨胀造成滑动不灵或折断。因此，对两级压缩机的润滑应该选用抗乳化性好的压缩机油，而不应该选用易与水形成乳化的油品(如使用内燃机油代用)。

④ 防锈蚀性好。为防止水分引起机件锈蚀，还要求回转式压缩机油有较好的防锈性。

⑤ 挥发性小。为了使压缩机油从压缩空气中得到很好的分离与回收，必须选择一种比较不易挥发的油，通常石蜡基油比环烷基油具有低的挥发性而应优先选用。

⑥ 良好的抗泡沫性。回转式压缩机油在循环使用中极易产生泡沫，尤其在温度较低的起动运转初期形成的泡沫不易破裂。泡沫进入油气分离器中使分油元件严重浸油，不但增加油耗，而且使阻力增加造成压缩机内部严重过载，因此回转式压缩机油应具有良好的抗泡沫性能。

3. 速度型压缩机的润滑特点

速度型压缩机的润滑油与气腔隔绝，需要润滑的只是支撑叶轮转子的轴承、联轴节、调速机构和轴封等，因此排出的压缩气体不含油质，适合压缩不允许与油接触的氧气、氯气、煤气等。速度型压缩机高速旋转的滑动轴承的润滑是其主体，轴承使用的润滑剂根据机型的大小和轴承类型不同而异。小型速度型压缩机多采用滚动轴承，一般用化学安定性和机械安定性好的润滑脂润滑。一些小型的以滚动轴承或滚动轴承支撑的速度型压缩机则用油泵或油环供给润滑油润滑。

速度型压缩机油的使用条件及质量要求与蒸汽轮机油基本相同，主要要求油品具有适当的黏度、良好的黏温性能、氧化安定性、防锈性、抗乳化性以及抗泡沫性等。目前，运转中的速度型压缩机除特殊情况下，一般均使用防锈汽轮机油。

另外不同的气体对压缩机油还有一些特殊要求。如氧气、氯气遇矿物油型润滑油会发生反应而引起爆炸，因此不能使用矿物油型润滑油。氧气压缩机一般采用无油润滑活塞环或用中性肥皂水、甘油水润滑。氯气压缩机则采用甘油或石墨润滑油和聚醚、聚丁烯等合成油润滑。

三、压缩机油的组成及牌号

1. 压缩机油的组成

压缩机油由基础油和相应的添加剂组成。

(1) 基础油。压缩机油按基础油的类型可分为矿物油型和合成油型两类。

矿物油型压缩机油必须选择经过深度精制的，其重芳烃及胶质含量少、残炭低、对抗氧剂感受性好的基础油。因为压缩机油之所以在使用过程中产生积炭，造成排气管、排气阀等结焦、堵塞和漏气等故障甚至爆炸事故，主要是由于矿物型基础油中一些不安定(易氧化)组分在高温高压下，尤其是在金属(如铜等)催化下，迅速被空气氧化，生成氧化聚合物(如胶质、油泥等)，沉积在排气管、阀等金属表面上，继续受热作用，发生热裂解反应而形成积炭。这些积炭就会阻碍压缩机的排气和阀门的灵活动作，并影响其散热效率，蓄积热量而形成火点，一部分润滑油黏在这些积炭火点土被蒸发和分解，裂化产生轻质烃和游离碳，当与高温高压的空气混合，达到爆炸界限时就会发生爆炸。

合成油型的基础油主要有合成烃(聚 α-烯烃)、有机酯(双酯)、多元醇酯、氟硅油和磷酸酯等。这些合成型基础油氧化安定性好、积炭倾向小，可超过矿物油的温度范围进行润滑，使用寿命长，可以满足一般矿物油型压缩机油所不能承受的使用要求。如 ISO L-DAC、DAJ 压缩机油就是采用合成型基础油。

(2) 添加剂。多数矿物油基压缩机油都加有抗氧剂、防锈剂、金属钝化剂和抗泡沫剂。某些特殊压缩机油中还加有油性剂、抗磨极压剂、清净分散剂及减少压缩气体中携带油量的添加剂。压缩机油中常用的一些添加剂有如下几种：

① 抗氧剂。润滑油中加入抗氧剂，可提高油品在储存，尤其是在苛刻使用条件下的氧化安定性，防止或改变氧化过程，延迟氧化物的发展。常用的抗氧剂有酚类化合物、芳胺类和有机硫化物等。

② 防锈剂。压缩机系统一般处在有水和含有水气的空气中。进入系统中的水，主要是由于大气中的水气经压缩冷凝而成的。在压缩机油中加入防锈剂能置换水气，增加其防护性能。常用的防锈剂为烯基丁二酸和二壬基萘磺酸钡。

③ 金属钝化剂。铜、铁等金属是润滑油氧化的强烈催化剂。金属钝化剂能与金属表面形成络合物，抑制金属在油品氧化过程中的催化作用，并有利于防止金属腐蚀。常用的金属钝化剂有苯并三唑及一些硫氮化合物。

④ 抗泡剂。为防止压缩机油在使用中形成稳定的泡沫，常加入抗泡剂(如二甲基硅油、丙烯酸酯聚合物)来降低其表面张力促使泡沫消除。

2. 压缩机油品种和规格

压缩机有多种结构形式，其工作条件、润滑方式以及压缩介质各有差异，所需要的润滑油也不相同。因此，通常所说的压缩机油仅是指用于往复式和回转式压缩机的气缸(内部)或气缸与轴承等运动机构(内外部共用)的润滑油。

我国采用 ISO 6743-3：2003《润滑剂、工业用油和有关产品(L)类的分类 第 3 部分：D 组(压缩机)》，制定了国家标准 GB/T 7631. 9—2014《润滑剂、工业用油和有关产品(L 类)的分类 第 9 部分：D 组(压缩机)》，该标准把空气压缩机油分为 DAA、DAB 和 DAG、DAH、DAJ 共 5 个品种，其中 DAA、DAB 用于往复式、活塞式或滴油回转(滑片)式压缩机，DAG、DAH、DAJ 用于喷油回转式压缩机；真空泵润滑剂分为 DVA、DVB 和 DVC、DVD、DVE、DVF 共 6 个品种，DVA、DVB 用于往复式、滴油回转式和喷油回转式真空泵，DVC、DVD、DVE、DVF 用于油封式真空泵；气体压缩机润滑剂按组成和性能分为 DGA、DGB、DGC、DGD、DGE 共 5 个品种。

四、压缩机油主要品种介绍

1. 往复式压缩机油

我国参照有关的 ISO 标准制定了往复式压缩机油相应的产品规范，产品规范号为 GB 12691—1990(2004)《空气压缩机油》，见表 9-3。该产品规范有 L-DAA 和 L-DAB 共 2 个品种，每个品种分为 32、46、68、100、150 共 5 个牌号。

表 9-3 往复式压缩机油标准[GB 12691—1990(2004)]

项 目	质量指标										试验方法
品 种	L-DAA					L-DAB					
黏度等级(按 GB 3141)	32	46	68	100	150	32	46	68	100	150	—
运动黏度/(mm^2/s) 40℃	28. 8~35. 2	41. 6~50. 6	61. 2~74. 8	90. 0~110	135~165	28. 8~35. 2	41. 6~50. 6	61. 2~74. 8	90. 0~110	135~165	GB/T 265
100℃	报告					报告					
倾点/℃ 不高于	-9				-3	-9				-3	GB/T 3535
闪点(开口)/℃ 不低于	175	185	195	205	215	175	185	195	205	215	GB/T 3536
腐蚀试验(铜片，100℃，3h)/级 不大于	1					1					GB/T 5096
抗乳化性(40-37-3)/min 54℃ 不大于	—					30			—		GB/T 7305
82℃ 不大于	—					—			30		
液相锈蚀试验(蒸馏水)	—					无锈					GB/T 11143
硫酸盐灰分/%	—					报告					GB/T 2433

续表

项目		质量指标				试验方法
品种		L-DAA		L-DAB		
老化特性	(1)200℃，空气蒸发损失/% 不大于	15		—		SH/T0192
	康氏残炭增值/% 不大于	1.5	2.0	—		
	(2)200℃，空气，Fe_2O_3 蒸发损失/% 不大于	—		20		
	康氏残炭增值/% 不大于	—		2.5	3.0	
减压蒸馏蒸出 80% 后残留物性质		—		0.3	0.6	GB/T 9168
残留物康氏残炭/% 不大于						GB/T 268
新旧油 40℃运动黏度之比 不大于		-		5		GB/T 265
中和值/(mgKOH/g)						GB/T 4945
未加剂		报告		报告		
加剂后		报告		报告		
水溶性酸或碱		无		无		GB/T 269
水分/% 不大于		痕迹		痕迹		GB/T 260
机械杂质/% 不大于		0.01		0.01		GB/T 511

2. 回转式压缩机油

我国参照有关的 ISO 标准制定了轻载荷喷油回转式压缩机油(L-DAG)相应的产品规范，产品规范号为 GB 5904—1986《轻负荷喷油回转式空气压缩机油》，见表 9-4。该产品规范分为 15、22、32、46、68、100 共 6 个牌号。

表 9-4 轻载荷喷油回转式压缩机油标准(GB 5904—1986)

项目		质量指标						试验方法
黏度等级		15	22	32	46	68	100	GB/T 3141
40℃黏度/(mm^2/s)	±10%	15	22	32	46	68	100	GB/T 265
黏度指数	不小于	90						GB/T 2541
倾点/℃	不高于	-9						GB/T 3535
闪点(开口)/℃	不低于	165	175	190	200	210	220	GB/T 267
铜片腐蚀(100℃，3h)/级	不大于	1						GB/T 5096
抗泡性(24℃)/mL								
泡沫倾向	不大于	100						GB/T 12579
泡沫稳定性	不大于	0						—
破乳化性(40-37-3)/min								GB/T 7305
54℃	不大于	30					—	
82℃	不大于	—					30	
防锈试验(15 号钢)		无锈						GB/T 11143
氧化安定性/h	不少于	1000						GB/T 12581
机械杂质/%	不大于	0.01						GB/T 511

续表

项　　目		质量指标	试验方法
水分/%	不大于	痕迹	GB/T 260
水溶性酸或碱		无	GB/T 259
残炭(加剂前)/%		报告	GB/T 268

我国还未制定中载荷喷油回转式压缩机油(L-DAH)产品规范，DAH 参考产品规范见表 9-5。该产品规范分为 32、46、32A、46A 共 4 个牌号。

表 9-5　中载荷喷油回转式压缩机油参考标准

项　　目		质量指标				试验方法
黏度等级		32	46	32A	46A	GB/T 3141
运动黏度/(mm^2/s)						GB/T 265
40℃		28.8~35.2	41.4~50.6	28.8~35.2	41.4~50.6	
100℃		报告	报告	报告	报告	
黏度指数	不小于	90		90		GB/T 2541
色度/号	不大于	1		1		GB/T 6540
密度(20℃)/(g/cm^3)		报告		报告		GB/T 1884
闪点(开口)/℃	不低于	220		220		GB/T 3536
倾点/℃	不高于	-9		-9		GB/T 3535
酸值/(mgKOH/g)		报告		报告		GB/T 7304
抗乳化性(40-37-3)/min	不大于	30		30		GB/T 7305
泡沫性(泡沫倾向/泡沫稳定性)/(mL/mL) 24℃		300/0		300/0		GB/T 12579
液相锈蚀(A 法)		无锈		无锈		GB/T 11143
氧化试验(200℃空气，Fe_2O_3)						SH/T0192
蒸发损失/%	不大于	20		20		
康氏残炭增值/%	不大于	2.5		2.5		
FZG 齿轮机失效载荷/级	不小于	—		10		SH/T0306

五、压缩机油的选用

合理选择压缩机油对延长设备的使用寿命，提高设备运转的可靠性、防止事故的发生等均有直接影响，故对此必须十分慎重。选用压缩机油分为品种选择和黏度选择。

1. 压缩机油品种选择

压缩机油品种选择按压缩机和载荷大小以及压缩介质来选择，以适应压缩机的性能要求与工作条件，并使压缩介质不受压缩机油的影响。

对压缩介质而言，在氧气压缩机里，氧分会使矿物性润滑油剧烈氧化而引起压缩机燃烧和爆炸，因此避免采用油润滑，或者采用无油润滑的方式，或者采用水型乳化液或蒸馏水添加质量分数 6%~8%的工业甘油进行润滑；在氯气压缩机里，烃基润滑油可与氯气化合生成氯化氢，对金属(铸铁和钢)具有强烈的腐蚀作用，因此一般均采用无油润滑或固体(石墨)润滑。对于压缩高纯气体的乙烯压缩机等为防止润滑油混入气体中去影响产品的质量和性能，通常也不采用矿物油润滑，而多用医用白油或液态石蜡润滑等等。只是在一般空气、惰性气体、烃类(碳氢化合物)气体、氮、氢等气体压缩机中，大量广泛采用矿物油润滑。

具体的选用方法见表9-6和表9-7。

表9-6 不同类型的空气压缩机选油参考表

压缩机类型		油品类型
无油润滑压缩机：往复式和回转式		DAA压缩机油或汽轮机油或液压油
油润滑压缩机按压缩机载荷轻重选用	(1)空冷往复式压缩机(轴输入功率<20kW)	DAA或DAB或DAC压缩机油；轻、中载荷亦可选用单级CC、CD发动机油①
	(2)空冷往复式压缩机(轴输入功率>20kW)	轻、中载荷用DAA、DAB压缩机油，或汽轮机油、液压油；亦可选用单级CC、CD发动机油①
	(3)水冷往复式压缩机及滴油润滑回转式压缩机	轻载荷用DAA油或汽轮机油或液压油，中载荷用DAB油，可用单级CC、CD发动机油①
	(4)油冷回转式压缩机	轻载荷用DAG油或汽轮机油或液压油，中载荷用DAH油，重载荷用DAJ油

① 不可选用多级发动机油。

表9-7 不同介质压缩机选油参考表

介质类型	对润滑剂的要求	推荐润滑剂
空气	因有氧，油的抗氧化性能要好，油的闪点应比最高排气温度高40℃	L-DAB100或L-DAB150号防锈抗氧压缩机油
氢、氮	无特殊影响，可用压缩空气时用的油	矿物油、合成油压缩机油
氩、氦、氖	气体较贵重、气体中应不含水分和油，多用膜片式压缩机压送	矿物油型压缩机油
氧	会使润滑油剧烈氧化和爆炸，不用矿物油润滑	多采用无油润滑，或采用氟油润滑
氯	在一定条件下与烃作用生成氯化氢	无油润滑(石墨)
硫化氢、二氧化碳、一氧化碳	润滑油应不含水分，否则水溶解气体可生成酸，会破坏润滑性	防锈汽轮机油或矿物油型压缩机油或合成压缩机油
二氧化碳、二氧化硫	能与油互溶，降低黏度，油中应不含水分并应防止生成腐蚀性酸	防锈汽轮机油或压缩机油或合成压缩机油
氨	如有水分会与油的酸性氧化物生成沉淀，与酸性防锈剂生成不溶性皂	抗氨汽轮机油
天然气	湿而含油	干气可用矿物型压缩机油，湿气用合成压缩机油
石油气	会产生冷凝液稀释润滑油	矿物型压缩机油或合成压缩机油
乙烯	避免润滑油与压送气体混合而影响产品性能，不用矿物油润滑	合成压缩机油或白油、液体石蜡
丙烷	与油混合可被稀释，高纯度的丙烷应用无油润滑	合成压缩机油、乙醇肥皂润滑剂或防锈汽轮机油
焦炉气、水煤气	对润滑油无特殊影响，但气体较脏，含硫多时有破坏作用	矿物型压缩机油或合成压缩机油
煤气	杂质多，易弄脏润滑油	矿物型压缩机油或合成压缩机油

2. 压缩机油黏度选择

黏度的选择与压缩机的类型、功率、给油方法和工作条件(主要是出口温度和压力)有关，要求油的黏度对润滑部位能形成油膜，同时起到润滑、减摩、密封、冷却、防腐蚀等作用。表 9-8 是各类型压缩机使用的润滑油(包括内部油、外部油和内外部共用油)黏度选择方法之一。

表 9-8　压缩机油黏度选择参考表

压缩机型式				排气压力/0.1MPa	压缩级数	润滑部位	润滑方式	ISO 黏度等级
容积型	往复式	移动式		10 以下	1~2	气　缸	强制、飞溅	46、68
						轴　承	循环、飞溅	46、68
				10 以下	2~3	气　缸	强制、飞溅	68、100
						轴　承	循环、飞溅	46、68
		固定式		50~200	3~5	气　缸	强　制	68、100、150
						轴　承	强制、循环	46、68
				200~1000	5~7	气　缸	强　制	100、150
						轴　承	强制、循环	46、68
				>1000	多级	气　缸	强　制	100、150
						轴　承	强制、循环	46、68
	回转式	滑片式	水冷式	<3	1	气缸滑片侧盖轴承	压力注油	100、150
				7	2			
			油冷式	7~8	1	气　缸	循　环	32、46、68
				7~8	2			
		螺杆式	干式	3.5	1	轴承、同步齿轮传动机构	循　环	32、46、68
				6~7	2			
				12~26	3~4			
			油冷式	3.5~7	1	气　缸	循　环	32、46、68
				7	2			
		转子式		—	—	齿　轮	油浴、飞溅	46、68、100
				—	—	气缸、轴承	循　环	46、68、100
速度型	离心式			7~9	—	轴　承（有时含齿轮）	循　环（或油环）	32、46、68

六、压缩机油的使用

合理地使用压缩机油不仅是保证压缩机安全正常运转的重要条件，而且是节约能源的重要途径。

1. 正确控制给油量

供给压缩机的润滑油量，应在保证润滑和冷却的前提下尽量减少。给油量过多，会增加气缸内积炭，使气阀关闭不严，压缩效率下降，甚至引起爆炸，并浪费润滑油；给油量过少，则润滑和冷却效果不好，引起压缩机过热，增大机械磨损。因此，必须根据压缩机的压力、排气量和速度以及润滑方式和油的黏度等条件来正确控制给油量。关于最佳给油量，有不少的经验数据和计算公式，尚无统一的说法，一般认为应遍及气缸全面、无块状油膜、不从气缸底部外流，达到这种状况的给油量即为最佳给油量。

(1) 往复活塞式压缩机的气缸内部和传动机构是分别润滑时，气缸的给油量可根据压缩机的类型和运转条件不同直接用注油器调节，给油量原则上按气缸和活塞的滑动面积确定，但即使滑动面积相同，如压力增加，给油量亦要增加，往复活塞式压缩机气缸润滑参考给油量见表 9-9。

(2) 滴油式回转压缩机的给油量按功率大小确定，见表 9-10。

(3) 对新安装或新更换活塞环的压缩机，则必须以 2~3 倍的最低给油量进行磨合运转。

表 9-9　往复活塞式压缩机气缸润滑参考给油量

气缸直径/cm	活塞行程容积/cm^3	滑动表面积/(m^2/min)	给油量/(mL/h)	给油滴数/min
15 以下	1 以下	45 以下	3	2/3
15~20	1~2	45~70	5	1
20~25	2~4	70~100	6	4/3
25~30	4~6	100~140	10	1~2
30~35	6~10	140~185	18	2~3
35~45	10~17	185~240	23	3~4
45~60	17~30	240~340	33	4~5
60~75	30~50	340~450	40	5~6
75~90	50~75	450~560	50	6~8
90~105	75~105	560~700	75	8~10
105~120	105~150	700~800	100	10~12

表 9-10　滴油式回转压缩机的参考给油量

压缩机的功率/kW	55 以下	55~75	75~150	150~300
给油量/(mL/h)	15~25	27~30	20~25	14~20

2. 合理换油

压缩机的换油期，随着压缩机的构造形式、压缩介质、操作条件、润滑方式和润滑油质量的不同而异。通常，可以根据油品在使用过程中质量性能的变化情况确定换油，轻负荷回转式空气压缩机油换油指标见表 9-11。

表 9-11　轻负荷回转式空气压缩机油换油指标(NB/SH/T 0538—2013)

项　目		指　标	试验方法
外　观		不透明，混浊	目　测
运动黏度变化率(40℃)/%	超过	±10	GB/T 265
酸值增加值/(mgKOH/g)	大于	0.2	GB/T 264
水分/%	大于	0.1	GB/T 260
正戊烷不溶物/%	大于	0.2	GB/T 8526
润滑油氧化安定性/min	低于	50	SH/T 0193

往复式压缩机的内部油是全损式润滑，冷却器回收用过的油不再循环使用。外部油及内外部共用油的换油指标可参考表 9-12。

表 9-12　压缩机油换油参考指标

类型	润滑部位		换油质量指标				附注
			黏度	酸值/（mgKOH/g）	残炭/g	正庚烷不溶物/%	
往复式	高压用	内部用（气缸）	—	—	—	—	不反复使用、排出可作轴承润滑油
		外部用（轴承）	1.5 倍	2.0	1.0	0.5	
	低压用	气缸轴承共用	1.5 倍	2.0	1.0	0.5	
回转式	气缸轴承共用		1.5 倍	0.5	—	0.2	主要使用汽轮机油和回转压缩机油
离心式	轴承用		1.5 倍	0.5	—	0.2	主要使用汽轮机油

第三节　冷 冻 机 油

冷冻机是利用低沸点液体（制冷剂）蒸发时吸收热量的原理，以获得低温（低于环境温度）的机械装置。随着科学和生产技术的迅速发展，各种类型的制冷设备不断出现，不仅用于生活，而且广泛用于石油、化工、纺织、医疗、机械制造、食品加工、交通运输、科学研究和宇宙开发等国民经济的各个领域。

一、冷冻机的类型及润滑方式

冷冻机按其制冷原理和结构可分为压缩式、吸收式、蒸气喷射式、半导体式等，其中吸收式、蒸气喷射式、半导体式制冷设备中没有机械运动部件，不需要润滑，因此这里只介绍压缩式冷冻机的构造及润滑。通常冷冻机油也是指压缩式中的往复式、回转式、离心式三种冷冻机使用的润滑油。

压缩式冷冻机是一个闭合的循环制冷系统，它由蒸发器、制冷压缩机、冷凝器和节流阀等几大部分组成。其基本原理就是利用液相制冷剂汽化时吸收周围介质热量的特性使温度降低，然后通过制冷压缩机压缩，将气相制冷剂复原到液相再重新汽化。如此重复循环，达到控制低温的目的。如图 9-4 所示。

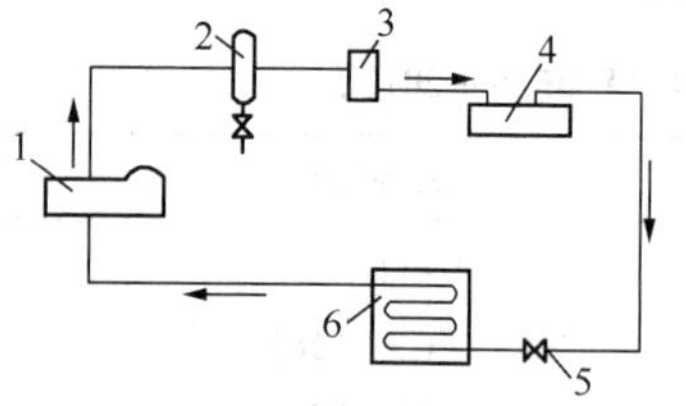

图 9-4　压缩式冷冻机制冷原理示意图

1—压缩机；2—油分离器；3—冷凝器；4—受液器；5—节流阀；6—蒸发器

压缩式冷冻机实际上是循环制冷系统中的压缩机，它的类型、结构和润滑方式与压缩机基本相同，只是压缩的气体不同，工作状况不同而已。

1. 往复式（活塞式）冷冻机

（1）往复式冷冻机的优点。往复式冷冻机是目前各种冷冻机中应用最广泛的，尤其在中小制冷量范围内具有许多优点：

① 使用制冷量范围宽，可达 10～2100MJ/h，最大的制

冷量已达 10GJ/h；

② 使用温度范围广；

③ 制冷效率高，单位能耗较低；

④ 装置系统比较简单，加工容易，造价低；

⑤ 可以采用氨、氟利昂等各种制冷剂。

(2)往复式冷冻机的分类。

① 按密封程度可将往复式制冷压缩机分为开启式、半封闭式和全封闭式三种。

(a) 开启式。压缩机的曲轴通过轴封装置伸出机体外面与电动机连接，多用于较大制冷量的冷冻机。

(b) 半封闭式。压缩机的电机外壳和机体铸成一体，压缩机和电动机的主轴也被制成一体，不需要轴封装置，多用于中小制冷量的氟利昂冷冻机。

(c) 全封闭式。压缩机和电动机的主轴制成一体，并放置在一个焊死的密封机壳内，用于各种冰箱、空调等较小制冷量的制冷压缩机。

全封闭式和半封闭式冷冻机因为压缩机与电动机一起封闭在一个机壳内，冷冻机油必然经常和电动机相接触，因此，对冷冻机油还提出了电气性能上的要求。

② 按冷却的方式可将往复式冷冻机分为空气冷却式、水冷却式和进气冷却式。

(3) 往复式制冷压缩机的润滑方式。往复式制冷压缩机需要用油润滑的部位，一是活塞与气缸之间，二是曲轴连杆机构。根据机型的大小和结构的不同，其润滑方式主要有飞溅润滑和压力润滑两种。少数大型卧式带十字头的氨制冷机，其活塞与气缸采用注油器润滑，曲轴连杆机构采用压力润滑。

2. 回转式(螺杆式)冷冻机

回转式冷冻机是一种新型的回转式制冷压缩机，其制冷量介于往复式与离心式之间，制冷范围为 0.1~18.0GJ/h 左右，通常都在 1.5GJ/h 以上。其基本构造是在机壳内有一对互相平行置放的阴、阳转子，当转子转动时，转子上的齿槽容积随转子的旋转不断发生由大到小的变化，对制冷剂蒸气进行吸入、压缩和排出三个连续过程，从而达到制冷的目的。

与往复式制冷压缩机相比，回转式制冷压缩机没有往复式压缩机所具有的气阀、活塞、活塞环、缸套等易损部件，因此具有寿命长、运行平稳可靠、排气温度低、单级压缩比大、结构紧凑、体积小、质量小等优点。其缺点是转子加工精度要求高、加工困难，在制冷过程中要喷入大量润滑油，因而需要配备油泵、油冷却器、油回收器等较多的辅助设备，同时噪声较高、电耗量也较大。回转式冷冻机可用 NH_3、R-12、R-22 等制冷剂。

回转式制冷压缩机均为油冷式润滑，压缩机在动行中要通过喷油孔不断向转子壳体内喷入冷冻机油，从而起到润滑、冷却、密封和降低噪声等作用。

3. 离心式冷冻机

离心式冷冻机具有制冷量大、质量小、平衡性好、与活塞式冷冻机相比无易损件、运转可靠、操作维护简便、振动小等优点。尤其适应大制冷量的要求，制冷范围通常为 1~100GJ/h。

离心式冷冻机的工作原理是利用高速旋转的叶轮使连续流动的气态制冷剂获得高速度，再通过扩压过程将速度能转变为压力能，从而达到提高制冷剂蒸汽压力的目的。故这种冷冻机的速度很快、制冷量大。但由于它的每一级叶轮产生的压缩比比较小，而排出的气体容积又比较大，因而较适宜采用相对分子质量较大、汽化压力与冷凝压力的比值较小和单位容积制冷量较低的氟利昂作制冷剂。

离心式制冷压缩机的润滑部位是轴承及齿轮箱，润滑油不与制冷剂接触，因此，通常可用汽轮机油润滑。为了避免制冷剂泄漏，在机壳轴承内侧还装有高压机械密封油系统。因此，在离心式冷冻机中，润滑油不仅要润滑传动机构的摩擦部件，而且要润滑机械密封，并作密封介质。

二、冷冻机油的性能要求

1. 冷冻机油的主要作用

（1）润滑作用。减少机械摩擦和磨损。

（2）降低温度。冷冻机油在制冷压缩机中不断循环，因此也不断携走制冷压缩机工作过程中产生的大量热量，使机械保持较低的温度，从而提高制冷机的机械效率和使用可靠性。

（3）密封作用。冷冻机油还用于各轴封及气缸和活塞间起密封作用，提高轴封和活塞环的密封性能，防止制冷剂泄漏。

（4）用作能量调节机构的动力。有些制冷机中利用冷冻机油的油压作为能量调节机构的动力，对制冷机的制冷量进行自动或手动调节。

2. 冷冻机油的工作条件

（1）冷冻机油处于制冷压缩机排气阀的较高温（可高达150℃）以及在膨胀阀、蒸发器等部位的低温（可低至-40℃以下）这样两种极端的温度条件工作。有别于总在高温下工作的其他用途的压缩机。

（2）压力较低，一般为中、低压。

（3）与制冷剂在制冷压缩系统内直接接触，并有少量冷冻机油被携入制冷剂管线内参与冷冻循环。

（4）冷冻机油在制冷压缩机内循环使用，有别于其他用途的往复式压缩机油（在汽缸内部）的全损式润滑。尤其是半封闭式或全封闭式制冷压缩机，要求长期不换油。

（5）在全封闭式制冷压缩机中，冷冻机油与电机的线圈及密封件等材料密切接触。

3. 冷冻机油的性能要求

由于冷冻机油特殊的工作条件，因此，要求它能同时满足制冷循环系统内的压缩机、冷凝器、膨胀阀和蒸发器等的不同要求，见表9-13。

表9-13　制冷循环系统对冷冻机油的性能要求

循环部位	性能要求	循环部位	性能要求
压缩机	（1）冷剂共存时具有优良的化学安定性 （2）有良好的润滑性 （3）有良好的与制冷剂的相溶性 （4）对绝缘材料和密封材料具有优良的适应性 （5）有良好的抗泡性	膨胀阀	（1）无蜡状物絮凝分离 （2）不含水
冷凝器	有优良的与制冷剂的相溶性	蒸发器	（1）优良的低温流动性 （2）无蜡状物絮凝分离 （3）不含水 （4）有良好的与制冷剂的相溶性

（1）适宜的黏度及良好的黏温特性。适宜的冷冻机油黏度是确保制冷压缩机润滑及密封良好的重要因素，如果制冷剂与冷冻机油互溶性较大时，应使用黏度较高的油以克服润滑油被制冷剂稀释造成的黏度降低。此外，冷冻机油要在制冷压缩机排气阀高达150℃的高温下以及在膨胀阀、蒸发器低到-40℃以下的低温两种极端温度条件下工作。与其他只在较高温度下使用的压缩机油不同，冷冻机油在制冷循环系统中的使用温度范围很宽。因此，要求冷

冻机油必须有很好的黏温特性，以保证冷冻机油在各种不同温度下都具有良好的润滑性和流动性。

(2) 良好的低温性能。冷冻机工作温度变化范围较大、为保证润滑油的作用正常发挥，要求其低温流动性好，倾点一般应低于冷冻温度10℃，以保证冷冻机油在低温下能从蒸发器返回压缩机。由于各种制冷剂与冷冻机油在冷冻机的低温区的互溶性不同，因而就会因为冷冻机所用溶剂的不同而对冷冻机油低温性能的要求有不同的侧重点。

① 倾点低。对于使用与油难互溶的氨及R502、R503的制冷系统，如果冷冻机油的倾点过高，当其随制冷剂进入制冷系统后，冷冻机油就会在蒸发器盘管等低温部位滞留或凝固，严重时会堵塞管道使设备不能正常工作。因此，冷冻机油要有较低的倾点。

② 良好的相溶性。在制冷系统内，冷冻机油与制冷剂的溶解对于压缩机的润滑是至为关键的。若两者不溶解，冷冻机油会滞留在系统内造成冷冻效果不良；或会因为冷冻机油在系统内的分布不均匀，导致局部油量不足而引起润滑故障。新型制冷剂HFC134a就是因为其不含氯，且与传统的矿物油型冷冻机油不相溶而要求研制专门的、昂贵的合成冷冻机油。

③ 低的絮凝点。对于使用R11、R12等氟里昂制冷剂的制冷系统，虽然冷冻机油与这类制冷剂是完全溶解的，在低温下也不会发生油-剂分离现象，但是由于冷冻机油中的蜡在此类制冷剂中的溶解性差，常在温度尚未到达冷冻机油的凝点之前就从油-剂的均溶液中以絮状物的形式凝结出来，造成毛细管和膨胀阀堵塞，使制冷剂的循环中断、制冷失效。因此，用于此类制冷剂系统中的冷冻机油的蜡含量必须很低，以保证冷冻机油具有较低絮凝点。

理想的冷冻机油应该兼备上述三种特性，以适应各种类型的制冷剂，但实际上许多冷冻油是无法满足这一要求的(见表9-14)，因此在选择冷冻机油时，须先了解冷冻机所用的制冷剂种类。

表9-14 冷冻机油的类型及其低温特性

性能 \ 油品类型	石蜡基油（脱蜡）	石蜡基油（深冷脱蜡）	低精制环烷基油	高精制环烷基油	烷基苯（硬性）
运动黏度(40℃)/(mm^2/s)	31.6	33.4	29.3	32.8	33.0
黏度指数	106	102	-10	59	-44
倾点/℃	-15	-30	-37.5	-37.5	-42.5
絮凝点/℃	>-30	-50	-60	-40	<-75
临界溶解温度(20%油)/℃	30	>30	-12	18	<-60

(3) 良好的热化学安定性。避免冷冻机油与制冷剂(氟里昂、氯甲烷、氨等)发生化学反应，生成腐蚀性的酸或酸的胺盐、油泥等杂质，从而导致堵塞制冷系统、影响制冷效率、腐蚀设备、破坏绝缘材料致使电机烧坏等故障。

(4) 良好的抗氧化安定性。冷冻机最后压缩温度可达130~160℃，为避免在高温下冷冻机油会产生油泥、积炭等氧化物，影响制冷效果，导致机件磨损，冷冻机油应具良好的抗氧化安定性。对于半封闭和全封闭的冷冻机，冷冻机油要能够满足全封闭式制冷压缩机在10~15年以上不换油，这就要求冷冻机油抗氧化安定性要好，长期使用不变质。所以，有的冷冻机油需加入抗氧化剂，以提高它的抗氧化安定性。

(5) 闪点高，挥发性小。此外，还要求冷冻机油具有较高的闪点和较小的挥发性。因为闪点低、挥发量大，在冷冻机油随制冷剂的循环量就大，在高温阀片处挥发、变黏而生成积炭的可能性就增加，而且在压缩升温过程中发生燃烧的危险性加大。因此，一般要求冷冻机油的馏分要窄，闪点要比制冷压缩机的最高排气温度高 20~30℃。

(6) 不含水分。水在蒸发器中结冰会影响供热效率，在膨胀阀结冰，会引起阀的故障。与制冷剂接触会加速其分解并腐蚀设备。如在用氟里昂做制冷剂的冷冻机中，在金属的催化作用下，水分与氟里昂反应会产生盐酸、氢氟酸，腐蚀冷冻机。因此冷冻机油中不应含水。

在全封闭式冷冻机中使用的冷冻机油还要求有好的电绝缘性、抗泡性，并且对橡胶、漆包线不溶解、不膨胀等。

三、冷冻机油的分类及组成

1. 冷冻机油的分类

我国采用 ISO 6743-3：2003《润滑剂、工业用油和有关产品(L)类的分类 第 3 部分：D 组(压缩机)》，制定了国家标准 GB/T 7631. 9—2014《润滑剂、工业用油和有关产品(L 类)的分类 第 9 部分：D 组(压缩机)》，该标准将制冷压缩机润滑剂按制冷的不同分为 DRA、DRB、DRC、DRD、DRE、DRF、DRG 共 7 个品种；详细分类见表 9-15。我国 2013 年 3 月 1 日实施的 GB/T 16630—2012《冷冻机油》中已有 DRE 和 DRG 质量等级。

表 9-15 冷冻机油分类(GB/T 7631. 9—2014)

应用范围	制冷剂	润滑剂类别	部分润滑剂类型(典型-非包含)	产品代号	典型应用	备注
制冷压缩机	氨(NH_3)	不互溶	深度精制的矿物油(环烷基或石蜡基)，烷基苯，聚 α-烯烃	DRA	工业和商业用制冷	开启式或半封闭式压缩机的满液式蒸发器
		互溶	聚(亚烷基)二醇	DRB	工业和商业用制冷	直接膨胀式蒸发器；聚(亚烷基)二醇用于开启式压缩机或工厂组装装置
	氢氟烃(HFC)	不互溶	深度精制的矿物油(环烷基或石蜡基)，烷基苯，聚 α-烯烃	DRC	家用制冷，民用和商用空调、热泵，公交空调系统	适用于小型封闭式循环系统
		互溶	多元醇酯，聚乙烯醚，聚(亚烷基)二醇	DRD	车用空调，家用制冷，民用和商用空调、热泵，商用制冷包括运输制冷	—
	氯氟烃(CFC) 氢氯氟烃(HCFC)	互溶	深度精制的矿物油(环烷基或石蜡基)，烷基苯，多元醇酯，聚乙烯醚	DRE	车用空调，家用制冷，民用和商用空调、热泵，商用制冷包括运输制冷	制冷剂中含有氟有利于润滑
	二氧化碳(CO_2)	互溶	深度精制的矿物油(环烷基或石蜡基)，烷基苯，聚(亚烷基)二醇，多元醇酯，聚乙烯醚	DRF	车用空调，家用制冷，民用和商用空调、热泵	聚(亚烷基)二醇用于开启式车用空调压缩机
	烃类	互溶	深度精制的矿物油(环烷基或石蜡基)，烷基苯，聚 α-烯烃，聚(亚烷基)二醇，多元醇酯，聚乙烯醚	DRG	工业制冷，家用制冷，民用和商用空调、热泵	典型应用是工厂组装低负荷装置

2. 冷冻机油的组成

冷冻机油是一种质量要求较高的专用润滑油，它以深度精制的矿物油或以合成油作基础油，加入一定量的添加剂如抗氧剂、润滑剂、抗泡剂和降凝剂(制冷剂与降凝剂会发生化学反应者不得使用烷基苯冷冻机)等调制而成。

基础油类型和质量是影响冷冻机油质量和选用的关键因素，表 9-16 对用不同类型基础油生产的冷冻机油的性能作了比较。

表 9-16　不同类型基础油生产的冷冻机油性能比较

项　目		环烷基冷冻机油	石蜡基冷冻机油	烷基苯冷冻机油		聚烯烃冷冻机油
				硬性	软性	
低温流动性		○	△	●	●	●
相溶性	R12	●	○	●	●	●
	R22	○	△	●	○	○
	R502	×	×	●	△	×
化学安定性		△	○	●	○	●
热稳定性		△	○	●	○	○
润滑性		○	○	×	○	○
黏温性		×	○	×	△	△~○

注：●优；○良；△中；×差。

3. 冷冻机油种类及牌号

我国冷冻机油现行产品规范是 GB/T 16630—2012《冷冻机油》，该规范有 L-DRA、L-DRB、L-DRD、L-DRE、L-DRG 共 5 种冷冻机油，其牌号按 40℃运动黏度分别有：

L-DRA 有 15、22、32、46、68、100 共 6 个牌号的冷冻机油；

L-DRB 有 22、32、46、68、100、150 共 6 个牌号的冷冻机油；

L-DRD 有 7、10、15、22、32、46、68、100、150、220、320、460 共 12 个牌号的冷冻机油；

L-DRE 有 15、22、32、46、56、68、100、150、220、320、460 共 11 个牌号的冷冻机油；

L-DRG 有 8、10、15、22、32、46、68、100、150、220、320、460 共 12 个牌号的冷冻机油。

其中 8 号和 56 号不属于 ISO 黏度等级。

四、冷冻机油的选择

冷冻机油的选择是否合适，直接影响到制冷设备的运行、机械寿命、制冷效率、动力及冷冻机油的消耗。

要正确选择冷冻机油，要考虑的因素很多。一般选择冷冻机油时主要考虑的因素应是冷冻机油和制冷剂的种类、黏度和倾点；次要考虑的因素是冷冻机油的氧化稳定性、闪点、电气性能等，选择的依据有如下几个方面：

影响因素有以下几个方面：

(1) 制冷剂的种类。根据制冷剂与冷冻机油相互溶解的程度、有无化学反应等情况来选择。如以氟利昂为制冷剂的冷冻机不能选用含蜡或加有降凝剂的油，因氟利昂与降凝剂有化学反应；以二氧化硫作制冷剂的冷冻机不能使用芳烃含量较高的油品。一般氟利昂制冷机用冷冻机油的黏度应高于氨制冷机，因为氟利昂与油有一定的互溶性，从而使油品黏度下降。

（2）气缸的排气温度和压力。排气温度高、压力大，则应选择高黏度、高闪点的冷冻机油。

（3）制冷温度(蒸发温度)。制冷温度低，要求冷冻机的倾点也低。如果制冷温度要求很低，则应选用具有良好低温性能、倾点很低的合成冷冻机油。

（4）密封程度。对于半封闭和全封闭式的冷冻机，则要求选用具有良好热安定性和电气绝缘性的冷冻机油。

冷冻机油品种及黏度的选择可以参考表 9-17～表 9-19。

表 9-17　冷冻机油品种及黏度选择参考表

冷冻机油		制冷压缩机的工况					用途
质量等级	黏度等级	功率	排气温度/℃	排气压力/MPa	制冷剂	密封程度	
DRA/A	32	小型低速	小于 125	1.6	NH_3、CO_2	开启式	冷却、冷冻、空调、大型冷库、冷藏车等
	46	大、中型	小于 145	3.0			
	68	大型高速多缸	小于 145	3.0			
DRA/B	32	中、小型			氟利昂	半封闭 开启式	
	46	大中型					
DRB/A	32	小型			氟利昂	全封闭	冰箱、冷柜、空调器、冷藏车、冷水机、车用空调等
	46	中型					
DRB/B	46	中、小型活塞式、转子式			氟利昂	全封闭	

表 9-18　根据制冷剂类型选择冷冻机油

制冷剂 冻机油	R11	R12	R13	R22	R123	HFC134a	R500	R502	R600 a
第一选择	MO	MO 或 AB	MO 或 AB	MO 或 AB	MO 或 AB	PAG 或 POE	MO 或 AB	MO 或 AB	MO
第二选择	—	PAG 或 POE	PAG 或 POE	PAG 或 POE	—	—	PAG 或 POE	PAG 或 POE	—

注：MO—矿物冷冻机油；AB—烷基苯冷冻机油；PAG—聚乙二醇(醚)冷冻机油；POE—聚酯冷冻机油。

表 9-19　各种制冷压缩机用冷冻机油的黏度选择

制冷压缩机类型		制冷剂	蒸发温度/℃	适用黏度(40℃)/(mm^2/s)
活塞式	开式	氨 R12 R22	-35 以上 -35 以上 -40 以上 -40 以上	46～68 22～46 56 32
	封闭式	R12 R22	-40 以上 -40 以上	10～32 22～68
	斜板式	R12	冷气、空调	46～100

续表

制冷压缩机类型		制冷剂	蒸发温度/℃	适用黏度(40℃)/(mm^2/s)
螺杆式	螺杆式	氨 R12 R22	-50 以下 -50 以下 -50 以下	46 100 46
	转子式	R12 R22	一般空调	32~68 32~100
离心式		R11 其他氟里昂 氯甲烷	一般空调	32(汽轮机油) 46(汽轮机油) 46(汽轮机油)

五、冷冻机油的使用

冷冻机能否正常运转，如何延长机械设备的寿命，提高设备的生产能力，降低动力消耗，把润滑油的消耗量减少到最低水平等，除了与冷冻机油的质量有关外，与冷冻机油的使用和管理也是分不开的。

1. 适当控制给油量

冷冻机的润滑一般采用油泵(强制)循环润滑和飞溅式润滑两种方式。冷冻机油的损失主要有两个方面：一是从气缸进入制冷剂中被带走的部分；二是润滑传动机构的损失和用于密封部分的损失。为了保持冷冻机正常工作所需要的油量，就必须适当补充不能回收的冷冻机油损失量。有关冷冻机油的消耗定额，已经有许多经验方式，这里介绍一种根据冷冻机制冷量来决定冷冻机油消耗定额的方法以供参考，见表 9-20。

表 9-20 根据制冷压缩机制冷量计算冷冻机油消耗量

制冷能力/(MJ/h)	气缸润滑油耗量/(g/h)		传动机构消耗量/(g/h)
	氨，二氧化碳	氟利昂	
<400	10~20	20~30	15~20
400~2000	20~30	30~50	20~30
2000~4000	30~50	50~70	30~50
4000~8000	50~80	70~100	50~80
>8000	80 以上	100 以上	80 以上

2. 在使用过程中加强对冷冻机油的质量监测

冷冻机油变质的主要因素有：氧化变质，其特征是油品颜色变深、黏度增大、酸值升高，甚至产生沉积物；混入水和机械杂质，使蒸发系统产生冰塞现象(氨制冷机)，或降低制冷能力，导致设备腐蚀，产生乳化现象，加速油品质量恶化等。因此，在使用中要尽可能地降低储存温度，密封好容器，防止混油和混入水和杂质。

通常可以通过对冷冻机油进行采样分析来检测油品的变质情况。分析项目为黏度(40℃)、酸值、腐蚀、颜色、水分、闪点等。如果分析项目中有一项变化较大，就需要更换新油。表 9-21 给出了国内外一些换油标准，供参考。

表 9-21 冷冻机油更换标准

项　目	指　标		
	国内例 1	国外例 1	国外例 2
水分	0.03%以下	75×10^{-6}以下	100×10^{-6}以下
水溶性酸或碱	有	—	—
腐蚀	对铜、钢有腐蚀	对铜、钢有腐蚀	—
色度	—	增加两个等级	—
黏度变化/%	—	±20 以下	±(15~20)
正戊烷不溶物/%	—	—	0.19 以下
总酸值/(mgKOH/g)	—	—	0.5 以下

六、冷冻机油的特殊评定方法

1. GB/T 12577—1990(2004)《冷冻机油絮凝点测定法》

是将 1mL 试样和 6mL 制冷剂在试验管里混合，互溶后放入絮凝点测定仪冷浴中，按一定速度逐渐降温冷却，在光照下观察，当其中开始有乳浊或絮凝现象出现时，记下此时的温度。出现这种现象时的最高温度作为该试样的絮凝点，以“℃”表示，取重复测定的两个絮凝点结果的算术平均值作为测定结果。

2. SH/T 0698—2000(2007)《在制冷剂系统中冷冻机油的化学稳定性试验法(密封玻璃管法)》

本标准等效采用美国供热、制冷与空调工程师协会标准 ASHRAE97—1983，适用于以 R-12 或 R-134a 为制冷剂的冷冻机油。

将钢、铜等金属材料作为催化剂装入特制试验管中，按比例注入一定量的冷冻机油和制冷剂后，密封试验管。将密封后的试验管在 175℃下加热规定的时间(14d)后，根据冷冻机油及催化剂的外观、颜色等评价冷冻机油与制冷剂的化学稳定性。

3. SH/T 0699—2000(2007)《冷冻机油与制冷剂相溶性试验法》

本标准等效采用日本 JIS K2211—1992《冷冻机油》附录 3《冷冻机油和制冷剂相溶性试验法》。

将试验油和制冷剂放入试管中，在室温或水浴中升温，使试验油和制冷剂成为均一、透明的溶液，然后在冷浴中冷却试管，测定溶液分离成两相或整个溶液乳浊时的温度，以此温度作为其含油率(试验油与制冷剂混合溶液中试验油的质量百分率)的两相分离温度，来评价冷冻机油和制冷剂的相溶性。试验范围在含油率 5%~60%(质量分数)，将各不同含油率相对应的两相分离温度图示于坐标纸上，绘出其两相分离曲线。

第十章　润滑脂的性能评定

润滑脂有多方面的性能要求，如低温性能、高温性能、防护性能、润滑性能、安定性能和抗水性能等，如何来评价润滑脂的性能，对润滑脂的研究、生产和应用都具有重要意义。目前，我国的润滑脂性能评定方法标准共有59个(见表10-1)，其中国家标准(GB)9个，行业标准(SH)50个，这些方法基本与国外的方法相对应。本章介绍润滑脂的性能及评定方法。

表10-1　中国润滑脂试验方法与国外润滑脂试验方法对照表

序号	方法名称	标准号	对应的国外标准
1	润滑脂和石油脂锥入度测定法	GB/T 269—1991	等效采用ISO 2137—1985
2	润滑脂压力分油测定法	GB/T 392—1977	等效采用ГОСТ 7142—1974
3	润滑脂水分测定法	GB/T 512—1965	等效采用ГОСТ 2477—1965
4	润滑脂机械杂质测定法	GB/T 513—1977	等效采用ГОСТ 6479—1973
5	润滑脂宽温度范围滴点测定法	GB/T 3498—2008	修改采用ISO 6299—1998
6	润滑脂滴点测定法	GB/T 4929—1985	等效采用ISO/DP 2176—1979
7	润滑脂防腐蚀性试验法	GB/T 5018—2008	修改采用ASTM D1743—05a
8	润滑脂和润滑油蒸发损失测定法	GB/T 7325—1987	等效采用ASTM D972—1956(1981)
9	润滑脂铜片腐蚀试验法	GB/T 7326—1987	甲法等效采用ASTM D4048—1981 乙法等效采用JIS K 2220—1984
10	防锈油脂蒸发量测定法	SH/T 0035—1990	参照采用JIS K 2246—1989
11	润滑脂相似黏度测定法	SH/T 0048—1991	参照采用ГОСТ 7163—1963
12	润滑脂吸氧测定法(氧弹法)	SH/T 0060—1991	参照采用JIS K 2246—1989
13	防锈油脂腐蚀性试验法	SH/T 0080—1991	参照采用JIS K 2246—1989
14	防锈油脂盐雾试验法	SH/T 0081—1991	参照采用JIS K 2246—1989
15	防锈油脂流下试验法	SH/T 0082—1991	参照采用JIS K 2246—1989
16	润滑脂抗水淋性能测定法	SH/T 0109—2004	修改采用ISO 11009—2000
17	润滑脂滚筒安定性测定法	SH/T 0122—1992	参照采用ASTM D1831—1988
18	润滑脂极压性能测定法(四球机法)	SH/T 0202—1992	参照采用ASTM D2596—1982
19	润滑脂承载能力的测定　梯姆肯法	NB/SH/T 0203—2014	参照采用ASTM D2509—1977(1981)
20	润滑脂抗磨性能测定法(四球机法)	SH/T 0204—1992	参照采用ASTM D2266—1967C81
21	防锈油脂低温附着性试验法	SH/T 0211—1998	等效采用JIS K 2246—1994
22	防锈油脂除膜性试验法	SH/T 0212—1998	等效采用JIS K 2246—1994
23	防锈油脂分离安定性试验法	SH/T 0214—1998	等效采用JIS K 2246—1994
24	防锈油脂沉淀值和磨损性试验法	SH/T 0215—1999	等效采用JIS K 2246—1994

续表

序号	方法名称	标准号	对应的国外标准
25	防锈油脂试验试片锈蚀度评定法	SH/T 0217—1998	等效采用 JIS K 2246—1994
26	润滑脂皂分测定法	SH/T 0319—1992	等效采用 ГОСТ 5211—1950
27	润滑脂有害粒子鉴定法	SH/T 0322—1992	参照采用 ASTM D1404—1983
28	润滑脂强度极限测定法	SH/T 0323—1992	等效采用 ГОСТ 7143—1973
29	润滑脂分油测定 锥网法	SH/T 0324—2010	参照采用 FED791C321. 3—1986
30	润滑脂氧化安定性测定法	SH/T 0325—1992	参照采用 ASTM D942—1978(1984)
31	汽车轮轴承润滑脂漏失量测定法	SH/T 0326—1992	参照采用 ASTM D1263—1986
32	润滑脂灰分测定法	SH/T 0327—1992	等效采用 ГОСТ 6474—1953
33	润滑脂游离碱和游离有机酸测定法	SH/T 0329—1992	等效采用 ГОСТ 6707—1976
34	润滑脂机械杂质测定法(抽出法)	SH/T 0330—1992	等效采用 ГОСТ 1036—1950
35	润滑脂腐蚀试验法	SH/T 0331—1992	等效采用 ГОСТ 9080—1977
36	润滑脂化学安定性测定法	SH/T 0335—1992	等效采用 ГОСТ 5743—1962
37	润滑脂杂质含量测定法(显微镜法)	SH/T 0336—1994	等效采用 ГОСТ 9270—1986
38	润滑脂蒸发度测定法	SH/T 0337—1992	等效采用 ГОСТ 9566—1974
39	滚珠轴承润滑脂低温转矩测定法	SH/T 0338—1992	参照采用 ASTM D1478—1980
40	润滑脂齿轮磨损测定法	SH/T 0427—1992	参照采用 FS 791 B335. 2
41	高温下润滑脂在抗磨轴承中工作性能测定法	SH/T 0428—2008	修改采用 ASTM D3336—05
42	润滑脂和液体润滑剂与橡胶相容性测定法	SH/T 0429—2007	修改采用 ASTM D4289—03
43	润滑脂储存安定性试验法	SH/T 0452—1992	等效采用 FS791 C3467. 1(1986)
44	润滑脂抗水和抗水-乙醇(1∶1)溶液性能试验法	SH/T 0453—1992	等效采用 FS791 C5415(1986)
45	防锈油脂包装储存试验法	SH/T 0584—1994	等效采用 JIS K 2246—1989
46	润滑脂接触电阻测定法	SH/T 0596—1994	修改采用 ASTM D3709—1989
47	润滑脂抗水喷雾性能测定法	SH/T 0643—1997	等效采用 ASTM D4049—1993
48	润滑脂宽温度范围蒸发损失测定法	SH/T 0661—1998	等效采用 ASTM D2595—1996
49	润滑脂表观黏度测定法	SH/T 0681—1999	等效采用 ASTM D1092—1993
50	润滑脂在储存期间分油量测定法	SH/T 0682—1999	等效采用 ASTM D1742—1994
51	润滑脂的合成橡胶溶胀性测定法	SH/T 0691—2000	等效采用 FS791C3603. 5(1986)
52	润滑脂防锈性测定法	SH/T 0700—2000	等效采用 ISO 11007—1997
53	润滑脂抗微振磨损性能测定法	SH/T 0716—2002	等效采用 ASTM D4170—1997
54	润滑脂摩擦磨损性能测定法	SH/T 0721—2002	等效采用 ASTM D5707—1998
55	汽车轮毂轴承润滑脂寿命特性测定法	SH/T 0773—2005	修改采用 ASTM D3527—02
56	润滑脂极压性能测定法(高频线性振动试验机法)	SH/T 0784—2006	修改采用 ASTM D5706—97(2002)
57	润滑脂氧化诱导期测定法(压力差示扫描量热法)	SH/T 0790—2007	修改采用 ASTM D5483—02
58	润滑脂在稀释合成海水中防腐蚀性试验法	NB/SH/T 0823—2010	修改采用 ASTM D5969—05
59	汽车轮毂轴承润滑脂低温转矩测定法	NB/SH/T 0839—2010	等效采用 ASTM D4693—2007

第一节 润滑脂的组成分析与理化性能评定

润滑脂的基本组成是基础油、稠化剂和添加剂，要分析未知润滑脂样品的组成，须利用现代分离和仪器分析技术(如离心、萃取、层析、薄膜渗析及红外、紫外、原子发射、原子吸收等)来分析润滑脂的各种成分。除此之外，润滑脂的组成还包括水分、灰分、杂质、皂分、游离有机酸、游离碱等。通常润滑脂的组成分析是指后面这些指标的分析。

润滑脂的理化性能指标并无确切的范围，通常指润滑脂的外观、稠度、分油、橡胶相容性、接触电阻等。有时，也把润滑脂组成分析中的水分、灰分、杂质、皂分、游离有机酸、游离碱等作为理化性能指标。所以，本节将组成分析与理化性能评定一起介绍。

一、润滑脂外观

外观常常是润滑脂的第一个检验指标，通过目测和感官来判断润滑脂的颜色、光泽、软硬度、均匀度、黏附性、气味、拉丝性及纤维状态等。它虽然只是一个简单的直观检测项目，但有经验的检测者可根据外观判断润滑脂的类别、质量、结构以及是否加有填料等。外观检查方法是用肉眼直接观察润滑脂样品或将润滑脂均匀涂抹在玻璃板上对光观察。虽然从润滑脂的外观即可粗略判断润滑脂的类型和质量，但外观检查不能代替其他性能指标的评定。

二、润滑脂锥入度的测定

锥入度是表示润滑脂稠度(即软硬程度)大小的指标。锥入度数值较大表示润滑脂较软；反之则较硬。锥入度是必须测定的重要理化指标，是划分润滑脂牌号和选用润滑脂的重要依据。测定润滑脂锥入度变化还可以表示润滑脂的机械安定性、储存安定性、抗水性和硬化倾向。

锥入度是指在规定的试验条件下，标准锥体自由落下经过5s刺入润滑脂试样的深度，单位为1/10mm。测定润滑脂锥入度通常分为以下三种情况：

(1) 不工作锥入度。将试样在尽可能少搅动下从样品容器转移到润滑脂工作器脂杯中测定的锥入度。

(2) 工作锥入度。润滑脂试样在标准工作器中经1min 60次往复工作后测定的锥入度。

(3) 延长工作锥入度。室温下，润滑脂试样在工作器中以每分钟60次往复工作1万次或10万次后，放置1.5h，再测定其工作锥入度。

如果没有特别说明，一般是指工作锥入度。

1. 锥入度的测定方法

锥入度的测定方法是GB/T 269—1991(2004)《润滑脂和石油脂锥入度测定法》，等效采用国际标准ISO 2137—1985，美国材料试验协会标准方法为ASTM D217。测定用的仪器为锥入度计(见图10-1)，标准圆锥体如图10-2所示，工作器如图10-3所示。

具体试验步骤如下：

(1) 不工作锥入度的测定。温度为25℃±0.5℃条件下，尽量少搅动情况下，将足够量的试样转移到脂杯中，取得一满杯没有空气穴的试样，用刮刀沿脂杯口刮平以除去多余的试样。将润滑脂工作器及试样置于温度为25℃±0.5℃的恒温设备中足够长时间使试样温度达到25℃±0.5℃后立即进行锥入度测定。如果试样的锥入度≤200个单位，则可在同一工作器中进行三次试验，每次测定点间隔120度，记录测定数据；如果试样的锥入度>200个单位，则应在三个工作器脂杯中分别进行测定，记录测定数据。

（2）工作锥入度的测定。将足够量的润滑脂样品移入清洁的润滑脂工作器脂杯中，装填过程中不时地振动脂杯，以除去任何混入的空气。打开排气阀，将装有润滑脂试样的工作器置于温度为25℃±0.5℃的恒温设备中足够长时间，取出后关上排气阀，使试样在1min内经受孔板60次往复工作。打开排气阀，取下顶盖和孔板，用刮刀将润滑脂尽量刮回脂杯内，用刮刀保持倾斜45°角沿着脂杯边移动，刮去脂杯边缘多余的试样，立即进行锥入度测定。在同一工作器脂杯中进行两次以上的测定，记录测定数据。

（3）延长工作锥入度的测定。试样放置在15~30℃的实验室内，放置足够时间，以使脂温达到15~30℃。在干净工作器脂杯中填满试样，装好工作器，试样按规定或商定次数进行往复工作。

完成对试样的工作后，立即将润滑脂工作器放在恒温的空气浴或水浴中，使试样在1.5h内达到25℃±0.5℃。从恒温浴中取出工作器使试样在约1min内再60次往复工作。按工作锥入度测定方法测定两次以上锥入度，记录测定数据。

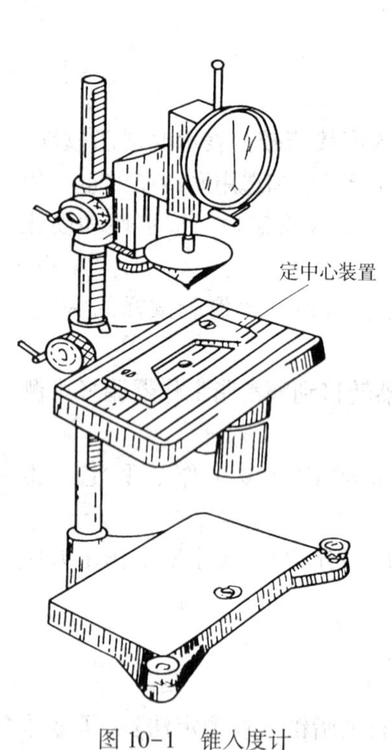

图10-1　锥入度计

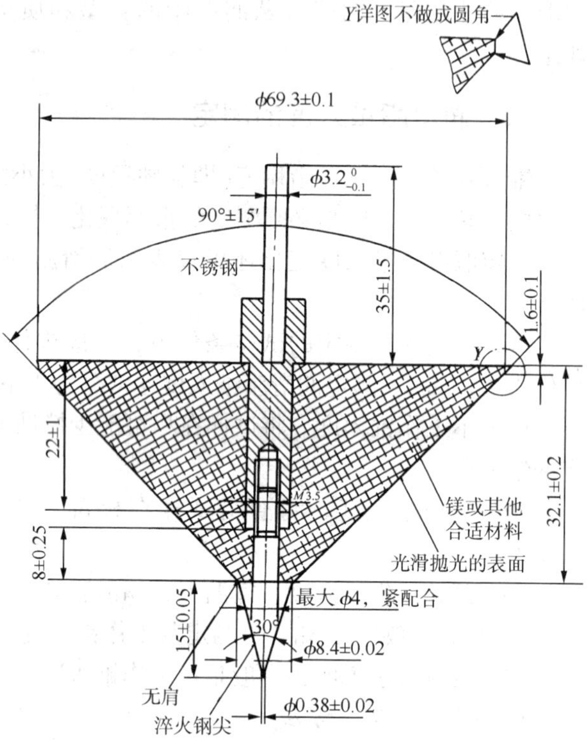

Y详图不做成圆角

ϕ69.3±0.1

ϕ3.2$^{0}_{-0.1}$

90°±15′

不锈钢

35±1.5

1.6±0.1

22±1

M3.5

镁或其他合适材料

32.1±0.2

8±0.25

光滑抛光的表面

最大ϕ4，紧配合

15±0.05

30°

ϕ8.4±0.02

无肩

ϕ0.38±0.02

淬火钢尖

图10-2　锥体

2. 测定润滑脂锥入度的意义

（1）润滑脂的牌号是根据润滑脂工作锥入度范围划分的。

我国润滑脂牌号是根据美国润滑脂协会（National Lubricating Grease Institute，NLGI）的规定，按照润滑脂工作锥入度范围将润滑脂划分为9个等级（见表10-2）。

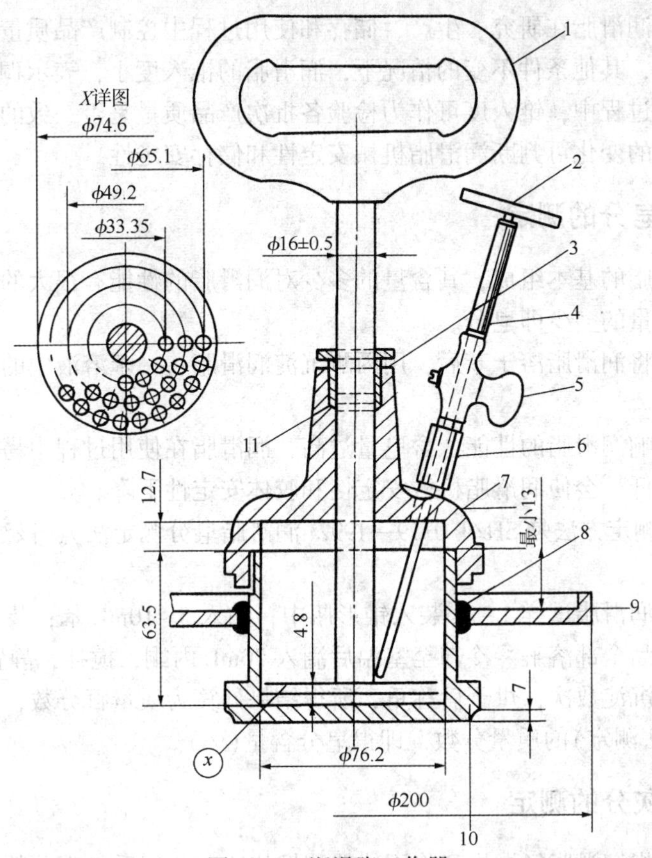

图 10-3　润滑脂工作器

1—把手；2—温度计；3—密封螺帽；4—温度计衬套；5—排气阀；6—接头；7—盖；8—切开的橡皮管；9—溢流环(任意设计的)；10—任意设计的，供定中心设备(图 10-1)使用，与脂杯内径同心；11—填料

表 10-2　润滑脂牌号与工作锥入度的关系

润滑脂牌号(NLGI 级号)	工作锥入度范围/0.1mm	状　态
000	445~475	流体状
00	400~430	半流体
0	355~385	半流体
1	310~340	非常软
2	265~295	较软
3	220~250	中等软
4	175~205	较硬
5	130~160	硬
6	85~115	极硬

(2) 工作锥入度是选用润滑脂时必须考虑的指标。选用润滑脂时，应根据机械设备工作的负荷、温度、转速及润滑脂加注方式，选择合适的润滑脂锥入度。一般而言，对于工作温度较低、负荷较轻、转速较快的设备应选用锥入度较大的润滑脂；反之则应选用锥入度较小的润滑脂。手工加脂可选用锥入度稍小的润滑脂；自动供脂则选用锥入度较大的润滑脂。但应注意锥入度是一个没有明确物理意义的指标，选用润滑脂时还必须考虑润滑脂的其他性能指标，如承受高温须选用滴点高的润滑脂，而不仅仅是选用锥入度数值小的润滑脂。

(3) 锥入度是润滑脂在研究、生产、储存和使用过程中控制产品质量的重要指标。在润滑脂新产品研究中，其他条件不变的情况下，润滑脂的锥入度小，表示稠化剂的稠化能力较强；在润滑脂生产过程中，锥入度可作为检验各批次产品质量是否一致的指标；在储存和使用过程中，锥入度的变化可判断润滑脂机械安定性和储存安定性。

三、润滑脂皂分的测定

稠化剂是润滑脂的基本组成，其含量的多少对润滑脂的性能有很大的影响。对皂基润滑脂而言，就是皂含量的多少即皂分。

润滑脂皂分是将润滑脂溶于苯后，用丙酮沉淀润滑脂——苯溶液中的金属皂，然后用质量法测定皂含量。

皂分的大小影响润滑脂的性能，含皂量过高，润滑脂在使用过程中易硬化结块，缩短使用寿命；含皂量过低，会使润滑脂机械安定性和胶体安定性下降。

润滑脂皂分的测定方法是 SH/T 0319—1992《润滑脂皂分测定法》，该法等效 ГОСТ5211—1950。

试验步骤：将润滑脂试样 1~2g 装入锥形瓶中，加入 5~10mL 苯；装上回流冷凝管，加热回流至润滑脂样品全部溶解。冷却至室温后滴入 50mL 丙酮，搅拌，静置 1h；过滤，然后用热丙酮洗涤皂的沉淀数次，烘干后称重，所得结果计算为质量百分数，并减去润滑脂中的机械杂质(按抽出法测定)的质量分数，即得皂分含量(%)。

四、润滑脂灰分的测定

润滑脂灰分是指润滑脂经燃烧和将固体残渣煅烧成灰，以质量百分数表示。测定灰分指标没有太大的实际意义，但在一定程度上说明了润滑脂成分的特性，对控制润滑脂组分和制备工艺有一定作用。

润滑脂灰分中含有皂的金属氧化物、矿物油中的无机物和原料碱中的杂质。从灰分可以大致估计润滑脂皂含量及含游离碱量。皂基润滑脂的灰分含量较高，约达 4%。烃基润滑脂灰分很少，约 0.02%~0.07%，含无机组份和填料(如石墨等)的润滑脂，其灰分含量高。

润滑脂灰分的测定方法是 SH/T 0327—1992《润滑脂灰分测定法》，此方法等效 ГОСТ 6474—1953。

试验步骤：称取 2~5g 润滑脂试样放入恒重的坩埚中，盖上滤纸，待滤纸浸油后点火燃烧，然后将坩埚放入高温炉中煅烧 1.5h，至残渣完全成灰为止。冷却后滴入几滴硝酸铵水溶液，使残渣浸湿，待其蒸发干后继续煅烧，残渣完全成灰后，取出放在空气中冷却 3min，冷却后称重。重复煅烧、冷却、称重，直至恒重为止。试验结果以质量分数表示。

五、润滑脂水分的测定

润滑脂中的水分有两种存在形式——结合水和游离水，结合水是某些润滑脂(如普通钙基润滑脂)的结构稳定剂，是润滑脂的必要组份，没有它润滑脂的胶体结构将被破坏；而游离水是润滑脂不希望有的，它会影响润滑脂的防锈防腐性及其他性能，必须严格加以限制。

润滑脂水分测定按 GB/T 512—1965(1982)《润滑脂水分测定法》进行，等效 ГОСТ 2477—1965。

试验步骤：将 20~25g 的润滑脂试样放入预先清洁干燥的圆形烧瓶中，注入直馏汽油

150mL，安装好接受器和冷凝管后，徐徐加热，当回流开始后，应保持落入接受器的冷凝液为每秒钟2~4滴。当接受器中水的容积不再增加及上层溶剂完全透明时，停止蒸馏，蒸馏时间不应超过1h；待降至室温后，记录接受器中水的容积。水分测定结果以质量分数表示。

六、润滑脂中机械杂质的测定

润滑脂中的机械杂质是指溶剂不溶物的含量。润滑脂内如果混入机械杂质，在使用时就会带入摩擦部位，造成摩擦和磨损，增大轴承噪声，金属屑或金属盐还会促进润滑脂氧化等，使机械设备运转时产生振动和使用寿命缩短。因此，对机械杂质应严加限制。机械杂质的测定方法有以下四种：

1. SH/T 0336—1994(2004)《润滑脂杂质含量测定法(显微镜法)》

此法等效 ГОСТ 9270—1986。

试验步骤：将装好润滑脂试样的血球计数板和玻璃盖片放在显微镜的载物台上，在透射光下观察润滑脂，使粒子清晰可见；在面积为5mm×5mm的试样薄层中，测定外来粒子的最大尺寸以确定粒子大小分级，对于纤维状物质应取纤维直径；记录10~25μm、25~75μm、75~125μm和大于125μm的四组尺寸级别的不透明外来粒子和半透明纤维状外来粒子的数量；重复测定10次，记录每一尺寸级别的粒子总数目。目前，我国不少润滑脂产品标准已采用了该方法测定机械杂质含量。

2. GB/T 513—1977(1988)《润滑脂机械杂质测定法(酸分解法)》

此法等效 ГОСТ 6479—1973。

试验步骤：把微孔玻璃坩埚在105~110℃恒温箱内干燥至少1.5h，然后移入干燥器内冷却30min，称量准确至0.0002g；重复进行干燥、称量，连续两次称量间的差数不超过0.0004g为止。

在锥型烧瓶内称取试样20~25g，加入10%盐酸50mL及石油醚50mL，将锥形烧瓶装上回流冷凝管在水浴上加热至试样完全溶解。

将锥形烧瓶内的溶解物倒入微孔玻璃坩埚内进行过滤；将微孔玻璃坩埚内的沉淀用乙醇-苯混合液洗涤，至滤液滴在纸上蒸发后不再留有矿物油痕迹为止；并用少量95%乙醇冲洗，最后用热蒸馏水洗涤沉淀物至中性为止，再用95%乙醇洗涤1~2次；将洗完后带有沉淀物的微孔玻璃坩埚在105~110℃恒温箱内干燥至少1.5h，取出后冷却30min，称量准确至0.0002g；重复干燥、冷却、称量，至两次称量间的差数不超过0.0004g为止。试样的机械杂质含量用百分数表示。

酸分解法采用了多种溶剂，如10%盐酸溶液、乙醇、(4∶1)苯-乙醇、石油醚和水。10%盐酸溶液主要与润滑脂中的皂类作用，生成脂肪酸游离出来，这种脂肪酸可溶于石油醚，使皂类变成滤液而除去，以达到和机械杂质分离。

此外，10%的盐酸溶液还可和润滑脂中某些金属微粒杂质作用，生成可溶于水层的金属氯化物而被除去。由此看出，虽然酸分解润滑脂可以将皂类包藏的机械杂质分离出来，但是酸的作用又使一些有害的金属微粒(如铁、铜和铁锈等)被酸溶解未算作机械杂质而漏掉了，因此，本方法的测定结果也不能完全反映真正机械杂质的含量。

其他溶剂乙醇、苯、石油醚等的作用是溶解脂中的润滑油组分，高级脂肪酸、沥青质和胶质等有机成分，使其与机械杂质分离，同时也起着洗涤机械杂质上的上述有机组分的作用。

3. SH/T 0330—1992(2004)《润滑脂机械杂质测定法(抽出法)》

此法等效 ГОСТ 1036—1950。

试验步骤：将润滑脂试样表层用刮刀刮掉，在不靠近容器壁的至少三处取约等量的试样放入瓷蒸发皿中混合均匀；称取 1.5~2.0g 试样放入已清洗干燥并恒重的玻璃微孔滤器中，称量，准确至 0.0002g；把盛有试样的玻璃微孔滤器放入支架中，并一起装入抽取器内，并用热苯填充滤器，以便使试样更好地膨胀；然后，将冷凝器接于抽取器上，接上冷凝水，随后进行加热回流；抽取工作应至少继续 1.5h，至抽取器中的溶液由黄色变成无色为止；当溶剂自抽取器开始流入烧瓶时，停止加热，将冷凝器卸下，从抽取器中小心取出支架和玻璃微孔滤器；将玻璃微孔滤器中残留的溶剂流入烧瓶或烧杯中；再将玻璃微孔滤器放在支架上，用95%乙醇洗，再用热蒸馏水洗；然后，将玻璃微孔滤器放入 105~110℃的恒温箱中保持 2h，拿出玻璃微孔滤器置于干燥器中至少冷却 30min；然后称量，精确至 0.0002g；再用玻璃微孔滤器重新放入恒温箱中保持 1h，冷却 30min，并称量；重复操作至连续两次称量间的差数不大于 0.0004g 为止。

此法系用以测定不溶解于乙醇-苯混合物及热蒸馏水中的机械杂质含量，抽出法能测出润滑脂中全部机械杂质，包括金属屑和其他能溶于 10%盐酸的杂质。酸分解法不能测出溶于盐酸的机械杂质，如铁屑、碳酸钙等，但能测出砂粒、黏土杂质。

在润滑脂规格中，一般规定不许含有酸分解法机械杂质。抽出法机械杂质允许含微量，例如，在有的润滑脂规格中不大于 0.5%，也有润滑脂不要求用抽出法测机械杂质。

4. SH/T 0322—1992《润滑脂有害粒子鉴定法》

此法等效 ASTM D1404—83。

上述三种方法测定润滑脂机械杂质，不能说明机械杂质是否有磨损性，因此增订了润滑脂有害粒子鉴定法。

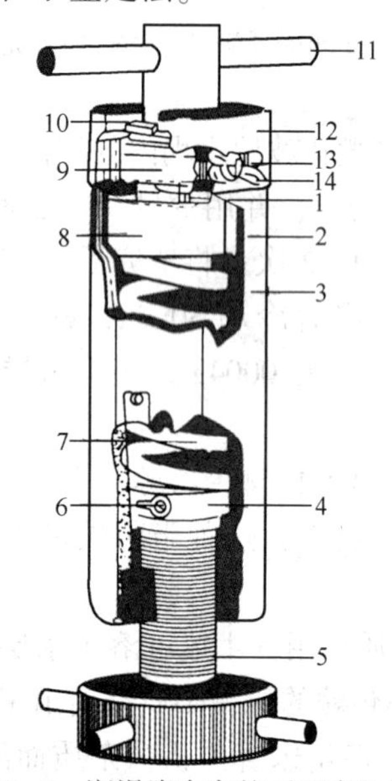

图 10-4 润滑脂有害粒子鉴定法仪器

1—塑料片；2—平键；3—壳体；4—弹簧座；5—负荷螺丝；6—指针；7—弹簧；8—下夹具；9—上夹具；10—垫圈；11—手柄；12—顶盖；13—双头螺柱；14—蝶形螺母

润滑脂有害粒子鉴定法的仪器见图 10-4。

试验步骤：将仪器上弹簧完全放松，旋下四个顶盖的螺钉，从主体取下顶盖组合件，将塑料片嵌入夹具的正方形空穴内；撕去塑料片外表面的保护纸，塑料片光滑表面上不应有纹痕和任何灰尘粒子；用刮刀将润滑脂的表面刮掉，在不靠近容器壁的至少三处取约等量的试样装在小烧杯中搅匀；称取 0.05~0.1g 的试样放在底下的一块塑料片上。安装好顶盖组合件，旋转负荷螺丝，使压力达到约 1.37MPa，松开在顶盖组上制动带翼螺杆，旋转顶部的手柄到尽头；然后放松负荷螺丝，降下压力，取下顶盖组，从两个夹具上小心地卸下塑料片；经用石油醚洗净后仔细观察。

报告：利用放大镜或投影观测器观察；并记录塑料片上的纹痕总数。所得纹痕数划分为三个等级：一级少于 10 条纹痕；二级为 10~40 条纹痕；三级为 40 条以上纹痕。

有害粒子鉴定法是评价润滑脂中磨损性杂质

含量的一个简单方法，比其他机械杂质测定方法能更好地反映出润滑脂中所含磨损性杂质。

七、润滑脂中游离碱及游离有机酸的测定

润滑脂游离碱和游离有机酸是指润滑脂中未经皂化的有机酸含量或过剩的碱量。润滑脂产品中一般不含游离有机酸，但可含极少量的游离碱，这有利于抑制润滑脂的腐蚀、氧化和提高胶体安定性。试验方法见 SH/T 0329—1992《润滑脂游离碱和游离有机酸测定法》，此法等效 ГОСТ 6707—1976。

试验步骤：称取 1~5g 润滑脂试样于锥形瓶中，分别加入已煮沸 5min 并中和过的 60% 乙醇水溶液 20mL 和溶剂油 30mL；煮沸至试样溶解，再煮沸 5min，取下锥形瓶，滴加 3~4 滴酚酞-乙醇指示剂，在不断摇动下进行滴定；若乙醇-水层为玫瑰红色时用盐酸标准溶液滴定至无色；若乙醇-水层为无色时用氢氧化钾-乙醇标准溶液滴定至玫瑰红色出现。

（1）试样的游离碱 X[NaOH%(质量分数)]按下式计算：

$$X=\frac{V\cdot c\times 0.040\times 100}{m}$$

式中 V——滴定试样混合液所消耗盐酸标准滴定溶液的体积，mL；

c——盐酸标准滴定溶液的实际浓度，mol/L；

m——试样的质量，g；

0.040——与 1.00mL 盐酸标准滴定溶液[c(HCl)＝1.000mol/L]相当的以克表示的碱(以氢氧化钠表示)的质量。

（2）试样的游离有机酸含量以酸值 K(mgKOH/g)按下式计算：

$$K=\frac{V\cdot c\times 0.0561}{m}\times 1000$$

式中 V——滴定消耗氢氧化钾乙醇标准滴定溶液的体积，mL；

c——氢氧化钾乙醇标准滴定溶液的实际浓度，mol/L；

m——试样的质量，g；

0.0561——与 1.00mL 氢氧化钾乙醇标准滴定溶液[c(KOH)＝1.000mol/L]相当的以克表示的碱(以氢氧化钠表示)的质量。

八、润滑脂橡胶相容性的测定

润滑脂的橡胶相容性是指润滑脂与橡胶标准弹性体接触时保持体积和硬度不发生变化的性质。橡胶在润滑脂中浸泡一定时间后，可能发生体积膨胀或收缩，重量增加或减少，硬度也可能变大或变小，其他力学性能如抗张强度也可能变化。润滑脂在使用中，有些场合会与橡胶密封元件接触，有时润滑脂要在金属与橡胶间进行润滑并起密封作用。在润滑脂兼起润滑和辅助密封作用的条件下，使橡胶适当少量的膨胀对润滑和密封有利，如果它与橡胶相容性差，橡胶发生过分溶胀、变软变黏，或过分收缩、硬化，都会影响橡胶密封件工作性能。因此，欲满足金属与橡胶间的润滑与密封要求，润滑脂及其基础油应具有良好的橡胶相容性；在规定的时间里，油脂对橡胶要有适当的、恒定的膨胀值；膨胀后对橡胶的力学性能、机械性能、尺寸稳定性没有不良影响；润滑油脂对橡胶与金属之间有良好的润滑与密封能力。润滑脂与橡胶的相容性取决于润滑脂的基础油和橡胶的类型。

1. SH/T 0429—2007《润滑脂和液体润滑剂与橡胶相容性测定法》

此法等效 ASTM D4289—83。

润滑脂与合成橡胶相容性是指润滑脂使标准弹性体在与润滑脂接触时保持其体积和硬度不发生变化的能力。

试验步骤：将用溶剂擦拭过的合成橡胶试片在其短边中间打一个直径 2~4mm 的小孔以便穿入自制的挂丝；在邵尔 A 型硬度计上按照 GB531 测定试验前试片的硬度；将挂丝在空气和浸入蒸馏水中 10~15mm 分别称量；称量挂丝和试片在空气中的总质量；将试片依次浸入已配制好的润湿剂和蒸馏水中，每次浸湿后都要迅速将试片从液体中提起，称量挂丝和试片在蒸馏水中的总质量；将 10mL 试样涂于烧杯四周及底部，用刮刀在已干燥的试片上抹一层试样后放入烧杯，用刮刀在试片周围填满试样。将烧杯放入 100℃（或 150℃）烘箱恒温 70h±0. 5h。试验结束后用镊子把试片取出，冷却 30min，清理擦洗试片；分别称量试验后试片在空气和蒸馏水中的质量。测量试片硬度。试验结果以硬度变化 ΔH 和体积变化 ΔV 表示，按下列各式计算。

（1）硬度变化值 ΔH。

$$\Delta H = H_2 - H_1$$

式中 H_1、H_2——试验前、后试片硬度。

（2）相对密度 d。

$$d = M_1/(M_1 - M_2)$$

式中 M_1——试片在空气中开始的质量；

M_2——试片在水中开始的质量。

（3）体积变化 ΔV。

$$\Delta V = \frac{(M_3 - M_4) - (M_1 - M_2)}{M_1 - M_2} \times 100$$

式中 M_1——试片在空气中开始质量；

M_2——试片在水中开始质量；

M_3——试片在空气中最后质量；

M_4——试片在水中最后质量。

2. SH/T 0691—2000《润滑剂的合成橡胶溶胀性测定法》

此法等效 FS791C3603. 5—1986。

试验步骤：在 24℃±3℃下，将已清洁的橡胶试片置放在空气中和蒸馏水中分别称重，计算试片的排水质量；将润滑脂试样约 400g 完全充满容器，将橡胶试片完全浸没在试样中，置于 70℃烘箱中恒温 168h±0. 5h。结束后冷却到室温，取出试片用无水乙醇清洗、吸干，干燥后在空气和蒸馏水中称重，计算试片排水质量。计算试片的体积变化（%）。

九、润滑脂接触电阻的测定

SH/T 0596—1994《润滑脂接触电阻测定法》是将润滑脂涂在板状电极上（厚度为 0. 2mm），使其与半球状电极接触，保证两极间承受 1. 38N±0. 01N 的力。用直流双臂电桥测定高温（50℃）、室温（15~30℃）、低温（−25℃）时的接触电阻，以涂脂前后接触电阻的差值作为润滑脂接触电阻值。

试验仪器和材料：润滑脂接触电阻测定仪如图 10-5 所示。半球状、板状电极；直流双臂电桥；制冷仪；恒温水浴等。

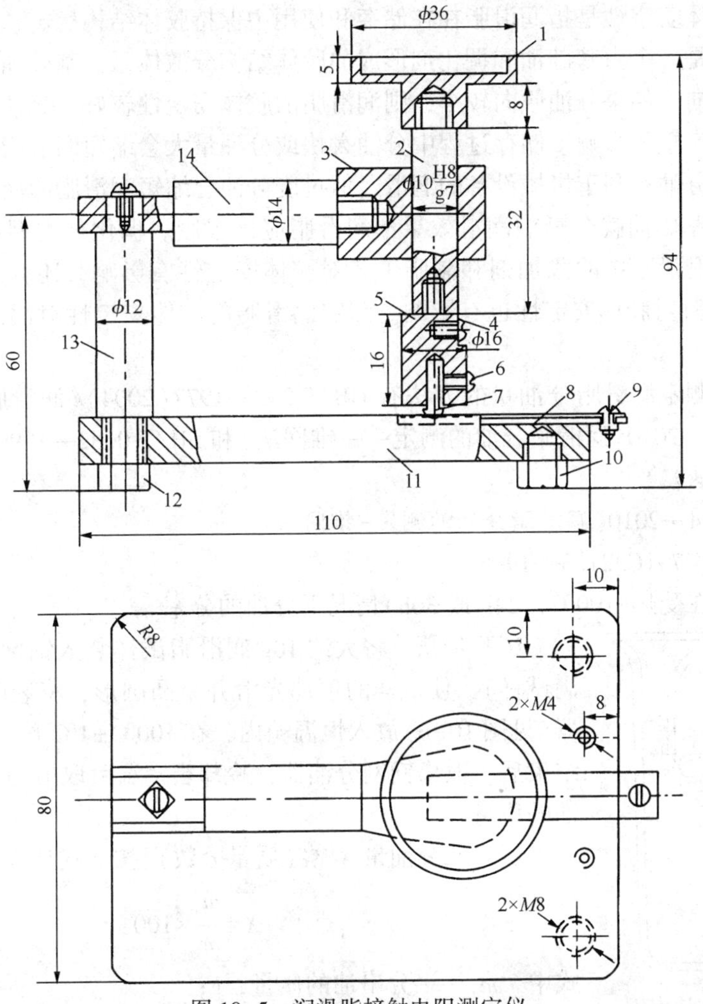

图 10-5　润滑脂接触电阻测定仪

1—托盘；2—尼龙连接杆；3—转接杆固定件；4—电极接线螺栓；5—黄铜连接杆；6—固定电极的螺栓；7—半球状电极；8—板状电极；9—电极接线螺栓；10、12—地脚螺栓；11—仪器底盘；13—支撑柱；14—连接杆

试验步骤：将仪器置于室温或高温或低温条件下，按方法与电桥连接，将半球状电极接触在板状电极上，使其承受 1. 38N±0. 01N 的力，在电桥上读取 5 次数值，取平均值为第一点接触电阻值；移动板状电极，改变半球状电极在板状电极上的位置，重复上述步骤，可以测得第二、第三点接触电阻值，取其平均值为空白值。在板状电极的凹槽中均匀涂上待测润滑脂试样，再按上述步骤测定涂脂后的接触电阻值。涂脂后的的接触电阻值与空白值的差值即为润滑脂的接触电阻。

第二节　润滑脂的安定性能评定

润滑脂的安定性能是指润滑脂在储存和使用中不易分油、变质、变软或变硬，包括胶体安定性、化学安定性、机械安定性和储存安定性。

一、润滑脂胶体安定性的评定

润滑脂的胶体安定性是指润滑脂在在储存和使用中保持胶体结构稳定、基础油不被析出的能力。润滑脂是一个由基础油和稠化剂形成的胶体结构分散体系，基础油在受压或受热时有分离出来的倾向。如果分油倾向较小，则润滑脂的胶体安定性较好。分油量大小对润滑脂的储存和使用都有重要影响，储存过程中分油太快或分油量大会缩短润滑脂的储存期限；使用过程中少量的分油有利于机械设备的润滑，但过度分油会缩短润滑脂的使用寿命。一般润滑脂失去50%的基础油就会影响润滑效果，润滑脂应该报废。稠化剂类型和含量、基础油的类型和黏度，润滑脂中的添加剂和制脂工艺对胶体安定性有影响，还有储存和使用条件(如温度、压力等)对胶体安定性也有影响。测定润滑脂的胶体安定性对润滑脂储存和使用有重要指导意义。

目前，我国测定润滑脂分油量的方法有 GB/T 392—1977(2004)《润滑脂压力分油测定法》、SH/T 0324—2010《润滑脂分油的测定——锥网法》和 SH/T 0682—1999《润滑脂在储存期间分油量测定法》。

1. SH/T 0324—2010《润滑脂分油的测定-锥网法》

此法等效 FED791C321. 3—1986。

评价润滑脂在受热(100℃，24h 或 30h)情况下分油的分率。

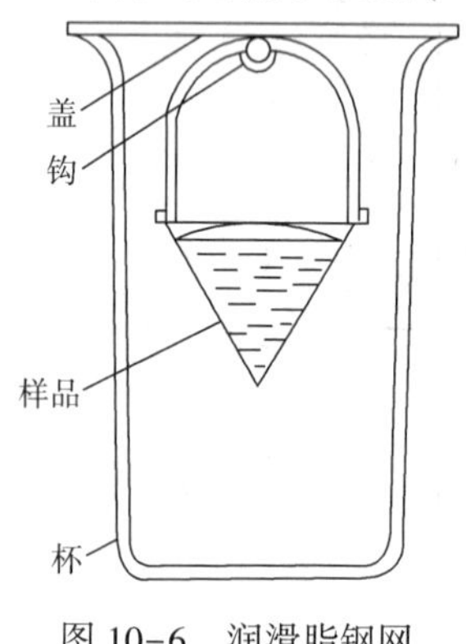

图 10-6　润滑脂钢网分油测定器

试验步骤：将大约 10g 润滑脂试样装入钢网中(网尖处应装满试样)，使试样的顶部光滑并呈凸圆形，将装配好的钢网分油器(见图 10-6)放入恒温箱内，在 100℃±1℃下，保持 30h。试验结束后，取出钢网分油器，冷却至室温后取出钢网。称量烧杯中油的质量。

试样的分油量 X[%(质量分数)]按下式计算：

$$X=\frac{m_1}{m_2}\times 100$$

式中　m_1——分出油的质量，g；

m_2——试样的质量，g。

取重复测定两个结果的算术平均值，作为试验结果。

2. GB/T 392—1977(2004)《润滑脂压力分油测定法》

此法等效 ГОСТ 7142—74。

评价润滑脂在常温、受压情况下(2h)分油的分率。是模拟润滑脂在大桶中储存时的析油倾向。此法是利用加压分油器将油从润滑脂内压出，然后测定压出的油量，以质量分数表示。

试验步骤：用刮刀将润滑脂试样装涂在已清洁的带活塞的皿中，不得形成气泡和空隙；将已浸好基础油的滤纸紧贴在试样的表面上，然后再称量；当室温为 15~25℃时(低于 15℃或高于 25℃时应在恒温水浴中进行)，把 10 张洁净滤纸叠放在加压分油器(见图 10-7)的玻璃板上，将皿放在滤纸层上面；用水平仪检查仪器架(见图 10-8)是否水平；然后在活塞柄的圆穴里放一颗传送压力的金属球，将连杆和重锤从加压分油器器的孔下端穿入，压在活塞柄的球上，同时开始计时；经 30min 后，把装有试样的皿和原贴在试样表面的 1 张滤纸，一起称重。

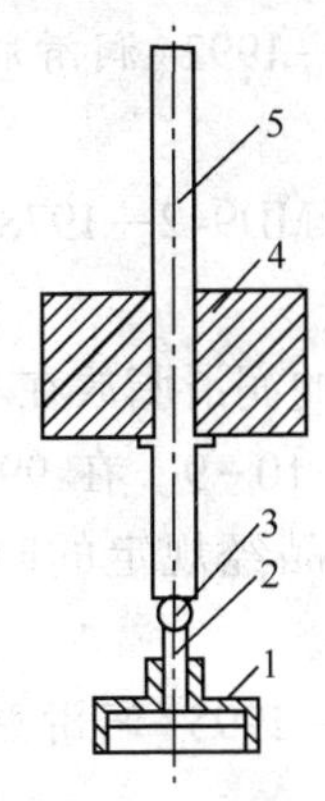

图 10-7 加压分油器

1—盛脂皿；2—活塞；3—金属球；
4—重锤；5—连杆

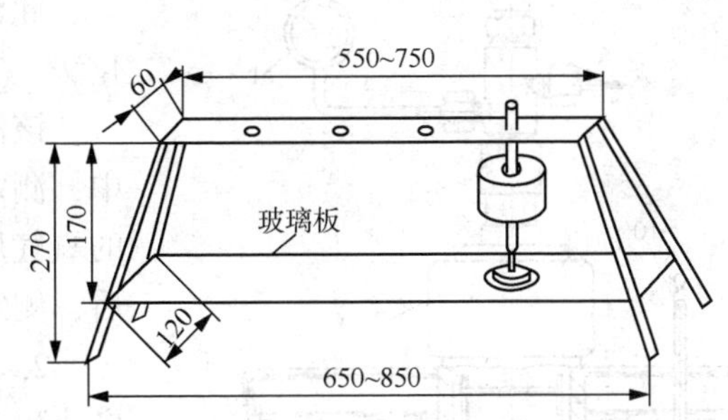

图 10-8 加压分油器架子

试样的分油量 $X(\%)$ 按下式计算：

$$X=\frac{G_2-G_3}{G_2-G_1}\times 100$$

式中 G_1——未装试样的皿和 1 张浸油滤纸的质量，g；

G_2——装有试样的皿和 1 张浸油滤纸在试验前的质量，g；

G_3——装有试样的皿和 1 张浸油滤纸在试验后的质量，g。

取重复测定两个结果的算术平均值，作为试验结果。

3. SH/T 0682—1999《润滑脂在储存期间分油量测定法》

此法等效 ASTM D1742—94。

评价润滑脂在常温、一定压缩空气压下(1.7kPa)分油的百分率。是模拟润滑脂在 16kg 桶中储存时的析油倾向。

此法是将润滑脂置于 200 目的金属筛网上，用 1.72kN/m^2(0.25lbf/in^2)的空气加压，在 25℃下测定 24h，分出的油收集在 20mL 烧杯中进行称量，结果以分油质量分数表示。此法所测得结果与 16kg 容器中储存的润滑脂分油相关，用以测定储存中分油倾向，但不预示润滑脂在动态条件下的胶体安定性。

二、润滑脂氧化安定性的评定

润滑脂氧化安定性(或称化学安定性)是指润滑脂在储存期间或使用过程中抵抗氧化的能力。润滑脂氧化安定性好坏对其使用寿命有重要影响，并影响润滑脂的防腐性、结构及其他性能，因此，润滑脂应具有良好的氧化安定性，尤其是高温润滑脂、仪表润滑脂和长寿命润滑脂对氧化安定性有更高的要求。

影响润滑脂氧化安定性的主要因素是构成润滑脂的基础油类型、稠化剂类型和添加剂。合成油的氧化安定性优于矿物油，加氢精制矿物油优于溶剂精制矿物油；非皂基稠化剂制备的润滑脂优于皂基润滑脂；加入合适的抗氧剂或抗氧防腐剂可提高润滑脂的氧化安定性。润滑脂的氧化安定性还受储存和使用中的条件(如温度、氧的浓度、水分等)的影响。

评定润滑脂氧化安定性的方法有 SH/T 0325—1992《润滑脂氧化安定性测定法》和 SH/T 0335—1995《润滑脂化学安定性测定法》。

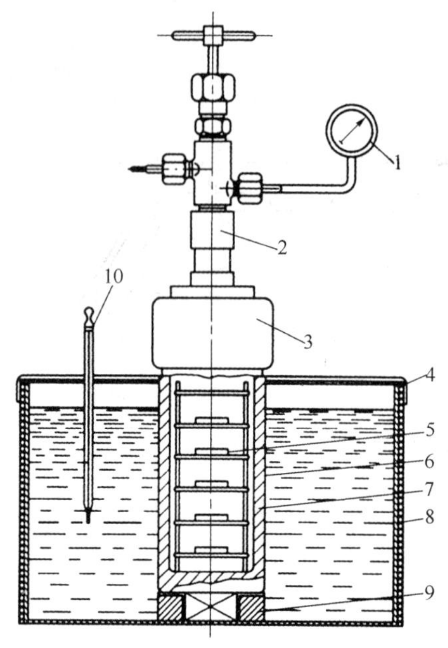

图 10-9　润滑脂氧化安定性测定仪(氧弹法)
1—压力计；2—弹盖顶；3—弹盖；4—水浴盖；
5—玻璃皿；6—玻璃座架；7—弹体；8—绝缘体；
9—槽孔；10—温度计

1. SH/T 0325—1992《润滑脂氧化安定性测定法》

此法等效 ASTMD942—1978(1984)，弹氧化法。

该法系将所试的润滑脂放在不锈钢制的氧弹中，测定装置见图 10-9。在 99℃ 和 0.770MPa 的氧气压力下，样品经规定的时间(100h)氧化后，测定压力降。

2. SH/T 0335—1995《润滑脂化学安定性测定法》

此法等效 ГОСТ 5743—1962。

试验步骤：在五只洁净干燥的玻璃皿中分别装入约 4g 润滑脂样品，将放有试样皿的玻璃座架小心地移入已用溶剂洗涤干净的氧弹体内，在密封处加上垫圈，然后用弹盖将氧弹盖紧，并用扳手拧紧；用高压铜管和适当的螺帽将氧弹和氧气瓶的减压阀连接起来；把氧气输入氧弹内，为排尽氧弹内的空气，当氧弹内充氧压力约为 0.2MPa 时，慢慢地将氧气放入大气中至氧弹内剩余压力约为 0.05MPa，这样重复操作两次；再将氧气输入氧弹内，使其压力达到试样产品标准中的规定值；将充满氧气的氧弹小心地浸入盛有温度为 20℃ ±3℃ 的水的容器内，以试验其密封性，直到不漏气为止。弹内的最初压力 P_t(MPa)根据室温及规定的试验条件(压力和温度)按下式确定：

$$P_t = \frac{P_{t_3}}{1+(t_3-t)/273}$$

式中　P_{t_3}——在规定的试验温度时，弹内氧气的规定压力，MPa；

t_3——试验规定的温度，℃；

t——室温，℃。

根据计算结果将氧弹内多余的氧气放出，将 P_t 调节至计算值；使盛有试样充满氧气的氧弹保持其垂直位置，小心地移入已加热至规定温度的水浴内，并放在座架的巢孔中。将氧弹放入水浴的时间作为氧化开始时间，并记下氧弹内的初始压力，在试验过程中每两小时记录一次压力。试验结束后将氧弹取出小心地移入盛有温度为 20℃ ±3℃ 的水的容器内至少 15min，检查其密封性。将已氧化的试样从皿中取出装入称量瓶并仔细搅拌。测定试样氧化的酸值或游离碱，并与试样氧化前所测定的酸值或游离碱进行比较，以其酸值或游离碱的变化值和氧气压力降表明该试样的化学安定性。酸值和游离碱的变化值及氧气压力降越小，润滑脂的化学安定性越好。

三、润滑脂机械安定性的评定

润滑脂机械安定性(又称剪切安定性)是指润滑脂在机械工作条件下抵抗稠度变化的能力。润滑脂机械安定性是影响其使用寿命的重要因素，并与轴承漏失量有很大的相关性。机械安定性主要受润滑脂稠化剂种类和含量的影响，也与润滑脂的结构、胶体安定性及温度等有关。

评定润滑脂机械安定性的方法有：GB/T 269—91(2004)《润滑脂和石油脂锥入度测定法》中延长工作锥入度部分和 SH/T 0122—1992(2004)《润滑脂滚筒安定性测定法》。

1. GB/T 269—91(2004)《润滑脂和石油脂锥入度测定法》中延长工作锥入度测定

此法等效 ISO 2137—1985。

试验步骤：将润滑脂试样装入工作器脂杯中，装配好工作器并将工作器安装在剪切试验机上(如图 10-10 所示)，试样按规定的次数(1 万次或 10 万次)或商定的次数在剪切试验机上以每分钟 60 次往复工作，达到规定的次数后，取下工作器，放在 25℃水浴中恒温 1.5h，然后按工作锥入度的测定方法测定工作锥入度。试验结果用剪切试验(1 万次或 10 万次)后的工作锥入度与剪切试验前的工作锥入度的差值来表示。差值越小表示润滑脂的剪切安定性越好。

2. SH/T 0122—1992(2004)《润滑脂滚筒安定性测定法》

此法等效 ASTM D1831—1988《润滑脂滚筒安定性测定法》。滚筒试验机如图 10-11 所示，外筒为中空圆筒，内有滚柱。滚筒可用电动机带动转动，使筒内润滑脂受到剪切。

图 10-10　润滑脂剪切试验机

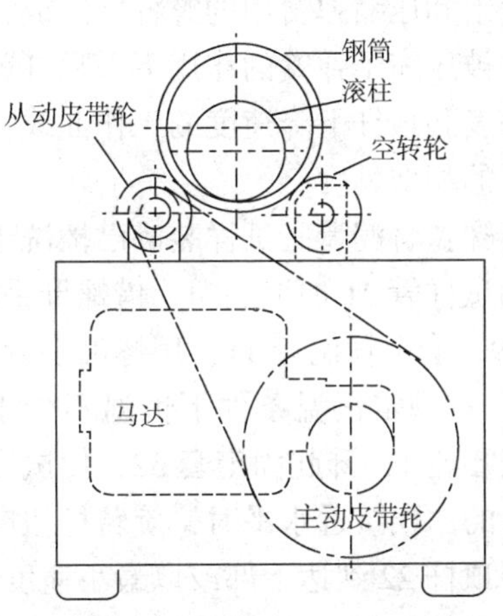

图 10-11　润滑脂滚筒试验机

试验步骤：先测定润滑脂试样的 1/4 工作锥入度数值。取 50g 未工作的润滑脂均匀地涂在洗净烘干的试验筒内表面，然后把滚柱放入筒内，上紧筒盖，将滚筒安装好后，开动仪器。按规定温度和时间(一般为室温 2h)连续碾压润滑脂。然后从滚筒中取出试样，测碾压后试样的 1/4 工作锥入度数值。试验结果用碾压后的 1/4 工作锥入度与碾压前的 1/4 工作锥入度的差值来表示。差值越小表示润滑脂的滚筒安定性越好。

四、SH/T 0452—1992(2004)《润滑脂储存安定性的评定》

润滑脂在长期储存过程后，其性能可能会发生一些变化，如变软或变硬。用试验前与试验后的锥入度变化来表示润滑脂的储存安定性。

试验步骤：取润滑脂试样测定其不工作锥入度和工作锥入度；将润滑脂在规定的温度下放置一定的时间(一般为 38℃，180 天)，再测定润滑脂的不工作锥入度和工作锥入度。用储存前后润滑脂的锥入度变化来表示润滑脂的储存安定性。

第三节 润滑脂低温性能的评定

润滑脂的低温性能是指润滑脂在低温下是否容易流动和泵送的性能，可用低温相似黏度或低温转矩表示，也可用润滑脂在低温下的稠度表示。

一、润滑脂相似黏度的评定

润滑脂相似黏度是指非牛顿流体流动时的剪应力与剪速之比值，按泊肃叶公式求得，单位是 Pa · s。测定方法是 SH/T 0048—1991(2004)《润滑脂相似黏度测定法》，此法等效 ГОСТ 7163—1984。该方法采用的一种非恒定流量式的毛细管黏度计，其测定原理是根据在压力变化过程中流量的测定，按泊肃叶方程式计算出相似黏度。此法适用于不同温度下不同平均剪速(0.1~100s^{-1})时 1~10000Pa · s 的润滑脂的相似黏度测定。测定润滑脂的相似黏度可以预测润滑脂是否容易通过导管被移动或泵送到使用部位。

试验仪器：仪器由毛细管、样品管、供压系统和记录系统等组成，其构造及工作原理示意于图 10-12。毛细管有三种不同的半径，样品管容积约 21mL，供压系统由两个不同弹性系数的弹簧组和压缩弹簧用的螺杆等组成，记录系统包括可转动的记录筒，记录笔等。测定时，在预先被压缩了弹簧的作用下，顶杆就使润滑脂样品经过毛细管流出，在记录筒上记下弹簧的压缩度和顶杆下降速度的工作曲线，最后，算出相似黏度。此法优点是一次测定可得不同剪速下的相似黏度。

试验步骤：将润滑脂试样装满已擦洗干净的试样管 21，提起顶杆 22 和压缩弹簧 30，将装满试样的试样管 21 加上垫圈，借螺母手轮 23 连接于衬套 24 上，用螺帽 20 连接试样管 21 和毛细管 19；套上恒温套 11，用螺母手轮 9 将其固定，用螺母 16 将套在毛细管上的橡皮垫圈 17 压紧；在规定恒温条件下恒温不少于 20min；在记录筒 3 上安放记录纸；开启开关，迅速扳动偏心轮 1，升起固定套 32，使试样管内造成压力，试样从试样管经毛细管挤出；当记录笔画出的曲线接近水平时，旋转杆扭向最小速度到 3 的位置，记录筒的转速得到最后一次调节；当顶杆 22 到达下部或以最小速度下降时，关闭开关；试验结束后在记录纸上记下试样名称、毛细管号、试验温度，并在曲线上标明不同转速。

计算：

试样的相似黏度 $$\eta_t^D=\frac{\tau}{D}$$

剪应力 $$\tau=\frac{PR}{2L}=K_1P$$

平均剪速 $$D=\frac{4Q}{\pi R^3}$$

试样的流量 $$Q=\pi R_1^2W\mathrm{tg}\alpha$$

整理后得： $$\eta_t^D=\frac{K_1P}{K_2\mathrm{tg}\alpha}$$

K_1和 K_2是与仪器相关的参数，α 为工作曲线上代表某瞬间的点的切线与水平线之间的夹角。为了提高测量的准确度，α 角应处于 25°~65°范围内。根据试验要求的平均剪切速率，选择适当直径的毛细管和记录筒速度，利用量角器以预先算得的 α 角与工作曲线相切，

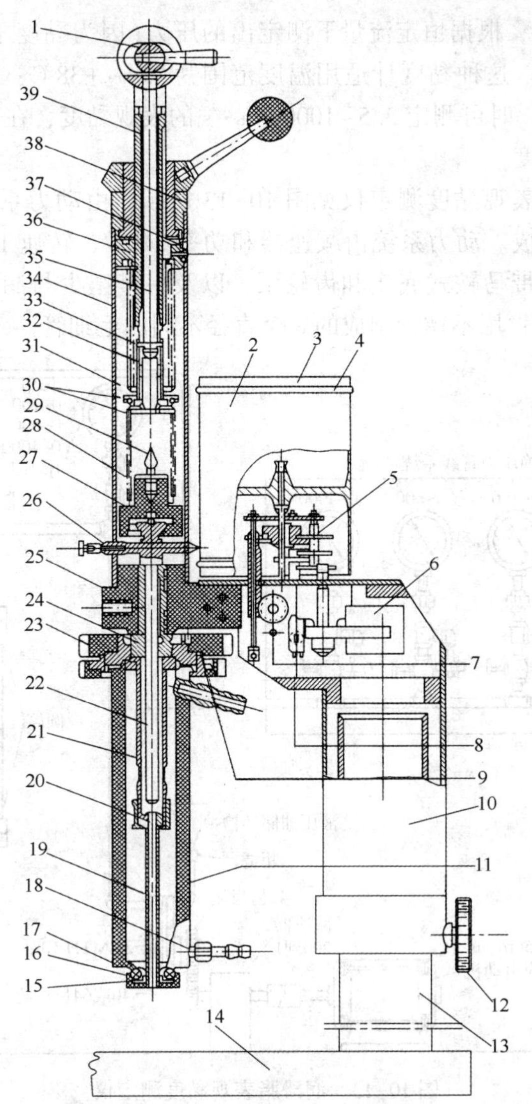

图 10-12　润滑脂相似黏度测定仪

1—偏心轮；2—记录纸；3—记录筒；4—橡皮圈；5—减速器；6—电动机；7—旋转杆；8—电动机开关；9、23—螺母手轮；10、34—钢管；11—恒温套；12—螺栓；13—支柱；14—底座；15—胶木圈；16、38—螺母；17—橡皮垫圈；18—接头；19—毛细管；20—螺帽；21—试样管；22—顶杆；24—衬套；25—胶木块；26—铅笔夹；27—钢珠；28—离合器；29—锁棒；30—弹簧组；31—夹簧；32—固定套；33—小螺杆；35—中心杆；36—衬圈；37—扁拴；39—螺杆

由该切点的记录笔筒高度利用预先测出的记录笔筒高度与压力的对应表计算得到的剪切应力，即为平均剪切速率达到试验要求时的瞬间的剪应力值，然后计算得到指定温度和指定平均剪切速率下的相似黏度。

二、润滑脂表观黏度的评定

润滑脂表观黏度是指用液压系统带动的浮动活塞迫使润滑脂样品通过毛细管，由预先测定的流速和系统中所施加的力，根据泊肃叶方程式算出。测定方法是 SH/T 0681—1999《润滑脂表观黏度测定法》，此法等效 ASTM D1092—1993。该方法采用一种恒定流量式的毛细管黏度计(SOD 黏度计)，根据恒定流量下测定出的压力(因为黏度不同而改变)，按泊肃叶方程式计算出表观黏度。这种黏度计适用温度范围为-54～+38℃；对润滑脂表观黏度的测量范围：在剪速为 0.1s^{-1}时可测定 2.5～10000Pa·s 的表观黏度，在剪速为 1500s^{-1}时可测定 0.1～10Pa·s 的表观黏度。

测定仪器：润滑脂表观黏度测定仪见图 10-13 所示，由动力系统、液压系统、润滑脂系统和一个合适的浴组成。动力系统由减速器和功率 249W、转速 1750r/min 的感应电动机组成；液压系统由一个带马鞍式底座和齿轮泵，以及一个至少与润滑脂筒容积相等并备有 50 目筛的液压油箱组成；用不锈钢制成的 8 个直径不同的毛细管。

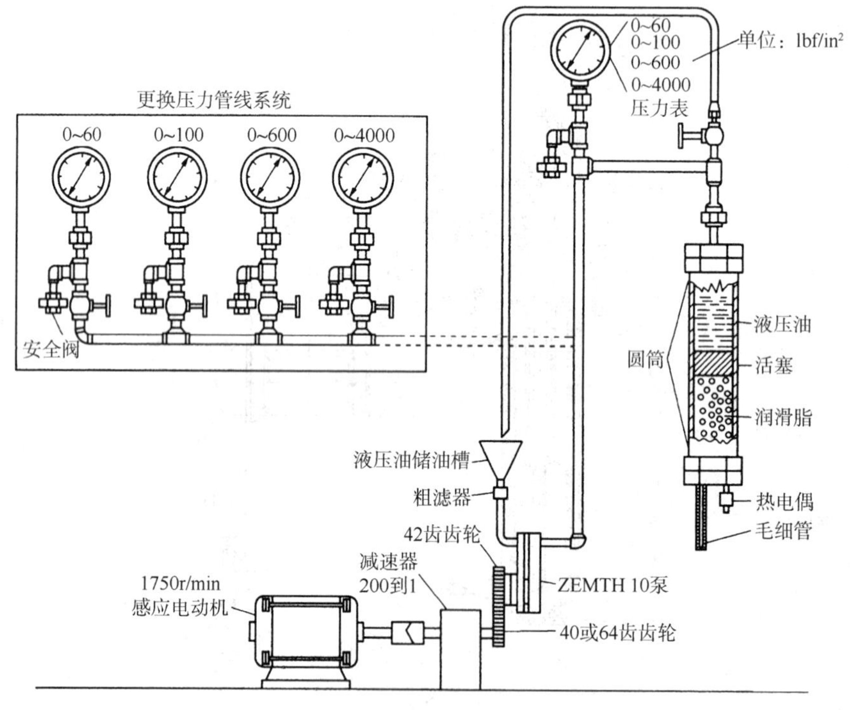

图 10-13　润滑脂表观黏度测定仪

试验步骤：将润滑脂试样注入干净的样品筒，装上毛细管端盖；用液压油充满样品筒中活塞上面的整个空间，再用液压油充满整个液压系统；调整试样温度至试验温度，在连接压力表之前，开动泵直到油从黏度计上的压力表接头处流出，与黏度计装配起来，随着回流阀门的打开，液压油进行循环，直到痕量空气消失为止；润滑脂试样需在液体浴中恒温 2h，在空气浴中需 8h；用 1 号毛细管，同时装上 40 齿的齿轮，开闭回流阀门，启动泵直到达到平衡压力为止，记录压力；再换上 64 齿的齿轮，建立平衡后记录压力，解除压力；按顺序用 2 号毛细管重复上述操作，直到所有毛细管都测过两种流量。

试样的表观黏度计算：

$$\eta = F/S = (p\pi R^2/2\pi RL)/[(4V/t)/\pi R^3] = p\pi R^4/(8LV/t)$$

式中　p——压力，dyn/cm^2；

R——使用的毛细管半径，cm；

L——毛细管长度，cm；

V/t——流量，cm^3/s。

三、润滑脂低温转矩的评定

润滑脂低温转矩是在规定温度下，以试验的润滑脂润滑 204 型开式滚珠轴承，当其内环以 1r/min 的速度转动时，测定其作用在外环上的力矩。用启动转矩和运转转矩来表示：

(1) 起动转矩——即开始转动时测得的最大转矩。

(2) 运转转矩——即在转动规定的时间后测得平均转矩值。

测定方法是 SH/T 0338—1992(2004)《滚珠轴承润滑脂低温转矩测定法》，此法等效 ASTM D1478—80。

滚珠轴承润滑脂低温转矩是衡量润滑脂低温性能的一项重要指标，反映了润滑脂的低温性能。低温转矩的大小关系到用润滑脂润滑的轴承低温起动的难易和功率损失，如果低温转矩过大将使起动困难并且功率损失增多。低温转矩对于在低温使用的微型电机、精密控制仪表等特别重要。精密设备要求轴承的转矩小而稳定，以保证容易起动和灵敏、可靠地工作。

由于润滑脂本身具有强度极限，要使润滑脂润滑的轴承开始运转，必须克服润滑脂的强度极限，而润滑脂的强度极限、相似黏度以及稠度在低温时都是增大的，这些因素都会使润滑脂在低温下阻滞轴承运转的程度增大。影响润滑脂低温转矩的主要是基础油的黏度和类型、稠化剂的含量，因此，要制备低温性好的润滑脂需要选择合适的基础油和稠化剂。

试验仪器：滚珠轴承润滑脂低温转矩试验装置见图 10-14，由低温箱、传动装置、转矩试验装置、转矩测定装置及脂杯、心轴、专用装脂器、D204 向心球轴承组成。

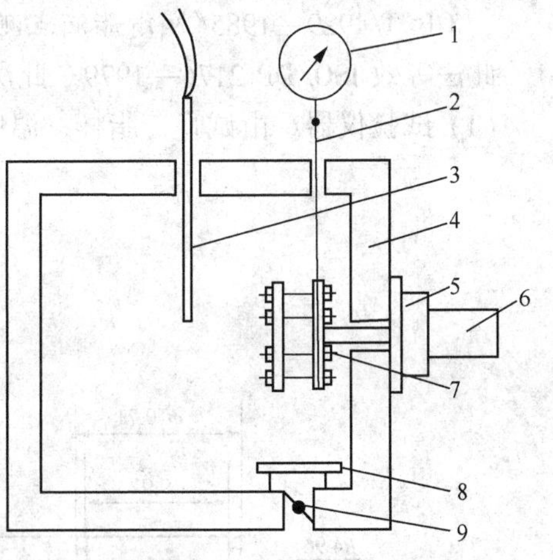

图 10-14　润滑脂低温转矩试验装置示意图

1—测力器；2—测力绳；3—热电偶；4—低温箱；5—减速器；6—电动机；7—负荷轴承座；8—挡盘；9—调节活门

试验步骤：将清洁干燥的 D204 型试验轴承安装在心轴上，用垫片和螺钉固紧轴承的内环；用刮刀将润滑脂试样装入脂杯内至脂杯 3/4 处，尽量避免混入空气；将轴承压入杯内的试样里，正反两个方向反复缓慢转动内环，使试样能够进入轴承各部位；当轴承的端面与脂杯的上端面对齐时，将轴承拔出并卸下；再将轴承端面颠倒并重新固定后压入脂面，当轴承的端面与脂杯的上端面对齐时，将轴承慢慢拔出，除去轴承边缘多余试样，排除可见气泡并填满试样，取下心轴用刮刀刮平轴承两端，将装好试样的轴承仔细安装在轴承座内，当低温箱预冷到试验温度时，把试验轴承和轴承座安装在试验机上并固定好，注意不能转动试验轴承；将测力绳挂在轴承座外钩上，调整绳子到接近拉紧为止；达到温度时开始计时，恒温 2h。

测定起动转矩(mN·m)：开动驱动马达，观察测力计指针，记下达到的最大读数(开始运转后的几秒钟内出现)，将刻度读数值(lb)乘以 K 值(K=289)作为起动转矩值，mN·m。

测定运转转矩(mN·m)：继续转动试验轴 60min，在 60min 后的 15s 内观察测力计的平均数，将这个读数值(lb)乘以 K 值(K=289)作为运转转矩值，mN·m。

第四节　润滑脂高温性能的评定

润滑脂的高温性能指润滑脂应用于高温时保持其结构和性能的稳定性以及长的使用寿命。润滑脂的高温性能受很多因素影响，如滴点、蒸发损失、氧化安定性、胶体安定性、高温轴承寿命等。润滑脂的氧化安定性和胶体安定性已在第二节中介绍，润滑脂的轴承寿命将在第七节介绍，本节介绍润滑脂滴点和蒸发损失的评定。

一、润滑脂滴点的测定

滴点是润滑脂产品规范中的常用指标，是与润滑脂最高使用温度有密切联系的指标。润滑脂在一定的条件下加热时，从仪器的脂杯中滴下第一滴液体时的温度，即为该润滑脂的滴点。滴点本身没有绝对的物理意义，其数值因仪器设备和测定条件而异。测定方法中严格规定了脂杯的大小、形状、装样品的方法、温度计的位置及加热升温速度等，测定润滑脂的滴点须严格按照方法的规定进行。

润滑脂的最高使用温度应比滴点温度低 15℃以上。润滑脂的滴点主要取决于稠化剂的种类，还受到稠化剂含量、基础油种类和黏度、添加剂和制备工艺的影响。目前，我国测定润滑脂滴点的方法有：GB/T 4929—1985《润滑脂滴点测定法》和 GB/T 3498—2008《润滑脂宽温度范围滴点测定法》。

1. GB/T 4929—1985《润滑脂滴点测定法》

此法等效 ISO/DP 2176—1979。此法适用于测定滴点温度不是很高的润滑脂的滴点。

（1）试验仪器。由试管、脂杯、温度计、软木导环等组成，见图 10-15。

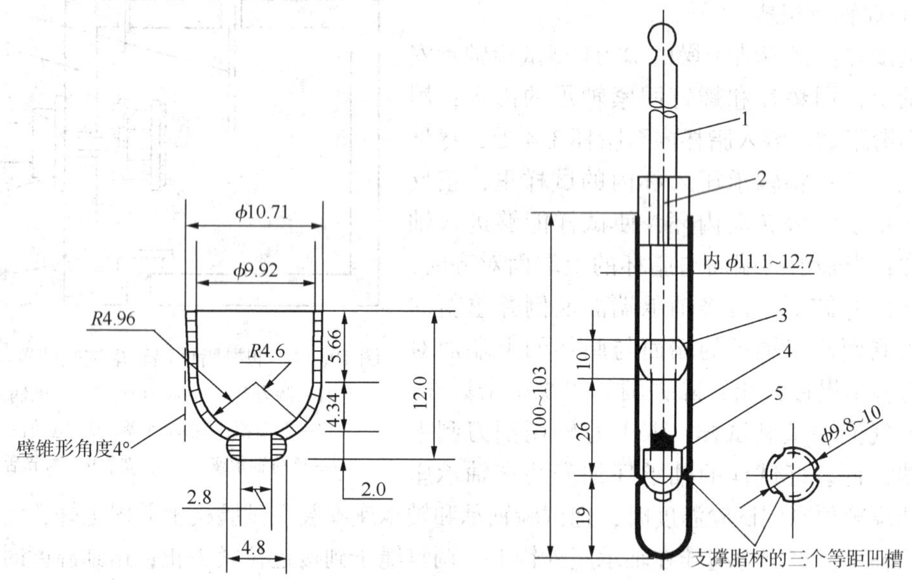

图 10-15　脂杯及装配的仪器

1—温度计；2—软木塞上的透气槽口；3—导环；4—试管；5—脂杯

（2）试验步骤。将润滑脂从脂杯大口压入，直到杯装满试样为止，用刮刀除去多余的试样。在底部小孔垂直位置向下穿入抛光金属棒，直到棒伸出约 25mm，使棒以接触杯的上下圆周边的方式压向脂杯。保持这样的接触，用食指旋转棒上脂杯，使它螺旋状向下运动。以除去棒上附着呈圆锥形的试样，当脂杯最后滑出棒的末端时，在脂杯内侧应留下一厚度可重复的光滑脂膜；将脂杯和温度计放入试管中，把试管挂在油浴里，使油面距试管边缘不超过6mm，应适当地选择试管里固定温度计的软木塞，使温度计上的76mm浸入标记与软木塞的下边缘一致；搅拌油浴，按4～7℃/min的速度升温，直到油浴温度达到比预期滴点约低17℃的温度时，降低加热速度，使在油浴温度再升高2.5℃以前，试管里的温度与油浴温度的差值在2℃或低于2℃范围内。继续加热，以1～1.5℃/min的速度加热油浴，使试管中温度和油浴中温度之间的差值维持在1～2℃之间；当温度继续升高时，试样逐渐从脂杯孔露出，从脂杯孔滴出第1滴流体时，立即记录两个温度计上的温度。以油浴温度计与试管里温度计的温度读数的平均值作为试样的滴点。

2. GB/T 3498—2008《润滑脂宽温度范围滴点测定法》

此法等效ISO 6299：1998。适用于测定润滑脂宽温度范围滴点。

（1）试验仪器。测定宽温度滴点的铝块炉见图10-16，测定装置由脂杯、试管、脂杯支架、温度计及附件组成，见图10-17。

单位：mm

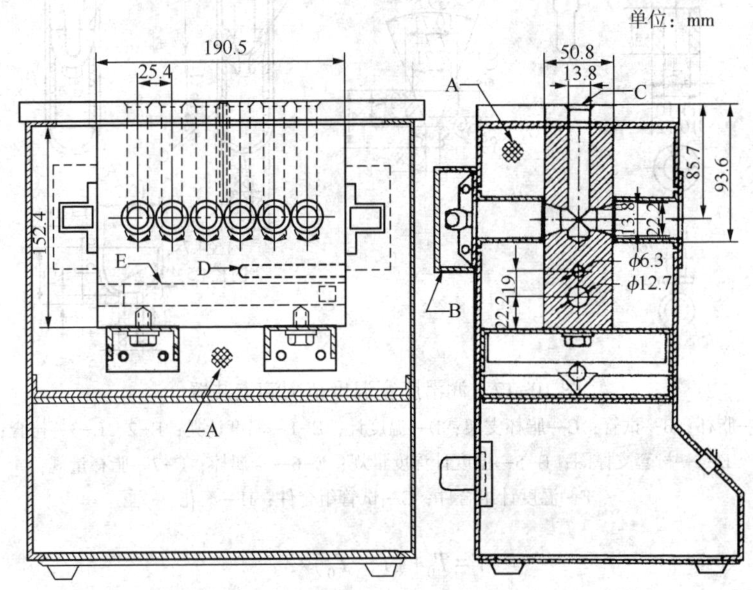

图10-16　铝块炉

A—绝缘材料；B—荧光灯；C—温度计孔；
D—热敏电阻探测器；E—700W加热器

（2）试验步骤。在铝块炉温度计孔中插入一支量程为-5～400℃的温度计，打开加热器，将炉温调节到润滑脂滴点高限温度所要求的水平（如表10-3所示）。按图10-17装置好滴点测定装置。从脂杯大口压入润滑脂试样，直到杯装满试样为止，用刮刀除去多余的试样，使脂面与杯口齐平；用金属棒从脂杯小口插入，直到金属棒伸出脂杯口约25mm为止，同时用棒接触杯上下圆周边挤压杯中试样，用食指使脂杯在金属棒上旋转，螺旋型地向下移动，脂的锥体部分被粘附在金属棒上而被除去。当脂杯接近金属棒的下端时，将金属棒小心从脂杯中滑出，杯内留下一层厚度均匀的平滑脂膜；把脂杯放在试管中的脂杯支架上，重新装上温度计组合件。将试管组合件轻轻放入铝块炉中确保垂直。记录从脂杯中滴落下第一滴试样的温度及炉温。然后按下式计算滴点：

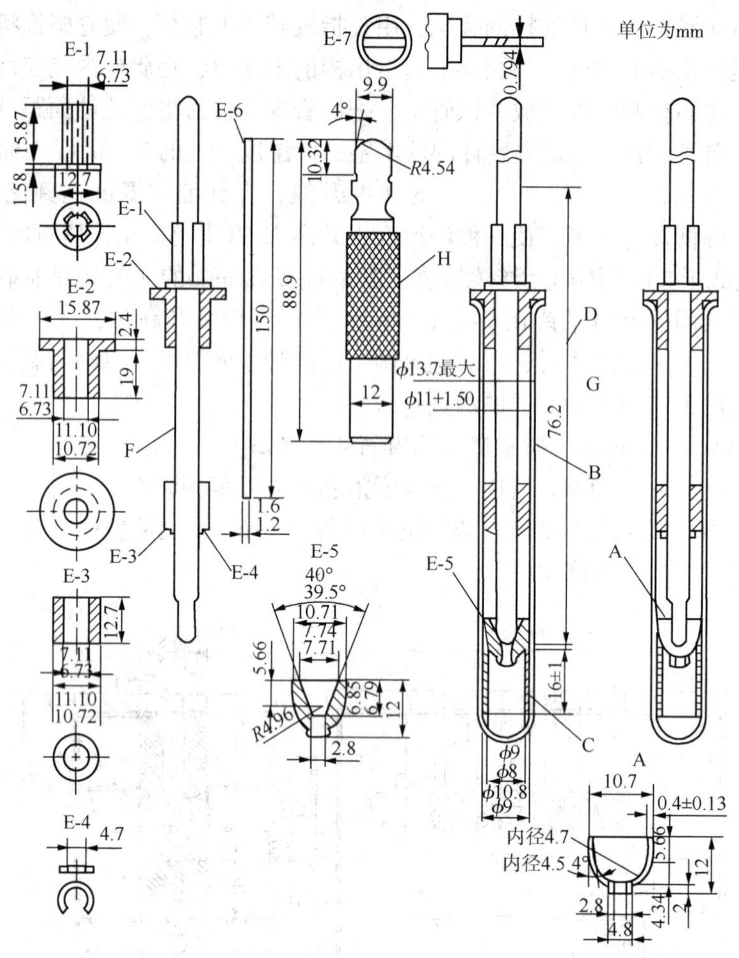

图 10-17　润滑脂宽温度范围滴点装置

A—脂杯；B—试管；C—脂杯支架；D—温度计；E-1—温度计夹；E-2、E-3—衬套；E-4—衬套支撑圈；E-5—温度计深度量规；E-6—金属棒；E-7—脂杯量规；F—温度计组合件；G—试管组合件；H—滚花

$$T=T_0+(T_1-T_0)/3$$

式中　T——滴点，℃；

T_0——从脂杯滴落第一滴试样时的温度，℃；

T_1——试样滴落时的炉温，℃。

表 10-3　铝块炉温度对应的最高滴点温度

铝块炉温度/℃	最高滴点温度/℃	铝块炉温度/℃	最高滴点温度/℃
121±3	116	316±3	304
232±3	221	343±3	330
288±3	277		

二、润滑脂蒸发损失的测定

润滑脂蒸发损失是指润滑脂在高温（或真空）条件下长期使用时基础油的蒸发损失程度。

润滑脂蒸发损失过大，会使润滑脂的稠度增大、摩擦力矩增大、使用寿命缩短。因此，高温润滑脂、真空润滑脂和光学仪器仪表润滑脂要求其蒸发损失较小。测定润滑脂蒸发损失的方法有：SH/T 0337—1992(2004)《润滑脂蒸发度测定法》、GB/T 7325—1987《润滑脂和润滑油蒸发损失测定法》和 SH/T 0661—1998(2005)《润滑脂宽温度范围蒸发损失测定法》。

1. SH/T 0337—1992(2004)《润滑脂蒸发度测定法》

此法适用于自然气流下测定润滑脂的蒸发损失。

(1) 试验仪器。润滑脂蒸发度测定装置见图 10-18，由带有可移动的玻璃门、加热台和电热器等组成。

(2) 试验步骤。将试样分别装入已清洁干燥并称量过的四个蒸发皿中，并称量装满试样的蒸发皿；将装满试样的蒸发皿放入已加热恒温的恒温器钢饼上，关闭侧门，记下开始试验的时间；达到规定试验时间(一般是 1h)后，关闭电热器，取出装有试样的蒸发皿，冷却至室温后称量。试样的蒸发度按下式计算：

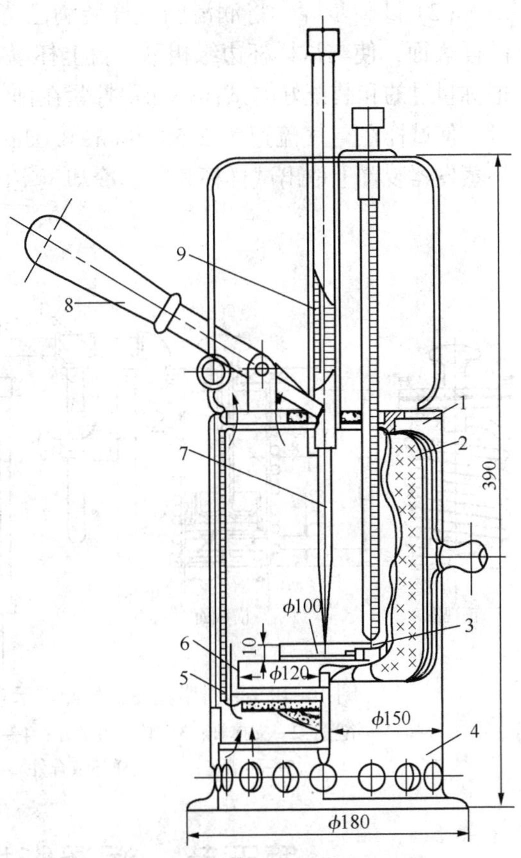

图 10-18　润滑脂蒸发度测定装置

1—壳体；2—玻璃门；3—钢饼；4—圆孔；5—电热器；6—加热台；7—顶杆；8—手柄；9—弹簧

$$X=\frac{m_1-m_2}{m_1-m_3}\times 100$$

式中　m_1——试验前蒸发皿和试样的质量，g；

m_2——试验后蒸发皿和试样的质量，g；

m_3——蒸发皿的质量，g。

2. GB/T 7325—1987(2004)《润滑脂和润滑油蒸发损失测定法》

此法等效 ASTM D972—1956(1981)，适用于测定在 99~150℃范围内的任一温度下润滑脂或润滑油的蒸发损失。

(1) 试验仪器。润滑脂和润滑油蒸发损失测定装置示意图见图 10-19。由蒸发器、供气系统、转子流量计、恒温浴、温度计、润滑脂试样杯等组成。

(2) 试验步骤。称量已洗净的试样杯和杯罩；将润滑脂试样填满试样杯中，防止混入空气，用刮刀刮平试样使试样表面和脂杯边缘相平，盖上杯罩并拧紧；称量脂杯组合件；将脂杯组合件放入已达到试验温度的恒温浴中的蒸发器里，使干净的空气以规定的流速 2. 58g/min±0. 02g/min 流过蒸发器；经过 22h 试验后，从蒸发器上取下脂杯组合件，冷却至室温，称量并记下样品净质量。以蒸发损失 X 的质量分数(%)表示：

$$X=\frac{S-W}{S}\times 100$$

式中　S——试验前试样质量，g；

W——试验后试样质量，g。

3. SH/T 0661—1998《润滑脂宽温度范围蒸发损失测定法》

此方法等效 ASTM D2595—1996，适用于测定在 93～316℃范围内的润滑脂的蒸发损失，比 GB/T 7325 测定的温度范围宽。

（1）试验仪器。试验装置组合件示意图见图 10-20，由试验杯、杯罩、盖、排气管、耐热垫圈、热电偶套管和支架等组成。

（2）试验步骤。将润滑脂试样装满已清洁干燥的试样杯中，避免混入空气，用刮刀刮平试样表面，使与试样杯边缘相平，盖上杯罩并拧紧；称量试验杯和杯罩并记录试样的净质量；把称量过的和装配好的试样杯和罩拧紧在排气管上，然后装在加热器中，调整好温度和空气流量，使试样在空气流速为 2.58g/min±0.02g/min，在规定试验温度下保持 22h；试验结束后，从蒸发器装置上取出试样杯和罩，冷却至室温称量。以蒸发损失的质量分数 X(%)表示。

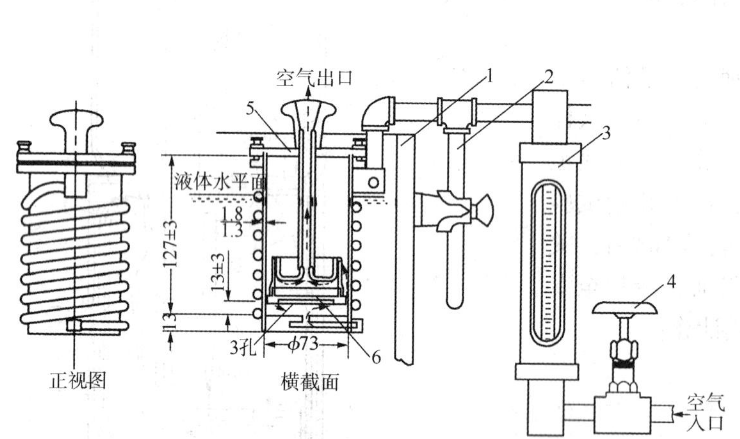

图 10-19　润滑脂蒸发损失测定示意图

1—浴壁；2—支撑杆；3—转子流量计；4—针形阀；5—环槽盖；6—试样杯组合件

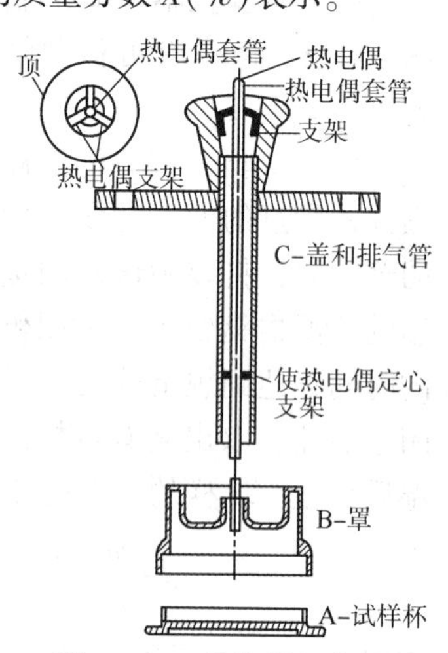

图 10-20　蒸发器组合件

第五节　润滑脂抗磨极压性能的评定

润滑脂的抗磨极压性指在重负荷、冲击负荷作用下润滑脂降低金属的摩擦磨损的性能。润滑脂中的基础油、稠化剂和添加剂对抗磨极压性均有影响。根据负荷等工作条件的不同，摩擦副间的润滑状态可能呈流体动压润滑、弹性流体动压润滑和边界润滑。评定润滑脂抗磨极压性能的方法与评定润滑油抗磨极压性的方法基本相同，评价方法有：SH/T 0202—1992《润滑脂极压性能测定法(四球机法)》、NB/SH/T 0203《润滑脂承载能力的测定　梯姆肯法》、SH/T 0204—1992(2004)《润滑脂抗磨性能测定法(四球机法)》、SH/T 0427—1992(2004)《润滑脂齿轮磨损测定法》、SH/T 0716—2002《润滑脂抗微振磨损性能测定法》、SH/T 0721—2002《润滑脂摩擦磨损性能测定法(高频线性振动试验机法)》和 SH/T 0784—2006《润滑脂极压性能测定法(高频线性振动试验机法)》。

一、润滑脂极压性能的评定

1. SH/T 0202—1992《润滑脂极压性能测定法(四球机法)》

此法等效 ASTMD 2592—1982。详见第五章。

2. SH/T 0203—1992(2004)《润滑脂极压性能测定法(梯姆肯试验机法)》

此法等效 ASTMD 2509—1977(81)。详见第五章。

3. SH/T 0427—1992(2004)《润滑脂齿轮磨损测定法》

此法等效 FS791B335.2，适用于测定润滑脂的齿轮磨损值，用以评价润滑脂的润滑性能。

润滑脂的齿轮磨损是将涂有润滑脂的已知磨损性能的试验齿轮在规定负荷下进行往复运转，经规定周数后以铜齿轮平均质量损失作为磨损值。齿轮磨损试验机见图 10-21。

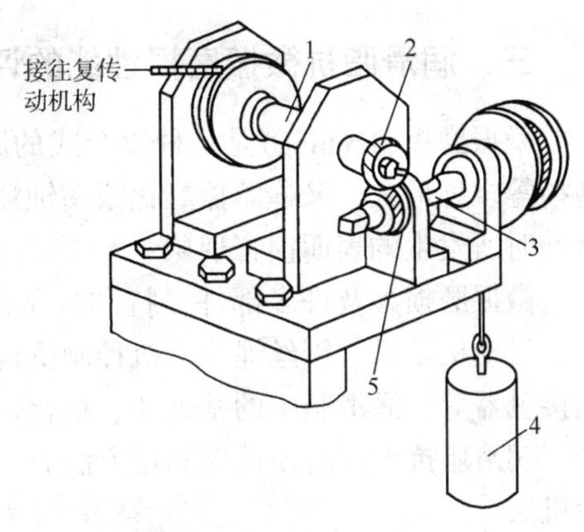

图 10-21　润滑脂齿轮磨损试验机示意图

1—驱动轴；2—黄铜试验齿轮；3—被动轴；4—重锤；5—钢试验齿轮

(1) 试验步骤。将清洗、干燥和已称重的黄铜齿轮安装在齿轮磨损试验机驱动轴上，在被动轴上安装钢齿轮；用柔软的绳缠绕滑轮，将传动轴与往复机构连接，并在被动轴上加负荷 22.24N 的砝码；把装有癸二酸酯的容器安放在钢齿轮下部，直到钢齿轮下部的齿轮被浸没；启动往复机构，使其往复运转 1500 周进行磨合，完成磨合周数后停机，折下齿轮进行清洗、干燥，并称量黄铜齿轮质量，如果黄铜齿轮的质量损失超过 2mg，则将此齿轮对报废；将磨合后合格的齿轮对在试验机上装配好，将润滑脂试样均匀地涂在齿轮的啮合面上，启动往复驱动机构，使其往复运转 6000 周，试验运转结束后，拆下齿轮进行清洗、干燥，并称量黄铜齿轮质量；再将清洗、干燥和已称量过的黄铜齿轮安装在齿轮磨损试验机驱动轴上，在被动轴上安装钢齿轮，并将润滑脂试样均匀地涂在齿轮的啮合面上，用柔软的绳缠绕滑轮，将传动轴与往复机构连接，并在被动轴上加负荷 44.48N 的砝码；启动往复驱动机构，使其往复运转 3000 周，运转结束后，折洗、干燥齿轮，并进行称重。进行 4 次完整的试验，每次用新齿轮，并对 6000 周和 3000 周运转分别计算每千周的黄铜质量损失。

(2) 试验结果的表述：

① 报告黄铜齿轮在 22.24N 力下运转 6000 周后，每千周的平均质量损失(毫克/千周)。

② 报告黄铜齿轮在 44.48N 力下运转 3000 周后，每千周的平均质量损失(毫克/千周)。

4. SH/T 0784—2006《润滑脂极压性能测定法(高频线性振动试验机法)》

此法等效 ASTM D5706—1997。高频线性振动试验机法(SRV)用来测定在规定温度条件下润滑脂的极压性能，适用于测定在高赫兹点接触状态下高速振动或停开运动时润滑脂的极压性能。适用于使用在前轮驱动汽车的恒速球节中润滑脂的极压性能评定。

试验步骤：将少量润滑脂试样放在清洗干净的试验盘上，将清洗干净的试验球装在顶部，并置于润滑脂试样中间，上紧试验球和试验盘的夹具；加载到 100N 后，使扭矩达到 2.5N · m，再将负荷减少到 50N，设定需要的试验温度，压下拔动式启动开关直到计时器开始计数，调节冲程振幅旋钮到 1.00mm，当数字计时器达到 30s 时，使用慢速档将负荷加到 100N，并保持此负荷持续运行 2min；每 2min 增加负荷 100N 直到 1200N 负荷，或达到实验仪器的负荷极限，或发生失效为止。失效是指在试验机振动过程中摩擦系数上升并且超过稳定态的增加量大于 0.2，或产生停机。报告没有发生卡咬的最大试验负荷。

二、润滑脂抗磨性能评定

SH/T 0204—1992(2004)《润滑脂抗磨性能测定法(四球机法)》等效 ASTM D 2266—1967(1981)，适用于测定润滑脂在钢对钢件滑动时的抗磨性能，以试验钢球的磨痕直径表示润滑脂的抗磨性能。详见第五章。

三、润滑脂抗微振磨损性能的评定

微振磨损(Fretting)是一种复合式的磨损，包括黏着磨损、氧化磨损、磨粒磨损及疲劳磨损等多种形式，又称摩擦氧化或腐蚀疲劳。它是当两个接触表面间存在小幅度振动的相对运动时所发生的表面损害现象。

微振磨损涉及许多部件，特别是飞机和汽车上的各种紧件、压紧件、万向节、齿槽配合、发动机轴承、钢丝绳、飞机控制机构、螺栓组合体、滚珠或滚柱轴承的滚道，以及各种电接触器等。润滑脂中的基础油、稠化剂和添加剂都对其微振磨损性能有影响。

润滑脂抗微振磨损性能测定方法有：Falex 微动磨损试验机法和高频线性振动(SRV)试验机法。

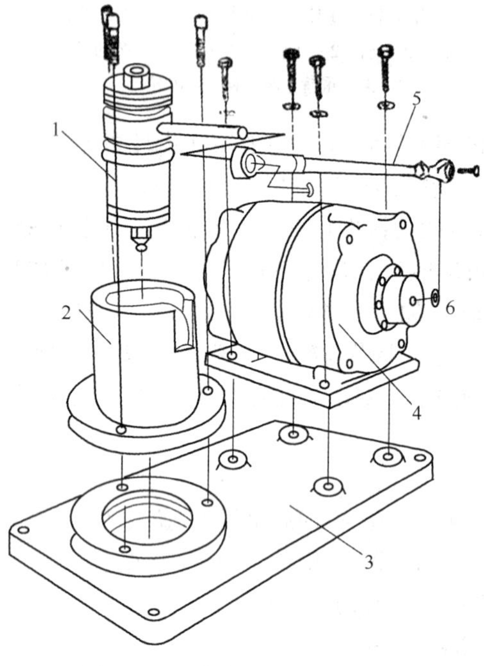

图 10-22 费夫纳摩擦氧化试验机

1—夹具；2—夹具座；3—基座；4—马达；5—连杆；6—偏心轮

1. SH/T 0716—2002《润滑脂抗微振磨损性能测定法(Falex 微动磨损试验机)》

此法等效 ASTMD 4170—1997。

润滑脂抗微振磨损性能是指用润滑脂润滑的两个球推力轴承在频率为 30.0Hz，负荷为 2450N，时间为 22h 和 0.21 弧度的震动条件下，以其轴承座圈的质量损失来评价润滑脂对于振动轴承抗微动磨损的能力。实验仪器如图 10-22 所示。

此方法在所述的试验条件下可以区分润滑脂的低、中、高的微动磨损量，用来预测装在客车轮毂轴承里的润滑脂在长距离运行后微动磨损性能。

试验步骤：将润滑脂试样装入新的、已清洗干净并称重的轴承里，用润滑脂填满轴承座圈的球轨道和每一个球保持架，调整每个轴承上的脂重为 1.0g±0.05g；装配卡盘，将装配好的试验器放在防振架上；运转 22h±0.1h，试验结束后，拆开机械从卡盘上取出所有轴承部件，用软布擦去轴承上的脂样，进行清洗、干燥轴承，然后称量轴承；计算上部轴承座圈对和下部轴承座圈对的质量损失。计算质量损失比率，即上部轴承座圈对的质量损失与下部轴承座圈对的质量损失之比。报告上、下两套轴承座圈质量损失的平均值；质量损失比率。

2. SH/T 0721—2002《润滑脂摩擦磨损性能测定法(高频线性振动试验机法 SRV)》

该法等效 ASTMD 5707—1998。

润滑脂摩擦磨损性能是指在 SRV 试验机上用一个已均匀涂抹润滑脂试样薄层的试验钢

球在不变负荷下，对着试验盘往复振动，以测试钢球上的磨斑和摩擦系数来评价润滑脂的抗磨损性能。

此方法适用于那种在一定的时间内有急速振动或急启急停的运动，可用来检测前轮驱动汽车的调速器或轴承上的润滑脂质量。

高频线性振动试验机的摩擦偶件示意如图 10-23 所示。

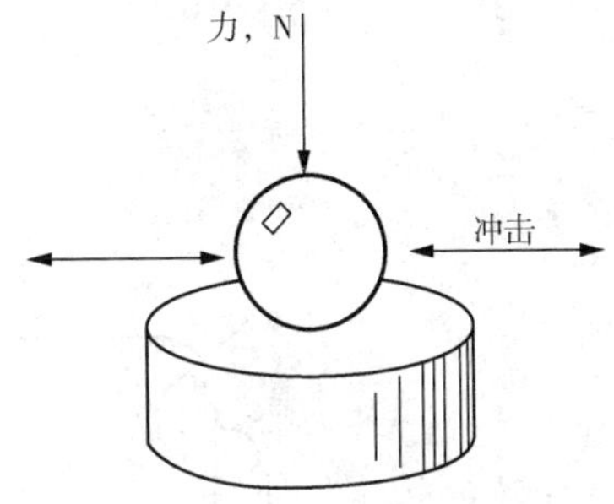

图 10-23　SRV 摩擦偶件示意图

(1) 试验步骤：用带有清洗溶剂的绸布反复擦拭试验球和试验盘至清洁，然后将试验球和盘浸入含清洗剂的烧杯中超声波震动 10min；将少量润滑脂试样放在干净的下试验盘上，使润滑脂在球和盘之间形成圆形对称均匀薄层；确认试验器没有负荷，小心地将含有润滑脂和试验球的盘放在试验平台上；上紧试验球和盘两者的夹具到恰好开始有阻力止，加载负荷到 100N，拧紧球和盘的夹具到扭矩为 2.5N・m，为了磨合减小负荷到 50N；打开加热控制器，设定所需的温度，温度稳定后打开记录走纸开关放下记录笔，向下按拨动式开关直到记数器开始计数，然后调节冲振幅旋钮到 1.00mm；当计时达到 30s 时，在慢速档将负荷增加到 200N，并在此负荷下运转 2h±15s；试验结束后，拆下试验头卸负荷到-13N 或-14N，并清洗试验球和盘，把球放到一个合适的架子上，用显微镜测量磨斑，精确至 0.01mm，并在 90°方向再测一次，从记录图曲线上测量最小摩擦系数。

(2) 报告

① 试验参数；

② 试验球磨斑的两个测量值及平均值；

③ 最小摩擦系数；

④ 如果进行了表面轮廓测量，报告试验盘的磨迹深度。

第六节　润滑脂的抗水与防护性能

一、润滑脂的抗水性能评定

润滑脂的抗水性是指润滑脂在使用过程中与水或水蒸汽接触时抗水冲洗和抗乳化的能力。润滑脂抗水性的好坏主要受稠化剂类型的影响。应用于潮湿或与水接触的机械设备的润滑脂，必须具有良好的抗水性。评定润滑脂抗水性的方法有：SH/T 0109—2004《润滑脂抗水淋性能测定法》，SH/T 0643—1997《润滑脂抗水喷雾性能测定法》，SH/T 0453—1992 (2004)《润滑脂抗水和抗水-乙醇(1∶1)溶液性能试验法》。

1. SH/T 0109—2004《润滑脂抗水淋性能试验法》

此法等效 ISO 11009：2000。

润滑脂抗水淋性能是指在试验条件下评价润滑脂抵抗从滚珠轴承中被水淋洗出来的能力，测定润滑脂的抗水淋性能与实际应用有着密切关系，是正确选用在潮湿环境下机械设备用脂必须注意的问题。水淋损失的质量分数少，表示润滑脂的抗水淋性能好。

润滑脂水淋试验机(见图 10-24)由轴承套、防护板、球轴承、储水槽、水泵、电机等组成。

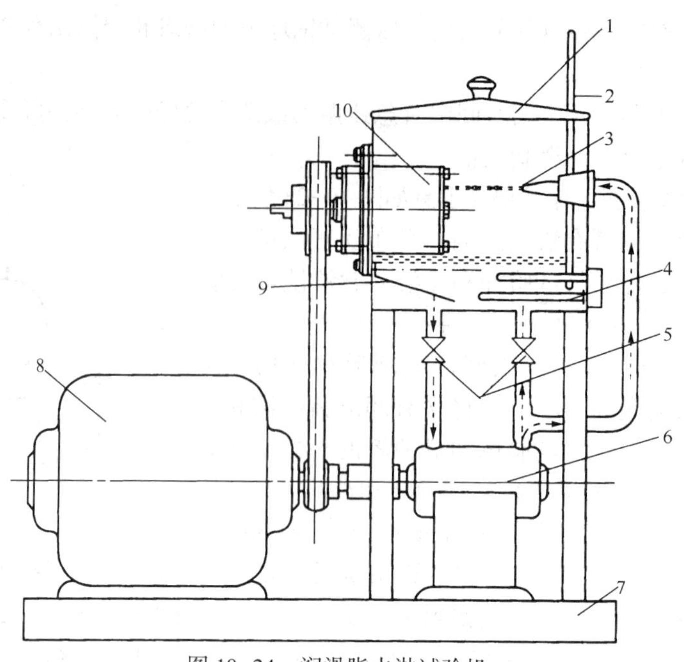

图 10-24　润滑脂水淋试验机

1—盖；2—温度计；3—喷射管；4—加热器；5—流量控制阀；
6—水泵；7—底座；8—电动机；9—挡板；10—轴承组合件

试验步骤：称量洗净并干燥的球轴承、防护板及表面皿，向球轴承内填装 4g±0.05g 润滑脂试样，将球轴承及防护板装入轴承套内，并将此组合件装在试验机上；向储水槽内注入不少于 750mL 的蒸馏水，但要保持水面低于轴承套，用一段橡皮管接到毛细喷射管上，开动水循环泵直至水温达到规定温度；当水温达到规定温度时，把橡皮管放入玻璃量筒内，调节旁通阀门使水流速在 1h 试验过程中保持 5mL/s±0.5mL/s，从毛细喷射管上取下橡皮管，并调节水喷嘴，使水喷射到轴承套环形空隙上方 6mm 防护板上，开动电机，使球轴承以 600r/min±30r/min 的速度连续运转 1h；试验结束后，关闭电机和加热器，取下试验球轴承和防护板，并将球轴承和防护板的内面朝上放置在称量过的表面皿上；然后将球轴承和防护板在 77℃±6℃下干燥 15h，冷却至室温，然后称量，以测出润滑脂的损失量。测定被水淋去的润滑脂质量，以水淋损失质量分数 X(%)表示。

$$X=\frac{m_1-m_2}{m}\times 100$$

式中　m_1——试验前的球轴承、防护板、表面皿及试样的总质量，g；

m_2——试验后的球轴承、防护板、表面皿及试样的总质量，g；

m——试样的总质量，g。

2. SH/T 0643—1997《润滑脂抗水喷雾性能测定法》

此法等效 ASTM D4049—1993。

润滑脂抗水喷雾性能是指润滑脂在直接接触水喷雾时，润滑脂对金属表面的黏附能力，其测定结果可以预测润滑脂在直接接受水喷雾冲击的工作环境下的使用性能。

试验步骤：称量干净不锈钢板的质量，用金属模具在不锈钢板上涂抹 0.794mm 厚的脂层，清除掉不锈钢板上超出划线外的试样，然后进行称量；在储水槽中加入 8000mL 自来水，并调节水温到 38℃±0.5℃，当水槽中水温达到试验温度时，使水循环 2~3min，以达到在向不锈钢板上喷雾前水温平衡；用旁通阀调节泵压力到276kPa±7kPa，关掉电动机，然后插入不锈钢板，使不锈钢板放在喷嘴下方中央并呈水平，再开动电动机，向不锈钢板上喷雾5min±15s；关掉电动机，停止喷雾，取出不锈钢板并除去上面划线外部和底部多余的润滑脂试样；然后把不锈钢板呈水平状态置于66℃±1℃的烘箱中1h±5min，1h后取出不锈钢板并冷却至室温，再称量不锈钢板质量。计算润滑脂的喷雾损失百分率。

3. SH/T 0453—1992(2004)《润滑脂抗水和抗水-乙醇(1∶1)溶液性能测定法》

此法等效FS791C5415—1986。

润滑脂抗水和抗水-乙醇(1∶1)溶液性能是指润滑脂在水和水-乙醇溶液中抗浸泡溶解的能力。

试验步骤：将200mL蒸馏水注入一玻璃容器中，200mL水-乙醇(1∶1)溶液注入另一玻璃容器中，将每份约2g润滑脂样分别放入两个玻璃容器中，用塞子将容器塞紧，室温条件下静置一周；然后将各容器摇动一二次，然后目测各容器中的润滑脂样的解体程度。

二、润滑脂的防护性能评定

润滑脂的防护性能是指润滑脂涂于金属表面使金属免于生锈和腐蚀的能力。润滑脂的防护性能与其抗水性能密切相关，也受润滑脂的氧化安定性、胶体安定性、黏附性的影响，还与其是否含游离酸/碱、水分等有关，烃基润滑脂的防护性能好，加入防锈剂、防腐剂、金属钝化剂和抗氧剂有利于提高润滑脂的防护能力。评定润滑脂防护性能的方法有：GB/T 7326—1987(2004)《润滑脂铜片腐蚀测定法》，GB/T 5018—2008《润滑脂防腐蚀性测定法》，SH/T 0700—2000《润滑脂防锈性测定法》。

1. GB/T 7326—1987(2004)《润滑脂铜片腐蚀测定法》

此法适用于测定润滑脂对铜的腐蚀性，分甲法和乙法，甲法等效ASTM D4048—1981，乙法等效JISK 2220—1984. 5. 5。

试验步骤：把一块按规定打磨、清洗干净的铜片全部浸入润滑脂试样中，在烘箱中恒温一定时间(一般为100℃，24h)，结束后取出铜片，清洗干净。甲法是将试验铜片与标准色板比较，确定腐蚀级别；乙法是检查铜片有无变色(有无绿色或黑色)。

2. GB/T 5018—2008《润滑脂防腐蚀性测定法》

此法参照ASTM D1743—2005a。

润滑脂防腐蚀性是指在潮湿情况下，用脂润滑的锥形滚珠轴承经模拟轴承运转后，其涂抹的润滑脂在与水接触的情况下，是否能防护轴承免于锈蚀的能力。

试验步骤：用机械加脂器将脂样填充到装配好的轴承中(每次试验需要三个新轴承)，将装好试样的轴承装到推力加载器中，用螺钉把轴承锁紧；把轴承锥体顶住电动机轴的橡皮塞，使推力负荷为26. 7N；使轴承转动10s，关闭电机，卸下轴承，松开锁紧螺钉，取出轴承，去掉多余试样，使锥体和外圈组合件上润滑脂的质量为2. 0g±0. 1g，在轴承外表面涂上一层脂，把轴承装在玻璃支架上，手持支架将组合件浸在蒸馏水中10s，然后放入盛有5mL蒸馏水的玻璃瓶中，盖上瓶盖，放入52℃恒温箱中48h，取出轴承，用异丙醇和溶剂汽油混合液清洗轴承外圈，并在干净的滤纸上干燥。目测检查轴承外圈滚道腐蚀情况。

3. SH/T 0700—2000《润滑脂防锈性试验方法》

此法等效ISO 11007：1997。该方法模拟轴承在工作情况下动态防锈性能。

试验步骤：用溶剂和蒸馏水洗涤并擦净试验台，反复用加热至50~60℃的清洗溶剂洗涤试验轴承，再将轴承放入65℃溶剂中，慢慢转动外滚道漂洗轴承；将洗涤干净的轴承在滤纸上沥干后放入90℃烘箱中干燥15min以上，冷至室温后称量轴承，将10.5mL的润滑脂试样均匀涂在轴承中；将套管、轴承和V形密封环放在轴承上，拧紧套管螺帽；把涂好润滑脂的轴承放入试验台；在15~25℃以83r/min的速度运行30min，使润滑脂分布均匀；取下轴台的上半部分，用移液管在轴台的每个端面加入10mL所选试验液，再安装好轴台上半部分，并用手拧紧螺栓。按以下步骤运转试验台：

（1）试验台运转8h±10min，静止16h±10min。

（2）试验台接着运转8h±10min，停转，静止16h±10min。

（3）试验台继续运转8h±10min，停转，静止108h±2h。

试验结束后，取下轴台的上半部分，提出轴和轴承，按规定步骤取出轴承和V形密封环，旋出轴承的外环，并用溶剂漂洗液进行清洗、擦干，立即检查外环滚道有无锈蚀，并按表10-4确定锈蚀等级。

表10-4　润滑脂防锈性分级

锈蚀分级	锈蚀情况	锈蚀分级	锈蚀情况
0	无锈蚀	3	锈蚀面占表面积（3680mm^2）1%~5%
1	肉眼能观察到的直径1mm以下的斑点不超过3个	4	锈蚀面占表面积（3680mm^2）5%~10%
2	小面积锈蚀，锈蚀面占表面积（3680mm^2）1%以下	5	锈蚀面占表面积（3680mm^2）10%以上

第七节　润滑脂的轴承使用性能的评定

润滑脂大多应用于滚动轴承，其应用效果的好坏除了用理化指标来评价外，与使用性能的相关性更大。所谓使用性能是利用与实际使用润滑脂类似的零件在实验条件下模拟考察润滑脂的性能，如轴承漏失量、轴承寿命、轴承振动与噪声等。

一、润滑脂的轴承漏失量的评定

润滑脂在滚动轴承中使用时，由于其本身质量不高或变质，容易从轴承密封间隙中漏失，这不但会影响轴承工作性能，而且漏失的油脂有时会使其他部件不能正常工作。因而在规定条件下测定不同润滑脂的轴承漏失量，可以说明润滑脂的抗漏失性好坏。

润滑脂轴承漏失量是模拟润滑脂在汽车轮毂轴承中的工作状态和性能，是与机械安定性有关联的一个指标，还受润滑脂胶体安定性、黏附性的影响。

评定方法是SH/T 0326—1992（2004）《润滑脂的漏失量测定法》，此法等效ASTM D1263—86。该方法适用于在规定的试验条件下评价车轮轴承润滑脂的漏失量。它提供了一个可以区别不同漏失特性的产品的筛选法。但不等于长时间的使用试验，也不能用来区别有相似漏失特性的车轮润滑脂。

该方法所需仪器由一个专门的前轮毂及轴组合件组成。轮毂由电动机带动运转，组合件安装在恒温箱内，其中有测量箱内环境温度及轴温的装置。

试验步骤：称取90g±1g润滑脂试样在一平盘上，用刮脂刀在小轴承内装入2g±0.1g试样，在大轴承内装入3g±0.1g试样，把剩余的试样均匀地涂在轮毂内，在轮毂内的轴承外圈上涂一薄层试样，然后将轴承和轮毂安装到试验机上，在轮毂周围安装有用于收集被甩出的润滑脂的收集器；使轮毂在转速为660r/min±30r/min、轴温为104℃±1℃，试验箱温度为113℃±3℃的条件下连续运转6h。实验结束后，测定润滑脂从轴承中漏出的质量。被甩出漏出的润滑脂量越少，表明润滑脂的抗漏失特性越好。

二、润滑脂的轴承寿命的评定

润滑脂的使用寿命指润滑脂在一定高温、负荷、转速下保持结构不被破坏和维持润滑性能不变化的能力。润滑脂的轴承寿命是一项综合性的指标，直接影响机械设备的维修保养期和补脂周期，关系到设备维护保养和提高经济效益，尤其是对一些密封轴承更为重要，由于要求“终身润滑”，润滑脂应和轴承同寿命，润滑脂的轴承寿命长，可减少设备停工维护时间、提高生产率、节约润滑材料等，研制长寿命润滑脂是现代润滑脂的发展趋势。

影响润滑脂轴承寿命的因素很多，首先是构成润滑脂的基础油、稠化剂和添加剂，不同稠化剂种类的润滑脂的轴承寿命相差很大，从目前的报道来看，聚脲基润滑脂、酰胺润滑脂、复合锂基润滑脂的寿命较长；基础油的种类和黏度对润滑脂的轴承寿命都有影响，精制程度高、氧化安定性好的基础油制备的润滑脂的寿命长，基础油的黏度与设备工作条件有关，黏度过小或过大都使润滑脂的寿命缩短；合适的添加剂(抗氧剂、油性剂、抗磨极压剂、防锈防腐剂等)使润滑脂的寿命延长。润滑脂的许多性能(如氧化安定性、胶体安定性、机械安定性、蒸发性、防锈防腐性等)对其寿命有影响。润滑脂的使用寿命还受工作条件(温度、负荷、转速)的影响，工作条件越苛刻，润滑脂使用寿命越短。因此，在高温、高负荷、高转速条件下，要选用氧化安定性好、蒸发损失小、滴点高、胶体安定性好、机械安定性好的润滑脂。

SH/T 0773—2005《汽车轮毂轴承润滑脂寿命特性测定法》是在规定试验条件下评定汽车轮毂轴承润滑脂的高温寿命特性，与 ASTM D3527—2002 等效。

(1) 试验仪器。试验仪器如图 10-25 所示，包括一套按常规外形制作的轮毂-主轴-轴承组合装置放入恒温加热箱内，用电机驱动轮毂，电动机的转矩显示在一个可调的能自动停机的仪表上。

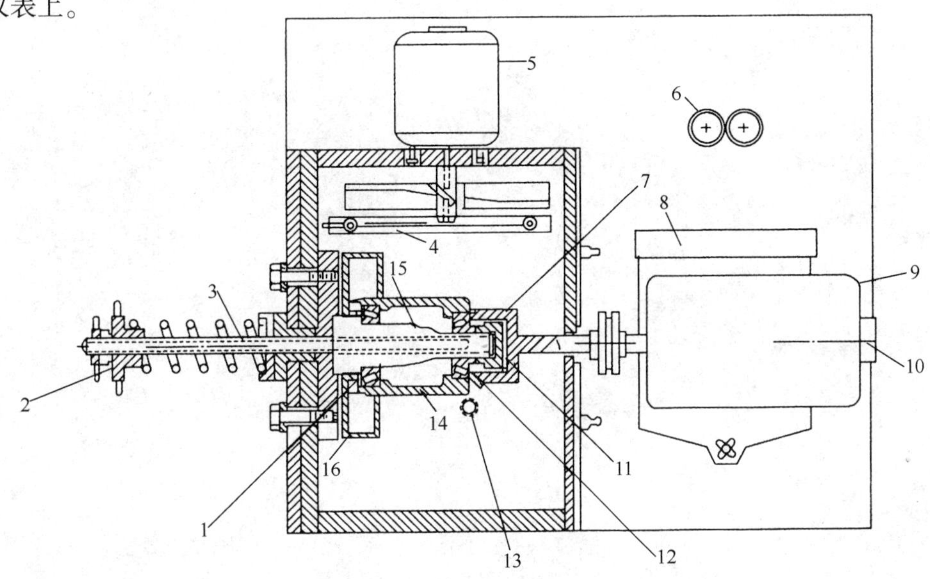

图 10-25　轮毂轴承试验仪示意图

1—内置轴承(LM67048 轴承锥体，LM67010 轴承外圈)；2—轴承加载装置；3—TC 推力杆；4—加热器；5—风扇电机(1/30HP，1550r/min)；6—电机托架；7—驱动轮毂；8—电机支架；9—电机；10—电动托起器；11—尾部螺帽；12—外置轴承(LM11949 轴承锥体；LM11910 轴承外圈)；13—测温头；14—轮毂；15—主轴；16—润滑脂漏失收集器

（2）试验步骤。将清洗干燥过的内置轴承新杯和外置轴承新杯安装到清洗干净的轮壳中，在杯上抹上一薄层润滑脂，用装脂器组合件分别在内置轴承内环和外置轴承内环添加3g和2g润滑脂试样；在主轴上安装漏失收集器、内置轴承内环、轮壳和外置轴承内环，用尾部螺帽把各部件固定在原位，安装主轴连接器；按标准方法要求调整好轴向负荷，关闭试验箱并把电动机降低到运行位置，先不连接驱动连接器，启动电机，调整转速到1000r/min；记录无负荷下的电流值 N；关闭电机，连接驱动连接器，调整温度使主轴温度保持在160℃，当运转2h可形成以稳定状态的运行转矩，记录稳定状态电流 T，按下式计算电动机断流值 C：

$$C=8(T-N)+N$$

把电动机自动转矩断流值调到 C，使仪器在规定的负荷、转速和温度条件下运行，直到超出规定的转矩极限，此时试验会自动停止。报告试验终止时的小时数。

第十一章　现代物理化学分析方法在润滑油分析中的应用

润滑油是由基础油及添加剂组成的复杂混合物，其理化性能及使用性能取决于组成/结构。探索润滑油组成/结构与其性能的相互关系，一直是人们研究的课题。本章重点讨论电化学分析技术、光谱分析技术及热分析技术等在润滑油分析中的应用。

第一节　电化学分析

电位分析和伏安分析是润滑油分析常用的两种分析方法，其中电位分析法常用于润滑油的酸值和碱值的测定，酸值测定按照 GB/T 7304 或 ASTM D664 进行，总碱值的测定依据 SH/T 0251 或 ASTM D2896 进行，在这里不再讨论。本节重点讨论伏安分析法在润滑油分析中的应用。

一、内燃机润滑油抗氧化添加剂的快速分析

为了提高润滑油抗氧化能力，延长使用寿命，必须加入添加剂强化润滑油抗氧化安定性和润滑化学性能。内燃机润滑油还需要加入碱性清净剂和分散剂，以中和使用过程中形成的酸性物质并防止油泥聚集。

内燃机润滑油在使用过程中，由于降解，使用性能不断下降，其中下降最明显的是抗氧化性能。在润滑油使用的初始阶段，抗氧化能力会迅速下降，然后抗氧化性能会稳定在一定的水平上。经过一段时间后，润滑油的抗氧化能力再度下降，此时润滑油中抗氧化剂不足以抵御外界的氧化作用，润滑油迅速变质，酸值迅速升高，磨损加剧，清净分散性能迅速降低，碱值降低，即润滑油的性能出现突变，润滑油使用寿命终结。润滑油性能突变点与润滑油的组成、使用状态有密切的关系，而非一个确定值。在实际中，通过确定润滑油性能突变点来实施换油操作还存在很多困难。究其原因，主要是目前缺乏能够现场使用的快速润滑油使用性能检测技术。

（一）抗氧化添加剂

抗氧化添加剂是伴随着各种内燃机工艺技术的进步、设计和材质对润滑油质量的新要求、石油化学和炼油化工研究进展，以及现代有机合成化工技术和润滑油应用性能评定技术的发展而逐步发展起来的。1914 年，为了改善含烯烃的裂化汽油的氧化安定性，防止胶质生成和沉淀，研制出了酚/芳胺型抗氧化添加剂。随着汽车工业的大发展，内燃机压缩比大幅度提高，巴比特合金轴承材料难以承受高负荷、高温，从而使各种硬质合金如铜-铅等材料逐渐得到广泛的应用。为防止润滑油氧化产物对硬质合金的腐蚀，需加入抗氧抗腐蚀剂。在 1930 年，美国集中了一大批科研力量进行抗氧抗腐剂研究，筛选出二烷基二硫代磷酸锌用于内燃机油，至今尚无其他类型的更好的抗氧抗腐蚀剂可以代替它。第二次世界大战结束以后，汽车内燃机润滑油使用的添加剂已基本成熟。但是，这些添加剂用于航空内燃机时，由于添加剂中含有灰分，易导致润滑失败。于是，出现了无灰分散剂，并将双酚型无灰抗氧

化添加剂与其复合，在活塞式航空发动机润滑油中取得成功。美国在20世纪70年代出现了内燃机油早期老化问题，特别是城市运行的内燃机油。解决的办法依然是合理地使用热稳定性较高的二烷基二硫代磷酸锌盐。合理精制的基础油中，加入抗氧化添加剂能够显著地延缓润滑油的氧化速度，延长润滑油的使用寿命。目前，抗氧化添加剂的产量仅次于清净分散剂而居第三位。抗氧化添加剂可按官能团分类，也可按作用机理、作用功能分类，见表11-1。

表11-1　润滑油抗氧化添加剂和抗氧抗腐剂类型

官能团分类	代表性化合物	作用机理分类	作用功能分类
酚型	2,6-二叔丁基对甲酚	游离基终止剂	抗氧化添加剂
芳胺型	*N*-苯基-*α*-萘胺	游离基终止剂	抗氧化添加剂
ZDDP	二烷基二硫代硫酸锌	过氧化物分解剂	抗氧抗腐剂
ZDTC	二烷基二硫代胺基甲酸盐	过氧化物分解剂	抗氧抗腐剂

酚型抗氧化添加剂早在20世纪初就开始用于石油产品，最常用的是2,6-二叔丁基对甲酚，是工业用油的主要抗氧化添加剂。酚型抗氧化添加剂的使用温度较低，通常低于100℃，多用于通用机床油、透平油、液压油、变压器油，用量为0.1%~0.5%。由于单环的屏蔽酚使用温度较低，后来发展了一类双酚化合物，可用于内燃机油。

芳胺化合物抗氧化添加剂的使用温度比酚型的高，为120~150℃。*α*-萘胺易使润滑油变色，易生成沉淀，毒性较大，主要用于压缩机油。烷基化二苯胺型抗氧化添加剂由于高温抗氧性能好，主要用于酯类合成油，作为喷气涡轮发动机润滑油的抗氧化添加剂，也可用于矿物油基础油，调制各种API质量等级的内燃机油。酚胺型抗氧化添加剂是一类双官能团化合物，具有酚胺型、胺型抗氧化添加剂的特点，但产品种类较少。它与芳胺型不同的是氧化后不产生沉淀，可用于重负荷的工业用油，能耐149℃的高温，但与双酚比较，高温性能稍差。

二烷基二硫代磷酸锌(ZDDP或ZDTP)是一种含硫、磷的抗氧化添加剂，兼有抗腐蚀和抗磨作用，是一种多效添加剂。使用已有50多年的历史，使用温度在130℃以上，主要用于内燃机油、抗磨液压油。

二烷基二硫代氨基甲酸盐(MDTC)具有抗氧抗腐蚀等性能，而且有钝化金属的作用。因此，30多年前该类化合物已成为润滑油的一种引人注目的多效添加剂，在许多润滑油中得到广泛的应用。它的特点是高温抗氧化性能好，而毒性比胺型抗氧化添加剂小，且不使润滑油变色，还具有突出的极压性。因此，二烷基二硫代氨基甲酸盐在齿轮油和润滑脂中得到了应用，但其价格较贵，使用远不如二烷基二硫代磷酸锌(ZDDP或ZDTP)广泛。由于温度及机件表面金属的催化作用，润滑油受到一系列的氧化作用，各种特性受到不良影响，主要表现在黏度和酸值增大并腐蚀金属表面、产生油泥和沉淀等。因此，要求润滑油有更高的氧化安定性。提高润滑油氧化安定性的途径有两条；一是选用高质量的基础油；二是选择高性能的抗氧化添加剂。一旦基础油选定后，唯一能提高氧化安定性的途径就是选用高性能的抗氧化添加剂及其复配剂。现代内燃机润滑油中广泛使用的抗氧化添加剂有ZDDP或ZDTP、高温抗氧化添加剂(如苯胺类抗氧化添加剂)，有时还使用屏蔽酚抗氧化添加剂。

抗氧化添加剂的作用机理主要分自由基链终止剂和过氧化物分解剂两种。属于自由基链终止剂类的抗氧添加剂有酚类、胺类二类化合物，其中酚类只在较低温度下能起到抗氧化作用，而后者则在较高温度时亦能起到抗氧化作用。

1. 二烷基二硫代磷酸锌抗氧化作用机理

研究表明二烷基二硫代磷酸锌具有终止游离基和分解过氧化物的双重功效，通过电子转移使 $RO_2\cdot$ 转变成 ROO—，反应式为：

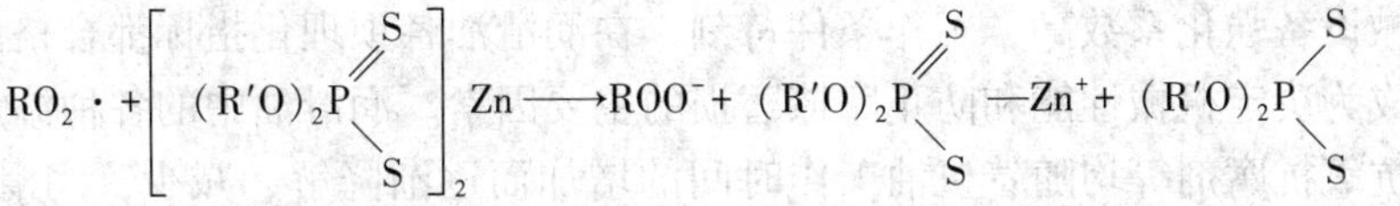

$$RO_2\cdot+\left[(R'O)_2P\begin{smallmatrix}\diagup\!\!\!\!=S\\ \diagdown S\end{smallmatrix}\right]_2Zn\longrightarrow ROO^-+(R'O)_2P\begin{smallmatrix}=S\\ S\end{smallmatrix}—Zn^++(R'O)_2P\begin{smallmatrix}S\\ S\end{smallmatrix}$$

分解氢过氧化物的过程是先经游离基分解，再经一系列的变化，最后生成硫酸，酸对ROOH进行分解。

2. 酚类抗氧化添加剂的抗氧化作用机理

酚的作用在于它能与过氧基团相互作用从而中断氧化的链式反应。相互作用的初产物是苯氧基团；它由O—H键断裂而形成，苯氧基团的生成已被电子顺磁共振法所证实。具体过程如下所示：

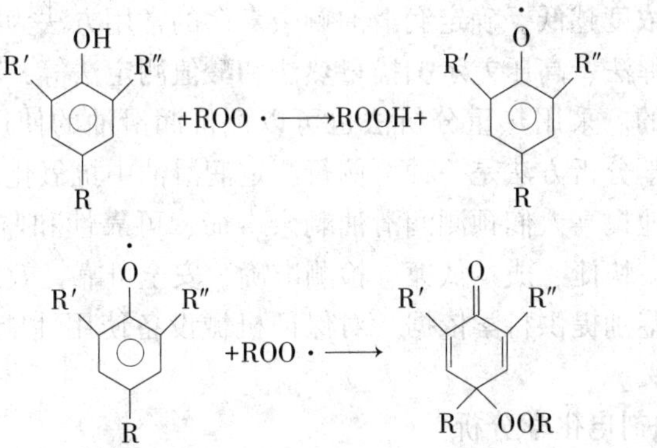

$$\text{(R′, R″, R-取代苯酚, OH)}+ROO\cdot\longrightarrow ROOH+\text{(R′, R″, R-取代苯氧基, }\dot{O}\text{)}$$

$$\text{(R′, R″, R-取代苯氧基, }\dot{O}\text{)}+ROO\cdot\longrightarrow\text{(R′, R″-环己二烯酮, O; R, OOR)}$$

酚类抗氧化添加剂分子中取代基的结构和位置对它的抗氧化活性影响很大。酚分子中引入的烷基和给电子基越多，其抗氧化效果越好。其中，在邻对位上引入给电子基的酚类表现出最佳的抗氧化效果。

3. 胺类抗氧化添加剂的抗氧化作用机理

对伯胺和仲胺，在氨基上有活性氢原子，其作用机理是由于生成亚氨基团造成链式反应中断：

$$ROO\cdot+R'NHR''——R'NR''+ROOH$$

亚胺基团又与过氧基团作用生成烷氧基团和氮氧基团：

$$ROO\cdot+R'NR''——RO\cdot+\cdot ONR'R''$$

(二) 润滑油抗氧化添加剂分析的目的

抗氧化添加剂的使用能够有效地提高润滑油的热稳定性能，从而控制润滑油的降解。在润滑油使用过程中，抗氧化添加剂随使用时间降解，不再能够有效地阻止润滑油的氧化时，由于外界环境的作用，润滑油的物理、化学性质就会变化，进而使润滑油失效。为了防止上述问题的产生，关键就是选择高质量的基础油以及与之相适应的抗氧添加剂。抗氧化添加剂或抗氧化添加剂与其他添加剂的协同使用通过改善润滑油的氧化安定性而延长润滑油的使用寿命。润滑油在使用过程中，添加剂将以一定的速度降解，降解速度取决于使用条件。当添加剂的水平降低到临界值时，润滑油的性能将急剧下降，导致机械损坏，甚至失效。为防止润滑油过度使用，人们通常通过测定润滑油的酸值来监测降解过程，或通过测定碱值以了解润滑油中和酸性物质的能力。除监控降解过程外，还可以应用原子光谱测定润滑油中的金属含量了解设备的磨损情况。在例行检验中，润滑油能否继续使用的检验一般是通过常规化验进行的，即通过检测润滑油的黏度、酸值、碱值、水分，闪点，倾点和不溶物等理化指标来判断。

现代机械设备强化系数高，工作条件苛刻。在润滑油各项理化指标都合格的前提下，添加剂的含量成为决定机械性能和防止摩擦磨损的主要因素。润滑油中的各种添加剂，诸如清净分散剂、抗氧抗腐剂等均随着机油工作时间的增加而逐渐降解、减少，润滑油质量下降。当清净分散剂降解率达到60%左右，抗氧抗腐剂降解率在85%时，润滑油由于失去抗氧化能力将加速降解或发生聚合，物理/化学性质将发生巨大变化，即润滑油使用寿命终结，需要及时更换，否则将加剧部件的磨损。

润滑油寿命主要取决于剩余抗氧化能力，而剩余抗氧化能力主要由抗氧剂残留量决定。润滑油使用寿命终结时，抗氧化添加剂的临界浓度取决于润滑油的使用条件。一般来讲，抗氧化添加剂的临界含量大致为新润滑油中含量的10%~20%。润滑油的使用温度越高，零使用寿命时，添加剂的浓度越低。确定润滑油剩余寿命的常用方法为标准抗氧化性能试验，如模拟氧化法、旋转氧弹法、高压差示扫描量热法和酸值测定法等，较为费时，作为例行的快速分析技术是不可行的。采用热重分析法也可以评价润滑油的使用寿命，但要使用昂贵仪器，不易推广。电化学分析方法是一种可例行测定润滑油中抗氧化添加剂残留量的十分可靠的分析方法，能有效地提高人们预测润滑油剩余寿命、可靠性和监控设备运行状况的能力。这种方法简单，方便、快捷、成本低廉、检测准确，安全可靠、效果好，为在用润滑油何时更换，新油质量优劣鉴别提供科学依据，对保证机械设备使用性能、减轻磨损和延长寿命，节约油料具有重要意义。

（三）抗氧化添加剂电化学分析

1. 线性扫描伏安法分析法

线性扫描伏安法采用电位扫描方式研究电化学活性物质在工作电极上电化学特性。线性扫描伏安法通常使用三电极系统，三电极系统由工作电极、辅助电极和参比电极构成。工作电极通常为玻碳电极，直径为3mm；参比电极和辅助电极通常采用铂丝电极，直径常为0.5mm。当电极电势足够高时，抗氧化添加剂和其他电活性物质在玻碳电极表面氧化。电化学氧化反应使电极释放出电子，并产生与溶液中添加剂的浓度线性相关的输出电流，添加剂浓度越高，电流越大。

测定时，采用将添加剂萃取到电解质体系中的方法。

电解质体系有两种，一种是水/丙酮电解质体系，电解质为高氯酸锂，用于二烷基二硫代磷酸锌等的抗氧化添加剂的测定；另一种是由醇/水电解质体系，电解质为氢氧化钾，用于酚、胺类的抗氧化添加剂。

采用线性扫描伏安法分析萃取液。若溶液处于不稳定状态，测定误差将增大，所以分析时应尽量使溶液保持静止，不能摇晃和搅拌溶液。在开始外加电压时，流经工作电极表面的电流为零；当电极的电压高于抗氧化添加剂的氧化电势时，抗氧化添加剂被氧化，导致阳极电流增加，形成阳极电流随扫描电压变化的氧化峰。如图11-1所示。

峰高与电化学活性物体浓度有关，在假定电极过程符合可逆电极反应条件下，峰电流i_p(A)和峰电势E_p(V)在25℃时可表示为：$i_p=2.69\times10^5n^{3/2}AD^{1/2}v^{1/2}C^b$，$E_p=E^0_{ox/Red}-0.029[1+\lg(D_{ox}/D_{Red})]/n$。式中，$A$为电极面积(cm^2)；$D$为扩散系数(cm^2/s)；$v$为扫描速率(V/s)；$C$为电活性物体浓度(mol/L)；$n$为电极反应式中的电子数。由此可见，峰电流与电化学活性物质浓度有关并成正比，峰电势与标准氧化还原电势之差和电化学活性物的氧化形扩散系数对还原形扩散系数之比有关。氧化峰位和峰高被用来进行润滑油中抗氧化添加剂的定性和定量分析。

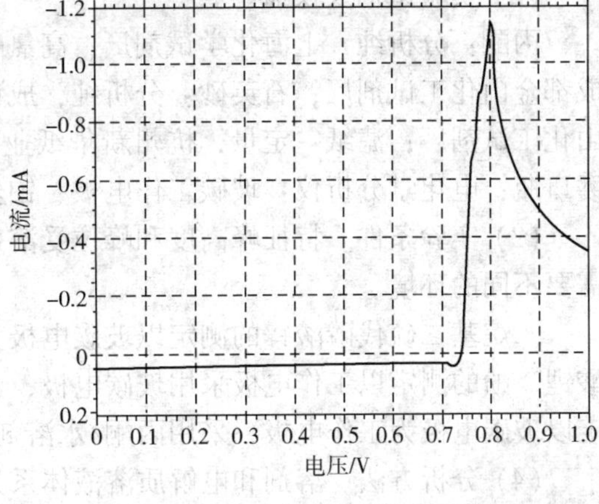

图 11-1　润滑油抗氧化添加剂的特征伏安曲线

抗氧化添加剂的抗氧化能力较润滑油本身弱，抗氧剂抗氧化机理用抗氧化添加剂的电化学氧化可得到合理解释。因此，氧化电势可用来衡量在一定条件下抗氧化添加剂的抗氧化能力。

（1）氧化电势的测定。

测定方法：线性扫描伏安法；

测定仪器：电化学分析仪；

电极系统：标准三电极系统(3mm 玻碳工作电极，Ag/AgCl 非水参比电极，铂丝辅助电极)；

测定条件：电压范围(0~2V)；扫描速度(50mV/s)。

抗氧化添加剂的氧化电势随测定条件的变化。表 11-2 为非 ZDDP 抗氧化添加剂的氧化电势，测定是在 0.1mol/L H_2SO_4的 2∶1 乙醇/甲苯溶液中进行的。酚被氧化的难易程度取决于与芳环相连的基团的数目、类型和位置，酚盐、硫化烯烃和多硫化物的氧化电势均高于酚的氧化电势。测定结果与它们众所周知的实用性能相一致，这些化合物加入润滑油中主要起清净和抗磨作用，其次是具有一定的抗氧化作用。氧化终止剂的芳胺的氧化电势稍高于酚的氧化电势。

表 11-2　非 ZDDP 抗氧化添加剂的氧化电势

化合物	氧化电势/V	化合物	氧化电势/V
2,6-二叔丁基-对-甲酚	1.14	酚钠	1.51
十二烷基酚	1.15	二烷基多硫化物	1.46
2,6-二异丁基酚	1.35	硫化烯烃	1.55
芳胺	1.32		

表 11-3 列出了在 0.5mol/L KOH 的 1∶1 乙醇/甲苯溶液中测得的几种二烷基二硫代磷酸锌的氧化电势。结果表明制备二烷基二硫代磷酸锌时所用的醇的类型对它的氧化电势有影响。由仲醇制得的二烷基二硫代磷酸锌较由伯醇和芳醇制得的二烷基二硫代磷酸锌有较高的氧化电势，酚的氧化电势较二烷基二硫代磷酸锌要高许多，二烷基二硫代磷酸锌较酚易被氧化，这与在润滑油中观察的现象一致。

表 11-3　ZDDP 及相关化合物的氧化电势

化合物	氧化电势/V	化合物	氧化电势/V
二烷基二硫代磷酸锌(伯醇)	0.894	二烷基二硫代磷酸锌(仲醇 2)	1.08
二烷基二硫代磷酸锌(混合伯/仲醇)	0.900	壬基酚	1.24
二烷基二硫代磷酸锌(芳醇)	0.916	2,6-二叔丁基-对-甲酚	>1.3
二烷基二硫代磷酸锌(仲醇 1)	0.996		

（2）实验试剂及仪器。

丙酮：分析纯，上海化学试剂厂；高氯酸锂：分析纯，上海试剂二厂；乙醇：分析纯，成都金山化工试剂厂；石英砂：分析纯，成都金山化工试剂厂；氢氧化锂：分析纯，成都金山化工试剂厂；滤纸：定量，杭州新华纸业有限公司；磨口试管、烧杯、秤量瓶(25×40)、磨口瓶；电化学分析仪：玻碳工作电极、铂丝辅助电极、Ag/Ag^{+}参比电极。

（3）实验条件。特征峰高度和峰位受溶剂类型和电极影响很大，不同抗氧化添加剂测定需要不同的环境。

二烷基二硫代磷酸锌的测定以玻碳电极为工作电极，采用丙酮/水溶剂，电解质为高氯酸锂。酚的测定以工作电极采用玻碳电极，乙醇/水为溶剂，电解质采用氢氧化锂。胺的测定以玻碳电极为工作电极，采用丙酮/水溶剂，电解质采用高氯酸锂。

（4）分析方法。溶剂和电解质溶液体系为0.1mol/L氢氧化锂的水/乙醇溶液；0.1mol/L高氯酸锂的丙酮/水溶液。移取100~500μL已知抗氧化添加剂浓度C_s油样于称量瓶中，加入5mL电解质溶液，加入石英砂少许，盖上塞子，振荡，静置片刻。待混合体系上部形成清澈的分析液，将三电极系统插入，让辅助电极以1V/s的速度从0.0V升至1V，记录特征伏安峰高H_s。移取100~500μL(与上次体积相同)待测油样于称量瓶中，加入5mL电解质溶液，加入石英砂少许，盖上塞子，振荡，静置片刻。待混合体系上部形成清澈的分析液，将三电极系统插入，让辅助电极以1V/s的速度从0.0V升至1V。记录油样特征伏安峰高H。计算抗氧化添加剂含量$C(\%)$：$C=100\times(C_s/H_s)\times H$

（5）标准曲线的绘制见表11-4~表11-6。

表11-4　ZDDP测定标准曲线

ZDDP含量/%	0.343	0.594	0.756	0.913	1.008
伏安峰高/mA	0.63	1.079	1.402	1.641	1.831
测定值/%	0.341	0.589	0.768	0.901	1.006
相对误差/%	0.694	0.780	1.628	1.346	0.201
标准曲线	$C(\%)=0.554\times A-0.0084$				

表11-5　酚测定标准曲线

酚含量/%	0.187	0.269	0.324	0.406	0.51
伏安峰高/mA	0.528	0.764	0.93	1.145	1.481
测定值/%	0.188	0.269	0.326	0.399	0.514
相对误差/%	0.780	0.011	0.525	1.699	0.748
标准曲线	$C(\%)=0.3414\times A+0.0082$				

表11-6　芳胺测定标准曲线

芳胺含量/%	0.199	0.269	0.335	0.423	0.598
伏安峰高/mA	1.528	2.004	2.51	3.128	4.431
测定值/%	0.193	0.256	0.322	0.404	0.575
相对误差/%	2.946	4.897	3.741	4.525	3.769
标准曲线	$C(\%)=0.1317\times A-0.0081$				

（6）方法的重复性。在测定体系下，5次测定同一润滑油中二烷基二硫代磷酸锌的伏安峰强度见表11-7。

表 11-7　重复性试验结果

试验次数	1	2	3	4	5
伏安峰高/mA	1.079	1.110	1.068	1.081	1.058
测定浓度/%	0.589	0.606	0.583	0.590	0.586
平均值/%	0.594				
相对标准偏差/%	1.51				

（7）商品润滑油中抗氧化剂含量测定结果。不同厂家生产的不同质量等级的内燃机油，抗氧化剂含量有一定差异，见表 11-8。

表 11-8　润滑油中抗氧化剂含量测定结果

编号	级　别	ZDDP/%	酚/%	编号	级　别	ZDDP/%	酚/%
1	SD/CD 10W/30	0.477	0.262	21	SJ/CF 5W/40	0.563	0.317
2	SF/CC 5W/20	0.395	0.339	22	CC/SE 40	0.501	0.260
3	SC 15W/20	0.690	0.312	23	CF-4/SF 15W/40	0.322	0.286
4	SF/CD 5W/40	0.366	0.294	24	SH/CD 10W/40	0.633	0.287
5	CD 5W/40	0.502	0.322	25	CD 50	0.478	0.366
6	SF/CD 5W/30	0.633	0.336	26	SF 15W/40	0.489	0.296
7	15W/40	0.322	0.333	27	SF/CC 40	0.503	0.387
8	30	0.501	0.368	28	CD/SE 50	0.498	0.384
9	10W/40	0.341	0.266	29	SF 15W/40	0.490	0.433
10	15W/50	0.603	0.536	30	SE 30	0.486	0.315
11	CD/SF 40	0.502	0.356	31	1 号	0.532	—
12	SF/CC 40	0.392	0.422	32	2 号	0.582	—
13	SJ/CF 15W/50	0.501	0.471	33	3 号	0.541	—
14	SJ/CF 10W/40	0.603	0.350	34	4 号	0.452	—
15	SJ/CF 5W/40	0.620	0.398	35	5 号	0.486	—
16	CG-4/CF-4/CF/SG 15W/40	0.356	0.526	36	68 号	0.521	—
17	CD 40	0.452	0.299	37	11 号	—	0.519
18	SG/CD 15W/40	0.301	0.465	38	22 号	—	0.506
19	SH/CD 10W/40	0.402	0.527	39	33 号	—	0.487
20	SJ/CF 15W/50	0.499	0.307	40	44 号	—	0.510

2. 抗氧化添加剂残留量的微分脉冲伏安分析

采用线性扫描伏安法定量时存在基线较难确定的问题。为此，建立了抗氧化添加剂残留量测定的微分脉冲伏安测定技术。微分脉冲伏安法是在阶梯扫描电压或线性扫描电压上面叠加脉冲电压。采用这种技术可以较好地消除双电层，使用低浓度的支持电解质，从而避免杂质影响，同时也具有较高的测定精度。微分脉冲伏安峰的峰电流和峰电位可由下面两个方程表示：

$$i_p = \frac{(\pi F)^2}{4RT} A\tau C\Delta E\sqrt{D_{ox}/\pi t}\ ;\quad E_p = E_{1/2} - \frac{\Delta E}{2}$$

式中　ΔE——脉冲宽度；

τ——脉冲持续时间；

A——电极的表面积；

t——加脉冲到测量电流的时间。

（1）试剂、仪器及仪器工作条件。高氯酸锂：分析纯，上海试剂二厂；乙醇：分析纯，成都金山化工试剂厂；抗氧化添加剂：丁辛基二烷基二硫代磷酸锌(T202)，双辛基二烷基二硫代磷酸锌(T203)，高温抗氧化添加剂(A98)；高温抗氧化添加剂(DNA)；石英砂：分析纯，成都金山化工试剂厂；定量滤纸：杭州新华纸业有限公司；试样瓶(12mL)、烧杯、秤量瓶(25×40)、磨口瓶；电化学分析仪：玻碳工作电极、铂丝辅助电极和铂丝参比电极；电解质体系：0.01mol/L 高氯酸锂的水/乙醇/乙酸溶液；仪器工作条件：初始电压 0.0V，终止电压 1.0V，电压增值 0.005V，振幅 0.05V，脉冲宽度 0.05s，采样宽度 0.01s，静置时间 2.0s，灵敏度 1×10^{-5}A/V。

（2）测定过程。取 5.0mL 支持电解质于测试池中，加入待测样品 100ul，并摇匀；再将三电极插入测试池中，按上述工作条件进行测试。每次测定前要抛光工作电极。

（3）抗氧化添加剂的微分脉冲伏安谱特征。T202 的起始氧化点和氧化终止点分别为 0.68V 和 0.88V，峰值点为 0.77V。T202 的丙酮溶液的浓度为 4.8mg/mL。如图 11-2 所示。

T203 的起始氧化点和氧化终止点分别为 0.68V 和 0.88V，峰值点为 0.77V。与 T202 具有相似的特征，但峰形不同。T203 的丙酮溶液的浓度为 4.8mg/mL。如图 11-3 所示。

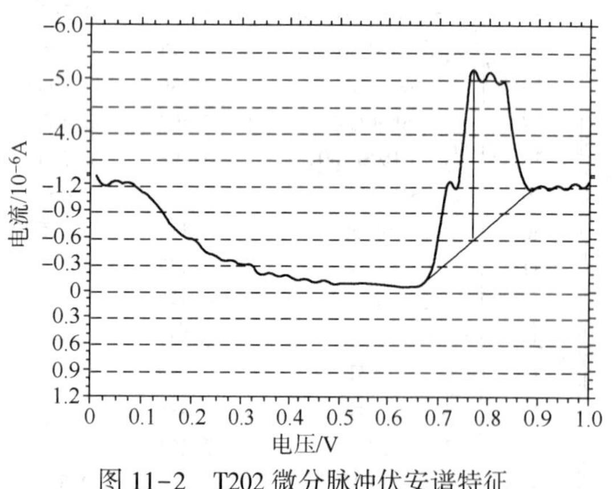

图 11-2 T202 微分脉冲伏安谱特征

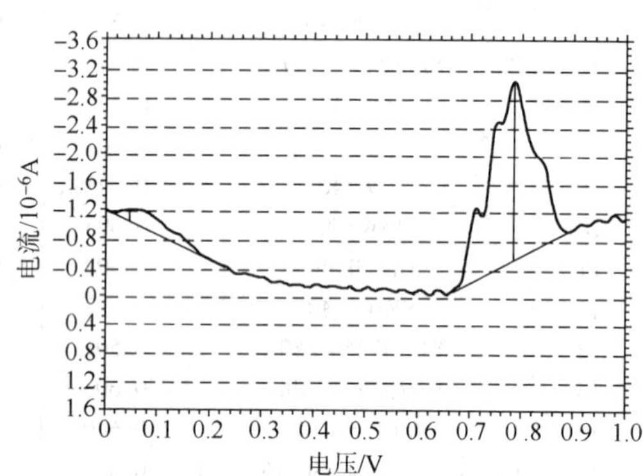

图 11-3 T203 微分脉冲伏安谱特征

A98 的起始氧化点和氧化终止点分别为 0.50V 和 0.88V，峰值点为 0.65V。A98 的丙酮溶液的浓度为 6.0mg/mL。如图 11-4 所示。

DNA 的起始氧化点和氧化终止点分别为 0.48V 和 0.75V，峰值点为 0.60V。峰形与 A98 相近，但较 A98 易氧化。DNA 的丙酮溶液的浓度为 4.8mg/mL。如图 11-5 所示。

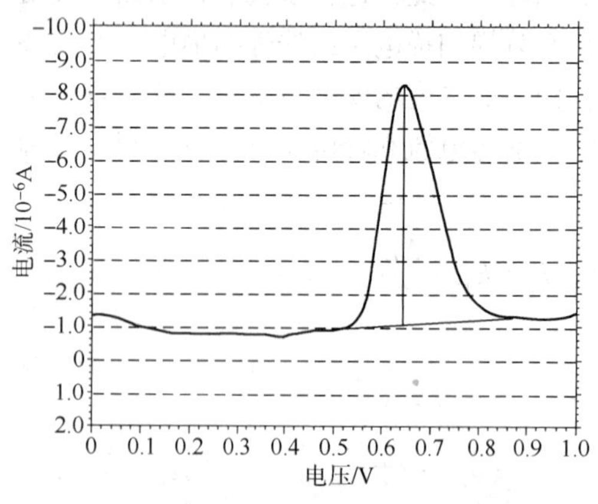

图 11-4 A98 微分脉冲伏安谱特征

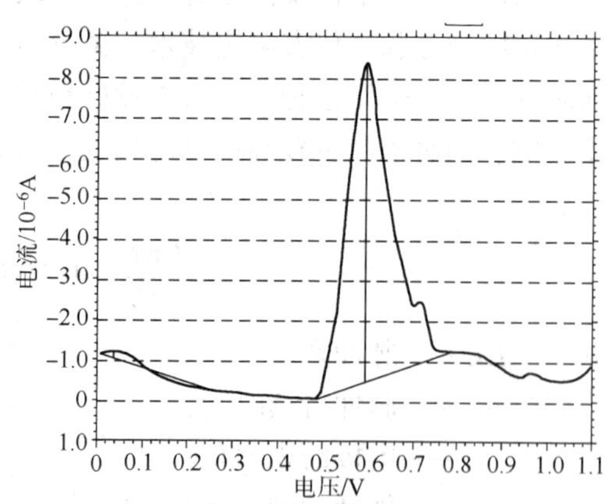

图 11-5 DNA 微分脉冲伏安谱特征

T202、T203、A98 和 DNA 混合液的起始氧化点和氧化终止点分别为 0.52V 和 0.88V，峰值点为 0.66V。很明显，混合液的微分脉冲伏安谱为独立成分微分脉冲伏安谱的加和，谱峰下面积代表了抗氧化添加剂的总量。如果各成分的配比发生变化，峰形将随之变化。如图 11-6 所示。

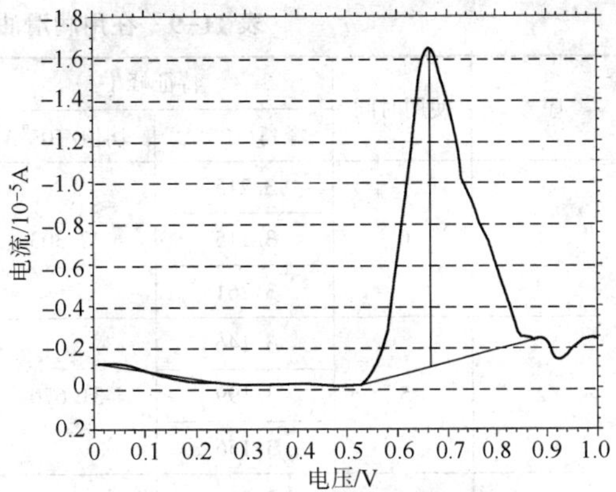

图 11-6 混合抗氧化添加剂的微分脉冲伏安谱

（4）内燃机润滑油抗氧化添加剂残留量的微分脉冲伏安分析。内燃机润滑油抗氧化添加剂含量的测定可分为两种情形：一是润滑油中抗氧化添加剂绝对含量的测定，二是润滑油中抗氧化添加剂残留量的测定。润滑油中抗氧化添加剂绝对含量在润滑油调制过程中起着至关重要的作用。润滑油使用过程中，对质量可靠润滑油人们关心的不是其抗氧化添加剂的绝对含量，更关心的是润滑油中抗氧化添加剂的残留量。抗氧化添加剂的残留量决定着润滑油能否能够继续使用。

测定时，首先依照确定的测定方法测定新油微分脉冲伏安谱，得特征伏安峰的峰高 A_0；然后测定在用润滑油微分脉冲伏安谱，得特征伏安峰的峰高 A。于是，在用润滑油抗氧化添加剂残留量 $R_c(\%)$ 可由下式获得：

$$R_c(\%) = A/A_0 \times 100$$

图 11-7 给出了一个在用润滑油抗氧化添加剂电化学分析的微分脉冲伏安谱，其中有两个特征的伏安谱峰。

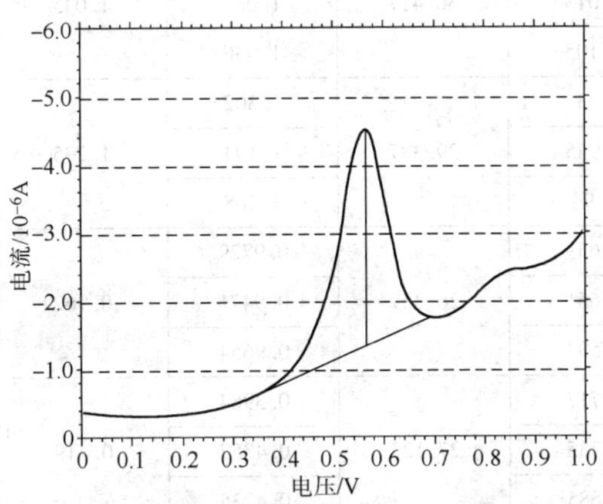

图 11-7 在用润滑油抗氧化添加剂电化学分析的微分脉冲伏安谱

某在用柴油发动机润滑油的抗氧剂分析结果与变化趋势见表 11-9 和图 11-8。

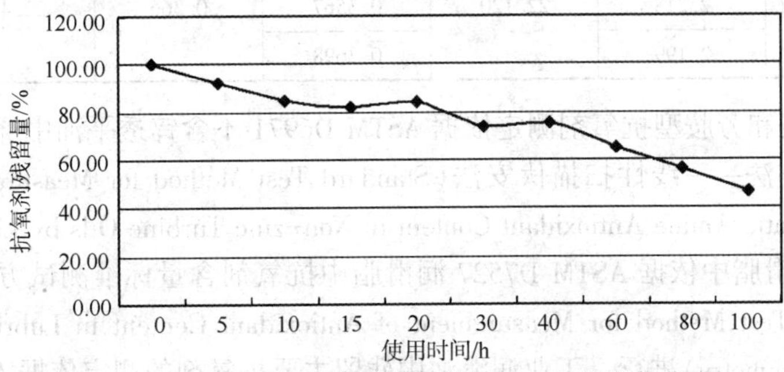

图 11-8 润滑油抗氧剂残留量随使用时间的变化曲线

表 11-9　在用润滑油抗氧化添加剂残留量分析结果

序号	使用时间	特征峰 1		特征峰 2		总峰高/10^{-7}A	添加剂残留量/%
		峰高/10^{-6}A	均值/10^{-7}A	峰高/10^{-7}A	均值/10^{-7}A		
1	0	3. 215	32. 303	2. 288	2. 313	34. 617	100. 000
		3. 215		2. 331			
		3. 261		2. 321			
2	5	3. 146	31. 670	1. 971	1. 930	33. 600	97. 063
		3. 199		1. 914			
		3. 156		1. 905			
3	10	2. 961	29. 850	1. 719	1. 728	31. 578	91. 223
		2. 956		1. 679			
		3. 038		1. 787			
4	15	2. 997	29. 980	1. 498	1. 556	31. 536	91. 100
		3. 006		1. 627			
		2. 991		1. 542			
5	20	3. 088	30. 757	1. 533	1. 592	32. 348	93. 447
		3. 102		1. 629			
		3. 037		1. 613			
6	30	3. 007	30. 417	1. 016	1. 045	31. 462	90. 886
		3. 013		1. 083			
		3. 105		1. 036			
7	40	2. 931	29. 387	1. 302	1. 235	30. 621	88. 458
		2. 945		1. 194			
		2. 94		1. 208			
8	60	2. 653	26. 337	0. 9729	0. 962	27. 298	78. 859
		2. 651		0. 9471			
		2. 597		0. 9654			
9	80	2. 717	27. 123	0. 3984	0. 419	27. 543	79. 564
		2. 735		0. 4357			
		2. 685		0. 4235			
10	100	2. 219	22. 120	0. 3712	0. 366	22. 486	64. 957
		2. 218		0. 3567			
		2. 199		0. 3698			

透平油中酚型和芳胺型抗氧剂测定依据 ASTM D6971 不含锌透平油中屏蔽酚和芳胺抗氧剂含量标准测试方法——线性扫描伏安法(Standard Test Method for Measurement of Hindered Phenolic and Aromatic Amine Antioxidant Content in Non-zinc Turbine Oils by Linear Sweep Voltammetry)进行。润滑脂中依据 ASTM D7527 润滑脂中抗氧剂含量标准测试方法——线性扫描伏安法(Standard Test Method for Measurement of Antioxidant Content in Lubricating Greases by Linear Sweep Voltammetry)进行。工业润滑油中残留主要抗氧剂的测定依据 ASTM D7590 在用

工业润滑油中主抗氧剂残留量测试标准导则——线性扫描伏安法(Standard Guide for Measurement of Remaining Primary Antioxidant Content In In-Service Industrial Lubricating Oils by Linear Sweep Voltammetry)进行。

二、酸值的电化学法快速分析

润滑油在使用的过程中，由于氧化作用和燃烧产物窜入，酸值会逐渐增加。当润滑油的抗氧化能力不足时，即润滑油使用寿命接近结束时，酸值会迅速增加。因此，酸值是判断润滑油使用寿命的重要指标。酸值定义为中和 1g 润滑油样品中酸性物质所需的 KOH 的毫克数。内燃机润滑油中的酸性物质有氧化和燃烧产生的无机酸和有机酸、酸性添加剂、加工过程引入的酸性成分和天然酸性组分等。通过测定酸值可判断润滑油的腐蚀性能，比较灵敏地了解润滑油的氧化程度和间接地判断润滑油的润滑化学性能。

酚盐在水/乙醇溶液易发生电化学氧化，氧化电位约为 0.4V；当酚盐与酸作用时，即形成酚，酚盐在水/乙醇溶液的量减小，伏安特征峰强度减小；酚盐伏安特征峰强度减小的程度正比于与酚盐发生化学反应的酸的量。因此，通过测定酚盐伏安特征峰强度减小的程度即可测定酸的量。

1. 实验仪器及试剂

滤纸、胶头滴管、分析天平、移液管 5mL 和 1mL 和称量瓶

2. 电化学分析仪

试验方法为线性扫描伏安法，工作电极为玻碳电极，参比电极和辅助电极为铂电极。扫描电位范围为-1~+1V，灵敏度设定为 1.0×10^{-3}A/V，扫描速度为 0.1V/s。

3. 电解质体系配制

准确称取 0.1mol 苯酚和 0.1mol 氢氧化钾于 1000mL 容量瓶中，用水/乙醇(1∶1)溶液定容。

4. 测定步骤

首先，测定酚盐的水/乙醇溶液的伏安特性，特征伏安峰的高度 H_0 代表酸值为 0.00mgKOH/g。在空白溶液中加入 50μL 0.1mol/L 盐酸，振荡 5s，进行伏安分析。特征伏安峰的高度 H_s 代表酸值为 0.28mgKOH。然后，将 0.05~0.2g 或 50~200μL 油样加入空白溶液，振荡 20s，进行伏安分析。再振荡并重复伏安分析，重复 2~4 次，直至特征伏安峰高度 H 稳定，应用下列公式计算：

$$VAN(\text{mgKOH/g})=\frac{H_0-H}{\text{样品质量}}\times\frac{0.28}{H_0-H_s}$$

测定结果见表 11-10。

表 11-10　不同内燃机运行时间柴油机油的酸值测定结果

工作时间/h	GB/T 264 测定值/(mgKOH/g)	测定值/(mgKOH/g)
0	0.46	0.66
5	0.46	0.74
10	0.48	0.77
15	0.47	1.21
20	0.53	0.81

续表

工作时间/h	GB/T 264 测定值/(mgKOH/g)	测定值/(mgKOH/g)
30	0.64	0.78
40	0.63	0.99
60	0.67	0.76
80	0.68	1.16
100	0.74	0.88

由此可见，酸值的电化学分析法测定与国家标准方法测定值是有差异的。产生差异的原因可能是：电化学分析法中采用酚盐作为中和剂，酚盐是一种弱碱性物质，会与润滑油所有的酸性强于酚的物质发生化学反应，而 GB/T 264 则采用 KOH 作为中和剂，弱酸性的物质与之发生不完全化学反应，造成电化学分析法的测定值高于 GB/T 264 测定值。上述过程中，标准采用的是 0.1mol/L 盐酸，而酸值计算必然涉及样品质量。这里，样品量很小，以体积计量，样品质量为采样体积与其密度的乘积，取润滑油密度为 0.9g/cm^3。如果以已知酸值的同种润滑油为标准，则可以简化计算过程，克服使用近似密度带来的误差。为此，酸值的电化学分析法测定步骤可变更为：首先，测定空白酚盐的水/乙醇溶液的伏安特性，并对伏安曲线实施平滑与半微分操作，测得的特征伏安峰的高度 H_0 代表 $TAN=0.00$mgKOH/g；然后，在空白溶液中加入 50～200μL 已知酸值为 TAN 的油样，振荡 15s，进行伏安分析。对伏安曲线实施同样的操作，测得的特征伏安峰的高度 H_s 代表酸值为 TANmgKOH/g；将 50～200μL 油样加入空白溶液，振荡 15s，进行伏安分析。对伏安曲线(见图 11-9)实施同样的操作，测得特征伏安峰高度 H。典型的酚盐的微分伏安谱见图 11-9。应用下列公式即可求的样品的酸值 VAN：

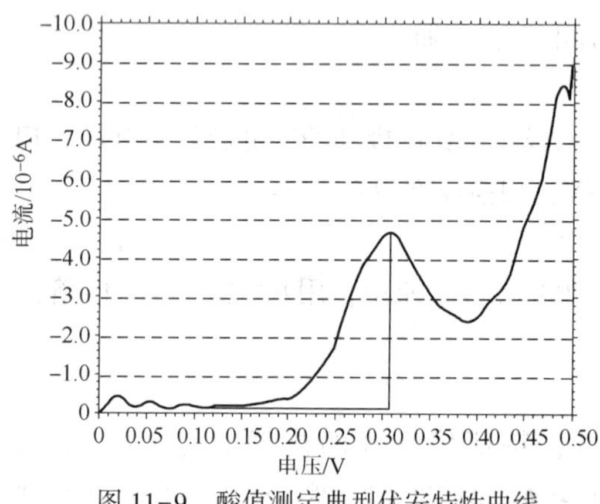

图 11-9 酸值测定典型伏安特性曲线

$$VAN(\text{mgKOH/g})=\frac{TAN}{H_0-H_s}\times(H_0-H)$$

酚盐的电化学氧化是一个典型的不可逆氧化过程，每次测定后都要将电极及支架擦拭干净，工作电极前端应用滤纸打磨，以除去沉积的氧化产物，避免电极污染对实验产生影响。氯化银参比电极不用时应擦拭干净，放入套筒中，以免氯化银析出。对已知酸值润滑油酸值的测定结果见表 11-11。

表 11-11 润滑油酸值的电化学分析法测定结果

序号	GB/T 264 测定值/(mgKOH/g)	伏安峰强度/10^{-6}A	测定值/(mgKOH/g)	标准偏差/(mgKOH/g)	测定均值/(mgKOH/g)
1	0.47	2.159	0.7341	0.02465	0.7088
		2.195	0.7267		
		2.24	0.7174		
		2.383	0.6878		
		2.431	0.6779		

续表

序号	GB/T 264 测定值/（mgKOH/g）	伏安峰强度/10^{-6}A	测定值/（mgKOH/g）	标准偏差/（mgKOH/g）	测定均值/（mgKOH/g）
2	0.67	1.80 1.948 1.807 1.925 1.988	0.8083 0.7777 0.8069 0.7825 0.7695	0.01764	0.7890
3	0.74	2.01 1.984 2.129 2.056 2.047	0.7649 0.7703 0.7403 0.7554 0.7573	0.01138	0.7576

三、碱值的电化学快速分析

有报道说应用电化学法可测定润滑油碱值，并指出应用电化学法测定润滑油碱值首先必须将非电化学活性物质转化为电化学活性物质，但未指出如何实现这一过程。研究者对电化学分析法测定碱值的方法作了详细的研究，解决了测定中涉及的关键问题，即待测物电化学活性转换技术、测定电解质体系和半微分定量分析技术。具体的做法是首先将油样与过量的酸混合，使酸与油样中的碱性物质发生反应，剩余的酸与加入的 CuO 发生化学反应，然后采用电化学方法测定混合液中的 Cu^{2+} 的含量，从而间接求得油样的碱值。

1. 实验仪器及试剂

8mL 试样瓶；盐酸，分析纯；CuO，分析纯；纯净水。

2. 电化学分析仪

试验方法为线性扫描伏安法，工作电极为玻碳电极，参比电极和辅助电极为铂电极。扫描电位范围为-1～+1V，灵敏度设定为 1.0×10^{-3}A/V，扫描速度为 0.1V/s。

3. 支持电解质

0.1mol/L $LiClO_4$ 和 0.01mol/L 盐酸的丙酮溶液

4. 实验步骤

在混合体系中加入少量氧化铜粉末，振荡不少于 30s；再在体系中加入 200μL 水，振荡不少于 30s；按上述仪器条件，进行电化学分析，得伏安曲线，并对其实施半微分操作，峰高记为 H_0；取 200μL 碱值已知油样(油样的碱值 *Std* 不小于 10mgKOH/g)于 4mL 支持电解质中，振荡不少于 30s；在混合体系中加入少量氧化铜粉末，振荡不少于 30s；再在体系中加入 200μL 水，振荡不少于 30s；按上述仪器条件，进行电化学分析，得伏安曲线(见图 11-10)，并对其实施半微分操作，峰高记为 H_s；对未知样，重复已知测定过程，测定结果记为 H。未知样的碱值可由下式求得：

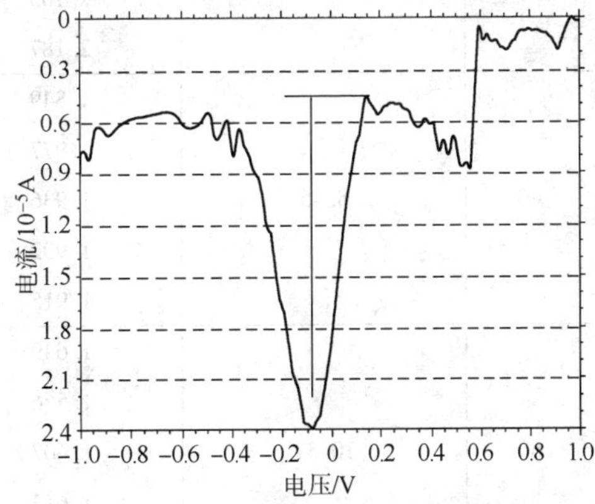

图 11-10　碱值测定典型伏安特性曲线

$$VBN(\text{mgKOH/g})=\frac{Std}{H_0-H_s}\times(H_0-H)$$

每次测定后都要将电极、支架擦拭干净，工作电极前端应用滤纸打磨干净，以除去沉积的 Cu。如果试验样品的碱值大于标准样品的碱值，样品的用量减半，测定值应为计算值的 2 倍，测定结果见表 11-12。

表 11-12　某内燃机在用润滑油碱值测定结果

序号	SH/T 0251 测定值/(mgKOH/g)	伏安峰强度/10^{-6}A	计算值/(mgKOH/g)	标准偏差/(mgKOH/g)	均值/(mgKOH/g)
5	8.887	1.741	9.6386	0.171527	9.6164
		1.772	9.4666		
		1.771	9.4722		
		1.745	9.6164		
		1.696	9.8883		
10	8.732	1.933	8.5732	0.252569	8.7219
		1.949	8.4844		
		1.868	8.9339		
		1.847	9.0504		
		1.934	8.5677		
15	8.525	2.075	7.7853	0.276656	8.0228
		2.097	7.6632		
		1.995	8.2292		
		2.002	8.1903		
		1.992	8.2458		
20	8.651	2.167	7.2748	0.1823	7.3380
		2.164	7.2914		
		2.181	7.1971		
		2.098	7.6576		
		2.168	7.2692		
30	8.069	2.266	6.7254	0.220311	7.0728
		2.182	7.1915		
		2.217	6.9973		
		2.165	7.2859		
		2.187	7.1638		
40	8.45	1.849	9.0393	0.260372	8.6687
		1.977	8.3291		
		1.936	8.5566		
		1.902	8.7452		
		1.915	8.6731		
60	10.37	1.649	10.1491	0.163456	10.3700
		1.566	10.6097		
		1.607	10.3822		
		1.612	10.3545		
		1.612	10.3545		

续表

序号	SH/T 0251 测定值/(mgKOH/g)	伏安峰强度/10^{-6}A	计算值/(mgKOH/g)	标准偏差/(mgKOH/g)	均值/(mgKOH/g)
80	8.644	2.235	6.8974	0.272383	7.0750
		2.222	6.9696		
		2.118	7.5467		
		2.205	7.0639		
		2.235	6.8974		
100	8.535	2.016	8.1127	0.218444	8.2026
		2.019	8.0960		
		1.933	8.5732		
		1.998	8.2125		
		2.033	8.0183		

两种方法比较见图 11-11。

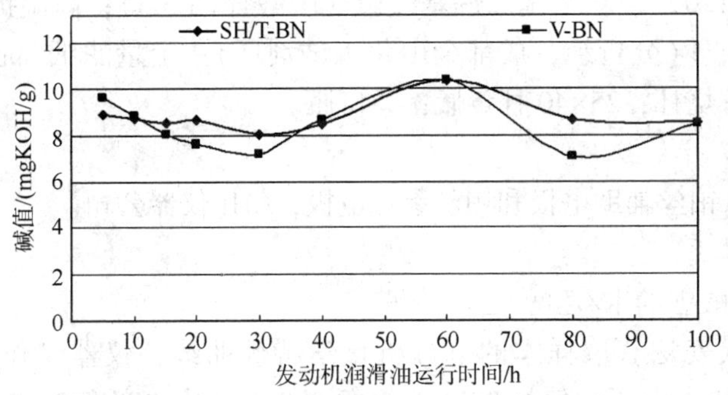

图 11-11　碱值标准方法测定值与伏安法测定值的比较

由此可见，这种方法采用无害试剂、简便、快速且使用量很少，测定结果与标准方法一致，能够满足现场测定的要求。

碱值测定的国家标准方法 SH/T 0251《石油产品碱值测定法(高氯酸电位滴定法)》中，采用高氯酸标准溶液在非水体系(氯苯)中滴定润滑油中的碱性成分。由于高氯酸是一种强酸，几乎能够与润滑油中的所有碱性物质发生作用，如钙盐和镁盐等。但是，钙盐和镁盐等弱碱并不能有效地润滑油使用过程中产生的酸相互作用，起到消除润滑油使用中生成的酸对润滑油性能的影响。因此，SH/T 0251《石油产品碱值测定法(高氯酸电位滴定法)》测定的碱值不能真实地反映润滑油实际的酸中和能力。若采用盐酸作滴定剂或中和介质，情况就不同，其酸性较弱，弱碱性物质(对润滑油的酸中和能力没有贡献的碱性物质)与之不发生反应。因此，测得的碱值能比较真实地反映润滑油的酸中和能力，这就是采用盐酸作润滑油中碱性基团的中和剂的原因。

四、基于电分析化学特性曲线的发动机润滑油鉴别

发动机润滑油，简称内燃机油或机油，由基础油和各类添加剂组成，是保障发动机高效运行的重要匹配材料，起润滑、冷却、密封和清净等作用。从某种意义上讲，发动机油可称

之为发动机的血液，不可或缺，质量好坏直接影响发动机的工作状态与效率，因此正确合理选择润滑油就显得极其重要。发动机油市场鱼目混杂，冒牌、贴牌时有发生。寻求科学、有效、全面的品质评价方法和手段就成为了亟待解决这种现象的关键问题。不同厂家、不同牌号内燃机油的组成、化学和物理性质千差万别，这些差异可以采用谱图表达。表达图谱是润滑油特征的可视化表现，称之为指纹图谱或特征图谱。对各类润滑油基础油的组成以及添加剂的定性定量研究已有大量报道，但如何利用指纹特征进行润滑油的快速鉴别鲜有报道。作为润滑油主体的基础油，其自身的抗氧化能力弱，必须加入抗氧化添加剂才能满足实际需要。抗氧化添加剂的使用大幅度提升了润滑油的热稳定性，有效地降低润滑油的降解速度。某种程度上讲，发动机油的氧化安定性决定着润滑油的使用寿命。不同的润滑油生产商生产的发动机油具有不同的技术配方，其氧化特性也就有所差异。这里，从发动机润滑油最为重要的氧化安定性入手，通过研究润滑油的微分脉冲伏安特性，借助于数据库技术，试图建立一种发动机油的快速鉴别方法。

1. 试剂

高氯酸锂(分析纯，上海试剂二厂)；乙醇(分析纯，成都金山化工试剂厂)；丁辛基二烷基二硫代磷酸锌(T202)，双辛基二烷基二硫代磷酸锌(T203)；高温抗氧剂(A98)；高温抗氧剂(DNA)；石英砂(分析纯，成都金山化工试剂厂)；定量滤纸(杭州新华纸业有限公司)；12mL 试样瓶；烧杯；25×40 秤量瓶；磨口瓶。

2. 电化学分析仪

玻碳工作电极、铂丝辅助电极和铂丝参比电极，CHI 仪器公司。

3. 支持电解质体系

0. 01mol/L 高氯酸锂的水/乙醇/乙酸溶液。

采用微分脉冲伏安法获取样本的电分析化学特性曲线，仪器工作条件为：初始电压 0. 0V，终止电压 1. 0V，电压增值 0. 005V，振幅 0. 05V，脉冲宽度 0. 05s，采样宽度 0. 01s，静置时间 2. 0s，灵敏度 1×10^{-5}A/V。

4. 实验过程

取 5. 0mL 支持电解质于测试池，加待测样品 100ul，振荡 10s 到 30s，再加约 1g 石英砂，振荡 5~10s，吸附支持电解质中的润滑油；将三电极系统插入测试池，按上述的测试条件进行微分脉冲伏安分析，得润滑油的电分析化学特性曲线，见图 11-12~图 11-15。

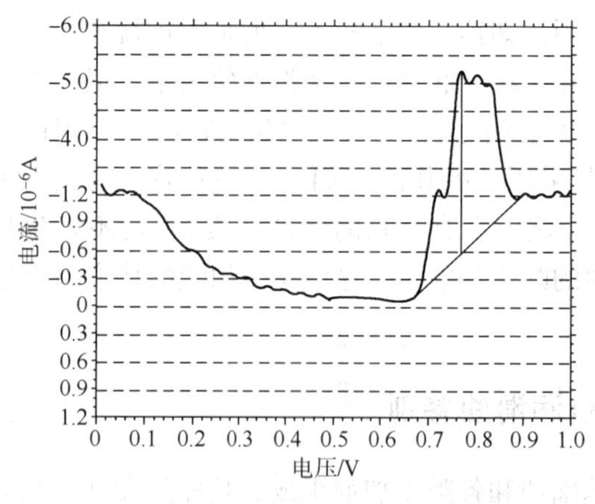

图 11-12 T202 微分脉冲伏安谱特征

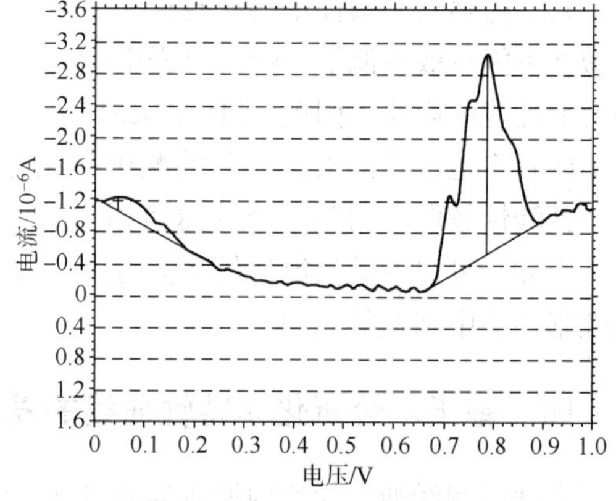

图 11-13 T203 微分脉冲伏安谱特征

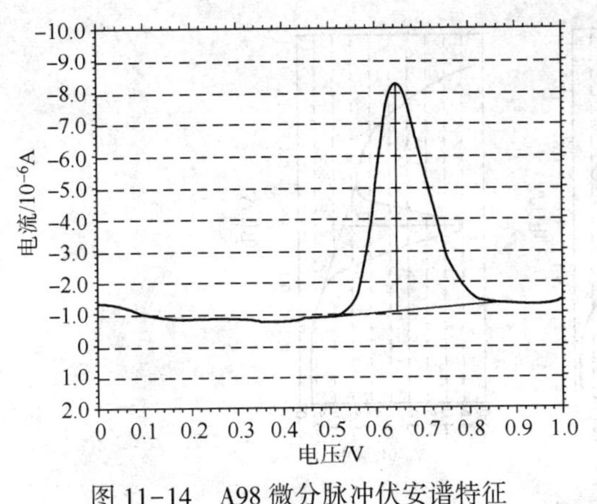

图 11-14　A98 微分脉冲伏安谱特征

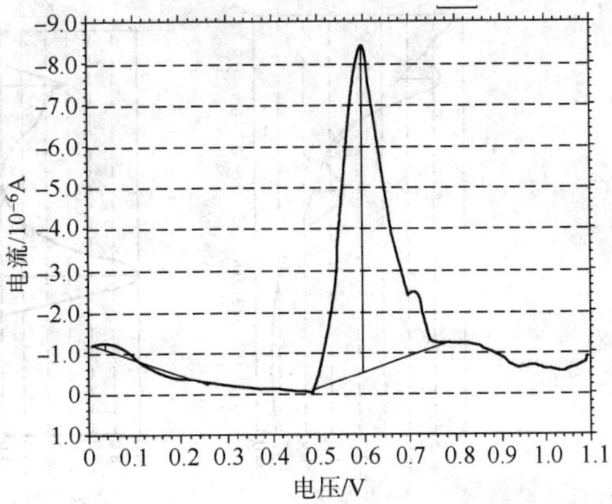

图 11-15　DNA 微分脉冲伏安谱特征

发动机润滑油电分析化学特性曲线的获得采用复合三电极系统，应用微分脉冲伏安法。基本原理是当工作电极电压高于抗氧化添加剂的氧化电势时，抗氧化添加剂被氧化，导致阳极电流增加，形成的阳极电流随扫描电压变化的氧化伏安峰。氧化伏安峰的峰高与电化学活性物体浓度有关，假定电极过程符合可逆电极反应，峰电流 i_p(A)和峰电势 E_p(V)在 25℃时可表示为：

$$i_p = 269n^{3/2}AD^{1/2}v^{1/2}C^b$$

$$E_p = E^0_{ox/Red} - 0.029[1+\lg(D_{ox}/D_{Red})]/n$$

式中　A——电极面积，cm^2；

D——扩散系数，cm^2/s；

v——扫描速率，V/s；

C^b——电活性物体浓度，mol/L；

n——电极反应电子数。

峰电流与电化学活性物质浓度有关并成正比；峰电势与标准氧化-还原电势之差和电化学活性物的氧化形扩散系数对还原形扩散系数之比有关。在分析实践中，发现线性扫描伏安法特征伏安峰的基线不易确定，导致灵敏度不够高。为此，改用采用微分脉冲伏安法进行发动机润滑油电分析化学特性分析。微分脉冲伏安法是将具有固定但较小振幅的电位脉冲周期性地叠加在随时间线性增加的直流电位上。微分脉冲伏安峰的峰电流和峰电位可表示为：

$$i_p = \frac{(\pi F)^2}{4RT} A\tau C\Delta E\sqrt{D_{ox}/\pi t}$$

$$E_p = E_{1/2} - \frac{\Delta E}{2}$$

式中　ΔE——脉冲宽度；

τ——脉冲持续时间；

A——电极的表面积；

t——从加脉冲到测量电流的时间。

微分脉冲伏安法有效地降低了背景电流对测定影响，测定灵敏度得到大幅度改善，获得的润滑油润滑油微分脉冲伏安曲线具有很好的特征性。这里，将实验条件下获得的润滑油微分脉冲伏安曲线称之为润滑油的电分析化学特性曲线。图 11-16 给出了不同厂商润滑油的电分析化学特性曲线，可以看出不同润滑油具有明显的特征，应用润滑油的电分析化学特性曲线对润滑油进行鉴别是可行的。

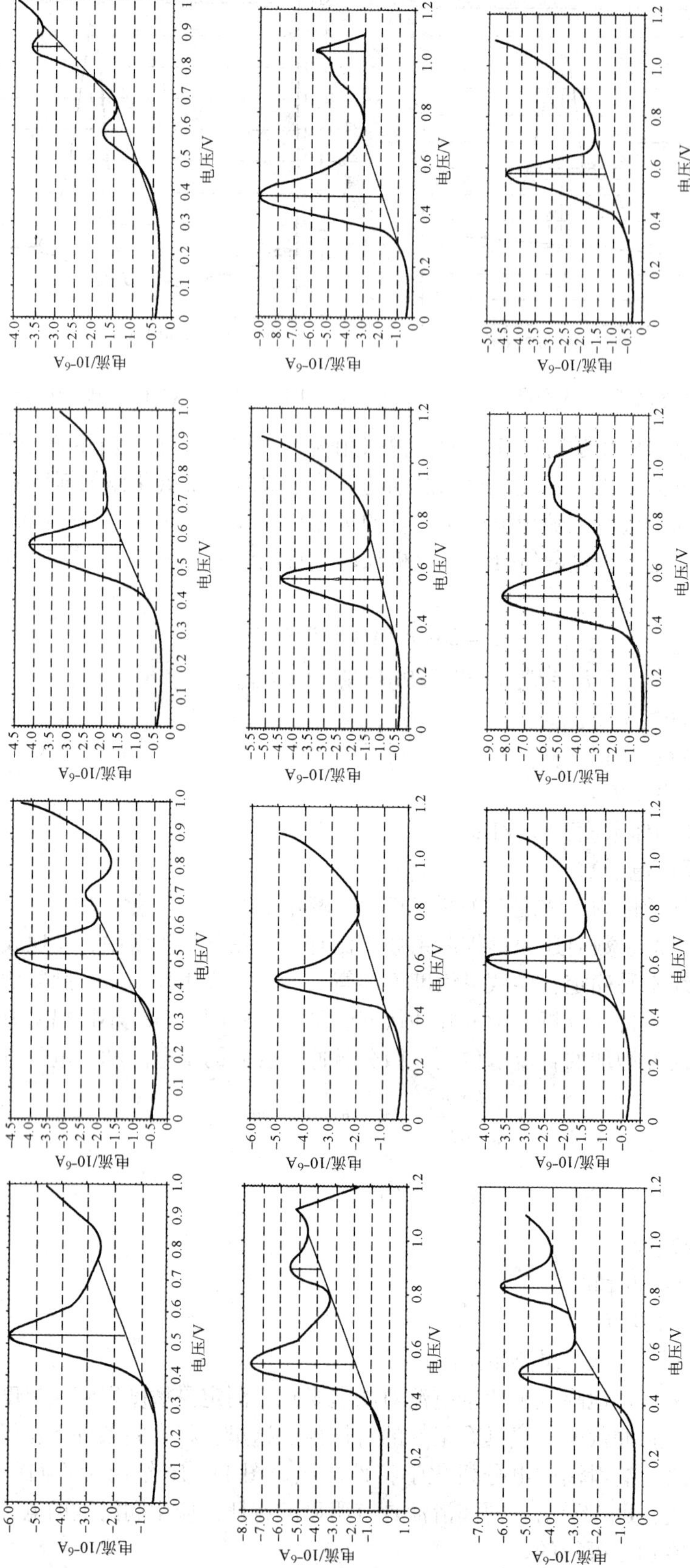

图11-16 不同厂商的润滑油的微分脉冲伏安谱

样本表征是实施样本判别的基础。样本可采用能反映其特征的谱学特性表示，如样本的红外光谱图、色谱图、电分析化学谱等。从纯数学的角度，一个样本就是一个向量，即空间的一个点。对样本进行判别，实质就是评价样本的相似性。度量样本相似性存在 2 种方式。一种是采用距离作为相似性的度量。样本间的距离愈小，样本则愈相似。化学判别分析中，距离给出的样本之间相似程度表示不够直观。于是，建立在相关基础上的另一种相似性描述参数在化学判别中应用的比较广泛，最常用的是夹角余弦和相关系数。

在模式空间，两向量间夹角的余弦定义为：$\cos\alpha_{ij} = \sum_{k=1}^{p}(x_{ik}x_{jk}) / \sqrt{(\sum_{k=1}^{p}x_{ik})^2(\sum_{k=1}^{p}x_{jk})^2}$。夹角越小，两向量在模式空间中靠得越近，就越为相似。可从两个向量的点积来理解夹角余弦，即：$x_i^T \cdot x_j = \| x_i \| \cdot \| x_j \| \cos\alpha_{ij}$。进行化学谱图比较时，夹角余弦是一个很好的图谱相似性度量指标。若两谱图完全相同，即在模式空间两向量夹角为 0，夹角余弦为 1，则两样本聚集为一点；若两谱图完全不同时，夹角余弦为 0，则在模式空间完全分开。这里，采用中心化的夹角余弦来度量样本电分析化学特征曲线的相似性。中心化的夹角余弦，即相关系数，是一个统计学术语，用来描述两样本的相关程度，定义为：$r_{ij} = \sum_{k=1}^{p}(x_{ik}-\overline{x_i})(x_{jk}-\overline{x_j}) / \sqrt{[\sum_{k=1}^{p}(x_{ik}-\overline{x_i})^2][\sum_{k=1}^{p}(x_{jk}-\overline{x_j})^2]}$，其中，$\overline{x_i}$和$\overline{x_j}$为第 i 个和第 j 个样本中各元素的均值。r_{ij}越接近于 1，两样本的相似性越大。

为便于进行润滑油电分析特性曲线分析，这里尝试采用基于数据库的检索方式，其基本思路是通过建立润滑油电分析特性曲线数据库，通过计算待判别样本与标准库中样本的相似性，实现对数据库的搜索和样本的判别。合理地建立润滑油电分析化学特性曲线数据库是实现样本判别的第一步。鉴别数据库由电分析特性曲线数据表和分析条件及名称表。电分析特性曲线数据表用于存储不同润滑油电分析特性曲线数据，分析条件和名称表则用来保存样品的相关信息及分析条件。利用通用数据库软件 Access2003 和结构化程序语言 Visual C++编制了内燃机润滑油电分析化学数据检索系统，实现了对润滑油电分析特性曲线数据的有效管理，可方便地用于润滑油电分析特性曲线数据的查询和基于电分析化学特性曲线的润滑油类型或生产厂家的鉴别，程序框图见图 11-17。软件的典型界面如下：

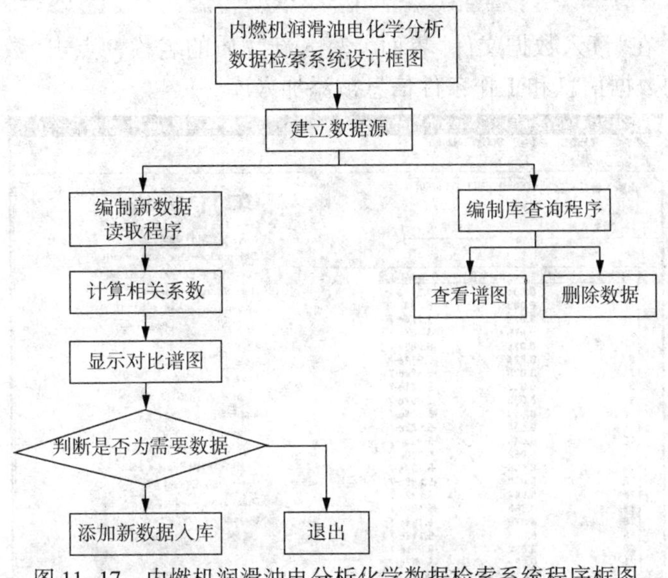

图 11-17　内燃机润滑油电分析化学数据检索系统程序框图

"检索"功能。打开系统后"登录"，点击"读入数据"按钮，显示如图：

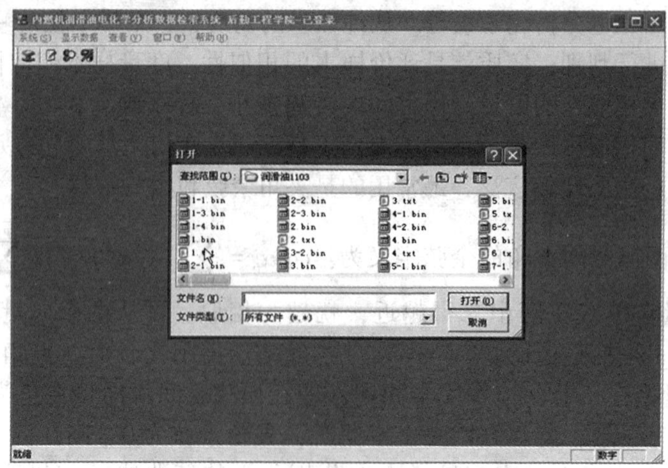

选择需要检索的数据文件，得到数据信息和工作条件信息，点击"生成谱图"可以查询相关系数和对比谱图。

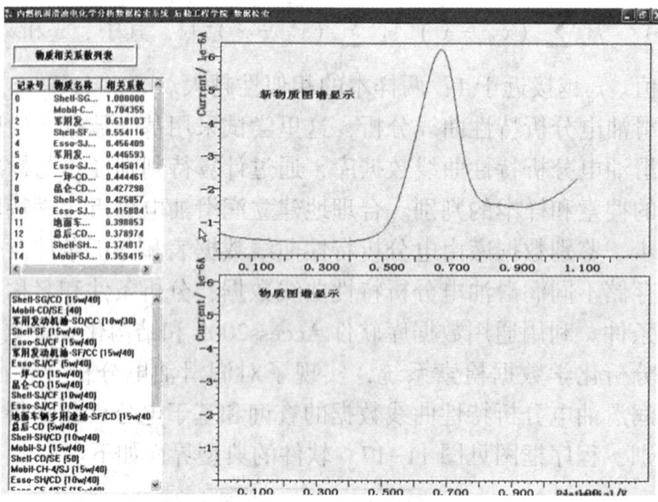

"添加"功能。在"读入数据文件"界面，写入新物质的名称，点击"数据入库"按钮，系统提示相应物质的数据信息和工作条件信息被添加入库。

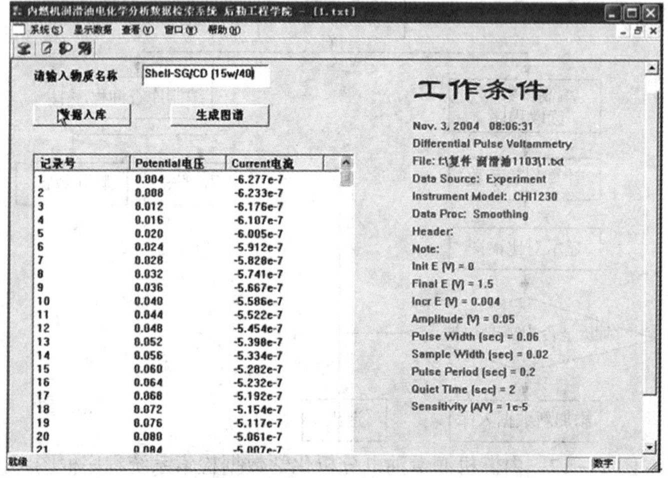

“查询”功能。点击“显示数据”——“数据查询”按钮，可对库内物质数据进行查询。

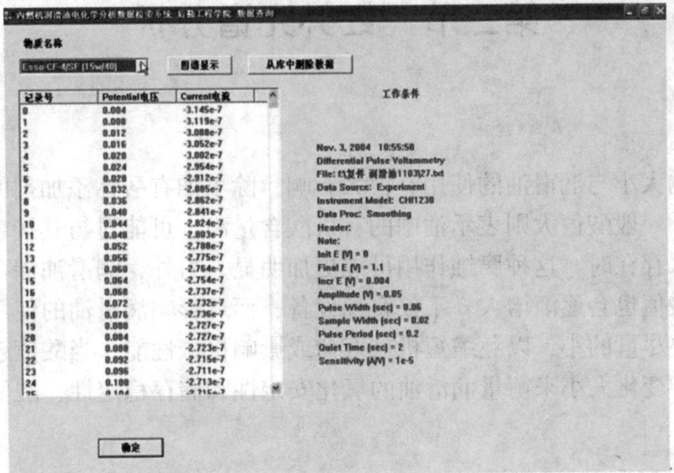

点击“图谱显示”按钮可查看对应物质的谱图。

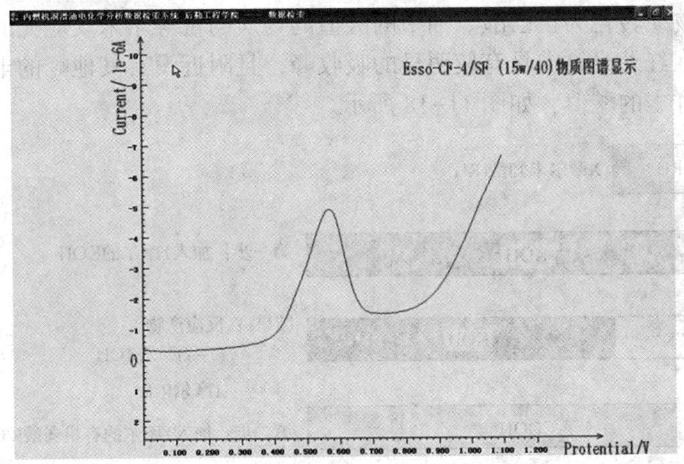

“删除”功能。在“显示数据”——“数据查询”界面，点击删除可一次性删除数据信息和工作条件信息。

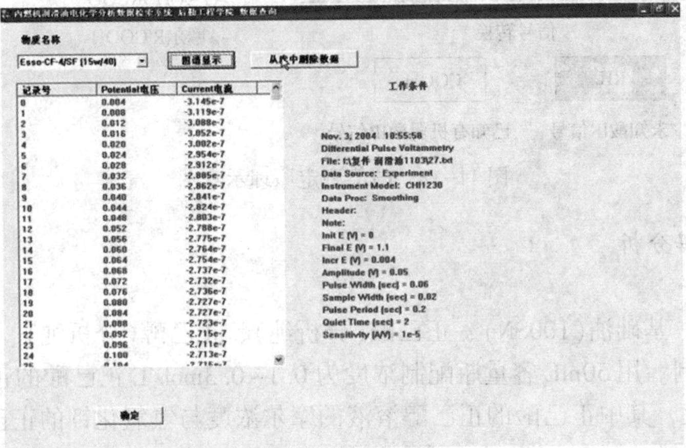

软件界面清晰，一目了然，采用面向对象软件编写技术，菜单和按钮相结合的交互方式，易于掌握，动态显示谱图，便于比较。

第二节　红外光谱分析

一、酸值

润滑油酸值的大小与润滑油的使用有很大影响，除了加有酸性添加剂的润滑油酸值较大是正常现象之外，一般酸值大则表示油中的有机酸含量高，可能对与其接触的机械零件造成腐蚀，尤其是有水存在时，这种腐蚀作用可能更加明显。另外，润滑油储存和使用过程中发生氧化变质时，酸值也会逐渐增大，不仅腐蚀设备，而且影响润滑油的使用性能。一般要求润滑油的腐蚀性要尽量的小，以免缩短机械寿命或影响机械性能。当酸值超过一定限度时应换油。常用酸值的变化大小来衡量润滑油的氧化安定性和储存稳定性，酸值是润滑油重要换油指标之一。

1. 基本原理

用过量的KOH中和润滑油中的酸性物质，再加入与KOH等物质的量的正己酸，将润滑油中的全部酸性物质转化为正己酸。油中的酸值的物质的量等于未反应完的正己酸的物质的量。由于正己酸在红外光谱中具有较明显的吸收峰，且附近没有其他峰的干扰，因此通过测定正己酸来确定样本的酸值，如图11-18所示。

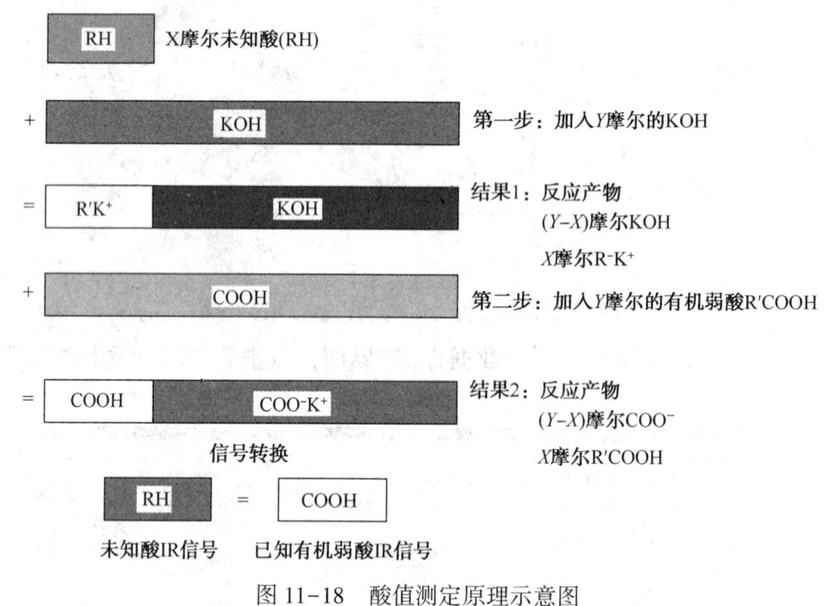

图11-18　酸值测定原理示意图

2. 实验及数据分析

（1）实验条件

① 实验试剂。基础油（100SN）、正己酸（分析纯）、正己醇（分析纯）、氢氧化钾（固）。

② 试剂的配制。用50mL容量瓶配制浓度为0.1~0.3mol/L正己酸的正己醇溶液和氢氧化钾的正己醇溶液，其中正己酸的正己醇溶液的摩尔浓度与氢氧化钾的正己醇溶液的摩尔浓度相同。

③ 油样的配制。将正己酸加入基础油中形成有酸值的油样。计算出设定的油样酸值所需加入的正己酸的质量，然后将正己酸加入到基础油中。

④ 仪器。傅立叶变换红外光谱仪

⑤ 实验条件。扫描范围：4000~400cm^{-1}；分辨率：4cm^{-1}；正己酸的正己醇溶液浓度：0.3mol/L；氢氧化钾的正己醇溶液浓度：0.3mol/L；油样用量：5.00g；正己酸的正己醇溶液用量：4mL；氢氧化钾的正己醇溶液用量：2mL；液体池厚度：0.5mm

(2) 实验过程。用正己酸及100SN基础油配制成具有一定酸值的润滑油样，酸值大小准确至0.01mgKOH/g；称取4~5g油样，准确至0.01g；加入一定量的氢氧化钾的正己醇溶液到油样中；加入与氢氧化钾的正己醇溶液体积数相同的正己酸的正己醇溶液到油样中并振荡至少30s；将反应后的油样进行红外光谱分析。

(3) 结果与讨论。样本为酸值已知的润滑油，空白为5g油样+6mL正己醇。特征峰选用为正己酸的特征峰1710cm^{-1}，检测数据见表11-13。

表11-13 样本酸值及1710cm^{-1}特征峰吸光度

序　号	酸值/(mgKOH/g)	吸光度/A
1	1.30	0.3763
2	1.42	0.4584
3	1.52	0.5110
4	1.62	0.5386

采用留一法对1710cm^{-1}特征峰校正模型进行了验证，结果见表11-14。

表11-14 1710cm^{-1}特征峰校正模型交互验证结果

序　号	实际值/(mgKOH/g)	实验值/(mgKOH/g)	相对误差/%
1	1.30	1.20	7.6
2	1.42	1.45	2.1
3	1.52	1.56	2.0
4	1.62	1.56	3.7

正己酸盐的1560cm^{-1}特征峰吸光度与酸值检测值见表11-15。

表11-15 样本酸值及1560cm^{-1}特征峰吸光度

序　号	吸光度/A	酸值/(mgKOH/g)
1	1.4808	1.30
2	1.3170	1.42
3	1.2735	1.52
4	1.1898	1.62

采用留一法对1560cm^{-1}特征峰校正模型进行了验证，结果见表11-16。

表11-16 1560cm^{-1}特征峰校正模型交互验证结果

序　号	吸光度/A	实际值/(mgKOH/g)	实验值/(mgKOH/g)	相对误差/%
1	1.4808	1.30	1.17	10.0
2	1.3170	1.42	1.49	4.9
3	1.2735	1.52	1.51	0.7
4	1.1898	1.62	1.59	1.9

采用正己酸特征吸收峰时，酸值与吸光度的线性相关性较采用正己酸盐特征峰时要好。

（4）影响因素。反应后溶液中剩余的正己酸的浓度影响吸光度的大小。浓度越小，吸光度越小。若浓度过小，则计算吸光度时的人为因素对结果的影响较大。液体池的厚度同样影响吸光度的大小。一般情况下厚度越大，吸光度越大。因此，选择合适的液体池很重要，厚度在0.05~0.5mm之间为宜。为使反应完全，油样需震荡30s以上。每测一种油样，需将液体池冲洗干净，以消除样品间干扰。

二、碱值

碱值是内燃机油一项十分重要的性能指标，表示内燃机油的清净性与中和能力，其值取决于润滑油中所含的碱性物质的多少。这些碱性物质主要有氨基化合物、弱酸盐(如皂类、多元酸的碱性盐和重金属的盐类)。内燃机油普遍添加有超碱值清净分散剂，使润滑油具有一定的碱储备能力，用以中和氧化产生的酸性物质。因此，碱值可间接表示润滑油所含清净分散剂的多少，也用来表示在用油的剩余清净分散能力。国家标准方法将碱值定义为在规定的条件下，中和1g润滑油试样中全部碱性组分所需高氯酸的量，以相当的KOH毫克数表示，其单位是mgKOH/g。作为重要的内燃机润滑油使用性能指标，在使用过程中，经常取样分析碱值的变化，人们就可以监控润滑油的使用状态和确定润滑油中添加剂的大致消耗情况。通过对润滑油的定期监测，人们就能够掌握润滑油的质量状态、确定合理的换油期、预测由于不恰当操作而导致的油料污染与降解和判别机械部件的磨损状态。

加拿大McGill大学红外光谱研究小组对中红外光谱法测定润滑油酸值、碱值技术做了开创性的工作。本文就碱值而言，采用了加拿大McGill大学红外光谱研究小组所介绍的相关内容，进行了具体方法的探索，研究了傅立叶变换红外光谱仪快速测定润滑油碱值的最新进展，将化学反应与红外差谱技术结合起来，探索了基于酸碱中和反应的中红外光谱定量直接测定润滑油理化参数的红外分析方法。

1. 理论基础

试验的技术实质是利用化学反应将需要分析的、不确定的官能团的红外吸收转为已知化合物的红外吸收，然后按照通常建立标准工作曲线、分析样品的一般方法程序进行定量测试。

在测试的油样中加入强有机酸(三氟乙酸，TFA)，该酸与油里的碱性组分发生反应，生成三氟乙酸的盐，测试样品在加入三氟乙酸后的吸光度，通过产生的三氟乙酸根的特征吸收峰高与总碱值之间的线性关系建立工作曲线。由于氟原子具有强烈的吸电子效应，三氟乙酸是一种有机强酸，能够与油里的大多数碱性成分(如磺酸盐、酚盐及水杨酸盐等)发生反应。而且反应迅速、完全按等当量进行。反应过程如下：

$$F_3CCOOH+R_1M \longrightarrow F_3CCOO^-M+R_1M$$

$$2(x+1)F_3CCOOM+R_2M(M_2CO_3)_x \longrightarrow 2(x+1)F_3CCOOM+R_2H+xH_2O+xCO_2$$

2. 实验及数据分析

（1）试验仪器与试剂

仪器：傅里叶变换红外光谱仪。

三氟乙酸：分析纯，无色有强烈刺激气味的发烟液体，易溶于水、乙醇、乙醚、丙酮、苯。

正己醇：分析纯，有果子香味的无色液体，不溶于水，溶于乙醇、乙醚。

润滑油复合添加剂：T1966，碱值为141.17mgKOH/g。

标准样品的配制：在 100SN 中加入不同量 T1966，形成一个碱值不同的标准样品系列（见表 11-17）。

表 11-17 碱值标准系列

标准序列号	1	2	3	4	5	6	7	8
T1966 的加入量/g	1.5128	3.0427	4.5237	6.1250	0.7313	2.1631	3.5431	5.025
碱值/(mgKOH/g)	4.27	8.59	12.77	17.29	2.06	6.11	10.00	14.12

仪器条件：扫描范围 4000～400cm^{-1}，分辨率 4cm^{-1}。三氟乙酸正己醇溶液浓度：0.4mol/L。

（2）实验过程

配制已知碱值的标准油样：准确量取 5mL 己醇溶液和 5g 标准油样装入试管，塞好试管塞，充分摇匀后，静置 2min，打开管塞，释放气体，获空白样；准确量取 5mL 三氟乙酸-己醇溶液和 5g 标准油样装入试管，塞好试管塞，充分摇匀后，静置 2min，打开管塞，释放气体，获待测样；分别用注射器将空白样和待测品样注入池子厚度为 0.1mm 的红外光谱可拆式液体池，用红外光谱仪测定其红外光谱；以 2110cm^{-1} 处的吸收值为基线点，确定 1672cm^{-1}位置特征吸收峰吸光度，并扣除空白，见图 11-19。

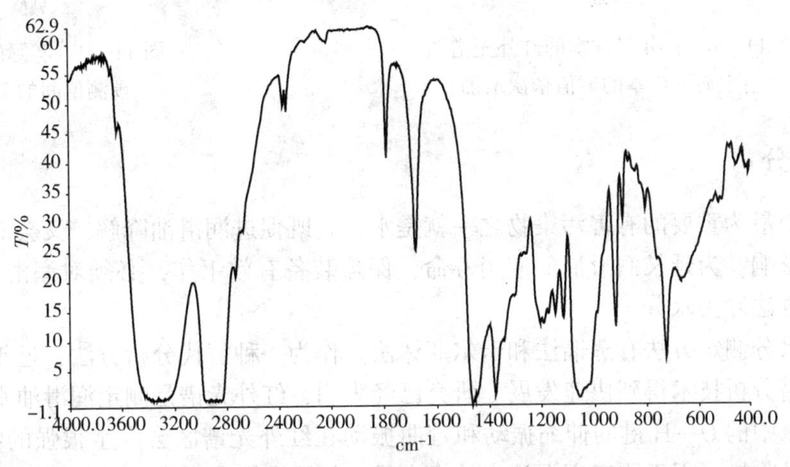

图 11-19 反应后的红外光谱

（3）结果与讨论。样本与三氟乙酸作用后，油样中的碱性物质与三氟乙酸相互作用，形成三氟乙酸盐。三氟乙酸盐的红外特征吸收峰位于 1672cm^{-1}处，三氟乙酸的特征吸收峰位于 1789cm^{-1}处。表 11-18 中 1～4 号样本的红外光谱图如图 11-20 所示。

表 11-18 样本的碱值及 1672cm^{-1}处特征吸收强度

序号	1	2	3	4	5	6	7	8
碱值/(mgKOH/g)	4.27	8.59	12.77	17.29	2.06	6.11	10.00	14.21
峰高/A	0.2412	0.4221	0.6357	0.8288	0.1281	0.3445	0.5222	0.7009

图 11-20 表明，随着样本碱值的增大，三氟乙酸盐特征吸收峰的强度逐渐增大，而三氟乙酸特征吸收峰的强度逐渐减小，其中三氟乙酸盐特征吸收峰的强度直接反映了样本中碱性物质含量的多少。因此，这里选择三氟乙酸盐的特征吸收峰进行润滑油碱值的定量分析。为方便计算，分别建立数据文件，用 MATLAB 进行三氟乙酸盐特征吸收峰强度与样本碱值

的相关性分析，获得的碱值与三氟乙酸盐特征吸收峰强度的关系如下：碱值 = -0. 9668 + 20. 7169×$A_{三氟乙酸盐}$，决定系数 = 0. 9969。

样本碱值与预测之间的关系如图 11-21 所示。

采用“留一法”对建立的线性模型进行了验证，均方根方差为 0. 3584，表明线性模型具有好的预测能力，样本碱值与三氟乙酸盐特征吸收峰强度的线性相关关系显著。这种方法采用与现有标准测定方法相同的程序，有望成为一种润滑油碱值测定替代方法。

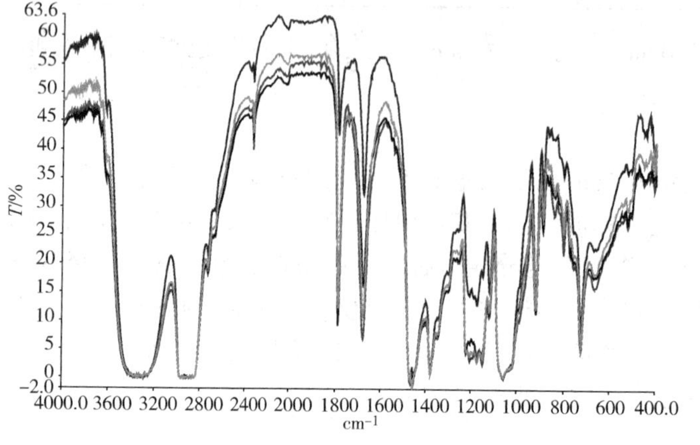

图 11-20　1~4 号样本的红外光谱图
（自上而下样本的碱值依次增加）

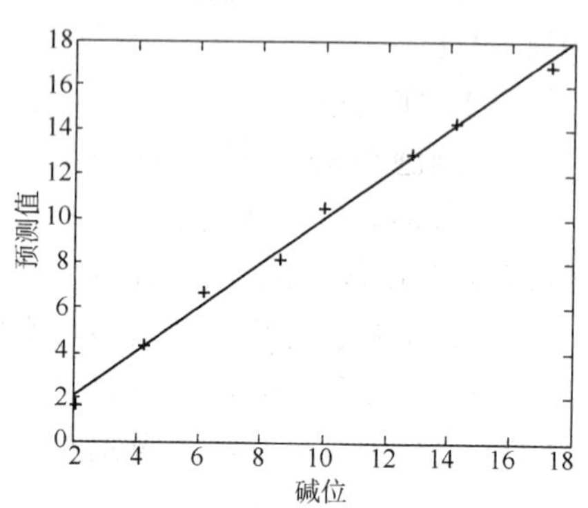

图 11-21　实际碱值与预测值间的关系

三、水分

润滑油中最为重要的有害污染物之一就是水，它既促进润滑油降解，又会对装备高效工作产生不利影响。为延长润滑油的使用寿命，保障装备有效工作，必须对润滑油进行检测，并采取适当方法除去水分。

常用的水分测定方法有蒸馏法和卡尔菲休法。作为一种替代分析方法，近年来润滑油水分的红外光谱分析技术得到快速发展。研究已经表明，红外光谱是测定润滑油水分的灵敏和准确方法。水中的 O—H 键的伸缩振动和弯曲振动在红外光谱区会产生很强的特征吸收峰，利这些特征吸收峰可用于测定润滑油中的水含量，但受润滑油中含 O—H 基的添加剂和降解产物，如醇、酚、羧酸和过氧化物等的干扰，很难用红外光谱直接准确测定润滑油水分含量。为此，A. Al-Alawi 和 F. R. van de Voort 等寻求基于溶剂萃取和化学转换的红外光谱润滑油水分含量测定方法。化学转换法就是通过对在酸性条件下水与 2,2′-二甲氧基丙烷定量反应产生丙酮和甲醇的测定实现润滑油中水含量测定的技术。化学反应式如下：

$$(CH_3)_2C(OCH_3)_2 \xrightarrow{H_3O^+} H_3C-CO-CH_3 + 2CH_3OH$$

反应产物丙酮与甲醇，既可以用红外光谱法测定，也可以用气相色谱法测定。F. R. van de Voort 等研究发现在理想条件下较卡尔菲休法的准确度高。如果润滑油存在干扰物，如碳酸钙和羰基化合物，由于碳酸钙会与酸性催化剂作用生成二氧化碳和水导致测定结果偏高，羰基化合物中羰基也会干扰反应产物丙酮的测定，从而限制了该方法的使用。这里，重点介绍基于溶剂萃取的润滑油水含量红外光谱测定法。

为有效提取润滑油中的水，选择适当的溶剂是关键。无水甲醇、乙腈和二甲基亚砜等是比较常用的水萃取溶剂。根据“相似相溶原则”，要求萃取剂的极性应与萃取物的极性相近。

在红外光谱区，水有三个特征吸收峰，5400～4900cm^{-1}(水分子)，3750～3200cm^{-1}(O—H伸缩振动)和1800～1500cm^{-1}(O—H弯曲振动)。润滑油中含O—H基和N—H基的酚类、胺类及酚胺类添加剂及过氧化物也会在3750～3200cm^{-1}和1800～1500cm^{-1}光谱区产生吸收，从而干扰水的测定。因此，选择5400～4900cm^{-1}光谱区水的特征吸收峰进行润滑油水含量测定。

基于溶剂萃取的红外光谱润滑油水含量测定应用傅里叶变换红外光谱仪，采用1mm池厚的可拆透射池，窗片材料为AgCl。光谱分辨率4cm^{-1}，扫描次数一般为32次。萃取剂与润滑油的质量比为1∶3，充分震荡至少5分钟，然后在15000r/min下离心分离5min，取下层萃取液进行红外光谱分析，计算5400～4900cm^{-1}光谱区水的特征吸收峰面积，应用外标法测定润滑油样品水含量。

四、在用润滑油监测

在温度和氧化气氛的影响下，润滑油的降解是不可避免的。燃料稀释、冷却液泄漏、燃烧产物及机体与摩擦表面等进一步加剧了润滑油的降解。氧化是润滑油降解的主要过程，伴随有硝化、硫化、裂解、聚合等过程，从而使润滑油理化性质随着使用过程的延长不断恶化。物质红外光谱的特征性使得人们可利用润滑油的红外光谱监测其降解过程。ASTM D7889规定了使用中润滑剂的现场监测方法。

1. *方法概述*

润滑油使用过程的关键指标主要有：氧化程度(用氧化值表示)、硝化程度(用硝化值表示)、硫酸盐、油泥和抗磨剂含量。表11-19给出了在用润滑油关键检测指标及特定测定波长范围。

表11-19　在用油液性能指标的计算规则

性能指标	光谱区/cm^{-1}	基线/cm^{-1}	单　位
氧化值	均值，1800～1670	均值，1815～1805	Abs/0.1mm
抗磨剂	均值，1025～960	均值，1060～1030和1812～1803	Abs/0.1mm
硫化值	均值，1180～1120	均值，1210～1200和1115～1105	Abs/0.1mm
硝化值	100×A_{1630}	均值，1607～1596和1847～1837	Abs/cm
油泥	100×A_{2000}	—	Abs/cm

ASTM D7889适用于API 1类至4类润滑油的分析，如果润滑油中含有超过5%的API 5类润滑油或降凝剂，则会干扰测定。方法是基于在用润滑油性质的红外光谱特性而建立的，本质是捕捉润滑油在使用过程中与各性质相关的潜在的化学变化趋势，进而了解润滑油或机械的运行状态。

2. *仪器及材料*

傅里叶变换红外光谱仪，要求在950～3040cm^{-1}光谱范围内，吸光度的标准偏差优于0.001AU，分辨率优于测定波数的1.5%，并光谱数据的步长为2cm^{-1}。光谱测定用一种特殊设计的可拆透射吸收池，使用ZnSe作窗片，用棉布或无纤维纸巾擦干净即可，池厚100μm。为克服散射，该透射池采用楔形设计，即窗片设计成小于0.5°的楔形，两窗片内表面夹角也设计成0.013°。

在用润滑油样品的采集依ASTM D4057或相关标准进行，样品应具有代表性，样品量不少于50μL。

3. 准备

准备过程包括使用检查液核查仪器状态、池厚测定及池污染检查。常用检查液为庚烷或无臭矿物溶剂油。仪器状态核查、池厚测定及池污染检查依据 ASTM D7418 进行，并将池厚标准化至 0.100mm。池厚校正因子为：0.100(mm)/实际池厚(mm)。

透射吸收池是否干净，可通过以 2700cm^{-1}处基线的 3000~2800cm^{-1}区间最大吸收峰的吸收强度来确定。如果吸光度大于 0.2AU，则认为透射池未清洗干净。

为保证测定数据的可靠性，每完成 100 个样品的测试，需要用检查液对仪器进行校正和标准化。

4. 测定过程

首先，采集背景光谱，仪器扫描次数取决于信噪比 S/N，一般要求 S/N 优于 0.0001AU 或 0.0230%T(2000~1900cm^{-1}光谱区间峰-峰值，建议使用己烷、庚烷或角鲨烷作测试液)。每隔 30min 或温度波动大于 3K 时，应再次采集背景光谱。

打开擦净的可拆式透射吸收池，滴入 2 滴待测定润滑油，闭合吸收池，并确保无气泡，放入红外光谱仪，采集待测润滑油的红外光谱，并标准化至 0.100mm 池厚，即

$$A(v)=100/PL\times A_0(v)$$

式中 $A(v)$——标准化后的光谱，Abs/0.100mm；

PL——测定吸收池厚，μm；

$A_0(v)$——原始光谱。

5. 结果计算与解释

在用润滑油的性质的计算依表 11-19 进行，结果为测定光谱区间吸光度平均值与基线测定区间光谱平均值的权重差减。

氧化值(*Oxidation*)：

$$Oxidation(Abs/0.100\text{mm})=130\cdot Abs,\ av(1800\sim1670)\\ -38.5\cdot Abs,\ av(1815\sim1805)$$

氧化值量测见图 11-22。

抗磨添加剂(*Antiwear additive*)：

$$Antiwearadditive(Abs/0.100\text{mm})=65\cdot Abs,\ av(1625\sim960)\\ -8.4\cdot Abs,\ av(1060\sim1030)\\ -10.8\cdot Abs,\ av(1812\sim1803)$$

抗磨添加剂量测见图 11-23。

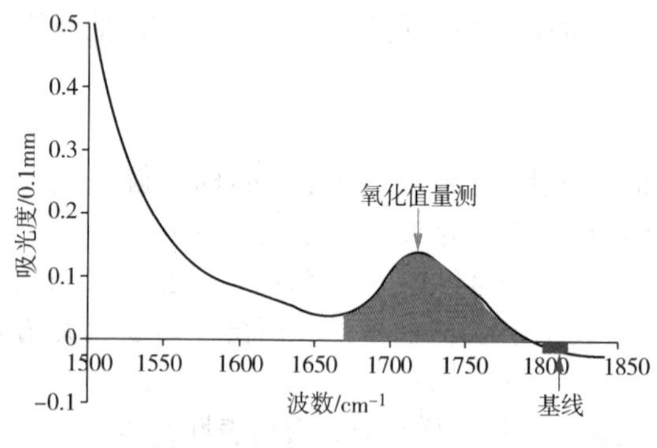

图 11-22 氧化值量测示意图

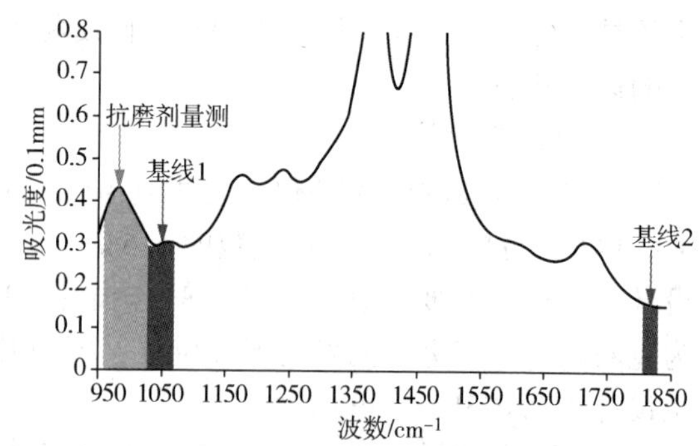

图 11-23 抗磨剂量测示意图

硫化值(*Sulfation*)：

$$Sulfation(Abs/0.100\text{mm}) = 60 \cdot Abs,\ av(1180\sim1120)$$
$$-11 \cdot Abs,\ av(1210\sim1200)$$
$$-5 \cdot Abs,\ av(1115\sim1105)$$

硫化值量测见图 11-24。

硝化值(*Nitration*)：

$$Nitration(Abs/\text{cm}) = 100 \cdot (Abs(1630)$$
$$-0.89 \cdot Abs,\ av(1607\sim1597)$$
$$-0.11 \cdot Abs,\ av(1848\sim1837))$$

硝化值量测见图 11-25。

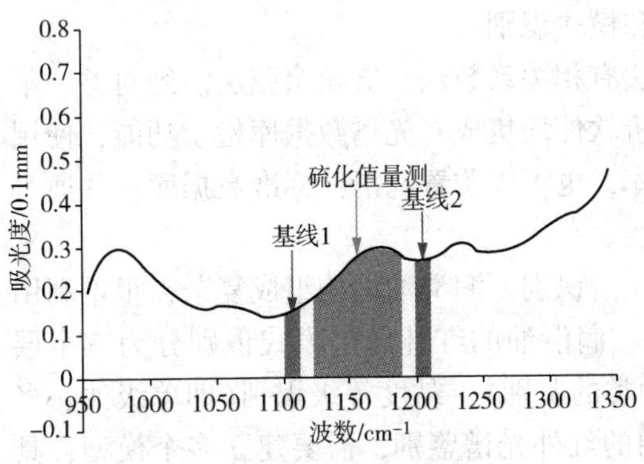

图 11-24 硫化值量测示意图

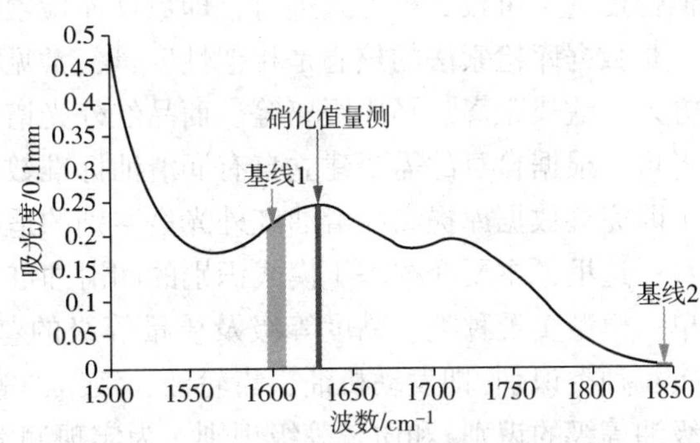

图 11-25 硝化值量测示意图

油泥(*Soot*)：

$$Soot(Abs/\text{cm}) = 100 \cdot Abs(2000)$$

油泥量测见图 11-26。

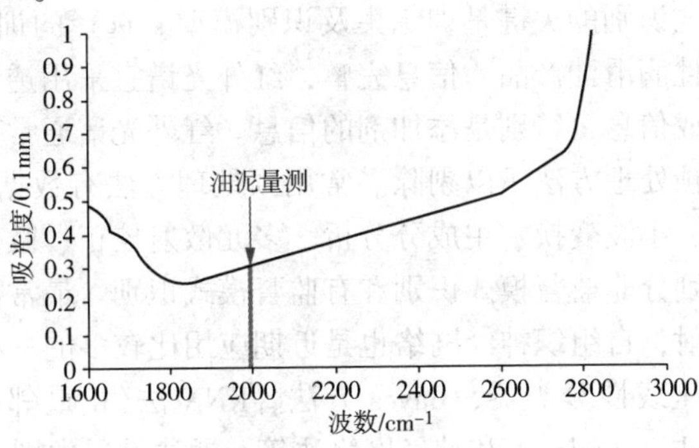

图 11-26 油泥量测示意图

ASTM D7889 仅给出了在用润滑油 5 种性能指标的报告值，用于了解润滑油在使用过程中的质量情况，依据 ASTM D7669 和 ASTM D7720 规定的规则，即可确定这些性能指标的预警值。

除采用 ASTM D7889 进行在用润滑油的红外光谱监测外，也可采用 ASTM D7412、ASTM D7414、ASTM D7415、ASTM D7624 和 ASTM D7884 分别进行在用润滑油磷酸盐抗磨剂、氧化、硫化、硝化和油泥的监测，或采用 E2412 对在用润滑油工作状态进行监测。由于采用不同的计算方法，不同监测方法给出的报告值无可比性，但都反映了润滑油在使用过程中的质量变化。

五、基于化学计量学的润滑油红外光谱分析

润滑油性能取决于其构成要素，即基础油和添加剂。基础油满足最基本的润滑、密封、冷却等性能，添加剂赋予润滑油清净分散、抗磨极压、氧化安定等特定性能，配方决定润滑油性能。润滑油的红外光谱是润滑油组成与结构的反映，是对润滑油性能的一种表征，称之为润滑油的指纹。润滑油的红外光谱分析分两个方面，即润滑油的鉴别与质量指标的预测。

1. 润滑油的红外光谱识别

润滑油的红外光谱是其结构与组成信息的谱学表征，含有丰富的润滑油种类及质量信息，包括组成与结构、种类、原料及生产商等在内的若干信息，是润滑油的指纹谱。通过对润滑油红外光谱的特征性的分析，即可进行润滑油识别。润滑油的红外光谱识别的基础是相似性度量，可按 2 种方式进行，即数据库检索法和模式识别法。

数据库检索法的核心是相似性度量，常见算法有相关系数法、夹角余弦法、绝对差、平方差、欧式距离、马氏距离等。商品红外光谱分析软件均集成有光谱数据库检索功能，使用者可以根据自身的需要建立自有润滑油标准数据库，也可以购置润滑油标准数据库，并通过不断完善数据库提高润滑油红外光谱鉴别的适应性。

这里，主要介绍基于模式识别的润滑油红外光谱识别。润滑油结构组成复杂，很难利用单一模型实现种类、黏度等级及质量等级的鉴别。润滑油的红外光谱模式识别分为三个层次：种类识别(即发动机油、齿轮油、液压油等种类的鉴别)、黏度等级识别(即单级油、多级油等级的识别)和质量等级识别。为实现润滑油的红外光谱鉴别，需要建立多个模型，具体识别过程为：收集代表性润滑油样品作为训练集；测定训练集样品的红外光谱并进行光谱预处理；确定识别方案，并根据识别方案利用训练集，评价识别变量识别能力，选择判别方法，建立识别模型；然后，测定未知润滑油红外光谱并进行光谱预处理，再依据识别方案逐级判别。

润滑油红外光谱模式识别的关键是训练集及识别模型。选择的训练集必须具有代表性，应该是市场上具有代表性润滑油产品，信息完整，红外光谱宜采用透射光谱，以尽可能使光谱反映润滑油的结构组成信息，特别是添加剂的信息。红外光谱通常存在噪声、背景和杂散光等，需要采用适当的预处理方法予以剔除。常用预处理方法有数据标准化、数据归一化、数据中心化、数据平滑、小波变换、主成分分析、多元散射校正、微分及解卷积等。建立识别模型是核心。模式识别分非监督模式识别和有监督模式识别。最常用的非监督模式识别方法为聚类分析和线性映射，自组织神经网络也是近期应用比较多的一种模式识别算法。有监督模式识别方法有 Fisher 线性分类器、Bayes 方法、KNN 法(K 最邻近法)、SIMCA 法(soft independent modeling of class analogy)和神经网络法等。通过设置类别变量，现代多元校正分析技术同样可以用于润滑油的红外光谱识别。

实例 1：润滑油识别模型的建立及应用

收集有明确种类和级别标识润滑油共 124 个，48 个品种。其中，5 种液压油 21 个样品；2 种传动液 5 个样品；2 种齿轮油 13 个样品；39 种发动机油 85 个样品。发动机油中，柴油机油 40 个、汽油机油 13 个、通用机内燃机油 32 个，生产商包括壳牌、ESSO、美孚、MOBIL、长城和昆仑等。

测定训练集样品红外光谱。

采用中红外光谱仪测定润滑油样品，光谱范围为 600~4000cm^{-1}。透射样品池，0.1mm

光程。对红外光谱数据进行预处理。红外光谱数据经过小波变换处理，其小波变换系数作为识别候选变量。采用 F 判据来评价小波系数对四类润滑油(发动机油、齿轮油、液压油和传动液)的识别能力。

$$F=\frac{w_{\mathrm{b}}}{w_{\mathrm{w}}}\times\frac{n-g}{g-1}$$

式中 g——类别数目；

n——样本总数目；

w_{w}——所选用特征的类内偏差矩阵；

w_{b}——所选用特征的类间偏差矩阵。

各个小波系数识别能力不同，F 变化很大，幅度为 0.0159~3540.2。依据小波系数的识别能力评价结果，依次选用训练集的前 m 个识别能力最强的特征，采用 BAYES 判别方法建立种类识别模型，然后识别训练集样品进行检验，绘制正确识别率与识别特征数目关系，选择最佳特征数目，建立最优识别模型。为考察识别效果，将训练集的 124 个样品作为未知样品，并将上述识别能力最强的 11 个小波系数引入模型中，计算与各类的 h 值，最大 h 值对应的类为样品的识别种类。在所有 124 个样品中，识别结果种类与真实种类一致，即可以采用该模型同时识别发动机油(类 1)、齿轮油(类 2)、液压油(类 4)和传动液(类 3)。

实例 2：润滑油种类和级别识别模型

收集有明确种类和级别标识润滑油共 124 个，48 品种。其中，5 种液压油，21 个样品；2 种传动液，5 个样品；2 种齿轮油，13 个样品；39 种发动机油，85 个样品。在发动机油中，含柴油机油 40 个、汽油机油 13 个、通用机内燃机油 32 个。其生产商包括壳牌、ESS0、美孚、MOBIL、长城和昆仑等。采用中红外光谱仪测定润滑油样品，光谱范围 600~4000cm^{-1}。透射样品池光程 0.1mm。对红外光谱数据进行一阶微分或小波变换处理，一阶微分处理后光谱数据或者小波变换系数作为识别候选变量。

对于发动机油种类识别模型，建立一个识别模型，预处理为一阶微分，选用 12 个波长，即：586.34、893.01、584.41、1238.3、866.01、860.22、900.73、864.08、862.15、894.94cm^{-1}的吸光度为识别变量，识别方法为 BAYES。该模型经检验将未知发动机油识别为柴油机油、汽油机油和通用内燃机油三类，正确识别率为 100%，可以使用。

发动机油黏度级别识别，建立 7 个识别模型，预处理均为一阶微分，识别方法为 BAYES 法。该方案经检验，正确识别率高达 96%，优于 95%，可以使用。

齿轮油黏度级别识别，建立一个识别模型，预处理为一阶微分，识别方法为 BAYES 法。该模型经检验未知齿轮油识别为 80W/90 和 85W/90，正确识别率为 100%，可以使用。

液压油黏度级别，建立 4 个模型，预处理均为一阶微分，识别方法为 BAYES 法。该方案经检验，正确识别率为 100%，可以使用。

通用内燃机油质量级别识别，建立 5 个模型，预处理均为一阶微分，识别方法为 BAYES 法。该方案经检验，正确识别率为 100%，可以使用。

汽油机油质量级别识别建立 5 个模型，预处理均为一阶微分，识别方法为 BAYES 法。该方案经检验，正确识别率为 100%，可以使用。

柴油机油质量级别识别，建立 6 个模型，预处理均为一阶微分，识别方法为 BAYES 法。该方案经检验，正确识别率为 100%，可以使用。

2. 润滑油质量指标的红外光谱预测

润滑油是由基础油及功能添加剂组成的复杂混合物，润滑油红外光谱是其组成与结构的客观反映，润滑油的质量指标也取决于其组成与结构。因此，通过润滑油红外光谱即可预测其质量指标。

润滑油质量指标，如运动黏度、闪点、总酸值、总碱值、元素含量、氧化安定性、水分含量等，与其化学组成之间的存在复杂的关系，这也决定了润滑油红外光谱与其质量指标之间关系的复杂性。运动黏度主要由润滑油基础油和黏度指数改进剂决定；闪点主要由基础油决定；总酸值和总碱值主要由基础油和清净分散剂决定；倾点主要取决于基础油及降凝剂；氧化安定性、元素含量及碳型结构等取决于基础油及添加剂。应用现代化学计量学方法，人们就能建立润滑油质量指标与其红外光谱间的关系，进而预测未知润滑油样品的质量指标。

ASTM E1655(Standard Practices for Infrared Multivariate Quantitative Analysis)规定了红外光谱多元校正方法，我国也制定了类似的国家标准方法 GB/T 29858—2013《分子光谱多元校正定量分析通则》。润滑油质量指标红外光谱多元校正模型的建立主要涉及校正集和验证集样本的选取、红外光谱及质量指标的测定、多元校正模型的建立、模型的验证与应用。

所选择的训练集和验证集必须在组成及其浓度范围和分布上具有代表性。样品集的数目须满足统计分析要求。如果使用 $k(k<3)$ 个变量建立多元模型，校正集的数目在剔除界外值后应大于 24。如果使用 $k(k>3)$ 个变量建立多元模型，校正集的数目在剔除界外值后应大于 $6k$。如果 $k<5$，剔除界外值后验证集的数目应大于 24；如果 $k>5$，剔除界外值后验证集的数目应大于 $4k$。训练集用于建立校正模型，验证集则用来验证校正模型的适应性。

样本参考值与红外光谱的可靠性直接影响校正模型的质量。样本参考值需满足重复性和再现性要求。所有建模样本及待测样本的光谱测定需在相同的条件下测定。建模前，为消除噪声、背景及杂散光的影响，需对光谱数据进行必要的预处理。常用的光谱数据预处理方法有数据中心化、标准化、归一化、数据平滑、光谱微分、小波变换、主成分分析、多元散射校正和正交信号校正等。应根据实际建模情况，合理选择数据预处理方法。

下一步要做的是选择用于建立校正模型的多元校正方法。常用多元校正方法有多元线性回归、逐步线性回归、主成分回归、偏最小二乘回归和人工神经网络等。其中，前三种方法属于线性校正方法，后两种为非线性校正方法。校正方法的选择没有绝对的原则，只要能满足实际需要，都可以选用。

建模前，应该对光谱数据进行降维处理，以消除变量之间的相关性。建模变量数目也需要进行优化，过多可能导致过拟合，过少则会导致拟合不足。建模过程中，常用交互验证法通过引入不同变量数目建模确定最佳变量数目。建模时，目标变量可为单一变量也可是多变量。一般情况下，单目标变量校正模型具有较高的可靠性。建模时，需要对奇异值进行剔除，否则模型将不够稳健。剔除奇异值常采用主成分析与马氏距离相结合的方法，即应剔除那些马氏距离大于 3 倍的主成分数与校正集样本数比值的样本。当然，采用适当统计学方法也能有效剔除奇异值。

多元校正模型的误差主要来源于光谱的测量误差、样本参考值的测定误差及校正模型的误差。通过提高光谱测量的精度和参考值的测量可靠性，能够显著的提高校正模型的预测误差。校正模型的误差则需通过探索新的校正方法和不断优化校正模型等来消除。

在特定条件下建立的校正模型，在该条件下使用才是有意义。脱离建立条件，随意使用校正模型，往往会导致不确切的预测结果。使用条件发生任何变化，都必须对模型进行修正，或重新从头建立模型，或对模型进行传递。

实例3：润滑油质量指标的红外光谱预测

该实例收集了市场上具有代表性的124个润滑油样品，共48类。采用Bruke Tensor27傅立叶变换红外光谱仪以透射方式测定样品的红外光谱。参考值的测定依据国家相关标准进行，包括总碱值、总酸值、闪点、倾点、芳烃、饱和烃、胶质、C/H比及重要金属元素含量等。校正模型采用偏最小二乘法建立。通过对通用模型和专用模型的比较，发现润滑油脂来质量指标的红外光谱预测采用专用模型比较合适。因此，在建立质量指标预测模型前，首先要做润滑油种类识别，以便建立和选用合适的校正模型。

第三节　热　分　析

一、热重分析

热重分析法是在程序温度或等温条件下对试样的质量随温度或时间而发生的改变量进行测量的一种动态技术。通过改变样品气氛，可研究气氛对样品热失重性能的影响，从而评价其热稳定性。

1. 黏度与闪点

润滑油的使用性能直接影响其使用效果。准确快速测定润滑油使用性能是十分重要的课题。常规测定方法的准确性在很大程度上取决于操作人员，而且费时费力。近代物理分析方法能更准确快速地进行测定，热重分析在润滑油分析上的应用就是很好的例子。

M. Wesolowski分析了润滑油的化学组成与惰性气氛下热重分析数据的关系，指出热重分折曲线的起始失重温度、1%、5%、15%、30%失重温度T0、T1、T5、T15、T30与润滑油运动黏度、闪点有密切关系，在此基础上，作者采用人工神经网络技术建立了润滑油热分析数据与其理化性质之间的关系。研究发现，以T0、T1、T5、T15、T30为输入变量，采用单因素建模，BP神经网络隐含层神经元数目为输入变量与输出变量和的1/2，并依据训练集中各变量的取值范围覆盖欲评估样品特征参数的变化范围、变量的取值均匀分布和样品特征参数相互独立的原则科学选择训练集，利用润滑油的热分析数据即能准确预测其闪点和运动黏度，结果如图11-27~图11-29所示。

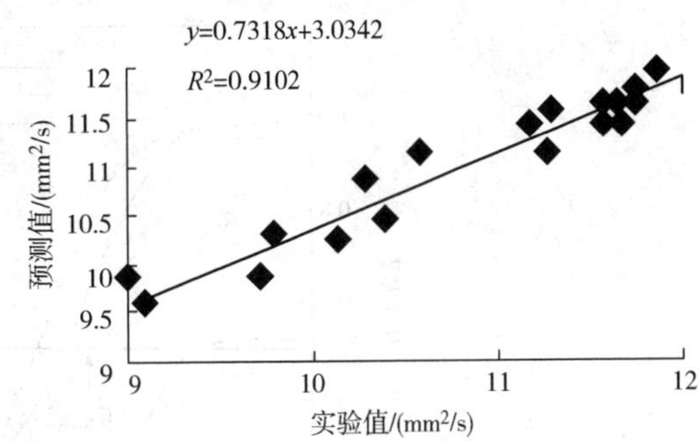

图11-27　100℃运动黏度实验值与预测值的关系

2. 热氧化性能分析

润滑油在使用过程中，热氧化安定性能至关重要。人们普遍认为，润滑油的热氧化按自由基机理进行，伴随热分解和热聚合两个过程，有四种基本过程。即热分解、氧化分解、热聚。S. M. Hsu等人提出了一种评价润滑油热氧化性能的热重分析方法。在热重分析实验中，样品受到持续的加热。随着温度的升高。样品将经历沸腾或挥发过程。热天平将记录作为时间和温度函数的样品失重。在一定程度上，挥发速率取决于操作参数和样品所在的气氛。从实

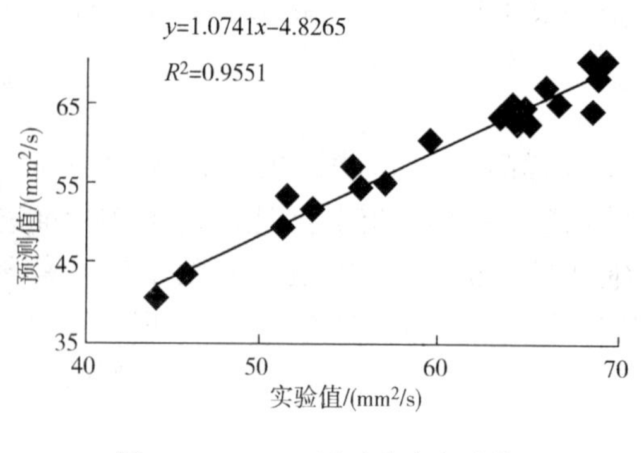

图 11-28　50℃运动黏度实验值与预测值的关系

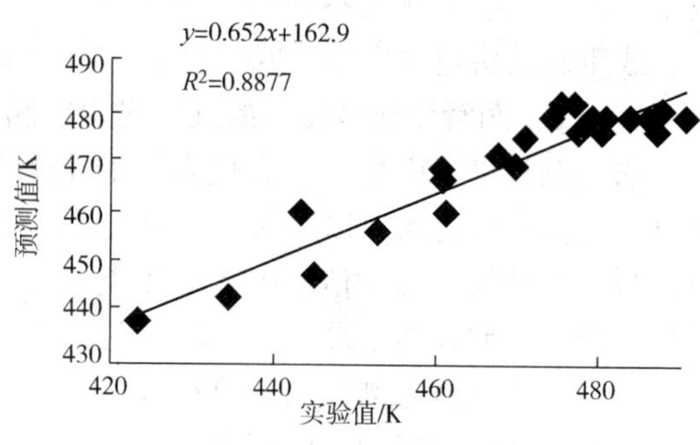

图 11-29　闪点实验值与预测值的关系

验很难将挥发和分解加以区分。实验过程中，首先在情性气体条件下测定样品的热失重曲线；然后在氧气存在的条件下记录新样品的热失重曲线，如图 11-30 所示。当温度低于 T_i 时，氧化曲线的失重较非氧化曲线快。温度大于 T_i 后，氧化曲线的失重较非氧化曲线要慢的多。对此，可作如下解释：样品氧化所需活化能较低，在氧气存在的条件下将首先发生氧化分解反应，使润滑油分子变为沸点较低的小分子，从而使热失重速率加快。随着反应的进行，大分子反应产物形成使热失重减慢，氧化聚合使这一过程加剧，热失重进一步减慢，最后氧化曲线与非氧化曲线相交。形成的大分子产物在持续上升的温度作用下发生分解，大约在 520℃大分子产物的挥发使两曲线又一次汇合。因此，润滑油的氧化和非氧化热失重曲线定量地描述了在氧气存在的条件下氧化对润滑油分解或挥发性的影响和氧化对聚合或润滑油形成大分子产物的趋势的影响。差示曲线可人为的定义为氧化和非氧化热重曲线的差或非氧化和氧化热重曲线的差。氧化分解和氧化聚合分别定义为一个峰。峰下的面积代表两曲线的差异，峰形状与产物沸点和相对分子质量有关。定义氧化分解产物为易挥发产物（MVP），W_{mvp} 为其量；氧化聚合产生的大分子产物为低挥发性产物（LVP），W_{lvp} 为其量。通过考察起始氧化温度 T，氧化聚合温度 T_i，W_{mvp} 和 W_{lvp} 即可对影响润滑油的热氧化安定性的因素做出评价。

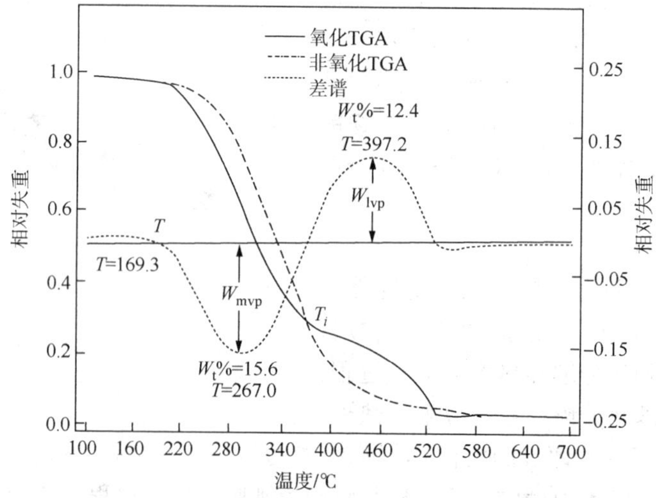

图 11-30　典型氧化和非氧化热重曲线及其差谱

3. 蒸发损失

蒸发损失是一项润滑油很重要的指标，直接关系润滑油使用寿命。润滑油蒸发损失会增加润滑油的消耗。由于低黏度组分的损失，导致油品的黏度上升，增加动力消耗，严重时会导致供油不足，润滑失败，损坏设备。随着润滑油生产和研究趋向高档化，国内外对于润滑油的蒸发损失都有严格要求。

润滑油的蒸发损失常用经典诺亚克法和气相色谱法测定。经典诺亚克法模拟发动机工况，将样品在连续的空气流下加热到 250℃，并在此条件下保持 1h，重量损失即为样品的蒸发损失。实验条件与发动机中润滑油使用环境相似，结果较可靠，但因其使用伍德合金而损害健康，且样品用量大，实验时间长，不利于快速分析。气相色谱法克服了经典诺亚克法的一些缺点，不使用伍德合金，安全性高，结果重复性好。方法使用惰性气体作为流动相，将填充柱中的油加热到 600℃来使样品缓慢脱附，样品的蒸发损失是柱温升至 371℃时脱附的样品量与柱温升至 600℃时脱附的所有样品量的比值。气相色谱法条件与发动机工作条件不同，不能满足某些产品标准。理想的测定润滑油蒸发损失的方法应该是既有色谱法安全、快速的优点，又具有经典诺亚克法准确、结果可靠的特性，热重分析法就是这样的一种测试技术。ASTM 已建立了蒸发损失—热重诺亚克法测试方法（TG Noack）ASTM D6375，我国修改采用该方法，即 SH/T0713 润滑油蒸发损失测定法（热重诺亚克法）。

（1）基本原理。热重诺亚克法的基本原理是，采用热重分析仪在空气气氛下将一定量的润滑油迅速升温至 247~249℃，然后恒温，并记录热重分析曲线，并依据已知蒸发损失的标准油确定的诺亚克参比时间由样品的热重曲线确定其蒸发损失，如图 11-31 所示。

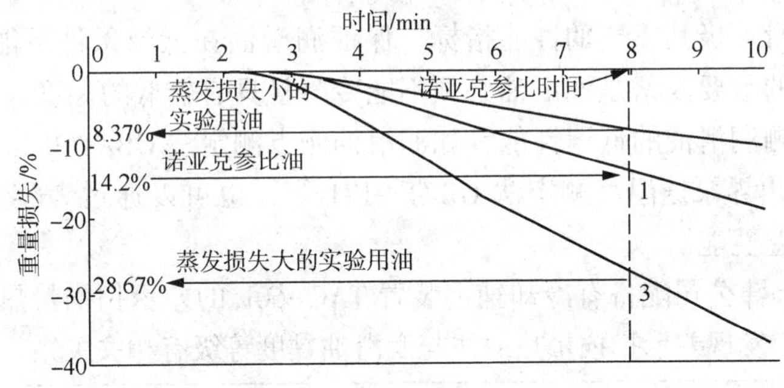

图 11-31　热重诺亚克蒸发损失的确定

（2）仪器与材料

热重分析仪；铝样皿：直径与高度比大于 0.45，体积不小于 50μL±3μL；99.99%高纯氮气：天平保护气；压缩空气：载气；诺亚克参考油：已知诺亚克蒸发损失。

（3）测定过程

① 准备。检查并在实验条件下校正热重分析仪，确保样品温度与控制温度的一致性，温度范围应包含 250℃。如果需要，应在空气流量 200~500mL/min 和 800℃条件下，灼烧热重分析仪 15~20min，以除去残留物。灼烧前，确保热重分析仪中无铝样品皿。

② 样品质量的确定。样品量由样品皿的直径确定，即 $M_s = 350\ (ID)^3$，其中 ID 为样品皿的内径，cm。

③ 空气流量的确定。按仪器制造商推荐值设定，确保样品不污染天平机件。

④ 温度程序设定。为防止样品温度过冲，首先以 80℃/min 从 50℃升温至 235℃，再以 5℃/min 从 235℃升温至 249℃，然后恒温。

⑤ 诺亚克参比时间的确定。样品盘中加入 $M_s \pm 3mg$ 的参比油，在实验条件下进行实验，记录下样品热重曲线，计算参比油达到已知蒸发损失所需要的时间，即为诺亚克参比时间。如果诺亚克参比时间小于 7min，应重新设定温度程序，再测定参比油的诺亚克参比时间，直至满足要求。

⑥ 样品热重诺亚克蒸发损失的测定。样品盘中加入 $M_s \pm 3mg$ 的待测油，在实验条件下进行实验，并将温度程序中的恒温时间改为诺亚克参比时间加 2min，记录下样品热重曲线，并用诺亚克参比时间确定待测油的蒸发损失。

⑦ 报告。测定至少进行 2 次，若 2 次测定结果满足重复性和再现性要求，取 2 次测定值的平均值为样品的蒸发损失，并准确至 0.01%。其中，重复性要求为两次测定值的差不大于 0.31(蒸失)$^{0.60}$，再现性要求为两次测定值的差不大于 0.39(蒸失)$^{0.60}$。

(4) 注意事项。热重诺亚克法适用于蒸发损失为 0~30%的基础油和成品油。但当蒸发损失大于 30%时，热重诺亚克法的结果与经典诺亚克法结果偏差较大，偏差达 4%左右。

二、差示扫描量热分析

差示扫描量热分析法(DSC)是在程序控制温度下，测量输入到试样和参比物的功率差与温度之间关系的一种技术。DSC 的主要特点是使用的温度范围比较宽(-175~+725℃)，分辨能力高和灵敏度高。除不能测量腐蚀性物质外，可在惰性与活性气氛条件下定量测定各种热力学参数(热焓、熵和比热等)。

1. 低温性能分析

低温性能是润滑油极其重要的性能指标。保证润滑油在低温条件下能发挥润滑、冷却、密封和清洗等作用的首要因素是润滑油必须不能冷凝且具有较低的黏度。为此，人们建立了各种分析手段以检测润滑油的低温性能，如润滑油倾点测定法 GB/T 3535、低温动力黏度测定法 GB/T 6538 和边界泵送温度测定法 GB/T 9171 等，也可以通过考察发动机的冷启动特性衡量润滑油的低温性能。

有人应用日本岛津公司配备有冷却辅助装置 TAC-60L 的差示扫描量热仪 DSC-60 考察了润滑油的低温性能，发现差示扫描量热曲线与润滑油黏度等级有相关关系，如图 11-32 所示。

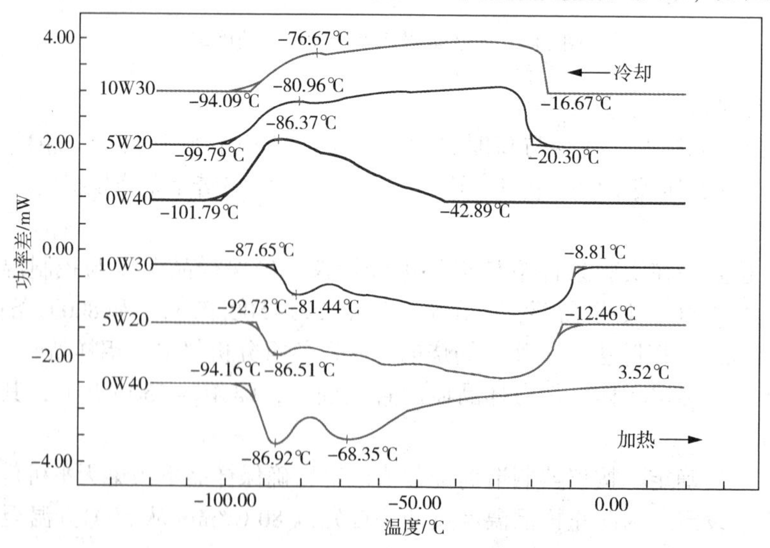

图 11-32　不同发动机油的 DSC 曲线

图中给出了三种不同黏度等级发动机润滑油的 DSC 曲线，测定条件为首先从室温冷却至-120℃，再加热至室温。从图中可以看出，低温黏度等级越低，润滑油的冷凝温度越低。0W-40，5W-20 和 10W-30 润滑油的冷凝温度分别为-42.89℃、20.30℃和16.67℃。同时，也考察了新发动机油和旧发动机油 DSC 曲线，发现起始冷凝温度几乎无差异，但由于润滑油的劣化降解新旧油的完全冷凝温度存在较大的差异，如图 11-33 所示。

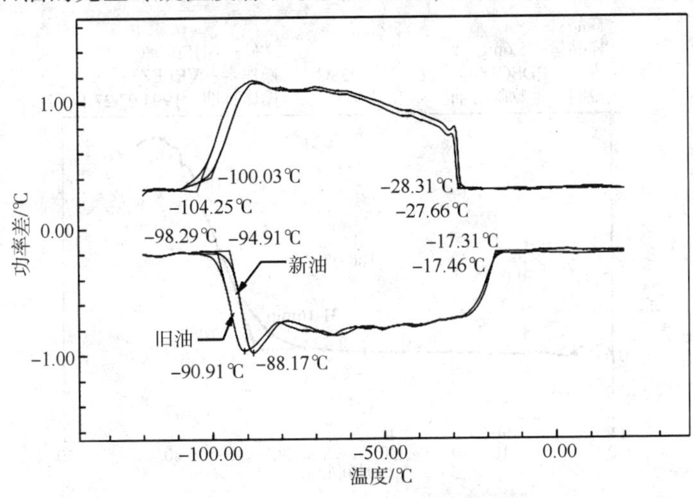

图 11-33　新旧发动机油的 DSC 曲线

2. 热氧化安定性检测

润滑油热氧化安定性的差示扫描量热分析有两种形式，即等温法和程序升温法，分别通过氧化诱导期(OIT)和氧化起始温度(OOT)来衡量润滑油的氧化安定性。

(1) 氧化诱导期的测定。润滑油氧化诱导期的高压差示扫描量法测定按 SH/T0719 润滑油氧化诱导期测定法(压力差示扫描量热法)进行，该方法等效采用 ASTM D6186。方法规定用压力差示扫描量热法(PDSC 法)测定润滑油的氧化诱导期，氧气压力为 3.5MPa，温度在130~210℃。测得的氧化诱导期可以表征润滑油的热氧化安定性，测定迅速且试样用量少。本标准也可用作产品的研究和开发、质量控制和其他特殊用途，但方法的结果和润滑油使用性能之间的相关性还不明确，有待探讨。

测定前，做好准备工作，确保高压差示扫描量热仪工作正常，并在分析条件下对仪器进行温度校正。必要时，也应对压力传感器进行校正，并按下列步骤测定润滑油氧化诱导期：

① 试验温度的确定。如果不确定在何温度下进行试验，应在 210℃下进行试验。

② 在样品皿中称取 3.0mg±0.2mg 试样，使试样均匀地散布在平面上。不要溅到样品皿的其他部分。如果试样在样品皿中扩散直径超过 0.5cm 时，可使用平底皿。样品皿通常为铝皿。

③ 根据 PDSC 仪制造商关于放置样品皿的说明，将装有试样的未密封样品皿和参比皿(同一规格的空样品皿)放置在 PDSC 仪测试池的平台上。关闭 PDSC 仪测试池和压力释放阀。

④ 从室温开始(约 22℃)，将试样以 100℃/min 的速度加热至试验温度。

⑤ 使试样在试验温度下平衡 2min。

⑥ 开启氧气阀慢慢地在约 2min 充压至 3.5MPa±0.2MPa。氧化诱导期的测定从氧气阀开启时开始计时。

⑦ 当压力平衡时，检查 PDSC 测试池的流速并用出口阀调节至 100mL/min±10mL/min。

⑧ 当氧气阀开启 120min 后，关闭氧气阀，通过开启 PDSC 仪测试池压力释放阀慢慢释放 PDSC 仪测试池压力。如果知道氧化诱导期，当氧化放热刚发生时试验即可停止。

⑨ 画出热曲线，测量氧化放热的外推拐点时间(基线外推线和氧化峰速率最大处切线的相交点)。报告这个时间，精确至 1min，作为试样氧化诱导期。如果观察到有多个氧化放热峰，则报告最大的氧化放热峰的氧化诱导期。典型的热曲线见图 11-34。

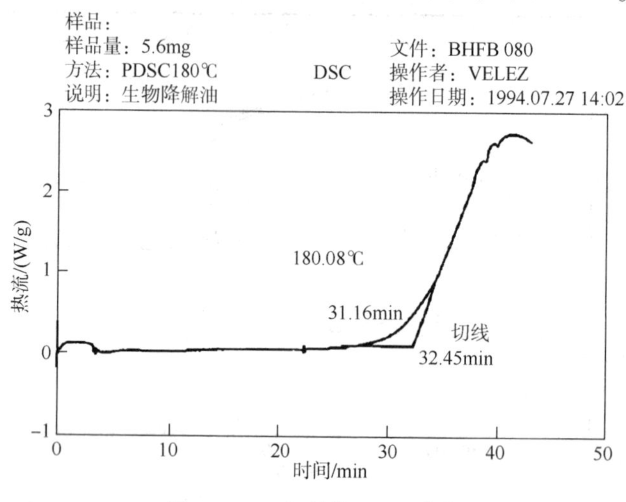

图 11-34　典型的 PDSC 曲线

⑩ 如果氧化诱导期少于 10min，应在稍低温度下按②~⑨步骤重新进行试验。重新试验前，PDSC 仪测试池应冷却至室温。

氧化诱导期的报告精确至 1min，同时报告试验温度。要求在 95%置信水平上，重复性不应超过 0.17X，再现性不应超过 0.35X，其中 X 为两个试验结果的平均值。

可用下面的动力学公式预测不同试验温度下润滑油的氧化诱导期：

$$t=Ae^{12000/T_1},\ A=OIT\mathrm{e}^{-12000/T_2}$$

式中　t——计算的氧化诱导期，min；

A——氧化系数；

T_1——预测温度，K；

T_2——试验温度，K；

OIT——在试验温度时的氧化诱导期，min。

(2) 氧化起始温度的测定。氧化起始温度的测定可按 ASTM E2009(Standard Test Method for Oxidation Onset Temperature of Hydrocarbons by Differential Scanning Calorimetry)执行。

仪器的温度校正依据 ASTM D969 进行。校正采用标准物质铟和锡，升温速度为 10℃/min。OOT 依据 ASTM E1858 确定，即基线外推线和氧化峰速率最大处切线的相交点。

可采用三种不同的方法测定氧化起始温度：氧气氛(方法 A)、高压氧气氛(方法 B)和空气气氛(方法 C)。如果 OOT 大于 300℃，应在高压氧条件下进行试验。如果氧化过快，OOT 小于 50℃，应减小氧气分压，使氧化变缓。

做好准备工作，确保(高压)差示扫描量热仪工作正常，并按如下步骤进行试验：

① 准确称取 3.0~3.3mg 样品，准确至 0.1mg，于铝制样品皿中，样品皿不加盖。

② 根据仪器制造商关于放置样品皿的说明，将装有试样的未密封样品皿和参比皿(同一规格的空样品皿)放置在测试池的平台上。

③ 调整氧气流速为 50.0(±5)mL/min，准确至±5%，吹扫样品 3~5min，设定仪器的灵敏度优于 2W/g。

④ 开始试验，记录 DSC 曲线，并确定 OOT，见图 11-35。试验起始温度为室温，终止温度应高于氧化起始温度，升温速度为 10℃/min。

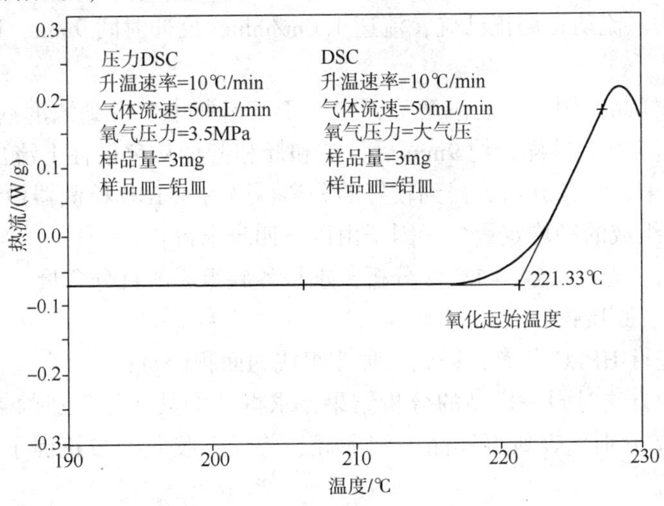

图 11-35　DSC 氧化起始温度的确定

⑤ 如果采用高压氧气氛，氧气的压力应保持在 3.5MPa±0.2MPa，并维持 50mL/min 流速。

⑥ 试验结束，仪器应冷却至室温，一般为 25℃。如果 OOT 大于 300℃或小于 50℃，应调整试验条件重新试验。

报告实验结果时，应包括：试验方法[氧气氛(方法 A)、高压氧气氛(方法 B)和空气气氛(方法 C)]，使用的仪器，气体流速，OOT(℃，准确至±0.1℃)。

采用不同方法时，方法的重复性和再现性有所不同。在 95%置信水平上，方法 A 的重复性和再现性分别为 1.1℃和 1.3℃，方法 C 的重复性和再现性分别为 0.68℃和 1.4℃。

第四节　其他分析

一、润滑油基础油族组成的液相色谱法测定

润滑油基础油中各化学组分的含量有其特点。一般地说，饱和烃(S)含量占大部分(80%左右)，而芳烃(A)和胶质(R)含量较低(总和 20%左右)。对这样的样品要想进行化学族组成的分离及定量分析有许多困难。首先，基础油样品中大量的饱和烃和少量的芳烃会由于分离度不够而影响定量分析的结果，在检测器的选择上既要考虑其通用性、准确性，还要兼顾灵敏性。火焰离子化检测器(FID)结合一些复杂的传递系统，如移动丝或转盘，能用于检测沸点远高于流动相的石油馏分。核磁共振仪(NMR)用作该类检测也有报道，目前 NMR 的使用不普遍。光散射检测器对重质油样品族组成的分析在理论上虽有研究，但还未见其在实际样品分析上的应用。示差折光检测器(RI)是一种常见的通用型检测器，它也可以满足较低含量的芳烃和胶质的检测要求。

HPLC 测定润滑油族组成应用平均定量校正因子的概念，即将多种有代表性的样品首先用经典 LC 法进行分离分析，然后进行 HPLC 分析，得到族组成中饱和烃、芳烃和胶质的校正因子，考虑到各样品均有其代表性，故以其平均值作为各相应族组成的定量校正因子。

色谱柱用 μ-Bandapak-CN(300mm×3.9mm，i.d.)和 μ-Porasil 硅胶分析柱(300mm×3.9mm，i.d.)串联，流动相用正己烷，流速 1.0m/min，反冲时间 9min，进样量为 4μL，检测器用 RI 检测器。

定量称取待测样品，用正己烷溶解后，定容于容量瓶中，得到浓度约为 20μg/mL 的待测试液。取待测试液 4μL 进样，约 9min 后，饱和烃和芳烃从色谱柱上流出，用反冲装置将胶质从柱上反冲下来，使各族组成得到较好的分离，最后用 RID 检测器检测。

(1) 基础油族组成的平均定量校正因子由以下四步求得：

① 对某一样品，先进行经典 LC 法分析，求得各族组成的百分含量($i_{LC}\%$)，这里 i 分别代表饱和烃、芳烃、胶质；

② 对该样品进行 HPLC 分离，得到三种族组成的面积(S_i)；

③ 结合这两种方法对同一样品的分析结果，求得其中某一族组成的 HPLC 定量校正因子 $f_i = w \times i_{LC}\% / S_i$，$f_i$ 分别代表典型样品中饱和烃、芳烃、胶质的校正因子，w 为进样量(单位 mg 或 μg)；

④ 对若干典型样品重复上述的分析步骤，得到各样品定量校正因子，对所分析样品的同一族组成定量校正因子求平均值，即得到该族组成的平均定量校正因子 f_{ai}。

(2) 平均定量校正因子可以满足实际生产中族组成快速测定的要求，但会引入一定的误差，主要有：

① 经典 LC 法的准确度。它将直接影响定量分析校正因子，从而使 LC 系统本身所存在的一切误差通过校正因子被 HPLC 法完全继承下来。

② 样品组分的相对一致性。样品组分的某一族组成是由多种性质相近的化合物组成，它们在 HPLC 谱图上只表现为“混合”的单一峰，其中各化合物的定量校正因子并不一致，因此这些化合物相对含量的变化会通过定量校正因子传递到分析结果。因此，平均定量校正因子在使用上有一定的局限性，只有对某一类性质相似的样品，根据其分析要求可使用近似的定量校正因子。

二、电化学阻抗谱法

电化学阻抗谱，在早期的电化学文献中称为交流阻抗，是一种以小振幅的交变电位为扰动信号的电化学方法。由于以小振幅的电信号对体系扰动，一方面可避免对体系产生大的影响，另一方面也使得扰动与体系的响应之间呈近似线性关系。

电化学阻抗谱以测量得到的频率范围很宽的阻抗谱来研究电极系统，是一种频域的测量技术，能够获得比其他常规电化学方法更多的动力学信息和电极界面结构的信息。即使对于简单的电极系统，也可以从测量得到时间常数、在不同的频率范围得到有关电极、电极间溶液阻抗、电双层电容以及电极反应阻抗的信息。因此，电化学阻抗谱是一种化学工作者十分重视的电化学方法，应用范围在不断的扩大。

电化学阻抗谱在润滑油的使用状态检测中得到了比较广泛的应用。PREDICT Navigator 就是一种用于定性确定润滑油使用状态的便携式筛选设备，是基于测定特定频率下润滑油的电导率和介电常数而建立的。PREDICT Navigator 对水分、磨损颗粒和氧化产物的检测限分别为 100ppm、1200ppm 和 7 个吸光度单位(红外光谱法)。在低频工作时，PREDICT Navigator 的响应取决于润滑油的电导率。水分是影响润滑油电导率的主要因素，水分的含量与电导率的漂移成正比。高频工作时，PREDICT Navigator 的响应取决于磨损金属颗粒引起的润滑油的介电常数的变化。氧化产物无论是在低频还是高频在 PREDICT Navigator 上均有响应。通过获得的润滑油电化学阻抗谱，采用适当的化学计量学方法，即可对待测润滑油的水分、黏度、氧化产物和铁含量作令人满意的预测。由此可见，在较宽频率区间获得电化学阻抗谱能够有效地表征润滑油的使用状态。电化学阻抗谱在石油产品中的另一种重要用途就是石油产品的辨别。辨别的理论基础是不同的物质具有差异较大的介电常数，且在不同的频率处存在特征介电性能。

三、化学发光分析

化学发光分析技术是一种干扰少、多功能的快速、灵敏检测技术。它不仅能连续监控润滑油的氧化，而且可以提供润滑油氧化稳定性以及催化剂或抗氧化添加剂对氧化安定性的影响的相关信息。通过检测过氧化自由基，提供润滑油氧化的动力学和反应机理的基本信息。润滑油氧化在过程中，烃氧化链终止阶段过氧化自由基发生歧化重组反应生成激发态的酮 RO^* 而出现化学发光，激发态的酮 RO^* 衰减回到基态时发出分子荧光，通过记录不同氧化时间的比强度，即可判断润滑油的氧化安定性及相关信息。化学发光技术是一种研究抗氧化添加剂性能的有效技术，既可以用于抗氧剂效能的评定，也可用于抗氧剂含量的测定。

第十二章　油液监测

大多数的机械设备都采用润滑油或其他润滑剂进行润滑，这些油液在机器内部循环，像人体的血液一样含有丰富的有关机体运行状况的信息。所谓油液监测就是要通过各种分析手段提取润滑油中所包含的设备运转状况的信息，其目的是为了预防和预测事故的发生，延长其使用寿命，降低维修费用。

对润滑油所做的分析可分为两大类，一是润滑油本身的性能；二是润滑油中所携带的各种磨损磨粒及其他不溶物。

润滑油本身性能包括黏度、酸值、水分和闪点等常规理化指标，还有添加剂水平、抗磨性能、抗极压性能等项目。使用性能合格的润滑油是设备能否良好运行的关键，润滑油本身性能的劣化，自然会导致润滑性能降低及设备磨损加剧，甚至引发事故。因此，监测和控制这些项目可以防止润滑失效事故的发生，也被称为主动预防维修。为了保护设备，润滑油生产厂和设备制造商都会推荐一些换油指标，提供给设备使用者或管理者作为换油的指导。反过来，也可把这些值作为设备可能发生故障的警告值，并从设备运行过程中这些值的异常变化推测设备发生故障的可能性。润滑油在运行中一些常规指标变化与设备故障的关系见表 12-1。

表 12-1　润滑油运行中一些常规指标变化与设备故障

项　目	上升趋势	下降趋势	规　律
黏度	设备操作温度过高，提前点火	内燃机燃料雾化不良，汽缸—活塞间隙过大	
酸值	换油期过长，工况苛刻		一般为上升
闪点	设备温度高	内燃机雾化不良，汽缸—活塞间隙过大	
残炭灰分	外来污染大，油滤失效		一般为上升
碱值		换油期过长	一般为下降
不溶物	换油期过长，工况苛刻		一般为上升
水分	操作温度过低，漏水		一般为上升

另外，润滑油中还携带了大量的杂质成分，这些成分包括机器部件的磨损颗粒、摩擦聚合物，金属氧化物、润滑油的劣变产物、尘埃等。它们从不同方面反映了设备本身的运行状况，特别是机器中运动部件的磨损颗粒所具有的数量、尺寸、形貌等特性最能说明设备的运行状况，其分析结果可以判定设备正在发生着何种形式、何种性质的磨损，并可作为预测事故的依据。因此，在发达的工业国家中，这种磨损分析方法常用于设备的故障诊断和预测性维修。

建立油品理化分析、油液光谱分析、油液铁谱分析及油液污染度检测的油液分析综合监测系统，是状态监测、故障诊断最有效、最可取的方法。

第一节　油液监测取样技术

众所周知，油样分析技术的关键环节之一就是取样技术。通过分析所取油样中磨粒，以监测判断机械设备的运转工况。因此分析人员所取的油样中必须含有表征设备主要磨损部位信息的有代表性的磨粒。

一、油液监测取样基础知识

1. 取样准则

(1) 从润滑系统的最佳固定位置取样(最佳位置应经实践后确定)。最常用的取样位置是机器设备润滑系统中滤清器前的回油管路上的一点，或者是润滑油箱中的一固定点。在回油管路上取样时，应尽量避免从管子底部取样；而且在取样时应先放掉一部分油，以清洗油阀，保证取得动态有规律的油样。油箱中取样时，通常将取样管插入到油面高度一半略下的深度，而且始终固定在一最佳位置上。

(2) 不停机取样。对于实际运转的机械设备进行状态监测，要求不停机取样。

(3) 停机后立即取样。如机械设备必须停机取样，则应停机后立即取样。

(4) 防止“死角”处取样。润滑油流经每一对摩擦表面后，就含有了所需的磨粒信息。而没有流经摩擦表面的油，或停留在零件某“死角”处的油，不含有代表性的磨粒，所以不能在“死角”处取样，尤其对采用脂润滑的某些零件时取样时更应注意。例如在采取滚动轴承的脂油样时，最好在滚动体和滚道表面或附近取样。

2. 取样瓶

取样瓶应为无色透明的清洁玻璃瓶，瓶口内盖为聚四氟乙烯材质，与油质不发生作用。为了便于实验分析前初步观察油样的状态，最好取样瓶的侧壁为平面。取样瓶不能用塑料瓶，因为塑料与润滑油接触可能产生塑料颗粒、凝胶体和腐蚀液体，油样在塑料瓶中久放还会使塑料瓶壁发粘，导致磨粒附着在油样瓶的内壁上，使抽样的代表性降低。取样瓶容积一般应大于 15mL，保证足够量的油样储入油样瓶内后，取样瓶仍保留 1/4 以上的容积为空间，以便分析前摇动油样，使油样均匀。

3. 取样间隔时间

取样间隔时间的确定取决于被监测的机械设备的状态特点，以及取样分析的目的，或对设备故障诊断、状态监测的准确程度。经验表明，不同的机械设备、不同的运行期、不同的磨损状态都应有不同的最合适的取样间隔时间(或称取样频率)。分析人员应根据被监测的机械设备的实际情况确定最佳间隔时间。间隔时间太短分析测量的数据变化甚微，浪费人力物力；间隔时间太长，则使测量分析准确度降低。通常对正常工况工作的设备，在设备运转初期(或大修后重新运转初期)磨合阶段，由于磨损状态变化大，应取样次数多一点，取样间隔时间短；在设备正常运转(正常稳定磨损)阶段，因磨损状态变化甚小，所以取样次数应少一点，取样间隔时间长一些；设备经过较长时间运转，进入设备磨损过程的后期(剧烈磨损)阶段，因磨损状态变化较大，所以取样次数又应多一点，且缩短取样间隔时间。总之，监测人员要摸清设备的运转状态规律，有的放矢、合理地确定取样间隔时间。表 12-2 列出国内外资料推荐的几种机械设备取样间隔时间，供分析操作人员参考。

表 12-2　几种机械设备取样间隔时间

机械设备类型	取样间隔时间/h	机械设备类型	取样间隔时间/h
飞机燃气轮机	50	重载燃气轮机	250～500
航空及煤矿井下液压系统	50	蒸汽轮机	250～500
柴油机	200	大型往复式发动机	250～500
地面传动装置	200～300	煤矿井下传动装置	100
地面液压系统	200		

4. 取样工具

取样工具包括安装在润滑管路、油箱中的取样阀、抽样工具、储样瓶等。取样工具必须保持清洁，其材质不能与润滑剂起反应。对于置于管路、油箱中永久性的取样阀、管等，取样前应放掉两倍于残留油体积的油样，以保证取样时不残留上次的油样。抽样器、储样瓶等都应清洗、烘干。避免用塑料瓶做储样瓶，储样瓶也不能采用金属器皿，因为器皿表面或其镀层上脱落的金属粒子与油样中的微粒混淆，会影响分析的准确性。为便于肉眼观察，储样瓶最好采用侧面是平面的无色透明的玻璃瓶，容积一般不小于 15mL。最好不用圆形的，更不要用棕色的玻璃瓶。油样要进行密封，通常在塑料瓶盖内加有聚四氟乙烯的衬垫，以便于油样的搬运和储存。因为分析前对油样要进行均匀摇晃，装油量也不要超过储油瓶体积的 3/4。

5. 润滑脂取样

摩擦副用润滑脂润滑时，由于磨损微粒进入润滑脂后黏附在零件磨损副的表面及其附近，给取样带来了困难。如果摩擦副部件能够从机器上拆卸下来，则可将其放在干净盘中，用专门的溶剂进行稀释清洗，制成适合于分析的液样。如果摩擦副部件不能拆卸，则润滑脂样尽可能在磨损表面及其附近取样，然后进行稀释。对于尺寸较大的轴承，分为上下、左右等部位分别取样，取样量一般在 10～30g。每次取样深度都相同，且部位也相同。图 12-1 为润滑脂取样示意图。

(a)正确取样部位

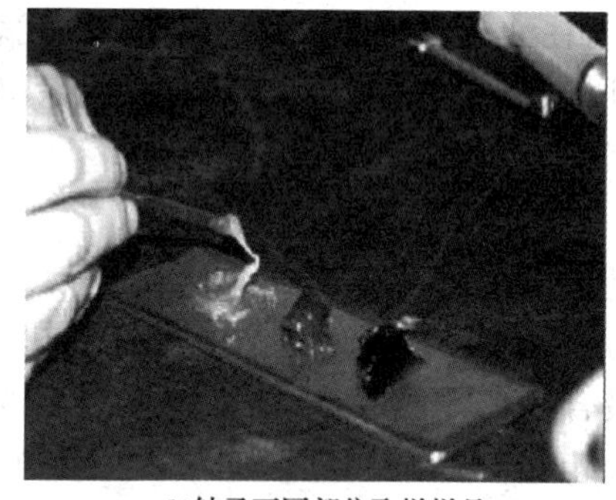
(b)轴承不同部位取样样品

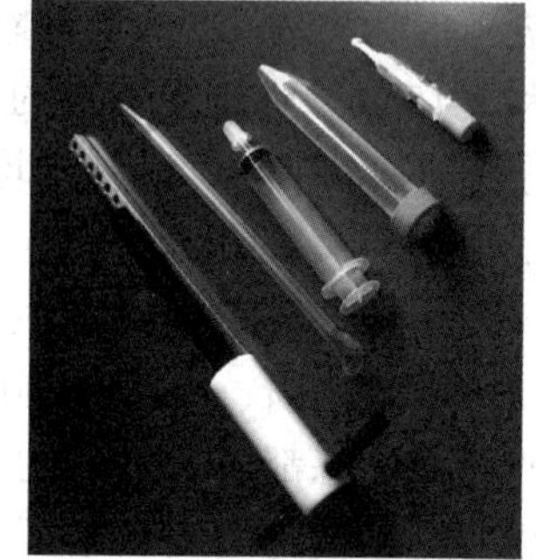
(c)取样工具

图 12-1　润滑脂取样示意图

对于同体润滑剂或自润滑，其取样与润滑脂取样类似，而难度更大。摩擦副不便于拆卸时，可在摩擦副表面附近取样。

6. 气流取样

对于气体透平机械如航空发动机、燃气透平汽轮机等磨损微粒的取样方法，就是在气体透平气流中和气道尾部管壁设置黏附带，以收集从气体中排出的磨损微粒，再对该黏附带进行清洗，从清洗液中取样制作铁谱片进行分析。

二、取样后分析时油样的处理

油样瓶中的油样经存放后，其中部分磨粒在重力作用下会沉降在油样瓶的底部或粘附在瓶壁上。操作人员在从油样瓶中取出少量油样进行铁谱、光谱分析前，为了得到近似取样时磨粒均匀悬浮的油样，应将常温下保存的油样瓶放入烘箱中加热，加热温度根据油品黏度大小而定，加热时间根据油样容量而定。一般情况下，烘箱加热温度加热到65℃±5℃，加热时间约30min即可。油样瓶从烘箱加热后取出，剧烈摇动(用手或专用摇晃振动装置)约10min，使油样中磨粒完全均匀分布，呈悬浮状态，然后立即准备进行分析。在进行油样铁谱分析之前，还必须对油样进行黏度稀释和浓度稀释，使分析油样既具有一定流动性，又能防止磨粒重叠沉积，以得到一理想磨粒浓度测量值范围。为了实现磨粒的单层沉积，使铁谱片测得的磨粒覆盖面积百分比值小于30%而大于10%为好，如测得的入口处的磨粒覆盖面积百分比值大于30%，则油样仍应再次浓度稀释。浓度稀释用油最好是经过滤的同牌号净油，通常过滤两次，滤纸孔径约为0.5μm以下为好。一般采用的浓度稀释比为10：1、100：1和1000：1。操作时，取1份油样，添加9份浓度稀释油，混合后即配成10：1的油样。如配制100：1、1000：1的油样，则依此类推。黏度稀释是指在试验油样中加入稀释剂(石蜡或四氯乙烯)，以得到恰当的试样黏度。对不同浓度稀释比的样品分析结果进行数据比较时应把稀释比例因子计算进去。

参照美国材料试验学会(ASTM)的润滑油内金属物化学分析的标准方法，采取如下步骤：

(1) 在恒温箱内将油样加热到65℃±5℃，保持30min以上。警告：为避免因气体受热膨胀而使玻璃瓶爆炸，应在加热前拧松瓶盖。

(2) 拧紧瓶盖后用手剧烈地摇振油样瓶，以充分打散油内磨粒团块并使磨粒均匀悬浮。

(3) 如果原油样瓶内装得过满(超过瓶容量的3/4)，则在其加热之后全部倒入另一更大的干净玻璃瓶内(其容积至少要大于总油样量的4/3)再进行摇振。注意：要边倒边摇晃原油样瓶，不要在原油样瓶底遗留下沉积物。

(4) 在每次从油样瓶内取出少量试验之前，必须再预热和摇振。

(5) 放置试验用油样的容器应采用无色透明玻璃瓶(最好为方形瓶，以便用肉眼直接观察油样情况)。

(6) 从经过预处理的油样中，用定量移液器取出1mL放到干净的试管内备用。

润滑脂的稀释是将其试样溶解在溶剂中，成为具有适当黏度的液体，以便制成适合于铁谱分析的谱片。常用的溶剂是，甲苯+正己烷，它们的比例是甲苯：正己烷=3：7。将不少于50mg的润滑脂放入已盛有10～20mL溶剂的透明的玻璃瓶中，润滑脂和溶剂的总量，不超过玻璃瓶总容量的2/3～3/4，以便有空余容积进行摇匀。亦可将装有油样的玻璃瓶放在超声振荡器中振荡数分钟，然后再用手摇匀。亦有将直径为3～5mm的干净玻璃球10～20粒，放在玻璃瓶内用手摇匀。但是这种方法容易将大的磨损颗粒砸碎，影响分析的准确性。

所有配制过程都要严格按照美国材料试验学会制定的ASTM标准程序严格进行。恰当的稀释比往往是通过试测油样铁谱读数、试做铁谱片或根据实践经验而定。

显然，无论是用增加油样量解决磨粒浓度过低的问题，还是用磨粒浓度稀释方法解决磨粒浓度过高的问题，不同油样用量或不同稀释比的测量结果是不能直接相互比较的。铁谱技术中采取了数据归一化的办法解决此问题。在使用直读式铁谱仪时，定义一个称为“每毫升标准直读数”的单位 D_{std}。

$$D_{std}=\frac{D}{V_0\cdot(1/N)}\text{（适用于直读式铁谱仪）}$$

$$A_{std}=\frac{A}{V_0\cdot(1/N)}\text{（适用于分析式铁谱仪）}$$

式中 D——直读式铁谱仪显示的直接结果；

A——分析式铁谱仪显示的直接结果；

V_0——分析样品中不含黏度稀释剂部分的纯油样体积；

N——磨粒浓度稀释比。

例如，某分析油样磨粒浓度的稀释比为 10∶1（$N=10$），所用油样量为 1mL（$V_0=1$），黏度稀释比为 1∶1，最终读数为 $D_1=19$，油样的值为：

$$D_{1,std}=\frac{D_1}{V_0\cdot(1/N)}=\frac{19}{1\cdot(1/10)}=190$$

在实际的油样稀释操作中，一般先进行磨粒浓度稀释，然后进行黏度稀释。

第二节　油液监测中的铁谱分析技术

机械设备故障诊断油样铁谱分析技术是 20 世纪 70 年代开始发展起来的新的监测分析技术。由于该技术的独特作用，目前已被愈来愈多的部门所采用。

1971 年英国 D Scott、美国 W W Selfert 和 V C Westcon 首先提出了铁谱分析技术的理论。1972 年 V C Westcon 取得了专利权，并由美国 Foxboro 公司制成了第一台分析式铁谱仪，后来又陆续出现了直读式铁谱仪、在线式铁谱仪、扫描旋转式铁谱仪。1979 年世界各地已有 69 台铁谱仪，1983 年发展为 166 台。我国在 1981 年由广州机床研究所和北京石油化工科学研究院分别引进美国 Foxboro 公司生产的分析式铁谱仪。1983 年国内已经开始研制分析式铁谱仪和直读式铁谱仪，同年在上海交通大学举办了国内第一次油样分析铁谱技术讲习班。据不完全统计，到 1991 年国内正常使用的铁谱仪已越过 100 台。高等院校约占 26%，科研机构约占 22%，厂矿企业约占 52%。显然，铁谱技术已在我国设备故障诊断及状态监测的实际应用中发挥了重大的作用。1985 年前后中国矿业大学和杭州轴承试验中心又各自研制出旋转式铁谱仪，1990 年西安交通大学研制出了在线铁谱仪。

油样的理化分析、铁谱分析、光谱分析的综合监测是最有效的方法。可以扬长避短，相互补充，从而提高设备状态监测的准确度。

一、铁谱技术的基本原理及铁谱仪

铁谱技术（Ferrography）的基本原理是，利用高梯度强磁场的作用，将从设备润滑系统内采取的油样中分离出磨损颗粒，并借助不同仪器检验分析这些磨损颗粒的形貌、大小、数量、成分，从而对机械设备的运转工况、关键零件的磨损状态进行分析判断。根据分离磨粒、检测磨粒的不同方法，研制了不同的铁谱仪。主要有：分析式铁谱仪（Analytical Ferrography）、直读式铁谱仪（Direct Reading Ferrography）、旋转式铁谱仪（Rotary Ferrography）。上述均为离线测量分析。如能在设备的润滑系统中分离测量磨粒的铁谱仪称为在线铁谱仪（On-line Ferrography）。

综上所述，铁谱技术的主要内容包括：采取有代表性油样的技术、铁谱仪及制谱技术、磨粒分析技术。

1. 分析式铁谱仪结构

分析式铁谱仪是最先研制出来的铁谱技术仪器，图 12-2 是 TPF-1 型分析式铁谱仪系统，由铁谱仪和铁谱显微镜两部分组成。图 12-3 为分析式铁谱仪工作原理图。按一定要求从设备润滑系统中取得的油样，经稀释、加热后约 2mL 的待测油样放入玻璃管中，稳定低速率的微量泵(亦称蠕动泵)输送油样到放置在强磁场装置上方，且成一定倾斜角(约 1°~3°)的玻璃基片上(亦称铁谱基片)。油样由上端以约 15m/h 的流速流过高梯度强磁场区，从基片下端流入回油管，然后排入贮油杯中。油样中的磨粒在高梯度强磁场的作用下，按一定的规律排列沉积在基片上，经用四氯乙烯溶剂冲洗去除底片上的残油，待固定剂全部挥发干后，垂直向上地取下铁谱片。图 12-4 为铁谱片主要尺寸及磨粒尺寸的分布。

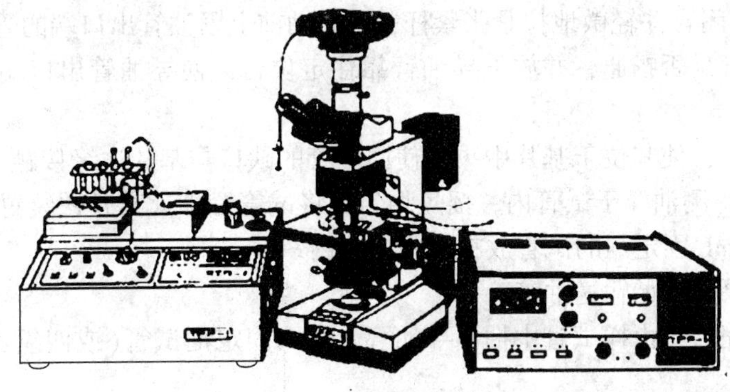

图 12-2　TPF-1 型分析式铁谱仪系统

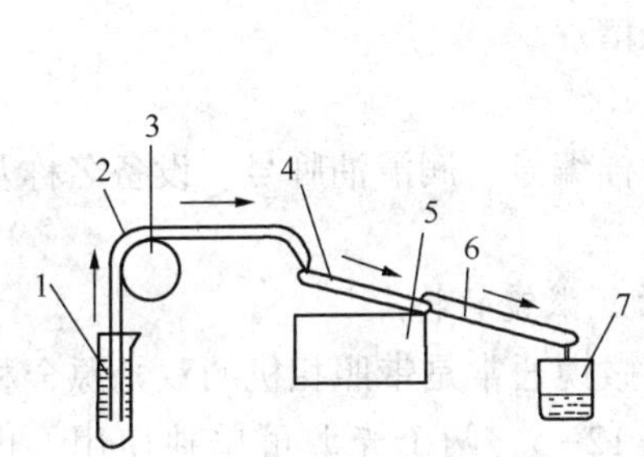

图 12-3　分析式铁谱仪工作原理

1—油样；2—导油管；3—微量泵；4—玻璃基片；5—磁场装置；6—回油管；7—储油杯

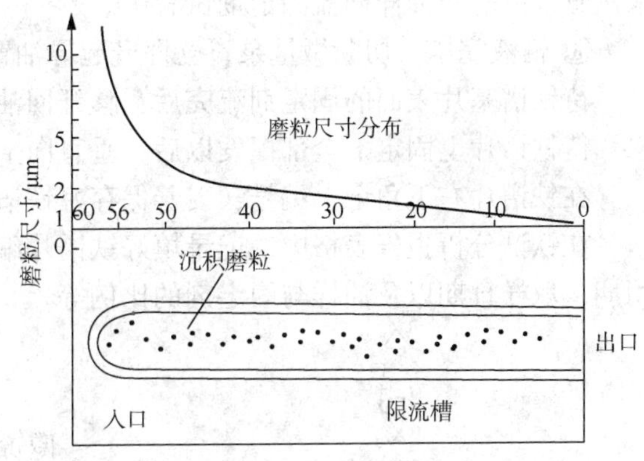

图 12-4　铁谱片主要尺寸及磨粒尺寸的分布

实验分析表明：“大磨粒”(大于 5μm)一般沉积在距出口端约 50~56mm 的入口区，“小磨粒”(1~2μm)一般沉积在距出口端约 50mm 处，而小于 1μm 的“细小磨粒”通常沉积在距出口端 30mm 以下的区域。

2. 分析式铁谱片的制取

分析式铁谱技术对设备诊断预测结果的准确与否，取决于分析式铁谱仪制取的铁谱片是否合格，也就是要求谱片上沉积的磨粒大小、尺寸、分布、数量能正确反映设备磨损部位的各种信息。一张不合格的铁谱片，得不到可靠的信息或得到错误的信息。

铁谱片的制取步骤如下：

① 油样设备。从设备润滑系统按要求取样后，油样瓶中磨粒因重力作用沉降到瓶的下部或瓶底，在取少量油样进行分析之前，必须使油样瓶中沉降的磨粒重新呈均匀悬浮状态。为此，需将油样瓶放入烘箱内加热，一般加热至65℃±5℃约30min左右。油样瓶从烘箱取出后，强烈摇动或用机械振荡，使油样中磨粒重新呈均匀悬浮分布。取出一定量用于制备铁谱片的油样进行黏度稀释和浓度稀释后，置于另一干净玻璃管内，实验油量一般不少于3mL。

② 从密封袋中拿出基片，操作时手指不要与基片表面接触，只能拿住边缘部分或用专用摄子夹住基片，小心地安放在铁谱仪上。注意使基片上的黑点(标记)位于左下角，确保基片上的限流槽向上面。

③ 将导油管插入导油臂，端部伸出大约3mm，再将导油管绕过微量泵的滚轮并装好，将微量泵的回转头闭合并轻微地拉紧张紧杆，泵启动前上紧油管出口端的管卡。

④ 检查导油管是否畅通，并放下导油臂靠住定位台，使导油管出口端距离铁谱基片表面约1.0mm。

⑤ 装好回油管，使其位于基片中央，使回油管的缺口与基片边缘接触。

⑥ 放置3mL待测油样于试管内，摇晃均匀后将试管置于远离磁铁装置的试管架最后一架孔上，将装有5mL固定剂的试管放在中间架孔内。

⑦ 启动微量泵，开始输送油液。

⑧ 当油样抽完后，由样试管中抽出导油管，插入固定剂试管(或四氯乙烯)试管，开始输送固定剂。

⑨ 开始输送固定剂时将导油管反复捏起高出固定剂液面。导入三次气泡，然后重新插入试管，以防止油样回流固定剂试管中。

⑩ 输液完毕，切断微量泵，立即升起导油臂。

待铁谱基片表面的固定剂流完后，移开回油管。

待铁谱片上固定剂全部挥发以后，垂直向上拿起铁谱片。

在铁谱片右下角记上编号，妥善保存好铁谱片。

在铁谱分析报告表格中，记录填好铁谱片编号、抽样编号、润滑油牌号、设备名称及使用期、取样日期以及油样与固定剂的比例等。

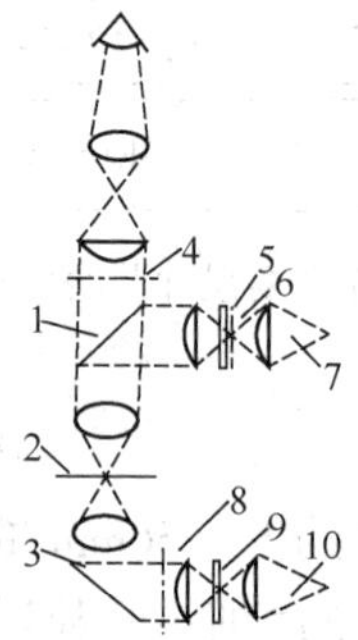

图12-5　显微镜的光路原理

1—半透半反镜；2—载物台；3—反射镜；4—检偏器；5—红色滤光片；6—起偏器；7—反光光源；8—起偏器；9—绿色滤光片；10—透色光源

3. 铁谱显微镜的特点

铁谱显微镜通常是带照相机的双光源金相显徽镜，见图12-5，两个光源可单独使用，也可同时使用。反射光加红色滤光片，透射光加绿色滤光片，可形成双色照明，可以对铁谱片上的磨粒做出鉴别。例如：白色反射光可以观测磨粒的尺寸、形状和颜色。轴承铜基合金呈黄色或红褐色，铝锡合金磨粒呈银白色，铅锡合金磨粒呈黑色，钢磨粒呈白亮色或回火色，而且由于摩擦后磨损严重程度不一样和热效应不一样，所以钢磨粒颜色还会变化。白色透射光可以用来观测各种透明或半透明的磨粒，观察磨粒在透射光下的色调可以判断分析磨粒的材料成分。通常三氧化二铁(Fe_2O_3)磨粒呈红色。同时用红色反射光和绿色透射光的双色照明对于观测谱片上的聚合物和其他非结晶磨粒特别有用，而且可以清楚地观察到嵌入这些非结晶颗粒的游离金属磨粒。借用低数值孔径照明或斜照明可以观测磨粒表面形貌的变化，从而为判断磨损机理提供依据。

偏振光照明用于鉴别氧化物、塑料及其他各种固体污染物，简便、有效、快速。

4. 谱片光密度读数器

铁谱片上磨粒的数量和尺寸分布可通过光密度读数器测量谱片上磨粒的覆盖面积百分数而获得。光密度读数器的光敏元件与显微镜的光路相连，可以数字显示被测部位的磨粒覆盖面积百分数，亦称铁谱读数。通常光敏元件不接受光时，读数器应调到100%读数。

测定铁谱读数时，采用白色反射光照明和10×物镜。测量步骤如下：

① 把将测部位的视场在显微镜下聚焦。

② 移动工作台，将铁谱片无磨粒沉积的干净空白部位置于物镜下，接通光敏元件光路，调零点。

③ 将被测部位重新移到物镜视场下。

④ 慢慢移动工作台，对被测部位扫描，并读出覆盖面积百分数的最大值，即铁谱读数的最大值。通常在铁谱片入口处应纵向、横向两个方向扫描，其他部位只需横向扫描即可。测量过程中注意防止非磨损的大颗粒或纤维物等的干扰。

⑤ 记录铁谱片各个测量部位的磨粒覆盖面积百分数。通常规定铁谱片入口处磨粒覆盖面职百分数为 A_t，距出口 50mm 处磨粒覆盖面积百分数为 A_s，分别定量表示大小磨粒的数量。

5. 分析式铁谱定量分析方法

磨损研究表明，润滑工况下，相对运动的两表面的磨损状态与磨损过程中产生的磨粒数量、磨粒的尺寸及其分布密切相关。非正常的磨损均会导致磨粒浓度的变化，严重磨损总是伴随着较大磨粒的数量增加。所以，测量、记录油样磨粒的浓度变化、尺寸分布变化及其趋势就可以相对定量的诊断和监测设备的磨损状况。图 12-6 为一般金属表面磨损过程与磨粒尺寸及磨粒数量的关系。

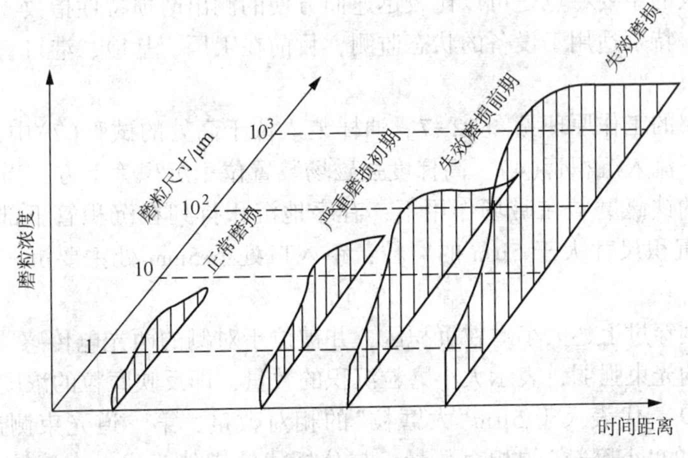

图 12-6 磨粒尺寸与磨损过程

分析式铁谱技术从铁谱片入口处测得表示大磨粒数量的 A_t，从距谱片出口 50mm 处测得表示小磨粒数量的 A_s。为了铁谱定量分析方便，通常规定大磨粒读数 A_t 和小磨位读数 A_s 之和表示油样的磨粒数量，代表磨损程度；大磨粒读数 A_t 和小磨粒读数 A_s 之差表示油样磨粒的尺寸分布，又称磨损严重度；而大小磨粒数之和 A_t+A_s 与大小磨粒数之差 A_t-A_s 的乘积表示油样磨损严重指数，即：

磨粒数量(磨损度)：(A_t+A_s)

磨粒尺寸分布(磨损严重度)：(A_t-A_s)

磨损严重度指数 I_s：$(A_t+A_s)\cdot(A_t-A_s)$ 或 $(A_t^2-A_s^2)$

由于分析式铁谱仪谱片制作的误差、光密度读数器对被测点的选点误差以及定标误差等，上述定量分析值准确性较难控制，许多铁谱技术工作者取直读式铁谱读数和光谱分析值作为磨损量的指标。分析式铁谱技术以观察、分析磨粒的形状、大小、表面形貌等为主。显然，磨损严重指数 I_s 既与总磨损量有关，又与磨损的严重程度有关。所以，I_s 不但可以反映磨损状况的变化过程，又可以反映磨损状况的严重程度，是铁谱技术定量参数中的重要指标之一。

6. 分析铁谱的图像分析方法

借助图像分析仪可以对铁谱片上排列的磨粒进行图像分析，通过光学显微镜采集铁谱片上磨粒的图像，经显微镜顶部的摄像扫描器及视频模拟数字转换单元，将图像的数字信号送微处理机，按给定的灰度反差，由软件程序分析磨粒的面积、周长、弦长、垂直及水平截距，以及基准尺寸宽度内的磨粒数量等参数。如将上述参数输入磁盘，也可以计算各种磨损参数，并可显示图形结果。

操作时，显微镜工作台在谱片平面两个方向上移动，最好能自动控制以准确地对铁谱片扫描测量。近年来借助于真彩色软件包，通过区分磨粒的颜色去分辨磨粒，用铁谱显微镜的双色光、偏振光采集图像，再配以铁谱片加热法，进一步对不同磨粒，例如钢、铸铁、有色金属、氧化物等进行分析。图象分析结果给出磨粒覆盖面积、磨粒形状因子 $S\cdot F$、磨粒尺寸的分布(可表达为累积威布尔分布函数)等，从而分析判断设备的磨损程度。

二、直读式铁谱仪

直读式铁谱仪的主要特点是可以比较迅速而方便的测出磨损特性指数，对设备的磨损状态给出定量分析，特别适用于设备的状态监测，目前在工厂、基地、港口、船舶等处得到广泛应用。

直读式铁谱仪的工作原理见图 12-7。油样装入位于高处的试管(7)中，经毛细管(6)，油样被虹吸管向下流入沉积管(4)，高梯度强磁场装置位于沉积管下方，当油样缓慢流过沉积管时，油样中的铁磁磨粒在磁场作用下，有序地沉积排列在沉积管下部，如图 12-8 所示。入口处主要沉积尺寸大于 5μm 的磨粒；距入口处下 5mm 处主要沉积尺寸 1~2μm 的磨粒。

两道光束分别穿过上述大小磨粒沉积区，并被位于对侧的两光电传感器(8)所接收，光敏元件所接收到的光束强弱，表示大小磨粒沉积的数量，即反映磨粒的浓度。第一道光束测出的光密度值为 D_t，代表大于 5μm“大磨粒”的相对数量，第二道光束测出的光密度值为 D_s，代表 1~2μm 的“小磨粒”的相对数量。与分析式铁谱仪相比，直读铁谱仪的使用较方便，能迅速地测得油样中大小磨粒的浓度值。而且实践表明，D_t、D_s 数值更准确。通常也用

大小磨粒数之和 D_t+D_s、大小磨粒数之差 D_t-D_s 以及 $D_t^2-D_s^2$ 表示直读铁谱的定量指标。

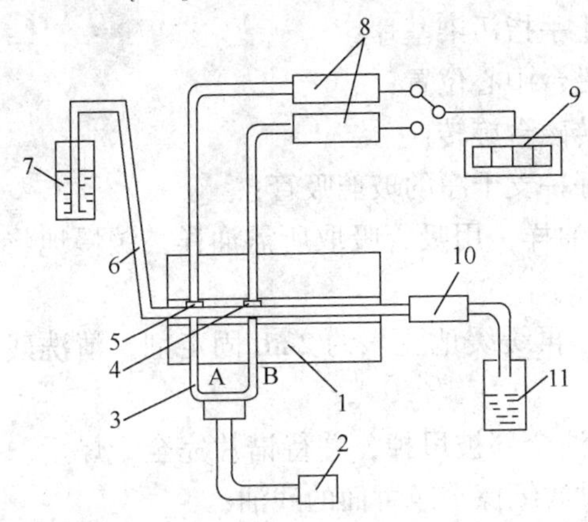

图 12-7　直读式铁谱仪简图

1—磁场装置；2—光源；3—光通道；4—沉积管；
5—光电传感器；6—毛细管；7—油样；8—信息转换器；
9—数字显示仪；10—虹吸泵；11—废油；
A—第一束光；B—第二束光

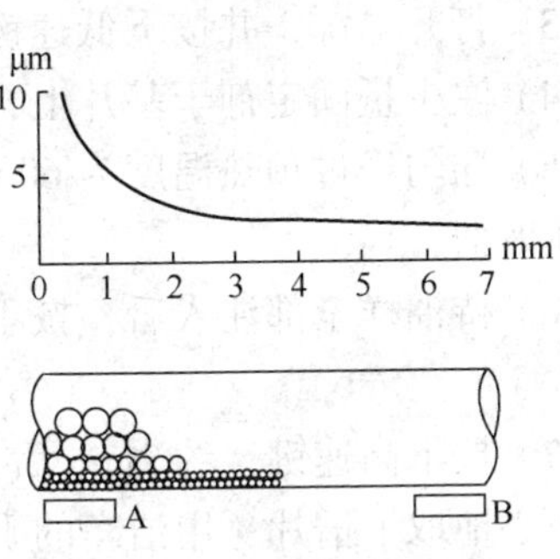

图 12-8　沉积管内磨粒排列

A—前传感器；B—后传感器

磨粒数量(磨损度)：(D_t+D_s)

磨粒尺寸分布(磨损严重度)：(D_t-D_s)

磨损严重度指数 I_s：$(D_t+D_s)\cdot(D_t-D_s)$ 或 $(D_t^2-D_s^2)$

在设备状态监测中，还可以归纳如下两个参数：

磨粒浓度 WPC：$WPC=(D_t+D_s)/$油样量

大磨粒分数 PLP：$PLP=(D_t-D_s)/(D_t+D_s)\times100\%$

记录绘制 WPC 及 PLP 曲线的变化，可以有效地监测设备的早期磨损，长期监测某一特定设备的经验积累，就可以定出 WPC 及 PLP 的基准线，从而提高状态监测的有效性。

三、旋转式铁谱仪

分析式铁谱仪的操作极为复杂(尤其复杂的是对油样的制备)，而且微量泵在泵油过程中，磨粒可能受到机械压碎作用。另外，当大磨粒较多时，制谱中谱片入口处易产生重叠现象。旋转式铁谱仪就是为克服分析式铁谱仪的上述缺点，又保留了铁谱片可以分析观察磨粒形貌、尺才大小、材质成份等优点的情况下设计出来的。20 世纪 80 年代初英国 Swansea 大学首先研制了旋转式磨粒沉积器(Rotary Particle Depositor)简称 RPD。

1. 仪器工作原理

旋转式铁谱仪是利用旋转磁场，从油样中分离出磨损颗粒的铁谱仪。旋转式铁谱仪由三块同心圆环形磁铁组成三个同心圆环形磁场。其工作原理如下：在电机的驱动下，紧贴在圆柱形磁铁上的铁谱片以较慢的速度旋转，待分析油样一滴一滴的滴到旋转磁台中心处，在离心力的作用下，油液不断向四周流散，油样中的磁性磨粒在环形强磁场的作用下，以三个同心圆环的形式沉积在玻璃基片上，最里面环上分布的颗粒最大，中间圆环次之，最外面圆环上的颗粒最小。玻璃基片最后经清洗和固定后，制成铁谱片，进行后续的分析。

2. 谱片的制作步骤

(1) 用塔台上的压舌把干净的方形玻璃片(基片)压在回转磁台的唇状密封圈上，当密封唇被压平时，密封唇和玻璃片之间形成的负压使基片牢牢地固定在回转磁铁上。注意在取基片时，手指始终握在谱片的边缘，以防止手指污染基片；

（2）将塔台上漏斗形注射器转到回转磁台中心位置；

（3）打开电源，并按下低速键，使回转磁台旋转；

（4）注少量固定剂于基片上，并准备好一支干净的玻璃吸管；

（5）摇匀经过预热温度为60℃±5℃的油样，用吸管吸取所需油样，缓慢地将油样注入油样注射器；

（6）待油样全部注入后，按下中速键，再缓缓地注入约2mL固定剂，清洗残油，固定颗粒；

（7）按下高速键，约2min后，基片上油全部被甩掉，并待谱片完全干燥后，按下停止键，小心地取下谱片，用洁净的手巾纸或过滤纸擦干净背面的残油；

（8）在制成的谱片上写上编号后，制片工作才算完成。

3. 数字式铁谱谱片光密度计

本仪器专供对由旋转式铁谱仪制得的谱片进行定量分析。它利用光密度原理对谱片上的两个互为同心标准环带进行检测：ϕ5. 5～7. 5mm 环带上测出的为大颗粒光密度读数 R_t，ϕ7. 5～22mm 环带上测出的为小颗粒光密度读数 R_s。利用这些数据可以计算下列参数，用以表达所分析的各机器摩擦副的磨损情况：

磨损度：R_t+R_s

磨损严重度：R_t-R_s

磨损严重度指数：$I_s=(R_t+R_s)\cdot(R_t-R_s)$

（1）主要参数：

谱片尺寸：25mm×25mm

通光孔径：ϕ24mm

有效检测孔径：ϕ5～22mm

重复性误差：≤2%

精度误差：≤3%

测量结果输出：LED数字显示

（2）仪器组成。铁谱谱片光密度计由三部分组成：光学系统、试样台、电处理与显示。

四、在线铁谱仪

在线式铁谱仪实际上就是直读式铁谱仪用于在线测量的一种改进变型。在线铁谱仪主要由两部分组成：一个是并联安装在被监测的机械设备润滑油循环系统中的光敏感元件，即探测器；另一个部件是显示传感器测量值的分析器。探测器由高梯度的磁场装置及沉积管、流星控制器和光电传感器等构成。当探测器接通，润滑油流经沉积管，润滑油中携带的磨粒在高梯度强磁场的作用下沉识到沉积管的内表面，表面感应电容传感器可以连续测量 D_l、D_s 数值，分析器给出了相应的磨粒浓度及磨粒尺寸分布状况。当达到预先设置的磨粒浓度值时，流量自动切断，一次测量结束。沉积管被自动冲洗，待冲掉沉积的磨粒后再开始下一个测量循环。每次测量的循环持续时间可从30s到1800s自动变化，设定的磨粒浓度值通常根据沉积量与润滑油流通沉积管的油流量之比确定。一般有两种磨粒浓度读数范围：粗读数值约为0～1000μg/g，用于高磨损率情况；低读数值约为0～100μg/g，用于低磨损率情况。

由于在线铁谱仪直接装在被监测的机械设备润滑系统中、能自动连续监测设备磨粒状况，既保证了监测的及时性，对设备的早期磨损及时发出预报，同时又避免了采取油样的麻烦，提高了监测的可靠性和工作效率。目前，在线铁谱仪已可由微机自动对油样标定，校准与操作使用更为方便。为了提高在线监测的准确度，在线铁谱仪应安装在被监测设备润滑系统的最能收集到主要磨损零件信息的部位，这样就可以比较可靠地对设备的磨损故障给出早期预报。

正是由于具备以上优点，在线式铁谱仪特别适合于不停机的大型机械设备和大型旋转机组的状态监测。当然，由于技术上的一些原因，目前的在线式铁谱仪的体积和重量还比较大，应用时对被检测设备的结构还有一定的特殊要求。

以上介绍的几种油液分析技术各具特点。但任何一种单一的方法都不可能全面地给出分析研究所需的信息和数据。例如，各种技术的分析效率与润滑油中的颗粒粒度有关，铁谱技术在粒度为 $1\sim10^3\mu m$ 级时，分析效率可达 100%，即这个粒度区间的磨粒可以比较完全地被检测出来，光谱分析对 $1\sim8\mu m$ 的磨粒分析效率最高，因此，光谱数据所测得的数值是在润滑系统中具有较长寿命的小磨粒浓度累计值。所用的各种油液监测技术的比较情况如表 12-3 所示。

表 12-3　各种油液监测技术的比较

方法	定量	形态分析	成分分析	适用粒度范围/μm	速度	实验室条件	投资成本
理化分析	准				一般	一般	低
光谱	准	不可	可	1~8	快	高	高
铁谱	较准	可	可	$1\sim10^3$	直读快、分析一般	一般	一般
颗粒计数	准	不可	不可	$1\sim10^3$		一般	高

五、磨粒分析

1. 磨损类型及磨粒相关性

（1）正常滑动磨损。摩擦磨损或正常滑动磨损颗粒是指机器正常滑动磨损产生的磨粒。磨损表面的磨合可以定义为由加工表面到光滑的低磨损表面的转变期。表面上的机械功破坏了金属的晶体结构，对于钢，这发生在大约 $1\mu m$ 厚的薄层内。该层被认为是剪切混合层。在剪切混合层形成期间显示出超展延性，它可以沿表面流动数百倍于其厚度的距离。在应力作用下能流动的这种能力产生出非常光滑的磨痕。只要这一层是稳定的，表面的磨损将是正常的。若迁移速率增加，即该剪切混合层的迁移形成更快，磨损率就增加。最大颗粒尺寸从 $5\sim15\mu m$ 将变化到高达 $50\sim200\mu m$。

正常滑动磨损颗粒是从剪切混合层中剥落下来的薄片，其典型的主要尺寸范围为 15~0.5μm 或更小。它们具有光滑的表面和 0.15~1μm 范围的厚度，其主要尺寸与厚度之比值从大颗位的大约 10∶1 变化到 0.5μm 颗粒的大约 3∶1。

正常滑动磨损颗粒是剪切混合层部分剥落的结果。在磨合期间，看得到摩擦磨损颗粒与其他大颗粒在一起。大颗粒是表面波峰和其他表面凸点被磨削下来形成的碎屑，它们在表面磨光的过程中剥落下来。在磨合期，剪切混合层盖住了整个微凸体。部分混合层悬伸在表面划痕和其他凸点之上并被剥落下来，这便是一些大颗粒正常滑动磨损颗粒的来源。

当磨损表面的磨损状况稳定之后，剪切混合层继续剥落并产生正常滑动磨损颗粒。

若剪切混合层未完全剥落，润滑系统中沙砾粒这样的过量污染物可能使磨损的发生率增加一个数量级以上。虽然不大可能发生灾难性事故，但这种状况能够迅速带来磨损。磨屑实际数量上的增加取决于污染物的类型和数量。易于发生这种问题的零件是那些具有大致相同硬度的配合面，例如柴油机的汽缸壁和活塞环。对这类油样的颗粒分析将揭示出污染颗粒及磨屑。

（2）切削磨损。切削磨损颗粒是由于一个表面穿入另一个表面而产生的磨粒。只有在相当显微镜的放大水平上观察，才可以看出这种磨损产生类似车床切削的磨粒。产生这种磨粒有两个途径。相当坚硬的部件由于不对中或碎裂会产生尖锐的刃边，刃边穿入较软的表面，通过这种途径产生的颗粒一般粗大，平均 2~5μm 宽，25~100μm 长。偶尔由于磨损表面有硬夹杂物存在，可能会产生大约 5μm、0. 25μm 宽的小颗粒。另一个途径是，润滑系统中的硬磨粒，像砂粒这样的污染物，或来自系统其他部分的磨屑，可能嵌入象轴瓦衬这类的磨损表面，磨粒伸出了软表面，穿入相对运动的磨损表面。以这种方式产生的切削磨损颗粒的是大尺寸与润滑剂中磨粒的尺寸成比例。而且产生极细的丝状颗粒，其厚度只有 0. 25μm。

润滑系统中存在着磨粒污染物，虽然系统的磨损率可能增加，但并不一定就产生切削磨损。对于硬度相近的两个磨损表面，磨料污染物的存在将不产生切削磨削。切削磨损颗粒是不正常磨损。应当仔细地检测它们的存在及数量。若系统中的大多数切削磨损颗粒达到了大约几微米长、几分之一微米宽，应当怀疑是否有污染物存在。若系统显示出大的切削磨损颗粒（50μm 长）的数量在不断增加，部件即将可能发生失效。

（3）滚动疲劳磨损。滚动轴承疲劳磨损产生的颗粒，主要是与轴承问题有关的颗粒。象滚柱端部磨损、滚道和涉及到滑动的任何其他接触产生的磨粒。已经发现有三种性质不同的颗粒类型与滚动轴承疲劳有关，即疲劳剥落颗粒、球状颗粒和层状颗粒。

疲劳剥落颗粒是由凹坑或剥落出现时实际移走的物质组成的，在显微剥落过程中，这些颗粒的最大尺寸达 100μm。当产生宏观剥落而发生疲劳时，颗粒的尺寸可能继续增大。按照大于 10μm 的颗粒的数量是否增加，可以判断出初期出现的不正常磨损。疲劳颗粒呈片状，其主要尺寸与厚度之比值大约为 10∶1，它们具有光滑的表面和任意不规则的周边。重要的是应当具备识别这些颗粒的能力。因为某些设备中产生的磨屑数量上可能不大，但这些磨屑会引起设备功能上的严重损失。

滚动轴承疲劳球状颗粒是在轴承疲劳裂纹中产生的，若发生这种情况，那么球状颗粒的出现可以作为即将发生故障而需要采取措施的一种预报，因为往往在轴承产生任何实际剥落之前就能检测到这种球状颗粒。有人已观察到处于清洁的润滑系统中，在高于正常负荷下经过试验的轴承虽然已经疲劳，但是并未产生多少球状颗粒，因此缺乏球状颗粒也并不能排除滚动轴承发生疲劳的可能性。然而，迄今为止，在所有监测的工业系统中，滚动轴承疲劳剥落都是发生在直径为 1~5μm 球状钢颗粒大量产生以后。据估计，在失效过程中，轴承要产生数百万颗球状颗粒。

滚动轴承疲劳不是球状金属颗粒的唯一来源。据了解，气蚀，尤其是焊接和磨削过程也产生球状颗粒。根据颗粒的尺寸分布，可以把疲劳裂纹中产生的球状颗粒与其他机理产生的球状颗粒区别开来。滚动疲劳产生的球粒很少大于 3μm，而焊接磨屑和气蚀产生的球粒常常大于 10μm，制造厂家提供的新鲜润滑油里通常也含有少量的金属粒子，其中包括金属球粒。所以必须要小心，要避免把这些污染球粒与那些轴承疲劳产生的球粒相混淆。

层状颗粒非常薄，游离金属颗粒主要尺寸为 20~50μm，其主要尺寸与厚度之比值为 30∶1。

层状颗粒被认为是通过滚动接触，可能由粘着在滚动元件上的磨损颗粒的转移而形成的。在这些粒子上常常会出现破洞，这一现象与上述解释是一致的。层状颗粒可能在轴承的整个使用期内产生，但是在疲劳剥落开始发生以后，这种粒子产生的数量将会增加。所以，若它们的数量增加，而且发现有不明根据的严重磨损发生，便表明滚动轴承工作中出了故障。同样，若随着球状颗粒的大量产生，层状颗粒的数量也增加，这表明滚动轴承存在着疲劳微裂纹，这些裂纹将导致材料的剥落。

(4) 滚滑磨损。在齿轮传动中，轮齿的磨损形式是在节线处的疲劳及齿面上的划伤。超载磨损，即低速和非常高负荷下不常见的磨损，划归严重滑动磨损。

齿轮节线上产生的疲劳磨粒与滚动轴承疲劳磨料有许多共同之处，它们一般都具有光滑的表面和不规则的形状。根据齿轮设计上的不同，磨粒的主要尺寸与厚度之比值可以在4：1和10：1之间变化。齿面存在的拉伸应力会引起疲劳裂纹，而且裂纹朝轮齿深处扩展，直至剥蚀形成块状磨粒。

在滚动轴承疲劳过程中，也发现20μm的大磨粒与2μm的小磨粒的比值很高。齿轮疲劳碎裂时并不产生球状颗粒。齿面划伤是由于负荷或速度太高引起的，摩擦产生的过量的热使润滑膜破裂，导致啮合的轮齿发生粘着，而磨损表面的粗糙化又引起磨损率相应地提高。受到影响的齿轮区域是那些同时承受重载和高滑动速度作用的区域。一旦发生划伤，它通常影响到齿轮上的每个齿，并产生大量的磨屑。

由于在磨损接触过程中，滑动速度和滚动速度都有很大的变化，所以产生的磨粒特征也有相应的变化。在发生划伤的情况下，大磨粒与小磨粒的比值较低，所有的磨粒倾向于具有粗糙的表面和锯齿形周边。根据这些特征，甚至可以将这些磨粒与摩擦磨损过程中产生的磨粒区分开，有些大磨粒的表面上具有擦痕，说明存在滑动接触。由于划伤时会产生热量，通常会出现一定数量的氧化物，有些磨粒可能显示出部分被氧化的迹象，而氧化的程度取决于润滑剂和划伤的严重程度。

(5) 严重滑动磨损。由于载荷或速度的原因，磨损表面的应力可能变得过大，这时开始发生严重滑动磨损。剪切混合层会变得不稳定，大磨粒碎裂下来，引起磨损率增加。若表面上的应力进一步增加，整个表面将遭到破坏，磨损率会达到灾难性的数值。大磨粒与小磨粒的比值取决于超出表面应力极限的程度，应力水平越高，该比值就越大。若应力水平缓慢增高，则可观察到，在出现任何大的严重磨损颗粒之前，正常滑动磨损颗粒的数量会明显地增加。

严重滑动磨损颗粒的尺寸范围在20μm以上。由于滑动的结果，其中有些磨粒带有表面擦痕，并且具有直的刃边，它们的主要尺寸与厚度比值大约为10：1。在这种磨损形式下，当磨损进一步加剧时，磨粒上的擦痕和直的刃边会变得更加突出。

2. 磨粒

(1) 有色金属磨粒。根据有色金属在铁片上的非磁性沉淀方式，可以从金属颗粒中将它们识别出来。有色金属不按磁场方向排列，不处在有规则的铁性颗粒链中间，而是以不规则的方式沉淀下来，很可能偏离铁性颗粒链，也可能处在铁性颗粒链之间。例如沉淀在铁谱片进口区域铁性颗粒链之间的铝颗粒。铁性颗粒按照其主要尺寸与颗粒链方向接近一致的方向取向，而铝颗粒则以不规则的方向取向。有色金属颗粒沿铁谱片全长沉淀，而主要尺寸大约2μm或3μm的铁性颗粒不会穿过50mm的位置。所以，在进口处以下一定距离处若发现一颗大于几微米的金属颗粒，它便是有色金属。

① 白色有色金属磨粒。在采用光学显微镜来检验铁谱片时，实际上不可能将白色有色金属区别开来，除非其上覆盖有氧化物或化合物，否则它们都是白色的，而且有光泽。

实际上铝是铁谱片上发现的最常见的白色有色金属。在油润滑过程中，一般不会发现锰、钼和锌。钛用于飞机燃气轮机，而更通常是用在发动机的燃气通道部分，而不是在油润滑通道部分。处在磨损接触中的铁零件必须润滑良好，因为钛易被擦伤。铬用来作为耐磨的硬镀层，以及作为钢的合金元素。从来不采用铬制作零件，因为它太脆了。银偶尔被用来作为高质量轴承的复层。镉有时用来作为轴承含金中的成分，或者作为镀层。

② 铜合金磨粒。铜合金具有特殊的红黄色，因而易于识别它们。除了金以外，没有其他的普通金属具有这样的颜色。金仅用于稀有的场合，然而其他金属颗粒由于生成期的过热，也可能显现出黄褐干涉色，这会使它们与铜合金颗粒发生混淆。黄褐色的铁性颗粒不易被混淆，因为它们在铁谱片上具有磁性有序沉淀形式(铜是非磁性的)。其他颗粒象钛、奥氏体不锈钢或巴氏合金，若处在合适的形成条件下，也可能是黄褐色的，但是在大多数情况下，其颜色不像铜合金那么一致，在任何环境中，它们都不具有铜合金那样的微红色。若一些回火成黄褐色的有色金属颗粒以可能被误认为是铜合金的类型出现，那么应当还存在没有受到影响的和一些显示出更深颜色(回火蓝色或紫色)的同种金属。任何磨损过程总不大可能将所有颗粒回火成同样的颜色。

当铜合金在铁谱片上进行热处理、或在生成期受到热的作用时，它们本身会形成回火的颜色。然而，这些颜色变化无助于鉴别铜合金的类别，因为许多种合金均可能发生这些颜色变化，同样的合金也可能有不同的颜色反应，这要取决于它们的晶体结构、相偏析、以及磨损过程引起的早期塑变。

③ 铅锡合金磨粒。在铁谱片上不常遇到许多游离的铅锡合金颗粒，可能因为这种金属的韧性太强了，它是以涂抹而不是以破裂的方式形成磨粒。在铁谱上发现铅锡颗粒时，可能颗粒已被氧化了，因为即使在钢铁冶金中被认为是低的温度之下，铅锡合金仍然非常容易被氧化。事实上，轴颈轴承发生的一种失效形式即是氧化磨损，它伴随着润滑不良以及启动或停机时建立或维持动压油膜发生困难而产生，拆开具有这类问题的轴承便显示出铅锡氧化物引起的“黑疤”。

铅锡轴承的其他两种主要失效形式是污染和腐蚀，污染由非金属晶体颗粒以及轴上的切屑磨损指示出来。腐蚀磨损在铁谱片的出口引起细小颗粒大量沉淀。腐蚀磨损最常发生在内燃机内，最明显的是发生在柴油机内。在这些场合，燃料中的硫形成硫酸，而在汽油机或燃汽轮机中，当曲柄润滑油氧化时形成有机酸，这些酸腐蚀铅锡轴承，并加速活塞环与活塞的磨损。铅比锡更易于腐蚀。

在一些由铁谱技术监控的轴颈轴承失效分析中，除了氧化的铅锡颗粒以外，还发现了极易识别的铜合金颗粒。在这些轴承中，在铜合金上镀有薄层的铅锡合金，铜合金使轴承具有较高的疲劳强度，铅锡合金使轴承表面具有所要求的特性。这种结构的轴承特别适合于采用铁谱分析，原因在于：若发现了大量的铜合金颗粒，便有理由肯定轴承已经发生剥落。

为了进行适当的分析，应当取得被监控的机器中轴承的设计资料。为了识别轴承合金，建议从被监控的各种机器中弄到旧轴承，用细金钢砂纸或碳化硅砂纸磨下一些轴承金属，使其分散在滤过的油中，制成铁谱片，观察该金属呈现的外观，然后把铁谱片放在热盘上加热，每次升温大约40℃，一直升到540℃(即最高温度，若温度再高，则铁谱片玻璃将很可能卷曲)，保持90min。每次热处理后观察巴氏合金颗粒。典型的氧化铅锡颗粒具有多色彩点的外形，在低放大倍数下它们是微黑色的。但是在400倍或1000倍下，表面上将显现蓝色和桔红色的斑点，这些颗粒常常是短块状的，但是有时它们是扁平的，并带有圆角，该处发生过度的熔化。

因为铅锡合金系列的熔点低于为了鉴别铁谱片上的铁合金而采用的第一加热试验温度(即330℃)，所以，若一个游离的铅锡颗粒出现在铁谱片上，它在表面张力下本身拉在一起形成圆球，然后变成粗大的氧化物，并且有如上所述的多色彩点的外形。这是由于铅锡合金在高温下对氧具有很强的亲合力的缘故，这也部分说明为什么一罐铅在炉子上被熔化时，表面上会形成鳞状物。

(2) 铁的氧化物。为了鉴别铁的氧化物，将其分为两类，即红色氧化物和黑色氧化物。由于有三种化合物 FeO、Fe_2O_3和 Fe_3O_4，而且这些化合物具有几种晶体形式，因此实际情况要复杂得多，但是存在着一般的规律：红色氧化物是铁和氧在室温下的最终反应物，它表示润滑系统内存在水分。而黑色氧化物表示润滑不适当以及颗粒生成时发生了过热。

① 红色氧化铁。在研究钢表面之间滑动磨损状况特性时，在润滑不良的磨损条件下产生红色氧化物，经分析确定，它是三氧化二铁锈层(α-Fe_2O_3)，这种微粒有两种类型。第一种类型是多晶体，它在反射的白光下呈现桔黄色，在偏振反射光下呈现鲜桔黄色，这种类型称作红色氧化物，它是水进入油系统时生成的三氧化二铁锈层的主要类型。在润滑条件下难以得到红色氧化物，但是当水进入了润滑剂中时，它却普遍存在。红色氧化物作为铁锈人们都很熟悉，油样中如有红色氧化物存在，并不一定表明油样取出时已有水分存在。若在一定时间之前油中已经存在水，则红色氧化物便能够形成，并出现在以后取出的样品中。然而，若出现许多氧化物(尤其是大块的氧化物)，则油样中一般含有水。

作为桔红色多晶体积团而出现的α-Fe_2O_3形成的氧化铁是顺磁性的，因此在强磁场中不沉淀，导致在铁谱片全长上的大颗粒红色氧化物。

在恶劣润滑磨损条件下产生的第二种类型的红色氧化物颗粒是扁平的滑动磨损颗粒，它在白色反射光中呈现灰色，但在白色透射光中出现淡的红褐色。这些颗粒的表面对光有高度的反射能力，在双色光(红色反射光和绿色透射光)中，它们可能被误认为是金属磨损颗粒。然而仔细检验后，发现这些颗粒不具有游离金属颗粒那样的亮红色，在特别薄的部分将会从下面透射过一些绿光。

若在分析油样时发现存在氧化物，可采用一种试验油样是否含水的简便方法：取一滴油放在300℉左右的热盘上，如果含水量大0.25%，则水将会溅射或嗤嗤发响。

② 铁的黑色氧化物。与红色氧化物相比，黑色氧化物产生于更严重的不良润滑导致的磨损。黑色氧化物是一种含 FeO、α-Fe_2O_3和 Fe_3O_4的混合化合物。油中的水分不产生黑色氧化物，而产生红色氧化物。

当光学显微镜分辨率接近下限时，黑色氧化物颗粒表现为带有粒状表面的积团，并且有蓝色和桔红色的小斑点。黑色氧化物外表与巴氏合金氧化物相似，因为它们具有黑色粒状表面。然而 Fe_3O_4锈层是铁磁性的，所以黑色氧化物积团将以一种与其他铁磁性物质相似的方式有序沉淀

③ 深色金属氧化物。局部氧化了的铁磨损颗粒归类于深色金属氧化物，这些颗粒说明在其生成期间存在热量，可能表明缺乏润滑剂。大块的深色金属氧化物表示表面严重失效，当细微的深色金属氧化物与正常滑动磨损颗粒串在一起沉淀时，虽并不表示危急失效，但是黑色金属氧化物的出现被认为是异常磨损的信号。

（3）腐蚀磨粒。腐蚀磨损试验的柴油机油样制作谱片上有许多细小颗粒，其中大多数细粒物质为亚微米颗粒。从该试验中制得的铁谱片具有一个不寻常的特性，即 10mm 位置上的光密度读数(覆盖面积百分数)比 50mm 位置上的要高。在谱片出口处细颗粒的大量沉淀表明发生了腐蚀磨损。

将该沉淀物用附在扫描电子显微镜上的 *X* 射线分析仪进行区域扫描，其结果表明，存在的主要元素是铁、铝和铅。

（4）聚合物磨粒。摩擦聚合物的特征是金属磨损颗粒嵌在无定形基体中。它们的结构是油分子聚合作用的结果，是大的黏附结构。若油样含摩擦聚合物，这些聚合物总是具有嵌在无定形基体中的金属颗粒。观察表明，摩擦聚合物是在危急接触的高应力区形成的，金属的存在可能是它们形成的必要条件。

油样中存在摩擦聚合物表示可能有问题，也可能表示无问题，这要取决于环境。若润滑油合适，摩擦聚合物便是在重载影响下产生的。对于有些应用项目，特别是高性能齿轮箱，摩擦聚合物的形成可以预防即将发生的创伤。然而过多摩擦聚合物的存在对机器是有害的。由于外界物质的存在，油的黏度将增加，摩擦聚合物能够迅速地堵住滤油器，使油从旁路流过，而使大的污染物和磨损颗粒可到达机器的工作零件上。

在许多设备的润滑油中都可以看到摩擦聚合物。在一种通常不产生摩擦聚合物的机器的油样中若出现摩擦聚合物，表明该机器发生了过载。

大多数摩擦聚合物对加热处理无明显反应，这些润滑剂副产物有一定的稳定性。摩擦聚合物在有机溶剂里基本不溶解，所以一旦摩擦聚合物在润滑系统中形成，它们便不容易消除。

（5）二硫化钼磨粒。二硫化钼(MoS_2)颗粒出现在铁谱片上时，能够引起混淆，因为它们看起来与有色金属颗粒非常相似，而且具有类似的特性。然而一旦学会鉴别 MoS_2 颗粒，这两者之间的差别便显而易见。MoS_2 用作润滑油和润滑脂中的固体添加剂，应用于高温和重载的场合。它是一种有效的固体润滑剂，因为它具有高的压缩强度，能够承受变载荷。但是它的剪切强度低，使得它很不稳定。由于剪切强度低，MoS_2 颗粒显示出许多剪切面并具有规则角度的直棱边。典型的 MoS_2 颗粒呈灰紫色，与有色金属有光泽的白色外表完全不同。MoS_2 颗粒与金属颗粒引起混淆的原因在于：虽然 MoS_2 是化合物，但是象金属颗粒，它们的颗位能够遮光。MoS_2 被认为是半金属化合物，因为它仍具有金属的特性。

六、磨粒的识别特征及形成机理

磨粒的识别特征及形成机理见表 12-4 和表 12-5。

表 12-4　磨粒识别特征及产生机理

分类	名　称	识别特征		产生机理
		形　状	粒度/μm	
铁系金属	正常磨粒	薄片，表面高度抛光，在铁谱片上沿磁力线链状分布	长度 L：<15 厚度 D：0.15~1 L/D：3(亚微米级)~10	摩擦磨损。毕氏层的疲劳脱落
铁系金属	磨合磨粒	细长，片状，表面粗糙，有机加工痕迹	长度 L：<15 厚度 D：0.15~1 L/D：3(亚微米级)~10	机械零件表面磨合过程

续表

<table>
<tr><th rowspan="2">分类</th><th rowspan="2" colspan="2">名　称</th><th colspan="2">识别特征</th><th rowspan="2">产生机理</th></tr>
<tr><th>形　状</th><th>粒度/μm</th></tr>
<tr><td rowspan="8">铁系金属</td><td colspan="2">切削磨粒</td><td>切屑状，可呈现螺旋形、弧形</td><td>较大者
长度 L：25~10^2宽度 W：<5
较小者
长度 L：<10~10^2宽度 W：<1</td><td>较大者：因表面破坏，而产生二体磨料磨损；
较小者：因砂粒等污染物存在而形成的三体磨料磨损</td></tr>
<tr><td colspan="2">疲劳剥落颗粒</td><td>较薄块状，光滑表面带有麻点，轮廓不规则</td><td>长度 L：10~10^2
L/D：10</td><td>磨擦副表面疲劳微裂纹发展连通后，材料剥落形成磨粒</td></tr>
<tr><td colspan="2">片状磨粒</td><td>极薄游离金属磨粒，表面有孔洞、折皱等缺陷</td><td>L：20~50
L/D：30</td><td>剥落磨粒粘附滚动件表面受辗压作用而形成</td></tr>
<tr><td colspan="2">球粒</td><td>表面光滑，球形</td><td>直径：1~5</td><td>产生于滚动疲劳裂纹内部</td></tr>
<tr><td colspan="2">疲劳剥落颗粒</td><td>较厚块状，表面光滑带有麻点，轮廓不规则</td><td>长度 L：10~10^2
L/D：4~10</td><td>产生于齿轮啮合面节圆处，因疲劳裂纹贯通形成</td></tr>
<tr><td colspan="2">粘着磨粒</td><td>表面粗糙，严重拉毛，有擦痕，轮廓不规则，有大量氧化物共存，有时呈黄、蓝回火色</td><td>L：10~10^2</td><td>产生于齿轮啮合面齿顶与节圆、齿根与节圆之间的粘着磨损，高温使磨粒表面氧化，并有氧化物生成</td></tr>
<tr><td colspan="2">严重滑动磨粒</td><td>表面光滑但带有明显平行划痕或开裂迹象，棱边平直</td><td>L：>20
L/D：10</td><td>相对运动表面由于负荷过高和速度过大而产生过高剪切应力。切混层不稳定。局部粘着产生大的磨粒</td></tr>
<tr><td colspan="5">有色金属磨粒首先可从它们的铁谱片上的沉积方式加以识别：(1)不如铁系金属磨粒十分明显地按其粒度排列。不同粒度的磨粒随机地在铁谱片全长上沉积。(2)磨粒长轴方向与磁力线方向成一定角度，磨粒一般在沉积链间沉积</td></tr>
<tr><td rowspan="3">有色金属</td><td colspan="2">白色有色金属磨粒</td><td colspan="2">指铝、银、铬、镁、钼、锑、锌，以铝合金磨粒为例，表面呈白色。它们之间的区分，见铁谱片加热分析法(HAF)</td><td>以铝粒为例：来自如铝活塞铸铝件或铝合金轴瓦等</td></tr>
<tr><td colspan="2">铜合金磨粒</td><td colspan="2">呈不同浓度的红黄基色</td><td>铜合金摩擦副。如滑动轴承、滚动轴承保持架等</td></tr>
<tr><td colspan="2">铅—锡合金磨粒</td><td colspan="2">因材质极软、熔点极低而无清晰边缘但呈圆形熔融轮廓。表面可见蓝色或橙色氧化斑点</td><td>巴氏合金滑动轴承表面铅—锡镀层因油膜瞬时破裂而擦伤剥落。因伴有高温，常造成摩擦副表面镀层下基材的磨蚀磨损</td></tr>
<tr><td rowspan="5">氧化物</td><td rowspan="2">红色氧化铁磨粒</td><td>Fe_2O_3多晶体团粒</td><td colspan="2">团状，粒度较大，无清晰边缘。偏振光照明下呈橙黄色桔红色，无光泽</td><td>润滑油中含水</td></tr>
<tr><td>Fe_2O_3磨粒</td><td colspan="2">粒状，粒度近似金属磨粒，边缘清晰。呈橙黄或桔红色，有一定光泽</td><td>润滑不良，表面氧化。腐蚀磨损产生</td></tr>
<tr><td colspan="2">黑色属氧化物</td><td colspan="2">表面粗糙不平岩石状颗粒。呈棕黑色，有磁性沉积特征，“挂”在沉积链上</td><td>严重润滑不良，表面发生局部干摩擦出现高温生成 Fe_3O_4、α-Fe_2O_3，或 FeO 的混合物</td></tr>
<tr><td colspan="2">暗金属氧化物</td><td colspan="2">与游离金属磨粒共存，呈暗灰色。因表面形成较厚的氧化膜，采用铁谱片加热法分析时仍不变色</td><td>润滑状态不良，伴随高温的表面氧化</td></tr>
<tr><td colspan="2">腐蚀磨损微粒</td><td colspan="2">亚微米级的极细微粒，黄褐色，成片堆积在铁谱片出口端</td><td>油中酸性物质或环境造成摩擦副金属材料的腐蚀磨损</td></tr>
</table>

续表

分类	名　称	识别特征		产生机理
		形　状	粒度/μm	
润滑剂产物	摩擦聚合物	细小的游离金属镶嵌在非晶体的大片透明母体之中，在显微镜红—绿双色照明之下，金属粒呈明亮红色，母体呈透绿色		在摩擦副接触的高应力区，润滑油分子发生聚合反应而生成大块凝聚物。金属微粒起到促进形成作用。一般是过载、高温的标志
	二硫化钼	二硫化钼是润滑剂中的固体润滑添加剂。呈片状，边缘平直，灰紫色。无磁性沉积特征。黏附金属磨粒而沉积。铁谱片加热法分析时颜色不变		黏附金属磨粒而形成的颗粒
污染物	砂粒	偏振光下具有如钻石般极亮白色光泽		空气滤清器缺陷，使尘埃进入燃烧系统
	人造纤维	挺直，偏振光下具有如同细管形态和色泽		油滤器滤油材料损坏脱落
	植物纤维	卷曲，偏振光下具有如同纸带形态和色泽		
	炭片	偏平、大块碎裂状，黑褐色		燃油燃烧形成的积炭或含炭密封件磨损碎屑进入润滑油
	盐粒	普通光照明下，方晶状透明。偏振光下，有彩色干涉花纹		环境污染
	其他	各自组成材料的形态、颜色物理特征		来自润滑剂、润滑剂容器、润滑系统、环境等方面的污染

表 12-5　磨粒类型与磨损机理之间的对应关系

磨损类型	磨粒种类	磨损类型	磨粒种类
粘着磨损	正常滑动磨损磨粒 严重滑动磨损磨粒 滚滑磨损颗粒 摩擦聚合物	疲劳磨损	疲劳剥落颗粒 环状颗粒 层状颗粒 滚滑磨损颗粒
磨粒磨损	切削磨损磨粒	腐蚀磨损	红色氧化物 黑色氧化物 深色金属氧化物 腐蚀磨损磨粒

第三节　润滑油污染度监测

一、油液污染监测技术概述

从 20 世纪 50 年代开始，液压技术因其液压传动装置体积小、重量轻、结构紧凑、响应速度快，便于实现自动化，无级调速范围大等优点，广泛应用于航空、航天、航海、国防及钢铁、矿山等工业领域，而且仍在继续发展其应用范围。然而，在液压技术发展进程中，始终存在两个难题在困扰着广大液压科技工作者：一是泄漏，二是污染。尤其是液压系统的污染控制问题，几乎每套液压系统都存在。特别是对于精度要求非常高的液压伺服控制系统来讲，污染控制显得更为重要。

随着液压工业的发展，现代液压系统变得越来越复杂、精密和高性能，同时对液压油液的清洁度要求也越来越高。液压油的污染使得液压系统产生的故障和寿命降低是惊人的。现有的研究资料及成果表明，由于液压油的污染而造成的故障占液压系统故障的80%以上，其中75%以上是固体颗粒的污染。液压系统油液污染已成为发展高质量液压元件和液压系统的主要障碍。液压油的污染控制和分析检测是现代液压传动获得最佳工作效果所必须的技术措施，现已发展成为流体传动领域中的一门新学科。因此，对液压系统的油液污染问题进行广泛而深入的研究，具有积极而重要的意义。

液压系统油液中存在着各种各样的污染物，如固体颗粒、空气、不相容液体、水、微生物、化学制品、腐蚀、辐射、静电、热能、磁性等，其中固体颗粒是最主要的。这些污染物的存在严重影响着液压系统和元件的性能、使用寿命和工作可靠性。油液污染使液压系统产生故障或损坏的形式可概括为三种：性能不稳定、元件损坏和性能劣化。前两种故障瞬时呈现，是污染直接作用的结果；后一种形式往往不引人注意，它是污染物作为媒介产生恶性磨损过程的结果。英国流体动力协会就清洁度与液压泵可靠性的关系进行过调查，结果发现，当油液清洁度等级高于NAS 9级时，液压泵基本不出现故障；当油液清洁度为NAS 10~11级时，泵偶然出现故障；当油液清洁度低于NAS 12级时，泵则需要经常维修。日本对液压系统的故障进行了调查，结论是：因油的污染而造成的故障占82%，机械故障占15%，电气故障占3%。类似的研究表明，100起飞行事故中，有20起是由于油液污染引起的。由此可见，液压系统油液污染对液压系统、元件的使用寿命和工作可靠性所造成的影响及其危害是相当严重的。因此，如何减少、控制和在线监测油液的污染程度，对于延长液压元件的使用寿命、提高液压系统的工作可靠性将具有十分重要的意义。

润滑油污染度分析的目的有两个，一是查看油中的清洁度水平是否超过了预定的指标；二是观察机械装置是否出现了异常磨损，即作为磨损监测的早期预报。其中，对于某被监测对象来讲，清洁度水平的设定需要考虑其污染敏感度、流体压力、流体类型、停机代价和安全性等众多因素。一旦确定了目标清洁度，以后的工作就是如何达到和保持。一般是通过过滤的方式来达到所需的润滑油清洁度，并通过定期的污染度分析来实施监测并加以维护和保持。

另外，润滑油污染度分析的结果也可作为磨损分析的参考。如果油中污染物总量异常增多，在排除油品泄露和外界污染物进入的前提下，也许意味着异常磨损的出现，这时需要加强磨损分析。相反，如果油中污染物数量稳定，就可以部分地省掉磨损分析。

二、油液污染度的评定与测定方法

1. 油液污染度的评定方法

油液中的污染物根据其物理状态可分为固态、液态和气态三种类型。固态污染物通常以颗粒状态存在于系统中；液态污染物主要是外界侵入系统的水；气态污染物主要是空气。在以上的各类污染物中，固态污染物是液压和润滑系统中最普遍、危害作用最大的污染物。固态污染物会导致泵、阀等元件的磨损和堵塞，使控制元件动作失灵而引起液压故障。美国麻省理工学院的Rabinowicz博士经过研究发现，设备的失效有70%是由于表面损坏所导致的。在液压及润滑系统中，50%是源于机械磨损，其中的磨粒磨损、疲劳磨损和冲刷磨损都是由于固体颗粒引起的。因此，采取有效的措施减少油液中的固体污染物，成为污染控制的重要方面，而对固体污染物的检测也成为液压系统油液污染程度检测的主要内容。

就固体颗粒污染物而言，首先要确定与液压系统和元件相关，并能反映污染物特性和特征的要素，如颗粒尺寸大小、尺寸分布、颗粒状况、组成成分、破碎强度、硬度、浓度、团聚性、堆积性、沉降性、悬浮度和漂移度等，然后针对这些要素进行检测。然而，由于液压系统的油液是封闭在管路中的，看不见，摸不着，运动状态也相当复杂；而且不同类型、不同工况条件下，液压系统中的污染物成分相差很大，可以说要将上述描述污染物特性的参数全部真实地检测出来，至少在目前的技术条件下是困难的，而且在某种意义上来说也是没有必要的，因此选择其中能够代表油液污染状况并对液压元件的污染故障起最主要作用、具有代表性的某些指标进行检测，使检测工序简化。经过大量调研、检测和试验研究，目前国际上比较公认的是用污染物的重量浓度和颗粒浓度作为油液污染度的评定方法，即用称重法和颗粒记数法来反映污染物对系统和元件的危害程度。

所谓称重法是测量单位容积油液中所含颗粒的重量，反映的是油液中颗粒污染物的总量，不反映颗粒性质、尺寸大小和分布。颗粒记数法是测定油液中各种尺寸颗粒污染物的颗粒数，即反映了准确颗粒尺寸和颗粒分布。与颗粒记数法相比，称重法所需测试装置简单，操作简便，但实验时间过长，环节多，只能反映出油液中颗粒污染物的总量，不能反映颗粒的大小和尺寸分布，两种液样进行比较时只有两种液样的颗粒数相差悬殊时，才有意义。

2. 油液污染度的测定方法

20 世纪 50 年代以前，国际上还没有很好的办法来测定油液的污染度。自 60 年代以来，世界上一些主要经济技术发达国家，如美、日、英、德、法等先后开展了对液压系统油液污染与控制这一领域内的有关问题的研究与探讨，国内虽然起步较晚，但也取得了较大的成绩，在污染颗粒检测与分析方面主要表现在：研制了各种形式、性能各异的污染分析检测仪器，对污染物进行了数量、尺寸及危害等特性进行了较深入的研究，出现了各种污染物检测分析方法，主要包括：

称重法——精密天平

颗粒记数法——手动显微镜(光学显微镜法)

自动颗粒记数法(遮光原理、光散射原理、电阻原理)

自动显微镜法(计算机图象分析法)

光测法——透射光检测

透射光、反射光共同检测

浊度法(透射光、散射光共同检测)

电测法——电阻法(电导率变化)

电容法(介电常数变化)

超声波法——超声波发生器(超声波的反射能量变化)

淤积法——滤膜孔隙法(恒压差、恒流量)

机械缝隙法

分析比较法——油液物理、化学分析与观察对比

目测法——滤纸油斑试验法

显微镜法可以直接观察到颗粒污染物的大小和形貌，并可大致辨别污染物的类型，但这种方法记数时所需时间过长，操作人员易于疲劳，并且记数的准确性在很大程度上取决于操作人员的经验和技能，其重复性偏差大约为 30%，只能提供近似的污染度等级。自动颗粒记数法可根据不同的门限设定自动测出所需尺寸段的颗粒数，具有精度高，费时少，快速、重复性好，操作简便等优点，但设备成本高，对非颗粒性污染物，如水、空气、胶质很敏

感，水珠、气泡、胶质等也被作为颗粒记数，而且传感器的标定，门限的调整等也要求操作人员具有较高的专业技能。

光测法的仪器结构精巧，使用方便，测量迅速，测定结果可用数字直观表示，可用于测定油液的污染程度和劣化趋势降。以滤膜为传感元件的淤积法，不受气泡、油液颜色、水分、颗粒成分等的影响，适应能力比较强，准确性比较高，体积小，重量轻，快速、可在线检测，但不提供具体颗粒数值，滤膜的空隙尺寸影响它的测量范围，颗粒尺寸分布及系统压力波动对测量结果影响较大，对污染严重的试样难以测定，测定>5μm 的颗粒时一般不用。

由于纯净的矿物油和水的电导率相差较大，电测法用于测量液压油中的水分时，灵敏度和准确率都较好，但受油液温度和油液中水分等杂质的含量影响较大。超声波法使用方便，可实现在线检测，对流体的流动状态、流体的种类和颗粒的类型等没有限制，但只能对于30~1000μm 的较大颗粒比较敏感，只能给出污染物的总量而不是颗粒数，气泡和水珠对测试结果的影响较大，不适用于恶劣的工作环境。

分析比较法能对油质做出较全面的检测，测量指标多，但对污染程度只能定性分析，操作复杂，时间长，价格贵，对环境要求高。日本采用分析比较法与光测法结合制成的润滑油自动分析装置，具有精度高，速度快的优点，但体积大，对环境要求高，价格贵，用于现场检测有一定困难。

目测法和比色法操作简单，迅速，成本低廉，能对油液污染程度有一大致了解，但由于受人的视力极限(约 40μm)制约，只能分辨出>40μm 的污染物，而且操作者需要一定的经验，因此一般用于现场不太重要的场合，用以粗略的判断系统污染状况。

3. 油液污染度检测仪器——颗粒计数器

油液污染度监测的最基本技术是颗粒计数技术，作为该技术的关键手段，颗粒计数器的进步反映了这门技术从出现到发展、成熟的过程。油液颗粒污染物检测方法的发展经历了实验室取样分析检测→便携式检测仪检测→在线检测仪检测的过程。最早使用的颗粒计数方法是称重法和光学显微镜法(滤膜计数法)。这两种方法都是将油样从现场取回，在实验室用滤膜将一定容积的油液中的污染物从油液中分离后进行测量。

随着电子技术的发展，自动颗粒计数器在油液污染度分析中的应用日益广泛。具有携带方便、计数速度快、准确度高、操作简便、适合工程现场测试等特点的便携式检测仪相继诞生。但价格比较昂贵，不便于推广应用。

目前应用的自动颗粒计数器主要是欧美一些国家研制的基于颗粒的遮光性能、光散射性能和透光原理等制成的各种便携式颗粒计数器。如美国太平洋科学仪器公司的 HIAC/ROYCO 系列产品，英国的 MALVERN 公司的 3600EC 型激光颗粒计数器，德国 KLOTZ 公司的 PPMS 型自动颗粒计数器等。这些仪器均可对油液进行在线或取样离线分析，多通道计数，定量测出油液中污染颗粒的尺寸分布情况，计数精度高，并设有与 PC 机进行通讯的 RS232 接口，便于油样的计算机辅助分析及故障诊断。

利用电、超声波、微孔阻尼等原理研制的各种便携式在线颗粒计数器也相继产生。如英国的 COULTER 公司推出的电阻型颗粒计数器，美国 ENTEKIRD 公司采用微孔阻尼原理生产的便携式油液分析仪(dCA)，PALL 公司的 PCM100 以及中国矿业大学北京校区研制的 PCC 型便携式污染检测仪等，目前也已用于现场油液污染分析。

此外，国外目前还研制生产了适合现场使用的各种便携式的在线快速油液污染度检测仪，如美国 CSI 公司的 Oilview 系列油液监测仪，PARK 公司的 PLC-3000 型便携式激光颗粒计数仪以及 PALL 公司的 PFC200、英国 UCC 公司的 CM20. 9021 及德国 INTERNORMEN 公司和 KLOTZ 公司的 PPMS 以及国内北京科技大学资源工程学院研制的双光路激光油污染检测仪等。这些仪器利用光、电、超声波等在颗粒污染度不同的油液中的传导性能的差异，可以在线识别、分析油液中的颗粒污染度。

随着科学的进步和发展，用于设备监测与故障诊断的新仪器不断研制成功，使得油液污染监测这门较新的应用技术也得以不断地完善与发展，特别是各种颗粒计数器的出现，使油液污染度分析变的方便、快捷、准确，从而使其应用范围更加广泛，并逐渐成为油液分析技术中重要的监测手段。

三、油液污染度的等级标准

油液污染度是指单位体积油液中固体颗粒物的含量，即油液中固体颗粒污染物的浓度。对于其他污染物，如水和空气，则用水含量和空气含量表述。油液污染度是评定油液污染程度的一项重要指标。

目前油液污染度主要采用以下两种表示方法：

① 质量污染度：单位体积油液中所含固体颗粒污染物的质量，一般用 mg/L 表示。

② 颗粒污染度：单位体积油液中所含各种尺寸的颗粒数。颗粒尺寸范围可用区间表示，如 5~15μm，15~25μm 等：也可用大于某一尺寸表示，如>5μm、>15μm 等。此外，油液污染度也可以用质量分数或体积分数表示。

质量污染度表示方法虽然比较简单，但不能反映颗粒污染物的尺寸和分布，而颗粒污染物对元件和系统的危害作用与其颗粒尺寸分布及数量密切相关。因此，随着颗粒计数技术的发展，目前已普遍采用颗粒污染度的表示方法。

为了定量评定油液的污染程度，世界各主要工业国都制定有各自的油液污染度等级标准，近年来已趋向采用统一的国际标准。目前，国内外广泛采用的油液污染度等级标准有 IS0 4406 国际污染度等级标准、美国 NAS 1638 污染度等级标准及美国 SAE749D 污染度等级标准等。

1. NAS 1638 污染度等级标准

NAS 1638 是美国航天工业部门 1964 年提出的，目前在世界各国仍广泛采用。它以颗粒浓度为基础，按照 100mL 油液中在 5~15μm、15~25μm、25~50μm、50~100μm 和>100μm 5 个尺寸区间内最大允许颗粒数划分为 14 个污染度等级，见表 12-6。从表中可以看出，相邻两个等级的颗粒浓度比为 2，因此，当油液污染浓度超过表中最大的 12 级，可用外推法确定其污染度等级。

表 12-6　美国 NAS 1638 污染度等级

污染度等级		00	0	1	2	3	4	5	6	7	8	9	10	11	12	13
颗粒尺寸范围/μm	5~15	125	250	500	1000	2000	4000	8000	16000	32000	64000	128000	256000	512000	1024000	
	15~25	22	44	89	178	356	712	1425	2850	5700	11400	22800	45600	91200	182400	
	25~50	4	8	16	32	63	126	253	506	1012	2025	4050	8100	16200	32400	
	50~100	1	2	3	6	11	22	45	90	180	360	720	1440	2880	5760	
	>100	0	0	1	1	2	4	8	16	32	64	128	256	512	1024	

测得的各尺寸范围的颗粒数往往不都属于同一等级，一般取其中最高的一级作为油液污染度等级。但这种处理方法有时不尽合理。例如，5~15μm、15~25μm、25~50μm、50~100μm 和>100μm 各尺寸段的污染等级如果是 7、7、6、10 和 8，若取最大者，则油液污染

度应为10级。然而，从可能进入运动副间隙引起磨损的危害颗粒尺寸来考虑，污染度等级为7级比较更符合实际。

2. ISO 4406污染度等级标准

本书第二章第三节固体颗粒污染物测定部分曾介绍过“GB/T 14039—2002 液压传动 油液 固体颗粒污染等级代号”的相关内容，GB/T 14039—2002 系修改采用 ISO 4406：1999 液压传动 油液 固体颗粒污染等级代号(英文版)，是对 GB/T 14039—1993 液压系统工作介质固体颗粒污染等级代号的修订。在此不再赘述。

四、油液的污染分析

1. 污染物种类与特性

(1) 污染物的种类。液压系统油液中的污染物是指油液中不希望有的并对系统有危害作用的物质。从广义上来说，可分为物质型的污染物和能量形式的污染物两大类。

物质型污染物以气体、液体和固体三种物理状态存在于油中。气体污染物可以呈溶解状态，或者作为气泡或气团的形式混杂于油液中。液体污染物根据它的重度和它与基础液体相容性的不同，可以是游离状态、溶解于基础油或使基础油成为乳化液。液体本身和所有没有一定形状的凝聚性物质，如黏胶、沥青和所有的微生物残骸之类的沉淀物都属于这个范畴。固体污染物通常以微粒状态出现，通称为颗粒。在实际液压系统油液中的物质型污染物主要有固体颗粒、水、空气、化学物质和微生物等。

在液压系统中存在的辐射、静电、腐蚀、磁场和热能等是一类属于能量形式的污染物。静电可以对元件电流腐蚀，并且可能引起矿物油的挥发物碳氢化合物燃烧而造成火灾。磁场的吸力可使铁磁性磨屑吸附在零件表面或间隙内，引起元件的污染磨损和堵塞卡紧等故障。系统中过多的热能使油温升高，引起油液润滑性能下降和元件泄漏增大，并加速油液变质和密封老化失效。

(2) 固体颗粒污染物的特性。在各种污染物中，固体颗粒污染物是液压系统中最普遍、危害最大的污染物。固体颗粒污染物不仅加速液压元件的磨损，还堵塞元件的间隙和孔口，使控制元件动作失灵而引起系统故障。

表征液压油中固体颗粒污染物特性的主要参数为：污染物的密度、硬度、形状、尺寸及尺寸分布等。这些特性与元件的污染磨损和工作可靠性有密切的关系。特别是颗粒的形状、尺寸和尺寸分布是与污染控制有关的重要因素。

① 颗粒形状和尺寸。固体颗粒的形状是多种多样的，如多面体状、球状、片状、针状和纤维状等，一般都是不规则的。为了定量描述固体颗粒污染物的大小，一般用代表其形状特征的尺寸来表示。形状规则的颗粒(球形体、正方体等)，可用球体的直径、正方体的边长描述。形状不规则的颗粒，则可以根据不同的测量方法及所需反映的形状特征用不同特征尺寸来表示。例如，用显微镜测量颗粒大小时，一般以颗粒的最大长度作为颗粒的尺寸；用光电装置测量颗粒尺寸时，以与投影面积相等的圆的直径(导出直径)表示颗粒的尺寸等。

② 颗粒尺寸分布。常见的固体颗粒物一般是由不同尺寸颗粒组成的颗粒群。颗粒群中各种尺寸颗粒的数量即称之为颗粒尺寸分布。在分析研究颗粒尺寸分布时，通常采用频率分布函数。分布函数可用作矩形图的方法求得。常见的颗粒尺寸分布规律有正态分布、对数正态分布和罗辛-拉姆勒尔(Rosin—Rammier)分布。

自然界中的粉尘或实际液压系统油液中的颗粒污染物尺寸很少呈正态分布。特别是在液压系统中，由于小颗粒生成率高，数量多，因而分布曲线向小颗粒尺寸方向偏移。图 12-9 是用普通坐标表示的正态分布与实际系统中的颗粒尺寸分布。当液压系统在最初的使用阶段，也就是污染物开始生成阶段，一般称常规的尺寸分布状态(正态尺寸分布)；但当污染颗粒使液压元件运动表面不断的磨损时，颗粒分布曲线呈非对称分布，方向偏移沿小尺寸颗粒的比例增加。这是由于小尺寸粒子不断增加的缘故。

研究表明，实际液压系统中颗粒污染物的尺寸分布比较接近对数正态分布。目前在液压污染控制中普遍采用修正的对数正态分布。这种分布具体表示如下：将颗粒计数得到的大于某一尺寸的累计颗粒数绘在 lg-lg² 坐标纸上，横坐标为颗粒尺寸的对数平方($\lg^2 D$)，纵坐标为累计颗粒数的对数($\lg N$)。采用这种表示方法的主要优点是：可以直接读出不同尺寸范围的颗粒数，而尺寸分布基本上符合线性规律。

图 12-10 是根据 lg-lg² 坐标绘制的颗粒尺寸分布，它广泛应用于液压污染控制中描述颗粒污染物的尺寸分布。图 12-10 中 1 和 2 为两个油样中颗粒污染物的尺寸分布，它具有相同的污染物重量浓度，但颗粒尺寸分布不同。油样 1 中小颗粒数量多，而油样 2 中颗粒尺寸分布宽，大颗粒较多。

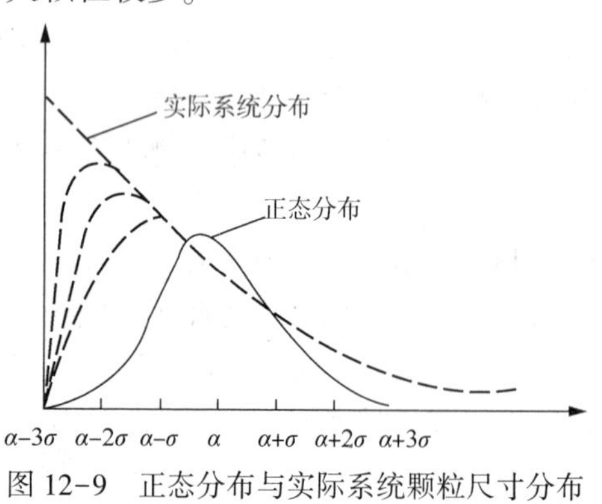

图 12-9　正态分布与实际系统颗粒尺寸分布

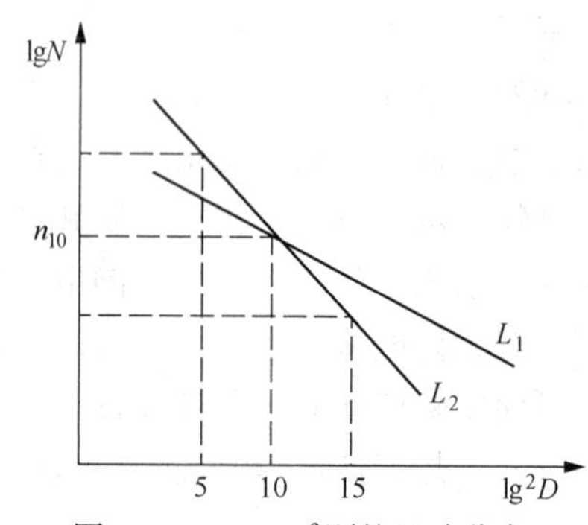

图 12-10　lg-lg² 颗粒尺寸分布

2. 油液污染的原因

液压油的污染主要是由外部原因和内部原因造成的。外部原因主要是固体杂质、水分、其他油类及空气等进入系统；内部原因除了原有新油液带来的污染物外，在使用过程中相对运动零件的磨损和液压油理化性能的变化。

由于导致污染杂质侵入的各种因素的影响，液压油液可能受到不同程度的污染。根据杂质的侵入方式不同，污染可分为三种类型，也就是潜在污染，侵入污染以及再生污染。污染类型及造成污染的具体原因如表 12-7 所示。

表 12-7　液压系统油液污染类型及原因

污染类型	污染原因
潜在污染	(1) 自制件中残存污染物 (2) 外购物中潜伏污染物
侵入污染	(1) 装配时侵入污染物 (2) 使用过程侵入污染物 (3) 液压油带入污染物 (4) 修理时侵入污染物
再生污染	(1) 零件磨损产生的污染物 (2) 液压油发生物理和化学变化的生成物及衍生物

3. 油液污染的危害

油液污染直接影响液压系统的工作可靠性和元件的使用寿命。国内外资料表明，液压系统的故障大约有 80% 是由于油液污染引起的。液压油的污染主要应控制固体颗粒污染物、水分和空气的混入。

(1) 固体颗粒污染物对液压元件的影响。液压元件的性能下降与固体颗粒污染物的数量、尺寸、形状、密度和硬度有关。其中污染物的数量和尺寸起主要作用。

① 液压泵。液压油中的固体污染颗粒使液压泵相对运动零件的表面磨损加剧。例如，叶片泵中的叶片与转子上的叶片槽，转子端面与配油盘、叶片与定子环；齿轮泵中的齿轮端面与侧板(或轴套端面)，齿顶与壳体内壁、齿轮接触齿面；柱塞泵中的柱塞与柱塞孔，缸体与配油盘，滑履与斜盘等，这些相对运动部位，污染杂质颗粒所造成的磨损是相当严重的。液压油中的污染颗粒使零件表面刮伤、咬死、泵的效率降低，致使泵很快出现故障，寿命缩短。

② 液压阀。油液中颗粒污染物对溢流阀的影响主要表现为不规则磨蚀阀的密封面和主阀阀芯阻尼孔。此外，污染物往往还堵住相互运动的配合间隙，使摩擦阻力增大，结果影响到零件上力的平衡，从而使阀的性能发生变化。油液对溢流阀静特性的影响主要有：开启和关闭压力发生变化；在规定的流量范围内压力发生变化；出现滞后现象。溢流阀污染敏感度曲线如图 12-11 所示。

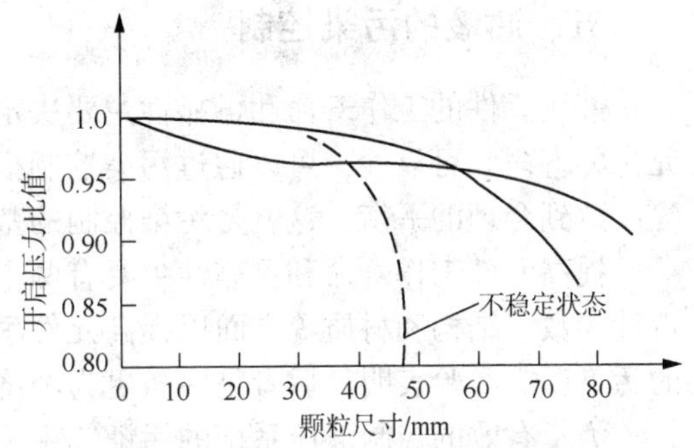

图 12-11　溢流阀污染敏感度曲线

油液中颗粒污染物引起滑阀失效的形式主要是污染磨损和污染卡紧。颗粒污染物随泄漏油进入滑阀的环形间隙，对阀芯和阀体相对运动表面产生磨损，从而使阀泄漏增大。此外，颗粒污染物在滑阀间隙内堵塞和淤积，以致引起滑阀的污染卡紧。经验表明，污染卡紧是滑阀最常见的故障和失效形式。

电液伺服阀是液压伺服系统中的重要元件之一，由于这类阀非常精密，因此它比其液压元件对污染都更为敏感。油液污染对伺服阀和比例阀的危害作用主要有：淤积和堵塞引起阀芯卡紧；磨损阀的关键表面和孔口；堵塞阀的控制孔。污染卡紧是伺服阀和比例阀的主要失效形式之一。伺服阀的滑阀间隙一般为 1～5μm，因而对微小颗粒非常敏感。比例阀的滑阀间隙稍大一些，一般为 5～25μm，但对于大小与间隙尺寸相近的颗粒也很敏感。由于颗粒污染物在间隙内淤积，引起摩擦力增大，从而导致滞环增大，响应缓慢和工作不稳定。当主阀淤积力大于先导级的驱动力时，则阀不能动作而使控制失灵。污染对伺服阀滞环的影响如图 12-12 所示。

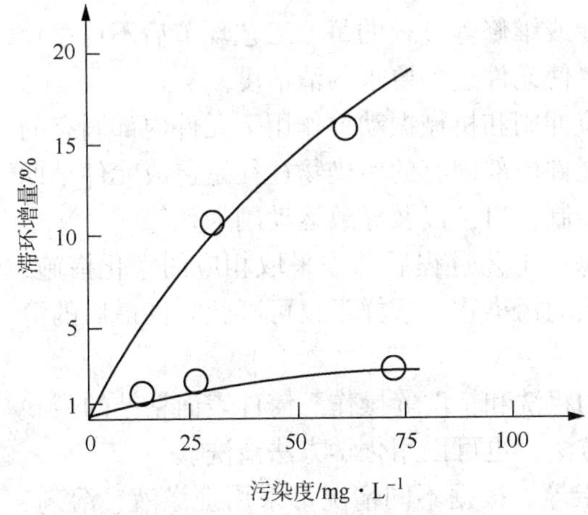

图 12-12　污染对伺服阀滞环的影响

由图 12-12 可以看出，该伺服阀对 0～10μm 的颗粒不太敏感，而对 0～20μm 的颗粒污染却十分敏感。

污染物会导致单向阀被旁通，加剧钢球与阀座的磨损，进而产生泄漏。

③ 液压缸。灰尘颗粒在液压缸内会加速密封的损坏，缸内表面拉伤，泄漏增大，推力不足或动作不稳定、爬行、速度下降、产生异常的声响与振动等故障。

④ 滤油器。液压油污染达到一定程度后，会引起滤网堵塞，液压泵吸油困难，回油不畅而产生气蚀振动和噪声。若堵塞严重时，会因阻力过大而将滤网击穿，完全丧失过滤作用，造成液压系统的恶性循环。

（2）水分对液压元件的影响。液压系统中的水分虽然是液体，但混入油中后危害性很大，它会使油乳化润滑性能降低，使元件及管道生锈，磨损加剧。同时水分在高温下蒸发而产生气蚀，使元件及液压油的寿命受到严重影响，水在油箱中分离出来沉淀到油箱底部，下次开车时又被泵吸入，造成液压泵烧伤。

（3）空气对液压元件的影响。液压油中存在的以气泡形式混入的空气，对元件将产生极坏的影响。主要有以下几个方面：

① 使泵、马达类元件产生气蚀、异常噪声，使元件寿命及效率降低；

② 使阀类元件的高流速部位产生气蚀，使金属腐蚀、元件振动；

③ 使执行元件的控制位置不准确，响应性降低、产生爬行等。

五、油液的污染控制

液压元件的工作寿命和可靠性主要决定于元件的污染耐受度和油液的污染度。为了确保元件的寿命和可靠性，可以通过污染控制措施使系统油液的污染度与关键液压元件的污染耐受度达到合理的平衡，这就是污染控制的基本内容和目的。

提高元件工作寿命和可靠性主要有两个途径：一是研制耐污染的元件，从而改进元件的设计参数、结构和材质等方面以提高元件耐污染性能。二是采取控制污染的措施，降低油液的污染度。经验表明，后者是一条更为经济而有效的途径。

为了有效的控制液压系统的污染，主要采取有以下几个方面的措施：

① 对元件和系统进行清洗，清除加工和组装过程中残留的污染物；

② 采取防止污染物侵入系统的措施，控制从外界侵入的污染物；

③ 在液压系统中采用高效能的滤油器，在工作中不断滤除内部产生的和外界侵入的污染物。

1. 元件与系统的清洗

（1）液压元件的清洗。液压元件在加工、装配或维修等过程的每一工艺环节后不可避免地残留有污染物，因而必须采取有效的净化措施，使元件达到要求的清洁度。

清洁度不符合要求的元件装入系统后，在液流冲刷和机械振动等作用下元件内部固有的污染物释放到油液中，使系统受到污染。此外，元件内部固有的污染物往往是造成元件早期失效的主要原因，如研磨和划伤零件表面，堵塞控制孔口，以及导致运动副卡死等。

元件的净化应从加工制造的最初工序开始，每一工艺过程后都需采取相应的净化措施，最后装配工序完成后的净化主要是清除装配时带入的污染物。这样不仅可减轻元件最后的清洗工作，而且元件的清洁度可有效的得到保证。

元件的净化一般包括铸件的清理、加工零件的粗洗和精洗等操作。铸件表面粘结的型砂和氧化物的清除一般用喷丸或在旋转筒中翻滚等方法，也可以用化学方法清洗。

零件的粗洗主要是加工残留物、腐蚀物和油脂等。根据不同情况可采用洗涤液、溶剂、碱液或酸液对零件进行浸泡、刷洗或冲洗。

对于元件清洁度要求极高的零件，则需进行精洗。精洗一般在粗洗后进行。常用的方法有超声波清洗和蒸气浴洗。

超声波清洗是一种有效的清洗方法。将零件浸泡在盛有清洁溶剂的超声波槽内，利用超声波在槽内液体中产生的激烈冲击力使粘附在零件表面的污染物松动以至脱离。蒸气浴洗是将零件放置在加热的溶剂蒸汽中，蒸汽在零件表面冷凝从而将污染物洗去。

元件在装配完成后需要进行最后的清洗，使达到产品出厂清洁度的要求。动态元件(液压泵、液压马达、液压缸和各种液压阀等)的清洗一般采用流通法在性能试验台或专用的清洗台上进行。

为了保证元件经过清洗后达到元件清洁度验收水平的要求，必须对采用的清洗方法的有效性进行验证。验证合格的清洗方法应保证在按规定的操作过程清洗后，元件内部固有污染物基本上被冲刷出来，并且元件的清洁度符合验收水平的要求。只有验证合格的清洗方法才能在元件清洗工艺过程中实施。

(2) 液压系统的清洗。液压系统组装完毕后需要进行全面的清洗，以清除系统组装过程中带入的污染物。组装后的系统采用流通法进行清洗。根据具体情况可以利用液压系统的油箱和液压泵，接入高精度大纳污容量的滤油器，也可以采用专用的清洗装置。

清洗装置由液压泵、油箱、加热器和滤油器等部分组成。要求清洗装置的滤油器具有足够高的过滤精度(3~5μm 绝对精度)和纳污容量。清洗系统的油液一般采用黏度低的，并尽可能提高液流速度，以便使系统回路内的液流保持充分的紊流状态。对于大型系统可采用双筒大容量滤油器，更换滤芯而不中断清洗工作。对于复杂的系统可分为几部分或几个回路分别清洗。系统中对污染敏感的元件或对液流速度有限制的元件，在清洗时应将这些元件从回路断开，用旁路连通回路。清洗到一定程度后，将断开的元件接入系统，继续进行循环清洗，一直到系统油液污染度达到规定的要求为止。

2. 防止污染侵入的主要措施

(1) 新油的过滤净化。一般认为，未用过的新油一定是很清洁的。然而通过检验发现，未经过滤净化的新油其污染度往往超过规定的要求。国内调查结果表明，目前现场标准桶装新油的污染度一般为 NAS 10~14 级。国外调查结果表明，大部分新油的污染度超过了实际液压系统油液的污染度。

新油污染的原因是多方面的，包括从炼制、分装、运输到储存等过程中的污染。根据我国石油产品性能指标规定，固体颗粒污染物含量在 0.005%以下认为“无机械杂质”。而新油中机械杂质为 0.005%时，污染度相当于 NAS 12 级。这样，从炼油厂出厂的油液其污染度就有可能超过系统油液容许的污染度。

因此，对清洁度不符合要求的新油，在使用前必须进行过滤净化。新油的清洁度一般应比液压系统要求的清洁度高 1~2 级。对于一般液压系统新油的清洁度应控制在 16/13 级(NAS 7 级)左右；对于有伺服阀的液压系统，新油的清洁度应不低于 14/11 级(NAS 5 级)。新油净化可采用滤油车进行过滤，过滤精度根据需要可选用 3~10μm。如果新油中的含水量超过了规定值，则需进行除水处理。

(2) 油箱防污染侵入的措施。目前普遍采用的油箱都是通过呼吸孔与外界大气相通，当油箱内液面下降时，外界空气被吸入油箱，这样就不可避免地带入大气中的尘埃和湿气，使系统油液受到污染。

在油箱呼吸孔装设空气滤清器可以有效防止外界污染物的侵入。空气滤清器有金属网式和纤维滤材式等型式。在选用空气滤清器时，其过滤精度一般应不低于系统中的精滤油器。

对于一般液压系统可选用5~20μm(对空气中大于给定尺寸的颗粒的过滤效率为99%)。对于有伺服阀的系统，推荐选用1~3μm。

液压系统油液中的水分主要来自吸入的潮湿空气，因此有必要采取防止空气中的水分侵入的措施。解决办法为油箱呼吸孔装带干燥器的空气滤清器。干燥器是由多孔隙具有渗透性的颗粒物组成的分子筛，其除水机制主要是吸收水分子；或装有呼吸孔的除湿空气滤清器。它采用一种阻水滤材，能够阻止大气中的水蒸汽进入油箱，而排气时滤材允许油箱空气中的水分排除，滤材对3μm颗粒的过滤效率为99%。

液压系统内的空气大部分是从油箱进入的。当油箱内的液面低于回油管口时，油液受到激烈扰动而将空气卷入。因此，回油管下端必须浸没在液面以下，以防空气侵入。

对于油箱内悬浮在油液中的气泡，在进入液压泵吸油口前可通过滤网去除。除气效率与滤网的网孔大小和布置角度，以及油液通过滤网的速度有关。滤网目数一般在60以上，目数愈高，除气效率愈高；滤网倾角为20°时除气效果最佳。

（3）液压缸防止污染侵入的措施。液压缸的活塞杆伸出端是污染侵入的主要途径之一。液压缸活塞杆端一般装设有防尘密封以防止外界污染物侵入。防尘密封的工作性能和可靠性对保护液压缸和整个液压系统具有重要的作用。一旦防尘密封失效，以致使大量污染物侵入液压缸内，从而导致活塞密封的磨损和失效。

防尘密封圈的材料要求具有良好的坚韧性和耐磨性，并具有一定的塑性，摩擦系数要小。

3. 油液的过滤

滤油器是液压系统中用以控制油液污染度的重要元件，它的作用是在系统工作中不断滤除内部产生的和外界侵入的污染物，使油液污染度控制在元件污染耐受度的限度之内。

在选择滤油器时，需要考虑以下几方面的性能要求：

（1）过滤精度应保证系统油液达到要求的污染度。

（2）流体阻力引起的压力损失尽可能小。

（3）具有足够的纳污容量，避免频繁更换滤芯。

液压系统中的主要滤油器应具有较高的过滤精度。主滤油器精度的选择原则是：能够有效的滤除尺寸接近关键元件动力油膜厚度的颗粒污染物，以控制元件的污染磨损和防止污染引起的故障。

4. 油液的更换

液压油在使用过程中由于受机械、物理和化学的作用，其性能逐渐劣化。当油液主要性能劣化到对系统有危害作用的程度时，必须更换油液。液压油性能劣化的主要表现及原因见表12-8。

表12-8　液压油劣化及原因

性能劣化表现	原　因
密度增加	油液氧化变质，生成黏稠物
闪点下降	油液中混入闪点低的液体(混入溶剂)
颜色变深、浑浊	油液氧化，颗粒污染度浓度增高，油液中混入水形成乳化
黏度增加或下降	油液氧化使黏度增加，机械剪切作用和混入溶剂等原因使黏度下降
残炭增加	油液氧化
酸值增加	油液氧化

油液性能劣化与油液污染有直接的关系，油液中的水、空气、固体颗粒污染物，以及热能是引起添加剂耗损、失效和基础氧化的根本原因，而油液中的金属微粒对油液氧化起催化剂作用，加速油液的劣化。

液压系统油液的更换通常采取以下方式：定期更换；根据经验和对油样的观察确定是否换油；按照规定的性能换油指标，根据油样化验结果确定是否换油。前两种方式虽然简单，但往往不够科学和合理。按照换油指标更换油液，既能充分利用油液，又能保证设备的工作可靠性和寿命，应推行采用这种方式。

在采用按换油指标更换油液时需要知道所用新油的性能指标，在使用过程中通过定期进行油样分析监测其性能变化，以确定油液的劣化程度。

油液性能的测定一般采用试验室常规理化性能试验的方法。目前已出现各种形式的便携式油液性能检测仪，可用于现场快速诊断油液的劣化程度。其原理一般是通过检测油液介电常数的变化来评定油液的劣化程度。

近年来红外光谱分析已开始应用于液压和润滑设备在用油的性能状态检测。红外光谱可提供有关化学结构的信息，通过油液红外光谱分析可监测油液氧化程度，添加剂耗损和外界污染物的侵入。红外光谱仪分析速度快，并能同时检测多项参数，是检测在用油性能劣化的有效手段。但目前红外光谱分析的标准方法尚未建立，红外表征参数与常规理化性能试验之间的相关性还有待确定，因而目前油液的更换仍以油液常规理化性能试验为主要依据。

第四节　油液检测中的光谱分析技术

油液分析的光谱技术是机械设备故障诊断、状态监测中应用最早的最成功的现代技术之一。光谱分析技术可以有效地监测机械设备润滑系统中润滑油所含磨损颗粒的成份及其含量的变化，同时也可以准确检测润滑油中添加剂的状况以及润滑油污染度变质的程度。因此油液分析的光谱技术已成为机械设备状态监测最重要的方法之一。

早在 1941 年美国铁路系统首先采用油液光谱技术监测机车柴油机的运转工况，20 世纪 50 年代美国海军航空站在对飞机发动机的监测中也采用了光谱技术，而且取得了明显的效果。随后在美国三军对飞机、装甲车车辆等设备都采用了光谱技术进行监测。l959 年英国也是首先在铁路上采用了润滑油光谱分析技术，20 世纪 60 年代大多数欧洲国家也开始广泛应用这一技术。

1969 年美国国防部支持研制新型油液分析光谱仪，20 世纪 70 年代又提出研制小型的可用于现场的操作方便的轻便型光谱仪，而且美国三军联合油料分析计划(JOAP)对用于状态监测的光谱仪制定了专门的检验标准和提出专门的要求，促使光谱仪生产厂不断推出新产品。例如 1985 年美国超谱(SPECTRO)公司首先生产用于油液分析的轻便型光谱仪，1991 年推出改进型用于监测诸如 F16 战斗机。1994 年美国超谱公司又推出最新型的 SPECTRO II M 型，并被美国三军唯一选中采用，一次订货就是 93 台。其他著名光谱仪生产公司如美国 Baird 公司，美国 PE 公司也均生产出用于油液分析的光谱仪，FAS-2C 型、MOA 型以及 PE ICP 光谱仪等。我国自 1979 年以来铁路系统首先引进油液分析光谱仪，用于机车柴油机润滑油的监测，取得了很好的效果，推广应用发展很快。铁路、飞机、船舶、电力、采矿、化工、冶金等许多部门，在机械设备状态监测中已广泛采用油液分析的光谱技术。

一、油样光谱分析的基本原理

任何物质都有特定的发射光谱和特定的吸收光谱，所以通过测定物质的发射和吸收光谱就可以相应测定出物质的成份和含量

物质由分子组成，而分子又由原子构成，原子的中心为带正电的原子核，而带负电的电子沿一定的轨道绕原子核转动。正常状态下，电子的负电荷与原子核的正电荷是相等的，即电子沿固定轨道绕原子核旋转产生的离心力与原子核对它的吸引力相等，原子处于稳定状态，原子具有的能量也一定。由于电子绕原子核旋转的轨道是多层的，距离原子核较远的轨道上的电子具有的能量较高，为高能级。距离原子核较近的轨道的电子具有的能量较低，为低能级。当有外来能量加到原子上时，能量被电子吸收，则电子从较低能级的轨道跃迁到较高能级的轨道上去，此时原子的能量状态是极不稳定的。因此，电子会自动地从较高能级轨道跃回到较低能级轨道，同时以发射光子的形式把它吸收的能量再辐射放出，即发出光。各种不同的元素的原子辐射的光都有一定的互不相同的波长。各种波长的光就组成了光谱。

人们通过利用棱镜或光栅的色散作用，将某一光源辐射的光束中代表不同元素的不同波长的光分解开来，并通过感光板记录下来，再利用测光器测出谱线的强度，根据光谱线的强度和元素浓度的特定比例关系，就可求得元素的浓度。元素的浓度愈高，则受激发后，它产生的辐射线的强度也愈高。从而得到元素光谱的定量分析值，即元素的浓度，用 μmol/L 表示。

因为光谱线的强度与光谱的激发条件，激发光源的强度、爆光的时间、感光板的性能等诸因素有关，因此一般是测量被分析元素的谱线与一个内标元素的对照谱线的相对强度。内标元素一般是人为外加的，即在分析的油样中和标准样品中，同时加入一定的某一元素为内标。

发射光谱：利用气体火焰、交流电弧或直流电弧等离子体，以及电火花等方法激发油样，以获得发射光谱，从而测得谱线的相对强度，进而求得分析元素的含量，这种方法称为发射光谱分析法。

直读发射光谱：将发射光谱通过光电转换仪(盖洛计数管或光电倍增管)直接转变为电流，通过测量仪器再转换为元素的浓度，这种方法称为直读发射光谱，一次油样可分析全部所含元素。分析速度快、操作简便。

原子吸收光谱：在光源和分光镜中间加入透明的物质，把某种单色光的成分吸收掉，产生原子吸收光谱。被分析的元素都有特有的波长，通过测量原子蒸汽对辐射光的吸收，从而测定试样中元素的浓度。虽然原子吸收光谱对周围环境的干扰影响较小，分析精度及可靠性较高，但是一种阴极灯只能分析一种元素，操作比较麻烦，分析速度慢。

机械设备状态监测油液分析所采用的光谱仪多为原子发射光谱仪(AES)，其激发源多为转盘电极型(RDE)或电感耦合等离子体型(ICP)。两者不同之处仅在于采用不同的方式激发油样。在 RDE-AES 技术中，有一个旋转的电极，将样品不断地送入到它与一个固定棒状炭电极所形成的间隙中，然后用高压电弧闪击样品，使样品中的各个元素均发出光或辐射能。在 ICP-AES 技术中，激发技术是由惰性气体氩气产生无电极等离子体。氩气不断地通过一匝或三匝射频圈内的等离子体炬管、该线圈与射频交流电发生器相连接。氩气的作用犹如变压器的次级线圈，因此氩气可以加热到极高温度。油样被吸入炬管中心，并进入等离子体，样品中的元素被激发，发出辐射能。在 RDE-AES 及 ICP-AES 系统中，用透镜或光导纤维

使激发源的辐射能聚集到光学系统上，通过光学系统的光，照射到一个凹面光栅上，光栅使光色散为因元素而异的各种波长的谱线(Rowland Cirde 原理)。用光电倍增管来检测辐射能，并将其转换为倍增的电信号，一个光电倍增管对应某一元素的特定波长光线，电子处理转换器将电信号转换成待测元素的浓度值，最后由打印机输出结果。

光谱分析给出的元素成分及其含量值，可以提供下列信息：

(1) 磨粒元素的成分及含量。根据设备运动副零件的材料构成，可以判断磨粒产生的可能部位；

(2) 添加剂元素及污染元素的成分及含量；根据润滑油的性能要求，可判断润滑油的劣化变质程度。

(3) 磨粒的增长率。可用单位时间主要磨粒元素含量表示磨粒的增长速度：

磨粒增长率=磨粒增加量/取样间隔时间

其单位为(μg/g)/h。根据磨粒增长率可以判断摩擦副的磨损趋势及其严重程度。润滑油中常含元素和柴油机磨损部位及其元素见表 12-9 和表 12-10，可供分析人员寻找磨损元素的可能来源之处。

表 12-9 润滑油中常含元素

磨损金属	污染	添加剂
Fe	Si	P
Pb	Pb	Zn
Cu	B	B
Cr	Ca	Ca
Al	Al	Ba
Ni	Na	Na
Ag		Ag
Sn		

表 12-10 磨损元素及其来源

序号	元素	符号	来源
1	铁	Fe	缸套、阀门、摇臂、活塞环、轴承、轴承环、齿轮、轴、安全环、锁圈、锁母、销子、螺杆
2	银	Ag	轴承保持器、柱塞泵、齿轮、主轴、轴承、柴油发动机活塞销、用银制作的部件
3	铝	Al	衬垫、垫圈、垫片、活塞、附属箱体、轴承保持器、行星齿轮、凸轮轴箱、轴承表面合金材料
4	铬	Cr	表面金属、密封环、轴承保持器、缸套镀铬、盐腐蚀造成的冷却系统泄漏
5	铜	Cu	轴承、轴套、油冷器、齿轮、阀门、垫片、铜冷却器的泄漏
6	镁	Mg	飞机发动机用箱体、部件架、海运设备时进的水、油添加剂
7	钠	Na	冷却系统泄漏、油脂、海运设备时进的水
8	镍	Ni	轴承合金材料、燃气轮机的叶片、阀类材料
9	铅	Pb	轴承合金材料、密封件、焊料、漆料、油脂
10	硅	Si	空气带进的尘土、密封件、添加剂

续表

序号	元素	符号	来源
11	锡	Sn	轴承合金材料、衬套材料、活塞销、活塞环、油封、焊料
12	钛	Ti	喷气发动机中的支承段磨损、压缩机盘、燃气轮机叶片
13	硼	B	密封件、空气带进的尘土、水、冷却系统泄露
14	钡	Ba	油添加剂、油脂、水泄漏
15	钼	Mo	活塞环、电动马达、油漆添加剂
16	锌	Zn	黄铜部件、氯丁橡胶密封件、油脂、冷却系统泄漏、油添加剂
17	钙	Ca	油添加剂、油脂、一些轴承
18	磷	P	油添加剂、冷却系统泄漏
19	锑	Sb	轴承合金、油脂
20	锰	Mn	阀、喷油嘴、排气和进气系统

通过油样光谱分析可以得知油样含有的各种元素成分。从机械设备润滑系统中，定期持续地采取油样并进行光谱分析，就可以获得反映设备工作状态的各种信息及其变化，因此目前油样光谱分析技术已广泛而有效地被用于机械设备的故障诊断以及大型重要设备的随机监测方面。

二、油液光谱分析技术的应用

1. 监测设备的运转工况，诊断零件磨损趋势

借助光谱分析技术，监测运动零件摩擦副的磨损趋势，寻找零件异常磨损及其规律，对于保证机械设备的正常工作、防止突然事故的发生是极为重要的。通常，润滑油中磨粒元素成分：Si、Al、Cr、Mn、Fe、Cu、Pb 等的含量作为监测设备磨损状态的重要指标。表 12-11 为常见的磨损程度光谱分析判断标准。

表 12-11　磨损程度光谱分析判断标准

磨损程度	判断值	磨损程度	判断值
正常磨损	$Me<N$	严重磨损	$N+\delta\leqslant Me<N+2\delta$
异常磨损	$N\leqslant Me<N+\delta$	很严重磨损	$\Delta Me\leqslant\alpha$

说明 Me—磨损金属含量，μg/g；N—磨损金属含量控制标准值；δ—磨损金属含量限定增加值；ΔMe—磨损金属含量增加梯变值；α—磨损金属含量增加梯度限定值。

2. 最佳磨合规范的确定

众所周知，重要运动零件的摩擦副，为了达到良好的磨合性能，对于新的工作表面，都要在空载情况下进行磨合。磨合期太长既影响使用寿命，又大大浪费能源，极不经济。但是，磨合期太短不能达到磨合性能的要求也不行。所以，通过磨合过程的油样光谱分析，监测磨合过程摩擦副表面元素的变化趋势，从而可以合理确定最佳磨合规范。

3. 合理换油期的确定

设备的润滑系统或液压系统中润滑油或液压油的品质是很重要的。使用一定时期后，由于不同的原因(例如冷却系统的泄漏)，油品都可能被污染或不可避免的变质。例如出现含

水量过高，添加剂损耗等现象。当油品的理化性能劣化、污染、变质到一定程度就必须换油。不同设备、不同的工况，换油期显然是不一样的，因此通过油样光谱分析可以确定合理的换油期，给出油中含水量、添加剂元素变化情况，通常润滑油中 Cd、Ba、Zn、Mg、P 等元素含量是监测添加剂损耗，判断润滑油使用性能的重要参数。

原子发射光谱的缺点，主要在于它只适用于测定油中的小尺寸颗粒，对大尺寸颗粒的测试误差较大，因此它适用于监测设备的正常磨损及磨损趋势的变化，还有初期较轻微的磨损。特别是在确定各类设备磨损失效的界限值方面，发射光谱有特殊重要的作用。这正是油液监测中光谱技术被广泛使用的原因。

三、FT-IR 红外光谱技术污染度监测

采用 FT-IR 红外光谱技术监测油品衰变污染度在 20 世纪 90 年代逐渐被工业界重视，因为红外光谱区波长约为 2.5~25μm 范围，这也正是由物质分子的振动-转动能级跃迁引起的光谱区。所以红外光谱可以反映分子振动能级的变化，而绝大多数有机化合物的振动光谱都出现在红外光谱区，故红外吸收光谱可以获得分子结构化学变化的信息。实际应用中，借助于 FT-IR 红外光谱仪监测新油与在用油的特定波数所对应的吸光度谱线峰位的差谱，从而定量地监测油品使用中有机化合物的污染影响程度。FT-IR 红外光谱仪可以有效地监测在用油的氧化物、硫化物、硝化物、积炭、水分、乙二醇、燃油稀释以及砂粒灰尘的污染度，除此之外红外光谱技术也可以监测油品的添加剂降解情况。

FT-IR 即傅立叶红外光谱的出现，使工况监测又增加了一个新的有效手段，红外光谱主要用于有机化合物的基团结构分析。润滑油是基础油和具有各类特性的多种添加剂调成的。基础油又分成矿物油和合成油两大类，添加剂的品种就更多了。润滑油的性能主要取决于构成的各组分的性能。油品的衰变、失效、更换等更是取决于各组分的变化程度，而这种变化主要属于化学变化，是物质分子结构发生变化引起的。因此，仅通过一般的理化分析和光谱分析是无法准确判断的。此时，利用红外光谱分析是最有效也是最直接的一种方法。

导致油品质量劣化的主要原因之一，是添加剂在摩擦热的作用下发生了氧化、酸化、降解，生成了氧化物、酸化物、硝化物、胶质与积碳，对设备造成腐蚀或堵塞。当设备维护管理不当时，也会从外部环境中混入有害的砂石、尘埃、水分、燃油成分等。对设备安全构成很大的威胁，这也是导致油质劣化的主要外因。油品氧化是一个复杂的过程，影响因素也较多，油中的许多成分都可能参与氧化作用，因此要测量氧化物的绝对含量在事实上是困难的，实际中常常采用的方式是只测定氧化物的变化趋势。对工况监测来说，已完全能满足其要求。

近年来国外已出现了专用于油液分析的商业化 FITR 光谱，对油液质量进行跟踪监测。2000 年美国陆军实验室用红外光谱仪全面更换理化分析仪器，2001 年澳大利亚国防部也进行了红外光谱仪取代常规理化分析的工作，2004 年 12 月，ASTM 组织正式颁布了 ASTM E2412 红外油液监测标准。ASTM E2412 适用于监测正常机械运行中的添加剂损耗、污染物和基础油的降解。污染物包括水分、烟炱、乙二醇、燃油和错误用油。基础油的降解是通过测量氧化、硝化和磺化进行判断。采用的方法是差谱法(需参照新油)，通过对变质油品和污染物特征峰的识别就能对油品的变化趋势和设备的状态进行监控。由于 FITR 这些特殊的作用，在工况监测中如何进一步利用和推广，已引起了专家的密切注意。表 12-12~表 12-15 列出了润滑剂及降解产物和污染物相关的一些红外吸收峰数据。

表 12-12　不同稠化剂润滑脂红外特征吸收

润滑脂类型	特征吸收峰/cm^{-1}	润滑脂类型	特征吸收峰/cm^{-1}
锂基脂	1575、1555	复合铝润滑脂	1605、1586、1567、997
钙基脂	1572、1540	膨润土润滑脂	1080、1040、516、458

表 12-13　不同原料红外特征吸收

原　　料	特征吸收峰/cm^{-1}	原　　料	特征吸收峰/cm^{-1}
甲基苯基硅油	1262、1090、1020、798、697	碳酸钙	1460、874
矿物油	1460、1377	乙醇	3354、1452、1410、1089、669
酯类油	1740、1047	T106 高碱值合成磺酸钙	1180、1059、1490、870

表 12-14　红外光谱分析与常规理化分析对照

测试参数	光谱范围/cm^{-1}	测试类型	传统方法
水分	3400	污染筛查	电位滴定法
积炭	2000	积炭堆积趋势	总不溶物/热失重法
氧化	1700	油液衰变趋势	总酸值、总碱值、黏度
硝化	1630	油液衰变趋势	总酸值、总碱值、黏度
抗磨添加剂	960	添加剂损耗	
硫酸化	1150	油液衰变趋势	总酸值、总碱值、黏度
汽油	750	污染筛查	闪点、黏度、气相色谱
柴油	800	污染筛查	闪点、黏度、气相色谱
防冻液/冷却液	880	污染筛查	色度、气相色谱

表 12-15　ASTM E 2412 标准石油基润滑油的红外测量区域和基线

组　分	测量区/cm^{-1}	基线/cm^{-1}
水分	面积 3500~3150	4000~3680 之间的最小值和 2200~1800 之间的最小值
积炭	2000 处的吸收峰	无
氧化	面积 1800~1670	2200~1800 之间的最小值和 650~550 之间的最小值
硝化	面积 1650~1600	2200~1800 之间的最小值和 650~550 之间的最小值
抗磨组分	面积 1025~960	2200~1800 之间的最小值和 650~550 之间的最小值
汽油	面积 755~745	780~760 之间的最小值和 750~730 之间的最小值
柴油	面积 815~805	780~760 之间的最小值和 750~730 之间的最小值
硫酸副产品	面积 1180~1120	2200~1800 之间的最小值和 650~550 之间的最小值
乙二醇	面积 1100~1030	1130~1100 之间的最小值和 1030~1010 之间的最小值

参 考 文 献

[1] 王宝仁等. 石油产品分析(第二版)[M]. 北京：化学工业出版社，2009.

[2] 熊云等. 油品应用及管理(第三版)[M]. 北京：中国石化出版社，2015.

[3] 宋世远等. 油料模拟台架试验(第二版)[M]. 北京：中国石化出版社，2012.

[4] 张广林. 现代燃料油品手册[M]. 北京：中国石化出版社，2013.

[5] 朱廷彬. 润滑脂技术大全[M]. 北京：中国石化出版社，2005.

[6] 王宝仁等. 油品分析[M]. 北京：高等教育出版社，2007.

[7] 黄文轩. 润滑剂添加剂性质及应用[M]. 北京：中国石化出版社，2012.

[8] 颜志光. 润滑剂性能测试技术手册[M]. 北京：中国石化出版社，2000.

[9] 中国石油化工股份有限公司科技开发部. 石油产品国家标准汇编[M]. 北京：中国石化出版社，2010.

[10] 中国石油化工股份有限公司科技开发部. 石油产品行业标准汇编[M]. 北京：中国石化出版社，2010.

[11] 中国石油化工股份有限公司科技开发部. 石油和石油产品试验方法国家标准汇编(上、下)[M]. 北京：中国石化出版社，2010.

[12] 中国石油化工股份有限公司科技开发部. 石油和石油产品试验方法行业标准汇编(上、中、下)[M]. 北京：中国石化出版社，2010.

[13] 史永刚，刘绍璞，张洁，等. 发动机润滑油的电化学分析与鉴别[J]. 润滑与密封，2006，(12)：77-80，84.

[14] 史永刚，刘绍璞，陈铿，等. 基于电化学分析的润滑油酸值和碱值测定[J]. 润滑与密封，2006(8)：42-45，48.

[15] R. M. Balabin，R. Z. Safieva. Motor oil classification by base stock and viscosity based on near infrared spectroscopy data[J]. Fuel，87(2008)，2745-2752.

[16] 田高友，易如娟，褚小立. 一种润滑油种类和级别的快速识别方法[发明专利]. CN 101782511 B，2011. 04. 20.

[17] 史永刚，粟斌，田高友. 化学计量学方法及 MATLAB 实现[M]. 中国石化出版社，2010.

[18] 田高友，褚小立，易如娟，等. 润滑油中红外光谱分析技术[M]. 化学工业出版社，2014. 6，193-218.

[19] 史永刚，冯新泸，李子存. 借助热重分析数据评估润滑油使用性能的人工神经网络方法[J]. 分析仪器，1998(4)：31-34.

[20] 钱华，弓振斌，杨逸萍. 高效液相色谱法快速测定润滑油基础油化学族组成的研究[J]. 厦门大学学报(自然科学版)，2001，40(5)：1083-1089.

[21] R. W. Brown，Y. Chung，N. Cheng，J. D. Chunko，W. C. Condit，Novel Sensors for Portable Oil Analyzers[J]. NTIS Order Number：ADA347592，1998.

[22] method and device for measuring the efficacy of a lubricating oil and uses thereof，European Patent EP1368631.

[23] Predict Navigator-A Portable Oil Screening Tool，Practcing oil analysis，Janury 1999.

[24] Clark D B，weeks S J，Hsu S H，New chemiluminesence of formulated lubricants[J]，Lubr. Eng.，1983，39(11)：690-695.

[25] Zlakvich L，New chemilumineseence apparatus and method for evaluation of thermal oxidative stability of lubricants[J]，Lubr. Eng.，1988，44(6)：544-552.

[26] Pei P. Hsu S M，Weeks S，et al.，Chemilumineseence instrumentation for fuel and lubricant oxidation study[J]，Lubr. Eng.，1989，451(1)：9-15.